CAX工程应用丛书

2021中文版

AutoCAD 暖通空调设计与天正暖通THvac工程实践

张传记 任振华 编著

清華大學出版社
北 京

内 容 简 介

本书从CAD制图技术与行业应用出发，以AutoCAD 2021和T20天正暖通V7.0（T20-Hvac V7.0）为工具，通过应用范例和上机题，全方位介绍CAD制图技术和各类暖通图的绘制方法、流程与技巧，使读者掌握技能、获取经验，快速成为暖通空调专业制图高手。

全书共分14章，第1～9章以16个常用暖通制图为范例，详解AutoCAD基本制图技术及其在暖通空调制图中的应用；第10~13章则给出8个应用范例和8个上机题，来全面介绍暖通空调制图的国家标准和暖通行业的制图分类；第14章则通过5个范例来介绍天正暖通与AutoCAD结合起来绘制暖通工程图的技术和方法。

本书立足行业应用，内容系统全面，实例典型、实用，技术含量高，适用于对暖通行业的AutoCAD初、中级用户学习，也适合职业院校作为技能型人才培养的实践型教材。

图书在版编目（CIP）数据

AutoCAD暖通空调设计与天正暖通THvac工程实践：2021中文版/张传记，任振华编著.—北京：清华大学出版社，2022.5
（CAX工程应用丛书）
ISBN 978-7-302-60645-1

Ⅰ.①A… Ⅱ.①张… ②任… Ⅲ.①房屋建筑设备－采暖设备－建筑设计－计算机辅助设计－AutoCAD软件 ②房屋建筑设备－通风设备－建筑设计－计算机辅助设计－AutoCAD软件 ③房屋建筑设备－空气调节设备－建筑设计－计算机辅助设计－AutoCAD软件 Ⅳ.①TU83-39

中国版本图书馆CIP数据核字(2022)第068158号

责任编辑： 夏毓彦
封面设计： 王　翔
责任校对： 闫秀华
责任印制： 杨　艳

出版发行： 清华大学出版社
网　　址： http://www.tup.com.cn，http://www.wqbook.com
地　　址： 北京清华大学学研大厦A座　　**邮　　编：** 100084
社 总 机： 010-83470000　　**邮　　购：** 010-62786544
投稿与读者服务： 010-62776969，c-service@tup.tsinghua.edu.cn
质量反馈： 010-62772015，zhiliang@tup.tsinghua.edu.cn
印 装 者： 三河市科茂嘉荣印务有限公司
经　　销： 全国新华书店
开　　本： 190mm×260mm　　**印　　张：** 27.5　　**字　　数：** 743千字
版　　次： 2022年6月第1版　　**印　　次：** 2022年6月第1次印刷
定　　价： 99.00元

产品编号：095348-01

前 言

Preface

AutoCAD 是工程设计领域中应用最为广泛的计算机辅助绘图与设计软件，现已成为机械和建筑专业从业人员必须掌握的软件技术之一。AutoCAD 2021 版本在原畅销书的基础上进行全面升级，书中保留之前版本介绍的强大功能的同时，还对三维建模和三维视图的生成等方面内容进行了加强。天正暖通 THvac 是天正公司总结多年从事暖通软件开发经验，在 AutoCAD 的基础上向广大设计人员推出的专业的高效插件。AutoCAD 和天正暖通的配合可以帮助暖通工程师快速地绘制出想要的暖通空调图纸。

本书在介绍 AutoCAD 技术的同时，还将其与暖通工程专业中的应用相结合，力求将技术、专业和标准有机结合，适用于对暖通行业的 AutoCAD 初、中级用户学习，也适合职业院校作为技能型人才培养的实践型教材。

本书内容

本书分为 3 部分共 14 章，编写时采用“先讲解技术知识，再讲解专业知识，后给专业案例”的思路，讲解时以讲解技术知识在暖通工程专业中的应用为主。

- 第一部分（第 1~9 章）：介绍 AutoCAD 的各个基本技术知识。第 1 章简单介绍 AutoCAD 的基础知识，及 AutoCAD 2021 的快速入门，并对天正软件进行了简要介绍；第 2~9 章介绍暖通专业制图需要的各种 AutoCAD 技术。其中，第 2、3 章对基本图形的绘制方法进行讲解；第 4 章对图形对象的编辑进行讲解；第 5 章介绍面域、图案填充；第 6 章介绍图形尺寸标注；第 7 章介绍文字与表格；第 8 章介绍块、外部参照和设计中心；第 9 章介绍对图形显示的控制。
- 第二部分（第 10~13 章）：从实际的工程设计出发，着重讲解暖通工程专业的相关知识，以及如何用 AutoCAD 软件绘制各种暖通专业图纸；第 10 章讲解暖通工程的制图标准；第 11 章讲解采暖工程图的绘制方法和技巧，包括采暖工程中各种类型图纸的制图要求和规范；第 12 章详细讲解了空调通风工程的制图方法和实际案例，同样包括空调通风工程中所涉及的各种类型的图纸制图要求和设计规范；第 13 章着重介绍冷热源工程中所涉及的各种图纸和专业制图规范。
- 第三部分（第 14 章）：着重介绍天正公司为暖通专业专门开发的 AutoCAD 二次开发软件——T20 天正暖通 V7.0，并详细讲解如何方便地使用该软件绘制暖通专业的各种图纸。

本书特点

本书实例典型，内容丰富，有很强的针对性。书中各章不仅详细介绍了实例的具体操作步骤，而且还配有一定数量的练习题供读者学习使用。读者只需按照书中介绍的步骤一步步地实际操作，就能完全掌握本书的内容。

- 内容全面。囊括了暖通空调设计的专业知识、国家标准、CAD 制图技术，以及各类常用暖通空调图纸的绘制，适合作为案头手册随时查阅。
- 范例专业。书中所有范例均精心挑选自实际工程项目。通过对这些范例的研读、操练，可以让读者真正体会到项目的真实制作方法和过程，保证学习的技能都是工作中所需要的。
- 突出实用性。本书不求面面俱到，但强调实用性，所以围绕暖通空调制图需要的技术进行讲解，并通过工程范例强化应用，加深理解，让读者能看得懂，学得会。

目标读者

- 大专院校暖通空调设计相关专业师生。
- 暖通专业的 AutoCAD 软件初、中级读者。
- 暖通工程专业各类 CAD 制图培训班。
- 暖通专业设计人员。

云下载

为了帮助读者更加直观地学习本书，将书中实例所涉及的全部操作文件都收录到云盘中供读者下载。主要内容包括两大部分：即 sample 文件夹和 video 文件夹，前者包含书中所有实例.dwg 源文件和工程文件；后者提供了适合 AutoCAD 多个版本学习的多媒体语音视频教学文件。可以扫描以下二维码下载，如果下载有问题，请用电子邮件联系 booksaga@126.com，邮件主题为“AutoCAD 暖通空调设计与天正暖通 THvac 工程实践：2021 中文版”。

本书内容在前期版本《AutoCAD 暖通空调设计与天正暖通 THvac 工程实践（2014 中文版）》的基础上跨越了 AutoCAD 软件 6 个版本进行升级与修订，主要由张传记、胡勇完成，对于前期版本的作者王磊、张秀梅等人的奉献，在此表示衷心的感谢。

编者力图使本书的知识性和实用性相得益彰，但由于作者水平有限，书中纰漏之处难免，欢迎广大读者、同仁批评斧正。

编者

2022 年 1 月

目录
Contents

第1章 AutoCAD制图基础

导言

计算机绘图是20世纪60年代发展起来的新兴学科，是随着计算机图形学理论及其技术的发展而发展的。CAD（Computer Aided Design）即计算机辅助设计，是一门基于计算机技术而发展起来的、与专业设计技术相互渗透、相互结合的多学科综合性技术。AutoCAD作为最强大的计算机绘图软件，具有易于掌握、使用方便和体系结构开放等优点，能够绘制二维图形和三维图形，标注尺寸、渲染图形及打印出图等功能，被广泛应用于机械、建筑、电子、航天、造船、石油化工、土木工程、冶金、地质、气象、纺织、轻工和商业等领域。计算机辅助设计随着电子技术的不断完善逐渐成为工程必备的专业技术。

1.1 计算机绘图基本知识

计算机辅助设计（CAD）是指利用计算机的计算功能和高效的图形处理功能，对产品进行辅助设计分析、修改和优化。它综合了计算机知识和工程设计知识的成果，并且随着计算机硬件性能和软件功能的不断提高而逐渐完善。使用计算机绘图的技术人员也属于计算机绘图系统组成的一部分，将软件、硬件及人三者有效地融合在一起，是发挥计算机绘图强大功能的前提。

1.1.1 AutoCAD绘图概述

自20世纪50年代问世以来，CAD技术已广泛应用于许多行业。美国Autodesk公司1982年12月推出计算机辅助设计与绘图软件AutoCAD，从第一版AutoCAD R1.0起，经历了若干次升级，最新版本已达到AutoCAD 2021，并且一直在持续升级完善。

Autodesk公司的产品在世界范围内有着广泛的市场。Autodesk公司非常重视其产品的推广，每年超过一百万的学生在全世界的工科院校或专门学校接受Autodesk产品的培训。在我国，大多数工科院校都讲授AutoCAD。目前，市面上有上百种AutoCAD软件和Autodesk其他产品的书籍在流行，有十余种关于AutoCAD和Autodesk其他产品的专业杂志在发行。AutoCAD、3ds Max等软件所运用的专业术语被公共媒介、杂志、图书和CAD用户所引用。

从这个意义上讲，AutoCAD不仅代表了一种计算机辅助绘图软件，而且真正代表了一种新的设计文化。

1.1.2 AutoCAD 主要功能

AutoCAD自问世以来的每一次升级，在功能上都得到了一定的增强，且日趋完善。目前已成为工程设计领域应用最广泛的计算机辅助绘图与设计软件之一。

1. 绘制与编辑图形

AutoCAD 2021的界面较以前传统界面有了很大的改变，其中以往界面中的菜单、工具栏等界面元素被舍掉，取而代之的是一些选项卡功能区面板，以及绘图区中的一些灵活实用的小工具，比如视口控件、导航栏等。

AutoCAD的“绘图”面板中包含丰富的绘图命令，使用它们可以绘制直线、构造线、多段线、圆、矩形、多边形、椭圆和椭圆弧等基本图形，也可将绘制的图形转换为面域，并对其进行填充。如果再借助“修改”面板中的修改命令，便可以绘制出各种各样的二维图形，如图1-1所示为使用AutoCAD绘制的二维图形。

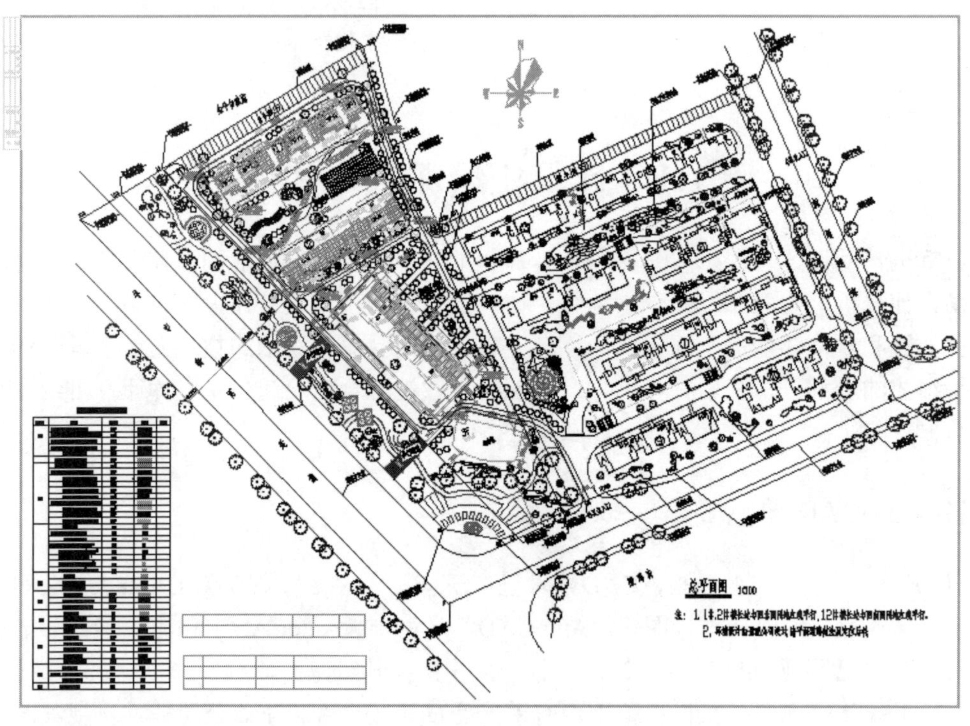

图 1-1　使用 AutoCAD 绘制的二维图形

AutoCAD不仅可以将一些二维图形通过拉伸、设置标高和厚度转换为三维图形，还可以使用“网格”选项卡|“图元”面板和“曲面”选项卡|“创建”面板中的各种命令绘制三维曲面、三维网格、旋转曲面等模型，使用“实体”选项卡|“图元”面板中的“多段体”“长方体”等命令绘制圆柱体、球体和长方体等基本实体。

此外，借助二维和三维编辑工具还可以绘制出各种各样的三维图形，如图1-2所示为使用AutoCAD绘制的三维图形。具体的技术方法将在后面的相关章节中详细介绍。

此外，在工程设计中，常常会遇到轴测图，它看似三维图形，但实际上是二维图形。轴测图是采用一种二维绘图技术模拟三维对象沿特定视点产生的三维平行投影效果，但是在绘制方法上不同于二维图形的绘制。使用AutoCAD可以非常方便地绘制出轴测图。在轴测模式下，可以将直线绘制成与坐标轴成30°、90°和150°等各种角度，也可以将圆绘制成椭圆形。如图1-3所示为使用AutoCAD绘制的轴测图。

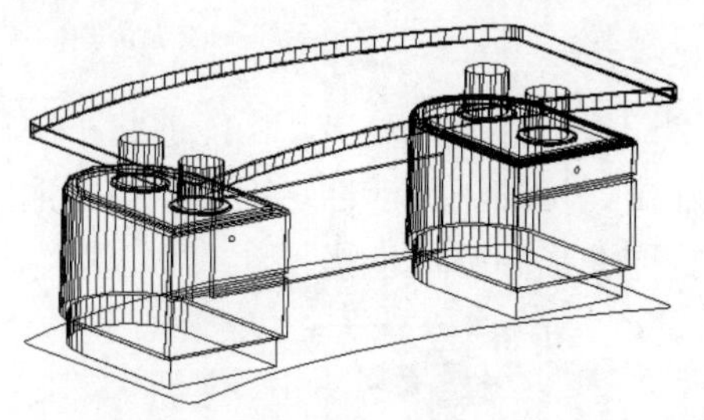

图 1-2　使用 AutoCAD 绘制的三维图形

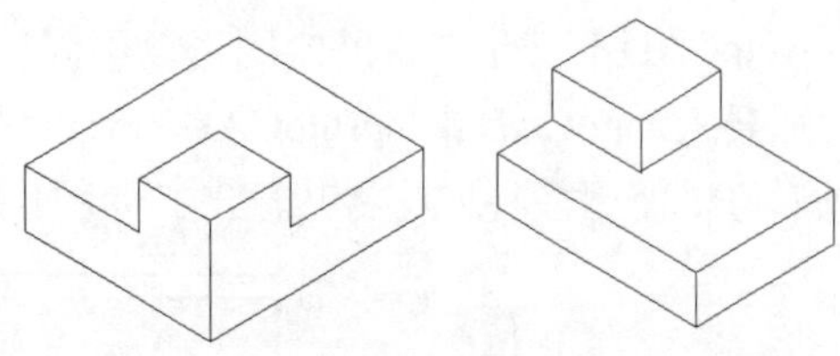

图 1-3　使用 AutoCAD 绘制的轴测图

2. 标注图形尺寸

标注尺寸是向图形中添加测量注释的过程，是整个绘图过程中不可缺少的一步。AutoCAD的“注释”选项卡|“标注”面板中包含一套完整的尺寸标注和编辑命令，使用它们可以在图形的各个方向上创建各种类型的标注，也可以方便快速地以一定格式创建符合行业或项目标准的标注。

标注显示了对象的测量值，对象之间的基本距离、角度或特征自指定原点的距离，还可以自由地进行文字标注。AutoCAD中提供了线性、半径和角度3种基本的标注类型，可以进行水平、垂直、对齐、旋转、坐标、基线或连续等标注。此外，还可以进行引线标注、公差标注以及自定义粗糙度标注。标注的对象可以是二维图形或三维图形。如图1-4所示为使用AutoCAD标注的二维图形。

3. 渲染图形

在AutoCAD中可以运用几何图形、光源和材质，将模型渲染为具有真实感的图像。如果是为了演示，可以全部渲染对象；如果时间有限或显示设备和图形设备不能提供足够的灰度等级和颜色，就不必精细渲染；如果只需要快速查看设计的整体效果，则可以简单消隐或着色图像。如图1-5所示为使用AutoCAD进行的基本着色效果图。

4. 控制图形显示

在AutoCAD中，可以方便地以多种方式放大或缩小所绘图形。对于三维图形，可以改变观察视点，从不同的方向显示图形，也可以将绘图窗口分成多个视口，从而能够在各个视口中以不同方位显示同一图形。此外，AutoCAD的导航栏中还提供了三维动态观察器和全导航控制盘等，利用它们可以动态地观察三维图形。

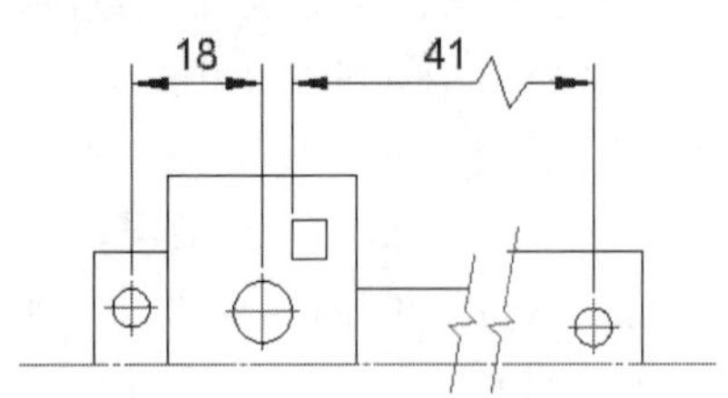

图 1-4 使用 AutoCAD 标注的二维图形

图 1-5 使用 AutoCAD 着色渲染图形

5. 打印图形

AutoCAD不仅允许将所绘图形以不同样式通过绘图仪或打印机输出，还能够将不同格式的图形导入AutoCAD或将AutoCAD图形以其他格式输出，增加了灵活性。因此，当图形绘制完成后可以使用多种方法将其输出。如图1-6所示为打印图形的基本步骤。

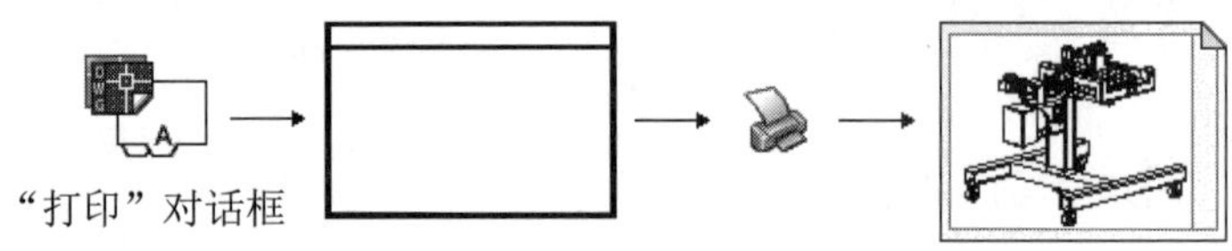

图 1-6 打印的基本步骤

在功能区单击“输出”选项卡|“打印”面板|“打印”按钮，打开如图1-7所示的“打印-模型”对话框。在“页面设置”选项组的“名称”下拉列表框中可以选择所要应用的页面设置名称。如果不需要对页面进行设置，可以选择“<无>”选项。在“打印机/绘图仪”选项组的“名称”下拉列表框中可以选择要使用的绘图仪。

在“图纸尺寸”下拉列表框中可以选择合适的图纸幅面，如图1-8所示，并且在右上角可以预览图纸幅面的大小。

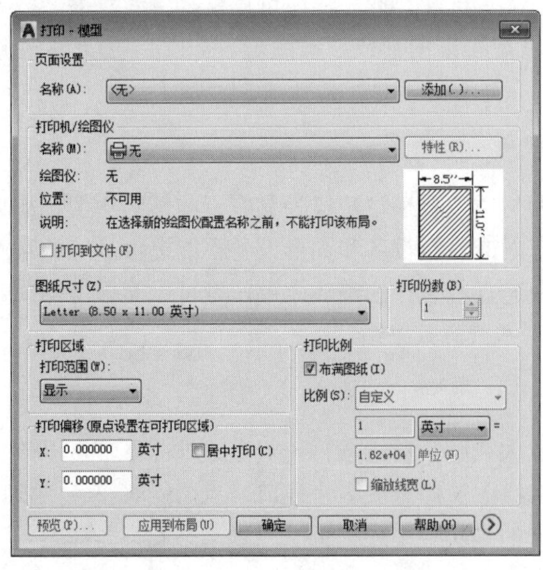

图 1-7 “打印-模型”对话框

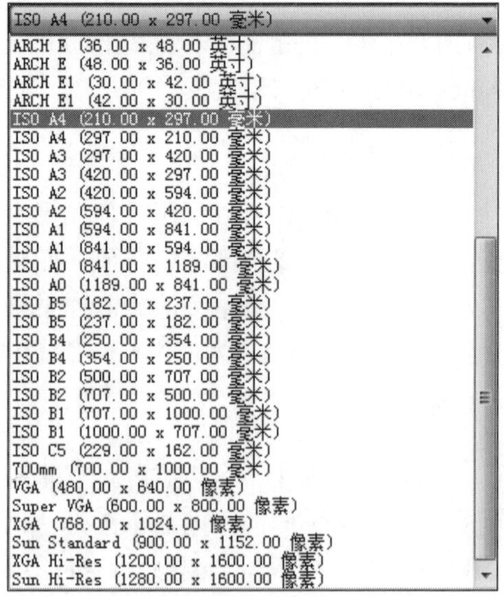

图 1-8 “图纸尺寸”下拉列表框

在“打印区域”选项组中，可以用以下几种方法来确定打印范围：

- “图形界线”表示打印布局时，将打印指定图纸尺寸的页边距内的所有内容，其原点从布局中的点（0，0）计算得出。
- “显示”表示打印选定的“模型”选项卡当前视口中的视图或布局中的当前图纸空间视图。
- “窗口”表示打印指定的图形的任何部分，这是直接在模型空间打印图形时最常用的方法。选择“窗口”选项后，命令行会提示用户在绘图区指定打印区域。
- “范围”用于打印图形的当前空间部分，当前空间内的所有几何图形都将被打印。

在“打印比例”选项组中，当选中“布满图纸”复选框后，其他选项将显示为灰色，表示不可用。撤选“布满图纸”复选框，可以重新对比例进行设置。

单击“打印-模型”对话框右下角的按钮，可展开“打印-模型”对话框。在“打印样式表”下拉列表框中可以选择合适的打印样式表，在“图纸方向”选项组中可以选择打印图形的方向和文字的位置。

单击“预览”按钮可以对打印图形效果进行预览，若对某些设置不满意，还可以返回修改。在预览中，按Enter键可以退出预览返回“打印-模型”对话框，单击“确定”按钮进行打印。

当需要输出多个文件时，可以在命令行输入PUBLISH，执行“发布”命令，在打开如图1-9所示的“发布”对话框中对多个文件进行发布。

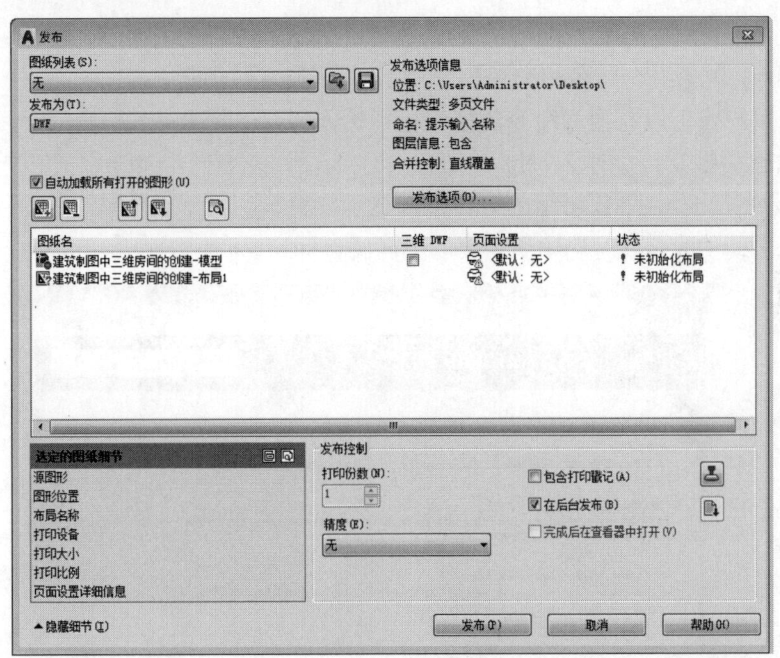

图1-9 “发布”对话框

1.1.3 AutoCAD 帮助系统

在使用AutoCAD的过程中，用户不可避免地会遇到一些问题，AutoCAD提供了强大的帮助功能，善加利用就可以快速解决许多问题。

在界面标题栏上单击“帮助”按钮⑦，或者按F1键，或者在命令行中输入HELP命令，都可以打开如图1-10所示的“Autodesk AutoCAD 2021-帮助”对话框。

图 1-10　“Autodesk AutoCAD 2021-帮助”对话框

在帮助对话框的初始界面上，用户可以下载脱机帮助和示例文件，还可以连接到Autodesk社区、讨论组、博客和AUGI，提供一些资源文件信息。

当然，用户也可以在搜索命令的搜索栏中输入想要查找的主题关键字，如输入help，如图1-11所示，按Enter键，则弹出如图1-12所示的对话框，显示与关键字相关的帮助主题，此时选中所需要的主题阅读即可。

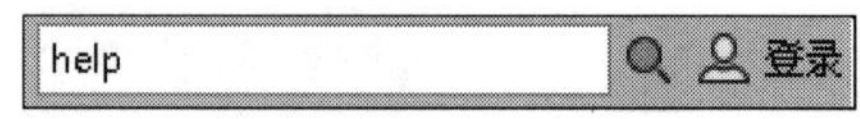

图 1-11　输入主题关键字

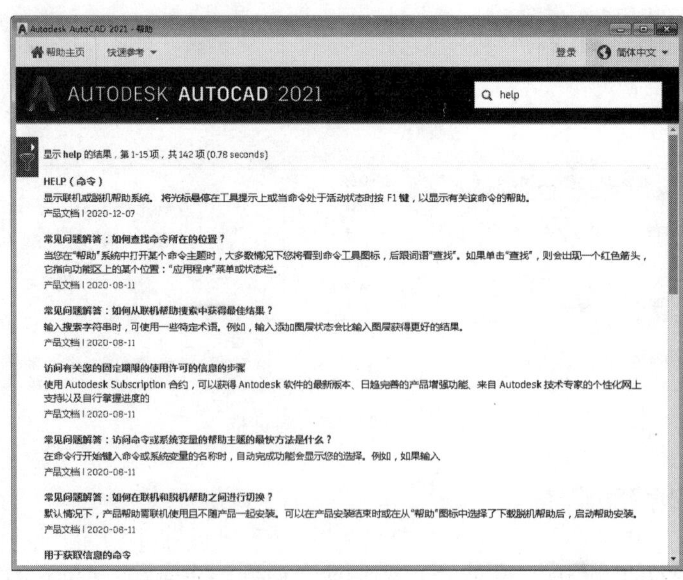

图 1-12　显示帮助主题

1.2 AutoCAD 2021快速入门

1.2.1 CAD 图样建立

学习AutoCAD 2021，首先应该学会如何按要求建立一张CAD图样，通过设置后创建的新图形，可以避免绘制新图形时要进行的有关绘图设置、绘制相同图形对象等重复操作，不仅提高了绘图效率，还保证了图形的一致性。

1. 使用向导新建工程图

（1）系统变量 FILEDIA 与 STARTUP

首先介绍两个系统变量：FILEDIA与STARTUP。系统变量FILEDIA的作用是控制对话框的显示，当变量的值为0时，在执行相应的命令时不显示对话框，所有操作将在命令行中执行；当变量的值为1时，将显示对话框。通常情况下，系统默认变量值为1，一般不修改该变量。

系统变量STARTUP的作用是当单击“快速访问”工具栏上的“新建”按钮时，控制是否打开“创建新图形”对话框。当变量的值为1时，单击“快速访问”工具栏上的“新建”按钮，打开“创建新图形”对话框，单击“使用向导”按钮，使用快速设置和高级设置向导来创建新图形。当变量值为0时，单击“快速访问”工具栏上的“新建”按钮，弹出如图1-13所示的“选择样板”对话框，可以在样板的列表框中选择合适的样板创建新图形，在右侧“预览”区域可以对选择的样板进行预览，确定后单击“打开”按钮，即可以使用选择的模板新建一张图。也可以在“打开”下拉列表框中选择“英制”或“公制”的无样板打开。

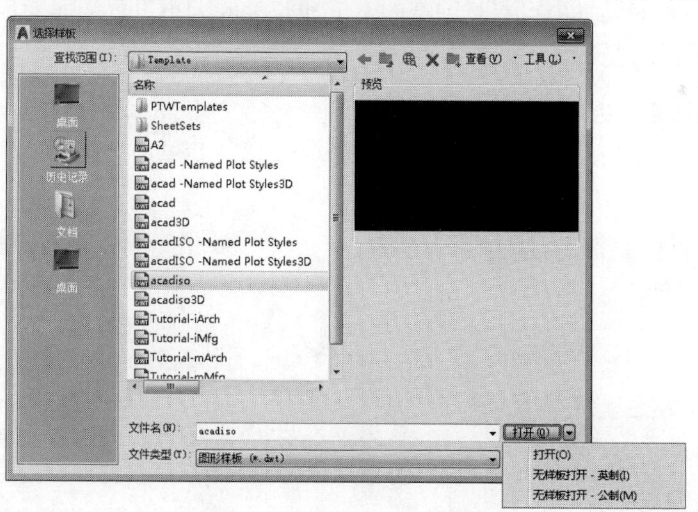

图 1-13 “选择样板”对话框

将STARTUP系统变量设置为1，将FILEDIA系统变量设置为1。这样就可以在选择“文件”|“新建”命令时打开“创建新图形”对话框，命令行提示信息如下：

```
命令: STARTUP
输入 STARTUP 的新值 <1>: 1
```

```
命令：FILEDIA
输入 FILEDIA 的新值 <1>: 1
```

（2）“快速设置”选项

单击“快速访问”工具栏上的“新建”按钮，打开“创建新图形”对话框，如图1-14所示，在该对话框中单击“使用向导”按钮，在对话框中出现“快速设置”和“高级设置”两个选项。选择“快速设置”选项，并单击“确定”按钮，弹出“快速设置”对话框，如图1-15所示。

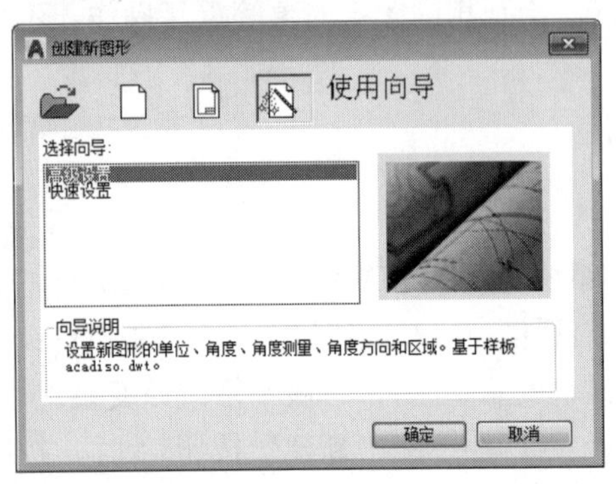

图 1-14 “创建新图形”对话框

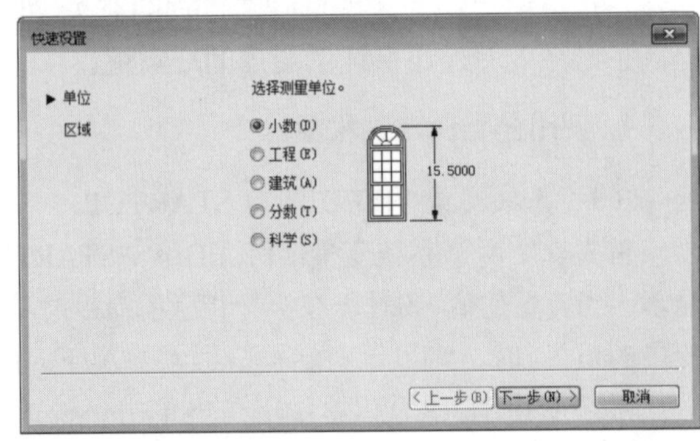

图 1-15 显示“单位”设置的“快速设置”对话框

“快速设置”是基于样板acadiso.dwt对新图形的单位和区域进行设置。“快速设置”向导还可以将文字高度和捕捉间距等设置修改成合适的比例。“快速设置”分为两个步骤：“单位”设置和“区域”设置。选择“快速设置”命令，在打开的对话框中首先设置“单位”。

“单位”设置完成后，单击“下一步”按钮，进入“区域”设置对话框，如图1-16所示。

在“区域”设置对话框中可以把图纸的宽度和长度的大小设置为如图1-16所示的A3图纸的大小，也可以根据需要设置图纸的大小。

（3）“高级设置”选项

选择“创建新图形”对话框中的“高级设置”选项，并单击“确定”按钮，将弹出“高级设置”对话框，如图1-17所示。

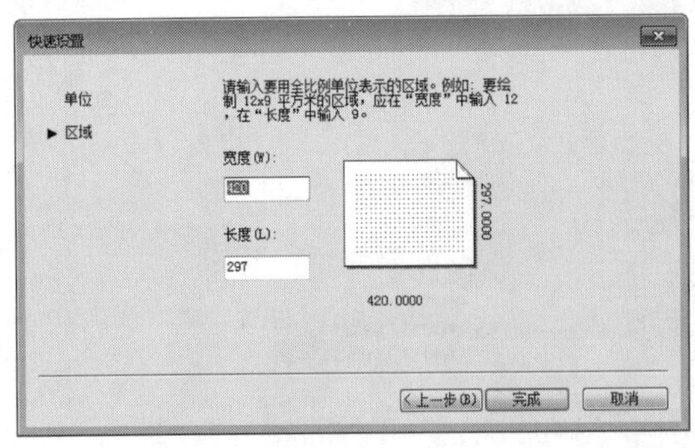

图 1-16 显示“区域”设置的“快速设置”对话框

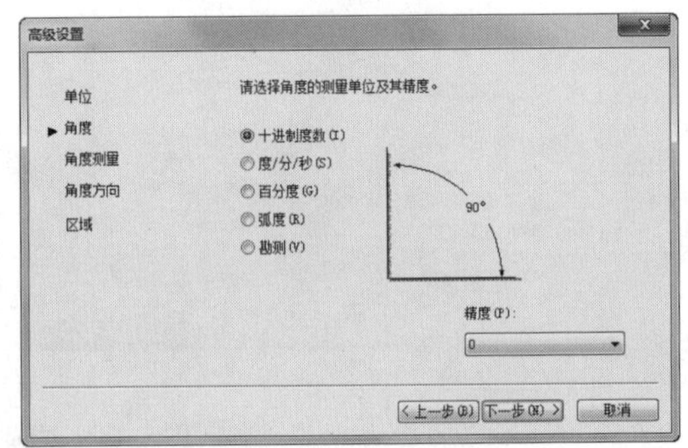

图 1-17 显示“角度”设置的“高级设置”对话框

“高级设置”对话框除了可以设置单位和区域，也可以进行角度、角度测量和角度方向的设置，还可以将文字高度和捕捉间距等设置修改成合适的比例。高级设置共有“单位”“角度”“角度测量”“角度方向”和“区域”5个设置步骤。

选择“高级设置”，并单击“确定”按钮，打开“单位”设置对话框，设置方法同“快速设置”的单位设置。单击“下一步”按钮，显示如图1-17所示的设置“角度”的“高级设置”对话框，用户可以在该对话框中设置“十进制度数”“度/分/秒”“百分度”“弧度”和“勘测”5种角度单位，在“精度”下拉列表框中可以设置角度测量单位的精度格式。

单击“下一步”按钮，显示如图1-18所示的设置“角度测量”的“高级设置”对话框，以角度测量的起始方向进行设置，有“东”“北”“西”“南”和“其他”5个方向设置可供选择。选中“其他”单选按钮，其下面的文本框被激活，可以输入合适的角度作为测量的起始方向。

单击“下一步”按钮，显示如图1-19所示的设置“角度方向”的“高级设置”对话框，可以根据需要选择角度测量的方向，系统提供了“逆时针”和“顺时针”两个选项按钮。

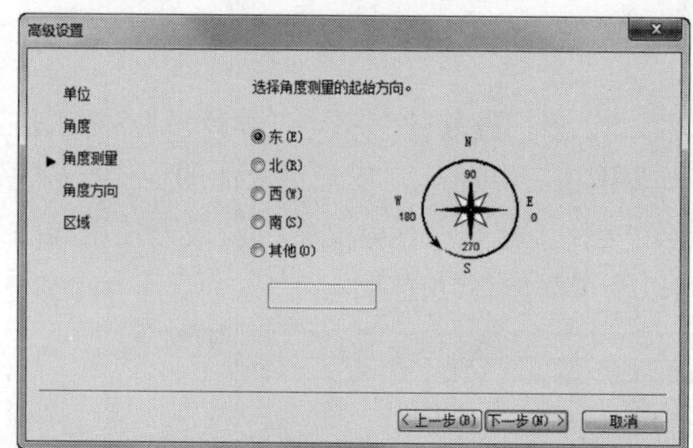

图1-18　显示“角度测量”设置的“高级设置”对话框

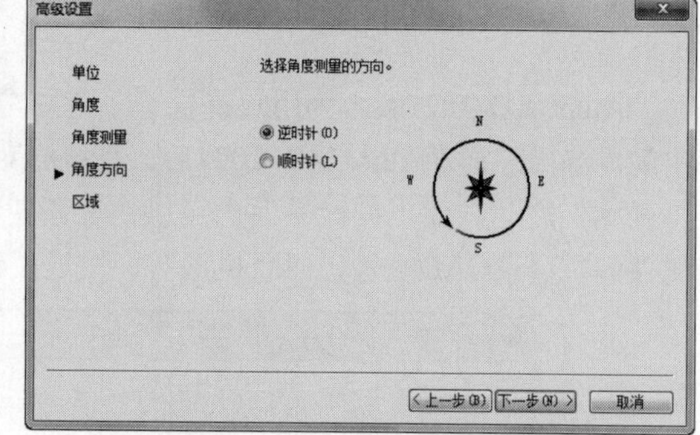

图1-19　显示“角度方向”设置的“高级设置”对话框

单击“下一步”按钮，显示设置“角度方向”的“高级设置”对话框，设置的方法与“快速设置”中的区域设置方法相同。

2. 使用样板新建工程图

单击“使用样板”按钮，打开如图1-20所示的“创建新图形”对话框，可以在“选择样板”列表框中选择合适的样板来创建图形。

3. 使用默认设置新建工程图

单击“从草图开始”按钮，打开如图1-21所示的对话框。可以选择“英制”和“公制”两种方式创建新图形，单击“确定”按钮后，系统将使用“英制”或“公制”作为默认的设置。

一般在AutoCAD 2021启动时，会自动生成一张系统默认的图纸，也可以直接单击“快速访问”工具栏上的“新建”按钮。“创建新图形”对话框为创建新图形提供了多种方法，选定的设置决定系统变量要使用的默认值，这些系统变量可以控制文字、标注、栅格、捕捉及默认的线型和填充图案文件。

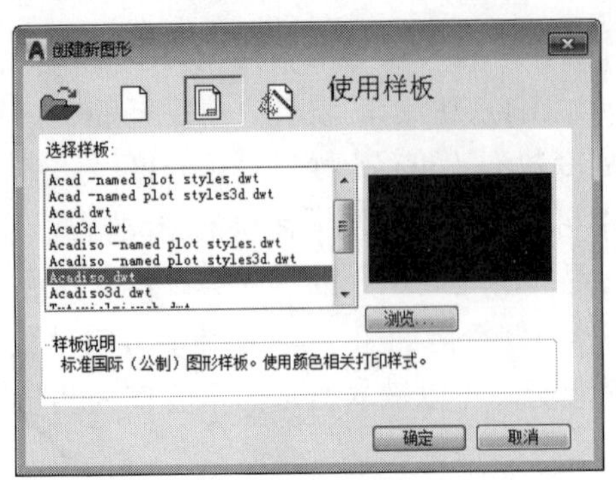

图 1-20　创建新图形：选择样板

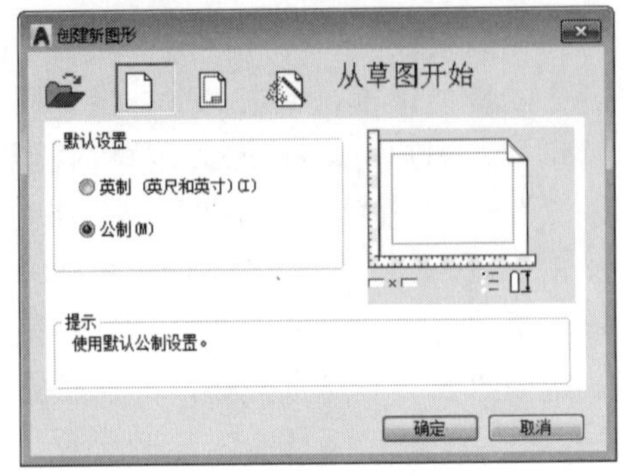

图 1-21　创建新图形：默认设置

1.2.2　AutoCAD 的工作界面

AutoCAD 2021版本为用户提供了“草图与注释”“三维基础”和“三维建模”3种工作空间。当用户启动AutoCAD 2021后，系统将对其界面进行初始化，而后进入如图1-22所示的“开始”启动界面，在此界面内可以快速新建绘图文件、打开已存盘文件以及最近使用过的文件等，登录CAD账号访问联机服务、发送反馈以及了解软件功能等。

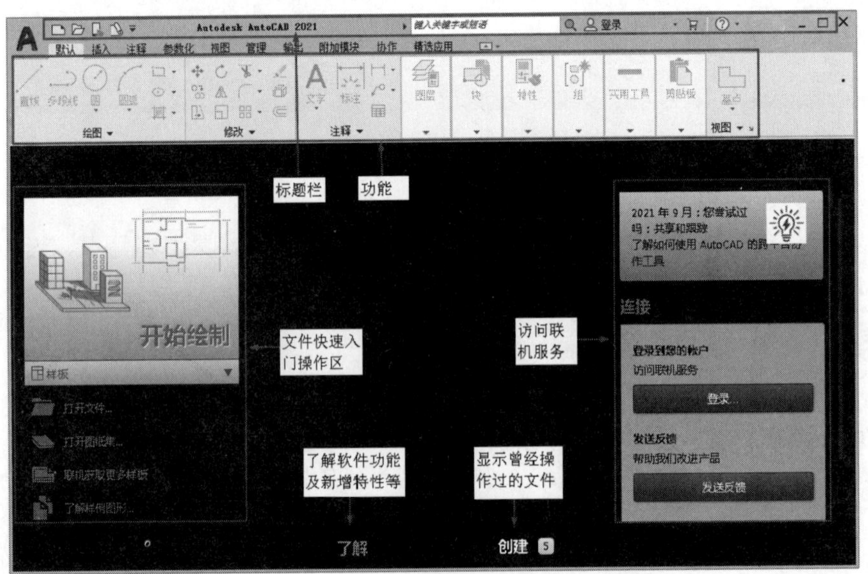

图 1-22　“开始”启动界面

在“文件快速入门”区新建或打开了一个文件后，则会进入AutoCAD2021 软件界面，默认进入的是“草图与注释”工作空间下的界面，如图1-23所示。该工作空间仅包含与二维草图和注释相关的选项卡和各功能区面板。

由于新版的界面隐藏了传统的菜单和工具栏等界面元素，取而代之的是选项卡、功能区面板以及便于快速访问的小工具。如果需要切换到其他工作空间，可以通过单击状态栏上的“切换工作空间”按钮⚙ ▾，在展开的菜单中切换工作空间，还可以展开“快速访问工具栏”上的“工作空间”下拉列表，进行切换、保存和自定义工作空间，如图1-24所示。

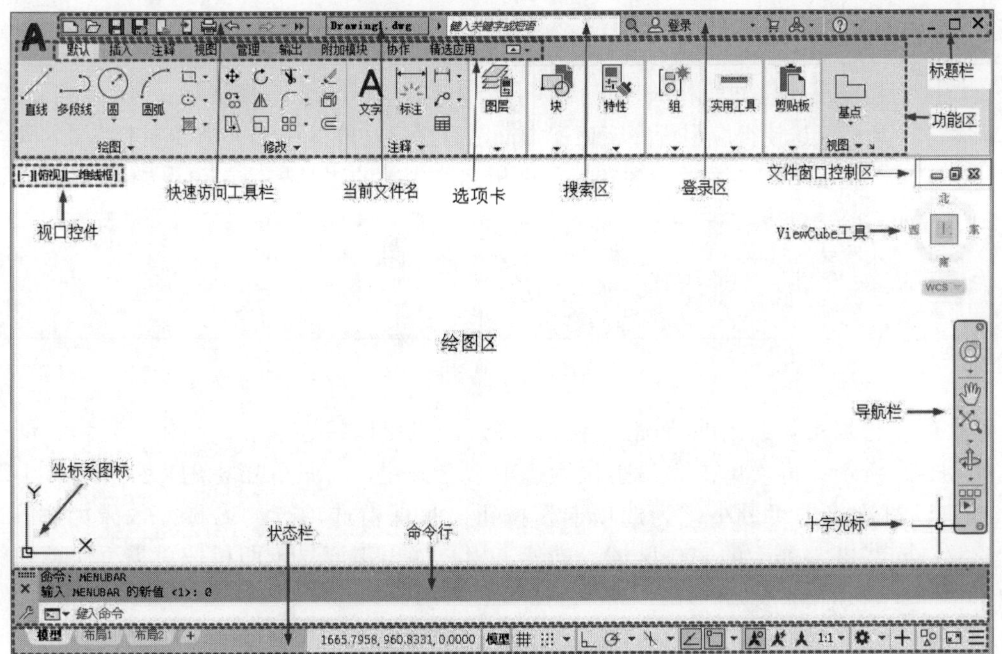

图 1-23 “草图与注释”工作空间

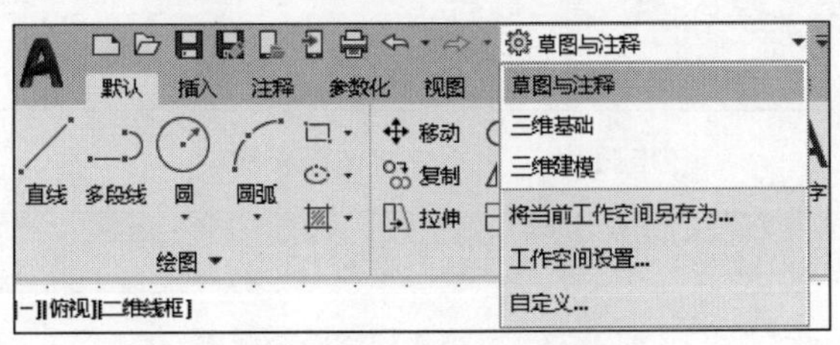

图 1-24 切换工作空间

默认AutoCAD 2021“草图与注释”工作空间包括标题栏、选项卡功能区、绘图区、命令行、状态栏等元素。具体内容如下：

1. 标题栏

标题栏位于软件主窗口的最上方，由菜单浏览器、快速访问工具栏、标题、搜索命令、登录到Autodesk 360按钮、帮助按钮、最小化（最大化）按钮、关闭按钮等组成。

- 菜单浏览器集中了一些常用的菜单选项，用户可以在菜单浏览器中查看最近使用过的文件和菜单命令，还可以查看打开文件的列表。
- 快速访问工具栏定义了一系列经常使用的工具，单击相应的按钮即可执行相应的操作，用户可以自定义快速访问工具。系统默认提供工作空间、新建、打开、保存、另存为、打印、放弃和重做 8 个快速访问工具，用户将光标移动到相应的按钮上，会弹出功能提示。
- 搜索命令可以帮助用户同时搜索多个源（例如，帮助、新功能专题研习、网址和指定的文件），也可以搜索单个文件或位置。
- 标题显示了当前文档的名称，最小化按钮、最大化（还原）按钮、关闭按钮，控制应用程序和当前图形文件的最小化、最大化和关闭。

2. 功能区

功能区为当前工作空间的相关操作提供了一个单一、简洁的放置区域。使用功能区时无需显示多个工具栏，这使得应用程序窗口变得简洁有序。功能区由若干个选项卡组成，每个选项卡又由若干个面板组成，面板上放置了与面板名称相关的工具按钮，效果如图1-25所示。

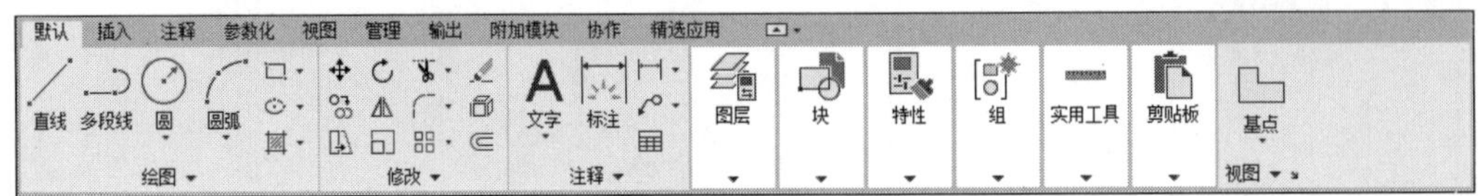

图 1-25　功能区

用户可以根据实际绘图的情况，将面板展开，也可以将选项卡最小化，只保留面板按钮，如图1-26所示；再次单击“最小化为选项卡”按钮，可只保留标题，效果如图1-27所示；也可以再次单击“最小化为选项卡”按钮，只保留选项卡的名称，效果如图1-28所示，这样就可以获得最大的工作区域。当然，用户如果需要显示面板，只需再次单击该按钮即可。

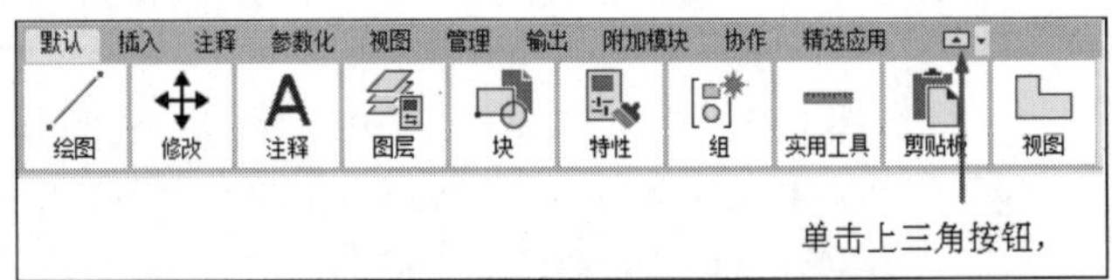

图 1-26　最小化保留面板按钮

图 1-27　最小化保留面板标题

图 1-28　最小化保留选项卡名称

另外，在功能区任一位置上右击，通过快捷菜单上的“显示选项卡”级联菜单，也可以控制选项卡及面板的显示与隐藏状态。

3. 绘图区

绘图区是用户的工作窗口，用户所做的一切工作（如绘制图形、输入文本、标注尺寸等）均要在该区中得到体现。该窗口内的选项卡用于图形输出时模型空间和图纸空间的切换。

绘图区的左下方可见一个L型箭头轮廓，这就是坐标系图标，它指示了绘图的方位，三维绘图很依赖这个图标。图标上的X和Y指出了图形的X轴和Y轴方向，⊾图标说明用户正在使用的是世界坐标系（World Coordinate System）。

视口控件显示在绘图区左上角，提供更改视图、视觉样式和其他设置的便捷方式。

十字光标用于定位点、选择和绘制对象，由定点设备（如鼠标、光笔）控制。当移动定点设备时，十字光标的位置会作相应的移动，就像手工绘图中的笔一样方便，并且可以通过OPIONS命令，在弹出的“选项”对话框中改变十字光标的大小（默认大小是5）。

4. 命令行

命令行提示区是通过键盘输入的命令、数据等信息显示的地方，用户通过菜单和工具栏执行的命令也将在命令行中显示执行过程。每个图形文件都有自己的命令行，默认状态下，命令行位于系统窗口的下面，用户也可以将其拖动到屏幕的任意位置。

文本窗口是记录AutoCAD命令的窗口，是放大的命令行窗口，它记录了用户已执行的命令，也可以用来输入新命令。用户可以通过下面2种方式来打开文本窗口：在命令行中执行TEXTSCR命令；按F2键。

5. 状态栏

状态栏位于工作界面的底部，坐标显示区显示十字光标当前的坐标位置，单击一次，则呈灰度显示，固定当前坐标值，数值不再随光标的移动而改变，再次单击则恢复。辅助工具区集成了用于辅助制图的一些工具，常用工具区集成了一些在制图过程中经常会用到工具，如图1-29所示。

图 1-29　状态栏

1.2.3　用 QSAVE 和 SAVEAS 命令存储图形

QSAVE和SAVEAS命令是AutoCAD中保存图形文件的命令，其中QSAVE命令用于首次存储图形文件，SAVEAS命令用于将图形文件另存。

1. 用QSAVE（SAVE）命令存储图形

单击“快速访问”工具栏上的“保存”按钮，或者在命令行中输入QSAVE后按Enter键，打开如图1-30所示的“图形另存为”对话框，在“保存于”下拉列表框中选择文件的保存路径，在“文件名”文本框中输入文件名，单击“保存”按钮完成文件的保存。

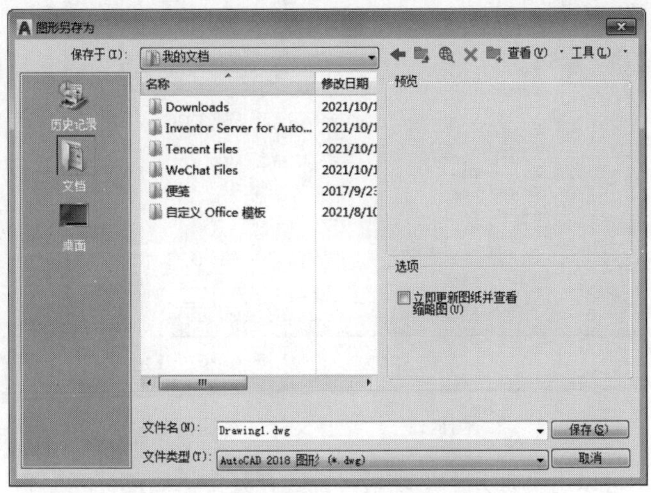

图 1-30　“图形另存为”对话框

2. 用SAVEAS命令将图形另存

SAVEAS命令可存储未命名或重命名文件，单击“快速访问”工具栏上的“另存为”按钮，或者在命令行中输入SAVEAS后按Enter键，AutoCAD 2021就会打开如图1-30所示的“图形另存为”对话框，重新指定目录及文件名，然后单击“保存”按钮即可。

默认情况下，文件以“AutoCAD 2018图形（*.dwg）”格式保存，也可以在“文件类型”下拉列表框中选择其他格式，如图1-31所示。在保存格式中，DWG是AutoCAD的图形文件，DWT是AutoCAD的样板文件，这两种格式最常用。

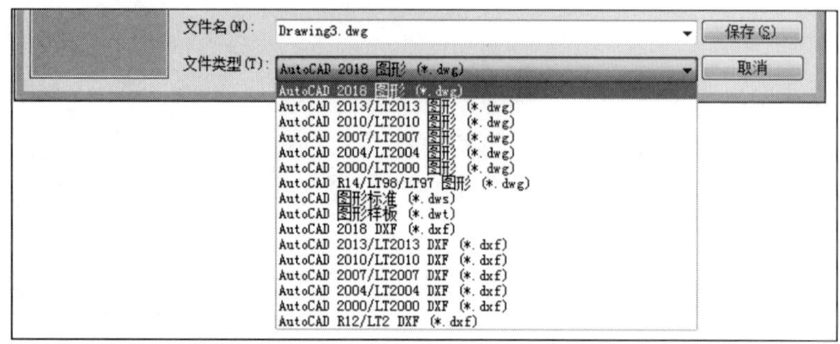

图 1-31　“文件类型”下拉列表框

1.2.4　用 OPEN 命令打开一张图

单击“快速访问”工具栏上的按钮，或者在命令行中输入OPEN后按Enter键，此时将打开“选择文件”对话框，如图1-32所示，选择需要打开的图形文件，在右边的“预览”框中将显示该图形的预览图像。默认打开的图形文件为“图形（*.dwg）”格式。

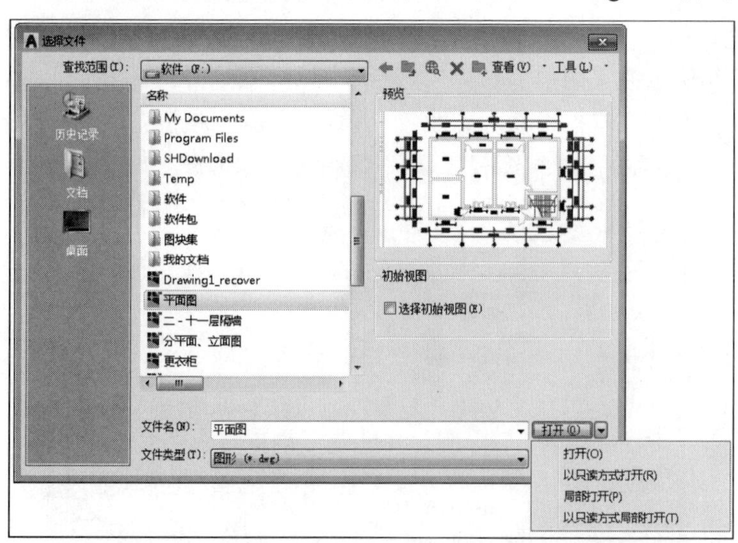

图1-32　“选择文件”对话框

在AutoCAD中，可以用“打开”“以只读方式打开”“局部打开”和“以只读方式局部打开”4种方式打开图形文件。当以“打开”和“局部打开”方式打开图形时，可以对打开的图

形进行编辑；当以"以只读方式打开"和"以只读方式局部打开"方式打开图形时，则无法对打开的图形进行编辑。

1.2.5 退出 AutoCAD 2021

退出AutoCAD 2021时，不可以直接关机，否则会丢失文件，应该按以下的方法进行：

- 单击界面左上角的A图标，在弹出的菜单中选择"退出 AutoCAD 2021"命令。
- 单击标题栏中的"关闭"按钮X。
- 在命令行中输入 EXIT 或 QUIT 命令。

如果当前的操作图形没有存盘，执行退出命令后，AutoCAD会自动弹出确认退出的对话框，如图1-33所示。

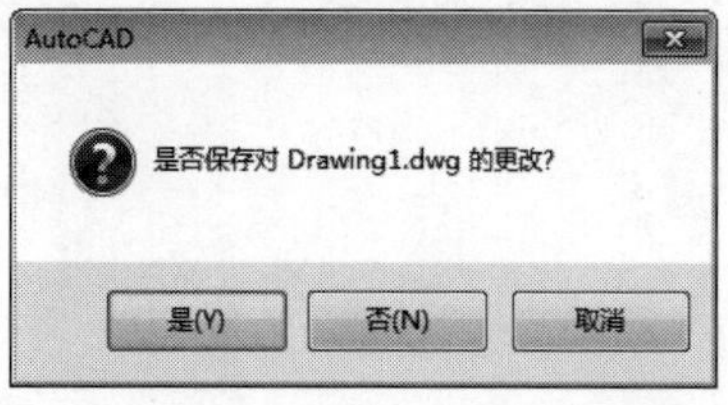

图 1-33 退出 AutoCAD 时的保存提示

1.3 AutoCAD 2021图形的环境设置

一般情况下，用户安装好AutoCAD 2021后，就可以在其默认的设置下绘制图形，有时为了使用特殊的定点设备、打印机或为了提高绘图效率，需要在绘制图形前先对系统参数、绘图环境进行必要的设置。

1.3.1 设置系统参数选项

在绘图区右击，选择快捷菜单上的"选项"命令，或者在命令行中输入OPIONS或OP后按Enter键，执行"选项"命令，打开"选项"对话框，如图1-34所示，可以在"文件""显示""打开和保存""打印和发布""系统""用户系统配置""绘图""三维建模""选择集"和"配置"等选项卡中设置相关参数。

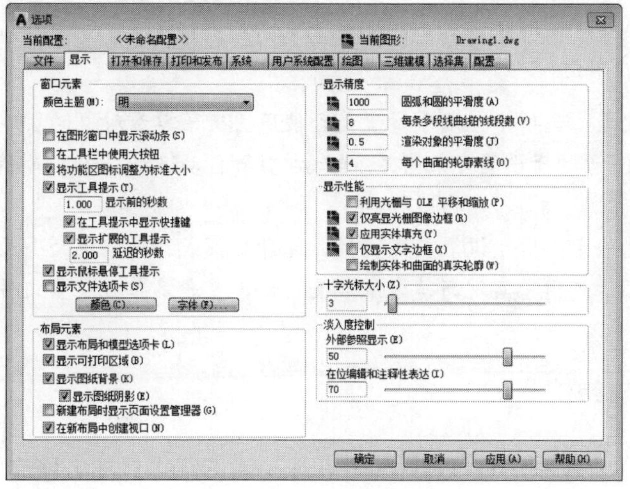

图 1-34 "选项"对话框

- “文件”选项卡：用于确定 AutoCAD 2021 搜索支持文件、驱动程序文件、菜单文件和其他文件时的路径及用户定义的一些设置。
- “显示”选项卡：用于设置窗口元素、布局元素、显示精度、显示性能、十字光标大小和参照编辑的褪色度等显示属性。AutoCAD 2021 起始界面的绘图区是黑色的，如果不习惯这种设置可以选择将其设置为白色。在“选项”对话框中切换到“显示”选项卡，单击“颜色”按钮，打开“图形窗口颜色”对话框，在“颜色”下拉列表框中选择“白”选项，如图 1-35 所示。

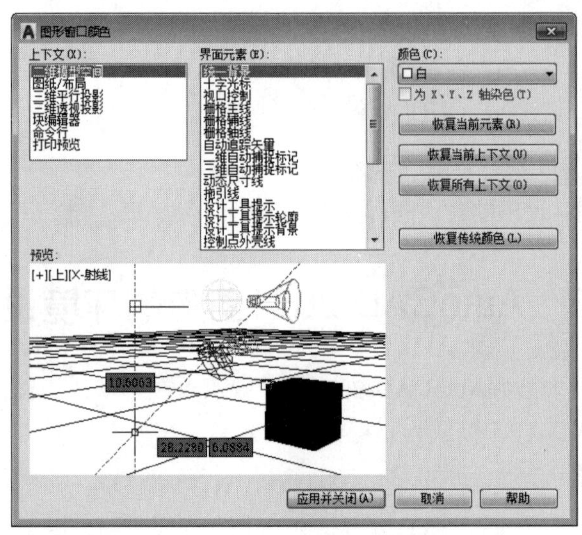

图 1-35　“图形窗口颜色”对话框

- “打开和保存”选项卡：用于设置是否自动保存文件、自动保存文件的时间间隔、是否保存日志和是否加载外部参照等。
- “打印和发布”选项卡：用于设置 AutoCAD 的输出设备。默认输出设备为 Windows 打印机。但在很多情况下，为了输出较大幅面的图形，用户也可能要使用专门的绘图仪。
- “系统”选项卡：用于设置当前三维图形的显示特性、设置定点设备、是否显示 OLE 特性对话框、是否显示所有警告信息、是否检查网络连接、是否显示启动对话框和是否允许长符号名等。
- “用户系统配置”选项卡：用于设置是否使用快捷菜单和对象的排序方式。
- “绘图”选项卡：用于设置对象捕捉、自动捕捉、自动追踪、自动捕捉标记框颜色和大小、靶框大小。
- “选择集”选项卡：用于设置夹点特性、选择集模式、拾取框大小及夹点大小等。
- “配置”选项卡：用于实现新建系统配置文件、重命名系统配置文件及删除系统配置文件等操作。

1.3.2　绘图比例与单位

图样中机件要素的线性尺寸与实际机件相应要素的线性尺寸之比称为比例。国际规定，在绘图时一般采用规定的比例，如表1-1所示（其中n为正整数）。

表 1-1　规定的比例

比例说明	比　例　值
与实物相同	1:1
缩小的比例	1:1.5　1:2　1:3　1:4　1:5　$1:10^n$　$1:1.5\times10^n$　$1:2\times10^n$　$1:2.5\times10^n$　$1:5\times10^n$
放大的比例	2:1　2.5:1　4:1　（10×n）:1

图样不论放大还是缩小，在标注尺寸时都要按机件的实际尺寸标注。每张图样上均要在标题栏的“比例”栏中填写比例，如1:1或1:2等。

绘制图样时，尽可能地按机件的实际大小绘制，即比例为1:1绘制，这样方便从图样中直接看出机件的真实大小。一般选择比例的原则是根据机件的大小及复杂程度来确定的，对于大而简单的机件采用缩小的比例；而对于小而复杂的机件则可以采用放大的比例。

如果按1:n的比例来绘制图形，则比例因子就是n。例如，绘图比例为1:10，则比例因子就是10。假定要绘制一个60cm×80cm的机件，使用的图纸为A3幅面（297mm×420mm）。此外，要考虑绘图时留出边界（约25mm），标题栏区域为56mm×180mm，则图纸上实际可用的区域为190mm × 215mm 。由于600/190=3.16，800/215=3.72，比例因子则取两者之中较大者（3.72），因此比例因子采用4。

在AutoCAD 2021中提供了适合任何专业绘图的绘图单位，如英寸、毫米等，而且精度范围大。在命令行输入UNITS或UN后按Enter键，可执行“单位”命令，打开“图形单位”对话框，如图1-36所示。可以根据需要来设置绘图时使用的长度单位、角度单位及单位的显示格式和精度等参数。

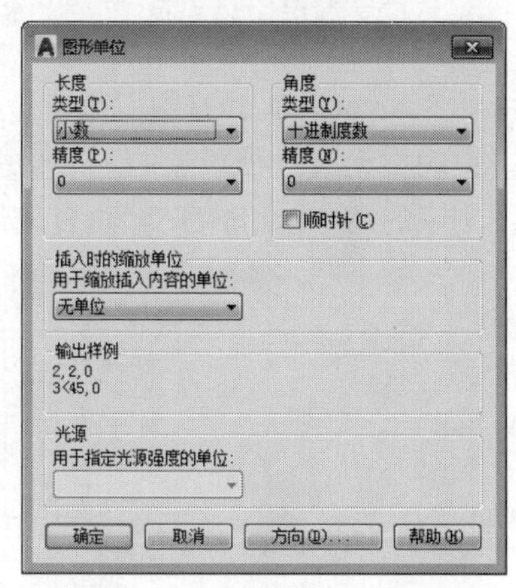

图 1-36　“图形单位”对话框

- 长度：在“长度”选项组中，可以分别利用“类型”和“精度”设置图形单位的长度类型和精度。默认“长度”类型为“小数”，“精度”是小数点后 4 位。
- 角度：在“角度”选项组中，可以设置图形的角度类型和精度。从“类型”下拉列表框中有“百分度”“度/分/秒”“弧度”“勘测单位”和“十进制度数”5 种角度类型，选择一个适当的角度类型，如“十进制度数”，然后在“精度”下拉列表框中选择角度单位的显示精度。默认角度是以逆时针方向为正方向，如果选中“顺时针”复选框，则以顺时针的方向为正方向。
- 插入时的缩放单位：在该选项组的“用于缩放插入内容的单位”下拉列表框中，可以选择设计中心块的图形单位，默认情况下为单位跟新建文件时所选择的样板文件有关，当选择了 acadiso 类型的样板时，默认单位则为毫米，反之为英寸。
- 旋转方向：在“图形单位”对话框中单击“方向”按钮，打开“方向控制”对话框，如图 1-37 所示。可以设置起始角 0° 的方向，默认 0° 方向是指向右（即正东方或三点钟）的方向，逆时针方向为角度增加的正方向。在“方向控制”对话框的“基准角度”选项组中，可以通过 5 个角度选项改变角度测量的起始位置。选中“其他”单选按钮时，可以单击“拾取角度”按钮，切换到图形窗口中，通过拾取两个点来确定基准角度 0° 的方向。

- 光源：在“光源”选项组中，可以根据自己的视觉和实际需要选择光源类型。将光源应用于三维图形会产生很好的视觉效果。如图 1-38 所示为光源的应用效果。

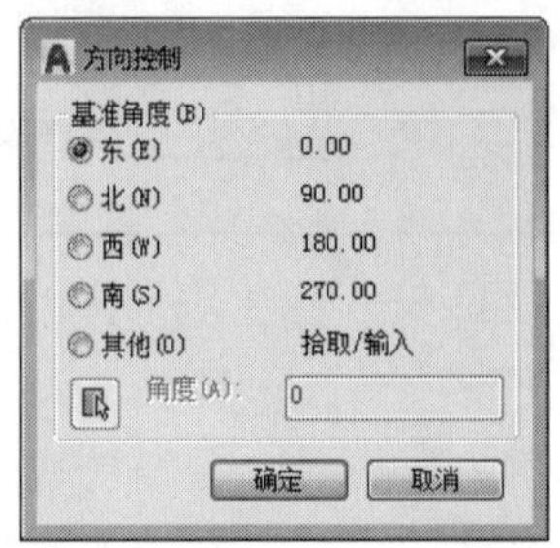

图 1-37 “方向控制”对话框

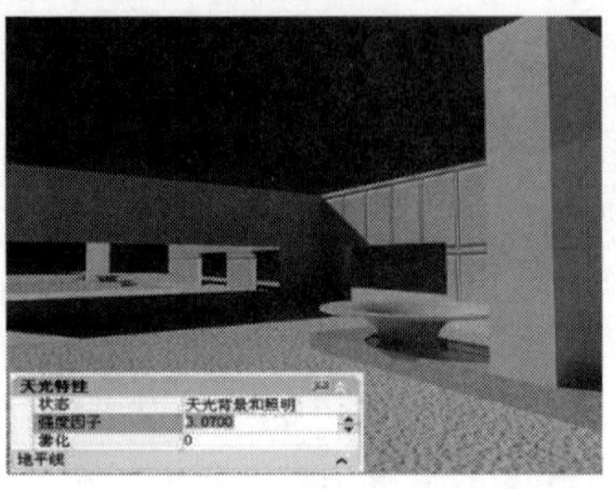

图 1-38 光源应用效果

1.3.3 设置图形界限

在AutoCAD 2021中，无论是使用真实尺寸绘图，还是用变化后的数据绘图，都可以在模型空间中设置一个想象的矩形绘图区域，称为图限，以便绘图更加规范和便于检查。设置绘图图限的命令为LIMITS，可以使用栅格来显示图限区域，如图1-39所示。

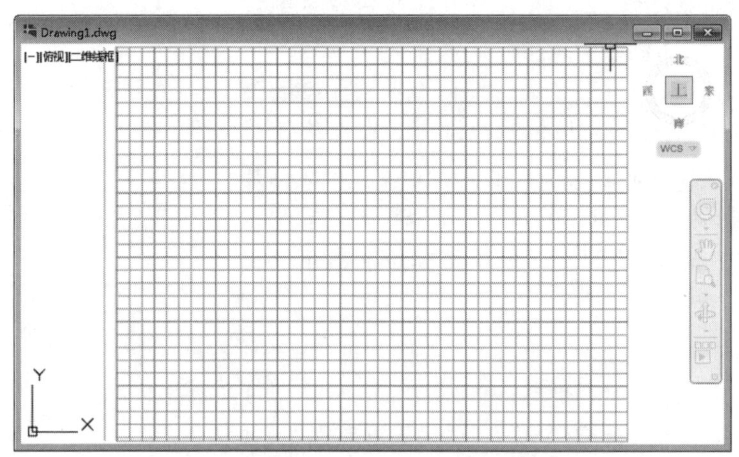

图 1-39 使用栅格显示图限区域

在世界坐标系下，图限由一对二维点确定，即左下角和右上角点。在命令行输入LIMITS后按Enter键，执行“图形界限”命令，设置图形界限。命令行提示信息如下：

```
命令: LIMITS
重新设置模型空间界限:
指定左下角点或 [开(ON)/关(OFF)] <0.0000,0.0000>: 50,50      //输入左下角点坐标
指定右上角点 <420.0000,297.0000>:644,470                     //输入右上角点坐标
```

“开（ON）”或“关（OFF）”选项可以设置能否在图限之外指定一点。选择“开（ON）”，将打开界限检查，不能在图限之外结束一个对象，也不能使用“移动”或“复制”等命令将图形移到图限之外，可以指定两个点（中心和圆周上的点）来绘制圆，但圆的一部分可能在界限之外；选择“关（OFF）”（默认值），将停止界限检查，可以在图限之外绘制对象或指定点。

界限检查用于避免将图形绘制在假想的矩形区域之外。对于避免非故意在图形界限之外指定点，界限检查是一种安全检查机制。如果需要指定这样的点，界限检查将是个障碍。

设置完成后，在状态栏中单击“显示图形栅格”按钮▦，使用栅格显示图限区域，另外还需要配合使用视图的“全部缩放”功能进行调整，以方便全部显示出所设置的图形界限，确定绘图的区域，如图1-39所示。

1.4　命令的操作

在AutoCAD 2021中，面板上的工具按钮和命令行输入命令都是相互对应的。可以单击某个工具按钮，或者在命令行中输入命令来执行相应的命令，可以说命令是AutoCAD绘制与编辑图形的核心。

1.4.1　命令的启动

在绘图窗口中，光标通常显示为十字线形式。当光标移到菜单选项、工具或对话框内时，就会变成一个箭头。无论光标是十字线形式还是箭头形式，单击都会执行相应的命令或动作。在AutoCAD 2021中，鼠标键是按照下述规则定义的。

- 拾取键：通常指鼠标左键，用于指定屏幕上的点，也可以用来选择Windows对象、AutoCAD对象、工具栏按钮和菜单命令等。
- Enter键：通常指鼠标右键，用于结束当前命令，此时系统将根据当前绘图状态而弹出不同的快捷菜单。
- 弹出菜单：当使用Shift键和鼠标右键的组合时，系统将弹出一个快捷菜单，用于设置捕捉点的方法。对于三键鼠标，弹出菜单按钮通常是鼠标的中间按钮。

另外，在AutoCAD中，大部分绘图、编辑功能也可以通过键盘输入来完成，即通过键盘可以输入命令、系统变量。此外，键盘还是输入文本对象、数值参数、点的坐标或进行参数选择的唯一方法。

1.4.2　命令的重复、终止和撤销

在AutoCAD 2021中，可以方便地重复执行同一条命令或撤销前面执行的一条或多条命令。撤销前面执行的命令后，还可以通过重做来恢复前面执行的命令。

1. 重复命令

可以使用多种方法来重复执行AutoCAD的命令。例如，要重复执行上一个命令，可以按Enter键或空格键，或者在绘图区域中右击，从弹出的快捷菜单中选择“重复”命令。要重复执行最近使用的6个命令中的某一个命令，可以在命令窗口或文本窗口中右击，从弹出的快捷菜单的 “近期使用的命令”中选择最近使用过的6个命令之一。

2. 终止命令

在命令执行过程中，可以随时按Esc键终止执行任何命令。

3. 撤销命令

有多种方法可以放弃最近一个或多个操作，最简单的就是使用UNDO命令来放弃单个操作，也可以一次性撤销前面进行的多步操作。这时可以在命令提示行中输入UNDO命令，然后在命令行中输入要放弃的操作数目。例如，要放弃最近的4个命令，应该输入4，AutoCAD将显示放弃的命令或系统变量设置。

执行UNDO命令后，命令行提示信息如下：

```
命令: UNDO
当前设置: 自动 = 开, 控制 = 全部, 合并 = 是, 图层 = 是
输入要放弃的操作数目或 [自动(A)/控制(C)/开始(BE)/结束(E)/标记(M)/后退(B)] <1>:
```

可以使用“标记（M）”选项来标记一个操作，然后使用“后退（B）”选项放弃在标记操作之后执行的所有操作；也可以使用“开始（BE）”选项和“结束（E）”选项来放弃一组预先定义的操作。

如果要重做使用UNDO命令放弃的最后一个操作，可以使用REDO命令。另外，在AutoCAD中，输入的命令可以是大写，也可以是小写。

1.5 管理命名对象

在AutoCAD 2021中，图形文件包括图形和非图形对象两种。可以使用图形对象（如直线、圆和圆弧）进行设计，同时可以使用非图形信息（也叫命名对象，如文字样式、标注样式、命名图层和视图)管理设计。例如，要经常使用一组圆弧的特性，就可以将其另存为并命名线型，以后就可以直接把这些圆弧应用到图形中了。

定义和保存查看图纸有多种方法。例如，可以保存多个UCS（用户坐标系），这样在绘图任务期间就可以很方便地在UCS之间切换。此外，也可以保存多个视图和视口设置。AutoCAD在符号表和数据词典中存储命名对象，每一种命名对象都有一个符号表或数据词典，每个符号表或数据词典都可以存储多个命名对象。例如，如果创建了10种标注样式，图形的标注样式符号表或数据词典将有10个标注样式记录。除非创建LISP例程或对AutoCAD编程，否则不能直接处理符号表或数据词典。可以使用AutoCAD的对话框或命令行查看和修订所有命名对象，如表1-2所示为AutoCAD中的命名对象。

表 1-2　AutoCAD 2021 中的命名对象

对象名称	说　明
块	包含块名称、基点和部件对象
标注样式	存储标注设置，控制标注外观
图层	组织图形数据的方式，类似在图形上覆盖多层包含不同内容的透明硫酸纸，图层符号表存储设置的图层特性，如线型、颜色等

（续表）

对象名称	说　明
布局	定义打印环境，可以创建和设计图纸空间的浮动窗口
线型	存储控制显示直线或曲线的信息，如显示直线是连续的实线还是虚线
多线样式	定义多线特性的样式
打印设置	定义用于打印的页面设置信息
打印样式	定义对象特性，指定颜色、抖动、灰度、笔指定、淡显、线型、线宽、端点样式、连接样式及填充样式等的一组代替集，打印图形时应指定打印样式
文字样式	存储控制文字字符外观的设置，如拉伸、压缩、倾斜、镜像或垂直列中等设置
UCS	存储X轴、Y轴和Z轴及原点的位置，用于定义图形中的坐标系
视图	存储空间中特定位置（视点）所显示模型的图形表现
视口配置	存储平铺视口的阵列

1.5.1　命名和重命名对象

在AutoCAD中，对象的名称最多可以包含255个字符，除了字母和数字以外，名称中还可以包含空格（AutoCAD将删除在名称前面或后面直接出现的空格）和特殊字符，但这些特殊字符不能在Microsoft Windows或AutoCAD中有其他用途。

不能使用的特殊字符包括大于号(>)、小于号(<)、斜杠(/)、反斜杠(\)、引号(“)、反引号（”）、冒号（：）、分号（；）、问号（？）、逗号（，）、星号（*）、竖杠（|）和等号（=）。此外，不能使用Unicode字体创建的特殊字符。

当图形越来越复杂时，可以重命名这些命名对象以保证对象的名称易于识别和查找。如果插入到主图形中的图形包含相互冲突的名称，重命名就可以解决冲突。除了AutoCAD默认的命名对象（如图层0）外，可以重命名任意的命名对象。

要为命名对象重命名，可以在命令行输入RENAME命令后按Enter键，打开“重命名”对话框，在“命名对象”列表框中选择对象类型，在“项数”列表框中选择命名对象的项目，或者在“旧名称”文本框中输入名称，在“重命名为”文本框中输入新名称，再单击“确定”按钮即可，如图1-40所示。

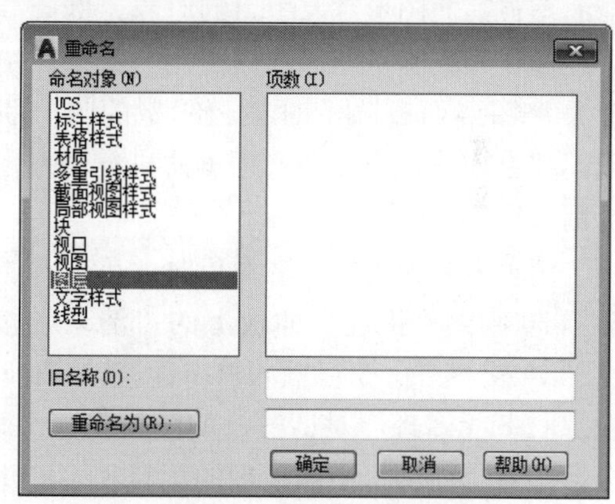

图1-40　“重命名”对话框

1.5.2　使用通配符重命名对象

在AutoCAD中，可以使用通配符过滤图层，也可以使用通配符为命名对象组重命名。例如，如果只显示以单词mech开头的图层，可以在“图层名”列表中输入mech，然后按Enter键。如果将图层组PIPE$LEVEL-1、PIPE$LEVEL-2和PIPE$LEVEL-3分别重命名为P_ LEVEL-1、P_ LEVEL-2和P_ LEVEL-3，可以在“旧名称”文本框中输入PIPE$*，在“重命名为”文本框中输入P_*。在AutoCAD 2021中，可以使用的有效通配符如表1-3所示。如果要在命名对象中使用通配符，必须在这些字符前面加上单引号（'），AutoCAD才不会将这些字符解释为通配符。

表 1-3　有效的通配符

字　符	定　义
#（井号）	匹配任何数字字符
@（At）	匹配任何字母字符
.（句点）	匹配任何非字母、非数字字符
*（星号）	匹配任何字符串，可在搜索字符串的任何位置使用
？（问号）	匹配任何单个字符。如，？BC 匹配 ABC、BBC、2BC 等
~（波浪线）	匹配不包含自身的任何字符串。如，~*AB*匹配所有不包含 AB 的字符串
[ ]	匹配括号中包含的任一字符。如，[AB] 匹配 AC 和 BC
[~]	匹配括号中未包含的任一字符。如，[~AB] 匹配 XC 等，而不匹配 AC 或 BC
[-]（连字符）	在方括号中为单个字符指定区间。如，[A-G]C 匹配 AC、BC 等直到 GC 为止，但不匹配 HC
'（单引号）	逐字读取字符。如，'*AB 匹配*AB

1.5.3　清理命名对象

在绘图过程中，图形中可能会积累一些没有用的命名对象，例如，图形文字不再使用的文字样式，或者不包含任何图形对象的图层。通过清理命名对象，能够有效地缩减图形尺寸。可以清理单独的命名对象、特定类型的所有样式和定义图形中的所有命名对象等，但不能清理被其他图形对象引用的对象。例如，不能清除图形中的某条直线引用的线型。此外，清理操作只删除一个层次的引用。如果因清理某个图层而删除了对某一线型的唯一引用，那么除非使用线型选项再次进行清理，否则该线型清理不掉。

清理未被使用的命名对象时，单击“管理”选项卡|“清理”面板上的“清理”按钮，或者在命令行输入PURGE后按Enter键，打开“清理”对话框，如图1-41所示。可以查看当前图形中能清理的项目和不能清理的项目。单击“清理选中的项目”或“全部清理”按钮，可以清理所有选定的项目或所有未使用的项目。

图 1-41　“清理”对话框

1.6　创建图层

AutoCAD 2021中的各图层具有相同的坐标系、绘图界限和显示时的缩放倍数。可以对位于不同图层上的对象同时进行编辑操作。每个图层都有一定的属性和状态，包括图层名、开关状态、冻结状态、锁定状态、颜色、线型、线宽、透明度、打印样式和是否打印等。

单击“默认”选项卡|“图层”面板上的“图层特性”按钮，或者在命令行输入LAYER后按Enter键，都可执行“图层”命令，打开“图层特性管理器”对话框，如图1-42所示，用户可以在该对话框中进行图层的基本操作和管理。

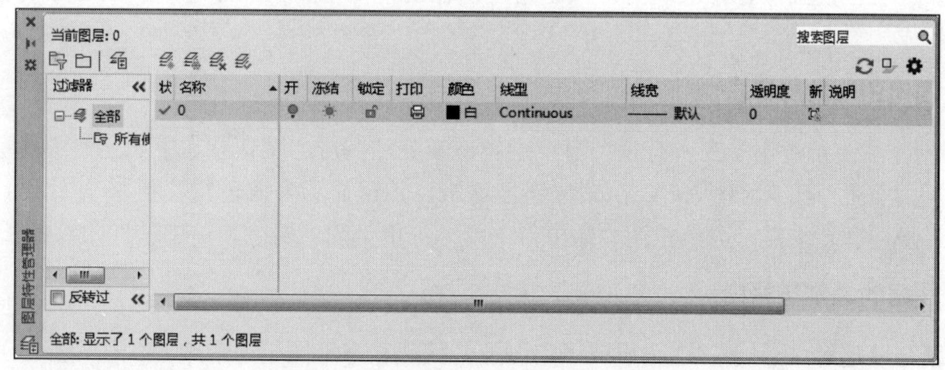

图 1-42 “图层特性管理器”对话框

1.6.1 创建新图层

单击“图层特性管理器”对话框中的“新建图层”按钮后，图层列表中将显示新创建的图层。第一次新建，列表中将显示名为“图层1”的图层，随后名称依次为“图层2”“图层3”……，该名称处于被选中状态时，可以直接输入一个新图层名，如图1-43所示。

在“图层特性管理器”对话框刚打开时，默认存在一个0图层，用户可以在这个基础上创建其他的图层，并对图层的特性进行修改，如修改图层的名称、状态等。新建图层后，默认名称处于可编辑状态，可以输入新的名称。对于已经创建的图层，如果需要修改图层的名称，可单击该图层的名称，使图层名处于可编辑状态，直接输入新的名称即可，如图1-44所示。

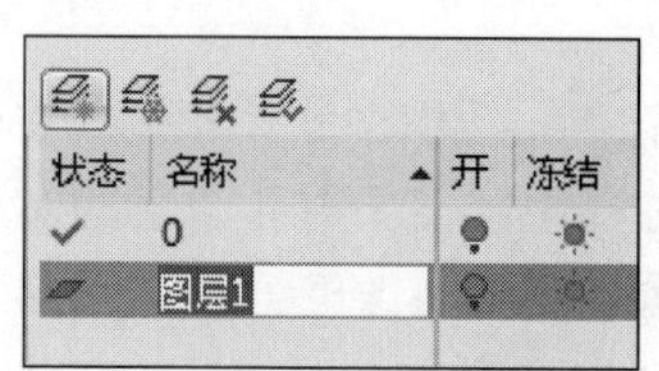

图 1-43 新建图层名称输入

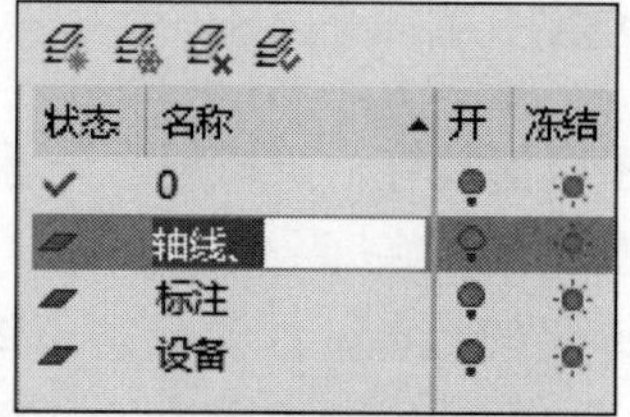

图 1-44 修改图层名称

单击“删除图层”按钮，可以删除用户当前选定的图层；单击“置为当前”按钮，可以将选定图层设置为当前图层，用户创建的对象将被放置到当前图层中。

1.6.2 设置图层状态

设置图层状态包括控制图层开关、图层冻结、图层锁定和图层的可打印性。

1. 图层的打开与关闭

开/关 / 用于控制图层的开关状态。默认状态下的图层都为打开的图层，按钮显示为黄色的 ，位于图层上的对象都是可见的，并且可在该层上进行绘图和修改操作；在按钮上单击，即可关闭该图层，按钮显示为蓝色的 。图层被关闭后，位于图层上的所有图形对象被隐藏，该层上的图形也不能被打印或由绘图仪输出，但重新生成图形时，图层上的实体仍将重新生成。

2. 图层的冻结与解冻

解冻/冻结 / 用于在所有视图窗口中解冻或冻结图层。默认状态下图层是被解冻的，按钮显示为黄色小太阳形状 ；在该按钮上单击，按钮显示为蓝色雪花状 ，位于该层上的内容不能在屏幕上显示或由绘图仪输出，不能进行重生成、消隐、渲染、打印等操作。

3. 图层的锁定与解锁

解锁与锁定 / 用于解锁图层或锁定图层。默认状态下图层是解锁的，按钮显示为黄色的 ，在此按钮上单击，图层被锁定，按钮显示为蓝色 ，用户只能观察该层上的图形，不能对其编辑和修改，但该层上的图形仍可以显示和输出。当前图层不能被冻结，但可以被关闭和锁定。

4. 控制图层的可打印性

图层打印样式是从AutoCAD 2000版本以后才引入的一个特性。AutoCAD 2021可以控制某个图层中图形输出时的外观。一般情况下，不对“打印样式”进行修改。

图层的可打印性是指某图层上的图形对象是否需要打印输出，系统默认是可以打印的。在“打印”列表下，打印特性图标有可打印 和不可打印 两种状态。当为可打印 时，该层图形可打印；当为不可打印 时，该层图形不可打印，通过单击可以进行切换。

1.6.3 设置图层颜色

每个图层都具有一定的颜色。所谓图层颜色，是指该图层上面的实体颜色。在建立图层的时候，图层的颜色承接上一个图层的颜色，在绘图过程中，需要对各个层的对象进行区分，改变该层的颜色，默认状态下该层的所有对象的颜色将随之改变。在“图层特性管理器”对话框中的图层颜色区域单击■白按钮，可打开“选择颜色”对话框，在此可以对图层颜色进行设置。

在“索引颜色”选项卡中，可以直接单击需要的颜色，也可以在“颜色”文本框中输入颜色号，如图1-45所示；在“真彩色”选项卡中，用户可以选择RGB和HSL两种颜色模式，如图1-46所示。使用这两种模式确定颜色都需要设置色调、饱和度和亮度这3个参数，参数的具体含义请参考有关图像设计的书籍；在“配色系统”选项卡中，用户可以从系统提供的颜色表中选择一个标准表，然后从色带滑块中选择所需要的颜色。

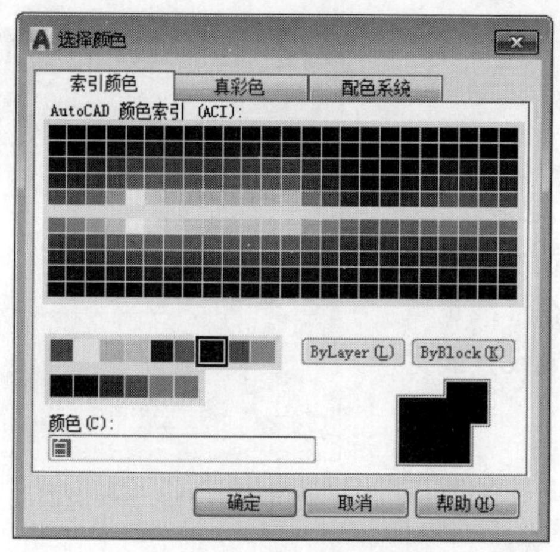

图 1-45 “索引颜色”选项卡

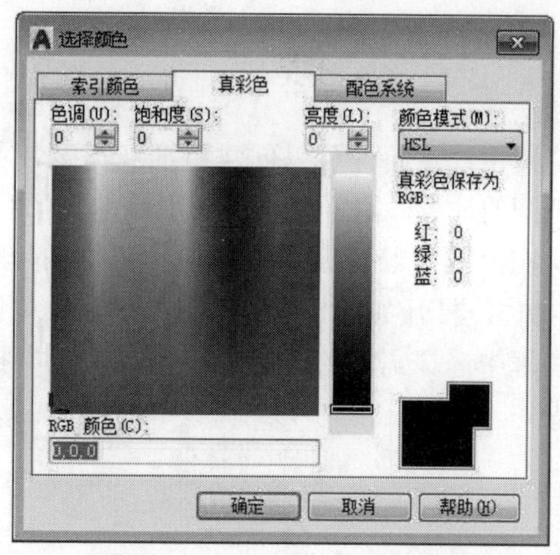

图 1-46 “真彩色”选项卡

1.6.4 设置图层线型

图层线型是指在图层中绘图时所用到的线型，每一层都有一种相应的线型。不同的图层可以设置不同的线型，也可以设置相同的线型。AutoCAD提供了标准的线型库，在一个或多个扩展名为.lin的线型定义文件中定义了线型。用户可以使用AutoCAD提供的任意标准线型，也可以创建自己的线型。

在AutoCAD 2021中，系统默认的线型是Continuous，线宽也采用默认值0单位，该线型是连续的。在绘图过程中，如果希望绘制点划线、虚线等其他种类的线，就需要设置图层的线型和线宽。

在“图层特性管理器”对话框中的图层线型区域单击 Continuous ，打开如图1-47所示的“选择线型”对话框。默认状态下，“选择线型”对话框中只有Continuous一种线型。单击“加载”按钮，打开如图1-48所示的“加载或重载线型”对话框，可以在“可用线型”列表框中选择所需要的线型，单击“确定”按钮返回“选择线型”对话框完成线型加载，选择需要的线型，单击“确定”按钮回到“图层特性管理器”对话框，完成线型的设定。

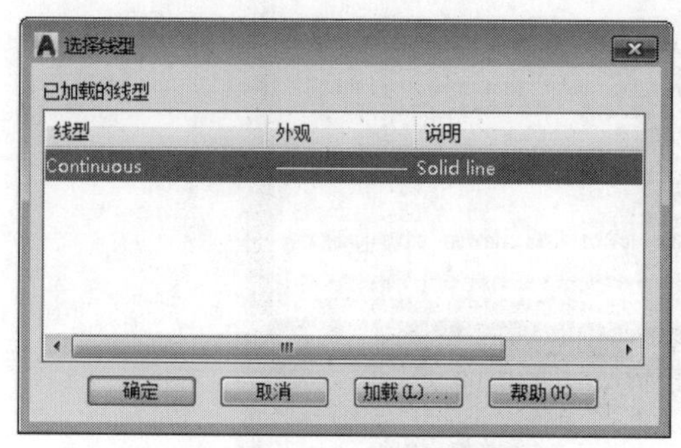

图 1-47 “选择线型”对话框

图 1-48 “加载或重载线型”对话框

1.6.5 设置图层线宽

使用线宽特性可以创建粗细（宽度）不一的线，分别用于不同的地方，这样就可以图形化地表示对象和信息。

在“图层特性管理器”对话框中的图层线宽区域单击 —— 默认，打开如图1-49所示的“线宽”对话框，在“线宽”列表框中选择需要的线宽，单击“确定”按钮完成设置线宽的操作。

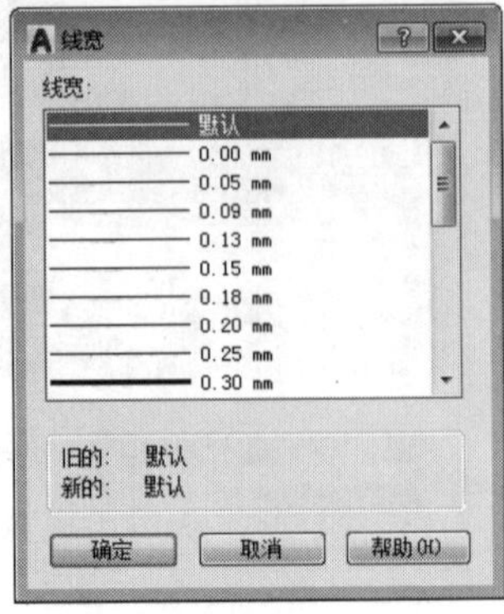

图 1-49 “线宽”对话框

1.7 专业的天正暖通设计软件THvac

天正工程软件公司一直致力于建筑行业CAD软件的开发与应用，其产品涵盖建筑设计、装修设计、暖通空调、给排水、建筑电气、建筑结构等多项专业。天正暖通作为专业的暖通设计软件，版本已经更新到THvac 2021版，除了保留原有的特点外，大幅改进采暖水力计算、新增上供上回采暖形式、完善原理图和采暖系统的框架、规范了暖通系统的图层标准、增强了风管系统、新增图层标准控制等功能。另外，用户在搜索房间时支持带符号的房间名称的搜索，可对内墙与分户墙进行区分。

1.7.1 T20 天正暖通 V7.0 的安装和启动

在安装天正暖通软件之前，首先要确认计算机已经安装了AutoCAD相关版本的软件，并能够正常运行。运行T20天正暖通V7.0软件的setup.exe应用程序，如图1-50所示。

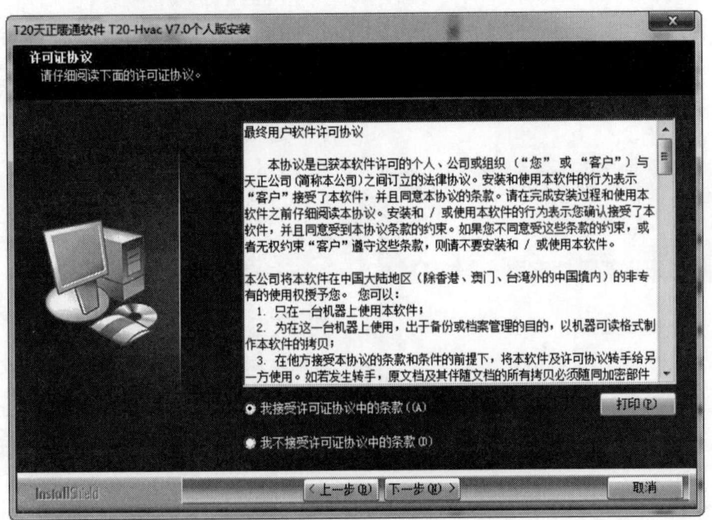

图 1-50 天正暖通的安装界面

单击“下一步”按钮，指定安装路径后开始安装拷贝文件，根据用户计算机的配置情况大概需要2~10分钟就可以安装完毕。

安装完毕后，桌面上出现如图1-51所示的“T20天正暖通V7.0”快捷图标，双击图标就可以运行天正暖通V7.0，即天正暖通2021。

如果用户安装了多个版本的AutoCAD，THvac 2021在启动的时候提示用户选择一个AutoCAD版本，如图1-52所示，在此选择AutoCAD 2021。

图 1-51　T20 天正暖通 V7.0 快捷图标

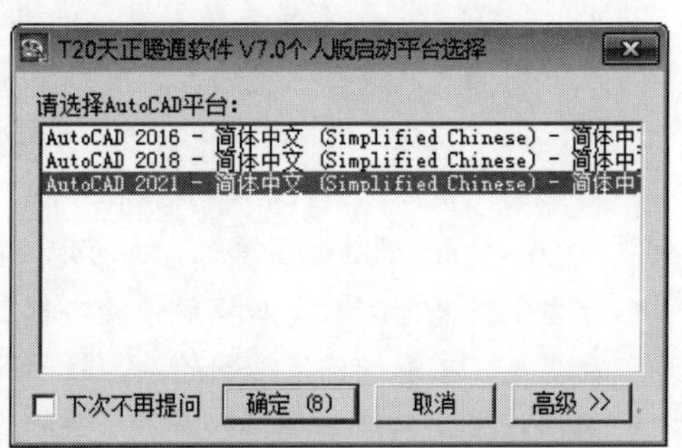

图 1-52　软件启动平台选择对话框

1.7.2　T20 天正暖通 V7.0 的初始设置

选择“设置”|“天正选项”命令，或者在命令行输入TZXX后按Enter键，打开“正正选项”对话框，该选项卡是在绘图前进行基本参数的初始设置，包括“基本设定”“加粗填充”和“高级选项”三个选项卡，如图1-53~图1-55所示。各选项卡中的参数仅与当前图形有关，也就是说这些参数一旦修改，本图的参数设置会发生改变，但不影响新建图形中的同类参数。在对话框右上角提供了全屏显示的图标，更改高级选项内容较多，此时可选择使用。

图 1-53　“基本设定”选项卡

1. “基本设定”选项卡

如图1-53所示的“基本设定”选项卡包括“图形设置”和“符号设置”两个选项组，而以前版本的尺寸标注样式的参数设置功能则在“高级选项卡”中。

选项卡主要选项功能如下：

- “当前比例”下拉文本框用于设定此后新创建的对象所采用的出图比例，同时显示在AutoCAD 状态栏的最左边。默认的初始比例为 1:100。本设置对已存在的图形对象的比例没有影响，只被新创建的天正对象所采用。除天正图块外的所有天正对象都具有一个“出图比例”参数，用来控制对象的二维视图，例如图纸上粗线宽度为 0.5mm 的墙线，如果墙对象的比例参数是 200，那么在加粗开关开启的状态下，在模型空间可以测量出：墙线粗 = 0.5 × 200 = 100 绘图单位；也可以从状态栏中直接设置当前比例。
- “当前层高”下拉文本框用于设定本图的默认层高。本设定仅作为新产生的墙、柱和楼梯的高度，不影响已经绘制的墙、柱子和楼梯的高度。
- 显示模式“2D”单选项仅显示天正对象的二维视图，而不管该视口的视图方向是平面视图还是轴测、透视视图。尽管观察方向是轴测方向，仍然只是显示二维平面图。
- “3D”单选项仅显示天正对象的三维视图，本功能将当前图的各个视口按照三维的模式进行显示，各个视口内视图按三维投影规则进行显示。
- “自动”单选项是按视图方向自动判断以二维或三维显示天正对象。一般这种方式最方便，可以在一个屏幕内同时观察二维和三维表现效果。
- “单位换算”下拉列表提供了适用于在米单位图形中进行尺寸标注和坐标标注的单位换算设置，其他天正绘图命令在米单位图形下并不适用。
- “房间面积精度”下拉列表用于设置各种房间面积的标注精度。
- “门窗编号大写”复选框用于设置门窗编号的注写规则，门窗编号统一在图上以大写字母标注，不管原始输入是否包含小写字母。
- 楼梯剖断线：楼梯的平面施工图要求绘制剖断线，有单剖断线画法和双剖断线画法。
- “凸窗挡板、门窗套加保温”复选框用于在凸窗挡板和门窗套提供加保温层，挡板上的保温层厚度按 30mm 绘制。
- “圆圈文字”选项组用于设置轴号文字及其他圆圈文字的样式。有标注在圈内、旧圆圈样式和标注可出圈三种样式，“标注在圈内”由字高系数即外接圆直径和圆圈内径的比例系数控制，默认为 0.6；“旧圆圈样式”可保持与旧图的兼容性；“标注可出圈”用于较长的索引图名，以文字出圈的代价来保持圈内文字的可读性。
- “符号标注文字距基线系数”文本框用于设置符号标注对象中文字与基线的距离，该系数为文字字高的倍数。
- “引出文字距基线末端距离系数”文本框用于设置符号标注对象中齐线端文字与基线的末端距离，该系数为文字字高的倍数。

2. “加粗填充”选项卡

如图1-54所示的“加粗填充”选项卡，主要用于墙体与柱子的填充，在此选项卡内提供了各种填充图案和加粗线宽，一般按默认处理。

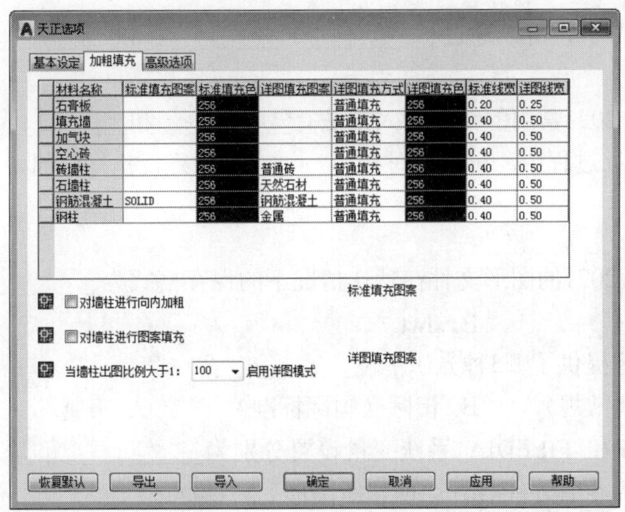

图1-54 “加粗填充”选项卡

3. “高级选项”选项卡

如图1-55所示的“高级选项”选项卡，以树状目录的表格形式列出可供设置的选项内容。本选项卡主要是控制天正暖通全局变量的用户自定义参数的设置界面，这里定义的参数保存在初始参数文件中，不仅用于当前图形，对新建的文件也起作用。

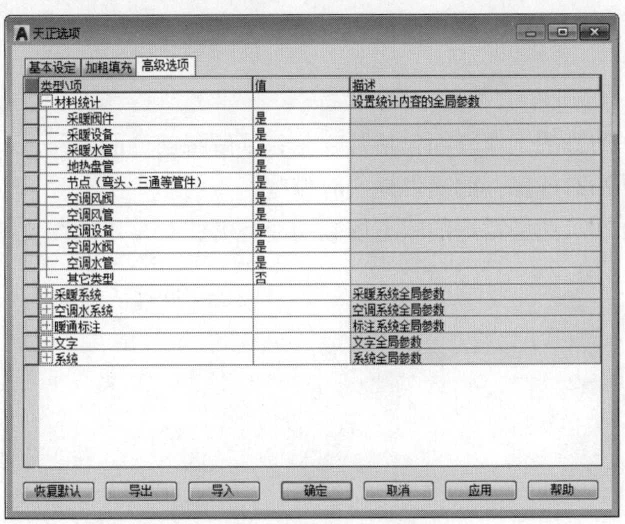

图1-55 “高级选项”选项卡

1.8 习　　题

1. 填空题

（1）AutoCAD拥有__________、__________、__________、__________和_________等主要功能。

（2）在AutoCAD中，可以通过__________、__________和__________来调用AutoCAD的帮助文档。

（3）AutoCAD 2021常用的命令输入方法有__________和__________。

（4）在命令执行过程中，可以随时按__________键终止执行任何命令。

2. 选择题

（1）AutoCAD 2021的图形文件在默认情况下的保存格式为__________。

A. .dwg　B. .dwt　C. .dws　D. .dxf

（2）AutoCAD 提供了哪3种光源单位__________？

A. 标准（常规）　B. 国际（国际标准）　C. 美制　D. 英制

（3）STARTUP和 FILEDIA 系统变量设置分别为__________和__________时，在选择“文件”|“新建”命令时才能打开“创建新图形”对话框。

A. 0，1　B. 1，0　C. 0，0　D. 1，1

（4）在AutoCAD 2021中利用下列__________方式打开图形文件时，无法对打开的图形文件进行编辑。

A. 打开　B. 以只读方式打开

C. 局部打开　D. 以只读方式局部打开

（5）把一个编辑完的图形换名保存到磁盘上，应使用的菜单选项是__________。

A. 打开　B. 保存　C. 另存为　D. 输出

3. 问答题

（1）AutoCAD 2021的工作界面包括几部分？了解每部分的功能。

（2）AutoCAD 2021能保存的文件格式有哪些？

（3）AutoCAD 2021图层常用的状态控制功能有哪些？常用的图层特性主要有哪些？

第 2 章 暖通空调二维基本图形的绘制

导言

二维图形的形状很简单，都是由一些基本图形单元组成，十分容易创建。AutoCAD为用户提供了常见的基本图形，如点、直线、圆、圆弧、矩形等，用户可以通过AutoCAD命令快速绘制出暖通空调系统的基本图形。二维图形的绘制是整个AutoCAD的绘图基础，只有熟练掌握它们的绘制方法和技巧，才能够绘制出更加复杂的暖通空调等建筑所用图形。

2.1 二维图形绘制的基本方法

二维图形的绘制首先要从基本图形元素的绘制开始，基本图形元素主要包括点、直线、圆、圆环、圆弧、椭圆、矩形、正多边形、多段线、多线和样条曲线等，它们是构成任何一幅CAD图的基本元素。

这些基本图形元素的绘制工具大都集中在“默认”选项卡中的“绘图”面板上，如图2-1所示。用户可以通过使用功能区面板工具和使用绘图命令两种方式，来绘制基本的图形对象。如果要绘制较为复杂的图形，还可以使用“默认”选项卡中的“修改”面板上的工具。

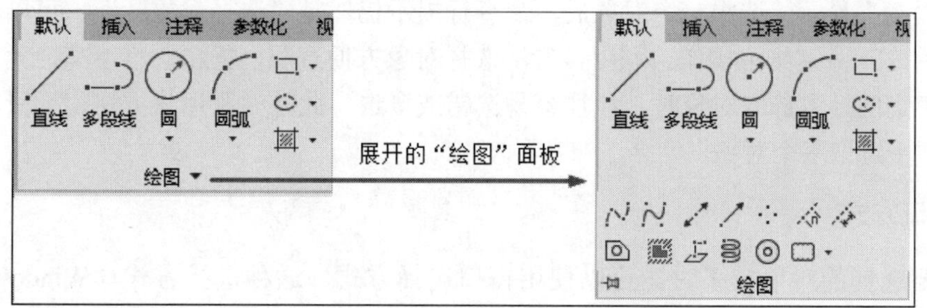

图 2-1 “绘图”面板

2.1.1 使用绘图命令

使用绘图命令来绘制图形，就是在命令行中输入所要绘制图形对应的命令，然后按Enter键，并且根据命令行的提示信息输入相应的绘图操作，就可以绘制出相应的图形。使用这种方式绘图会更加方便、快捷，而且准确率高，但要求用户必须掌握绘图命令及其选择项的具体功能。

在使用AutoCAD 2021实际绘图时，经常采用命令行工作机制，用命令的方式实现用户与系统的信息交互，前面所讲的两种方式是为了方便用户操作而设置的不同的调用绘图命令的方式。

2.1.2 使用功能区面板工具

功能区可以水平显示、垂直显示或显示为浮动对话框。创建或打开图形时，默认情况下，在图形窗口的顶部将显示水平的功能区。在选项卡标题、面板标题或功能区标题上右击，将弹出相关的快捷菜单，可以对选项卡、面板或功能区进行操作，还可以控制显示、是否浮动等。

2.1.3 使用菜单和工具条

针对AutoCAD老用户，如果习惯使用以往传统的菜单命令和工具条按钮等方式执行命令，可以通过在命令行更改系统变量MENUBAR的值为1，即可显示传统的菜单栏界面元素，然后选择“工具”菜单|“工具栏”|“AutoCAD”命令，打开所需工具栏即可。

2.2 选 择 对 象

在对图形进行编辑操作之前，首先需要选择要编辑的对象。AutoCAD会用虚线亮显所选的对象，而这些对象也就成了选择集。选择集可以包含单个对象，也可以包含更复杂的对象编组。用户在进行复制、粘贴等编辑操作时，都需要选择对象，也就是构造选择集。建立了一个选择集之后，可以将一组对象作为一个整体进行操作。为了快速、准确地选择对象，AutoCAD 2021提供了多种选择对象的方式，以下介绍几种常用选择对象的方式。

1. 点选方式

点选方式是系统的默认方式，是最简便的对象选择方式，用拾取框直接选择对象，被选中的目标以高亮显示。选中一个对象后，命令行提示仍然是“选择对象：”，可以继续选择，选择完毕后按Enter键结束操作。利用该方法选择对象方便直观，但精确度不高，尤其是在对象排列比较密集的地方选取对象时，往往容易选错或多选。此外，利用该方法每次只能选取一个对象，不便于选取多个对象。

2. 窗口方式

当需要选择的对象较多时，可以使用窗口选择方式，这种选择方式与Windows的窗口选择类似。首先在绘图区域中单击，将光标沿右下方或右上方拖动，再次单击形成选择框，选择框呈实线显示，选择框内颜色为蓝色，被选择框完全包含的对象将被选择，如图2-2所示。

3. 交叉窗口方式

交叉窗口选择与窗口选择的选择方式类似，不同的是交叉窗口模式光标由右向左上方或左下方移动形成选择框，选择框呈虚线，选择框内颜色为绿色。选定对象后，位于窗口之内或与窗口边界相交的对象都将被选中，如图2-3所示。

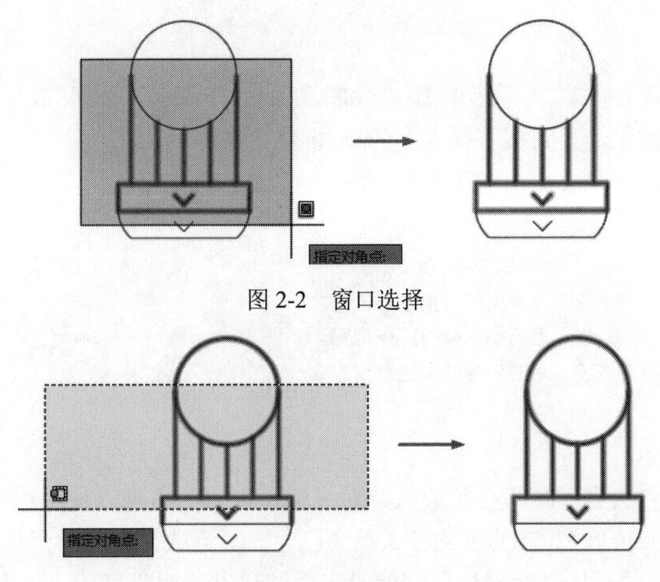

图 2-2　窗口选择

图 2-3　窗口选择

4. 全部方式

在命令行输入SELALL命令，或者按键盘上的Ctrl+A组合键，可以一次性选择图形中所有没被锁定、关闭或冻结的图层上的所有对象。

5. 其他方式

除了上述4种最常用的选择对象的方法之外，栏选、圈围、圈交等方式也时常被采用，具体的选择方法是在命令行的“选择对象：”提示下输入“？”，命令行提示信息如下：

```
选择对象：？
*无效选择*
需要点或窗口(W)/上一个(L)/窗交(C)/框(BOX)/全部(ALL)/栏选(F)/圈围(WP)/圈交(CP)/编组(G)/添加(A)/删除(R)/多个(M)/前一个(P)/放弃(U)/自动(AU)/单个(SI)/子对象(SU)/对象(O)
```

可根据需要选择相应的命令来进行对象选择。

2.3　点的绘制及应用

点的绘制就是在屏幕上画一个点。在AutoCAD 2021中，点主要作为辅助点、偏移对象的节点、参考点或标记点使用。可以通过单点、多点、定数等分和定距等分4种方法来创建点对象。

2.3.1　绘制单点与多点

1. 绘制单点

在命令行直接输入POINT或者PO，并按Enter键，可以执行“单点”命令，一次只能绘制一个点对象。

2. 绘制多点

在功能区直接单击“默认”选项卡|“绘图”面板|“多点”按钮 ，可以执行“多点”命令，绘制多个点对象，直到按下键盘上的Esc键结束命令为止。

单击“绘图”面板|“多点”按钮 ，命令行提示信息如下：

```
命令: _POINT
当前点模式:  PDMODE=0  PDSIZE=0.0000
指定点:          //要求输入点的坐标或指定点位置
指定点:          //要求输入点的坐标或指定点位置
指定点:          //要求输入点的坐标或指定点位置
...
指定点:          //Esc，结束命令
```

在输入第一个点的坐标时，必须输入绝对坐标，以后的点可以使用相对坐标输入。

输入点的时候，可能知道B点相对于A点（已存在的点或知道绝对坐标的点）的位置距离关系，却不知道B点的具体绝对坐标，这就没有办法通过绝对坐标或“点”命令来直接绘制B点，这个时候的B点可以通过相对坐标法来进行绘制，这个方法在绘制二维平面图形中经常使用。以点命令为例，命令行提示信息如下：

```
命令: _POINT
当前点模式:  PDMODE=0  PDSIZE=0.0000
指定点: FROM    //通过相对坐标法确定点，都需要先输入FROM，按Enter键
基点:            //输入作为参考点的绝对坐标或捕捉参考点，即A点
<偏移>:          //输入目标点相对于参考点的相对位置关系，即相对坐标，即B点相对于A点的坐标
```

2.3.2 设置点的样式

绘制点之前可以根据需要设置点的样式和大小，使之具有更好的可见性。设置点的样式，在命令行输入PTYPE后按Enter键，打开“点样式”对话框，如图2-4所示，在该对话框中，可以选择所需的点样式。其中，在绘制点时，命令提示行显示的PDMODE=0与PDSIZE=0.0000两个系统变量用于显示当前状态下的点的样式。PDMODE变量是控制点样式的系统变量，取不同的值时点的样式也不同。点样式与对应的PDMODE变量值如表2-1所示。

表 2-1　点样式与对应的 PDMODE 变量值

点　样　式	变　量　值	点　样　式	变　量　值
	0		64
	1		65
	2		66
	3		67
	4		68
	32		96
	33		97

（续表）

点 样 式	变 量 值	点 样 式	变 量 值
	34		98
	35		99
	36		100

PDSIZE变量控制点的显示大小，PDMODE系统变量为0或1时除外。PDSIZE设置为0时，将按绘图区域高度的5%生成点对象。正的PDSIZE值指定点图形的绝对尺寸；负值为视口尺寸的百分比。

在对话框中，“相对于屏幕设置大小（B）”单选按钮，用于按屏幕尺寸的百分比设置点的显示大小。当进行缩放时，点的显示大小并不改变，“点大小”文本框变成点大小(S): 5.0000 %，在此可以输入百分比。“按绝对单位设置大小（A）”单选按钮，用于指定实际单位设置点显示的大小。当进行缩放时，AutoCAD显示的点的大小随之改变，“点大小”文本框变成点大小(S): 5.0000 单位，在此可以输入点大小的实际值。

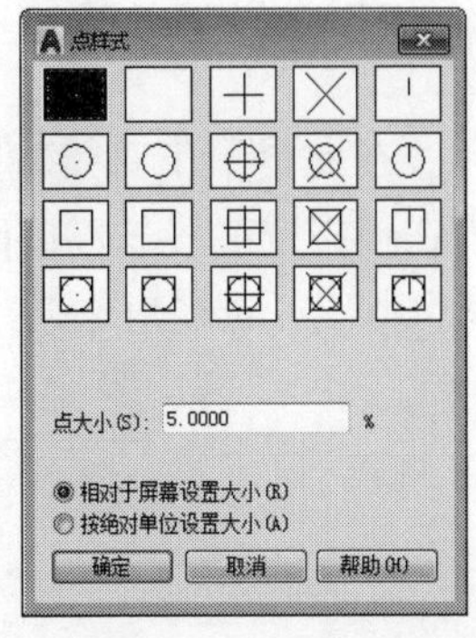

图 2-4 “点样式”对话框

一个图形文件中，点的样式都是一致的，一旦更改了一个点的样式，除了被锁住或冻结的图层上的点，该文件中所有的点都会发生变化，但是将该图层解锁或解冻后，点的样式和其他图层一样会发生变化。

2.3.3 绘制等分点

等分点是指在指定的对象上按给定的数目等间距定出等分点，并在等分点处放置点符号或块。单击“默认”选项卡|“绘图”面板上的“定数等分”按钮，或者在命令行中输入DIVIDE后按Enter键，都可执行“定数等分”命令，可以在指定的对象上绘制等分点或在等分点处插入块。执行“定数等分”命令后，命令行提示信息如下：

```
命令:DIVIDE
选择要定数等分的对象:          //点选等分的对象
输入线段数目或 [块(B)]:        //需要 2~32767 之间的整数，或选项关键字
```

在此提示下直接输入等分数，即为默认值（可以先设置好点样式，以便显示清楚），AutoCAD在指示的对象上绘出等分点，图2-5（b）为将图2-5（a）所示直线等分为5段的效果。

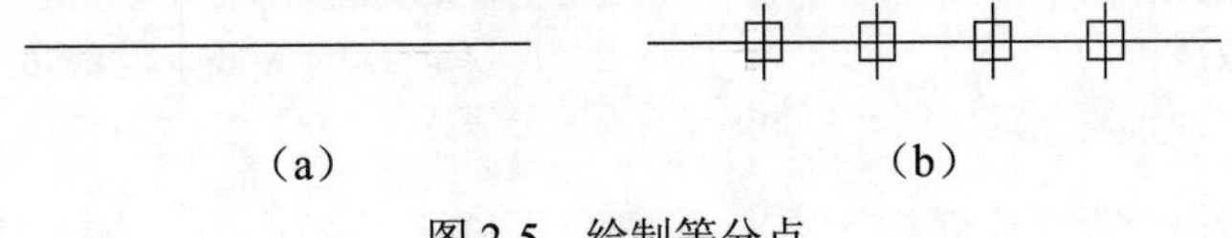

（a）　　　　（b）

图 2-5 绘制等分点

2.3.4 定距等分对象

定距等分对象是指在对象上以靠近拾取点的端点开始，按指定间隔定出等分点，并放置

点符号或块。单击“默认”选项卡|“绘图”面板上的“定距等分”按钮，或者在命令行中输入MEASURE 或ME后按Enter键，都可执行“定距等分”命令，就可以在指定的对象上按指定的长度绘制等距点或在等距点处插入块。

执行“定距等分”命令后，命令行提示信息如下：

```
命令：MEASURE
选择要定距等分的对象：                //点选等分对象
指定线段长度或 [块(B)]：              //输入长度，如：80
```

在此提示下直接输入长度值，即执行默认值（可以设置好点的样式，以便显示清楚），若在“指定线段长度或[块(B)]：”提示下输入B，则执行块选项，表示要在对象的指定长度上插入块。AutoCAD在指示的对象上绘出等分点，如图2-6所示。

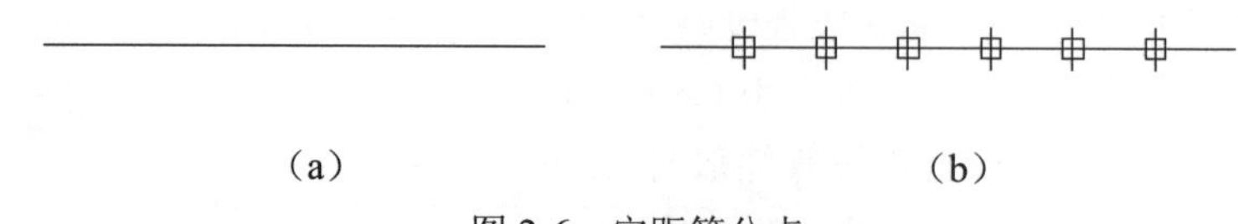

（a）　　　　（b）

图 2-6　定距等分点

2.4　直线、射线和构造线的绘制

在工程图样中，直线和由直线构成的几何图形是应用最广泛的一种图形对象。在中文版的AutoCAD 2021中，可以使用定点设备指定点的位置或命令行输入坐标值来绘制对象。其中直线、射线和构造线是最简单的线性对象。

2.4.1　绘制直线

直线是各种绘图中最常用、最简单的一类图形对象，只要指定了起点和终点即可以绘制一条直线。用于绘制直线段、折线及封闭多边形。

单击“默认”选项卡|“绘图”面板上的“直线”按钮，或者在命令行中输入LINE或L后按Enter键，都可以执行“直线”命令。

执行“直线”命令后，命令行提示信息如下：

```
命令：_LINE
指定第一点：                          //通过输入坐标或者在绘图区使用鼠标拾取一点
指定下一点或 [放弃(U)]：              //通过其他方式确定直线第二点
指定下一点或 [放弃(U)]：              //以上一点为起点，选择第二条线的另一点
指定下一点或 [闭合(C)/放弃(U)]：      //*取消*结束操作
```

在AutoCAD中绘制的直线实际上是直线段，不同于几何中的直线，在绘制时需要注意以下几点。

- 在响应“下一点”时，若输入U或选择快捷键菜单中的“放弃”命令，则取消刚刚绘制出的线段。连续输入U并按Enter键确认，则可以连续取消相应的线段。

- 在响应“下一点”时，若输入C或选择快捷菜单中的“闭合”命令，可使绘出的折线封闭并结束操作。也可直接输入长度值，绘制出定长的直线段。
- 若要绘制出水平线或铅垂线，可按F8键进入正交模式。
- 若要精确地确定线段的长度和角度，可以按F6键切换坐标形式。
- 若要绘制带宽度信息的直线，可以从“特性”选项板中设置线的宽度。

2.4.2 绘制构造线

构造线为两端可以无限延伸的直线，没有起点和终点，可以放置在三维空间的任何地方，主要用于绘制辅助线。

单击“默认”选项卡|“绘图”面板上的“构造线”按钮，或者在命令行中输入XLINE或XL并按Enter键，都可以执行“构造线”命令。

执行“构造线”命令后，命令行提示信息如下：

```
命令：XLINE
指定点或 [水平(H)/垂直(V)/角度(A)/二等分(B)/偏移(O)]:H        //确定起始点或者选择其他选项
指定通过点：                                                  //根据选择确定通过点
```

该提示信息中各选项的含义如下：

- “指定点”选项：指定起始点，使直线通过该点向两个方向无限延伸。
- “水平（H）”或“垂直（V）”选项：创建经过指定点（中点）且平行于X轴或Y轴的构造线。
- “角度（A）”选项：创建与X轴成指定角度的构造线，可以先选择一条参考线，再指定直线与构造线的角度，也可以先指定构造线的角度，再设置必经的点。
- “二等分（B）”选项：创建二等分指定角的构造线，需要指定等分角的顶点、起点和端点。
- “偏移（O）”选项：创建平行于指定基线的构造线，需要先指定偏移的距离，选择基线，然后指明构造线位于基线的哪一侧。
- “指定通过点”选项：指定构造线通过的另一点。

2.5 矩形和正多边形的绘制

利用AutoCAD 2021，用户可以绘制各种形式的矩形和多边形对象，如直角矩形、圆角矩形、正多边形等。

2.5.1 绘制矩形

通过指定两个角点或长和宽绘制矩形，AutoCAD的默认方式为角点方式。

单击“默认”选项卡|“绘图”面板上的“矩形”按钮，或者在命令行中输入RECTANGLE或REC按Enter键，都可以执行“矩形”命令，以绘制出倒角矩形、圆角矩形、有厚度的矩形等多种矩形，如图2-7所示。

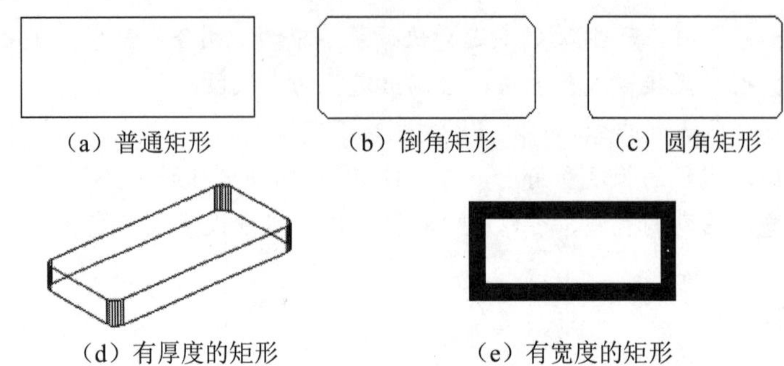

（a）普通矩形　（b）倒角矩形　（c）圆角矩形

（d）有厚度的矩形　（e）有宽度的矩形

图 2-7　矩形的各种样式

执行“矩形”命令后，命令行提示信息如下：

```
命令：RECTANG
指定第一个角点或 [倒角(C)/标高(E)/圆角(F)/厚度(T)/宽度(W)]： //指定第一个角点坐标
指定另一个角点或 [面积(A)/尺寸(D)/旋转(R)]：                 //指定矩形的第二个角点坐标
```

当根据命令行提示指定第一个角点后，除了可以采用默认的指定第二个角点的坐标确定矩形外，命令行提示还提供了“面积（A）”“尺寸（D）”和“旋转（R）”3种方式创建矩形。该提示信息中各选项的含义如下：

- 指定第一个角点：指定矩形的第一个角点。
- 指定另一个角点：指定矩形的另一个角点。
- “倒角（C）”选项：绘制一个带有倒角的矩形，需要指定矩形的两个倒角距离。当设定了倒角距离后，仍返回“指定第一个角点或 [倒角(C)/标高(E)/圆角(F)/厚度(T)/宽度(W)]：”信息，提示完成矩形绘制。
- “标高（E）”选项：指定矩形所在的平面高度，默认矩形在 X、Y 平面内，一般用于绘制三维图形。
- “圆角（F）”选项：绘制一个带圆角的矩形，需要指定圆角矩形的圆角半径。
- “厚度（T）”选项：按已设定的厚度绘制矩形，一般也用于绘制三维图形。
- “宽度（W）”选项：按已设定的线宽绘制矩形，需要指定矩形的线宽。
- “面积（A）”选项：指使用面积和长度或宽度二者之一创建矩形。
- “尺寸（D）”选项：指使用长度和宽度来创建矩形。
- “旋转（R）”选项：指按照指定的旋转角度创建矩形。

2.5.2　绘制正多边形

创建正多边形是绘制正方形、等边三角形等图形的常用方法。系统采用内接于圆法（默认方式）、外切于圆法和边长法绘制正多边形。

单击“默认”选项卡|“绘图”面板上的“正多边形”按钮，或者在命令行输入POLYGON后按Enter键，都可以执行“正多边形”命令，即可绘制出边数为3~1024的正多边形，如图2-8所示。

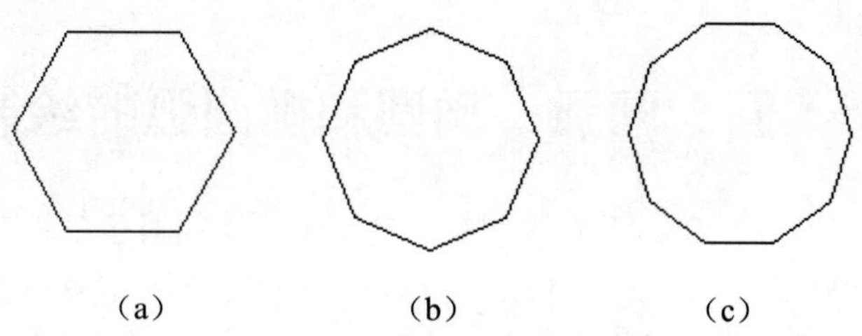

图2-8　正多边形绘制效果图

单击“绘图”面板|“正多边形”按钮，命令行提示信息如下：

```
命令：_POLYGON
输入侧面数 <4>:                                  //输入正多边形的边数
指定正多边形的中心点或 [边(E)]:                   //选择一种绘制方式
```

该提示信息中各选项的含义如下：

- “中心点”选项：执行该选项，命令行提示信息如下：

```
命令：POLYGON
输入侧面数 <4>:                                  //输入正多边形的边数
指定正多边形的中心点或 [边(E)]:                   //指定正多边形的中心点
输入选项 [内接于圆(I)/外切于圆(C)] <I>:           //选择以内接或外切方式绘制正多边形
指定圆的半径:                                    //指定外切圆或内接圆的半径
```

选择I是根据多边形的外切圆来确定多边形，选择C是根据多边形的内接圆来确定多边形。

- “边（E）”选项：执行该选项后，需指定第一个端点和第二个端点，即可由边数和一条边确定正多边形。选择该选项后，命令行提示信息如下：

```
指定正多边形的中心点或 [边(E)]: e                 //选择[边(E)]选项
指定边的第一个端点:                               //拾取多边形的第一点或输入第一点坐标
指定边的第二个端点:                               //拾取多边形的第二点或输入第二点坐标
```

以下为3种绘制正多边形方法（见图2-9）的意义。

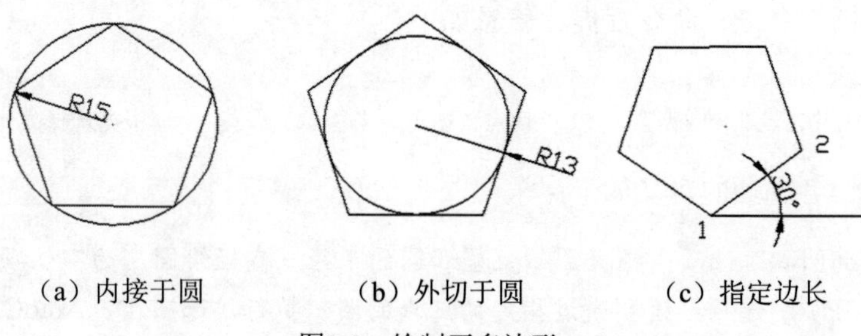

（a）内接于圆　　（b）外切于圆　　（c）指定边长

图2-9　绘制正多边形

- 内接于圆法：多边形的顶点均位于假设圆的弧上，需要指定其边数和半径。
- 外切于圆法：多边形的各边与假设圆相切，需要指定其边数和半径。
- 边长方式：上面两种方式是以假设圆的大小确定多边形的边长，而边长方式则直接给出多边形边长的大小和方向。

2.6 圆、圆弧、椭圆和椭圆弧的绘制

圆、圆弧、椭圆和椭圆弧都属于曲线对象，其绘制方法相对于线性对象要复杂一些，方法也比较多。AutoCAD 2021中提供了强大的曲线绘制功能，利用这些功能，可以方便地绘制圆、圆弧、椭圆和椭圆弧等图形对象。

2.6.1 绘制圆和圆弧

1. 绘制圆

系统提供了6种绘制圆的方式，包括指定圆心和半径、指定圆心和直径、两点定义直径、三点定义圆周、两个切点加一个半径和三个切点，如图2-10所示。

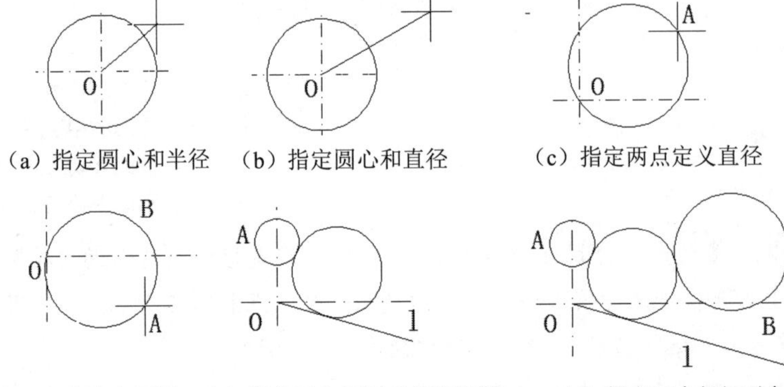

图 2-10 圆的 6 种绘制方法

单击“默认”选项卡|“绘图”面板上的“圆”按钮，或者在命令行中输入C后按Enter键，都可执行“圆”命令，命令行提示信息如下：

```
命令: _CIRCLE
指定圆的圆心或 [三点(3P)/两点(2P)/ 切点、切点、半径(T)]:      //根据选择方式绘制圆
```

该提示信息中各选项的含义如下：

- “指定圆的圆心”选项：根据圆心位置和圆的半径或直径绘圆，为默认项。
- “三点（3P）”选项：绘制通过指定的三点的圆。执行该选项后，AutoCAD 2021 根据指定的三点绘出圆。
- “两点（2P）”选项：绘制通过指定的两点，且以这两点的距离为直径绘圆。
- “切点、切点、半径（T）”选项：绘制与该对象相切，且半径给定的圆。

在命令提示后输入半径或直径时，如果所输入的值无效，如英文字母、负值等，系统将提示“需要数值距离或第二点”“值必须为且非零”等信息，并提示用户重新输入值或退出该命令。

使用“切点、切点、半径（T）”选项时，总是在距拾取点最近的部位绘制相切的圆。因此，拾取相切对象时，所拾取的位置不同，最后得到的结果有可能不相同，如图2-11所示。

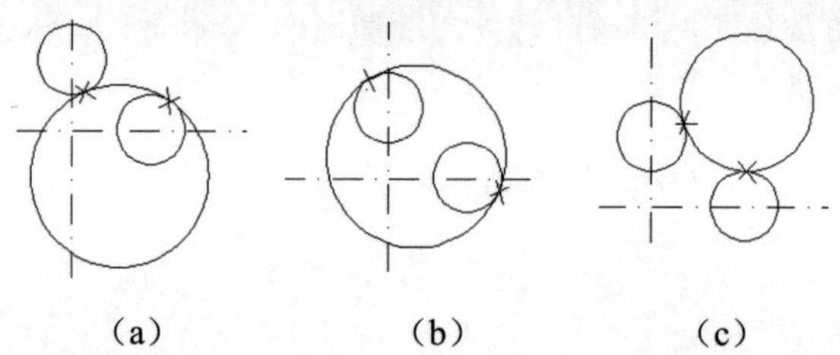

图2-11　使用“切点、切点、半径（T）”选项时产生的不同效果

2. 绘制圆弧

在AutoCAD 2021中提供了11种绘制圆弧的方法。

在功能区中单击“默认”选项卡|“绘图”面板上的“圆弧”按钮菜单，或者在命令行中输入ARC后按Enter键，都可以执行“圆弧”命令。

相应的命令功能与绘制方法如下：

- “三点”命令：用给定的三个点绘制一段弧，需要指定圆弧的起点、通过的第二个点和端点。绘制效果如图 2-12 所示。
- “起点、圆心、端点”命令：指定圆弧的起点、圆心和端点来绘制圆弧。绘制效果如图 2-13 所示。

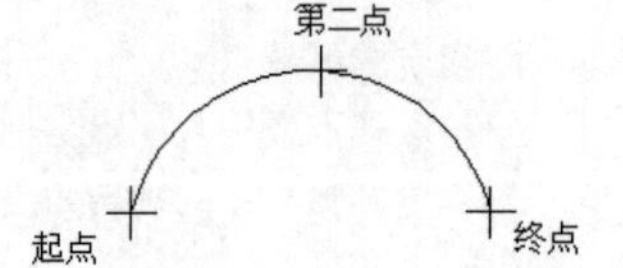

图 2-12　使用“三点”方法绘制圆弧

图 2-13　使用“起点、圆心、端点”方法绘制圆弧

- “起点、圆心、角度”命令：指定圆弧的起点、圆心和角度来绘制圆弧。命令行提示信息如下：

```
命令：_ARC
指定圆弧的起点或 [圆心(C)]:                          //拾取圆弧起点
指定圆弧的第二个点或 [圆心(C)/端点(E)]: C             //确定圆弧的圆心
指定圆弧的圆心:                                      //拾取圆弧的圆心
指定圆弧的端点或 [角度(A)/弦长(L)]: A                 //确定圆弧半径的旋转角度
指定包含角: 180                                      //输入角度
```

执行命令后，绘制效果如图 2-14 所示。

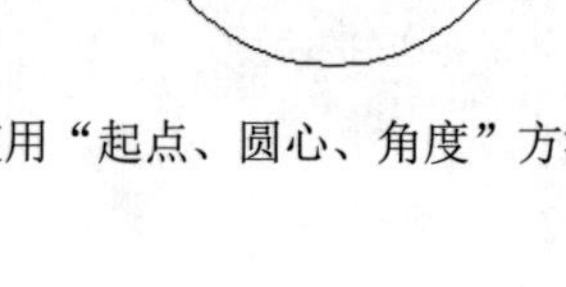

图 2-14　使用“起点、圆心、角度”方法绘制圆弧

需要在“指定包含角：”提示下输入角度值。如果当前环境下，设置逆时针为角度的正方向，并输入正的角度值，则所绘制的圆弧是从起始点绕圆心沿逆时针方向绘出；如果输入了负角度值，则沿顺时针方向绘制圆弧。默认情况下，AutoCAD 2021采用逆时针方式绘制圆弧。

- “起点、圆心、长度”命令：指定圆弧的起点、圆心和弦长绘制圆弧。命令行提示信息如下：

```
命令：_ARC
指定圆弧的起点或 [圆心(C)]:                         //拾取圆弧起点
指定圆弧的第二个点或 [圆心(C)/端点(E)]: C            //确定圆弧的圆心
指定圆弧的圆心:                                     //拾取圆弧的圆心
指定圆弧的端点或 [角度(A)/弦长(L)]: L                //指定起点到端点弦长的长度
指定弦长: 220                                       //输入弦长
```

执行命令后，绘制效果如图 2-15 所示。

弦长不得超过起点到圆心距离的两倍。另外，在命令行的“指定弦长：”提示下，输入的值如果为负值，则该值的绝对值将作为对应整圆的空缺部分圆弧的弦长。

- “起点、端点、角度”命令：指定圆弧的起点、端点和角度绘制圆弧。命令行提示信息如下：

```
命令：_ARC
指定圆弧的起点或 [圆心(C)]:                          //拾取圆弧起点
指定圆弧的第二个点或 [圆心(C)/端点(E)]: E             //指定圆弧端点
指定圆弧的端点:                                      //拾取端点或输入端点坐标
指定圆弧的圆心或 [角度(A)/方向(D)/半径(R)]: A         //确定圆弧半径的旋转角度
指定包含角: 150                                      //输入角度
```

执行命令后，绘制效果如图 2-16 所示。

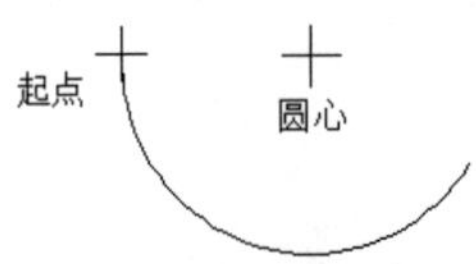

图 2-15 使用“起点、圆心、长度”方法绘制圆弧

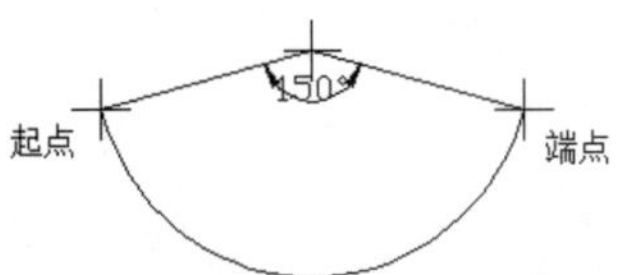

图 2-16 使用“起点、端点、角度”方法绘制圆弧

- “起点、端点、方向”命令：指定圆弧的起点、端点和方向绘制圆弧。命令行提示信息如下：

```
命令：_ARC
指定圆弧的起点或 [圆心(C)]:                          //拾取圆弧起点
指定圆弧的第二个点或 [圆心(C)/端点(E)]: E             //指定圆弧端点
指定圆弧的端点:                                      //拾取端点或输入端点坐标
指定圆弧的圆心或 [角度(A)/方向(D)/半径(R)]: D         //确定起点处的切线方向
指定圆弧的起点切向:                                  //拾取切线端点
```

执行命令后，绘制效果如图 2-17 所示。

注 意

当命令行显示“指定圆弧的起点切向：”提示时，可以拖动鼠标动态地确定圆弧在起始点处的切线方向与水平方向的夹角。拖动鼠标时，AutoCAD会在当前光标与圆弧起始点之间形成一条橡皮筋线，此橡皮筋线即为圆弧在起始点处的切线。拖动鼠标确定圆弧在起始点处的切线方向后，选择拾取键即可取到相应的圆弧。

- “起点、端点、半径”命令：指定圆弧的起点、端点和半径绘制圆弧。命令行提示信息如下：

```
命令：_ARC
指定圆弧的起点或 [圆心(C)]:
指定圆弧的第二个点或 [圆心(C)/端点(E)]: E                //指定圆弧端点
指定圆弧的端点:                                          //拾取端点或输入端点坐标
指定圆弧的圆心或 [角度(A)/方向(D)/半径(R)]: R             //确定圆弧半径
指定圆弧的半径:80                                        //输入圆弧半径长度
```

执行命令后，绘制效果如图 2-18 所示。

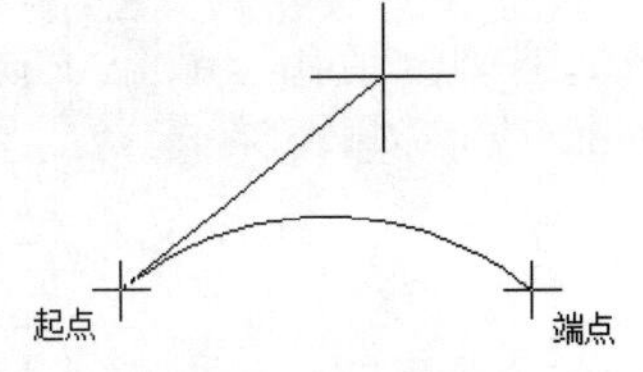

图 2-17　使用“起点、端点、方向”方法绘制圆弧

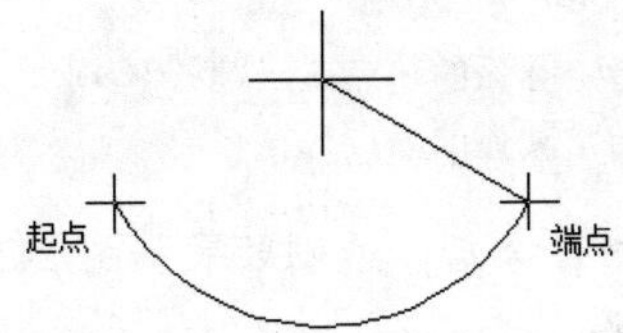

图 2-18　使用“起点、端点、半径”方法绘制圆弧

- “圆心、起点、端点”命令：指定圆弧的圆心、起点和端点绘制圆弧。命令行提示信息如下：

```
命令：_ARC
指定圆弧的起点或 [圆心(C)]: C                  //确定圆弧的圆心
指定圆弧的圆心:                                //拾取圆弧的圆心
指定圆弧的起点:                                //拾取圆弧的起点
指定圆弧的端点或 [角度(A)/弦长(L)]:             //拾取圆弧的端点
```

执行命令后，绘制效果如图 2-19 所示。

- “圆心、起点、角度”命令：指定圆弧的圆心、起点和角度绘制圆弧，命令行提示信息如下：

```
命令：_ARC
指定圆弧的起点或 [圆心(C)]: C                  //确定圆弧的圆心
指定圆弧的圆心:                                //拾取圆弧的圆心
指定圆弧的起点:                                //拾取圆弧的起点
指定圆弧的端点或 [角度(A)/弦长(L)]: A           //确定圆弧的圆心角
指定包含角: 120                                //输入角度
```

执行命令后，绘制效果如图 2-20 所示。

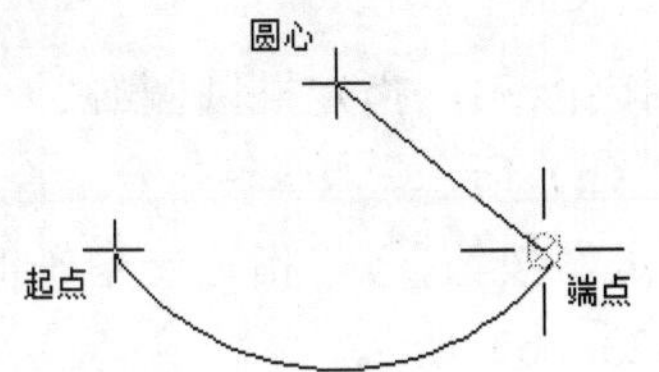

图 2-19　使用“圆心、起点、端点”方法绘制圆弧

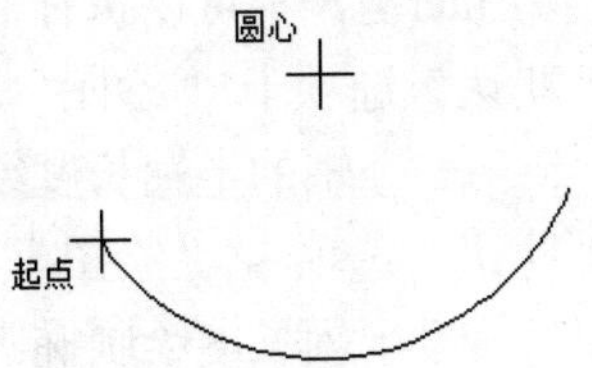

图 2-20　使用“圆心、起点、角度”方法绘制圆弧

- “圆心、起点、长度”命令：指定圆弧的圆心、起点和长度绘制圆弧，命令行提示信息如下：

```
命令：_ARC
指定圆弧的起点或 [圆心(C)]: C                    //确定圆弧的圆心
指定圆弧的圆心:                                  //拾取圆弧的圆心
指定圆弧的起点:                                  //拾取圆弧的起点
指定圆弧的端点或 [角度(A)/弦长(L)]: L            //确定圆弧起点与端点之间的弦长
指定弦长:80                                      //输入弦长度
```

执行命令后，绘制效果如图 2-21 所示。

- “继续”命令：选择该命令，在命令行的“指定圆弧的起点或[圆心(C)]：”提示下直接按 Enter 键，系统将以最后一次绘制的线段或圆弧过程中确定的最后一点作为新圆弧的起点，以最后所绘制线段方向或圆弧终止点处的切线方向作为新圆弧在起始点处的切线方向，再指定一点，就可以绘制出一个圆弧，命令行提示信息如下信息：

```
命令：_ARC
指定圆弧的起点或 [圆心(C)]:                      //以上一圆弧的端点为该圆弧的起点
指定圆弧的端点:                                  //拾取第二段圆弧的端点
```

执行命令后，绘制效果如图 2-22 所示。

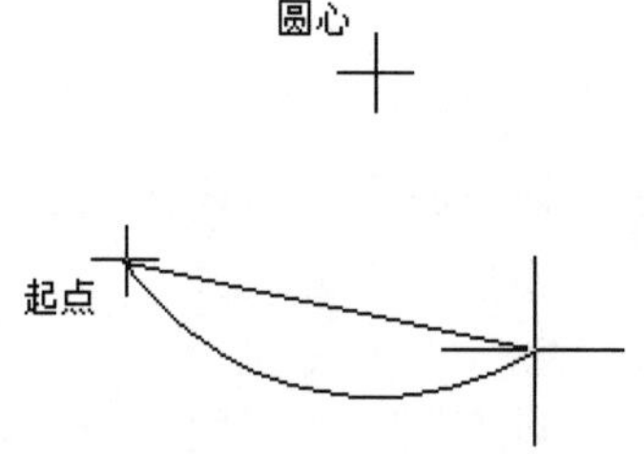

图 2-21　使用“圆心、起点、长度”方法绘制圆弧

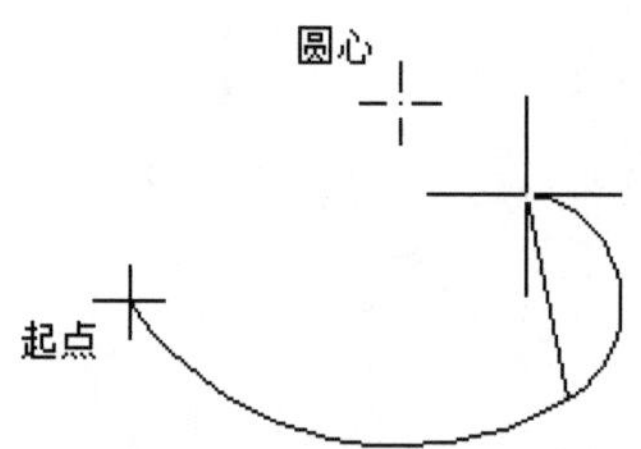

图 2-22　使用“继续”接上一点绘制圆弧

注 意

有些圆弧不适合用圆弧命令绘制，而适合用CIRCLR命令结合TRIM（修剪）命令生成。在 AutoCAD 2021中，通常采用逆时针绘制圆弧，即圆弧以逆时针方向伸出，到达端点完成圆弧的绘制。

2.6.2　绘制椭圆和椭圆弧

1. 绘制椭圆

单击“默认”选项卡|“绘图”面板上的“椭圆”按钮或，或者在命令行中输入ELLIPSE后按Enter键，都可以执行“椭圆”命令。

单击“默认”选项卡|“绘图”面板上的“圆心”按钮，指定椭圆圆心、一个轴的端点（主轴）和另一个轴的半轴长度绘制椭圆，如图2-23（a）所示。

单击“默认”选项卡|“绘图”面板上的“轴、端点”按钮，指定一个轴的两个端点（主轴）和另一个半轴长度绘制椭圆。绘制效果如图2-23（b）所示。

如果在“草图设置”对话框“捕捉和栅格”选项卡的“捕捉类型和样式”选项组中选中

“等轴测捕捉”单选按钮，则调用ELLIPSE命令，并显示“指定椭圆轴的端点或 [圆弧(A)/中心点(C)/等轴测圆(I)]: ”提示，可以使用“等轴测圆”选项绘制等轴测面上的椭圆。

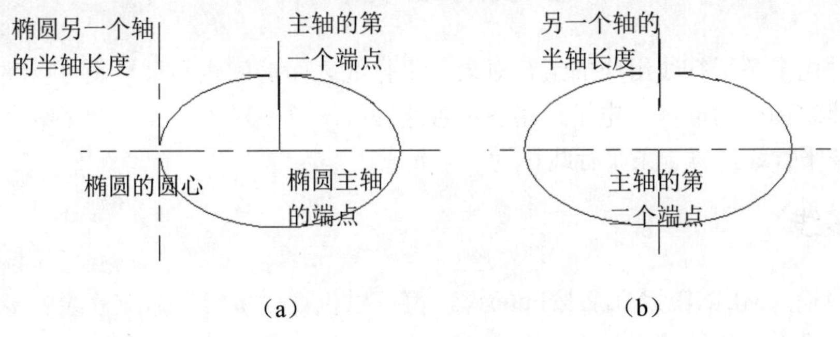

图2-23　绘制椭圆

2. 绘制椭圆弧

在AutoCAD 2021中，椭圆弧的绘图命令和椭圆的绘图命令都是ELLIPSE，但命令行的提示不同。单击“默认”选项卡|“绘图”面板上的“椭圆弧”按钮，或者在命令行中输入ELLIPSE后按Enter键，都可以执行“椭圆弧”命令，绘制椭圆弧。

单击“绘图”面板|“椭圆弧”按钮，命令行提示信息如下：

```
命令: _ELLIPSE
指定椭圆的轴端点或 [圆弧(A)/中心点(C)]: _a              //拾取将要绘制的椭圆圆弧
指定椭圆弧的轴端点或 [中心点(C)]:                       //拾取椭圆一个半轴的端点
指定轴的另一个端点:                                     //拾取椭圆该半轴的另一端点
指定另一条半轴长度或 [旋转(R)]:                         //确定椭圆的另一个半轴
```

从“指定椭圆弧的轴端点或[中心点(C)]：”提示开始，后面的操作就是确定椭圆形状的过程，与绘制椭圆的过程完全相同。确定椭圆的形状后，命令行提示信息如下：

```
指定起点角度或 [参数(P)]:                               //确定圆弧的起始角度
指定端点角度或 [参数(P)/包含角度(I)]:                   //确定圆弧的终止角度
```

以下为指定起始角度和参数命令的具体功能。

- 指定起点角度：通过给定椭圆弧的起始角度来确定椭圆弧。命令行将显示“指定终止角度[参数(P)/包含角度(V)]: ”提示信息。其中，选择“指定端点角度”选项，要求给定椭圆弧的终止角，用以确定椭圆弧另一端点的位置，选择“包含角度”选项，使系统根据椭圆弧的包含角来确定椭圆弧。选择“参数（P）”选项，将通过参数确定椭圆弧另一个端点的位置。
- 参数：通过指定的参数来确定椭圆弧。命令行将显示“指定起始参数或[角度(A)]: ”提示信息，选择“角度”选项，切换到用角度来确定椭圆弧的方式。如果输入参数即执行默认项，系统将使用公式 P(n)=c+a × cos(n)+b × sin(n)来计算椭圆弧的起始角，其中 n 是输入的参数，c 是椭圆弧的半焦距，a 和 b 分别是椭圆的长半轴与短半轴的轴长。

2.7 多线的绘制和编辑

多线是一种由多条平行线组成的组合对象，平行线之间的间距和数目是可以调整的，多线常用于绘制建筑图中的墙体、电子线路图和管路图等平行线对象。在一个多线样式中，最多可以包含16条平行线，每一条平行线称为一个元素。

2.7.1 绘制多线

在命令行中输入MLINE或ML后按Enter键，都可以执行“多线”命令，绘制多线。执行MLINE命令后，命令行提示信息如下：

```
命令: MLINE
当前设置: 对正 = 上, 比例 = 20.00, 样式 = STANDARD          //系统信息，显示当前默认模式
指定起点或 [对正(J)/比例(S)/样式(ST)]:                      //拾取多线起点
```

在命令行中，“当前设置：对正=上，比例=20.00，样式=STANDARD”提示信息显示了当前多线绘图格式的对正方式、比例和多线样式。默认需要指定多线的起始点，以当前的格式绘制多线，其绘制方法与绘制直线相似。指定起点后，命令行提示信息如下：

```
指定下一点:                      //按要求输入一点，画出第一条按当前样式绘制的多线
指定下一点或[放弃(U)]:           //按要求再输入一点，画出第二条多线，或者放弃多线操作
指定下一点或[闭合(C)/放弃(U)]:   //如果选择“闭合(C)”，将使下一段多线与起点相连，
                               //并对所有多线之间的接头进行圆弧过渡，然后结束该命令；如果选择
                               //“放弃(U)”，将删除最后画的一条多线，然后提示指定下一点
```

该命令中其他选项的功能如下：

- “对正（J）”选项：指定多线的对正方式。此时，命令行显示“输入对正类型[上(T)无(Z)/下(B)]<上>：”提示信息。“上（T）”选项表示当从左向右绘制多线时，多线上最顶端的线将随着光标移动；“无（Z）”选项表示绘制多线时，多线的中心线将随光标点移动；“下（B）”选项表示当从左向右绘制多线时，多线上最底端的线将随着光标移动。
- “比例（S）”选项：指定所绘制的多线的宽度相对于多线定义宽度的比例因子，该比例不影响多线的线性比例。
- “样式（ST）”选项：指定绘制的多线样式，默认为标准（STANDARD）型。当命令行显示“输入多线样式名或[?]：”提示信息时，可以直接输入已有的多线样式名，也可以输入“？”显示已定义的多线样式。

2.7.2 设置、创建和修改多线样式

1. 设置多线样式

在AutoCAD 2021中，“多线样式”命令主要用于设置多线的样式，比如多线元素，元素的线型、线宽以及元素间的距离等。在命令行输入MLSTYLE后按Enter键，打开“多线样

式”对话框，如图2-24所示。用户可以在该对话框中创建多线样式，设置线条数目和线的拐角方式。

图 2-24 “多线样式”对话框

在“样式”列表框中显示了已经加载的多线样式，“预览”框显示当前选中的多线样式的形状，“说明”文本框为当前多线样式附加的说明和描述。

“样式”列表框右侧设有“置为当前”“新建”“修改”“重命名”“删除”“加载”和“保存”7个按钮，它们的作用分别如下：

图 2-25 “创建新的多线样式”对话框

- “置为当前”按钮：在“样式”列表框中选择需要使用的多线样式后，该按钮被激活，单击该按钮，可以将所选的样式设置为当前样式。
- “新建”按钮：单击该按钮，打开“创建新的多线样式”对话框，如图 2-25 所示，用户可以创建新的多线样式。
- “修改”按钮：单击该按钮，打开“修改多线样式”对话框，从中可以修改选定的多线样式，但是不能修改默认的 STANDARD 多线样式。
- “重命名”按钮：单击该按钮，可以在“样式”列表框中直接重新命名选定的多线样式，但不能重命名 STANDARD 多线样式。
- “删除”按钮：单击该按钮，可以从“样式”列表框中删除当前选定的多线样式，此操作并不会删除 MLN 文件中的样式。
- “加载”按钮：单击该按钮，打开“加载多线样式”对话框，从中可以从指定的 MLN 文件中选取多线样式并将其加载到当前图形中，AutoCAD 2021 提供的多线样式文件默认为 acad.mln。
- “保存”按钮：单击该按钮，弹出“保存多线样式”对话框，可以将多线样式保存或复制到多线库（MLN）文件。如果指定了一个已存在的 MLN 文件，新样式定义将添加到此文件中，并且不会删除其中已有的定义，默认文件名同样是 acad.mln。

2. 创建新的多线样式

在“创建新的多线样式”对话框中单击“继续”按钮，打开“新建多线样式”对话框，可以设置新多线样式的封口、填充、图元等内容，如图2-26所示。

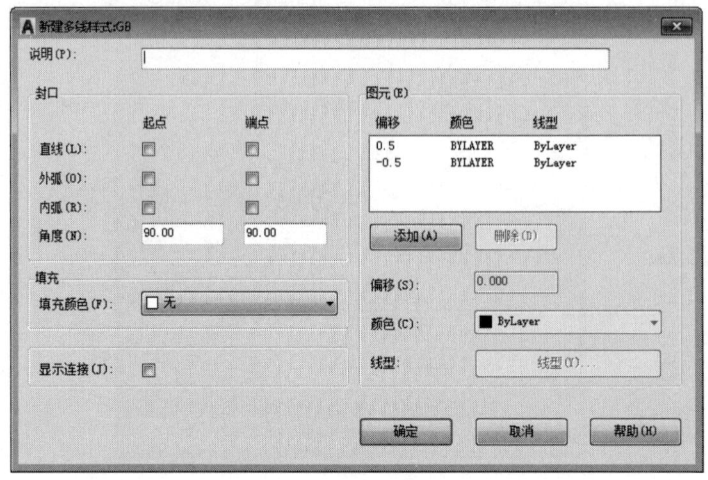

图 2-26 “新建多线样式”对话框

(1) 封口模式的设置

“新建多线样式”对话框的“封口”选项组，用于控制多线起点和端点处的样式。可以为多线的每个端点选择一条直线或弧线，并输入角度。其中，“直线”穿过整个多线的端点；“外弧”连接最外层元素的端点；“内弧”连接成对元素，如果有奇数个元素，则中心线不相连，如图2-27所示。

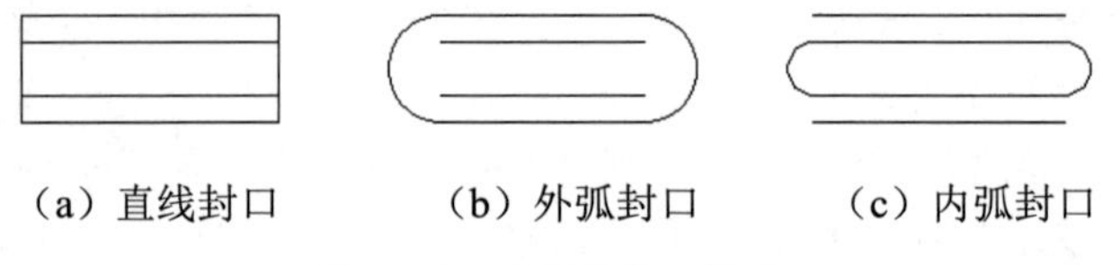

(a) 直线封口　　(b) 外弧封口　　(c) 内弧封口

图 2-27 多线的封口样式

如果选中“新建多线样式”对话框中的“显示连接”复选框，可以在多线的拐角处显示连接线，如图2-28所示。

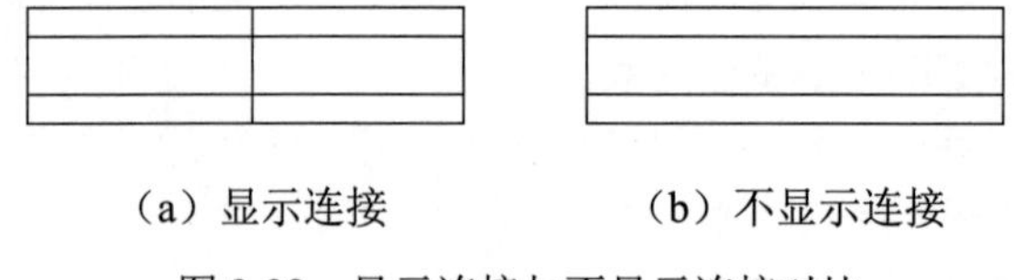

(a) 显示连接　　(b) 不显示连接

图 2-28 显示连接与不显示连接对比

(2) 填充颜色的设置

“新建多线样式”对话框中的“填充”选项组，用于设置是否填充多线的背景。可以从“填充颜色”下拉列表框中选择所需的填充颜色作为多线的背景。如果不使用填充色，则在“填充颜色”下拉列表框中选择“无”即可。

（3）图元的设置

“新建多线样式”对话框中的“图元”选项组，用于设置多线样式的元素特性，包括多线的线条数目、每条线的颜色和线型的特征。其中，“图元”列表框中列举了当前多线样式中各线条元素及其特征，包括线条元素相对于多线中心线的偏移量、线条颜色和线型。如果要增加多线中线条的数目，单击“添加”按钮即可，这时在“图元”列表框中将加入一个偏移量为0的新线条图元，通过“偏移”文本框设置线条的偏移量；在“颜色”下拉列表框设置当前线条的颜色；单击“线型”按钮，使用打开的“线型”对话框设置线条元素的线型。

此外，如果要删除某一线条，可在“图元”列表框中选中该线条元素，然后单击“删除”按钮即可。

3. 修改多线样式

在“多线样式”对话框中单击“修改”按钮，使用被激活的“修改多线样式”对话框可以修改创建的多线样式，它与“创建新多线样式”对话框中的内容完全相同，如图2-29所示。

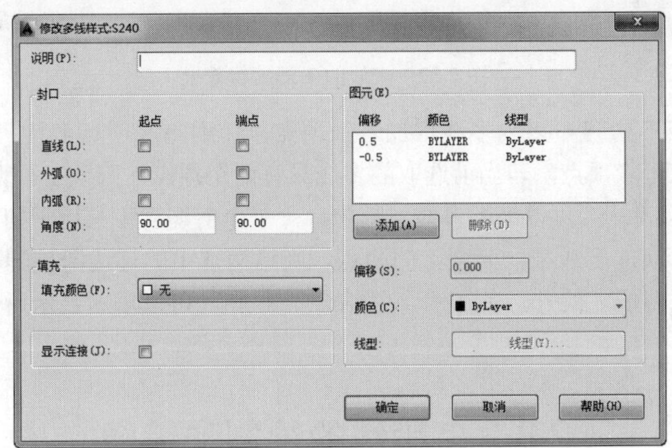

图 2-29　“修改多线样式”对话框

2.7.3 编辑多线

多线编辑命令是一个专门用于多线对象的编辑命令，在命令行中输入MLEDIT后Enter键，或者在需要编辑的多线上双击，都可以执行“多线编辑”命令，打开“多线编辑工具”对话框，可以使用其中的12种编辑工具编辑多线，如图2-30所示。

使用第一列的3个十字形工具、和可以消除各种相交线，如图2-31所示。当选择十字形中的某工具后，还需要选取两条多线，系统总是切断所选的第一条多线，并根据所选工具切断第二条多线。在使用“十字合并”工具时可以生成配对元素的直角，如果没有配对元素，则多线将不被切断。

图 2-30　“多线编辑工具”对话框

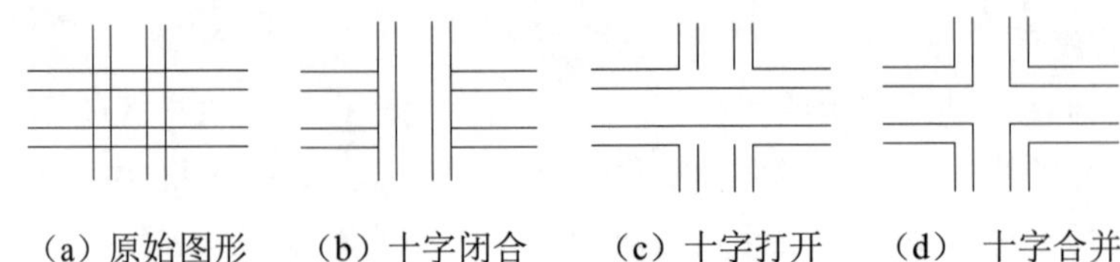

图 2-31　多线的十字形编辑效果

使用T形工具、、和角点结合工具也可以消除相交线，如图2-32所示。此外，角点结合工具还可以消除多线一侧的延伸线，从而形成直角。使用该工具时，需要选取两条多线，在要保留的多线某部分上拾取点，AutoCAD就会将多线剪裁或延伸到它们的相交点。

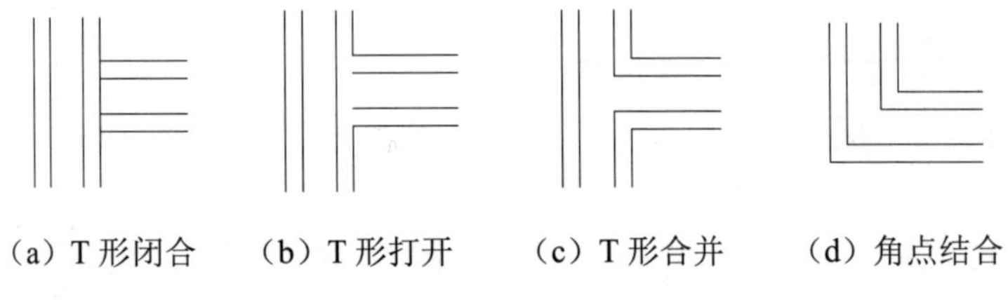

图 2-32　多线的 T 形编辑效果

使用添加顶点工具可以为多线增加若干顶点，使用删除顶点工具可以从包含3个或更多顶点的多线上删除顶点，若当前选取的多线只有两个顶点，则该工具无效。

使用剪切工具、可以切断多线。其中，“单个剪切”工具用于切断多线中一条，只需简单地拾取要切断的多线某一元素上的两点，则这两点中的连线即被删除；“全部剪切”工具用于切断整条多线。此外，使用“全部结合”工具可以重新显示所选两点间的任何切断部分。

2.8　多段线的绘制和编辑

在AutoCAD中“多段线”是一种非常有用的线段对象，它是由多段直线段或圆弧段组成的一个组合体，既可以一起编辑，又可以具有不同的宽度。

2.8.1　绘制多段线

1. 绘制多段线命令

单击“默认”选项卡|“绘图”面板上的 “多段线”按钮，或者在命令行中输入PLINE或PL后按Enter键，都可以执行“多段线”命令，绘制多段线。

单击“绘图”面板|“多段线”按钮，命令行提示信息如下：

```
命令: _PLINE
指定起点:                //指定多段线的第1点
当前线宽为 0.0000        //系统提示当前线宽，第1次使用显示默认线宽0，多次使用显示上一次线宽
指定下一个点或 [圆弧(A)/半宽(H)/长度(L)/放弃(U)/宽度(W)]:   //依次指定多段线的下一个点，或者输入其他的选项
```

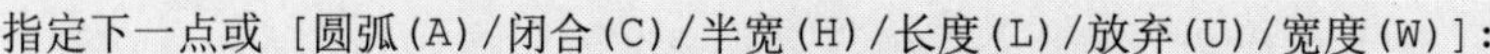

```
指定下一点或 [圆弧(A)/闭合(C)/半宽(H)/长度(L)/放弃(U)/宽度(W)]:
```

当指定了多段线另一端点的位置后，默认从起点到该点绘出一条多段线。该命令提示行中其他选项的功能如下：

- “圆弧（A）”选项：从绘制直线方式切换到绘制圆弧方式。
- “闭合（C）”选项：封闭多段线并结束命令。选择该选项，将以当前点为起点，以多段线的起点为端点，以当前的宽度和绘图方式（直线方式或圆弧方式）绘制一条线段来封闭该多段线，然后结束命令。
- “半宽（H）”选项：设置多段线的半宽度，即多段线的宽度等于输入值的 2 倍，其中，可以分别指定对象的起点半宽和端点半宽。
- “长度（L）”选项：指定绘制的直线段的长度。AutoCAD 将以该长度沿着上一直线的方向绘制直线段。如果前一段线的对象是圆弧，则该段直线的方向为圆弧端点的切线方向。
- “放弃（U）”选项：删除多段线上的上一段直线段或者圆弧段，以方便及时修改在绘制多段线过程中出现的错误。
- “宽度（W）”选项：设置多段线的宽度，可以分别指定对象的起点半宽和端点半宽。具有宽度的多段线填充与否可以通过 FILL 命令来设置。如果将模式设置成“开（ON）”时，则绘制的多线是填充的；如果将模式设置成“关（OFF）”时，则所绘制的线段是不填充的。

2. 切换到绘制圆弧方式

在绘制多段线时，如果在“指定下一点或 [圆弧(A)/闭合(C)/半宽(H)/长度(L)/放弃(U)/宽度(W)]: ”命令提示行输入A，可以切换到圆弧绘制方式，命令行提示信息如下：

```
指定圆弧的端点或
[角度(A)/圆心(CE)/闭合(CL)/方向(D)/半宽(H)/直线(L)/半径(R)/第二个点(S)/放弃(U)/宽度
(W)]:
//圆弧绘制方式绘制多段线
```

该命令提示行中各选项的功能如下：

- “角度（A）”选项：根据圆弧对应的圆心角来绘制圆弧段。选择该选项后，需要在命令行提示下输入圆弧的包含角。圆弧的方向与角度的正负有关，同时也与当前角度的测量方向有关。
- “圆心（CE）”选项：根据圆弧的圆心位置来绘制圆弧段。选择该选项，需要在命令行提示下指定圆弧的圆心。当确定了圆弧的圆心位置后，可以再指定圆弧的端点、包含角或对应弦长中的一个条件来绘制圆弧。
- “闭合（CL）”选项：根据最后点和多段线的起点作为圆弧的两个端点，绘制一个圆弧来封闭多段线。闭合后将结束多段线的绘制命令。
- “方向（D）”选项：根据起始点处的切线方向来绘制圆弧。选择该选项，可以通过输入起始点方向与水平方向的夹角来确定圆弧的起始切向。也可以在命令行提示下确定一点，系统将把圆弧的起点与该点的连线作为圆弧的起点切向。当确定了起点切向后，再确定圆弧另一个端点即可绘制圆弧。
- “半宽（H）”选项：设置圆弧起点的半宽度和终点的半宽度。

- “直线（L）”选项：将多段线命令由绘制圆弧方式切换到绘制直线的方式，返回到“指定下一个点或[圆弧(A)/半宽(H)/长度(L)/放弃(U)/宽度(W)]：”提示信息。
- “半径（R）”选项：可根据半径来绘制圆弧。选择该选项后，需要输入圆弧的半径，并通过指定端点和包含角中的一个条件来绘制圆弧。
- “第二个点（S）”选项：可根据 3 点来绘制一个圆弧。
- “放弃（U）”选项：取消上一次绘制的圆弧。
- “宽度（W）”选项：设置圆弧的起点宽度和终点宽度。

2.8.2 编辑多段线

1. 编辑多段线命令

AutoCAD可以一次编辑一条多段线，也可以同时编辑多条多段线。单击功能区“默认”选项卡|“修改”面板上的 “编辑多段线”按钮，或者在命令行中输入PEDIT命令后按Enter键，即可执行“多段线编辑”命令。

单击“修改”面板|“编辑多段线”按钮，命令行提示信息如下：

```
命令：PEDIT
选择多段线或 [多条(M)]：          //系统提示选择需要编辑的多段线。如果用户选择了直线或圆弧，而不是多段线，系统出现如下提示：
选定的对象不是多段线
是否将其转换为多段线？<Y>：       //输入“Y”，将选择的对象即直线或圆弧转换为多段线，再进行编辑。如果选择的对象是多段线，系统出现如下提示：
输入选项 [闭合(C)/合并(J)/宽度(W)/编辑顶点(E)/拟合(F)/样条曲线(S)/非曲线化(D)/线型生成(L)/反转(R)/放弃(U)]：
```

编辑多段线时，命令行中主要选项的功能如下：

- “闭合（C）”选项：封闭所编辑的多段线，自动以最后一段的绘图模式（直线或圆弧）连接原多段线的起点和终点。
- “合并（J）”选项：将直线段、圆弧或多段线连接到指定的非闭合多段线上。如果编辑的是多个多段线，系统将提示输入合并多段线的允许距离；如果编辑的是单个多段线，系统将连续选取首尾相连的直线、圆弧和多段线等对象，并将它们连成一条多段线。选择该选项时，要连接的各相邻对象必须在形式上彼此首尾相连。
- “宽度（W）”选项：重新设置所编辑的多段线的宽度。当输入新的线宽值后，所选的多段线均变成该宽度。
- “编辑顶点（E）”选项：编辑多段线的顶点，只能对单个的多段线操作。
- “拟合（F）”选项：采用双圆弧曲线拟合多段线的拐角，如图 2-33 所示。
- “样条曲线（S）”选项：用样条曲线拟合多段线，且拟合时以多段线的各顶点作为样条曲线的控制点，如图 2-34 所示。
- “非曲线化（D）”选项：删除在执行“拟合”或“样条曲线”选项操作时插入的额外顶点，并拉直多段线中的所有线段，同时保留多段线顶点的所有切线信息。

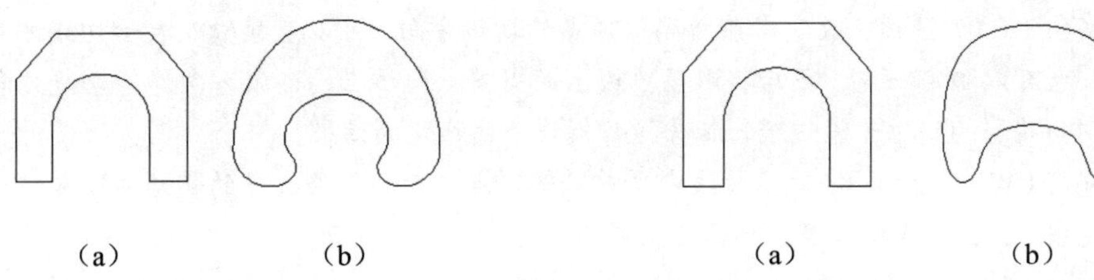

（a）　　（b）

图 2-33　拟合多线段前后对比

（a）　　（b）

图 2-34　用样条曲线拟合多线段前后对比

- “线型生成（L）”选项：设置非连续线型多段线在各顶点处的绘制方式。选择该选项，命令行显示“输入多段线线型生成选项[开(ON)/关(OFF)]: ”信息，选择开（ON），多段线以全长绘制线型；选择关（OFF），多段线的各个线段独立绘制线型，当长度不足以表达线型时，以连续线代替。
- “反转（R）”选项：反转多段线顶点的顺序。使用此选项可反转使用包含文字线型的对象的方向。
- “放弃（U）”选项：取消编辑命令的上一次操作。

2. 当前编辑点

在编辑多段线的顶点时，系统将在屏幕上使用小叉×标记出多段线的当前编辑点，命令行提示信息如下：

```
输入顶点编辑选项
[下一个(N)/上一个(P)/打断(B)/插入(I)/移动(M)/重生成(R)/拉直(S)/切向(T)/宽度(W)/退出(X)] <N>:
//选择编辑顶点选项
```

该命令行提示中主要选项的功能如下：

- “下一个（N）”选项：将顶点标记移到多段线的下一顶点，改变当前的编辑顶点。
- “上一个（P）”选项：将顶点标记移到多段线的前一个顶点。
- “打断（B）”选项：删除多段线上指定两个顶点之间的线段。系统将以当前编辑的顶点作为第一个断点，并显示“输入选项 [下一个(N)/上一个(P)/执行(G)/退出(X)] <N>: ”提示信息。其中，“下一个（N）”和“上一个（P）”选项分别使编辑顶点后移或前移，以确定第二个断点；“执行（G）”选项接受第二个断点，将位于第一断点到第二断点之间的多段线删除；“退出（X）”选项则用于退出打断操作，返回到上一级提示。
- “插入（I）”选项：在当前编辑的顶点后面插入一个新的顶点，只需要确定新顶点的位置即可。
- “移动（M）”选项：将当前的编辑顶点移动到新位置，需要指定标记顶点的新位置。
- “重生成（R）”选项：重新生成多段线，常与“宽度”选项连用。
- “拉直（S）”选项：拉直多段线中位于指定两个顶点之间的线段。系统将以当前的编辑顶点作为拉直的第一个拉直端点，并显示“输入选项 [下一个(N)/上一个(P)/执行(G)/退出(X)] <N>: ”提示信息。其中，“下一个（N）”和“上一个（P）”选项用来选择第二个拉直端点；“执行（G）”选项用于执行对位于两顶点之间的线段的拉直，即这两个顶点之间用一条直线代替；“退出（X）”选项则用于退出拉直操作，返回到上一级提示。

- “切向（T）”选项：改变当前所编辑顶点的切线方向。可以直接输入表示切线方向的角度值，也可以确定一点，之后将以多段线上的当前点与该点的连线方向作为切线方向。顶点的切向将影响到对多段线进行拟合操作或样条曲线化的结果。
- “宽度（W）”选项：修改多段线中当前编辑顶点之后的那条线段的起始宽度和终止宽度。
- “退出（X）”选项：退出编辑顶点操作，返回上一级提示。

2.9 绘制样条曲线

样条曲线是一种由某些拟合点（或控制点）拟合生成的光滑曲线，如图2-35所示。样条曲线是工程应用中的一类曲线，通过一些已测得的数据点，拟合这些数据点的方式绘制出。在AutoCAD 2021中，其类型是非均匀关系的基本样条曲线，适于表达具有不规则变化曲率半径的曲线。

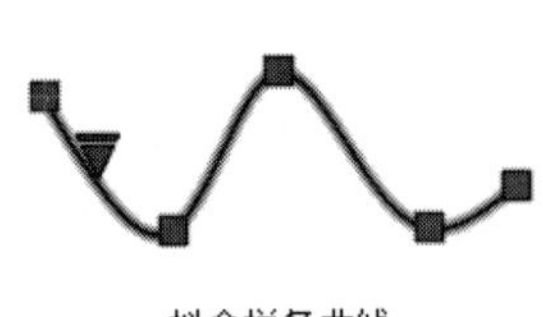

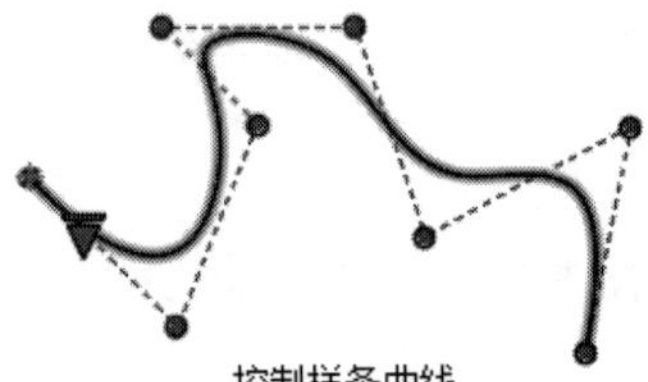

图 2-35 创建样条曲线

2.9.1 绘制样条曲线命令

1. 使用“拟合点”绘制样条曲线

单击“默认”选项卡|“绘图”面板上的“样条曲线拟合”按钮，或者在命令行中输入SPLINE后，通过选项功能“方式（M）”|“拟合（F）”进行绘制拟合样条曲线，所绘制的样条曲线由拟合点进行定义，并且默认设置下样条曲线。

单击“样条曲线拟合”按钮，命令行提示信息如下：

```
命令：_SPLINE
当前设置：方式=拟合    节点=弦
指定第一个点或 [方式(M)/节点(K)/对象(O)]:                    //定位第一点
输入下一个点或 [起点切向(T)/公差(L)]:                       //定位第二点
输入下一个点或 [端点相切(T)/公差(L)/放弃(U)]:                //定位第三点
输入下一个点或 [端点相切(T)/公差(L)/放弃(U)/闭合(C)]:         //定位第四点
输入下一个点或 [端点相切(T)/公差(L)/放弃(U)/闭合(C)]:         //定位第五点
输入下一个点或 [端点相切(T)/公差(L)/放弃(U)/闭合(C)]:
//按Enter键，结束命令，绘制后的效果及夹点效果如图2-35（左）所示
```

- “方式”选项用于设置是使用“拟合点”还是使用“控制点”绘制样条曲线。
- “节点”选项用于指定节点参数化，以确定样条曲线中连续拟合点之间的曲线如何过渡。
- “对象”选项用于将二维或三维二次或三次样条曲线拟合多段线转换成等效的样条曲线。

- “起点相切”选项用于指定在样条曲线起点的相切条件。
- “端点相切”选项用于指定在样条曲线终点的相切条件。
- “公差”选项用于指定样条曲线可以偏离指定拟合点的距离。公差值0（零）要求生成的样条曲线直接通过拟合点。公差值适用于所有拟合点（拟合点的起点和终点除外），始终具有为0（零）的公差。
- “放弃”选项用于删除最后一个指定点。
- “闭合”选项用于通过定义与第一个点重合的最后一个点，以闭合样条曲线。默认设置下，闭合的样条曲线沿整个环保持曲率连续性。

2. 使用“控制点”绘制样条曲线

单击“默认”选项卡|“绘图”面板上的“样条曲线控制点”按钮，或者在命令行中输入SPLINE后，通过选项功能“方式（M）”|“控制点（CV）”，通过指定控制点来绘制样条曲线，使用此方法创建1阶（线性）、2阶（二次）、3阶（三次）直到最高为10阶的样条曲线。通过移动控制点调整样条曲线的形状通常可以提供比移动拟合点更好的效果。

单击“样条曲线控制点”按钮，命令行提示信息如下：

```
命令: _SPLINE
当前设置: 方式=控制点    阶数=3
指定第一个点或 [方式(M)/阶数(D)/对象(O)]: _M
输入样条曲线创建方式 [拟合(F)/控制点(CV)] <控制点>: _CV
当前设置: 方式=控制点    阶数=3
指定第一个点或 [方式(M)/阶数(D)/对象(O)]:              //定位第一点
输入下一个点:                                          //定位第二点
输入下一个点或 [放弃(U)]:                              //定位第三点
输入下一个点或 [闭合(C)/放弃(U)]:                      //定位第四点
输入下一个点或 [闭合(C)/放弃(U)]:                      //定位第五点
输入下一个点或 [闭合(C)/放弃(U)]:                      //定位第六点
输入下一个点或 [闭合(C)/放弃(U)]:    //按Enter键，绘制后的效果及夹点效果如图2-35（右）所示
```

“阶数”选项用于设置生成的样条曲线的多项式阶数。使用此选项可以创建1阶（线性）、2阶（二次）、3阶（三次）直到最高10阶的样条曲线。

2.9.2 编辑样条曲线

单击“默认”选项卡|“修改”面板上的“编辑样条曲线”按钮，或者在命令行中输入SPLINEDIT后按Enter键，都可以执行“编辑样条曲线”命令。此命令是一个单对象编辑命令，一次只能编辑一个样条曲线对象。执行该命令并选择需要编辑的样条曲线后，在曲线周围将显示控制点，同时命令行提示信息如下：

```
命令: _SPLINEDIT
选择样条曲线:                          //选择需要编辑的样条曲线
输入选项 [闭合(C)/合并(J)/拟合数据(F)/编辑顶点(E)/转换为多段线(P)/反转(R)/放弃(U)/退出
(X)]<退出>:                            //输入样条曲线编辑选项
```

可以选择某一编辑选项来编辑样条曲线，其中各选项功能如下：

- “闭合(C)”选项：该选项用于闭合开放的样条曲线，并使之在端点处相切连续(光滑)。若选择的样条曲线是闭合的，则“闭合”选项换为“打开”选项。“打开”选项用于打开闭合的样条曲线，将其起点和端点恢复到原始状态，移去在该点的相切连续性，即不再光滑连接。
- “合并（J）”选项：该选项用于将选定的样条曲线、直线和圆弧在重合端点处合并到现有样条曲线。
- “拟合数据（F）”选项：主要是对样条曲线的拟合点、起点以及端点进行拟合编辑。
- “编辑顶点(E)”选项：该选项用于对样条曲线控制点进行操作，可以添加、删除、移动、提高阶数、设定新权值等。
- “转换为多段线（P）”选项：该选项用于将样条曲线转换为多段线。
- “反转(R)”选项：该选项用于将样条曲线方向反转，不影响样条曲线的控制点和拟合点。
- “放弃（U）”选项：该选项用于取消最后一步的编辑操作。
- “退出（X）”选项：该选项用于退出 SPLINEDIT 命令。

2.10 徒手绘图

在AutoCAD 2021中，可以使用SKETCH命令徒手绘制图案，创建一系列徒手绘制的线段，如图2-36所示。此命令对于创建不规则边界或使用数字化仪追踪非常有用。

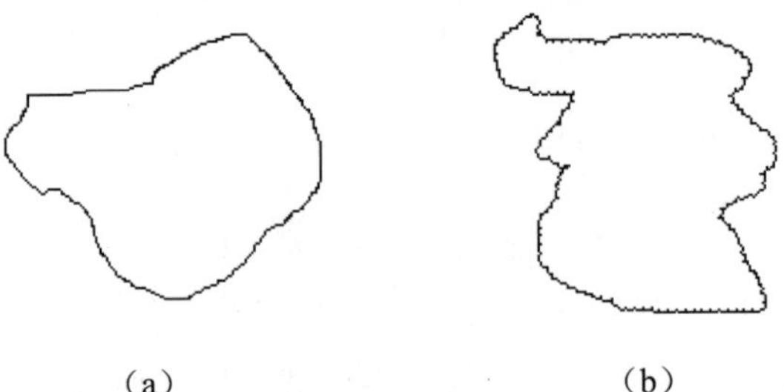

（a）　　　　　　（b）

图 2-36　徒手绘制的图形

2.10.1 SKETCH 命令的使用

在徒手绘制之前，指定对象的类型（直线、多段线或样条曲线）、增量和公差，然后只需将定点设备沿着屏幕移动，系统会自动采集移动的轨迹，生成草图线。要绘制徒手线，可在命令行输入SKETCH命令后按Enter键，命令行提示信息如下：

```
命令: SKETCH
类型 = 直线  增量 = 0.1000  公差 = 0.5000
指定草图或 [类型(T)/增量(I)/公差(L)]:    //按住左键不放，沿着所需位置移动后松开，再次按下左键继续绘制第二条图线...
指定草图:                               //按Enter键，结束命令
已记录 109 条直线
```

上述命令行提示中各选项具体功能介绍如下：

- “类型”选项用于设置手画线的对象类型，包括“直线、多段线和样条曲线”三种类型。
- “增量”选项用于设置每条手画直线段的长度。定点设备所移动的距离必须大于增量值，才能生成一条直线。
- “公差”选项是对于“样条曲线”类型来说的，用于指定样条曲线的曲线布满手画线草图的紧密程度。

2.10.2 绘制修订云线

在AutoCAD 2021中，“修订云线”命令用于通过拖动光标来创建新的修订云线，也可以将对象（例如，圆、多段线、样条曲线或椭圆）转换为修订云线。一般在检查或用红线圈阅图形时，可以使用修订云线功能标记，以提高工作效率。

单击“默认”选项卡|“绘图”面板上的“徒手画修订云线”按钮、“矩形修订云线”按钮或“多边形修订云线”按钮，也可以在命令行输入REVCLOUD后的按Enter键，在命令行执行相应的功能。

单击“徒手画修订云线”按钮，命令行提示信息如下：

```
命令: REVCLOUD
最小弧长: 181.6626    最大弧长: 363.3252    样式: 普通    类型: 多边形
指定起点或 [弧长(A)/对象(O)/矩形(R)/多边形(P)/徒手画(F)/样式(S)/修改(M)] <对象>: _F
最小弧长: 181.6626    最大弧长: 363.3252    样式: 普通    类型: 徒手画
指定第一个点或 [弧长(A)/对象(O)/矩形(R)/多边形(P)/徒手画(F)/样式(S)/修改(M)] <对象>:
//按住左键不放，沿所需路径引导光标以绘制修订云线，如果光标移动到起点时，则绘制闭合的修订云线，并自动结束命令；如果绘制非闭合修订云线，则需要按Enter键结束
沿云线路径引导十字光标...
反转方向 [是(Y)/否(N)] <否>:    //根据绘图需要选择是否反转方向
修订云线完成
修订云线完成
```

命令行选项功能如下：

- “弧长（A）”选项用于指定每个圆弧的弦长的近似值。圆弧的弦长是圆弧端点之间的距离。首次在图形中创建修订云线时，将自动确定弧弦长的默认值。
- “对象（O）”选项用于将现有对象转化为修订云线，如多段线、直线、圆、矩形、多边形等，此时命令行显示“选择对象：反转方向[是(Y)/否(N)]<否>：”，用户如果输入Y，则圆弧方向向内；如果输入N，则圆弧方向向外。
- “矩形（R）”选项用于指定点作为对角点绘制矩形修订云线，此选项功能等同于“绘图”面板上的“矩形修订云线”功能，其命令行提示信息如下：

```
命令: _REVCLOUD
最小弧长: 181.6626    最大弧长: 363.3252    样式: 普通    类型: 徒手画
指定第一个点或 [弧长(A)/对象(O)/矩形(R)/多边形(P)/徒手画(F)/样式(S)/修改(M)] <对象>:
_R
最小弧长: 181.6626    最大弧长: 363.3252    样式: 普通    类型: 矩形
```

```
指定第一个角点或 [弧长(A)/对象(O)/矩形(R)/多边形(P)/徒手画(F)/样式(S)/修改(M)] <对
象>:          //在绘图区指定矩形修订云线的第一个角点
指定对角点:    //在绘图区指定矩形修订云线的对角点，并结束命令，绘制效果如图2-37（左）所示
```

- “多边形（P）”选项用于创建由三个或更多点定义的修订云线，以用作生成修订云线的多边形顶点。此选项功能等同于“绘图”面板|“多边形修订云线”按钮，其命令行提示信息如下：

```
命令：_REVCLOUD
最小弧长：181.6626   最大弧长：363.3252   样式：普通   类型：矩形
指定第一个角点或 [弧长(A)/对象(O)/矩形(R)/多边形(P)/徒手画(F)/样式(S)/修改(M)] <对
象>: _P
最小弧长：181.6626   最大弧长：363.3252   样式：普通   类型：多边形
指定起点或 [弧长(A)/对象(O)/矩形(R)/多边形(P)/徒手画(F)/样式(S)/修改(M)] <对象>:
//指定第一个角点
指定下一点:                 //指定第二个角点
指定下一点或 [放弃(U)]:      //指定第三个角点
指定下一点或 [放弃(U)]:      //指定第四个角点
指定下一点或 [放弃(U)]:      //指定第五个角点
指定下一点或 [放弃(U)]:      //按Enter键，结束命令，效果如图2-37（右）所示
```

- “徒手画（F）”选项用于创建徒手画修订云线。此选项功能等同于“绘图”面板上的“徒手画修订云线”。
- “样式（S）”选项用于设置修订云线的样式，包括“普通”和“手绘”两种，其中“普通”样式是使用默认字体创建修订云线；“手绘”样式是创建外观类似于手绘效果的修订云线。如图 2-37 所示就是在普通模式下绘制的云线，如图 2-38 所示是在手绘模式绘制的云线。

图 2-37　矩形和多边形修订云线示例

- “修改（M）”选项用于修改现有的修订云线或多段线，将现有修订云线或多段线的指定部分替换为输入点定义的新部分，如图 2-38 所示。

图 2-38　云线修改示例

2.10.3　创建区域覆盖对象

区域覆盖对象是一块多边形区域，它可以使用当前背景色屏蔽底层的对象。此区域由区

域覆盖边框进行绑定，可以打开此区域进行编辑，也可以关闭此区域进行打印。单击“默认”选项卡|“绘图”面板上的“区域覆盖”按钮，或者在命令行中输入WIPEOUT命令，都可以执行“区域覆盖”命令。

单击“区域覆盖”按钮，命令行提示信息如下：

```
命令: _WIPEOUT
指定第一点或 [边框(F)/多段线(P)] <多段线>:
指定下一点:
指定下一点或 [放弃(U)]:
指定下一点或 [闭合(C)/放弃(U)]:
指定下一点或 [闭合(C)/放弃(U)]:
```

系统默认可以通过指定一系列点来创建区域覆盖对象。该提示信息中其他选项的功能如下：

- “边框（F）”选项：确定是否显示区域覆盖对象的边界。执行该选项后，命令行显示“输入模式 [开（ON）/关（OFF）] <ON>: ”提示信息。选择“开（ON）”选项可显示边界，选择“关（OFF）”选项可隐藏绘图窗口中所有区域覆盖对象的边界，如图 2-39 所示。

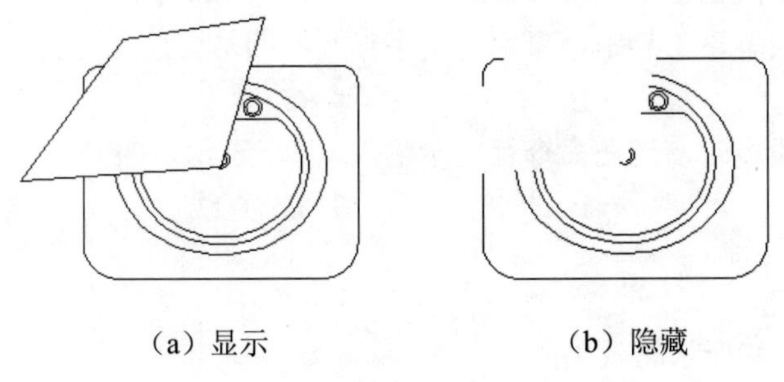

（a）显示　　（b）隐藏

图 2-39　显示与隐藏区域覆盖对象边界效果

- “多段线（P）”选项：以封闭多段线创建的多边形作为区域覆盖对象的边界。当选择一个封闭的多段线（该多段线不能包含圆弧）后，命令行显示“是否要删除多段线？[是(Y)/否(N)] <否>: ”提示信息。输入 Y，可以删除被用来创建区域覆盖对象的多段线；输入 N，则保留该多段线。

2.11　习　　题

1．填空题

（1）在AutoCAD 2021中，可以通过__________、__________、__________和__________4种方法来创建点对象。

（2）构造线为两端可以__________的直线，没有起点和终点，可以放置在三维空间的任何地方，主要用于__________。

（3）在AutoCAD 2021中，多线是一种由多条__________组成的组合对象，平行线之间的__________和__________是可以调整的。

（4）样条曲线是一种通过或接近指定点的____________。在AutoCAD中，其类型是__________，适于表达具有__________曲率半径的曲线。

（5）“多线样式”对话框的“封口”选项组用于控制多线起点和端点处的样式。其中，“直线”穿过____________的端点，“外弧”连接____________的端点，“内弧”连接__________，如果有奇数个元素，则__________不相连。

2. 选择题

（1）多线是一种由多条平行线组成的组合对象，最多可以包括16条平行线，每一条平行线称为一个__________。

A. 元素　　B. 基线　　C. 界限　　D. 平行线

（2）样条曲线是通过给定点的__________。

A. 光滑曲线　　B. 封闭曲线　　C. 多重曲线　　D. 多段曲线

（3）如果要绘制一个圆与两条直线相切，应使用__________。

A. 圆心和半径定圆　　B. 三点定圆　　C. 两点定圆　　D. 半径和双切定圆

（4）在下列多线编辑工具中，表示“十字打开”的是__________。

A.　　B.　　C.　　D.

（5）在绘制多段线时，当在命令行提示输入A时，表示切换到__________绘制方式。

A. 圆弧　　B. 角度　　C. 直线　　D. 直径

3. 上机题

（1）绘制如图2-40所示的效果图。

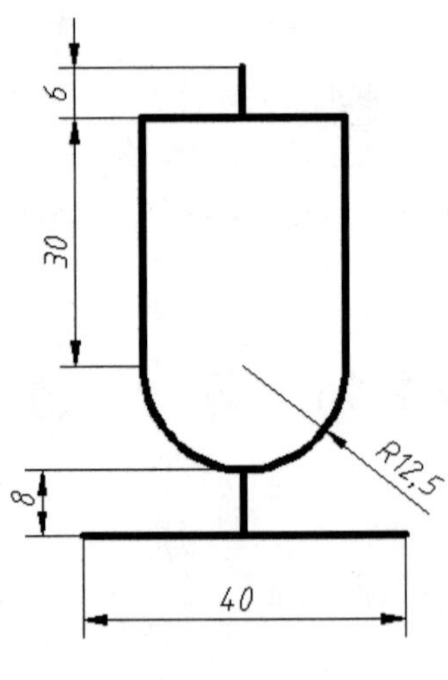

图 2-40　效果图（1）

（2）绘制如图2-41所示的效果图。

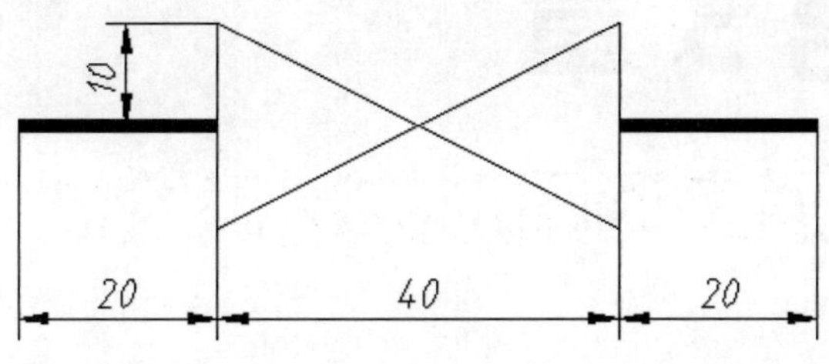

图 2-41　效果图（2）

（3）绘制如图2-42所示的效果图。

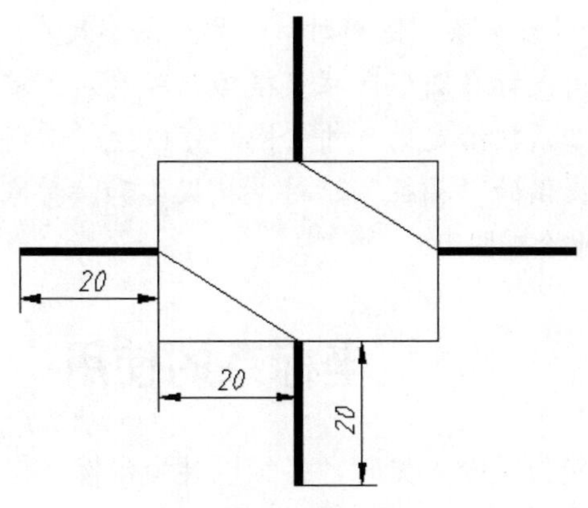

图 2-42　效果图（3）

4. 问答题

（1）多线编辑工具有哪几种，它们各有什么功能？

（2）在AutoCAD 2021中，如何绘制与编辑样条曲线？

（3）在AutoCAD 2021中，如何绘制修订云线和区域覆盖对象？

（4）利用直线LINE命令绘制的矩形和利用多段线PLINE命令绘制的矩形有何异同？

第3章 暖通空调图形的精确绘制

导言

在AutoCAD 2021中设计和绘制图形时，如果对图形尺寸比例要求不太严格，可大致输入图形的尺寸，可使用鼠标在图形区域直接拾取和输入。暖通空调等建筑制图对图形的尺寸要求比较严格，必须按给定的尺寸绘图。可以通过常用的指定点的坐标法来绘制图形，还可以使用系统提供的“捕捉”“对象捕捉”和“对象追踪”等功能，在不输入坐标的情况下快速精确地绘制图形。

3.1 坐标系的使用

在绘图过程中要精确定位某个对象时，必须以某个坐标系作为参照，以便精确拾取点的位置。通过AutoCAD的坐标系可以提供精确绘制图形的方法，可以按照非常高的精度标准，准确地设计并绘制图形。

3.1.1 世界坐标系与用户坐标系

坐标(X,Y)是表示点的最基本方法。在AutoCAD 2021中，坐标系分为世界坐标系（WCS）和用户坐标系（UCS），这两种坐标系都可以通过坐标（X,Y）来精确定位点。

在开始绘制新图形时，当前坐标系默认为世界坐标系即WCS，它包括X轴和Y轴（如果在三维空间工作，还有一个Z轴）。WCS坐标轴的交汇处显示∟形标记，坐标原点在坐标系的交汇点，所有的位移都是相对于原点计算的，并且沿X轴正向与Y轴正向的位移被规定为正方向，如图3-1所示。

在AutoCAD 2021中，为了能更好地捕捉绘图，经常需要修改坐标系的原点和方向，这时，将世界坐标系变为用户坐标系，即UCS。UCS的原点以及X轴、Y轴和Z轴的方向都可以旋转，甚至可以依赖于图形中的某个特定对象。尽管用户坐标系中三个轴之间仍然互相垂直，但是在方向及位置上却都更灵活。另外，UCS没有∟形标记，如图3-2所示。

要设置UCS，可以在命令行输入命令UCS后按Enter键，在命令行“指定UCS的原点或[面(F)/命名(NA)/对象(OB)/上一个(P)/视图(V)/世界(W)/X/Y/Z/Z 轴(ZA)] <世界>: ”提示后更改WCS为UCS。

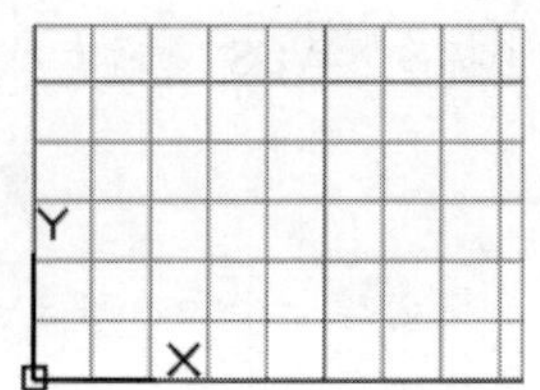

图 3-1　世界坐标系 WCS

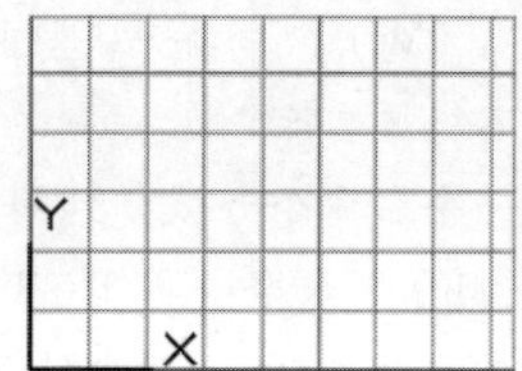

图 3-2　用户坐标系 UCS

3.1.2　坐标的表示方法

在AutoCAD 2021中，点的坐标可以使用绝对直角坐标、绝对极坐标、相对直角坐标和相对极坐标4种方法表示，它们的特点如下：

- 绝对直角坐标系：从点（0，0）或点（0，0，0）出发的位移，可以使用分数、小数或科学记数等形式表示点的 X 轴、Y 轴和 Z 轴的坐标值，坐标间用逗号隔开，如点（15.2，20）和点（15.2，20，32.5）等。
- 绝对极坐标系：从点（0，0）或点（0，0，0）出发的位移，但给定的是距离和角度，其中距离和角度用“<”隔开，且规定 X 轴正向为 0°，Y 轴正向为 90°，如点（20.5<30）和（34<60）等。
- 相对直角坐标系和相对极坐标系：相对坐标是指相对于某一点的 X 轴和 Y 轴的位移、距离和角度，它的表示方法是在绝对坐标表达方式前加“@”号，如（@15.2，20）和（@34<60）。其中相对极坐标系中的角度是新点和上一点的连线与 X 轴的夹角。

3.1.3　创建和使用用户坐标系

在AutoCAD中，可以方便地创建和使用用户坐标系。

1. 创建用户坐标系

在AutoCAD 2021中，将变量MENUBAR的值设为1，打开被隐藏的菜单，然后选择“工具”|“新建UCS”命令，在其子菜单中显示可创建的UCS，如图3-3所示。

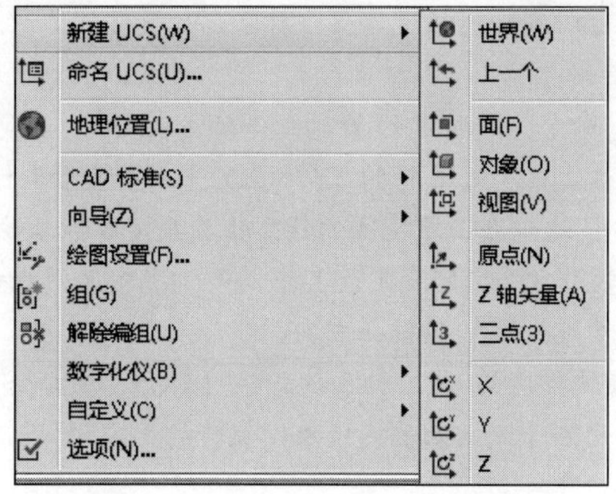

图 3-3　“新建 UCS”命令及其子菜单

- “世界（W）”命令：从当前的用户坐标系恢复到世界坐标系。WCS 是所有用户坐标系的基准，不能被重新定义。
- “上一个”命令：恢复到用户使用的上一个坐标系。
- “面（F）”命令：将 UCS 与实体对象的选定面对齐。要选择一个面，可单击该面的边界内部或面的边界，被选中的面将亮显，UCS 的 X 轴将与找到的第一个面上的最近的边对齐。
- “对象（O）”命令：根据选取的对象快速简单地建立 UCS，使对象位于新的 XY 平面，其中 X 轴和 Y 轴的方向取决于选择的对象类型。该选项不能用于三维实体、三维多段线、三维网格、视口、多线、面域、样条曲线、椭圆、射线、参照线、引线和多行文字等对象。对于非三维的对象，新 UCS 的 XY 平面与绘制该对象时生效的 XY 平面平行，但 X 轴和 Y 轴可作不同的旋转。通过选择对象来定义 UCS 的方法如表 3-1 所示。

表 3-1　对象的 UCS 定义方法

对象类型	UCS 定义方法
圆弧	圆弧的圆心成为新 UCS 的原点，X 轴通过距离选择点最近的圆弧端点
圆	圆的圆心成为新 UCS 的原点，X 轴通过选择点
标注	标注文字的中点成为新 UCS 的原点，新 X 轴的方向平行于绘制该标注时生效的 UCS 的 X 轴
直线	离选择点最近的端点成为新的 UCS 的原点，系统选择新的 X 轴时，该直线位于新 UCS 平面中，该直线的第 2 个端点在新坐标系中的 Y 坐标为 0
点	成为新的 UCS 原点
二维多段线	多段线的起点成为新 UCS 的原点，X 轴沿从起点到下一顶点的线段延伸
实体	二维填充的第 1 点确定新 UCS 的原点，新 X 轴沿两点之间的连线方向
多线	多线的起点成为新 UCS 的原点，X 轴沿多线的中心线方向
三维面	取第 1 点作为新 UCS 的原点，X 轴沿前两点的连线方向，Y 的正方向取自第 1 点和第 4 点，Z 轴由右手定则确定
文字、块参照、属性定义	该对象的插入点成为新的 UCS 的原点，新 X 轴由对象绕其拉伸方向旋转定义，用于建立新 UCS 的对象在新 UCS 中的旋转角度为 0°

- “视图（V）”命令：以垂直于观察方向（平行于屏幕）的平面为 XY 平面，建立新的坐标系，UCS 原点保持不变。常用于注释当前视图时，使文字以平面方式显示。
- “原点（N）”命令：通过移动当前 UCS 的原点，保持其 X 轴、Y 轴和 Z 轴方向不变，从而定义新的 UCS。可以在任何高度建立坐标系，如果没有给原点指定 Z 轴坐标值，将使用当前标高。
- “Z 轴矢量（A）”命令：用特定的 Z 轴正半轴定义 UCS。需要选择两点，第 1 点被作为新的坐标系原点，第 2 点决定 Z 轴的正向，XY 平面垂直于新的 Z 轴。
- “三点（3）”命令：通过在三维空间的任意位置指定 3 点来确定新 UCS 原点及其 X 轴和 Y 轴的正方向，Z 轴由右手定则确定。其中，第 1 点定义了坐标系原点，第 2 点定义了 X 轴的正方向，第 3 点定义了 Y 轴的正方向。
- “X/Y/Z”命令：旋转当前的 UCS 轴来建立新的 UCS。在命令行提示信息中输入正或负的角度以旋转 UCS，用右手定则来确定绕该轴旋转的正方向。

2. 命名用户坐标系

在命令行输入UCSMAN后按Enter键，或选择“工具”|“命名UCS”命令，打开“UCS”对话框，单击“命名UCS”选项卡，如图3-4所示。在“当前UCS”列表框中选择“世界”“上一个”或某个UCS选项，然后单击“置为当前”按钮，可将其置为当前坐标系，此时在该UCS前面将显示标记▸。也可以单击“详细信息”按钮，在“UCS详细信息”对话框中查看坐标系的详细信息，如图3-5所示。

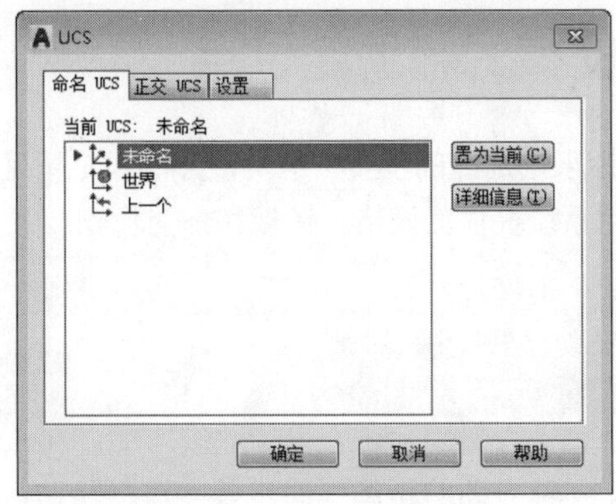

图 3-4 “命名 UCS”选项卡

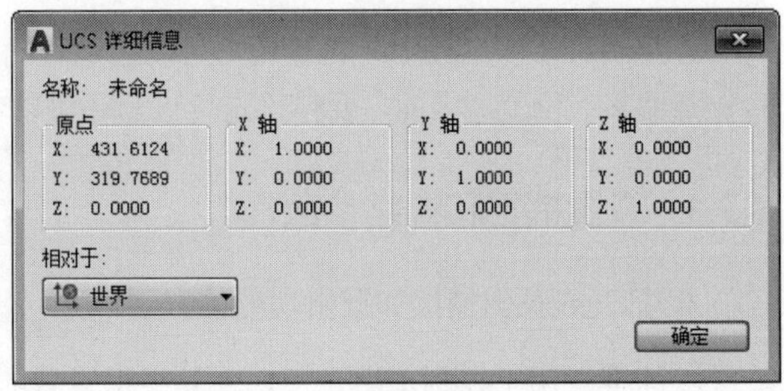

图 3-5 “UCS 详细信息”对话框

此外，在“当前UCS”列表框中的坐标系选项上右击，将弹出一个快捷菜单，可以重命名坐标系、删除坐标系和将坐标系置为当前坐标系。

3. 使用正交用户坐标系

在“UCS”对话框中单击“正交UCS”选项卡，在“当前UCS”列表框中选择需要使用的正交坐标系，如俯视、仰视、左视、右视、前视、后视等，如图3-6所示。

4. 设置UCS

在“UCS”对话框的“设置”选项卡中可以设置UCS图标和UCS，如图3-7所示。

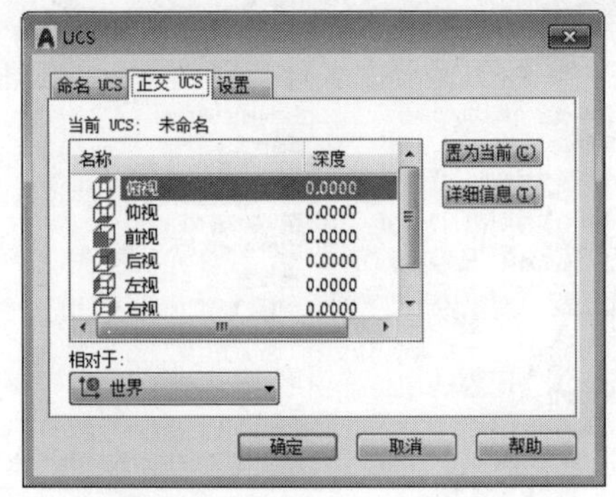

图 3-6 “正交 UCS”选项卡

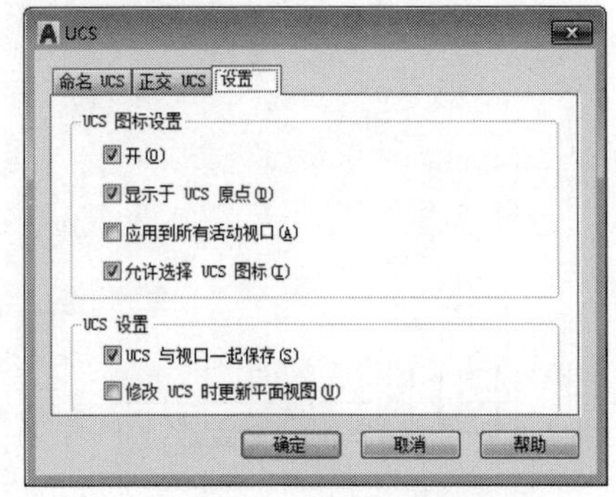

图 3-7 “设置”选项卡

其中各选项的含义如下：

- “开”复选框：指定显示当前视口的 UCS 图标。

- “显示于 UCS 原点”复选框：在当前视口坐标系的原点处显示 UCS 图标。如果不勾选此复选框，则在视口的左下角显示 UCS 图标。
- “应用到所有活动视口”复选框：指定将 UCS 图标设置应用到当前图形中的所有活动视口。
- “允许选择 UCS 图标”复选框：表示允许用户选择当前视口的 UCS 图标。
- “UCS 与视口一起保存”复选框：指定将坐标系设置与视口一起保存。
- “修改 UCS 时更新平面视图”复选框：指定在修改视口中的坐标系时恢复平面视图。

3.2 利用捕捉、栅格和正交模式辅助定位点

在AutoCAD中绘图时，尽管用户可以通过移动光标来指定点的位置，但是该方法很难精确指定点的某一位置，因此，要精确定位点，还可以使用系统提供的栅格、捕捉和正交功能。

3.2.1 设置捕捉和栅格参数

1. 打开或关闭捕捉和栅格功能的方法

“捕捉”用于控制十字光标，使其根据设置的X、Y轴方向的距离（即步长）进行跳动，从而精确定位点。例如，将X轴的步长设置为20，将Y轴方向上的步长设为30，那么光标每水平跳动一次，则走过20个单位的距离；每垂直跳动一次，则走过30个单位的距离，如果连续跳动，则走过的距离则是步长的整数倍。

“栅格”是由一些虚拟的栅格点或栅格线组成，起坐标纸的作用，可以提供直观的距离和位置参照，如图3-8所示。另外，这些栅格点和栅格线仅起到参照显示功能，它不是图形的一部分，也不会被打印输出。在AutoCAD 2021中，打开或关闭捕捉和栅格功能有以下几种方法。

- 在状态栏上“捕捉模式”按钮 或“显示图形栅格”按钮 上右击，选择快捷菜单上的“网格设置”或“捕捉设置”，可打开如图 3-9 所示的“草图设置”对话框，进行启用、取消捕捉和栅格功能，并设置捕捉、栅格参数等。

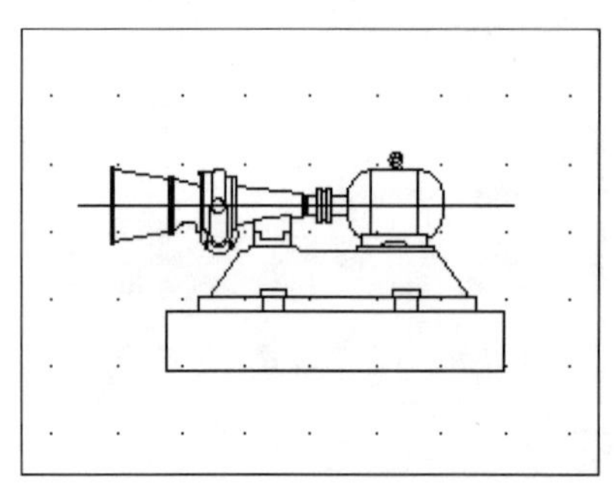

图 3-8　显示栅格

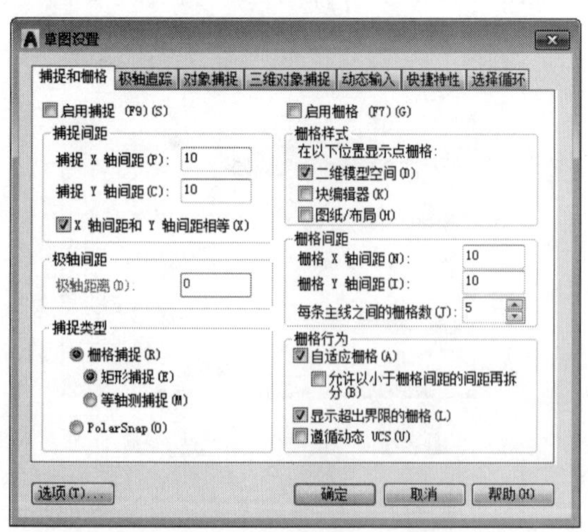

图 3-9　“草图设置”对话框

- 在 AutoCAD 2021 程序窗口的状态栏中，单击“捕捉模式”按钮⁝⁝⁝或“显示图形栅格”按钮#。
- 按 F7 键打开或关闭栅格，按 F9 键打开或关闭捕捉。

2. 捕捉和栅格的参数设置

利用“草图设置”对话框中的“捕捉和栅格”选项卡，可以设置“捕捉和栅格”的相关参数，各选项的含义如下：

- “启用捕捉”复选框：勾选该复选框，启动控制捕捉功能，与单击状态栏上的相应按钮功能相同。
- “启用栅格”复选框：勾选该复选框，启动控制栅格功能，与单击状态栏上的相应按钮功能相同。
- “捕捉 X 轴间距”文本框：设置捕捉在 X 方向的单位间距。
- “捕捉 Y 轴间距”文本框：设置捕捉在 Y 方向的单位间距。
- “X 轴间距和 Y 轴间距相等”复选框：设置 X 和 Y 方向的间距是否相等。
- “栅格样式”选项组：设置栅格在“二维模型空间”“块编辑器”和“图纸/布局”中是以点栅格出现还是以线栅格出现，勾选相应的复选框，则以点栅格出现，否则以线栅格出现。
- “栅格 X 轴间距”文本框：设置栅格在 X 方向的单位间距。
- “栅格 Y 轴间距”文本框：设置栅格在 Y 方向的单位间距。
- “每条主线之间的栅格数”文本框：指定主栅格线相对于次栅格线的频率。
- “自适应栅格”复选框：勾选该复选框，表示设置缩小时，限制栅格密度。
- “允许以小于栅格间距的间距再拆分”复选框：勾选该复选框，表示放大时，生成更多间距更小的栅格线。
- “显示超出界限的栅格”复选框：勾选该复选框，表示显示超出 LIMITS 命令指定区域的栅格。
- “遵循动态 UCS”复选框：勾选该复选框，则更改栅格平面以跟随动态 UCS 的 XY 平面。

3.2.2 使用正交模式

使用ORTHO命令可以打开正交模式，用于控制是否以正交方式绘图。在正交模式下可以方便地绘出与当前X轴或Y轴平行的线段。打开或关闭正交模式有以下三种方法：

- 在 AutoCAD 2021 程序窗口的状态栏中单击“正交限制光标”按钮∟。
- 按 F8 键打开或关闭正交模式。
- 在命令行输入 ORTHO 后按 Enter 键，选择正交模式的开或关。

打开正交模式后，输入的第1点是任意的，但当移动光标到准备指定的第2点时，引出的橡皮筋线不再是这两点之间的连线，而是起点到十字光标线中较长的那段线，此时单击，橡皮筋线就会变成所绘的直线。

3.3 捕捉对象上的几何点

在绘图的过程中，经常要指定一些已有对象上的点，如端点、圆心和两个对象的交点等。如果只凭观察来拾取，很难非常准确地找到这些点，对象捕捉功能可以迅速准确地捕捉到某些特殊点，从而精确地绘制图形。

3.3.1 设置对象捕捉参数

单击AutoCAD 2021状态栏中的“对象捕捉”按钮，即可打开对象捕捉模式。要设置对象捕捉参数，可以在命令行输入OPIONS后按Enter键，打开“选项”对话框，在“绘图”选项卡的“自动捕捉设置”选项组中进行设置，如图3-10所示。

图 3-10　设置自动捕捉功能

- “标记”复选框：设置在自动捕捉到特征点时是否显示特征标记框。
- “磁吸”复选框：设置在自动捕捉到特征点时是否像磁铁一样将光标吸到特征点上。
- “显示自动捕捉工具提示”复选框：设置在自动捕捉到特征点时是否显示“对象捕捉”工具栏上相应按钮的提示文字。
- “显示自动捕捉靶框”复选框：设置是否捕捉靶框。该框是一个比捕捉标记大两倍的矩形框。
- “颜色”按钮：设置自动捕捉标记的颜色。
- “自动捕捉标记大小”选项组：拖动滑块可以设置自动捕捉标记的大小。

3.3.2 设置对象捕捉模式

在AutoCAD 2021中，可以通过“对象捕捉”菜单和“草图设置”对话框等方式调用对象捕捉功能。在状态栏上的“对象捕捉”按钮上右击，或单击“对象捕捉”按钮右侧的下三角，可以打开如图3-11所示的“对象捕捉”菜单。在“对象捕捉”菜单上选择“对象捕捉设置”选项，可弹出图3-12所示的“草图设置”对话框，在此对话框内可以快速开启对象捕捉功能并设置各种捕捉模式。

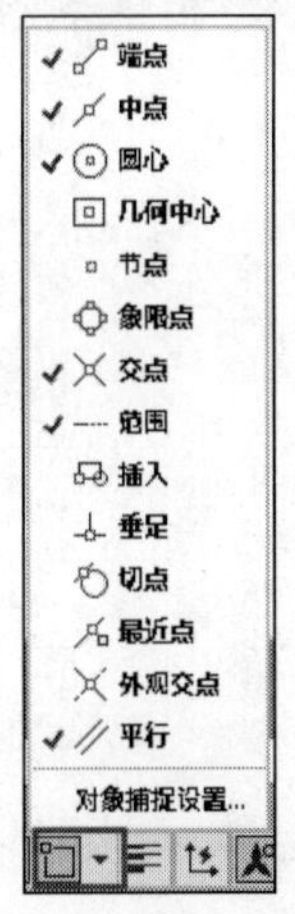

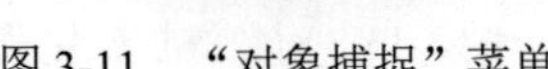
图3-11 “对象捕捉”菜单

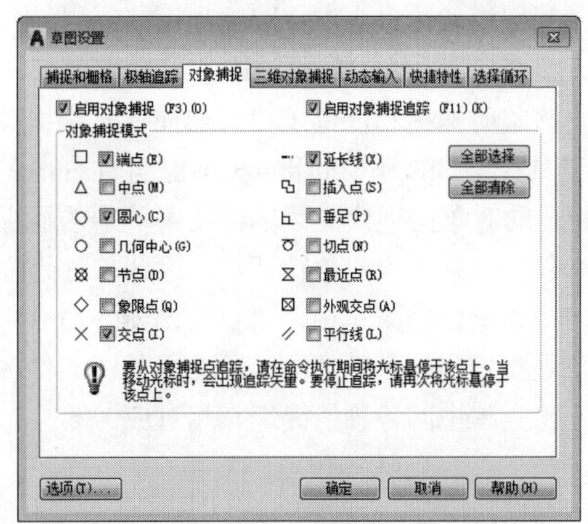

图3-12 “对象捕捉”选项卡

在“对象捕捉”菜单上和“草图设置”对话框中的“对象捕捉”选项卡上，带有对号的表示当前已设置好的对象捕捉模式，只需在各类捕捉模式上单击，即可开启或关闭相应的对象捕捉模式。另外，用户还可以通过按键盘上的F3功能键，或单击状态栏“对象捕捉”按钮，进行开启和关闭“对象捕捉”功能，其对象捕捉类型及其功能如表3-2所示。

当开启了“对象捕捉”功能后，在命令行“指定点”提示下，只需将光标放在对象捕捉特征点处，当对象上出现特征点标记时单击，即可捕捉到该点。

表3-2 对象捕捉类型及其功能

对象捕捉类型	图　标	说　明
端点		捕捉到线段或圆弧的最近端点
中点		捕捉到线段或圆弧等对象的中点
圆心		捕捉到圆弧、圆、椭圆或椭圆弧的圆心
几何中心		用于捕捉图形的几何中心点
节点		捕捉到点对象、标注定义点或标注文字起点
象限点		捕捉到圆弧、圆、椭圆或椭圆弧的象限点
交点		捕捉到线段或圆弧等对象之间的交点
范围		捕捉到线段或圆弧延长线的点
插入点		捕捉到属性、块、形或文字的插入点
垂足		捕捉到垂直于线、圆或圆弧上的点
切点		捕捉到圆弧、圆、椭圆、椭圆弧或样条曲线的切点
最近点		捕捉到圆弧、圆、椭圆、椭圆弧、直线、多线、点、多段线、射线、样条曲线或参照线的最近点
外观交点		捕捉不在同一个平面上的两个对象的外观交点
平行线		捕捉到与指定平行线上的点

在绘图过程中，使用对象捕捉的频率非常高，上述讲到的“对象捕捉”为自动捕捉，也就是当在菜单或对话框中设置了对象捕捉模式并开启“对象捕捉”功能后，可以一直延续使用所设置的捕捉模式，直到用户取消为止。

除此之外，AutoCAD 2021还为用户提供了一种临时捕捉功能，这些临时捕捉功能位于“对象捕捉”快捷菜单和“对象捕捉”工具栏上。按下Shift键或Ctrl键同时右击，即可弹出如图3-13所示的对象捕捉快捷菜单，此菜单中的捕捉功能在执行一次后，仅能捕捉一次对象特征点，因此被称为临时捕捉。

在对象捕捉快捷菜单中，“点过滤器”命令中的子命令用于捕捉满足指定坐标条件的点。除此之外，其他各项都与“对象捕捉”工具栏中的各种捕捉工具相对应。

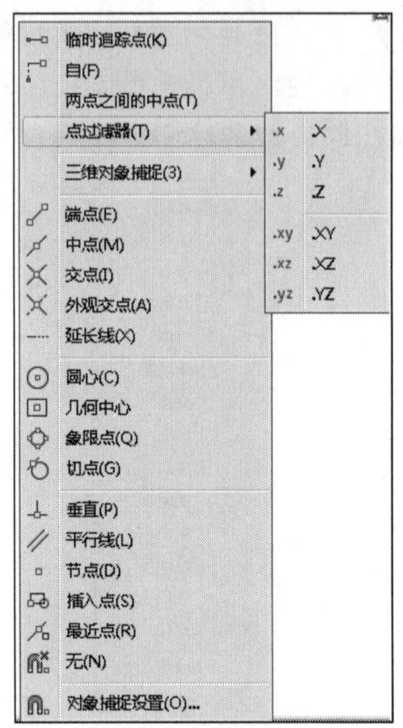

图 3-13　对象捕捉快捷菜单

3.4　使用自动追踪

在AutoCAD 2021中，自动追踪可按指定角度绘制对象，或者绘制与其他对象有特定关系的对象。自动追踪功能分为极轴追踪和对象捕捉两种，是非常有用的辅助绘图工具。

3.4.1　设置对象自动追踪

使用自动追踪功能可以快速而精确地定位点，在很大程度上提高了绘图效率。在AutoCAD 2021中，要设置自动追踪功能选项，可以选择快捷菜单中的“选项”命令，打开“选项”对话框，在“绘图”选项卡的“AutoTrack设置”选项组中进行设置，如图3-10所示，各选项的含义如下：

- “显示极轴追踪矢量”复选框：设置是否显示极轴追踪的矢量数据。
- “显示全屏追踪矢量”复选框：设置是否显示全屏追踪的矢量数据。
- “显示自动追踪工具提示”复选框：设置在追踪特征点时是否显示工具栏上相应按钮的文字提示。

3.4.2　使用对象捕捉追踪

“对象捕捉追踪”是指按与对象的某种特定关系来追踪，这种特定关系确定了一个事先并不知道的角度。也就是说，如果事先不知道具体的追踪方向，但知道与其他对象的某种关系（如正交等），则用对象捕捉追踪，如图3-14所示；如果事先知道要追踪的方向，则使用极轴追踪。在AutoCAD 2021中对象捕捉追踪和极轴追踪可以同时使用。

"对象捕捉追踪"功能需要配合"对象捕捉"功能才能使用，但是不能与"正交"功能同时开启。启用"对象捕捉追踪"功能主要有以下方式：

- 单击状态栏上的"对象捕捉追踪"按钮∠。
- 按F11功能键。
- 在"草图设置"对话框中的"对象捕捉"选项卡中勾选"开启对象捕捉追踪"复选项。

利用"草图设置"对话框"极轴追踪"选项卡中的"对象捕捉追踪设置"选项组来设置对象捕捉追踪，如图3-15所示，其中各选项含义如下：

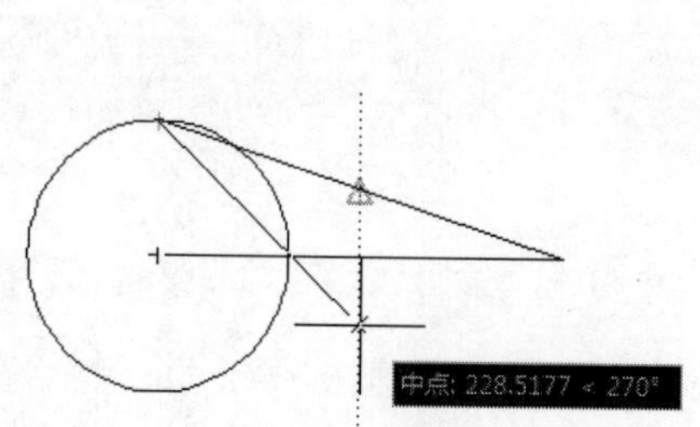

图3-14　对象捕捉设置

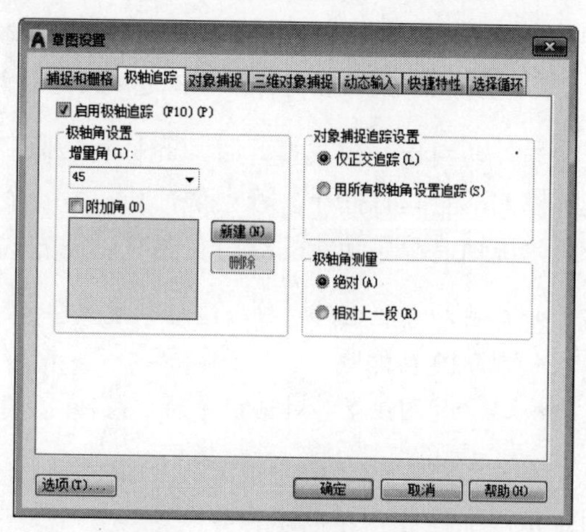

图3-15　"极轴追踪"选项卡

- "仅正交追踪"单选按钮：可以在启用对象捕捉追踪时，只显示获取的对象捕捉点的正交（水平或垂直）对象捕捉追踪路径。
- "用所有极轴角设置追踪"单选按钮：可以将极轴追踪设置应用到对象捕捉追踪，使用对象捕捉追踪时，光标从获取的对象捕捉点起沿极轴对齐角度进行追踪。可以使用POLARMODE系统变量控制对象捕捉追踪设置。

3.4.3　使用极轴追踪

"极轴追踪"是按事先给定的角度增量来追踪特征点。极轴追踪和对象捕捉追踪可以同时使用。

对象追踪必须与对象捕捉同时工作，即在追踪对象捕捉到点之前，必须先打开对象捕捉功能。

极轴追踪功能可以在系统要求指定一个点时，按预先设置的角度增量显示一条无限延伸的辅助线（一条虚线），这时就可以沿辅助线追踪得到光标点。可在"草图设置"对话框的"极轴追踪"选项卡中对极轴追踪和对象捕捉追踪进行设置（见图3-15）。

"极轴追踪"选项卡中各选项的含义如下：

- "启用极轴追踪"复选框：打开或关闭极轴追踪。也可以使用自动捕捉系统变量或按F10键来打开或关闭极轴追踪。

- “极轴角设置”选项组：设置极轴角度。在“增量角”下拉列表中可以选择系统预设的角度，如果该下拉列表中的角度不能满足需要，可勾选“附加角”复选框，然后单击“新建”按钮，在“附加角”列表框中增加新角度。
- “对象捕捉追踪设置”选项组：设置对象捕捉追踪。选中“仅正交追踪”单选按钮，可在启用对象捕捉追踪时，只显示获取的对象捕捉点的正交（水平或垂直）对象捕捉路径；选中“用所有极轴角设置追踪”单选按钮，可以将极轴追踪设置应用到对象捕捉追踪，使用对象捕捉追踪时，光标将从获取的对象捕捉点起沿极轴对齐角度进行追踪。
- “极轴角测量”选项组：设置极轴追踪对齐角度的测量基准。其中，选中“绝对”单选按钮，可以基于当前用户坐标系（UCS）确定极轴追踪角度；选中“相对上一段”单选按钮，可以基于最后绘制的线段确定极轴追踪角度。

另外，当正交模式打开时，光标将被限制沿水平或垂直方向移动，因此正交模式和极轴追踪模式不能同时打开，若一个打开，另一个将自动关闭。

“极轴追踪”功能的启用主要有以下方式：

- 单击状态栏上的“极轴追踪”按钮。
- 按 F10 功能键。
- 在“草图设置”对话框中的“极轴追踪”选项卡中勾选“启用极轴追踪”复选项。

在状态栏上的“极轴追踪”按钮上右击，或单击按钮右端的下三角，然后在弹出的菜单上选择“正在追踪设置”选项，也可打开如图3-15所示的“草图设置”对话框，用于相关极轴追踪参数的设置。

3.4.4 使用临时追踪点和捕捉自功能

在“对象捕捉”快捷菜单和工具栏中，还有两个非常有用的对象捕捉工具，即“临时追踪点”和“捕捉自”工具。

- “临时追踪点”工具：可在一次操作中创建多条追踪线，并根据这些追踪线确定所要定位的点。
- “捕捉自”工具：在使用相对坐标指定下一个应用点时，“捕捉自”工具可以提示输入基点，并将该点作为临时参照点，这与通过输入前缀“@”使用最后一个点作为参照点类似。它不是对象捕捉模式，但经常与对象捕捉一起使用。

3.5 习　　题

1. 填空题

（1）在AutoCAD 2021中，坐标系分为__________和__________。两种坐标系下都可以通过坐标（X,Y）来精确定位点。

（2）__________指的是在“对象捕捉”按钮菜单和“草图设置”对话框中设置的捕捉功能。

（3）在AutoCAD 2021中，对象捕捉功能可以分为__________和__________两种。

（4）自动追踪功能主要分为__________和__________两种，是非常有用的辅助绘图工具。

2. 选择题

（1）在AutoCAD 2021中，不能用__________方法来打开“捕捉”功能。

A. 在状态栏中单击“捕捉”按钮　B. 按F7键

C. 在“捕捉和栅格”选项卡中选中“启用捕捉”　D. 按F9键

（2）正交模式和__________不能同时打开。

A. 极轴追踪　B. 对象追踪　C. 对象捕捉　D. 动态输入

（3）对象追踪必须与对象捕捉同时工作，即在追踪对象捕捉到点之前，必须先打开__________功能。

A. 正交　B. 对象追踪　C. 对象捕捉　D. 捕捉

3. 上机题

（1）使用绝对坐标、相对坐标和极坐标方式绘制如图3-16所示的坐标。

（2）使用LINE命令以绝对坐标和相对坐标绘制如图3-17所示的折线ABCDEF。

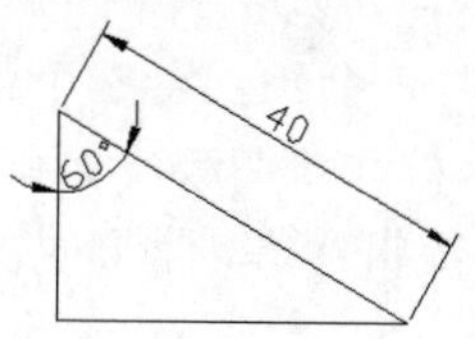

图 3-16　使用坐标绘图

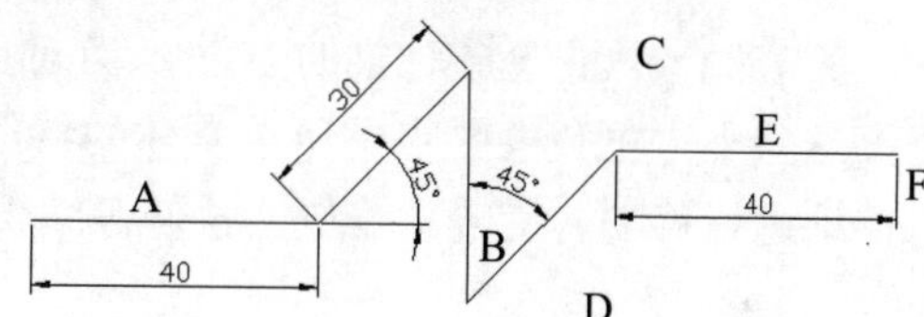

图 3-17　坐标绘制折线

第4章 暖通空调制图中图形对象的编辑

导言

在AutoCAD 2021中，单纯地使用绘图命令或绘图工具只能创建出一些基本图形对象，要绘制复杂的图形，就必须借助“修改”面板中的图形编辑命令。AutoCAD 2021中文版提供了众多图形编辑命令，如复制、移动、旋转、镜像、偏移、阵列、拉伸和修剪等。利用这些命令，用户可以修改已有图形或通过已有图形构造新的复杂的暖通空调工程图形，合理地构造和组织图形，保证暖通空调等建筑制图的准确性，简化绘图操作，极大地提高了绘图效率。

4.1 使用夹点编辑图形

第3章介绍了选择对象的方法，当对象处于选择状态时，会出现若干个带颜色的小方框，这些小方框代表的点是所选实体的特征点，这些小方框被称为夹点。使用夹点功能可以方便地进行移动、旋转、缩放、拉伸等编辑操作，这些都是编辑对象非常方便快捷的方法。

4.1.1 夹点显示

默认夹点始终是打开的，可以通过“选项”对话框中的“选择”选项卡设置夹点的显示和大小。不同的对象用来控制其特征的夹点的位置和数量是不同的，如图4-1所示为不同对象的夹点显示。

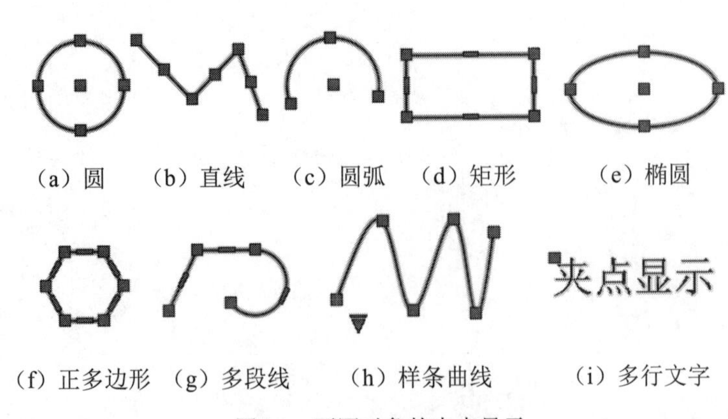

图4-1 不同对象的夹点显示

4.1.2 使用夹点编辑图形

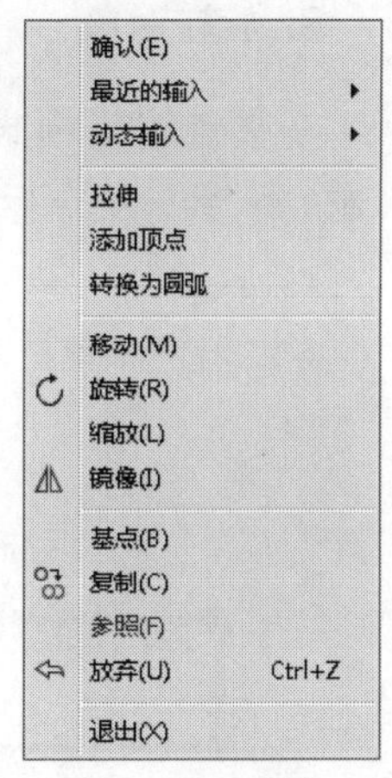

图 4-2 夹点编辑菜单

要使用夹点编辑图形，需选择一个夹点作为基点，方法是将十字光标的中心对准夹点并单击，此时夹点即成为基点，并且显示为红色小方格，此时右击，即可弹出夹点编辑菜单，如图4-2所示。利用夹点进行编辑的模式有拉伸、移动、旋转、比例和镜像。可以利用空格键、Enter键或快捷菜单（右击弹出快捷菜单）来循环切换这些模式。

1. 拉伸对象

在不执行任何命令的情况下显示其夹点，单击其中的一个点作为拉伸点，此点将按系统设置的夹点颜色显示，并将随鼠标的移动而改变位置，选择矩形上侧水平边中点处的夹点为拉伸点，如图4-3所示。

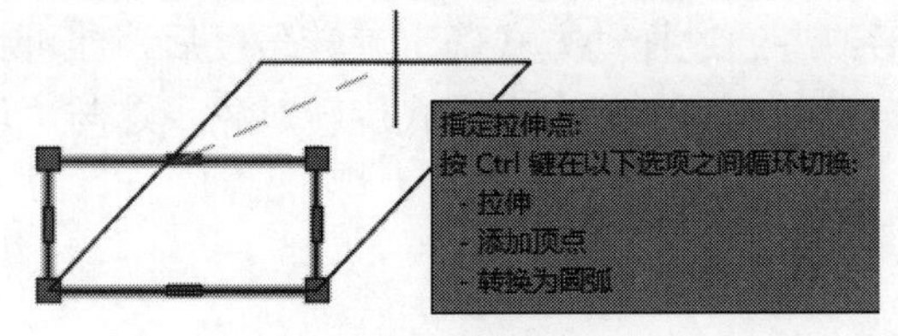

图 4-3 夹点拉伸对象

命令行提示信息如下：

```
指定拉伸点或 [基点(B)/复制(C)/放弃(U)/退出(X)]:    // 选择夹点，进行拉伸
```

其中各选项的含义如下：

- “指定拉伸点”选项：默认在指定拉伸点后把对象拉伸或移动到新的位置。
- “基点（B）”选项：重新指定拉伸基点。
- “复制（C）”选项：允许指定一系列的拉伸点，以实现多次拉伸。
- “放弃（U）”选项：取消上一次操作。
- “退出（X）”选项：退出当前操作。

2. 移动对象

移动对象仅是对象位置的平移，如图4-4（左）所示，对象的大小和方向不会改变，AutoCAD 2021中除了可以使用夹点方式移动对象外，还可以利用捕捉模式、坐标、夹点和对象捕捉模式实现对象的移动。

利用夹点命令确定基点后，在命令行输入MO，命令行提示信息如下：

```
** 移动 **                                    //以选定的夹点为基点移动对象
指定移动点或 [基点(B)/复制(C)/放弃(U)/退出(X)]:    //输入绝对坐标或者绘图区拾取点作为目的点
```

通过输入点的坐标或拾取点的方式来确定平移对象的目的点后，以基点为平移的起点，以目的点为终点将所选对象平移到新位置。

3. 旋转对象

在夹点编辑模式下，确定基点后，在命令行提示下输入RO，进入旋转模式，如图4-4（右）所示。命令行显示如下信息：

```
** 旋转 **                                                   //以选定的夹点为基点旋转对象
指定旋转角度或 [基点(B)/复制(C)/放弃(U)/参照(R)/退出(X)]:      //输入角度，对象按逆时针旋转
```

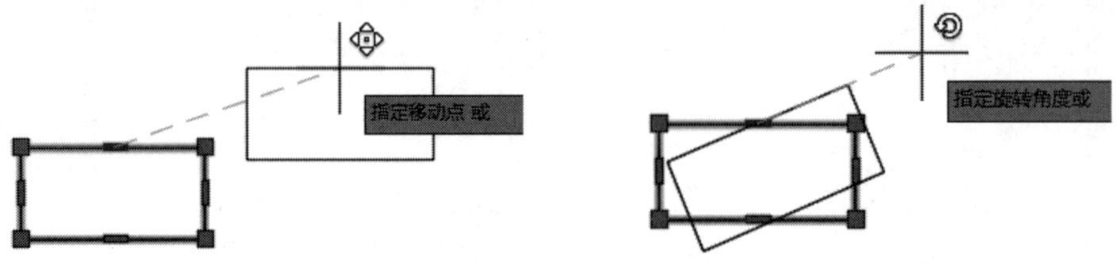

图 4-4　夹点移动和夹点旋转

输入旋转的角度值后或者通过拖动方式确定旋转角度后，即可将对象围绕基点旋转指定的角度。也可以选择“参照”选项，以参照方式旋转对象，这与“旋转”命令中的“对照”选项功能相同。

4. 缩放对象

在夹点编辑模式下，确定基点后，在命令行提示下输入SC，进入缩放模式，如图4-5（左）所示。命令行提示信息如下：

```
** 比例缩放 **                                               //以选定的夹点为基点按比例缩放对象
指定比例因子或 [基点(B)/复制(C)/放弃(U)/参照(R)/退出(X)]:      //输入缩放的比例因子
```

当确定了缩放的比例因子后，AutoCAD 2021默认相对于基点进行缩放对象操作。当比例因子大于1时放大对象，比例因子在0~1之间时缩小对象。

5. 镜像对象

镜像对象与“镜像”命令的功能类似，只是进行镜像操作后系统将不询问用户是否保留原图形，而是直接删除原对象。在夹点编辑模式下确定基点后，在命令行提示下输入MI，进入镜像模式，如图4-5（右）所示。命令行提示信息如下：

```
** 镜像 **                                                   //以选定的夹点为镜像的第一点
指定第二点或 [基点(B)/复制(C)/放弃(U)/退出(X)]:               //输入绝对坐标或者绘图区拾取点作为
镜像的第二点对所选对象进行镜像操作
```

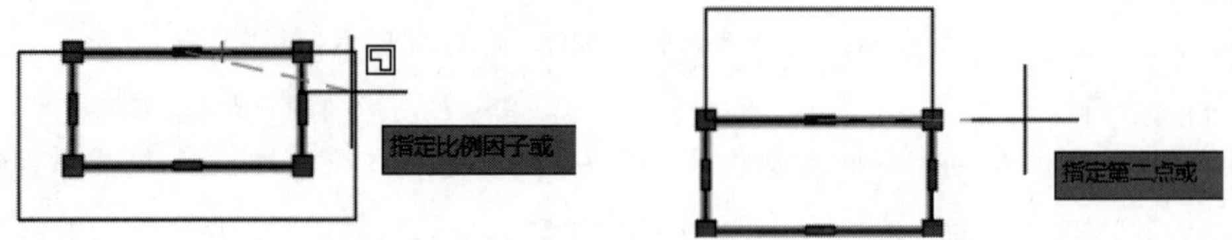

图4-5　夹点缩放和夹点镜像

指定镜像第2点后，AutoCAD 2021将以基点作为镜像线上的第1点，新指定的点为镜像线上的第2点，将对象进行镜像操作并删除原对象。

4.2 删除、移动、旋转和对齐对象

在AutoCAD 2021中，不仅可以使用夹点来移动、旋转和对齐对象，还可以通过“修改”菜单中的相关命令来实现。

4.2.1 删除对象

单击“默认”选项卡|“修改”面板上的“删除”按钮，或者在命令行中输入ERASE或E后按Enter键，都可执行“删除”命令，以删除图形中选择的对象。

当执行“删除”命令后，需要选择要删除的对象，然后按Enter键或空格键结束对象选择，同时删除已选择的对象。如果在“选项”对话框的“选择集”选项卡中，勾选“选择集模式”选项组中的“先选择后执行”复选框，就可以先选择对象，然后单击“删除”按钮来删除对象。

4.2.2 移动对象

移动对象是指对象的重定位，单击“默认”选项卡|“修改”面板上的“移动”按钮，或者在命令行中输入MOVE或M后按Enter键，都可执行“移动”命令，在指定方向上按指定的距离移动对象，对象的位置发生了改变，但方向和大小不改变。执行“移动”命令后，命令行提示信息如下：

```
命令: _MOVE
选择对象: 找到 1 个                          //选择要移动的对象
选择对象: 找到 1 个，总计 2 个               //选择下一个要移动的对象
选择对象:                                    //选择结束后按Enter键
指定基点或 [位移(D)] <位移>:                 //输入绝对坐标或者绘图区拾取点作为移动的基点
指定第二个点或 <使用第一个点作为位移>:       //输入绝对坐标或者绘图区拾取点作为移动的目的点
```

4.2.3 旋转对象

单击“默认”选项卡|“修改”面板上的“旋转”按钮，或者在命令行中输入ROTATE或RO后按Enter键，都可以执行“旋转”命令，将对象绕基点旋转指定的角度。执行“旋转”命令后，命令行提示信息如下：

```
命令: _ROTATE
UCS 当前的正角方向:  ANGDIR=逆时针  ANGBASE=0          //当前的系统参数
选择对象: 找到 1 个                                    //选择要旋转的对象
选择对象:                                              //按Enter键，结束对象选择
```

```
指定基点:                        //输入绝对坐标或者绘图区拾取点作为所选择对象的旋转基点
指定旋转角度，或 [复制(C)/参照(R)] <0>:          //输入旋转角度
```

在“指定旋转角度，或 [复制(C)/参照(R)]<0>: ”命令行提示信息中，如果直接输入角度值，可以将对象绕基点旋转该角度，角度为正时，逆时针旋转；角度为负时，顺时针旋转；如果选择“参照[R]”选项，将以参照方式旋转对象，需要依次指定参照方向的角度值和相对于参照方向旋转的角度值。

例如，将如图4-6（左）所示的图形的上半部分顺时针旋转45°，效果如图4-6（右）所示。

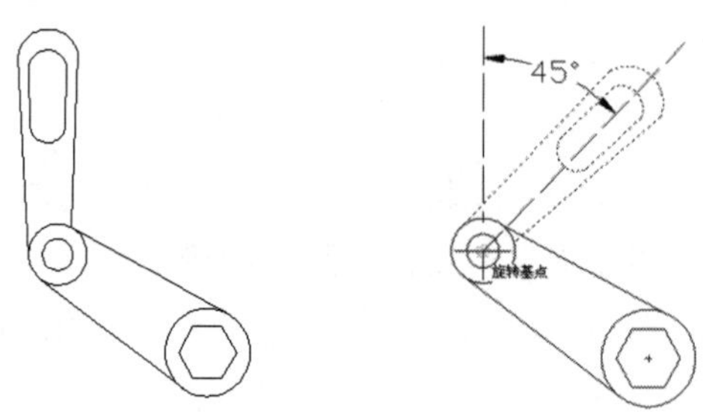

图 4-6　旋转图形示例

4.2.4　对齐对象

单击“默认”选项卡|“修改”面板上的“对齐”按钮，或者在命令行中输入ALIGN或AL后按Enter键，都可以执行“对齐”命令，以使当前对象与其他对象对齐，它既适用于二维对象，也适用于三维对象。

在对齐二维对象时，可以指定一对或两对对齐点（源点和目标点）。对齐三维对象时，则需要指定三对对齐点。

在对齐对象时，命令行提示信息如下：

```
命令: _ALIGN
选择对象: 找到 1 个                //选择需要对齐的对象
选择对象:                          //按Enter键，结束对象的选择
指定第一个源点:                    //指定对齐对象的第一个对齐点
指定第一个目标点:                  //指定第一个对齐点所对应的对齐目标点
指定第二个源点:                    //指定对齐对象的第二个对齐点
指定第二个目标点:                  //指定第二个对齐点所对应的对齐目标点
指定第三个源点或 <继续>:           //三维对齐时，需要三对对齐点
是否基于对齐点缩放对象? [是(Y)/否(N)] <否>:
    //直接按Enter键，对象改变位置，且对象的第一源点与第一目标点重合，第二源点位于第一目标点与第二目标点的连线上，即对象先平移，后旋转；选择“是(Y)”选项，则对象除平移和旋转外，还基于对齐点进行缩放
```

在图4-7中，给出了二维对齐和三维对齐的例子，其中A和A'、B和B'、C和C'互为对齐点由此可见，“对齐”命令是“移动”命令和“旋转”命令的组合。

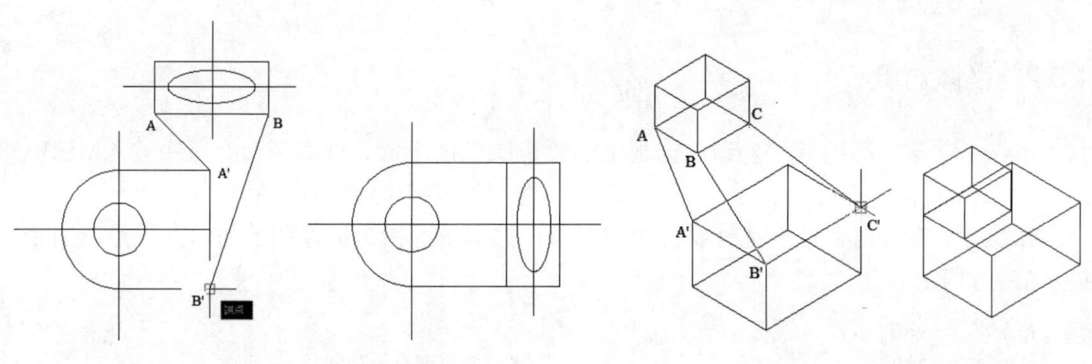

（a）二维对象对齐　　　（b）三维对象对齐

图 4-7　对齐二维对象和三维对象

4.3　复制、镜像、偏移和阵列对象

在AutoCAD 2021中，使用“复制”“阵列”“偏移”和“镜像”命令，可以复制对象，创建与原对象相同或相似的图形。

4.3.1　复制对象

单击“默认”选项卡|“修改”面板上的“复制”按钮，或者在命令行中输入COPY或CO后按Enter键，可以执行“复制”命令，将已有的对象复制至副本，并放置到指定的位置。执行该命令时，首先需要选择对象，然后指定位移的基点和位移矢量(相对于基点的方向和大小）。

使用“复制”命令还可以同时创建多个副本。执行“复制”命令后，命令行提示信息如下：

```
命令: _COPY
选择对象: 找到 1 个                              //在绘图区域中选择需要复制的对象
选择对象:                                        //按Enter键，完成对象选择
当前设置:  复制模式 = 多个
指定基点或 [位移(D)/模式(O)/多个(M)] <位移>: O      //输入O，选择复制模式
输入复制模式选项 [单个(S)/多个(M)] <单个>: S         //输入S，选择复制模式为单个
指定基点或 [位移(D)/模式(O)/多个(M)] <位移>: //在绘图区域中拾取或输入坐标确认复制对象的基点
指定第二个点或 [阵列(A)] <使用第一个点作为位移>:     //使用上一次复制操作指定的基点，指定第二个点来确定第二次复制的位移点。该模式下可以完成对象的多个复制，按Enter键结束
```

在“指定基点或 [位移(D)/模式(O)/多个(M)] <位移>: ”提示信息下输入O，可以设置是单个复制还是多个复制。“位移(D)”选项表示使用坐标指定相对距离和方向。

在“指定第二个点或 [阵列(A)] <使用第一个点作为位移>: ”命令行提示信息中，“阵列”选项表示通过线性阵列对对象进行复制，需要指定阵列的项目副本数（包括原始选择集），以及阵列相对于基点的距离和方向（指的是第一个复制对象副本）。

4.3.2 镜像对象

单击“默认”选项卡|“修改”面板上的“镜像”按钮，或者在命令行中输入MIRROR或MI后按Enter键，都可以执行“镜像”命令，将对象以镜像线对称复制。

在执行该命令时，需要选择要镜像的对象，然后依次指定镜像线上的两个端点，命令行提示信息如下：

```
命令：_MIRROR
选择对象：找到 1 个                              //选择需要镜像的对象
选择对象：                                       //按Enter键完成对象选择
指定镜像线的第一点：指定镜像线的第二点：         //依次指定镜像线的第一点和第二点
要删除源对象吗？[是(Y)/否(N)] <N>:              //直接按Enter键，则镜像复制对象，并保留原来的对象。如果输入Y，则在镜像复制对象的同时删除源对象
```

例如，将如图4-8（a）所示的座椅进行镜像，指定镜像线如图4-8（b）所示，选择不删除源对象，镜像效果如图4-8（c）所示。

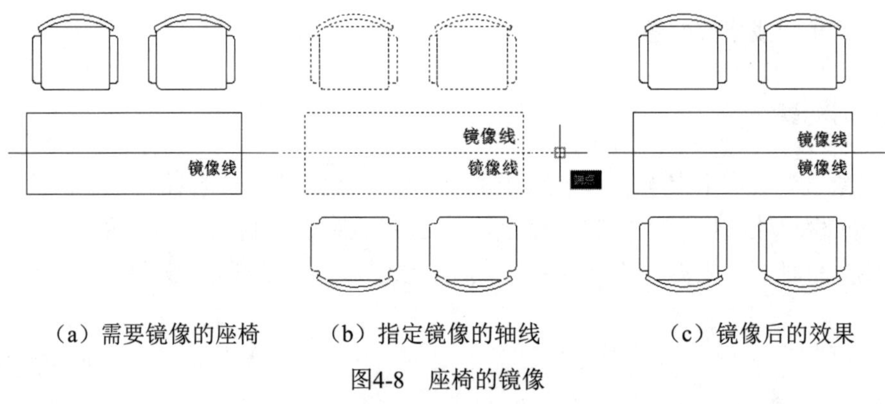

（a）需要镜像的座椅　（b）指定镜像的轴线　（c）镜像后的效果

图4-8　座椅的镜像

在AutoCAD 2021中，使用系统变量MIRRTEXT控制文字对象的镜像方向。如果MIRRTEXT的值为0，则文字对象方向不镜像，如图4-9（a）所示。如果MIRRTEXT的值为1，则文字对象完全镜像，镜像出来的文字变得不可读，如图4-9（b）所示。

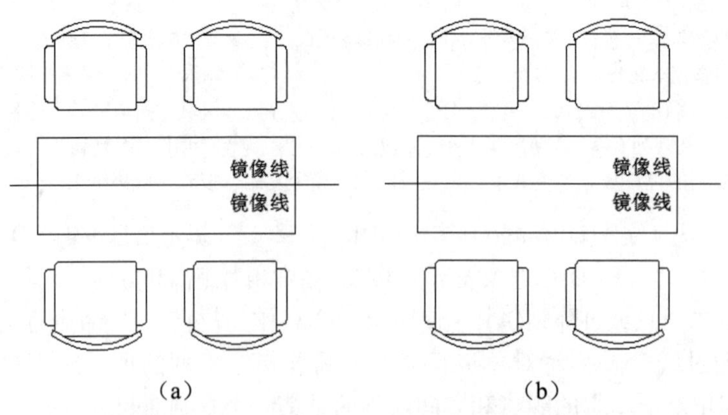

（a）　（b）

图 4-9　使用 MIRRTEXT 变量控制镜像文字方向

4.3.3 偏移对象

偏移是创建一个与选定对象类似的新对象，并把它放在距选定对象有指定距离的位置。可以偏移放置直线、圆弧、圆、二维多段线、椭圆、椭圆弧、构造线和样条曲线。

单击“默认”选项卡|“修改”面板上的“偏移”按钮⊆，或者在命令行中输入OFFSET或O后按Enter键，都可以执行“偏移”命令，可以对指定的直线、圆弧和圆等对象做同心偏移复制。执行“偏移”命令后，命令行提示信息如下：

```
命令：_OFFSET
当前设置：删除源=否  图层=源  OFFSETGAPTYPE=0                //当前设置状态
指定偏移距离或 [通过(T)/删除(E)/图层(L)] <54.9550>: 60   //设置需要偏移的距离或选择其他选项
选择要偏移的对象，或 [退出(E)/放弃(U)] <退出>:               //在绘图区选择偏移对象
指定要偏移的那一侧上的点，或 [退出(E)/多个(M)/放弃(U)] <退出>:  //选择偏移方向
选择要偏移的对象，或 [退出(E)/放弃(U)] <退出>:                   //按Enter键，结束命令
```

命令行中各选项的含义如下：

- 指定偏移距离：用来指定对象偏移的大小，输入距离值后，系统会根据用户指定的方向进行偏移。
- “通过（T）”选项：复制对象后用来指定通过的点。
- “删除（E）”选项：用来设置是否删除源对象。选择 Y，删除源对象；选择 N，则保留源对象。系统默认选择 N，保留源对象。
- “图层（L）”选项：用来输入偏移对象的图层选项。
- “多个（M）”选项：用来对偏移对象进行多次偏移。

对圆弧进行偏移后，新圆弧与旧圆弧同心且具有同样的包含角，但新圆弧的长度要发生改变；对圆或椭圆进行偏移后，新圆、新椭圆与旧圆、旧椭圆有同样的圆心，但新圆的半径或新椭圆的轴长要发生变化；对直线段、构造线、射线等进行偏移，是平行复制。对图4-10（a）所示的初始图形偏移后效果如图4-10（b）所示。

（a）初始对象

（b）带偏移的对象

图 4-10　偏移对象

4.3.4 阵列对象

阵列是按矩形、环形或路径形式复制对象或选择集。AutoCAD为用户提供了3种阵列方式：矩形阵列、环形阵列和路径阵列。

1. 矩形阵列

单击“默认”选项卡|“修改”面板上的“矩形阵列”按钮，或者在命令行中输入ARRAYRECT后按Enter键，都可执行“矩形阵列”命令，以在X轴、Y轴或Z轴方向上等间距绘制多个相同的图形。命令行提示信息如下：

```
命令：_ARRAYRECT
选择对象：找到 1 个                                              //选择阵列对象
选择对象：                                                       //按Enter键，完成选中
类型 = 矩形  关联 = 是
选择夹点以编辑阵列或 [关联(AS)/基点(B)/计数(COU)/间距(S)/列数(COL)/行数(R)/层数(L)/退出(X)] <退出>: COL    //输入COL表示设置列数和列间距
输入列数数或 [表达式(E)] <4>: 4                                  //设置列数
指定列数之间的距离或 [总计(T)/表达式(E)] <32.6283>: 20           //设置列间距
选择夹点以编辑阵列或 [关联(AS)/基点(B)/计数(COU)/间距(S)/列数(COL)/行数(R)/层数(L)/退出(X)] <退出>: R      //输入R，表示设置行数和行间距
输入行数数或 [表达式(E)] <3>: 3                                  //设置行数
指定行数之间的距离或 [总计(T)/表达式(E)] <32.6283>: 15           //设置行间距
指定行数之间的标高增量或 [表达式(E)] <0>:                        //按Enter键，设置标高为0
选择夹点以编辑阵列或 [关联(AS)/基点(B)/计数(COU)/间距(S)/列数(COL)/行数(R)/层数(L)/退出(X)] <退出>: X      //输入X，退出，完成阵列
```

除通过指定行数、行间距、列数和列间距方式创建矩形阵列外，还可以通过“为项目数指定对角点”选项在绘图区通过移动光标指定阵列中的项目数，再通过“间距”选项来设置行间距和列间距。矩形阵列主要参数含义如下：

- “基点（B）”选项：表示指定阵列的基点。
- “计数（COU）”选项：输入COU，命令行要求分别指定行数和列数产生矩形阵列。
- “间距（S）”选项：输入S，命令行要求分别指定行间距和列间距。
- “关联（AS）”选项：输入AS，用于指定创建的阵列项目是否作为关联阵列对象，或者是作为多个独立对象。
- “行数（R）”选项：输入R，命令行要求编辑行数和行间距。
- “列数（C）”选项：输入C，命令行要求编辑列数和列间距。
- “层数（L）”选项：输入L，命令行要求指定在Z轴方向上的层数和层间距。

2. 环形阵列

单击“默认”选项卡|“修改”面板上的“环形阵列”按钮，或者在命令行中输入ARRAYPOLAR后按Enter键，都可以执行“环形阵列”命令，可以围绕指定的圆心为基点在其周围作圆形或呈一定角度的扇面形式复制对象。命令行提示信息如下：

```
命令：_ARRAYPOLAR
选择对象：指定对角点：找到 3 个                                  //选择阵列对象
选择对象：                                                       //按Enter键，完成选择
类型 = 极轴  关联 = 是
指定阵列的中心点或 [基点(B)/旋转轴(A)]:                          //拾取阵列中心点
```

```
    选择夹点以编辑阵列或 [关联(AS)/基点(B)/项目(I)/项目间角度(A)/填充角度(F)/行(ROW)/层(L)/
旋转项目(ROT)/退出(X)] <退出>: I                                      //输入I，设置项目数
    输入阵列中的项目数或 [表达式(E)] <6>: 6                             //设置项目数
    选择夹点以编辑阵列或 [关联(AS)/基点(B)/项目(I)/项目间角度(A)/填充角度(F)/行(ROW)/层(L)/
旋转项目(ROT)/退出(X)] <退出>: F                                     //输入F，设置填充角度
    指定填充角度(+=逆时针、-=顺时针)或 [表达式(EX)] <360>:      //按Enter键，默认填充角度为360°
    选择夹点以编辑阵列或 [关联(AS)/基点(B)/项目(I)/项目间角度(A)/填充角度(F)/行(ROW)/层(L)/
旋转项目(ROT)/退出(X)] <退出>:                                       //按Enter键，完成环形阵列
```

在AutoCAD 2021版本中，“旋转轴”表示指定由两个指定点定义的自定义旋转轴，对象绕旋转轴阵列；“基点”选项用于指定阵列的基点；“行”选项用于编辑阵列中的行数和行间距，以及它们之间的增量标高；“旋转项目”选项用于控制在排列项目时是否旋转项目。

3. 路径阵列

单击“默认”选项卡|“修改”面板上的“路径阵列”按钮，或者在命令行中输入ARRAYPATH后按Enter键，都可以执行“路径阵列”命令，可以围绕指定的圆心为基点在其周围作圆形或呈一定角度的扇面形式复制对象。命令行提示信息如下：

```
    命令: _ARRAYPATH
    选择对象: 找到 1 个                              //选择需要阵列的对象
    选择对象:                                        //按Enter键，完成选择
    类型 = 路径  关联 = 是
    选择路径曲线:                                    //选择样条曲线作为路径曲线
    选择夹点以编辑阵列或 [关联(AS)/方法(M)/基点(B)/切向(T)/项目(I)/行(R)/层(L)/对齐项目(A)/Z
方向(Z)/退出(X)] <退出>: B
    指定基点或 [关键点(K)] <路径曲线的终点>:    //指定基点，阵列时，基点将与路径曲线的起点重合
    选择夹点以编辑阵列或 [关联(AS)/方法(M)/基点(B)/切向(T)/项目(I)/行(R)/层(L)/对齐项目(A)/Z
方向(Z)/退出(X)] <退出>: M                      //输入M，设置路径阵列的方法
    输入路径方法 [定数等分(D)/定距等分(M)] <定距等分>: D  //输入D，表示在路径上按照定数等分的方
式阵列
    选择夹点以编辑阵列或 [关联(AS)/方法(M)/基点(B)/切向(T)/项目(I)/行(R)/层(L)/对齐项目(A)/Z
方向(Z)/退出(X)] <退出>: I                          //输入I，设置定数等分的项目数
    输入沿路径的项目数或 [表达式(E)] <255>: 8        //输入8，表示沿路径阵列8个项目
    选择夹点以编辑阵列或 [关联(AS)/方法(M)/基点(B)/切向(T)/项目(I)/行(R)/层(L)/对齐项目(A)/Z
方向(Z)/退出(X)] <退出>:                            //按Enter键，完成阵列
```

4. 阵列命令操作实例

【例4-1】 利用阵列命令绘制水平串联散热器的供回立管系统的一个子系统图，形式为一供二回，如图4-11所示。

步骤01 单击“默认”选项卡|“绘图”面板|“直线”按钮，以（20，20）为起点绘制一个长度为 20mm 的竖直直线。在直线右侧 10mm 和 20mm 处使用复制命令复制另外两条直线，效果如图 4-12 所示。命令行提示信息如下：

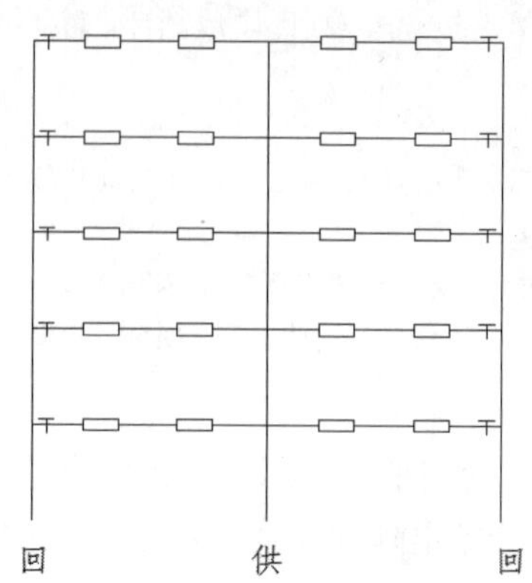

图 4-11　供回立管子系统图

```
命令：_COPY
选择对象：找到 1 个                                    //选择需要复制的直线
选择对象：                                             //按Enter键结束对象选择
当前设置：  复制模式 = 多个
指定基点或 [位移(D)/模式(O)] <位移>:                  //指定直线上任意一点
指定第二个点或 [阵列(A)] <使用第一个点作为位移>: @10<0  //指定第二个点的相对极坐标，完成第一条直线的复制
指定第二个点或 [阵列(A)/退出(E)/放弃(U)] <退出>:@20<0  //完成第二条直线的复制
```

步骤 02 单击“默认”选项卡|“绘图”面板|“直线”按钮╱，连接如图 4-12 所示的左侧第一条和第二条直线的上端。

步骤 03 单击“默认”选项卡|“绘图”面板上的“直线”按钮╱和“矩形”按钮▭，绘制截止阀和散热器，具体尺寸如图 4-13 所示。

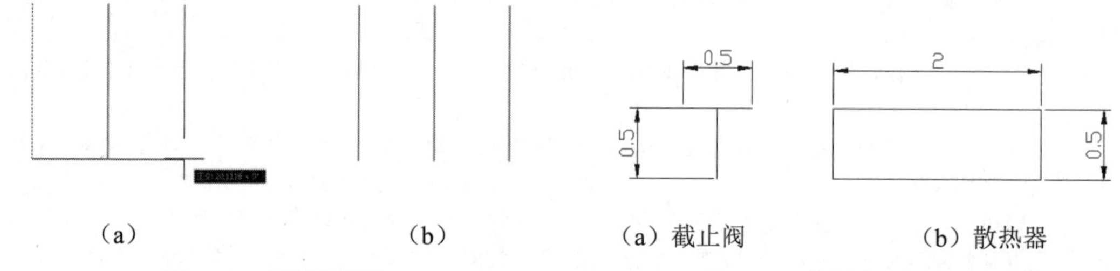

（a）　　（b）

图 4-12　复制直管线

（a）截止阀　　（b）散热器

图 4-13　绘制截止阀和散热器

步骤 04 单击“默认”选项卡|“修改”面板上的“移动”按钮✥，将截止阀移动到如图 4-14 所示的位置。命令行提示信息如下：

```
命令：_MOVE
选择对象：指定对角点：找到 2 个                  //选择移动对象
选择对象：                                       //按Enter键，结束对象选择
指定基点或 [位移(D)] <位移>:                     //选择截止阀竖直直线的中点作为移动基点
指定第二个点或 <使用第一个点作为位移>:20, 40.5   //选择移动的目标点
```

步骤 05 单击“默认”选项卡|“修改”面板上的“移动”按钮✥，利用同样的方法，将散热器移动到截止阀右侧 1.5mm 处，具体位置如图 4-14 所示。

步骤06 单击“默认”选项卡|“修改”面板上的“复制”按钮，在散热器右侧 4mm 处复制另一个散热器，如图 4-14 所示。

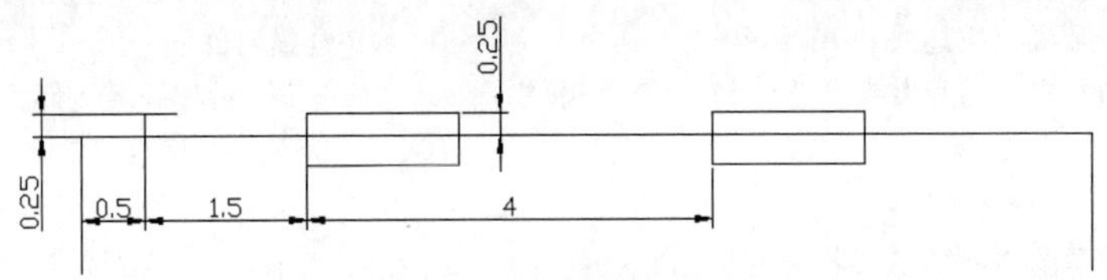

图 4-14　移动并复制得到另一个散热器

步骤07 单击“默认”选项卡|“修改”面板|“镜像”按钮，将散热器和截止阀以步骤（1）绘制的中间立管为镜像线复制，复制效果如图 4-15 所示。命令行提示信息如下：

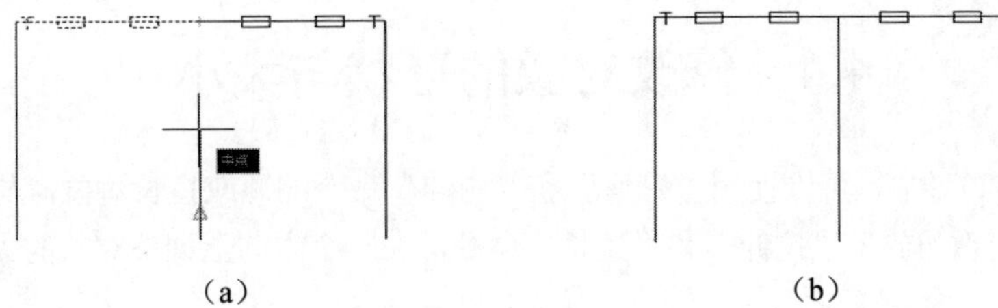

（a）　（b）

图 4-15　镜像选定的对象

```
命令： _MIRROR
选择对象：指定对角点：找到 9 个                //选择镜像对象
选择对象：                                    //按Enter键，结束对象选择
指定镜像线的第一点：指定镜像线的第二点：
//把中间立管作为镜像线，指定该立管上的任意两点，分别作为镜像线的第一点和第二点
要删除源对象吗？[是(Y)/否(N)] <N>:             //直接按Enter键，完成镜像
```

步骤08 将散热器中间的连接线段使用“修剪”命令去除。单击“默认”选项卡|“修改”面板|“修剪”按钮，命令行提示信息如下：

```
选择对象或 <全部选择>： 找到 1 个        //选择散热器，以矩形的边做剪切边
选择对象：                              //按Enter键，完成对象选择
选择要修剪的对象，或按住 Shift 键选择要延伸的对象，或[栏选(F)/窗交(C)/投影(P)/边(E)/
删除(R)
/放弃(U)]:                              //选择要修剪对象，单击散热器中的连接管
```

步骤09 单击“默认”选项卡|“修改”面板|“修剪”按钮，利用同样的方法，完成其他散热器的修剪，效果如图 4-16 所示。

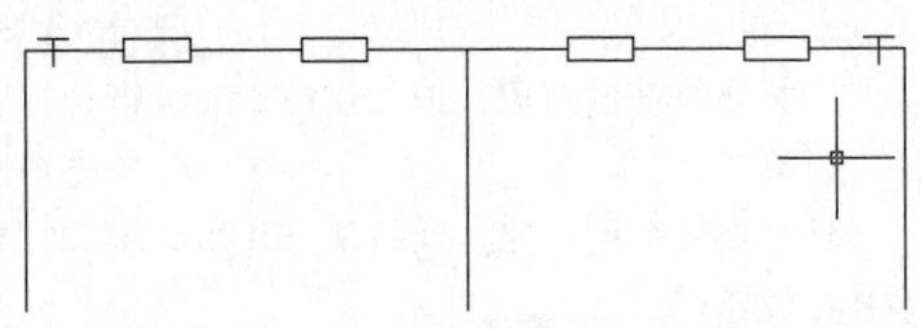

图 4-16　修剪散热器中的管线

步骤10 单击“默认”选项卡|“修改”面板|“矩形阵列”按钮，阵列立管之外的所有对象。命令行提示信息如下：

```
命令： _ARRAYRECT
选择对象：指定对角点：找到 14 个
选择对象：                                    //选择除三条主立管之外的对象为阵列对象
```

```
类型 = 矩形  关联 = 是
选择夹点以编辑阵列或 [关联(AS)/基点(B)/计数(COU)/间距(S)/列数(COL)/行数(R)/层数(L)/
退出(X)] <退出>: COL                              //输入COL表示设置列数和列间距
输入列数数或 [表达式(E)] <4>: 1                    //设置列数
指定 列数 之间的距离或 [总计(T)/表达式(E)] <32.6283>:  //设置列间距
选择夹点以编辑阵列或 [关联(AS)/基点(B)/计数(COU)/间距(S)/列数(COL)/行数(R)/层数(L)/
退出(X)] <退出>: R                                //输入R，表示设置行数和行间距
输入行数数或 [表达式(E)] <3>: 5                    //设置行数
指定行数之间的距离或 [总计(T)/表达式(E)] <32.6283>: -4 //设置行间距
指定行数之间的标高增量或 [表达式(E)] <0>:            //按Enter键，设置标高为0
选择夹点以编辑阵列或 [关联(AS)/基点(B)/计数(COU)/间距(S)/列数(COL)/行数(R)/层数(L)/
退出(X)] <退出>: X                                //输入X，退出，完成阵列
```

4.4 修改对象的形状与大小

在AutoCAD 2021中，可以使用“修剪”和“延伸”命令缩短或拉长对象，与其他对象的边相接。也可以使用“缩放”“拉伸”和“拉长”命令，在一个方向上调整对象的大小或按比例增大或缩小对象。

4.4.1 修剪对象

单击“默认”选项卡|“修改”面板上的“修剪”按钮，或者在命令行中输入TRIM后按Enter键，都可以执行“修剪”命令，进行修剪对象。在AutoCAD中，可以作为剪切边的对象有直线、圆弧、圆、椭圆或椭圆弧、多段线、样条曲线、构造线、射线以及文字等。新版的AutoCAD 2021有两种修剪模式，即快速模式和标准模式，下面详细讲述这两种修剪模式。

1. 快速模式

快速模式下的修剪可以不需要事先指定剪切边界。在选择修剪对象时可以点选，也可以栏选、窗交或窗口选择等。单击“修改”面板|“修剪”按钮，命令行提示信息如下：

```
命令: _TRIM
当前设置: 投影=UCS,边=无,模式=快速
选择要修剪的对象，或按住 Shift 键选择要延伸的对象或[剪切边(T)/窗交(C)/模式(O)/投影(P)/删除
(R)]:                          //单击线段1，如图4-17（左）所示
选择要修剪的对象，或按住 Shift 键选择要延伸的对象或 [剪切边(T)/窗交(C)/模式(O)/投影(P)/删
除(R)/放弃(U)]:                 //单击线段2
选择要修剪的对象，或按住 Shift 键选择要延伸的对象或 [剪切边(T)/窗交(C)/模式(O)/投影(P)/删
除(R)/放弃(U)]:                 //单击线段3
选择要修剪的对象，或按住 Shift 键选择要延伸的对象或 [剪切边(T)/窗交(C)/模式(O)/投影(P)/删
除(R)/放弃(U)]:                 //单击线段3
选择要修剪的对象，或按住 Shift 键选择要延伸的对象或 [剪切边(T)/窗交(C)/模式(O)/投影(P)/删
除(R)/放弃(U)]:                 //单击线段5
选择要修剪的对象，或按住 Shift 键选择要延伸的对象或[剪切边(T)/窗交(C)/模式(O)/投影(P)/删除
(R)/放弃(U)]:                   //按Enter键，结束命令，修剪结果如图4-17（右）所示
```

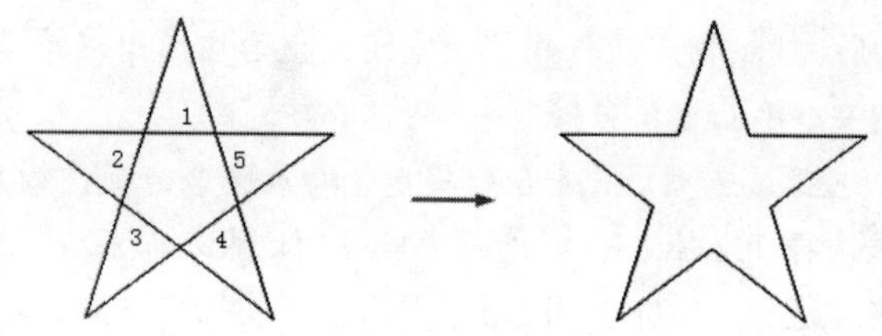

图 4-17　快速模式下的修剪示例

2. 标准修剪模式

标准模式下的修剪不但可以指定修剪边界，以方便精确修剪，还可以设置边的延伸模式，即需要修剪的对象与剪切边界没有相交，而是与剪切边界的延长线相交。命令行提示信息如下：

```
命令：_TRIM
当前设置：投影=UCS,边=无,模式=快速
选择要修剪的对象，或按住 Shift 键选择要延伸的对象或[剪切边(T)/窗交(C)/模式(O)/投影(P)/删除(R)]:                                  //O Enter，激活"模式"选项
输入修剪模式选项 [快速(Q)/标准(S)] <快速(Q)>:     //S Enter，激活"标准"选项
选择要修剪的对象，或按住 Shift 键选择要延伸的对象或[剪切边(T)/栏选(F)/窗交(C)/模式(O)/投影(P)/边(E)/删除(R)/放弃(U)]:                  //E Enter，激活"边"选项
输入隐含边延伸模式 [延伸(E)/不延伸(N)] <不延伸>:   //E Enter，设置边的延伸模式
选择要修剪的对象，或按住 Shift 键选择要延伸的对象或[剪切边(T)/栏选(F)/窗交(C)/模式(O)/投影(P)/边(E)/删除(R)/放弃(U)]:                  //T Enter，激活"剪切边"选项
当前设置：投影=UCS,边=延伸,模式=标准
选择剪切边...
选择对象或 <全部选择>:                     //选择垂直的直线作为剪切边界
选择对象:                                  //按Enter键，结束对象的选择
选择要修剪的对象，或按住 Shift 键选择要延伸的对象或[剪切边(T)/栏选(F)/窗交(C)/模式(O)/投影(P)/边(E)/删除(R)]:                  //在水平直线的右端单击，指定修剪部位
选择要修剪的对象，或按住 Shift 键选择要延伸的对象或[剪切边(T)/栏选(F)/窗交(C)/模式(O)/投影(P)/边(E)/删除(R)]:                  //在圆弧的左端单击，指定修剪部位
选择要修剪的对象，或按住 Shift 键选择要延伸的对象或[剪切边(T)/栏选(F)/窗交(C)/模式(O)/投影(P)/边(E)/删除(R)/放弃(U)]:          //按Enter键，结束命令，修剪结果如图4-18所示
```

命令提示主要选项功能如下：

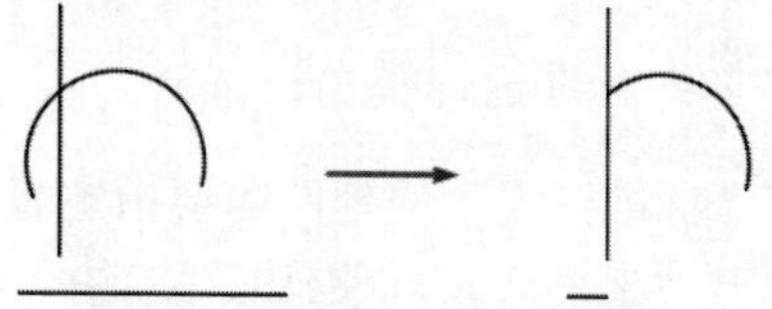

图 4-18　标准模式下的修剪示例

- "剪切边（T）"选项：用于指定一个或多个对象作为修剪边界。
- "栏选（F）"选项：用于选择与选择栏相交的所有对象。绘制的选择栏是一系列临时虚线显示的线段，它们是用两个或多个栏选点指定的。
- "窗交（C）"选项：用于选择矩形区域（由两点确定）内部或与矩形选择框相交的对象。
- "模式（O）"选项：用于切换修剪模式，即快速模式和标准模式。默认设置下为快速修剪模式，该模式将所有对象作为潜在剪切边；若设置为标准修剪模式，该模式将提示用户选择剪切边。

- “投影（P）”选项：可以指定执行修剪的空间，主要应用于三维空间中两个对象的修剪，可将对象投影到某一个平面上执行修剪命令。
- “边（E）”选项：选择该选项后，命令行提示“输入隐含边延伸模式[延伸(E)/不延伸(N)]<不延伸>：”。如果选择“延伸（E）”选项，当剪切边太短而且没有与被修剪对象相交时，可延伸修剪边，然后进行修剪；如果选择“不延伸（N）”选项，只有当剪切边与被修剪对象真正相交时，才可以进行修剪。
- “删除（R）”选项：用于删除选定的对象。此选项提供了一种用来删除不需要的对象的简便方式，而无需退出“修剪”命令。
- “放弃（U）”选项：用于取消最近一次的操作。

4.4.2 延伸对象

“延伸”命令用于将指定的对象延伸到指定的边界上。单击“默认”选项卡|“修改”面板上的“延伸”按钮，或者在命令行中输入EXTEND后按Enter键，都可以执行“延伸”命令，此命令也有“快速模式”和“标准模式”两种延伸模式。

1. 快速模式

快速延伸模式不需要事先指定延伸边界，只需要选择需要延伸的对象，将其延伸至最近的边界并与其相交。此种模式需要边界与对象延长后存在实际交点，如图4-19所示。单击“修改”面板|“延伸”按钮，命令行提示信息如下：

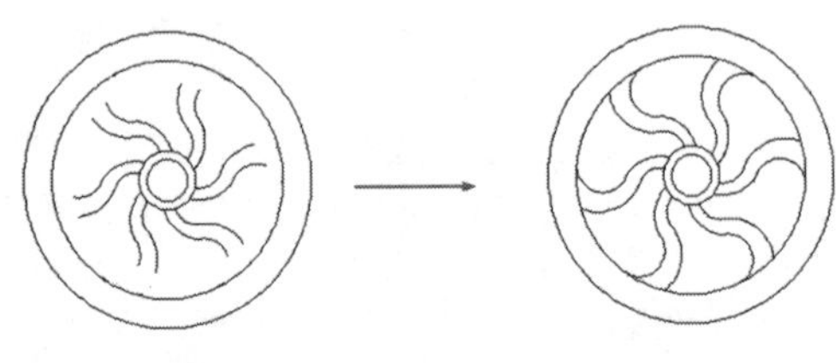

图 4-19 快速延伸

```
命令： _EXTEND
当前设置：投影=UCS,边=无,模式=快速
选择要延伸的对象，或按住 Shift 键选择要修剪的对象或 [边界边(B)/窗交(C)/模式(O)/投影(P)]:
                    //单击内部需要延伸的图线，结果图线被延伸至最近的圆，并与其相交
选择要延伸的对象，或按住 Shift 键选择要修剪的对象或 [边界边(B)/窗交(C)/模式(O)/投影(P)]:
                    //单击内部需要延伸的图线，结果图线被延伸至最近的圆，并与其相交
...
选择要延伸的对象，或按住 Shift 键选择要修剪的对象或 [边界边(B)/窗交(C)/模式(O)/投影(P)/放
弃(U)]:             //继续选择需要延伸的对象或按Enter键结束命令
```

2. 标准延伸模式

标准模式下的延伸需要指定延伸边界。当延伸边界边与对象延长线没有实际交点，而是边界被延长后与对象延长线存在一个隐含交点，如图4-20所示，那么此时需要更改延伸模式为“标准”模式，更改“边”为“延伸”。命令行提示信息如下：

```
命令： _EXTEND
当前设置：投影=UCS,边=无,模式=快速
选择要延伸的对象，或按住 Shift 键选择要修剪的对象或[边界边(B)/窗交(C)/模式(O)/投影(P)]:
                                              //O Enter，激活“模式”选项
输入延伸模式选项 [快速(Q)/标准(S)] <快速(Q)>:  //S Enter，激活“标准”选项，设置延伸模式
```

```
    选择要延伸的对象，或按住 Shift 键选择要修剪的对象或[边界边(B)/栏选(F)/窗交(C)/模式(O)/投影(P)/边(E)/放弃(U)]:                    //E Enter，激活“边”选项，设置边的延伸模式
    输入隐含边延伸模式 [延伸(E)/不延伸(N)] <不延伸>: //E Enter，设置延伸模式
    选择要延伸的对象，或按住 Shift 键选择要修剪的对象或[边界边(B)/栏选(F)/窗交(C)/模式(O)/投影(P)/边(E)/放弃(U)]:                    //B Enter，激活“边界边”选项，设置剪切边界的选择模式
    当前设置: 投影=UCS,边=延伸,模式=标准
    选择边界边...
    选择对象或 <全部选择>:                     //选择图4-20（左）所示的水平图线作为延伸边界
    选择对象:                                  //按Enter键，结束边界的选择
    选择要延伸的对象，或按住 Shift 键选择要修剪的对象或[边界边(B)/栏选(F)/窗交(C)/模式(O)/投影(P)/边(E)]:                    //在垂直直线的下端单击，向下延伸垂直图线
    选择要延伸的对象，或按住 Shift 键选择要修剪的对象或[边界边(B)/栏选(F)/窗交(C)/模式(O)/投影(P)/边(E)]:                    //在圆弧的右下侧单击
    选择要延伸的对象，或按住 Shift 键选择要修剪的对象或[边界边(B)/栏选(F)/窗交(C)/模式(O)/投影(P)/边(E)]:                    //按Enter键，结束命令，延伸结果如图4-20（右）所示
```

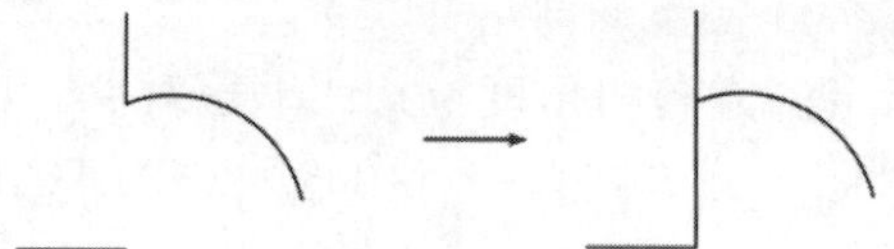

图 4-20　标准模式下的延伸

命令行各选项含义与“修剪”命令各选项的含义类似，这里不再赘述。与“修剪”命令的使用方法相似，不同之处在于：使用延伸命令时，如果按Shift键的同时选择对象，则修剪对象，功能等同于使用修剪命令；使用修剪命令时，如果按Shift键的同时选择对象，则延伸对象，功能等同于使用延伸命令。

4.4.3　缩放对象

“缩放”命令用于在X轴、Y轴和Z轴方向上按比例放大或缩小对象。单击“默认”选项卡|“修改”面板上的“缩放”按钮，或者在命令行中输入SCALE或SC后按Enter键，都可以执行“缩放”命令，将对象按指定的比例因子相对于基点进行尺寸缩放。执行“缩放”命令后，命令行提示信息如下：

```
    命令: _SCALE
    选择对象: 找到 1 个                                //选择缩放对象
    选择对象:                                          //按Enter键，完成选择
    指定基点:                                          //指定缩放的基点
    指定比例因子或 [复制(C)/参照(R)] <1.0000>: 0.5    //输入缩放比例
```

命令行中各选项的含义如下：

- 比例因子：按指定的比例放大或缩小选定对象的尺寸。大于 1 的比例因子使对象放大，小于 1 的比例因子使对象缩小。
- “复制（C）”选项：用于按指定的比例放大或缩小并复制选定的对象。
- “参照（R）”选项：按参照长度和指定的新长度比例缩放所选的对象。

缩放步骤为：执行“缩放”命令后，先选择缩放对象，按Enter键结束对象选择后指定缩放的基点，最后输入缩放的比例因子。如图4-21所示为将对象以圆心为基点缩小到原来的0.5倍的过程，如图4-21（b）所示为缩放后的效果图。

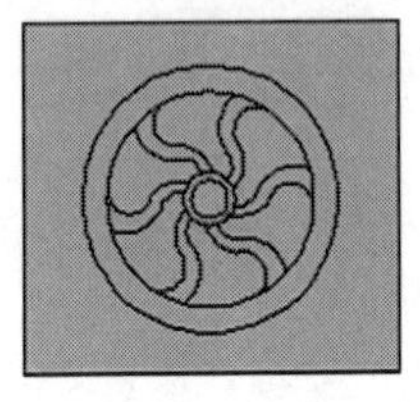

（a）选择缩放对象

（b）比例因子为 0.5

图4-21　对象的缩放

4.4.4　拉伸对象

“拉伸”命令用于按指定的方向和角度拉长或缩短对象。单击“默认”选项卡|“修改”面板上的“拉伸”按钮，或者在命令行中输入STRETCH后按Enter键，都可以执行“拉伸”命令。

执行“拉伸”命令后，命令行提示信息如下：

```
命令：_STRETCH
以交叉窗口或交叉多边形选择要拉伸的对象...
选择对象：指定对角点：找到6个                    //使用交叉窗口选择需要拉伸的对象
选择对象：                                      //按Enter键，完成对象选择
指定基点或 [位移(D)] <位移>:                     //输入绝对坐标或者在绘图区以拾取点作为基点
指定第二个点或 <使用第一个点作为位移>:             //输入相对或绝对坐标或者拾取点确定第二点
```

具体的拉伸步骤如图4-22所示。

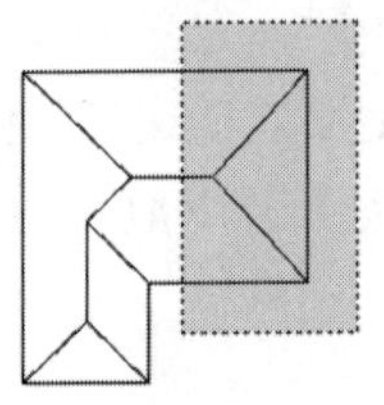

（a）选择对象

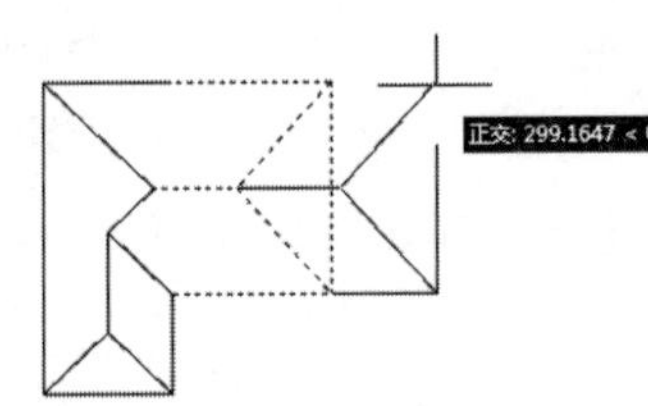

（b）指定拉伸点

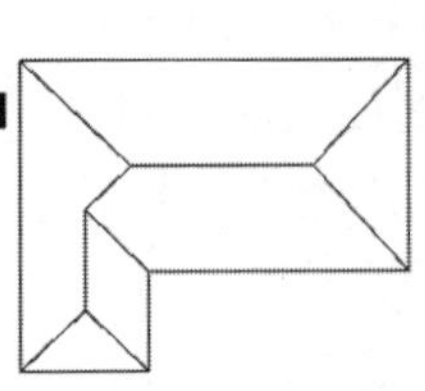

（c）拉伸效果

图 4-22　对象的拉伸

命令行中各选项含义如下：

- 选择对象：必须用交叉窗口或交叉多边形选择要拉伸的对象。
- “位移（D）”选项：用于指定所要拉伸对象的拉伸长度。

AutoCAD 2021可以拉伸与选择窗口相交的圆弧、椭圆弧、直线、多段线、射线和样条曲线。拉伸命令只移动交叉窗口内的端点，而不改变窗口外的端点。点、圆、文本和图块不能被拉伸。

4.4.5 拉长对象

“拉长”命令用于修改线段或圆弧的长度。单击“默认”选项卡|“修改”面板上的“拉长”按钮，或者在命令行中输入LENGTHEN或LEN后按Enter键，都可以执行“拉伸”命令，命令行提示信息如下：

```
命令: _LENGTHEN
选择要测量的对象或 [增量(DE)/百分比(P)/总计(T)/动态(DY)] <总计(T)>:        //DE Enter
输入长度增量或 [角度(A)] <0.0000>:                            //50 Enter，设置长度增量
选择要修改的对象或 [放弃(U)]:                                 //在需要拉长的图线上单击
选择要修改的对象或 [放弃(U)]:                                 //在需要拉长的图线上单击
...
选择要修改的对象或 [放弃(U)]:                                 //按Enter键，结束命令
```

命令行中各选项的含义如下：

- “增量（DE）”选项：以增量方式修改圆弧的长度。可以直接输入长度增量来拉长直线或圆弧，长度增量为正值时拉长，长度增量为负值时缩短。也可以输入 A，通过制定圆弧的包含角增量来修改圆弧的长度。
- “百分比（P）”选项：以相对于原长度的百分比来修改直线或圆弧的长度。
- “总计（T）”选项：以给定直线新的总长度或圆弧的新包含角来改变长度。
- “动态（DY）”选项：允许动态地改变圆弧或直线的长度。

4.5 倒角、圆角和打断

在AutoCAD 2021中，可以使用“倒角”“圆角”命令修改对象，使其以平角或圆角相接，也可以使用“打断”命令在对象上创建间距。

4.5.1 倒角

“倒角”命令是用来使两个非平行的直线类对象相交，也就是用斜线连接。单击“默认”选项卡|“修改”面板上的“倒角”按钮，或者在命令行中输入CHAMFER后按Enter键，都可以执行“倒角”命令，为对象绘制倒角。执行“倒角”命令后，命令行提示信息如下：

```
命令: _CHAMFER
(“修剪”模式) 当前倒角距离 1 =0.0000，距离 2 =0.0000
选择第一条直线或 [放弃(U)/多段线(P)/距离(D)/角度(A)/修剪(T)/方式(E)/多个(M)]: D
//输入D，设置倒角距离
指定第一个倒角距离 <0.0000>: 10              //设置第一个倒角距离
指定第二个倒角距离 <0.0000>: 10              //设置第二个倒角距离
选择第一条直线或 [放弃(U)/多段线(P)/距离(D)/角度(A)/修剪(T)/方式(E)/多个(M)]:
//选择第一条需要倒角的直线
选择第二条直线，或按住 Shift 键选择直线以应用角点或 [距离(D)/角度(A)/方法(M)]:
//选择第二条需要倒角的直线
```

命令行中各选项含义如下：

- “放弃（U）”选项：放弃之前对所选对象的所有操作。
- “多段线（P）”选项：以当前设置的倒角大小对多段线的各顶点（交角）修倒角。
- “距离（D）”选项：设置倒角距离。倒角距离的意义如图 4-23（a）所示。
- “角度（A）”选项：根据第一条边的倒角距离和倒角角度来设置倒角尺寸。倒角距离和倒角角度的意义如图 4-23（b）所示。

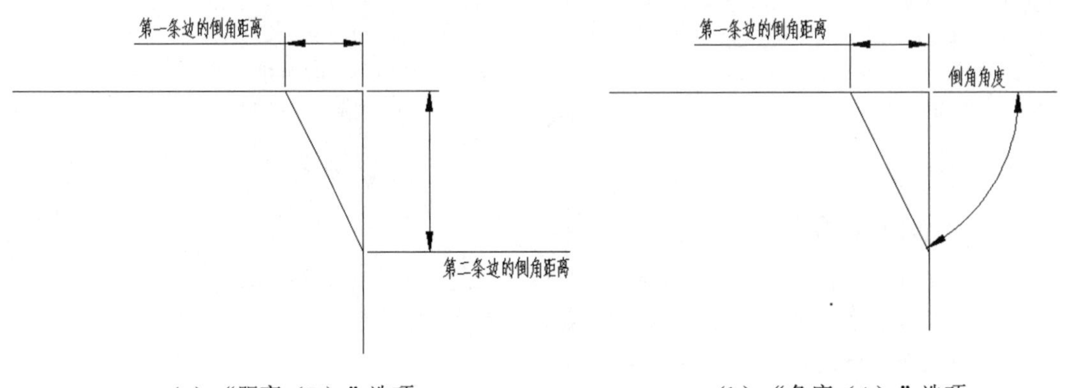

（a）“距离（D）”选项　　（b）“角度（A）”选项

图4-23　设置倒角尺寸

- “修剪（T）”选项：设置倒角后是否保留原拐角边，命令行将显示“输入修剪模式选项 [修剪(T)/不修剪(N)] <修剪>: ”提示信息。选择“修剪（T）”选项，表示倒角后对倒角边进行修剪；选择“不修剪（N）”选项，表示倒角后不进行修剪，效果如图 4-24 所示。
- “方式（E）”选项：设置倒角的方法，命令行显示“输入修剪方法 [距离(D)/角度(A)] <距离>: ”提示信息。选择“距离（D）”选项，将以两条边的倒角距离来修倒角；选择“角度（A）”选项，将以一条边的距离及相应的角度来修倒角。

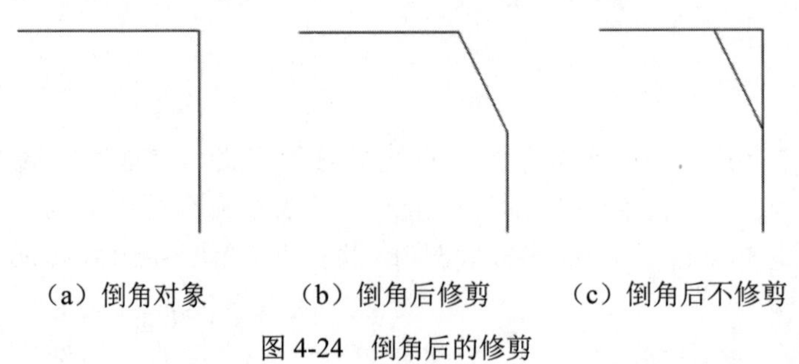

（a）倒角对象　　（b）倒角后修剪　　（c）倒角后不修剪

图 4-24　倒角后的修剪

- “多个（M）”选项：选择该选项，可以重复进行倒角操作，直到按 Enter 键结束命令。

4.5.2 圆角

“圆角”命令可以用指定半径的圆弧光滑地连接两个对象。单击“默认”选项卡|“修改”面板上的“圆角”按钮，或者在命令行中输入FILLET或F后按Enter键，都可以执行“圆角”命令，对所选对象修圆角。执行“圆角”命令后，命令行提示信息如下：

```
命令: _FILLET
当前设置: 模式 = 修剪, 半径 = 0.0000
选择第一个对象或 [放弃(U)/多段线(P)/半径(R)/修剪(T)/多个(M)]: R    //输入R, 设置圆角半径
指定圆角半径 <0.0000>: 20                                          //输入圆角半径20
选择第一个对象或 [放弃(U)/多段线(P)/半径(R)/修剪(T)/多个(M)]:       //选择第一个圆角对象
选择第二个对象, 或按住 Shift 键选择对象以应用角点或 [半径(R)]:      //选择第二个圆角对象
```

命令行中各选项的含义如下：

- “放弃（U）”选项：放弃之前对所选对象的所有操作。
- “多段线（P）”选项：以当前设置的圆角大小对多段线的各顶点倒圆角。
- “半径（R）”选项：用于设定圆角半径。
- “修剪（T）”选项：用于设置圆角后是否修剪对象。该项命令与“倒角”命令的“修剪（T）”选项相同。
- “多个（M）”选项：选择该选项，可重复进行倒圆角操作，直到按Enter键结束命令。

对象倒圆角后，效果如图4-25所示。

注 意

在AutoCAD 2021中，允许对两条平行线倒圆角，圆角半径为两条平行线距离的一半。

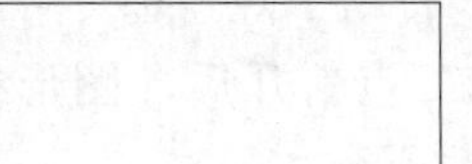
（a）倒圆角前的对象

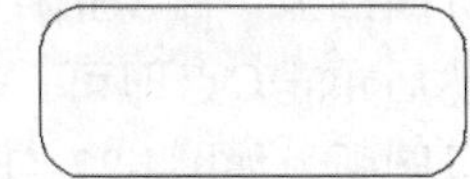
（b）倒圆角后的对象

图 4-25　对所选对象倒圆角

4.5.3 打断

在AutoCAD 2021中，使用“打断”命令可用来删除对象的一部分或将对象断开。还可以使用“打断于点”命令将对象在一点处断开，使之变成两个对象。

1. 打断对象

单击“默认”选项卡|“修改”面板上的“打断”按钮，或者在命令行中输入BREAK后按Enter键，都可以执行“打断”命令，删除部分对象或把对象分解成两部分。执行“打断”命令后，命令行提示信息如下：

```
命令: _BREAK
选择对象:                          //选定打断对象, 同时也把选择点定为第一个断点
指定第二个打断点或[第一点(F)]:F    //指定第二个打断点, 或输入F重新指定第一点
指定第一个打断点:                  //输入绝对坐标或光标拾取第一个打断点
指定第二个打断点:                  //输入绝对坐标、相对坐标或光标拾取第二个打断点
```

系统默认以选择对象时的拾取点作为第一个断点，需要指定第二个断点。如果直接选取对象上的另一点或者在对象的一端之外拾取一点，将删除对象上位于两个拾取点之间的部分。

在确定第二个打断点时，如果在命令行输入@，可以使第一个和第二个断点重合，从而将对象一分为二。如果对圆、矩形等封闭图形使用打断命令时，AutoCAD将沿逆时针方向把第一断点到第二断点之间的那段图形删除。例如，在如图4-26所示的图形中，使用“打断”命令时，按顺序单击A点和B点与按顺序单击B点和A点产生的效果是不同的。

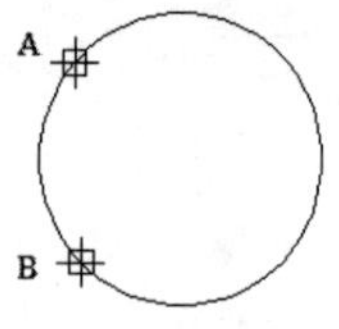

（a）打断对象

（b）按顺序单击 B 点和 A 点

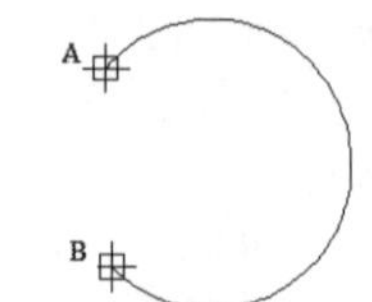

（c）按顺序单击 A 点和 B 点

图4-26　打断图形点

2. 打断于点

单击“默认”选项卡|“修改”面板上的“打断于点”按钮，或者在命令行中输入BREAKPOINT后按Enter键，都可以执行“打断于点”命令，将对象在一点处断开成两个对象，执行该命令时，需要选择要被打断的对象，然后指定打断点，即可从该点打断对象。

例如，在如图4-27（a）所示的图形中，要从C点处打断圆弧，可以执行“打断于点”命令，并选择圆弧，然后单击C点即可。在C点断开后，图形被分为上下两段圆弧，如图4-27（b）所示。

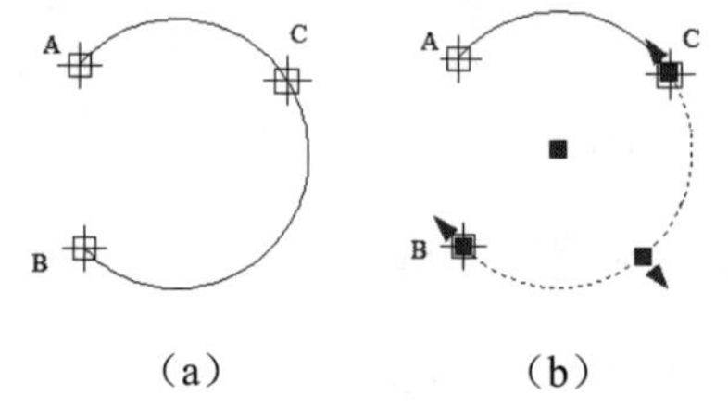

图 4-27　打断于点

4.5.4　合并对象

如果需要连接某个连续图形上的两个部分或将某段圆弧闭合为整圆，可以单击“默认”选项卡|“修改”面板上的“合并”按钮，或者在命令行中输入JOIN或J后按Enter键，都可以执行“合并”命令，命令行提示信息如下：

```
命令: _JOIN
选择源对象或要一次合并的多个对象: 找到 1 个                    //选择第一个合并对象
选择要合并的对象: 找到 1 个，总计 2 个                          //选择第二个合并对象
选择要合并的对象:  //按Enter键，则经过点2的直线合并到经过点1的直线上，合并为一条完整的直线
两条直线已合并为一条直线
```

当对圆弧进行合并时，命令行提示信息如下：

```
命令: _JOIN
选择源对象或要一次合并的多个对象: 找到一个                      //拾取圆弧上的点
选择要合并的对象:                                              //按Enter键，选择完毕
选择圆弧，以合并到源或进行 [闭合(L)]:  L                        //输入L，闭合圆
已将圆弧转换为圆
```

选择需要合并的一部分对象时（如图4-28（a）所示），按Enter键即可将这些对象合并。如图4-28（b）所示为将两段圆弧进行一次合并后的效果图，合并方向根据逆时针方向确定。如果选择“闭合（L）”选项，表示可以将选择的任意一段圆弧闭合为一个整圆，合并后的圆弧进行闭合，效果如图4-28（c）所示。

（a）需要合并的圆弧

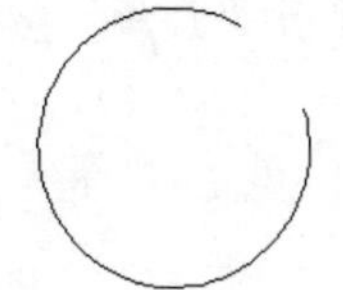

（b）一次合并

（c）将圆弧闭合为整圆

图 4-28　圆弧的合并

4.5.5　分解对象

“分解对象”命令是用来将矩形、正多边形、多段线、块等由多个对象组成的组合对象分解成一个个独立的对象。单击“默认”选项卡上的“修改”面板中的“分解”按钮，或者在命令行中输入EXPLODE或X后按Enter键，都可以执行“分解”命令，选择需要分解的对象后，按Enter键即可分解图形并结束该命令。

4.6　操作实例——绘制室内地板采暖盘管布置图

【例4-2】　绘制如图4-29所示的室内地板采暖盘管布置图。

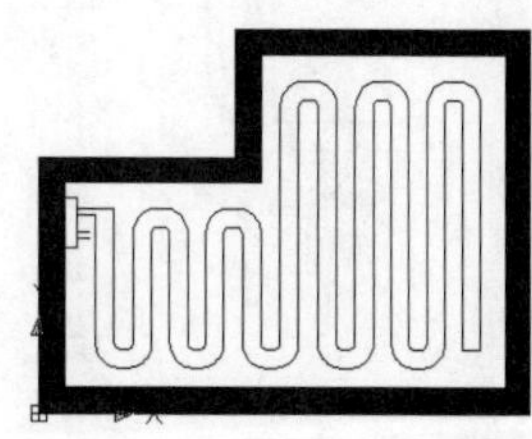

图 4-29　地暖盘管布置图

步骤 01　单击“默认”选项卡|“绘图”面板|“多段线”按钮，依次指定坐标（0, 0）、（0, 20）、（16, 20）、（16, 30）、（40, 30）和（40, 0），最后输入 C 闭合多段线，效果如图 4-30 所示。

步骤 02　单击“默认”选项卡|“修改”面板|“偏移”按钮，将多段线向内偏移 2mm，此时命令行提示信息如下：

```
命令：_OFFSET
当前设置：删除源=否　图层=源　OFFSETGAPTYPE=0
指定偏移距离或 [通过(T)/删除(E)/图层(L)] <0.0000>:2              //输入偏移距离
选择要偏移的对象，或 [退出(E)/放弃(U)] <退出>:   //选择步骤（1）绘制的多段线为偏移对象
指定要偏移的那一侧上的点，或 [退出(E)/多个(M)/放弃(U)] <退出>:     //在多段线内部任意指定一点
```

完成偏移后，效果如图 4-31 所示。

步骤 03　单击“默认”选项卡|“绘图”面板|“多段线”按钮，以（6, 16）为起点，绘制如图 4-32 所示的多段线。

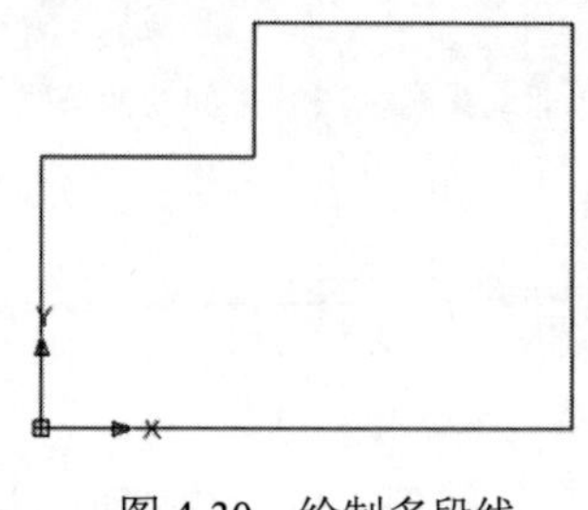

图 4-30　绘制多段线

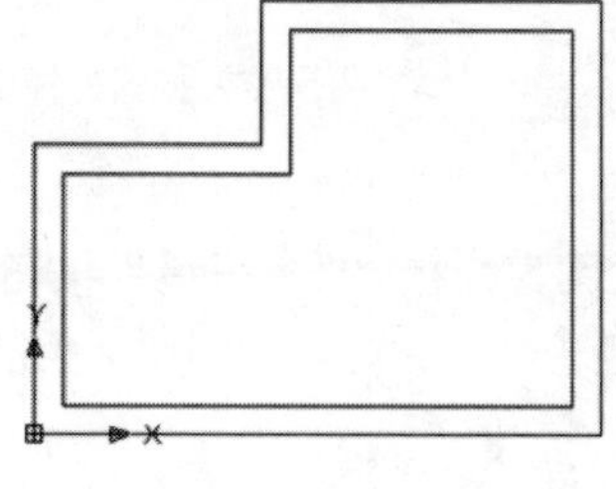

图 4-31　多段线向内偏移

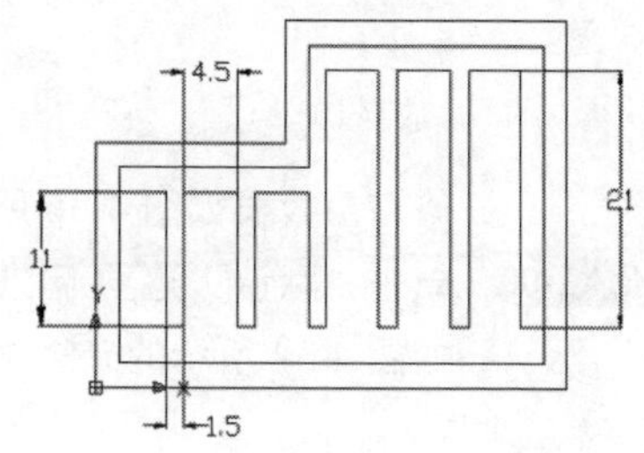

图 4-32　按尺寸绘制多段线

步骤04 单击“默认”选项卡|“修改”面板|“圆角”按钮，对多段线倒圆角，此时命令行提示信息如下：

```
命令：_FILLET
当前设置：模式 = 修剪，半径 = 0.0000
选择第一个对象或 [放弃(U)/多段线(P)/半径(R)/修剪(T)/多个(M)]: R //确定倒圆角半径
指定圆角半径 <0.0000>: 2                                        //确定圆角半径为2
选择第一个对象或 [放弃(U)/多段线(P)/半径(R)/修剪(T)/多个(M)]:   //选择需要倒角的第一个对象
选择第二个对象，或按住 Shift 键选择对象以应用角点或 [半径(R)]:  //选择倒角的第二个对象，完成一次倒角
```

步骤05 对多段线上端的角点倒半径为 2 的圆角，对下端的角点倒半径为 0.5 的圆角。多段线倒角后效果如图 4-33 所示。

步骤06 单击“默认”选项卡|“修改”面板|“偏移”按钮，将图 4-33 中倒圆角后的多段线向下偏移 1.5，偏移后将末端用直线连接，效果如图 4-34 所示。

步骤07 单击“默认”选项卡|“绘图”面板上的 “多段线”按钮，在盘管左端依次绘制如图 4-35 所示的多段线。

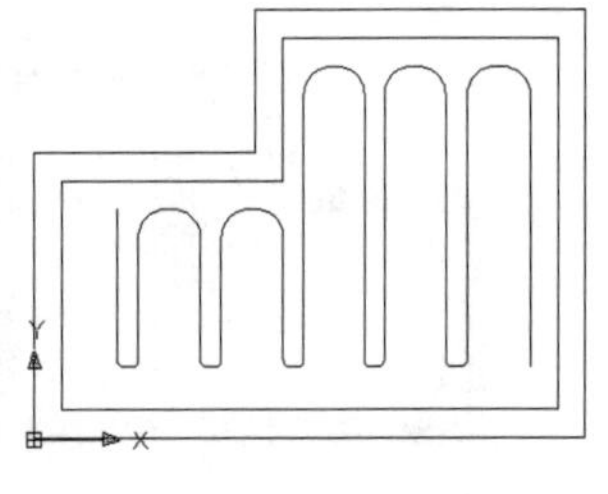

图 4-33　多段线倒圆角

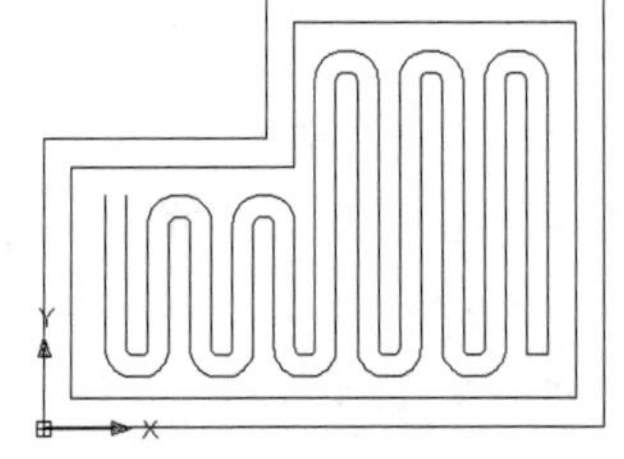

图 4-34　偏移后的效果图

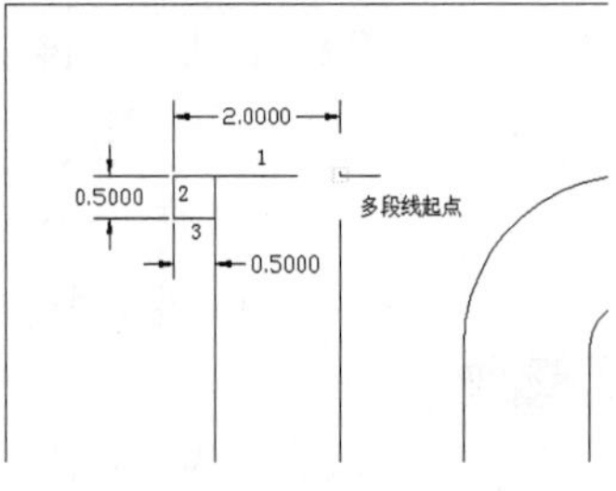

图 4-35　接管处绘制多段线

步骤08 单击“默认”选项卡|“修改”面板|“修剪”按钮，将多余的线段修剪掉，命令行提示信息如下：

```
命令：_TRIM
当前设置:投影=UCS，边=无
选择剪切边...
选择对象或 <全部选择>：  找到 1 个        //选择线段1作为第一条剪切边
选择对象：找到 1 个，总计 2 个           //选择线段3第二条剪切边
选择对象：                               //按Enter键结束对象选择
选择要修剪的对象，或按住 Shift 键选择要延伸的对象，或[栏选(F)/窗交(C)/投影(P)/边(E)/删除(R)
/放弃(U)]:                              //选择需要被修剪掉的线段，即选择线段1和3中间的两条线
```

修剪后效果如图 4-36 所示。

步骤09 单击“默认”选项卡|“绘图”面板| “多段线”按钮，绘制如图 4-37 所示的分集水器。

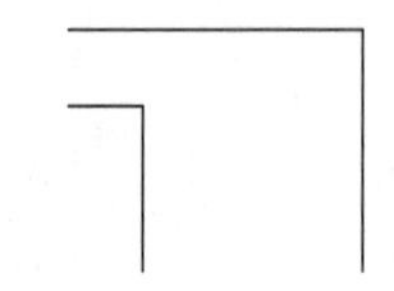

图 4-36　修剪后的效果

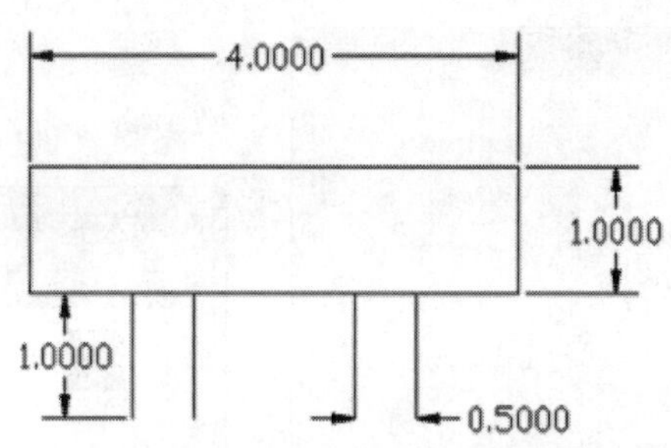

图 4-37　分集水器

步骤 10　单击“默认”选项卡|“修改”面板上的“对齐”按钮，将如图 4-36 所示盘管的管端与如图 4-37 所示的接头对齐，此时命令行提示信息如下：

```
命令: _ALIGN
选择对象: 指定对角点: 找到 5 个                    //选择盘管接头
选择对象:                                          //按Enter键，完成对象选择
指定第一个源点:                                    //指定点1作为对齐对象的第一个对齐点
指定第一个目标点:                                  //指定点1'作为第一个对齐点所对应的对齐
目标点
指定第二个源点:                                    //指定点2作为对齐对象的第二个对齐点
指定第二个目标点:                                  //指定点2'作为第二个对齐点所对应的对齐
目标点
指定第三个源点或 <继续>:                           //三维对齐时，需要三对对齐点
是否基于对齐点缩放对象？[是(Y)/否(N)] <否>:        //按Enter键，完成对齐
```

步骤 11　如图 4-38 所示，依次选择第一对和第二对对齐点，对齐后的效果如图 4-39 所示。

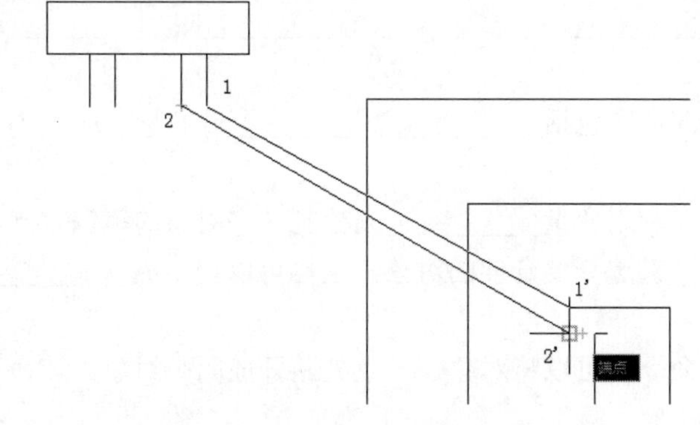

图 4-38　指定两对对齐点

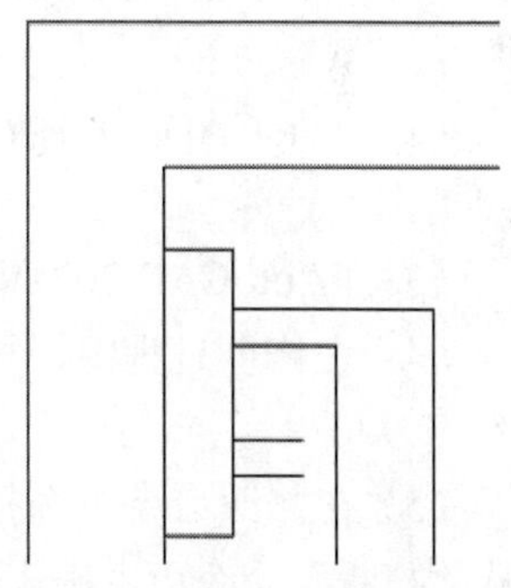

图 4-39　对齐后的效果

步骤 12　单击“默认”选项卡|“绘图”面板上的“图案填充”按钮，然后选择快捷菜单上的“设置”选项，弹出如图 4-40 所示的“图案填充和渐变色”对话框，单击按钮，弹出“填充图案选项板”对话框，如图 4-41 所示。在“其他预定义”选项卡中选择 SOLID，单击“确定”按钮回到“图案填充和渐变色”对话框，单击“添加：选择对象”按钮，在绘图区单击两条墙体多段线，按 Enter 键，回到“图案填充和渐变色”对话框，单击“确定”按钮，得到如图 4-29 所示的图形。

图 4-40 “图案填充和渐变色”对话框

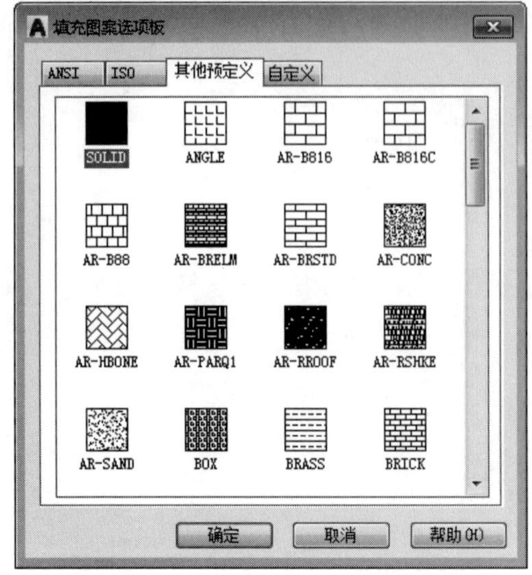

图 4-41 “填充图案选项板”对话框

4.7 习 题

1. 填空题

（1）利用夹点进行编辑的模式有__________、__________、__________、__________或镜像。

（2）AutoCAD 2021版本中的ARRAY命令包括__________、__________和__________三种方式。

（3）在AutoCAD 2021中文版中，可以利用变量__________来控制文字对象的镜像方向。

（4）在修剪过程中，按住__________键选择要延伸的对象，这样可以切换成__________命令。

（5）在修改命令中选择__________命令，可以将对象在一点处断开成两个对象，该命令是从“打断”命令衍生出来的。

2. 选择题

（1）在AutoCAD 2021中，不能完成复制图形功能的命令是__________。

A. COPY　　B. MOVE　　C. ROTATE　　D. MIRROR

（2）在AutoCAD 2021中，使用系统变量__________控制文字对象的镜像方向。当该变量的值为0，文字对象方向不镜像；当该变量的值为1，则文字对象完全镜像，镜像出来的文字变得不可读。

A. MIRRTEXT　　B. ISOLINE　　C. SPLERAME　　D. LINETYPE

（3）一组同心圆可以由一个已经绘制好的圆用__________命令来实现。

A. STRETCH　　B. MOVE　　C. EXTEND　　D. OFFSET

（4）__________命令主要用于把一个对象分解为多个单一对象，主要是应用于整体图形、图块、文字、尺寸标注等对象。

A. 偏移　　B. 分解　　C. 打断　　D. 打断于点

3. 上机题

（1）使用偏移、阵列、修剪等命令绘制如图4-42所示的套圈。

（2）使用镜像、倒角、圆角、偏移等命令绘制如图4-43所示的简易坐便器。

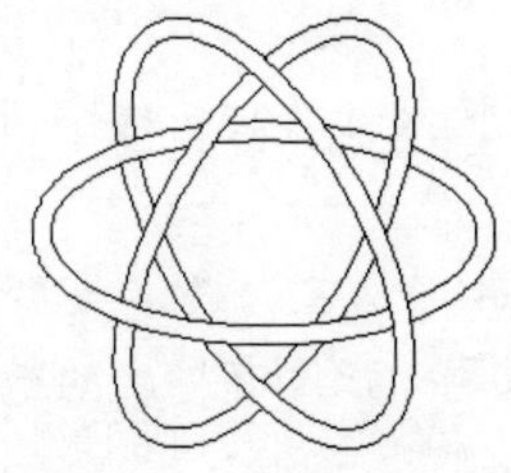

图 4-42　绘制套圈

图 4-43　绘制简易坐便器

（3）使用偏移、镜像、倒角、修剪等命令绘制如图4-44所示的洗脸池。

（4）使用夹点拉伸、偏移、倒圆角等命令绘制如图4-45所示的排风管。

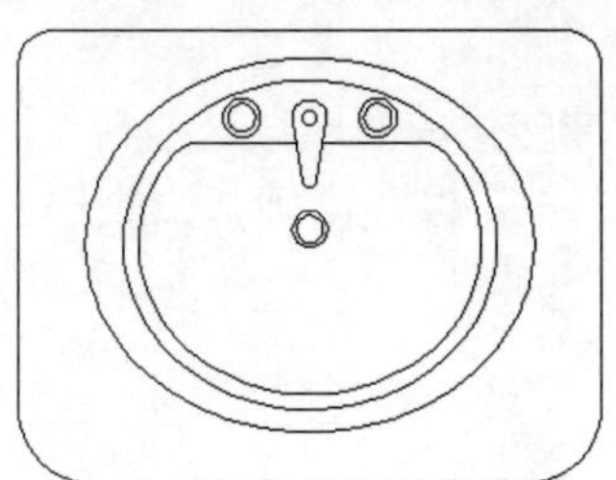

图 4-44　绘制洗脸池

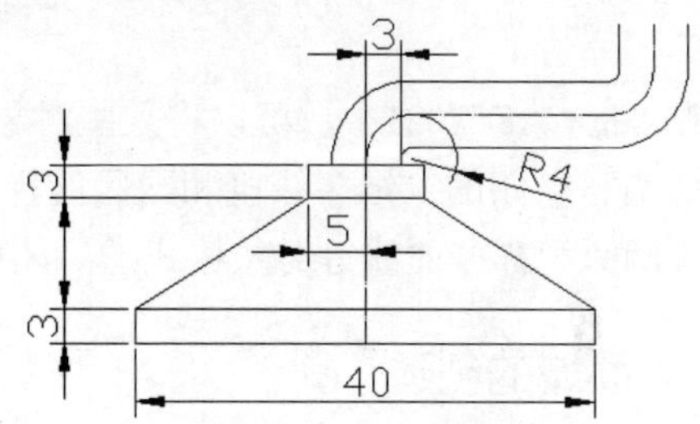

图 4-45　绘制排风管

第5章 暖通空调制图中的面域绘制与图案填充

导言

暖通空调制图中经常用到绘制面域和填充图案等操作，本章将对面域绘制和图案填充进行详细介绍。

面域是具有边界的平面区域，它是一个面对象，内部可以包含孔。虽然从外观来说，面域和一般的封闭线框没有区别，但实际上面域就像是一张没有厚度的纸，除了包括边界外，还包括边界内的平面。

图案填充是一种使用指定线条图案来充满指定面域的图形对象，常常用于表达剖切面和不同类型物体对象的外观纹理等，被广泛应用于暖通空调制图中。

5.1 图形转化为面域

在AutoCAD 2021中，可以将某些对象围成的封闭区域转化成面域，这些封闭区域可以是圆、椭圆、封闭的二维多线段和封闭的样条曲线等对象，也可以是由圆弧、直线、二维多线段、椭圆弧和样条曲线等对象构成的封闭区域。

5.1.1 面域的创建

要创建面域，可以单击“默认”选项卡|“绘图”面板上的“面域”按钮，或者在命令行输入REGION后按Enter键，都可以执行“面域”命令，然后选择一个或多个用于转换为面域的封闭图形，按下Enter键后即可将它们转换为面域。因为圆、多边形等封闭图形属于线框模型，而面域属于实体模型，因此它们在选中时表现的形式也不相同，如图5-1所示为选中椭圆与椭圆面域时的效果的对比。

（a）选中椭圆　　（b）选中椭圆面域

图 5-1　选中椭圆与椭圆面域的区别

单击“默认”选项卡|“绘图”面板上的“边界”按钮，或者在命令行输入BOUNDARY

后按Enter键，都可以执行“边界”命令，打开“边界创建”对话框，在“对象类型”下拉列表框中选择“面域”选项，如图5-2所示，单击“确定”按钮后创建的图形将是一个面域，而不是边界。

图 5-2 “边界创建”对话框

在AutoCAD中，面域总是以线框的形式显示，可以对其进行复制、移动等编辑操作。但在创建面域时，如果系统变量DELOBJ的值为1，操作完成之后将删除原对象；如果系统变量DELOBJ的值为0，则不删除原始对象。

在AutoCAD中，面域是二维实体模型，它不但包含边的信息，还有边界内的信息。因此可以利用这些信息计算工程属性，如面积、质心和惯性等。

此外，如果要分解面域，可以单击“默认”选项卡上的“修改”面板中的“分解”按钮，将面域的各个环转化成相应的线、圆等对象。

5.1.2 面域的布尔运算

布尔运算是数学中的一种逻辑运算，在AutoCAD绘图中对提高绘图效率有很大的作用，尤其是在绘制比较复杂的图形时。布尔运算的对象只包括实体和共面的面域，对于普通的线条图形对象无法使用布尔运算。

在AutoCAD 2021 的“三维建模”工作空间中，单击“常用”选项卡|“实体编辑”面板或单击“实体”选项卡|“布尔值”面板中的相关命令，可以对面域进行布尔运算，它们的功能如下：

- 单击“常用”选项卡|“实体编辑”面板上的“并集”按钮，或者单击“实体”选项卡|“布尔值”面板上的“并集”按钮，或者在命令行输入 UNION 后按 Enter 键，都可以执行“并集”命令：创建面域的并集，选择需要进行并集操作的多个面域对象，即可将多个面域对象合并为一个面域对象。
- 单击“常用”选项卡|“实体编辑”面板上的“差集”按钮，或者单击“实体”选项卡|“布尔值”面板上的“差集”按钮，或者在命令行输入 SUBTRACT 后按 Enter 键，都可以执行“差集”命令：创建面域的差集，使用一个面域减去另一个面域。
- 单击“常用”选项卡|“实体编辑”面板上的“交集”按钮，或者单击“实体”选项卡|“布尔值”面板上的“交集”按钮，或者在命令行输入 INTERSECT 后按 Enter 键，都可以执行“交集”命令：创建面域的交集，使用此命令时需要同时选择两个或两个以上的面域对象，按 Enter 键后即可得到多个面域对象的交集。

当对面域对象执行“并集”“差集”和“交集”3种布尔运算后，得到的效果如图5-3所示。

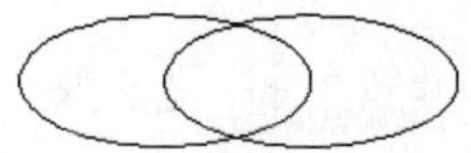
（a）原始面域

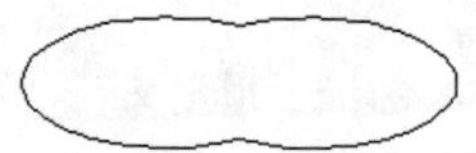
（b）面域的并集运算

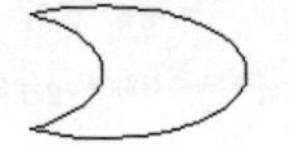
（c）面域的差集运算

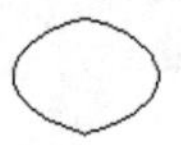
（d）面域的交集运算

图5-3 面域的布尔运算

5.1.3　面域中数据的提取

在命令行输入MASSPROP后按Enter键，或者选择“工具”|“查询”|“面域/质量特性”命令，对选定的面域进行数据提取。

如图5-4所示，可以计算矩形的面积、周长、质心等。

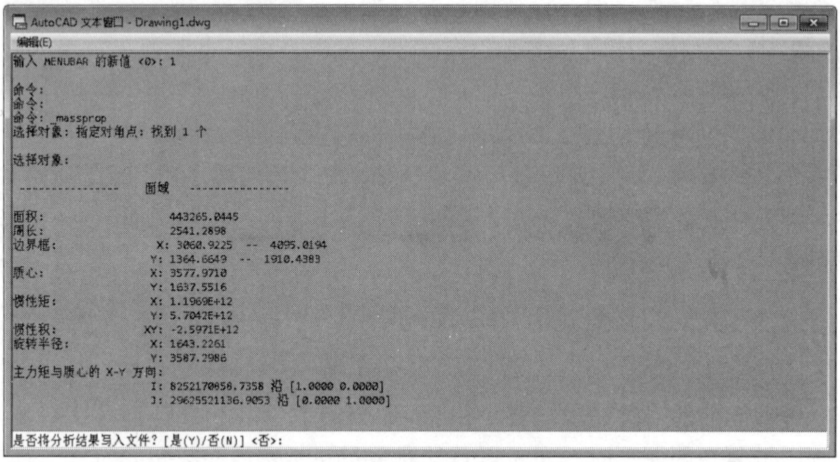

```
AutoCAD 文本窗口 - Drawing1.dwg
编辑(E)
输入 MENUBAR 的新值 <0>: 1

命令:
命令:
命令: _massprop
选择对象: 指定对角点: 找到 1 个

选择对象:

 ----------------    面域    ----------------

面积:                     443265.0445
周长:                     2541.2898
边界框:                 X: 3060.9225  --  4095.0194
                        Y: 1364.6649  --  1910.4383
质心:                   X: 3577.9710
                        Y: 1637.5516
惯性矩:                 X: 1.1969E+12
                        Y: 5.7042E+12
惯性积:                XY: -2.5971E+12
旋转半径:               X: 1643.2261
                        Y: 3587.2986
主力矩与质心的 X-Y 方向:
                        I: 8252170858.7358 沿 [1.0000 0.0000]
                        J: 29625521136.9053 沿 [0.0000 1.0000]

是否将分析结果写入文件? [是(Y)/否(N)] <否>:
```

图 5-4　矩形面域及其数据提取

5.2　图 案 填 充

要重复绘制某些图案以填充图形中的一个区域来表达该区域中的特征，这种填充操作称为图案填充。图案填充的应用十分广泛，比如，在暖通空调制图中，可以用填充图案表示被切割的部分，也可以使用不同的图案填充来表达不同的零部件或材料。

5.2.1　图案填充命令

单击“默认”选项卡|“绘图”面板上的“图案填充”按钮▨，或者在命令行输入HATCH后按Enter键，都可执行“图案填充”命令，执行命令后右击选择“设置”选项，可以打开如图5-5所示的“图案填充和渐变色”对话框，单击“图案填充”选项卡，可以设置图案填充时的类型和图案、角度和比例等特性。

1. 类型和图案

在“图案填充”选项卡的“类型和图案”选项组中，可以设置图案填充的类型和图案，各选项的含义如下：

- “类型”下拉列表框：设置填充的图案类型，包括“预定义”“用户定义”和“自定义”3个选项。选择“预定义”选项，可以使用AutoCAD提供的图案；选择“用户定义”选项，需要临时定义图案，该图案由一组平行线或者互相垂直的两组平行线组成；选择“自定义”选项，可以使用事先定义好的图案。

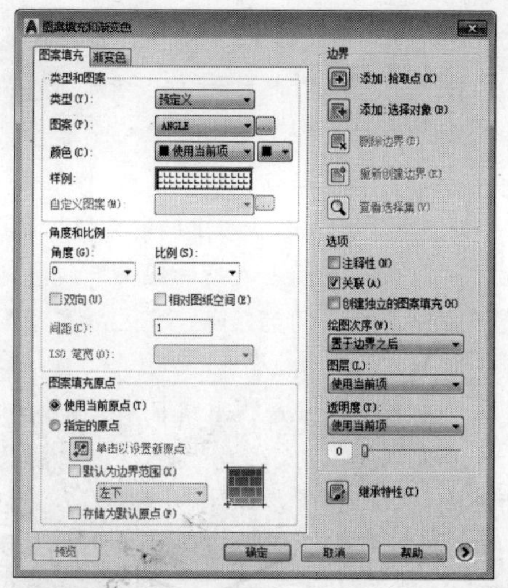

图 5-5　“图案填充和渐变色”对话框

- “图案”下拉列表框：设置填充的图案。只有在“类型”下拉列表框中选择“预定义”选项时，该下拉列表框才可用。可以从该下拉列表框中根据图案名来选择图案，也可以单击其后的 ... 按钮，在打开的“填充图案选项板”对话框中进行选择，其中有 4 个选项卡，分别对应 4 种图案类型，如图 5-6 所示。

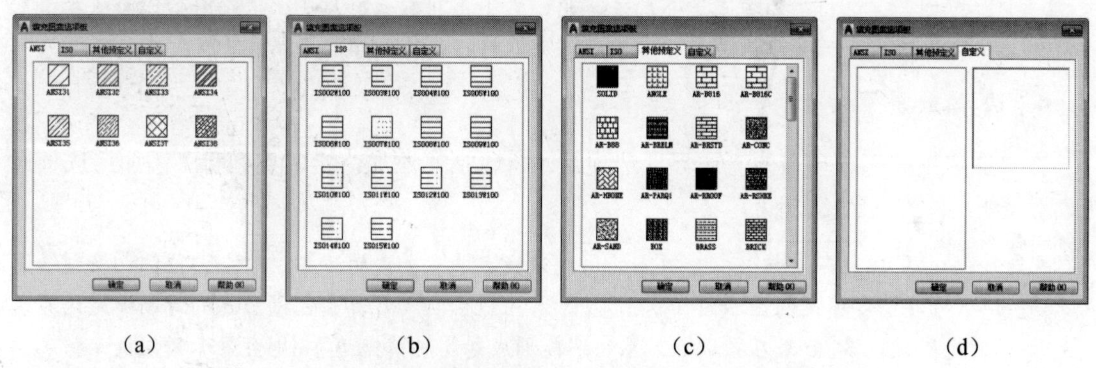

（a）　（b）　（c）　（d）

图5-6　“填充图案选项板”对话框中的4个选项卡

- “颜色”下拉列表框：单击 ■使用当前项 ▼ 设置填充图案的颜色，单击 ☐ ▼ 设置填充图案对象的背景色。
- “样例”预览窗口：显示当前选中的图案样例，单击所选的样例图案，也可以打开“填充图案对话框”对话框选择图案。
- “自定义图案”下拉列表框：当填充的图案采用“自定义”类型时，该选项才可以使用。可以在下拉列表框中选择图案，也可以单击其后的 ... 按钮，从“填充图案对话框”对话框的“自定义”选项卡中进行选择。

2. 角度和比例

在“图案填充”选项卡的“角度和比例”选项组中，可以设置用户定义类型的图案填充的角度和比例等参数，各选项的含义如下：

- “角度”下拉列表框：设置填充的图案旋转角度。每种图案在定义时的初始旋转角度都为 0°。
- “比例”下拉列表框：设置图案填充时的比例值。每种图案在定义时的初始比例为 1，可以根据需要放大或缩小。如果在“类型”下拉列表框中选择“用户定义”选项，则该选项不可用。
- “双向”复选框：当在“类型和图案”选项组中的“类型”下拉列表框中选择“用户定义”选项时，勾选该复选框，可以使用相互垂直的两组平行线填充图形；否则为一组平行线。
- “间距”文本框：设置填充平行线之间的距离，当在“类型”下拉列表框中选择“用户自定义”选项时，该选项才可用。
- “ISO 笔宽”下拉列表框：设置笔的宽度，当填充图案采用 ISO 图案时，该选项才可用。

3. 图案填充原点

在“图案填充”选项卡的“图案填充原点”选项组中，可以设置图案填充原点的位置，因为许多图案填充需要对齐填充边界上的某一个点，各选项的含义如下：

- “使用当前原点”单选按钮：选中该单选按钮，可以使用当前 UCS 的原点（0，0）作为图案填充原点。
- “指定的原点”单选按钮：选中该单选按钮，可以通过指定点作为图案填充原点。单击“单击以设置新原点”按钮，可以从绘图窗口中选择某一点作为图案填充原点；勾选“默认为边界范围”复选框，以填充边界的左下角、右下角、右上角、左上角或圆心作为图案填充原点；勾选“存储为默认原点”复选框，可以将指定的点存储为默认的图案填充原点。

4. 边界

在“图案填充”选项卡的“边界”选项组中，包括“添加：拾取点”和“添加：选择对象”等按钮，各按钮含义如下：

- “添加：拾取点”按钮：以拾取点的形式来指定填充区域的边界。单击该按钮切换到绘图窗口，可在需要填充的区域内任意指定一点，系统会自动计算出包围该点的封闭填充边界，同时亮显该边界。如果在拾取点后系统不能形成封闭的填充边界，则会显示错误提示信息。
- “添加：选择对象”按钮：单击该按钮将切换到绘图窗口，可以通过选择对象的方式来定义填充区域的边界。
- “删除边界”按钮：从边界定义中删除之前添加的需要填充的对象。
- “重新创建边界”按钮：重新创建图案填充边界。
- “查看选择集”按钮：查看已定义的填充边界。单击该按钮，切换到绘图窗口，已定义的填充边界将亮显。

5. 选项及其他功能

在“图案填充”选项卡的“选项”选项组中，“注释性”复选框用于设置是否将图案定义为可注释性对象；“关联”复选框用于创建随边界更新的图案填充；“创建独立的图案填充”复选框用于创建独立的图案填充；“绘图次序”下拉列表框用于指定图案填充的绘图顺序，图案填充可以放在图案填充边界及其他对象前/后；“图层”下拉列表框可以设置当前创建的图案填充对象所在的图层；“透明度”下拉列表框可以为填充图案设置透明度。

在该选项卡中单击“继承特性”按钮，可以将现有图案填充或填充对象的特性应用到其他图案填充或填充对象中；单击“预览”按钮，可以关闭对话框，并使用当前图案填充设置显示当前定义的边界，单击图形或按Esc键返回对话框，单击、右击或按Enter键接受该图案填充。

5.2.2 设置孤岛

进行图案填充时，通常将位于一个已定义好的填充区域内的封闭区域称为孤岛。单击“图案填充和渐变色”对话框右下角的⊙按钮，将显示更多选项，可以对孤岛和边界进行设置，如图5-7所示。

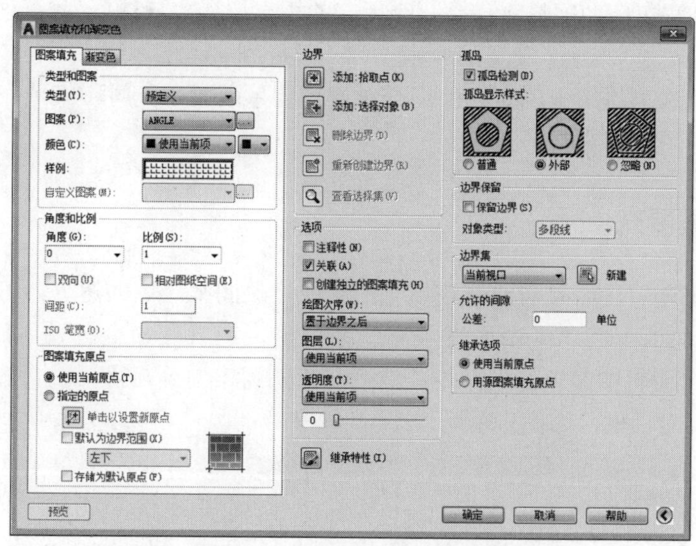

图 5-7　展开的“图案填充和渐变色”对话框

在“孤岛”选项组中，勾选“孤岛检测”复选框，可以指定在最外层边界内填充对象的方法，包括“普通”“外部”和“忽略”3种填充方式，如图5-8所示为设置这3种孤岛显示样式后填充的效果对比。

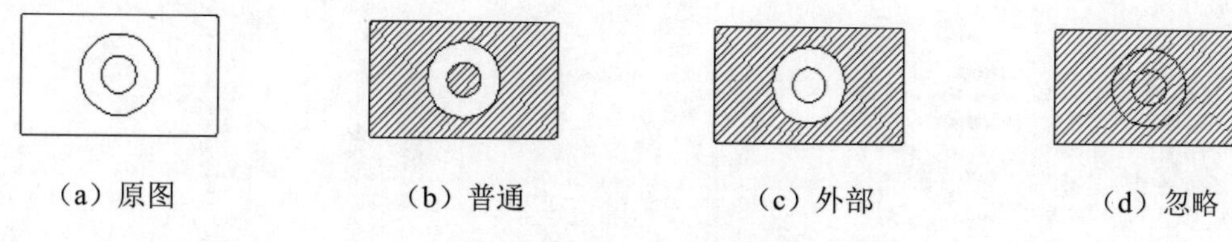

（a）原图　（b）普通　（c）外部　（d）忽略

图5-8　孤岛的3种填充效果

3种填充方式的具体含义如下：

- “普通”方式：从最外边界向里绘制填充线，遇到与之相交的内部边界时断开填充线，遇到下一个内部边界时再继续绘制填充线，系统变量 HPNAME 设置为 N。
- “外部”方式：从最外边界向里绘制填充线，遇到与之相交的内部边界时断开填充线，不再继续往里绘制填充线，系统变量 HPNAME 设置为 O。

- “忽略”方式：忽略边界内的对象，所有内部结构都被填充线覆盖，系统变量 HPNAME 设置为 I。

在“边界保留”选项组中勾选“保留边界”复选框，可以将填充边界以对象的形式保留，从“对象类型”下拉列表框中选择填充边界的保留类型，如“多线段”“面域”等选项。

在“边界集”选项组中可以定义填充边界的对象集，AutoCAD 2021将根据这些对象来确定填充边界。系统默认根据“当前窗口”中所有可见对象确定填充边界，也可以单击“新建”按钮，切换到绘图窗口，然后通过指定对象类型定义边界集，此时“边界集”下拉列表框中将显示为“现有集合”选项。

在“允许的间隙”选项组中，通过“公差”文本框设置允许的间隙大小。在该参数范围内，可以将一个几乎封闭的区域看作是一个闭合的填充边界。默认值为0，这时对象是完全封闭的区域。

“继承选项”选项组用于确定在使用继承属性创建图案填充时图案填充原点的位置，可以是当前原点或源图案填充原点。

5.2.3 设置图案填充

创建了图案填充后，如果需要修改填充图案或修改图案区域的边界，可以单击“默认”选项卡|“修改”面板上的“编辑图案填充”按钮，或者在命令行输入HATCHEDIT后按Enter键，以执行“编辑图案填充”命令，然后在绘图窗口中单击需要编辑的图案填充，打开“图案填充编辑”对话框，如图5-9所示。

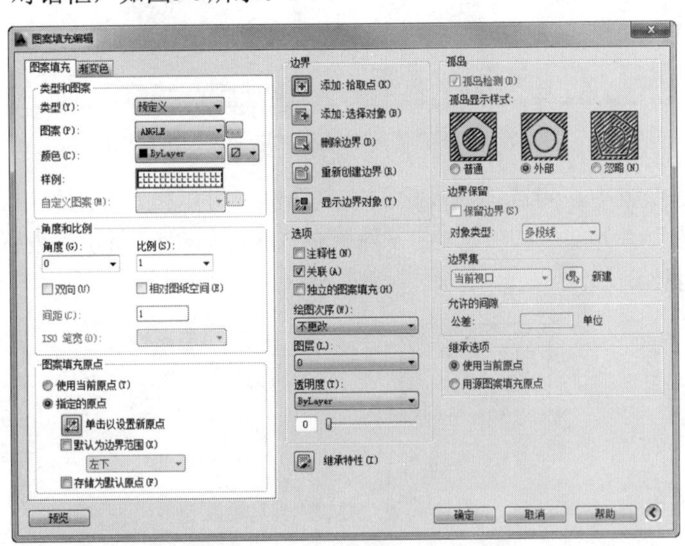

图 5-9　“图案填充编辑”对话框

“图案填充编辑”对话框与“图案填充和渐变色”对话框的内容相同，只是定义填充边界和对孤岛操作的按钮不再可用，即图案填充操作只能修改图案、比例、旋转角度、关联性等，而不能修改它的边界。

在为编辑命令选择图案时，系统变量PICKSTYLE起着很重要的作用，其值有以下4种设置：

- 设置为0：禁止选择编组或关联图案，即当选择图案时仅选择图案自身，而不会选择与之关联的对象。
- 设置为 1：允许选择编组，即图案可以被加入到对象编组中，是 PICKSTYLE 的默认设置。
- 设置为 2：允许选择关联的图案。
- 设置为 3：允许选择编组和关联图案。

将PICKSTYLE设置为2或3时，如果选择了一个图案，将会同时把与之关联的边界对象选进来，则会导致一些意想不到的结果。例如，如果仅要求删除图案，但结果与之关联的边界也被删除了。

5.2.4 控制图案填充的可见性

图案填充的可见性是可以控制的，可以用两种方法来控制图案填充的可见性：一种是用命令FILL或系统变量FILLMODE来实现；另一种是利用图层来实现。

1. 用FILL命令和FILLMODE变量控制

在命令行中输入FILL命令，此时命令行提示信息如下：

```
输入模式[开（ON）/关（OFF）]（开）：  //选择是否显示图案填充
```

模式设置为“开（ON）”，则可以显示图案填充；模式设置为“关（OFF）”，则不显示图案填充。

也可以使用系统变量FILLMODE控制图案填充的可见性。在命令行输入FILLMODE，命令行提示信息如下：

```
输入FILLMODE的新值〈1〉：                 //设置图案填充可见性
```

当系统变量FILLMODE为0时，隐藏图案填充；当系统变量FILLMODE为1时，则显示图案填充。

在使用FILL命令设置填充模式后，可以在命令行输入TEGEM后按Enter键，或者选择“视图”|“重生成”命令，重新生成图形以观察效果。

2. 用图层控制

对于熟练使用AutoCAD 2021的用户来说，应该充分利用图层功能，将图案填充单独放在一个图层上。当不需要显示该图案填充时，将图案所在层关闭或冻结即可。使用图层控制图案填充的可见性时，不同的控制方式会使图案填充与其边界的关联关系发生变化，其特点如下：

- 当图案填充所在的图层被关闭后，图案与其边界仍保持着关联关系，即修改边界后，填充图案会根据新的边界自动调整位置。
- 当图案填充所在的图层被冻结后，图案与其边界脱离关联关系，即边界修改后，填充图案不会根据新的边界自动调整位置。
- 当图案填充所在的图层被锁定后，图案与其边界脱离关联关系，即边界修改后，填充图案不会根据新的边界自动调整位置。

5.2.5 分解图案

图案是一种特殊的块，被称为“匿名”块，无论形状多复杂，它都是一个单独的对象。可以单击“默认”选项卡上的“修改”面板中的“分解”按钮，分解一个已存在的关联图案。

图案被分解后，不再是一个单一的对象，而是一组组成图案的线条。同时，分解后的图案也失去了与图形的关联性，因此无法使用“修改”面板上的“编辑图案填充”按钮命令来编辑。

5.3 操作实例——橡胶减震器剖面图填充

【例5-1】 橡胶减震器剖面图填充。

为用于冷热源机房和管道地面减震的橡胶减震器和与其连接的钢筋混凝土基础创建填充图案，剖面图如图5-10所示。

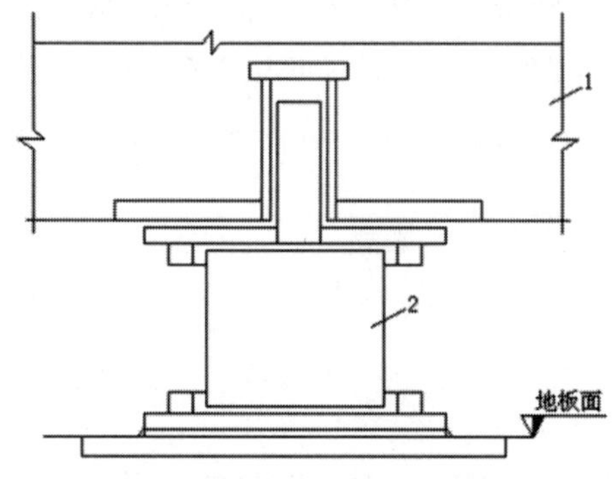

1-钢筋混凝土基础　2-橡胶减震器

图 5-10　橡胶减震器剖面图

步骤 01 单击“默认”选项卡|“绘图”面板上的“图案填充”按钮，然后选择快捷菜单上的“设置”选项，打开“图案填充和渐变色”对话框。

步骤 02 单击“图案（P）”按钮，在 ANSI 选项卡中选择填充图案为 ANSI37，单击“确定”按钮，回到“图案填充和渐变色”对话框，角度和比例参数设置如图 5-11 所示。单击“添加:拾取点”按钮，在绘图区选中区域 2 并按 Enter 键，回到“图案填充和渐变色”对话框，单击“确定”按钮完成填充，填充效果如图 5-12 所示。

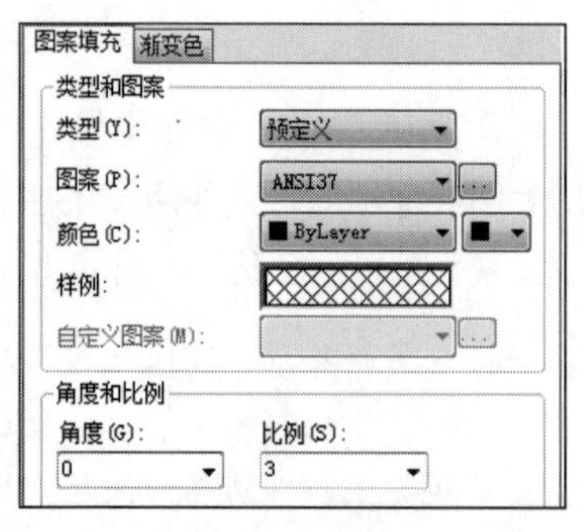

图 5-11　设置图案参数为 ANSI37

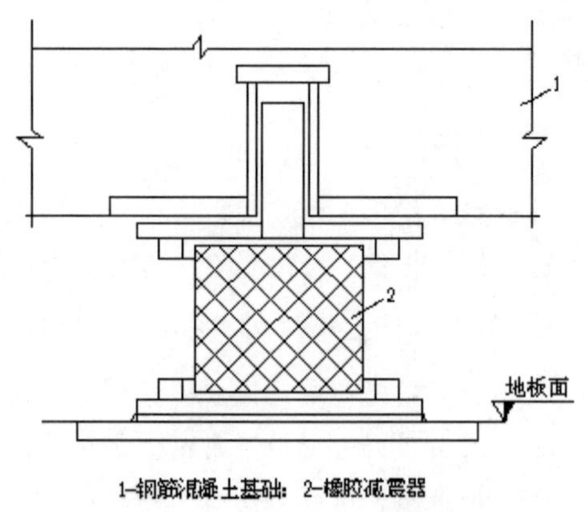

图 5-12　图案 ANSI37 填充效果

步骤 03 执行同样的操作，选择填充图案 SACNCR，图案参数设置如图 5-13 所示，填充效果如图 5-14 所示。

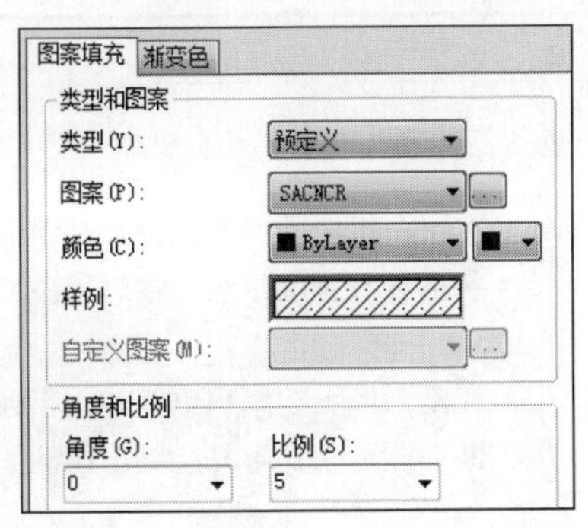

图 5-13　设置图案参数为 SACNCR

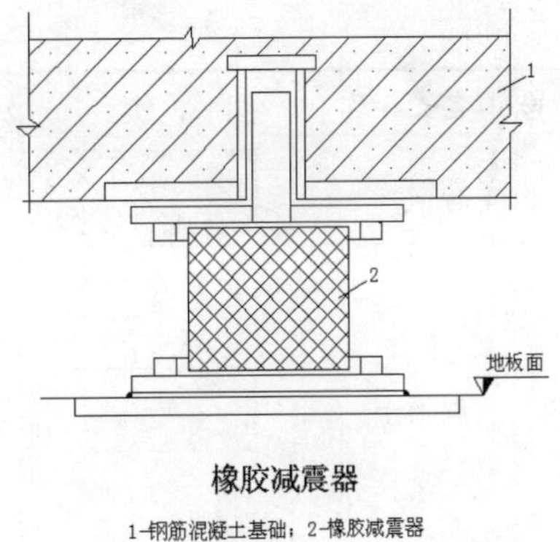

图 5-14　图案 SACNCR 填充效果

步骤04 执行同样的操作，选择填充图案 ANSI31，图案参数设置如图 5-15 所示，最终填充效果如图 5-16 所示。

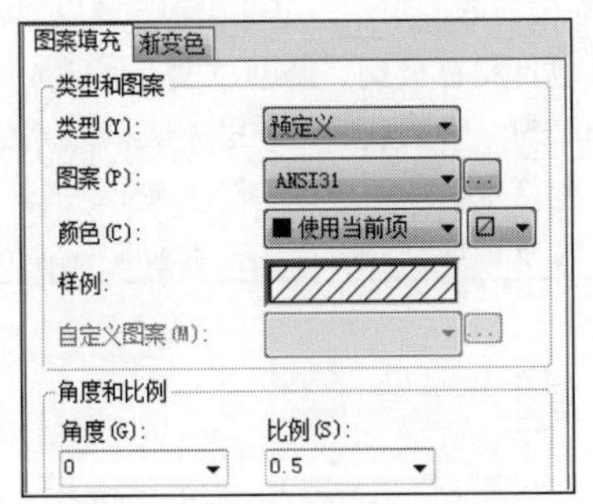

图 5-15　设置图案参数为 ANSI31

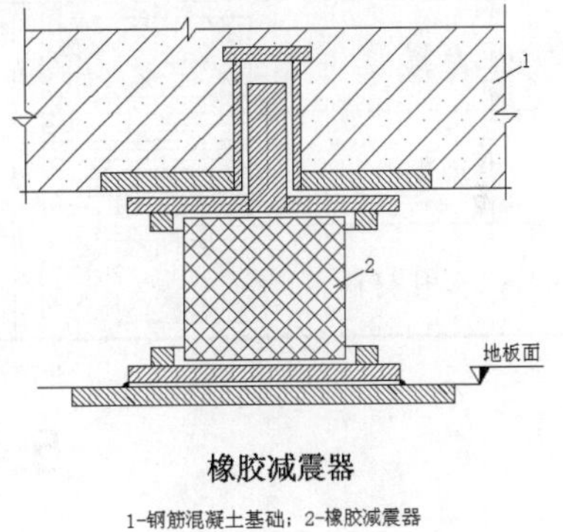

图 5-16　完成填充后的效果

注 意

本例涉及填充图案的选择问题，在《房屋建筑制图统一标准》GB/T 50001-2017中对各种建筑材料的图案填充图例做出了相应的规定，认识各种建筑材料的图例有助于设计人员在暖通专业设计过程中更好地识图，更好地理解建筑图内容。

表5-1中列出了暖通设计过程中会经常遇到的一些建筑材料的图例，以及在AutoCAD 2021中的图案填充名称，用以更好地识读建筑图纸，并能够更规范地按照标准规定来使用图案填充。

表 5-1　常用建筑材料图例

序　号	名　称	图　例	图案填充名称	备　注
1	砂、灰土		AR-SAND	
2	石材		ANSI33	
3	普通砖		ANSI31	包括实心砖、多孔砖和砌块等砌体，断面较窄不易绘出图例线时，可涂红

（续表）

序　　号	名　　称	图　　例	图案填充名称	备　　注
4	塑料		DASH STEEL	包括各种软、硬塑料及有机玻璃等
5	混凝土		AR-CONC	（1）本图例指能承重的混凝土及钢筋混凝土 （2）包括各种强度等级、骨料和添加剂的混凝土 （3）在剖面图上绘制出钢筋时，不画图例线 （4）断面图形小，不易绘制出图例线时，可涂黑
6	钢筋混凝土		AR-CONC ANSI31	
7	泡沫塑材		HONEY	包括聚苯乙烯、聚乙烯和聚氨酯等多孔聚合物类材料
8	金属		STEEL	（1）包括各种金属 （2）若图形小，可涂黑
9	玻璃		LINE	包括平板玻璃、磨砂玻璃、夹丝玻璃、钢化玻璃、中空玻璃、加层玻璃和镀膜玻璃等
10	多孔材料		NET	包括水泥珍珠岩、沥青珍珠岩、泡沫混凝土、非承重加气混凝土、软木和蛭石制品等

5.4 习　　题

1. 填空题

（1）可以用两种方法来控制图案填充的可见性，分别是__________和__________。

（2）图案是一种特殊的块，被称为__________，可以用__________命令来分解一个已存在的关联图案。

（3）用户可通过选择__________和__________命令两种方法来创建面域。

（4）对面域进行布尔运算，对象只包括__________和__________，可以对面域进行3种布尔运算，分别是__________、__________和__________。

（5）“图案填充原点”用于控制填充图案生成的起始位置。某些填充图案需要与图案填充边界上的一点__________。默认所有图案填充原点都对应于当前的__________原点。

2. 选择题

（1）__________选项不属于填充图案类型。

A. 用户定义　　B. 自定义　　C. 预定义　　D. 图形定义

（2）在为编辑命令选择图案时，系统变量PICKSTYLE起着很重要的作用，其值有4种。以下对各值的意义说明中，不正确的是__________。

A. 设置为0：禁止编辑组选择，可以编辑关联图案选择

B. 设置为1：允许编组选择

C. 设置为2：允许关联的图案选择

D. 设置为3：允许编组和关联图案选择

（3）__________命令可以修改填充图案。

A. EDITTEXT　　B. HATCHEDIT　　C. BHATCH　　D. GRADINET

（4）在下面的图形中，__________图形不能直接填充。

A. 正多边形　　B. 圆　　C. 多线　　D. 矩形

（5）用户定义填充图案中，__________参数控制平行线间的距离。

A. 间距　　B. 比例　　C. 角度　　D. 双向

3．问答题

（1）自定义填充图案与用户定义填充图案有什么区别？

（2）渐变填充一般使用在什么领域？

（3）填充图案和面域有什么区别？

（4）为什么填充时要创建面域？可不可以直接在封闭区域中进行填充？

4．上机题

（1）在暖通设备安装时常遇到要沿着预制板缝挂螺栓，请对如图5-17所示的已经挂好的螺栓进行图案填充。图中1所代表的部分的各参数设置：填充图案（P）为SACNCR，角度为0°，比例为5。图中2所代表的部分的各参数设置：填充图案（P）为AR_SAND，角度为0°，比例为0.5。

（2）用于采暖管道连接的扩口活套法兰平面图进行图案填充，填充图案如图5-18所示。图中1所代表的部分的各参数设置：填充图案（P）为JIS_LC_20，角度为0°，比例为0.25。图中2所代表的部分的各参数设置：填充图案（P）为ANSI37，角度为0°，比例为5。

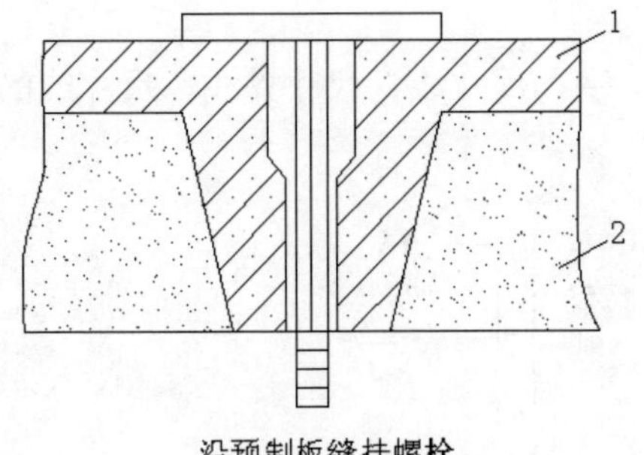

图 5-17　螺栓图案填充

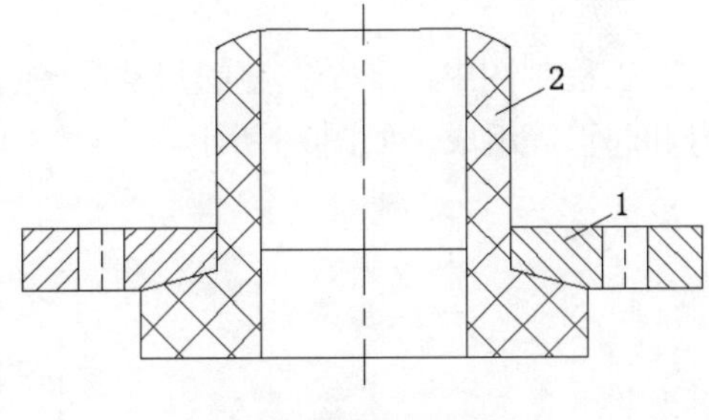

图 5-18　用于采暖管道连接的扩口活套法兰填充

第6章 暖通空调制图中图形尺寸的标注

导言

在暖通空调工程的图形设计中，尺寸标注是绘图设计工作中的一项重要内容，因为绘制图形的根本目的是反映对象的形状，并不能表达清楚图形的设计意图，而图形中各个对象的真实大小和相互位置只有经过尺寸标注后才能确定。AutoCAD 2021包含一套完整的尺寸标注命令和实用程序，足以完成图纸中要求的尺寸标注。如果使用AutoCAD 2021中的“直径”“半径”“角度”“线性”“圆心标记”等标注命令，可以对直径、半径、角度、直线及圆心位置等进行标注。在进行暖通空调制图的尺寸标注之前，必须先了解AutoCAD 2021尺寸标注的组成、类型与规则，以及标注样式的创建和设置方法。

6.1 尺寸标注概述

由于尺寸标注对传达有关设计元素的尺寸和材料等信息有着至关重要的作用，因此在对图形进行标注之前，应先了解尺寸标注的组成、类型、规则和步骤等内容。

6.1.1 尺寸标注的组成

在工程制图中，一个完整的尺寸标注应由标注文字、尺寸线、尺寸界线、尺寸线的端点符号和起点等组成，如图6-1所示。

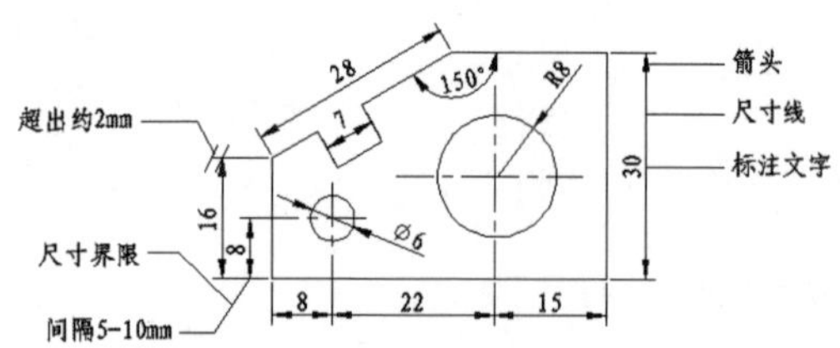

图6-1 尺寸标注的组成

这些标注的具体含义如下：

- 标注文字：表明图形的实际测量值。标注文字可以只反映基本尺寸，也可以带尺寸公差。标注文字应按标准字体书写，同一张图纸上的字高要一致。在图中遇到图线时需要将图线断开，如果图线断开影响图形表达时，须调整尺寸标注的位置。

- 尺寸线：表明标注的范围。AutoCAD 通常将尺寸线放置在测量区域中，如果空间不够，则将尺寸线或文字移到测量区域的外部，取决于标注样式的放置规则。尺寸线是一条带有双箭头的线段，一般分为两段，可以分别控制其显示。对于角度标注，尺寸线是一段圆弧。尺寸线应使用细实线绘制。
- 尺寸线的端点符号（即箭头）：箭头显示在尺寸线的末端，用于指出测量的开始和结束位置。AutoCAD 2021 默认使用闭合的填充箭头符号，同时 AutoCAD 2021 还提供了很多种箭头符号，以满足不同行业的需要，如建筑标记、小斜箭头、点、斜杠等。
- 起点：尺寸标注的起点是尺寸标注对象标注的定义点，系统测量的数据均以起点为计算点。起点通常是尺寸界线的引出点。
- 尺寸界线：从标注起点引出的表明标注范围的直线，可以从图形的轮廓线、轴线和对称中心线引出。同时轮廓线、轴线及对称中心线也可以作为尺寸界线。尺寸界线应使用细实线绘制。

6.1.2 尺寸标注的类型

AutoCAD 2021提供了十多种标注工具用来标注图形对象，分别位于“默认”选项卡|“注释”面板和“注释”选项卡“标注”面板上，如图6-2所示。

使用“标注”菜单和工具栏可以进行角度、直径、半径、线性、对齐、连续、圆心、基线等标注，如图6-3所示。标注工具的功能如表6-1所示。

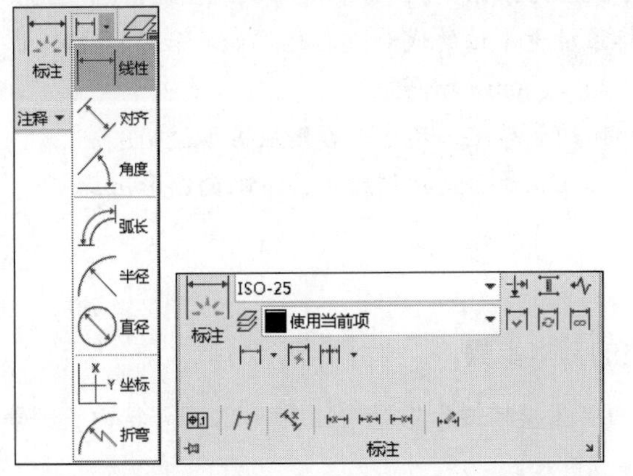

图 6-2 “注释”面板和“标注”面板

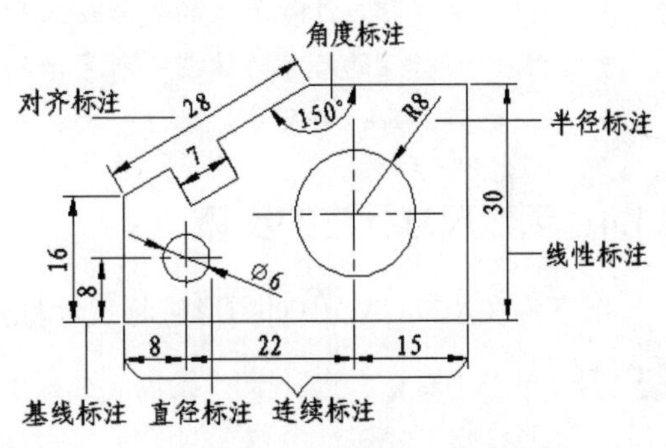

图 6-3 标注方法

表 6-1 AutoCAD 标注工具的功能

按钮	功能	命令	说明
	线性标注	DIMLINEAR	测量两点之间的直线距离，可用来创建水平、垂直或旋转线性标注
	对齐标注	DIMALIGNED	创建尺寸线平行于尺寸界线原点的线性标注，可创建对象的真实长度测量值
	弧长标注	DIMARC	测量圆弧或多段圆弧分段的弧长
	坐标标注	DIMORDINATE	创建坐标点标注，显示从给定原点测量出来的点的 X 或 Y 坐标

（续表）

按　钮	功　能	命　令	说　明
	半径标注	DIMRADIUS	测量圆或圆弧的半径
	折弯标注	DIMJOGGED	折弯标注圆或圆弧的半径
	直径标注	DIMDIAMTER	测量圆或圆弧的直径
	角度标注	DIMANGULAR	测量角度
	快速标注	QDIM	一次选择多个对象，创建标注阵列，如基线、连续和坐标标注
	基线标注	DIMBASELINE	从上一个或选定标注的基线进行连续的线性、角度或坐标标注，都从相同原点测量尺寸
	连续标注	DIMCONTINUE	从上一个或选定标注的第二条尺寸界线作连续的线性、角度或坐标标注
-	快速引线	QLEADER	创建注释和引线，标识文字和相关对象
	公差	TOLERANCE	创建形位公差
	圆心标记	DIMCENTER	创建圆和圆弧的圆心标记或中心线

6.1.3　尺寸标注的规则

在AutoCAD 2021中，对绘制的图形进行尺寸标注时应遵循以下规则。

- 物体的实际大小应以图样上所标注的尺寸数值为依据，与图形的大小及绘图的准确度无关。
- 图样中的尺寸以毫米为单位时，不需要标注计量单位的代号或名称。如果采用其他单位，则必须注明相应计量单位的代号或名称，如°、cm、m 等。
- 图样中所标注的尺寸为该图样所表示的物体的最后完工尺寸，否则应另加说明。
- 一般物体的每一个尺寸只标注一次，并应标注在最后反映该结构最清晰的图形上。

6.1.4　创建尺寸标注的步骤

以下为在AutoCAD中对图形进行尺寸标注的基本步骤。

步骤01 单击“默认”选项卡|“图层”面板上的“图层特性”按钮，打开“图层特性管理器”对话框，创建一个独立的图层，用于尺寸标注。

步骤02 单击“默认”选项卡|“注释”面板上的“文字样式”按钮，打开“文字样式”对话框，创建一种文字样式，用于尺寸标注。

步骤03 单击“默认”选项卡|“注释”面板上的“标注样式”按钮，打开“标注样式管理器”对话框，设置标注样式。

步骤04 使用对象捕捉和标注等功能，对图形中的元素进行标注。

6.1.5　暖通工程中有关尺寸标注的规范

暖通工程中的尺寸标注应符合《房屋建筑制图统一标准》GB/T 50001-2017和《暖通空调制图标准》GB/T 50114-2010中的相关规定。

在《房屋建筑制图统一标准》GB/T 50001-2017中对尺寸标注的规定有以下5个方面。

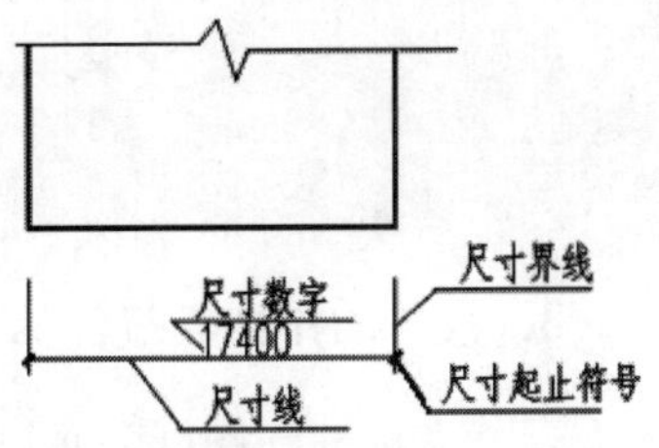

图6-4　尺寸的组成

1. 尺寸界线、尺寸线及尺寸起止符号

- 图样上的尺寸包括尺寸界线、尺寸线、尺寸起止符号和尺寸数字，如图6-4所示。
- 尺寸界线应用细实线绘制，一般应与被标注的长度垂直，其一端应离开图样轮廓线不小于2mm，另一端宜超出尺寸线2mm～3mm。图样轮廓线可用作尺寸界线，如图6-5所示。
- 尺寸线应用细实线绘制，应与被注标的长度平行，两端宜以尺寸界线为边界，也可超出尺寸界线2mm～3mm。图样本身的任何图线均不得用作尺寸线。
- 尺寸起止符号一般用中粗斜短线绘制，其倾斜方向应与尺寸界线成顺时针45°角，长度宜为2mm～3mm。轴测图中用小圆点表示尺寸起止符号，小圆点直径1mm，如图6-6（左）所示。半径、直径、角度与弧长的尺寸起止符号宜用箭头表示，箭头宽度b不宜小于1mm，如图6-6（右）所示。

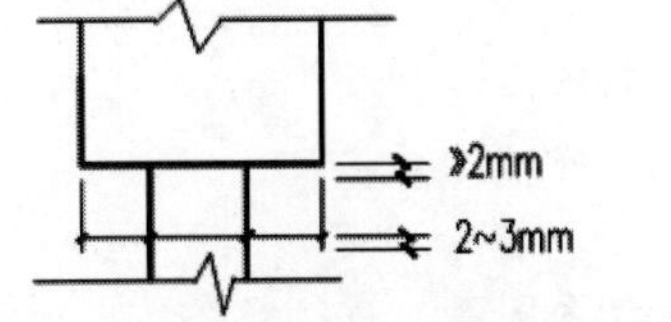

图6-5　尺寸界限

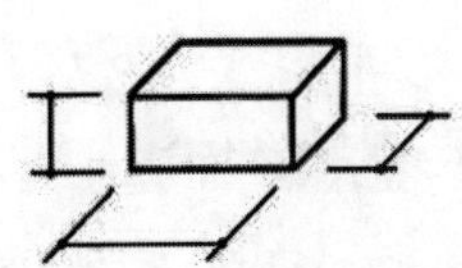
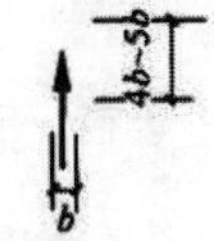

图6-6　箭头尺寸起止符号

2. 尺寸数字

- 图样上的尺寸，应以尺寸数字为准，不得从图上直接量取。
- 图样上的尺寸单位，除标高及总平面以m为单位外，其他必须以mm为单位。
- 尺寸数字的方向，应按图6-7（a）所示的规定注写。若尺寸数字在30°斜线区内，宜按图6-7（b）所示的形式注写。

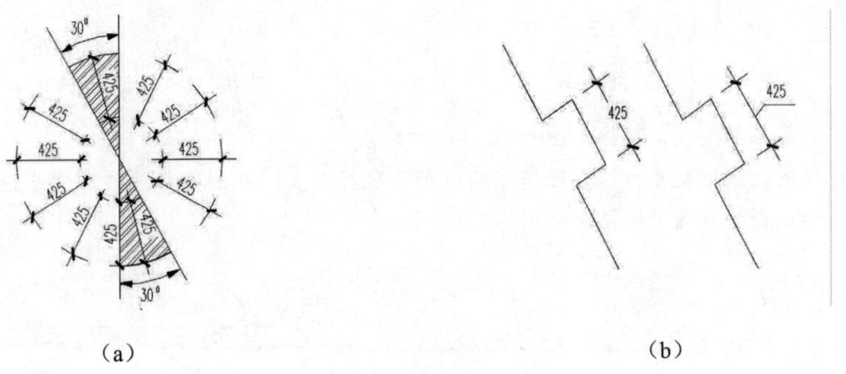

（a）　（b）

图6-7　尺寸数字的注写方向

- 尺寸数字一般应依据其方向注写在靠近尺寸线的上方中部。如果没有足够的注写位置，最外边的尺寸数字可注写在尺寸界线的外侧，中间相邻的尺寸数字可错开注写，如图6-8所示。

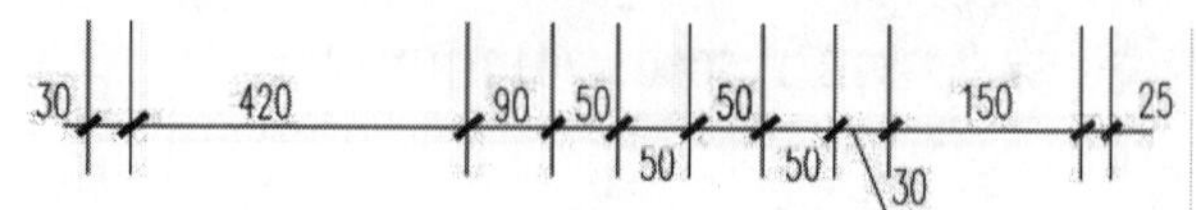

图 6-8　尺寸数字的注写位置

3．尺寸的排列与布置

尺寸宜标注在图样轮廓以外，不宜与图线、文字和符号等相交，如图6-9所示。图样轮廓线以外的尺寸界线，与图样最外轮廓之间的距离不宜小于10mm。平行排列的尺寸线的间距宜为7mm～10mm，并应保持一致。互相平行的尺寸线，应从被注写的图样轮廓线由近向远整齐排列，较小尺寸应离轮廓线较近，较大尺寸应离轮廓线较远，如图6-9（c）所示。

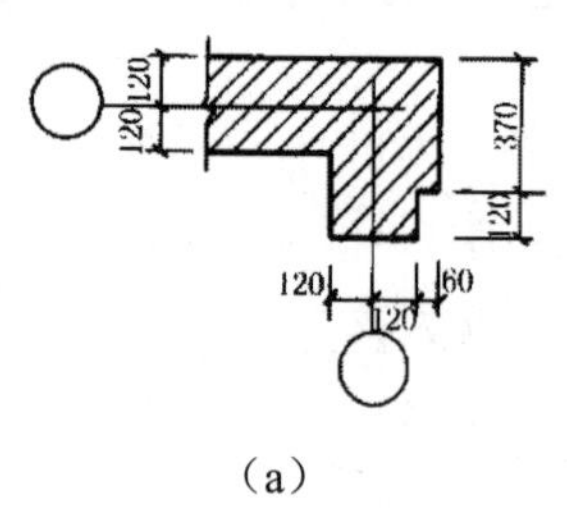

（a）

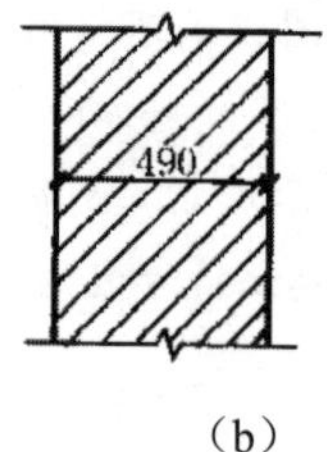

（b）

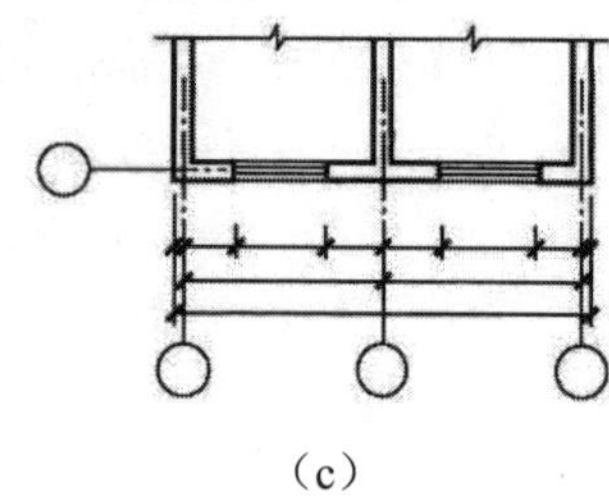

（c）

图 6-9　尺寸数字及尺寸的排列

4．半径、直径和球的尺寸标注

- 半径的尺寸线应一端从圆心开始，另一端绘制箭头指向圆弧。半径数字前应加注半径字符R，如图 6-10 所示。
- 较小圆弧的半径，可按如图 6-11 所示的形式标注。

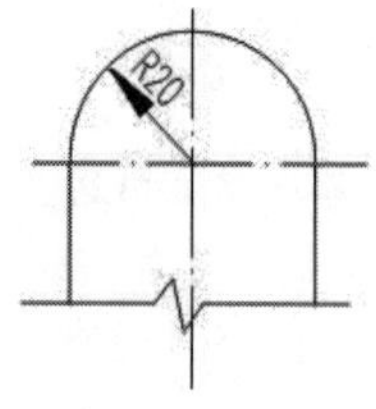

图 6-10　半径标注方法

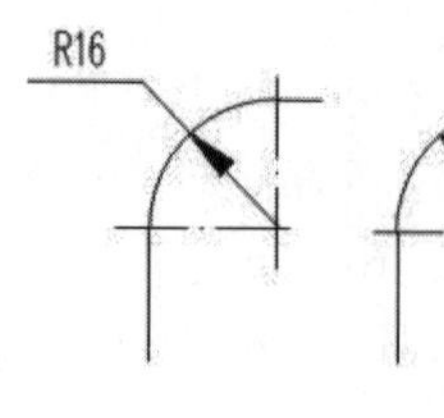

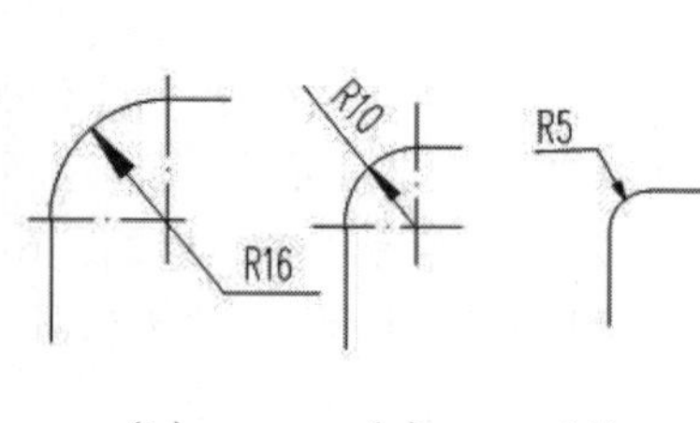

（a）　（b）　（c）　（d）

图 6-11　小圆弧半径标注方法

- 较大圆弧的半径，可按如图 6-12 所示的形式标注。
- 标注圆的直径尺寸时，直径数字前应加直径符号ϕ。在圆内标注的尺寸线应通过圆心，两端绘制箭头并指至圆弧，如图 6-13 所示。

图 6-12　大圆弧半径的标注方法

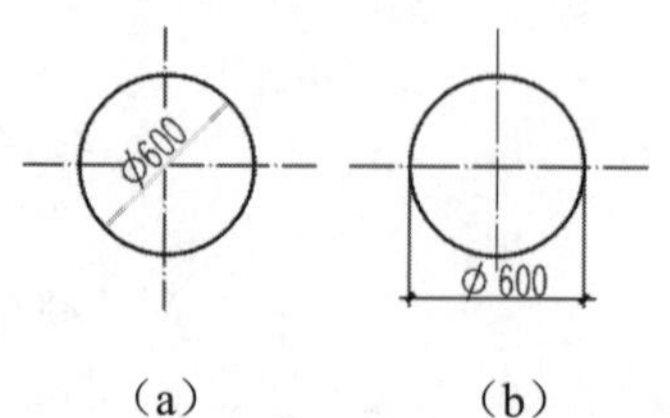

（a）　（b）

图 6-13　圆直径的标注

- 较小圆的直径尺寸，可标注在圆外，如图 6-14 所示。
- 标注球的半径尺寸时，应在尺寸前加注字符 SR。标注球的直径尺寸时，应在尺寸数字前加注字符 Sϕ。其标注的方法与圆弧半径和圆直径的尺寸标注方法相同。

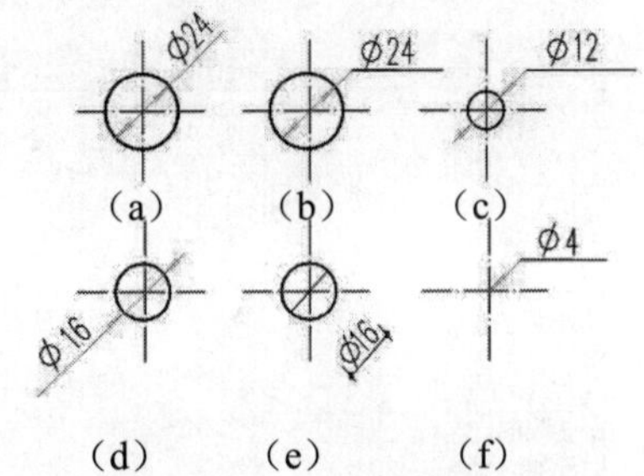

图 6-14　小圆直径的标注

5. 角度、弧度和弧长的标注

- 角度的尺寸线应以圆弧表示。该圆弧的圆心应是该角的顶点，角的两条边为尺寸界线。起止符号应以箭头表示，如果没有足够位置绘制箭头，可用圆点代替，角度数字应按水平方向注写，如图 6-15 所示。
- 标注圆弧的弧长时，尺寸线应以与该圆弧同心的圆弧线表示，尺寸界线应垂直于该圆弧的弦，起止符号用箭头表示，弧长数字上方应加注圆弧符号⌒，如图 6-16 所示。
- 标注圆弧的弦长时，尺寸线应以平行于该弦的直线表示，尺寸界线应垂直于该弦，起止符号用中粗斜短线表示，如图 6-17 所示。

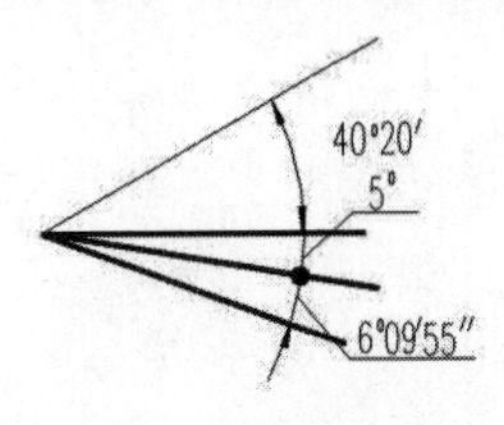

图 6-15　角度标注

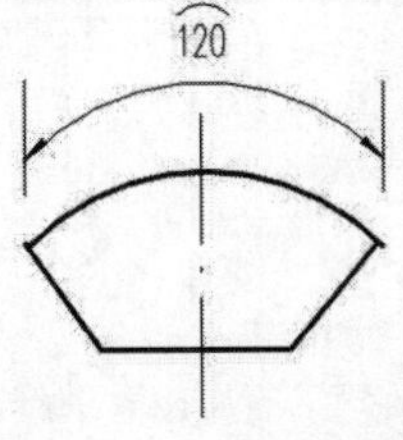

图 6-16　弧长标注

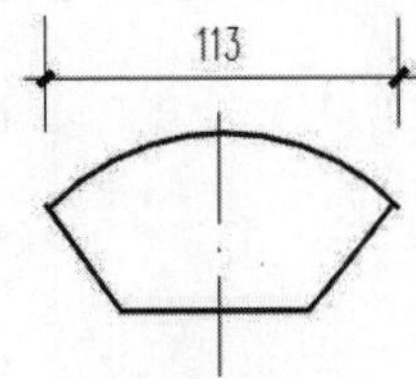

图 6-17　弦长标注

6.2　标注样式的创建与设置

在AutoCAD 2021中，使用“标注样式”可以控制标注的格式和外观，建立强制执行图形的绘制标准，并有利于对标注格式及用途进行修改。本节重点介绍如何使用“标注样式管理器”对话框创建标注样式。

6.2.1　新建标注样式

单击“默认”选项卡|“注释”面板上的“标注样式”按钮，或单击“注释”选项卡|“标注”面板上的按钮，或者在命令行输入DIMSTYLE后按Enter键，都可以执行“标注样式”命令，打开“标注样式管理器”对话框，如图6-18所示。在“标注样式管理器”对话框中单击“新建”按钮，打开“创建新标注样式”对话框，如图6-19所示。

“创建新标注样式”对话框中各选项的含义如下。

- “新样式名”文本框：输入新样式的名称。
- “基础样式”下拉列表框：选择一种基础样式，新样式将在该基础样式的基础上进行修改。
- “用于”下拉列表框：指定新建标注样式的适用范围，包括“所有标注”“线性标注”“角度标注”“半径标注”“直径标注”“坐标标注”“引线与公差”等选项。

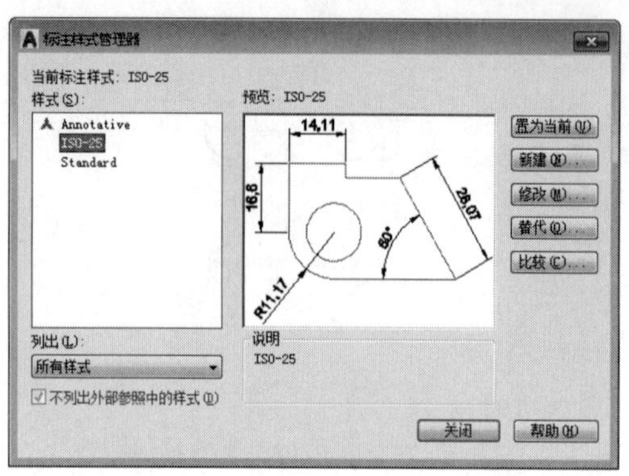

图 6-18　“标注样式管理器”对话框

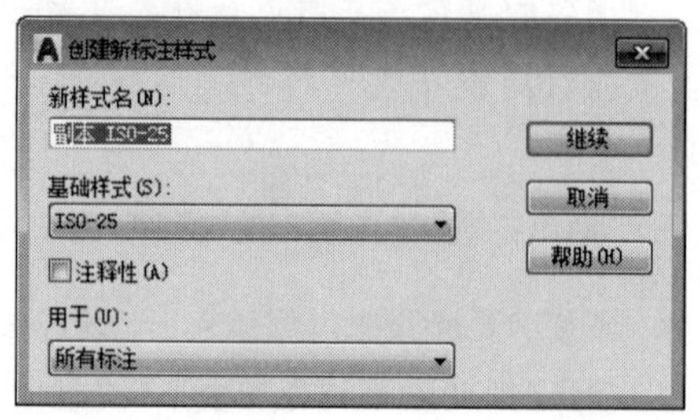

图 6-19　“创建新标注样式”对话框

设置了新样式的名称、基础样式和适用范围后，单击“继续”按钮，打开“新建标注样式”对话框，如图6-20所示。

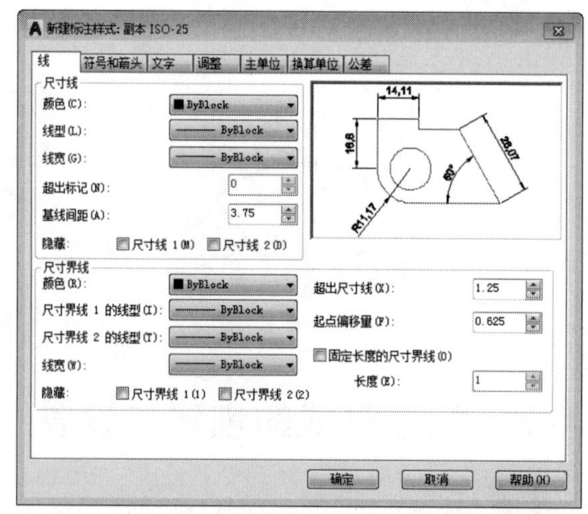

图 6-20　“新建标注样式”对话框

从图中可以看出，新建标注样式包括以下内容：

- “线”选项卡：设置尺寸线和尺寸界线的格式与位置。
- “符号和箭头”选项卡：设置箭头样式和大小、圆心标注和弧长标注等。
- “文字”选项卡：设置标注文字的外观、位置和对齐方式。
- “调整”选项卡：设置文字与尺寸线的管理规则及标注特征比例。
- “主单位”选项卡：设置主单位的格式与精度。
- “换算单位”选项卡：设置换算单位的格式和精度。
- “公差”选项卡：设置公差值的格式和精度。

6.2.2　设置标注线的格式

在“新建标注样式”对话框的“线”选项卡中可以设置尺寸线、尺寸界线的格式和位置，如图6-20所示。

1．设置尺寸线

在“尺寸线”选项组中，可以设置尺寸线的颜色、线型、线宽、超出标记、基线间距等属性，各选项的含义如下：

- “颜色”下拉列表框：设置尺寸线的颜色。系统默认尺寸线的颜色随块，也可以使用系统变量 DIMCLRD 设置。
- “线型”下拉列表框：设置尺寸线的线型，该选项没有对应的变量。
- “线宽”下拉列表框：设置尺寸线的宽度。系统默认尺寸线的线宽随块，也可以使用系统变量 DIMLWD 设置。
- “超出标记”文本框：当尺寸线的箭头采用倾斜、建筑标记、小点、积分或无标记等样式时，使用该文本框可以设置尺寸线超出尺寸界线的长度，也可以使用系统变量 DIMDLE 设置。超出标记如图 6-21 所示。

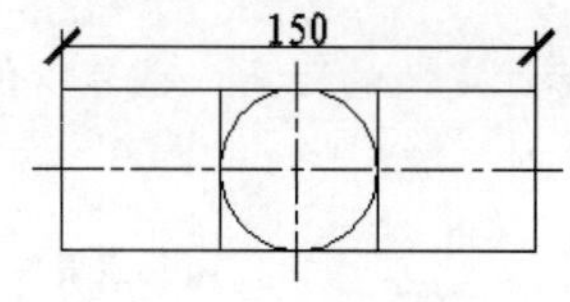

（a）超出标记为 0

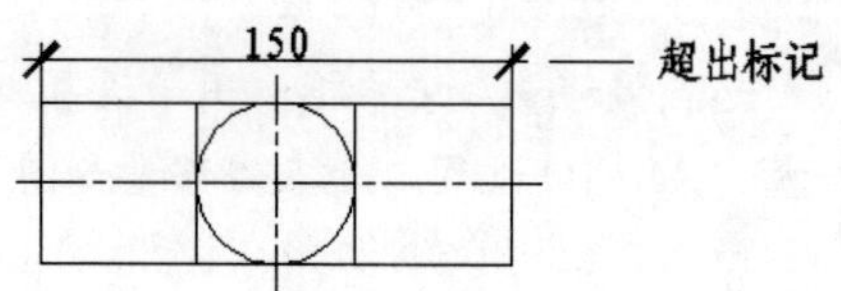

（b）超出标记不为 0

图 6-21　超出标记为 0 与不为 0 时的效果对比

- “基线间距”文本框：进行基线尺寸标注时可以设置各尺寸之间的距离，也可以用系统变量 DIMDLI 设置。基线间距如图 6-22 所示。
- “隐藏”选项组：通过勾选“尺寸线 1”或“尺寸线 2”复选框，可以隐藏第 1 段或第 2 段尺寸线及相应的箭头，也可以使用系统变量 DIMSD1 和 DIMSD2 进行设置。隐藏尺寸线后的效果如图 6-23 所示。

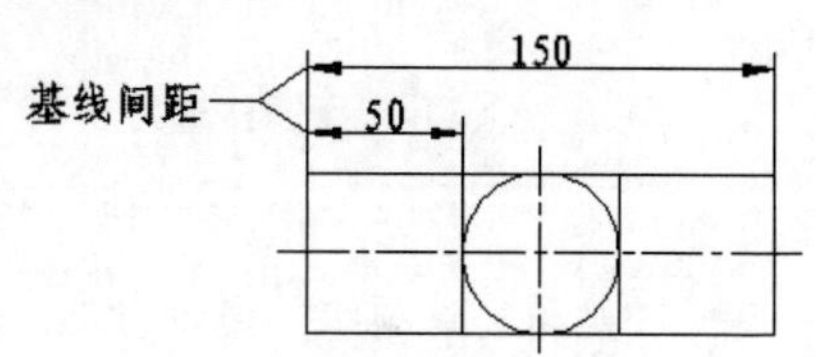

图 6-22　设置基线间距

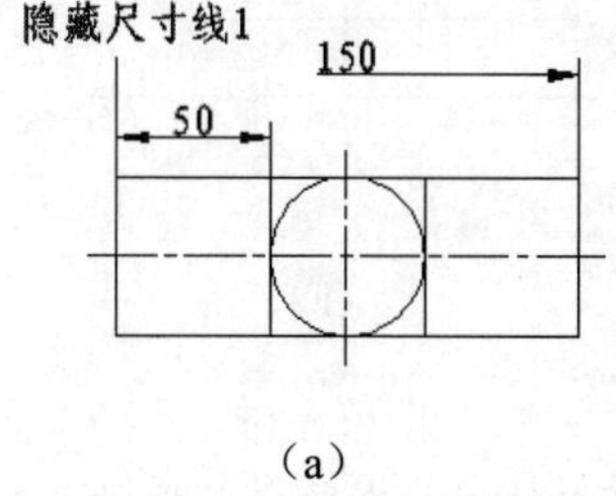

（a）

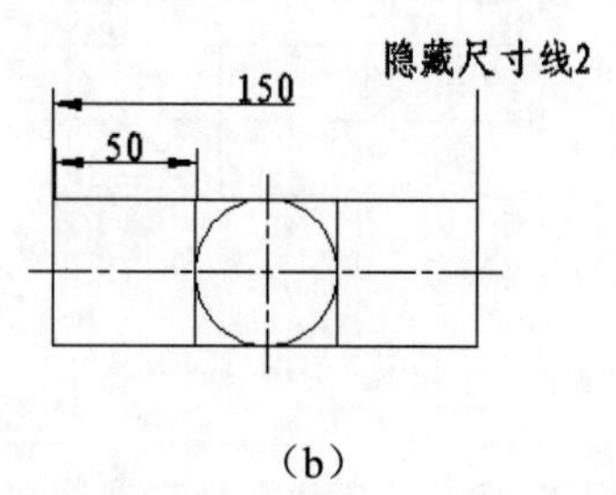

（b）

图 6-23　隐藏尺寸线的效果

2．设置尺寸界线

在“尺寸界线”选项组中，可以设置尺寸界线的颜色、线型、线宽、超出尺寸线的长度、起点偏移量等属性，各选项的含义如下：

- “颜色”下拉列表框：设置尺寸界线的颜色，也可以用系统变量 DIMCLRE 设置。

- “尺寸界线 1 的线型”和“尺寸界线 2 的线型”下拉列表框：分别用于设置尺寸界线 1 和尺寸界线 2 的线型。
- “线宽”下拉列表框：设置尺寸界线的宽度，也可以使用系统变量 DIMLWE 设置。
- “超出尺寸线”文本框：设置尺寸界线超出尺寸线的距离，也可以使用系统变量 DIMEXE 设置。超出尺寸线如图 6-24 所示。

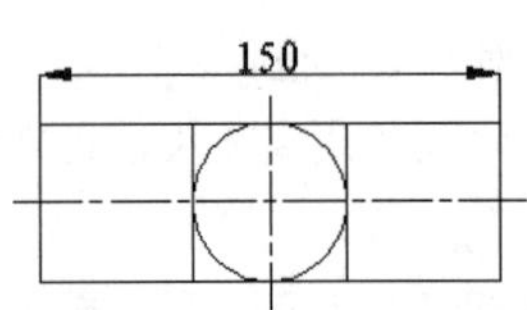

（a）超出尺寸线距离为 0

（b）超出尺寸线距离不为 0

图6-24　超出尺寸线距离为0与不为0时的效果对比

- “起点偏移量”文本框：用于设置尺寸界线的起点与标注定义的距离，也可以使用系统变量 DIMEXO 设置。起点偏移量如图 6-25 所示。

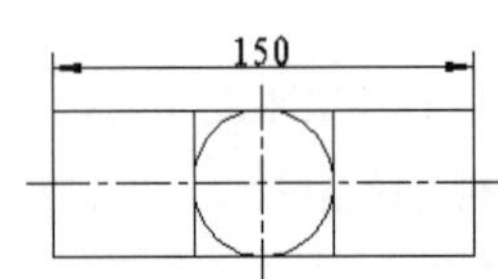

（a）起点偏移量为 0

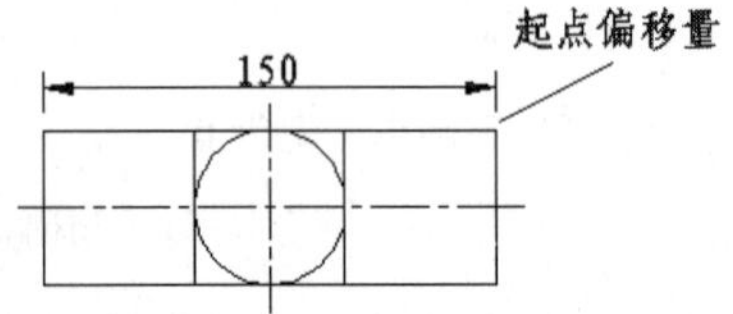

（b）起点偏移量不为 0

图 6-25　起点偏移量为 0 与不为 0 时的效果对比

- “隐藏”选项组：通过勾选“尺寸界线 1”或“尺寸界线 2”复选框，可以隐藏尺寸界线，也可以使用系统变量 DIMSE1 和 DIMSE2 设置。隐藏尺寸界线如图 6-26 所示。

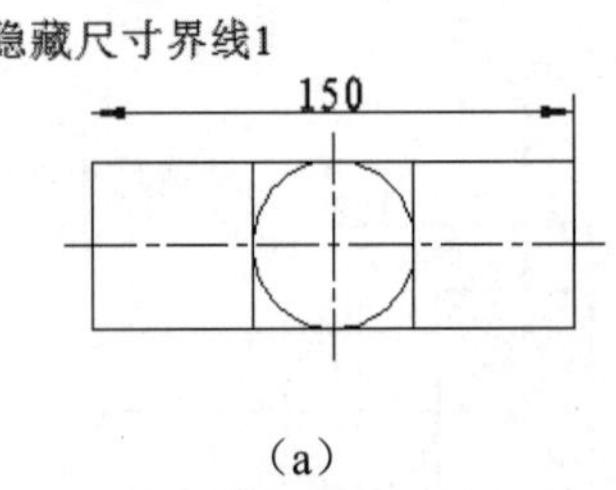

（a）

隐藏尺寸界线2
150

（b）

图6-26　隐藏尺寸界线效果

- “固定长度的尺寸界线”复选框：勾选该复选框，可以使用具有特定长度的尺寸界线标注图形，在“长度”文本框中可以输入尺寸界线的数值。

6.2.3　设置符号和箭头的格式

在“新建标注样式”对话框的“符号和箭头”选项卡中可以设置箭头、圆心标记、弧长符号和半径折弯的格式与位置，如图6-27所示。

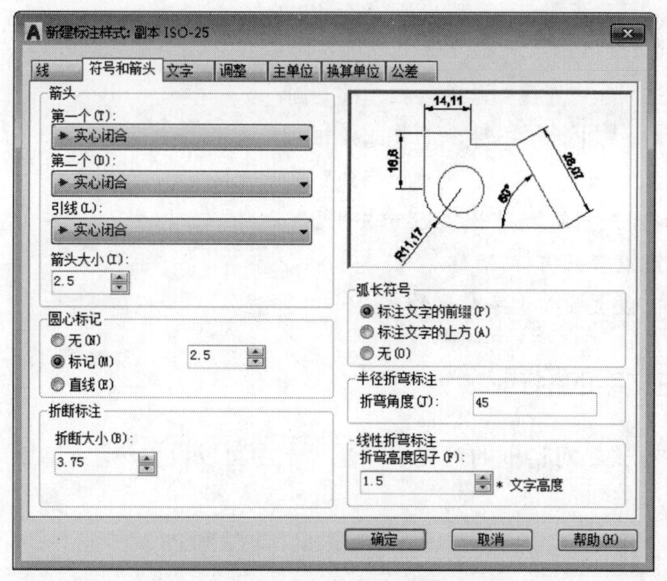

图 6-27 “符号和箭头”选项卡

1. 箭头

箭头也称为终止符号，显示在尺寸线的两端。在“箭头”选项组中，可以设置尺寸线和引线箭头的类型及尺寸大小等。通常情况下，尺寸线的两个箭头应一致。

为了适应不同类型的图形标注需要，AutoCAD设置了二十多种箭头样式。可以从对应的下拉列表框中选择箭头，并在“箭头大小”文本框中设置其大小（或使用系统变量DIMASZ设置），也可以使用自定义箭头，此时可在下拉列表框中选择“用户箭头”选项，打开“选择自定义箭头块”对话框，如图6-28所示。在“从图形块中选择”文本框中输入当前图形中已有的块名，然后单击“确定”按钮，AutoCAD 2021将以该块作为尺寸线的箭头样式，此时块的插入基点与尺寸线的端点重合。

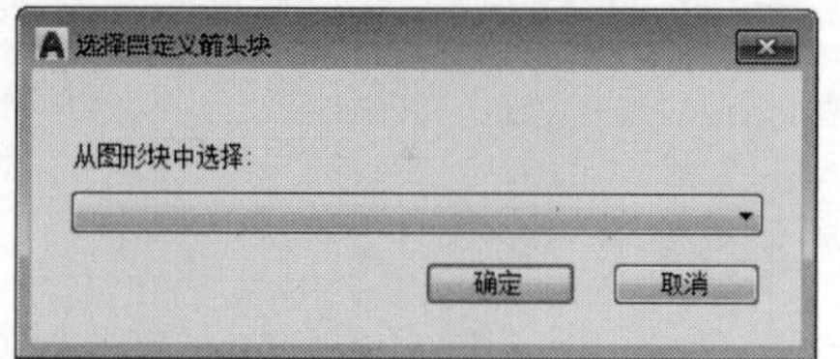

图 6-28 “选择自定义箭头块”对话框

“箭头”选项组中各选项的含义如下：

- “第一个”下拉列表框：选择第一个尺寸箭头的类型。选取一种箭头类型后，在“第二个”下拉列表框中将自动选择与第一个相同的箭头类型。
- “第二个”下拉列表框：选择第二个尺寸箭头的类型。如果两箭头形式一致，则该形式记录在尺寸变量 DIMBLK 中；若不一致，则分别记录在 DIMBLK1 和 DIMBLK2 中。
- “引线”下拉列表框：设置引线引出端标记，一般为实心的黑色箭头。
- “箭头大小”文本框：设置尺寸箭头的尺寸，其值保存在 DIMASZ 中。

2. 圆心标记

在“圆心标记”选项组中可以设置圆或圆弧的圆心标记类型，如“标记”“直线”和“无”。也可以使用系统变量DIMCEN设置，如图6-29所示。当选中“标记”或“直线”单选按钮时，可以在右侧的文本框中设置圆心标记的大小。

“圆心标记”选项组中各选项的含义如下：

- “无”“标记”和“直线”单选按钮：设置圆心标记的类型。其中，选中“标记”单选按钮，可对圆或圆弧绘制圆心标记；选中“直线”单选按钮，可对圆或圆弧绘制中心线；选中“无”单选按钮，则没有任何标记。
- 右侧文本框：设置圆心十字标记的大小。

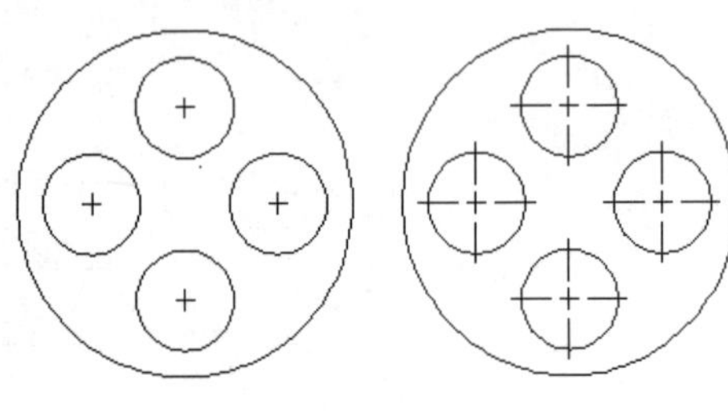

（a）标记效果　　（b）直线效果

图 6-29　圆心标记类型

6.2.4　设置标注文字的格式

在“新建标注样式”对话框的“文字”选项卡中可以设置标注文字的外观、位置和对齐方式，如图6-30所示。

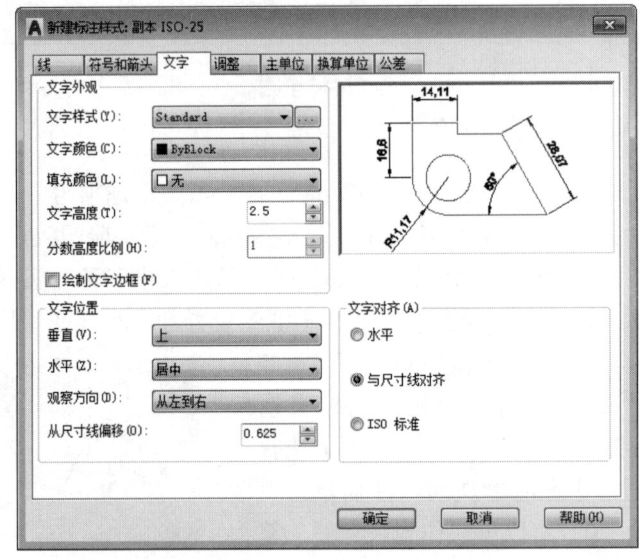

图 6-30　“文字”选项卡

1．文字外观

在“文字外观”选项组中，可以设置文字的样式、颜色、高度和分数高度比例，以及控制是否绘制文字边框等，各选项的含义如下：

- “文字样式”下拉列表框：选择标注文字所用的文字样式，单击[...]按钮，可以打开“文字样式”对话框，从中选择文字样式或新建文字样式，还可以用系统变量 DIMTXSTY 设置。
- “文字颜色”下拉列表框：设置标注文字的颜色，也可以使用系统变量 DIMCLRT 设置。
- “填充颜色”下拉列表框：设置标注文本的背景颜色。
- “文字高度”文本框：用于设置标注文字的高度，也可以用系统变量 DIMTXT 设置。如果在“文字样式”对话框中设置了字高，那么此位置的功能显示灰色，不可用。
- “分数高度比例”文本框：设置标注文字中的分数相对于其他标注文字的比例，AutoCAD 2021 将该比例值与标注文字高度的乘积作为分数的高度。

- “绘制文字边框”复选框：设置是否给标注文字加边框，如图 6-31 所示。

图6-31　文字无边框与有边框效果对比

2. 文字位置

在“文字位置”选项组中可以设置文字的垂直、水平位置、观察方向以及距尺寸线的偏移量，各选项的含义如下：

- “垂直”下拉列表框：设置标注文字相对于尺寸线在垂直方向的位置，包括“居中”“上”“外部”“下”和 JIS 等选项。选择“居中”选项，可以把标注文字放在尺寸线中间；选择“上”选项，将把标注文字放在尺寸线的上方；选择“下”选项，将把标注文字放在尺寸线的下方；选择“外部”选项，可以把标注文字放在远离第一定义点的尺寸线一侧；选择 JIS 选项，则按照 JIS 规则放置标注文字。垂直文字位置效果如图 6-32 所示。

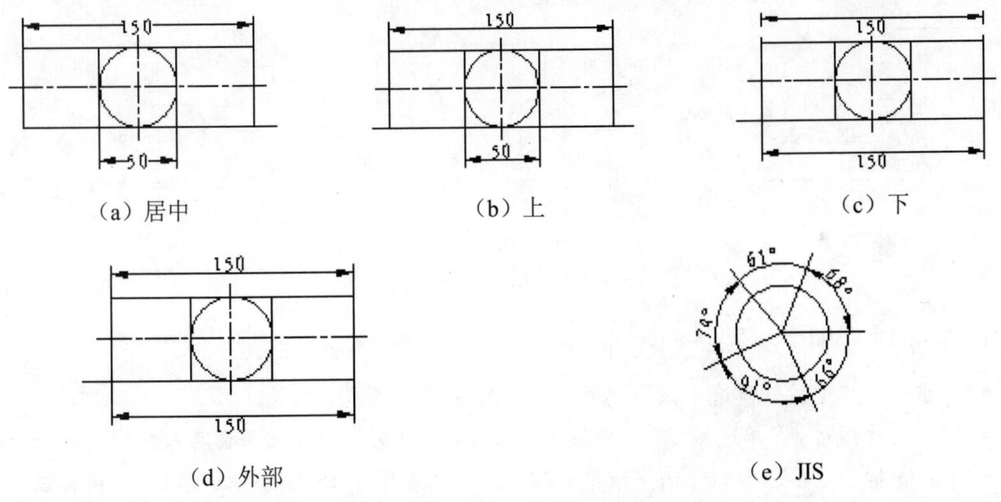

图 6-32　文字垂直位置的 5 种形式

- “水平”下拉列表框：设置标注文字相对于尺寸线和尺寸界线在水平方向的位置，包括“居中”“第一条尺寸界线”“第二条尺寸界线”“第一条尺寸界线上方”和“第二条尺寸界线上方”5 个选项，设置效果如图 6-33 所示。也可以用系统变量 DIMJUST 设置，对应值分别为 0、1、2、3、4。
- “观察方向”下拉列表框：设置标注文字的观察方向。
- “从尺寸线偏移”文本框：设置标注文字与尺寸线之间的距离。如果标注文字位于尺寸线的中间，则表示断开处尺寸线端点与尺寸文字的间距。若标注文字带有边框，则可以控制文字边框与其中文字的距离。

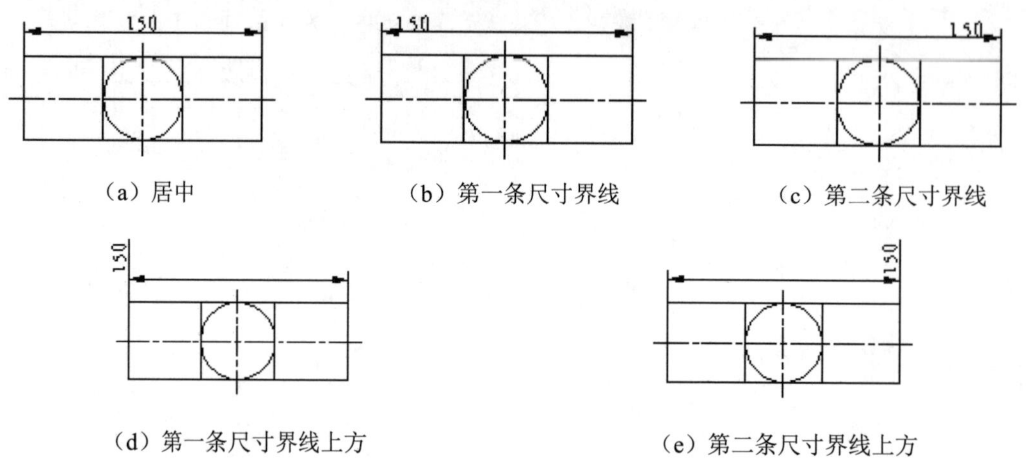

图6-33　文字水平位置

3. 文字对齐

在“文字对齐”选项组中，可以设置标注文字是保持水平、与尺寸线对齐还是按ISO标准放置，如图6-34所示。

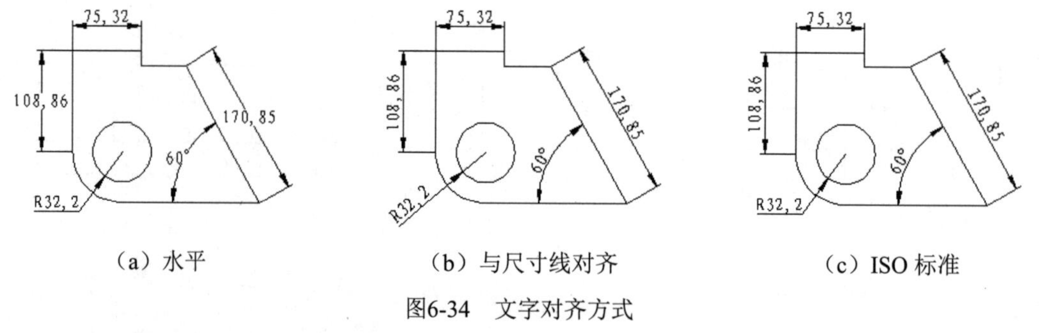

图6-34　文字对齐方式

各选项的含义如下：

- “水平”单选按钮：选中该单选按钮时，标注文字将水平放置。
- “与尺寸线对齐”单选按钮：选中该单选按钮，标注文字的方向将会与尺寸线的方向一致。
- “ISO 标准”单选按钮：选中该单选按钮，标注文字按 ISO 标准进行放置。当标注文字在两条尺寸界线之内时，它的方向则会与尺寸线方向一致，而在尺寸界线之外时将水平放置。

6.2.5　调整标注文字和箭头

在“新建标注样式”对话框的“调整”选项卡中可以设置标注文字、尺寸线和尺寸箭头的位置，如图6-35所示。

1. 调整选项

在“调整选项”选项组中，当确定尺寸界线之间没有足够的空间同时放置标注文字和箭头时，应从尺寸界线之间移出对象，如图6-36所示。

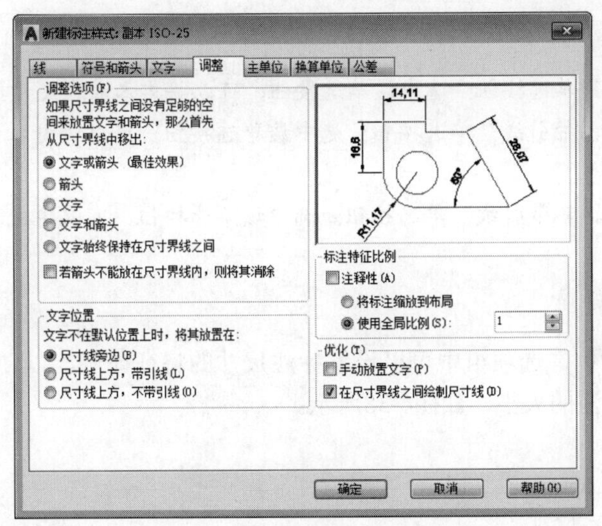

图 6-35 “调整”选项卡

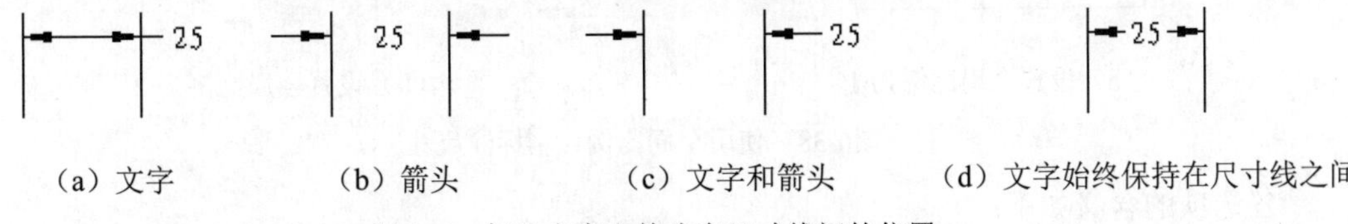

（a）文字　（b）箭头　（c）文字和箭头　（d）文字始终保持在尺寸线之间

图6-36 标注文字和箭头在尺寸线间的位置

各选项的含义如下：

- “文字或箭头（最佳效果）”单选按钮：选中该单选按钮，可由 AutoCAD 2021 按最佳效果自动移出文本或箭头。
- “箭头”单选按钮：选中该单选按钮，可首先将箭头移出。
- “文字”单选按钮：选中该单选按钮，可首先将文字移出。
- “文字和箭头”单选按钮：选中该单选按钮，可将文字和箭头都移出。
- “文字始终保持在尺寸界线之间”单选按钮：选中该单选按钮，可将文字始终保持在尺寸界限之内，也可以使用系统变量 DIMTIX 设置。
- “若箭头不能放在尺寸界线内，则将其消除”复选框：勾选该复选框，如果尺寸界线之间的空间不足以容纳箭头，则不显示标注箭头，也可以使用系统变量 DIMSOXD 设置。

2．文字位置

在“文字位置”选项组中，主要可以设置当文字不在默认位置时的具体位置，有三种形式，如图6-37所示。

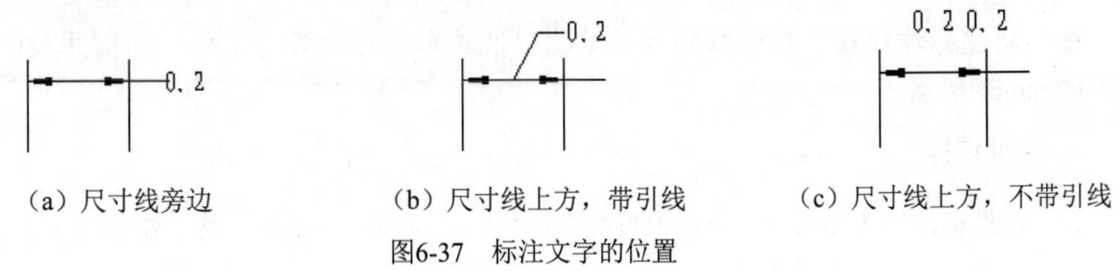

（a）尺寸线旁边　（b）尺寸线上方，带引线　（c）尺寸线上方，不带引线

图6-37 标注文字的位置

各选项的含义如下：

- “尺寸线旁边”单选按钮：选中该单选按钮，可以将文本放在尺寸线旁边。
- “尺寸线上方，带引线”单选按钮：选中该单选按钮，可以将文本放在尺寸的上方，并加上引线。
- “尺寸线上方，不带引线”单选按钮：选中该单选按钮，可以将文本放在尺寸的上方，但不加引线。

3. 标注特征比例

在“标注特征比例”选项组中可以设置标注尺寸的特征比例，以便通过设置全局比例因子来增加或减少各标注的大小，如图6-38所示。

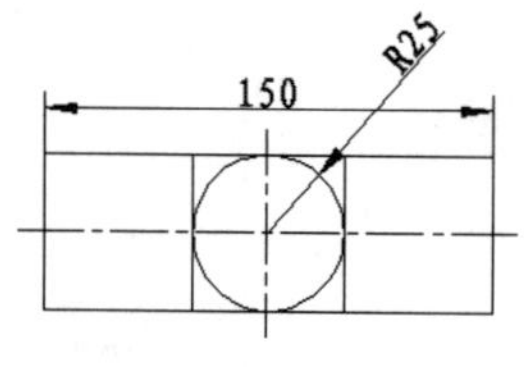

（a）设置全局比例为 1

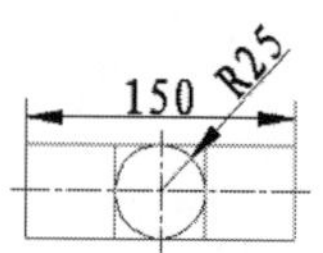

（b）设置全局比例为 2

图6-38　使用全局比例控制标注尺寸

各选项的含义如下：

- “使用全局比例”单选按钮：选中该单选按钮，可以对全部尺寸标注设置缩放比例，该比例不改变尺寸的测量值，也可使用系统变量 DIMSCALE 设置。
- “将标注缩放到布局”单选按钮：选中该单选按钮，可以根据当前模型空间视口与图纸空间之间的缩放关系设置比例。

4. 优化

在“优化”选项组中可以对标注文本和尺寸线进行细微调整，该选项组包括以下两个复选框。

- “手动放置文字”复选框：勾选该复选框，则忽略标注文字的水平位置，在标注时可将标注文字放置在指定的位置。
- “在尺寸界线之间绘制尺寸线”复选框：勾选该复选框，当尺寸箭头放置在尺寸界线之外时，也可在尺寸界线之内绘制出尺寸线。

6.2.6　设置主单位

在“新建标注样式”对话框的“主单位”选项卡中可以设置主单位的格式与精度等属性，如图6-39所示。

1. 线性标注

在“线性标注”选项组中，可以设置线性标注的单位格式与精度，其主要选项的含义如下：

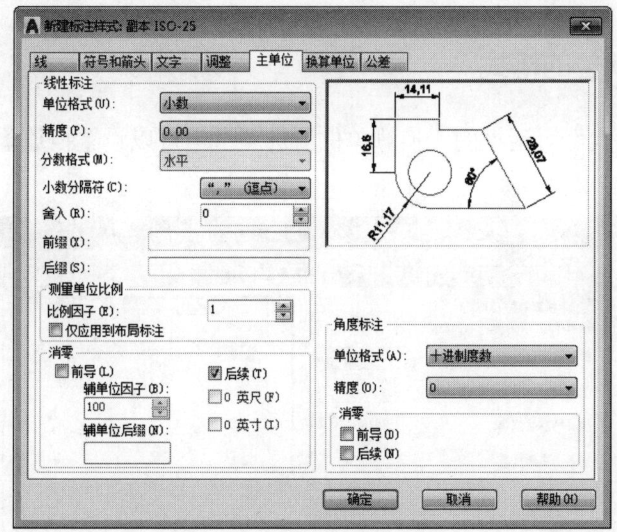

图 6-39 “主单位”选项卡

- “单位格式”下拉列表框：设置除角度标注之外的其他标注类型的尺寸单位。包括“科学”“小数”“工程”“建筑”“分数”“Windows 桌面”等选项，也可以用系统变量 DIMUNIT 设置。
- “精度”下拉列表框：设置除角度标注之外的其他标注的尺寸精度，也可以用系统变量 DIMDEC 设置。
- “分数格式”下拉列表框：当单位格式是分数时，可以设置分数的格式，包括“水平”“对角”和“非堆叠”3 种方式，也可以使用系统变量 DIMFARC 设置。
- “小数分隔符”下拉列表框：设置小数的分隔符，包括“逗点”“句点”和“空格”3 种方式，也可以使用系统变量 DIMDSEP 设置。
- “舍入”文本框：设置除了角度标注外的尺寸测量值的舍入值，也可以使用系统变量 DIMRND 设置。
- “前缀”和“后缀”文本框：用于标注文字的前缀和后缀，在相应的文本框中输入字符即可。

2. 测量单位比例

在“测量单位比例”选项组中，使用“比例因子”文本框可以设置测量尺寸的缩放比例，AutoCAD 2021的实际标注值为测量值与该比例的积。勾选“仅应用到布局标注”复选框，可以设置该比例关系仅适用于布局。

3. 消零

在“消零”选项组中可以设置是否显示尺寸标注中的“前导”和“后续”零。

4. 角度标注

在“角度标注”选项组中，可以使用“单位格式”下拉列表框设置标注角度时的单位；使用“精度”下拉列表框设置标注角度的尺寸精度；使用“消零”选项组设置是否消除角度尺寸的“前导”和“后续”零。

6.2.7 设置换算单位的格式

在“新建标注样式”对话框的“换算单位”选项卡中可以设置换算单位的格式，如图6-40所示。

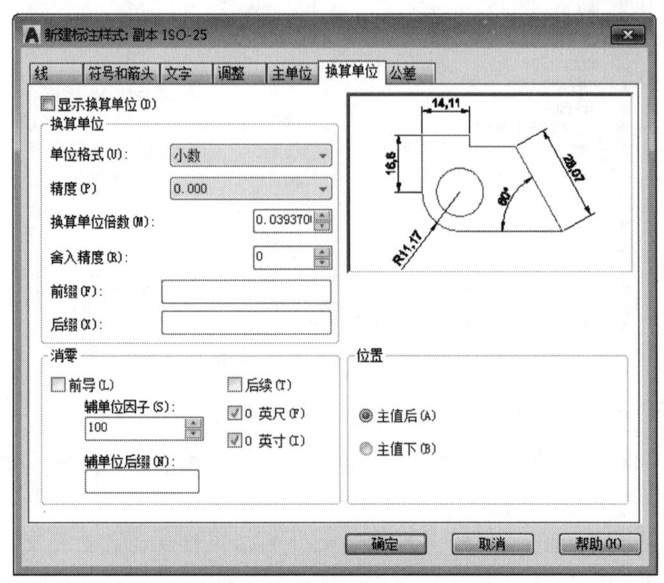

图 6-40 “换算单位”选项卡

在AutoCAD中，通过换算标注单位可以转换使用不同测量单位制的标注，通常是显示英制标注的等效公制标注，或公制标注的等效英制标注。在标注文字中，换算标注单位显示在主单位旁边的方括号中，如图6-41所示。

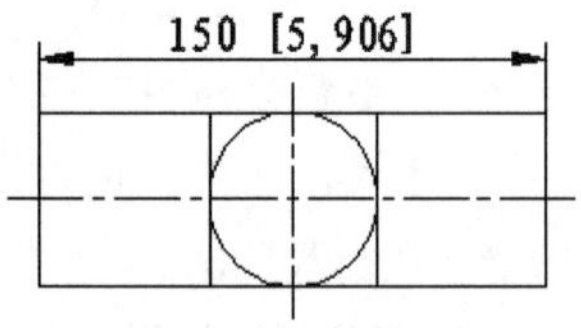

图 6-41 使用换算单位

勾选“显示换算单位”复选框之后，该对话框中的其他选项才可用，可以在“换算单位”选项组中设置换算单位的“单位格式”“精度”“换算单位倍数”“舍入精度”“前缀”“后缀”等属性，方法与设置主单位的方法相同。

在“位置”选项组中设置换算单位的位置，包括“主值后”和“主值下”两种方式。

6.2.8 创建标注样式操作实例

【例6-1】 创建符合暖通制图标准的标注样式，具体规定见6.1.5节。

步骤 01 单击“默认”选项卡|“注释”面板上的“标注样式”按钮，打开“标注样式管理器”对话框，单击“新建”按钮来新建“暖通标注样式 1”标注样式。

步骤 02 单击“继续”按钮，对“线”样式进行设置，标准中规定一端应离开图样轮廓线不小于2mm，另一端宜超出尺寸线 2mm～3mm。基线间距 7mm～10mm，需要设置的项目和位置如图 6-42 所示。

图 6-42　对“线”样式进行设置

步骤 03　单击“符号和箭头”选项卡，对箭头和符号进行设置，标准中规定箭头大小应在 2mm～3mm，箭头样式选择建筑标记，如图 6-43 所示。

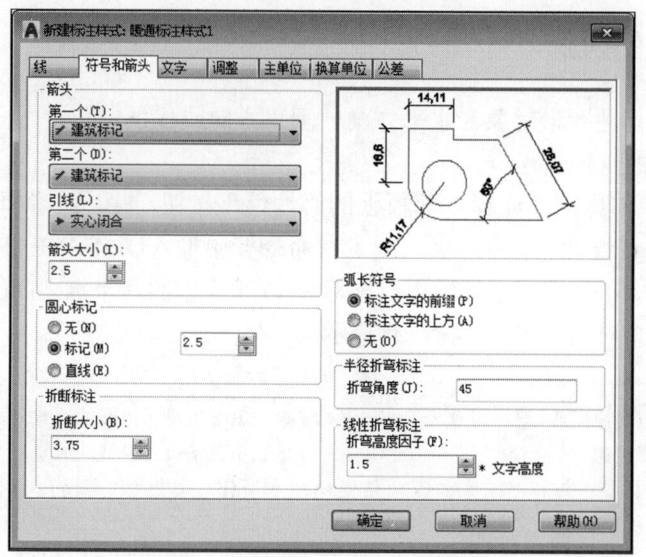

图 6-43　对“符号和箭头”样式进行设置

步骤 04　单击“文字”选项卡，对标注文字进行设置，文字样式可以在其下拉列表框中选择已有样式。《房屋建筑制图统一标准》GB/T 50001-2017 中规定文字高度应从以下系列高度选项中选用：3.5mm、5mm、7mm、10mm、14mm 和 20mm。如需要注写更大的字，其高度应按 $\sqrt{2}$ 的比值递增。如需详细的设置请参考第 10 章中的相关标准，如图 6-44 所示。

步骤 05　单击“主单位”选项卡，设置精度为 0，在“比例因子”文本框中输入 100，表示在该标注样式下，实际绘制 1 个单位，标注将显示 100，即绘图比例为 1:100，如图 6-45 所示。

步骤 06　将设置好的样式置为当前，完成“暖通标注样式 1”的设置。

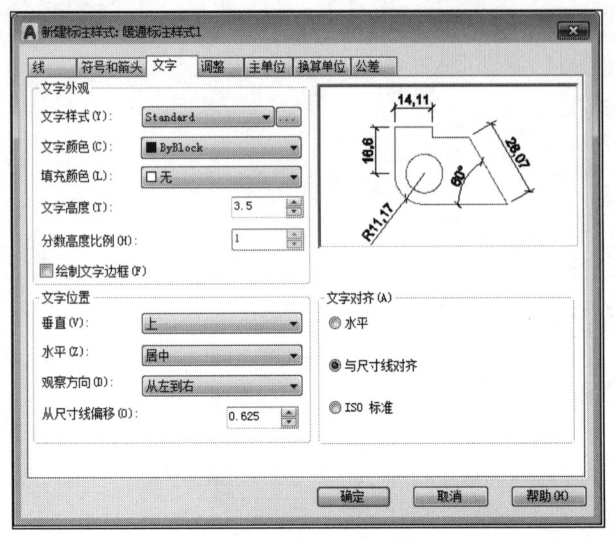

图 6-44　对“文字”样式进行设置

图 6-45　对“主单位”样式进行设置

6.3　标注的创建

6.3.1　线性标注的创建

线性标注用于标注图形对象在水平方向、垂直方向或按指定角度方向投影的尺寸，尺寸线不一定与所标注的对象平行。

单击“默认”选项卡|“注释”面板上的“线性”按钮，或者单击“注释”选项卡|“标注”面板上的“线性”按钮，或者在命令行中输入DIMLINEAR后按Enter键，都可以执行“线性”命令，创建用于标注用户坐标系XY平面中的两个点之间的距离测量值，并通过指定点或选择一个对象来实现，命令行提示信息如下：

```
命令：_DIMLINEAR
指定第一个尺寸界线原点或<选择对象>:          //拾取第一条尺寸界线的原点
指定第二条尺寸界线原点:                      //拾取第二条尺寸界线的原点
指定尺寸线位置或[多行文字(M)/文字(T)/角度(A)/水平(H)/垂直(V)/旋转(R)]:  //一般移动光标指定尺寸线位置
标注文字 = 1000
```

1. 指定起点

系统默认在命令行提示下直接指定第一条尺寸界线的原点，并在“指定第二条尺寸界线原点：”提示下指定了第二条尺寸界线原点后，命令行提示信息如下：

```
指定尺寸界线位置或[多行文字(M)/文字(T)/角度(A)/水平(H)/垂直(V)/旋转(R)]:
//指定尺寸界线位置或选择相应选项
```

在指定了尺寸界线的位置后，系统默认将按自动测量出的两个尺寸界线起始点间的相应距离标注出尺寸。其他各选项的含义如下：

- “多行文字（M）”选项：选择该选项，将进入多行文字编辑模式，可以在“多行文字编辑器”对话框中输入并设置标注文字。其中，文字输入窗口中的尖括号(<>)表示系统测量值。
- “文字（T）”选项：可以以单行文字的形式输入标注文字，此时将显示“输入标注文字<1>：”提示信息，要求输入标注文字。
- “角度（A）”选项：设置标注文字的旋转角度。
- “水平（H）”选项和“垂直（V）”选项：标注水平尺寸和垂直尺寸。选择这两个选项以后，将显示“指定尺寸线位置或[多行文字(M)/文字(T)/角度(A)]：”提示信息，可以直接确定尺寸界线的位置，也可以选择其他选项来指定标注文字的内容或标注文字的旋转角度。
- “旋转（R）”选项：旋转标注对象的尺寸界线。

2. 选择对象

如果在线性标注的命令行提示下直接按Enter键，则要求选择要标注尺寸的对象。当选择了对象以后，AutoCAD将该对象的两个端点作为两条尺寸界线的起点，命令行提示信息如下：

```
指定尺寸界线位置或[多行文字(M)/文字(T)/角度(A)/水平(H)/垂直(V)/旋转(R)]：
```

当两条尺寸界线的起点不位于同一水平线或同一垂直线上时，可以通过拖动来确定是创建水平标注还是垂直标注。使光标位于两条尺寸界线的起始点之间，上下拖动可引出水平尺寸线；使光标位于两条尺寸界线的起始点之间，左右拖动则可引出垂直尺寸线。

3. 线性标注操作实例

【例6-2】 标注如图6-46所示的板式散热器的背面图。

步骤01 标注样式。单击“默认”选项卡|“注释”面板上的“标注样式”按钮，在“标注样式管理器”对话框中选择“暖通标注样式 1”并置为当前。

步骤02 单击“默认”选项卡|“注释”面板上的“线性”按钮，在状态栏上单击“对象捕捉”按钮打开对象捕捉模式。命令行提示信息如下：

```
指定第一个尺寸界线原点或 <选择对象>： //指定第一条尺寸界线的起点，在图样上捕捉点E，指定
第二条尺寸界线原点：指定第一条尺寸界线的终点，在图样上捕捉点B
指定尺寸线位置或[多行文字 (M)/文字(T)/角度(A)/水平(H)/垂直(V)/旋转(R)]：H
//创建水平标注
```

步骤03 拖动光标，在合适的位置单击，确定尺寸线的位置。

步骤04 单击“默认”选项卡|“注释”面板上的“标注样式”按钮，利用同样的方法标注 F 和 G 点间的距离，结果如图 6-47 所示。

步骤05 单击“默认”选项卡|“注释”面板上的“线性”按钮，在状态栏上单击“对象捕捉”按钮打开对象捕捉模式。命令行提示信息如下：

```
指定第一个尺寸界线原点或 <选择对象>：        //指定第一条尺寸界线的起点，在图样上捕捉点A
指定第二条尺寸界线原点：                    //指定第一条尺寸界线的终点，在图样上捕捉点B
指定尺寸线位置或[多行文字(M)/文字(T)/角度(A)/水平(H)/垂直(V)/旋转(R))]：V   //创建水
平标注
```

步骤06 拖动光标，在合适的位置单击，确定尺寸界线的位置。

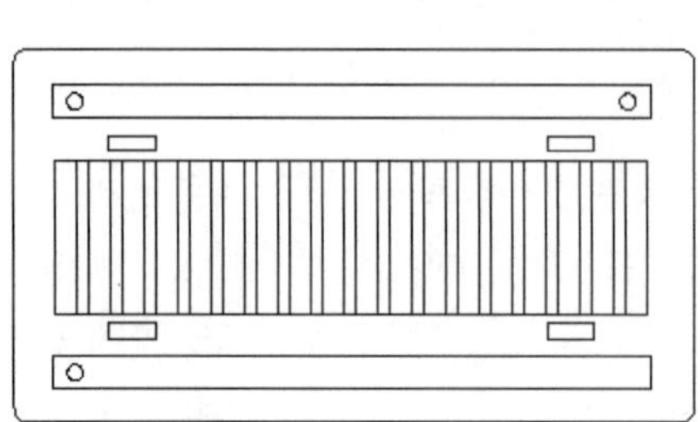

图 6-46　板式散热器背面图

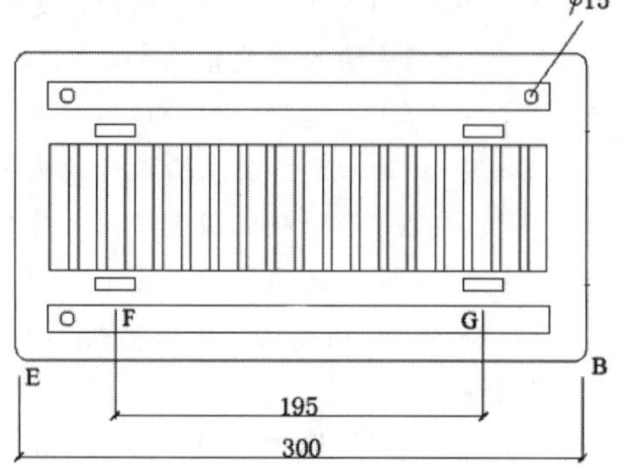

图 6-47　使用线性尺寸标注进行水平标注

步骤 07　重复上述步骤，利用同样的方法标注 C 和 D 点之间的距离，结果如图 6-48 所示。

步骤 08　标注结果如图 6-49 所示。

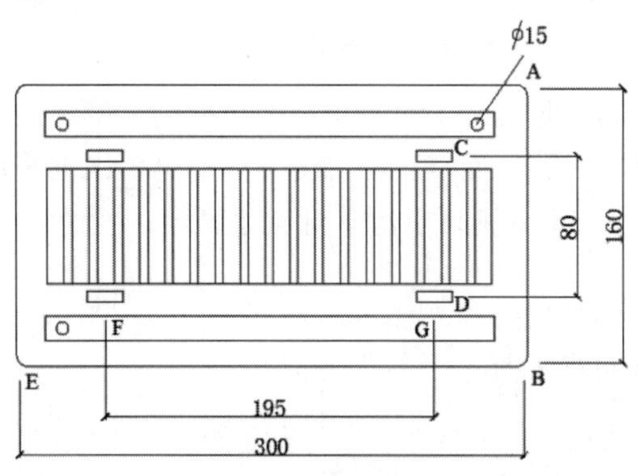

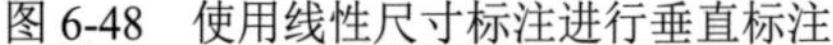

图 6-48　使用线性尺寸标注进行垂直标注

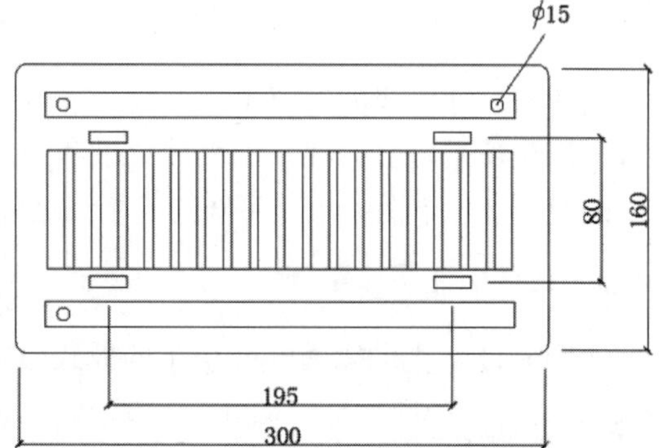

图 6-49　标注后的板式散热器背面图

6.3.2　对齐标注的创建

单击“默认”选项卡|“注释”面板上的“对齐”按钮，或单击“注释”选项卡|“标注”面板上的“已对齐”按钮，或者在命令行输入DIMALIGNED后按Enter键，都可以执行“对齐”标注命令，对所选对象进行对齐标注，命令行提示信息如下：

```
命令: _DIMALIGNED
指定第一个尺寸界线原点或 <选择对象>:          //指定第一条尺寸界线的原点
指定第二条尺寸界线原点:                      //指定第二条尺寸界线的原点
指定尺寸线位置或
[多行文字(M)/文字(T)/角度(A)]:               //一般移动光标指定尺寸线位置
标注文字 = 5.1
```

由此可见，对齐标注是线性标注尺寸的一种特殊形式。在对直线段进行标注时，如果该直线的倾斜角度未知，那么使用线性标注方法将无法得到准确的测量结果，这时可以使用对齐标注。

6.3.3 角度标注的创建

1. 创建角度标注命令

用于对两条非平行直线或不在一条直线上的3个点构成的角度进行标注。

单击“默认”选项卡|“注释”面板上的“角度”按钮△，或单击“注释”选项卡|“标注”面板上的“角度”按钮△，或者在命令行输入DIMANGULAR后按Enter键，都可以执行“角度”标注命令，进行角度尺寸标注。执行DIMANGULAR命令后，命令行提示信息如下：

```
命令: _DIMANGULAR
选择圆弧、圆、直线或 <指定顶点>:
选择第二条直线:
指定标注弧线位置或 [多行文字(M)/文字(T)/角度(A)/象限点(Q)]:
标注文字 = 14
```

如图6-50所示为对暖通中连接管道弯头的角度进行的标注。

在该提示下，可以选择需要标注的对象，各项含义如下：

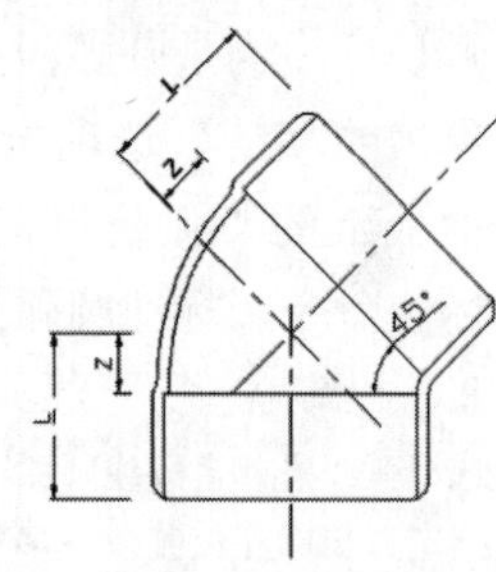

图 6-50　45° 弯头

- 标注圆弧角度：当选择圆弧时，命令行显示“指定标注弧线位置或[多行文字(M)/文字(T)/角度(A)/象限点(Q)]：”提示信息。如果直接确定标注弧线的位置，AutoCAD 2021 会按实际测量值标注出角度。也可以使用“多行文字（M）”“文字（T）”“角度（A）”或“象限点（Q）”选项，设置尺寸文字和它的旋转角度或者尺寸文字所在的象限。
- 标注圆角度：当选择圆时，命令行显示“指定角的第二个端点：”提示信息，要求确定另一点作为角的第二个端点。该点可以在圆上，也可以不在圆上。指定第二个端点后，再确定标注弧线的位置。这时标注的角度将以圆心为角度的顶点，以通过所选择两个点为尺寸界线（或延伸线）。
- 标注两条不平行直线之间的夹角：先选择这两条直线，然后指定标注弧线的位置，系统将自动标注出这两条直线的夹角。
- 根据 3 个点标注角度：这时首先需要确定角的顶点，然后分别指定角的两个端点，最后指定标注弧线的位置。

注 意

当通过“多行文字（M）”和“文字（T）”选项重新确定尺寸文字时，只有给新输入的尺寸文字加后缀“%%D”，才能使标注出的角度值有角度符号，否则没有角度符号。

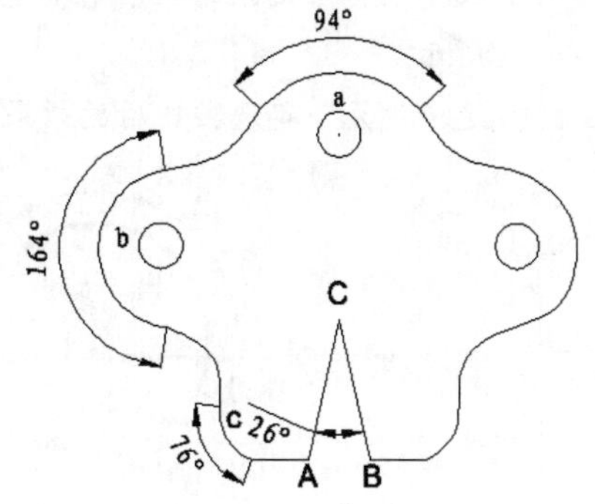

图 6-51　标注直线夹角和圆弧的包含角

2. 创建角度标注示例

【例6-3】 使用“角度标注”功能标注如图6-51所示图形中直线CA、CB之间的夹角及圆弧a、圆弧b及圆弧c的包含角。

步骤01 单击“默认”选项卡|“注释”面板上的“角度”按钮，命令行提示信息如下：

```
选择圆弧、圆、直线或<指定顶点>:                    //选择直线CA作为所要标注夹角的第一条直线
选择第二条直线:                                    //选择直线CB作为所要标注夹角第二条直线
指定标注弧线位置或 [多行文字(M)/文字(T)/角度(A)/象限点(Q)]: //在直线CA、CB之间单击，
确定标注弧线的位置，标注出这两直线之间的夹角
```

步骤02 单击“默认”选项卡|“注释”面板上的“角度”按钮，命令行提示信息如下：

```
选择圆弧、圆、直线或<指定顶点>:                          //选择所要标注的圆弧，即圆弧a
指定标注弧线位置或[多行文字(M)/文字(T)/角度(A)/象限点(Q)]:   //选择标注弧线的位置
即在圆弧a的外侧适当位置单击，标注出圆弧a的包含角
```

步骤03 最后，利用同样的方法标注出圆弧 b 和圆弧 c 的包含角，完成后效果如图 6-51 所示。

6.3.4 弧长标注的创建

弧长标注的是圆弧沿弧线方向的长度，而不是弦长。

单击“默认”选项卡|“注释”面板上的“弧长”按钮，或单击“注释”选项卡|“标注”面板上的“弧长”按钮，或者在命令行输入DIMARC后按Enter键，都可以执行“弧长”标注命令，标注圆弧沿弧线方向的长度。执行命令后，命令行提示信息如下：

```
命令: _DIMARC
选择弧线段或多段线圆弧段:                                          //选择要标注的弧
指定弧长标注位置或 [多行文字(M)/文字(T)/角度(A)/部分(P)/引线(L)]: //指定尺寸线的位置
标注文字 =21
```

当指定了尺寸线的位置后，系统将按实际测量值标注出圆弧的长度。也可以利用“多行文字（M）”“文字（T）”或“角度（A）”选项，确定尺寸文字或尺寸文字的旋转角度。另外，如果选择“部分（P）”选项，可以标注选定圆弧某一部分的弧长。

在“弧长符号”选项组中设置弧长符号的显示位置，有3个单选按钮供选择，如图6-52所示。

弧长符号
- ◉ 标注文字的前缀(P)
- ○ 标注文字的上方(A)
- ○ 无(O)

图 6-52 “弧长符号”选项组

- 选中“标注文字的前缀”单选按钮后的效果如图 6-53（a）所示。
- 选中“标注文字的上方”单选按钮后的效果如图 6-53（b）所示。
- 选中“无”单选按钮后的效果如图 6-53（c）所示。

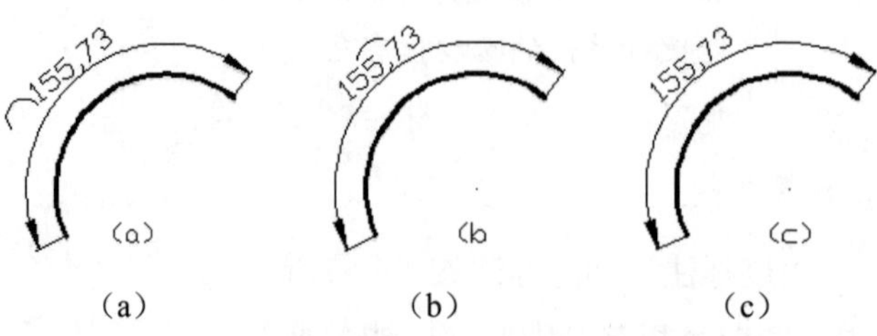

图 6-53 弧长标注

6.3.5 坐标标注的创建

单击“默认”选项卡|“注释”面板上的“坐标”按钮，或单击“注释”选项卡|“标注”面板上的“坐标”按钮，或者在命令行输入DIMORDINATE后按Enter键，都可以执行“坐标”标注命令，标注相对于用户坐标原点的坐标，此时命令行提示信息如下：

```
命令: _DIMORDINATE
指定点坐标:                                                //拾取需要创建坐标标注的点
指定引线端点或 [X 基准(X)/Y 基准(Y)/多行文字(M)/文字(T)/角度(A)]:    //指定引线端点
标注文字 = 29
```

在“指定点坐标：”提示下确定引线的端点位置之前，应先确定标注点坐标是X坐标还是Y坐标。如果在此提示下相对于标注点上下移动光标，将标注点的X坐标；若相对于标注点左右移动光标，将标注点的Y坐标。

此外，在命令提示中，“X基准（X）”“Y基准（Y）”选项分别用来标注指定点的X、Y坐标；“多行文字（M）”选项用于通过当前文本输入窗口输入标注的内容；“文字（T）”选项直接要求输入标注的内容；“角度（A）”选项则用于确定标注内容的旋转角度。

6.3.6 直径和半径标注的创建

1. 直径标注

单击“默认”选项卡|“注释”面板上的“直径”按钮⃠，或单击“注释”选项卡|“标注”面板上的“直径”按钮⃠，或者在命令行输入DIMDIAMETER后按Enter键，都可以执行“直径”标注命令，标注圆和圆弧的直径。执行该命令，命令行提示信息如下：

```
命令: _DIMDIAMETER
选择圆弧或圆:
标注文字 = 3.4
指定尺寸线位置或 [多行文字(M)/文字(T)/角度(A)]:
```

当选择了需要标注直径的圆或圆弧后，直接确定尺寸线的位置，系统将按实际测量值标注出圆或圆弧的直径。并且，当通过“多行文字（M）”和“文字（T）”选项重新确定尺寸文字时，需要在尺寸文字前加前缀“%%C”，才能使标出的直径尺寸有直径符号ϕ。

2. 半径标注

单击“默认”选项卡|“注释”面板上的“半径”按钮，或单击“注释”选项卡|“标注”面板上的“半径”按钮，或者在命令行输入DIMRADIUS后按Enter键，都可以执行“半径”标注命令，标注圆和圆弧的半径。执行该命令，命令行提示信息如下：

```
命令: _DIMRADIUS
选择圆弧或圆:                                     //选择要标注半径的圆或圆弧对象
标注文字 = 25
指定尺寸线位置或 [多行文字(M)/文字(T)/角度(A)]:     //移动光标至合适位置单击
```

当指定了尺寸线的位置后，系统将按实际测量值标注出圆或圆弧的半径。也可以利用

“多行文字（M）”“文字（T）”或“角度（A）”选项，确定尺寸文字或尺寸文字的旋转角度。其中，当通过“多行文字（M）”和“文字（T）”选项重新确定尺寸文字时，需要在尺寸文字前加前缀“%%R”，才能使标出的半径尺寸有半径符号R。

3．半径标注和线性标注操作实例

【例6-4】 如图6-54所示为暖通中主干管与分支干管的连接形式，使用“半径标注”和“线性 标注”的功能，对其中的圆弧半径和相关长度进行标注。标注样式采用例6-1中的“暖通标注样式1”进行标注。

步骤01 单击“默认”选项卡|“注释”面板上的“半径”按钮，命令行提示信息如下：

```
选择圆弧或圆：                                    //指定所要标注的圆弧a
指定尺寸界线位置或[多行文字(M)/文字(T)/角度(A)]：   //在圆弧a外部适当位置单击，标注出圆弧a的半径
```

步骤02 单击“默认”选项卡|“注释”面板上的“半径”按钮，利用同样的方法完成圆弧 b、圆弧 c 半径的标注。

步骤03 打开对象捕捉模式，单击“默认”选项卡|“注释”面板上的“线性”按钮，对 bd 段进行线性标注。命令行提示信息如下：

```
指定第一个尺寸界线原点或 <选择对象>：        //指定第一条尺寸界线的起点，在图样上捕捉点b
指定第二条尺寸界线原点：                    //指定第一条尺寸界线的终点，在图样上捕捉点d
指定尺寸线位置或[多行文字(M)/文字(T)/角度(A)/水平(H)/垂直(V)/旋转(R))]：H
//创建水平标注
```

步骤04 拖动光标，在合适的位置单击，确定尺寸线的位置。

步骤05 重复步骤（3）的操作，拖动光标，在合适的位置单击，确定尺寸线的位置。完成对 a、b 弧段的线性标注。完成全部标注后效果如图 6-55 所示。

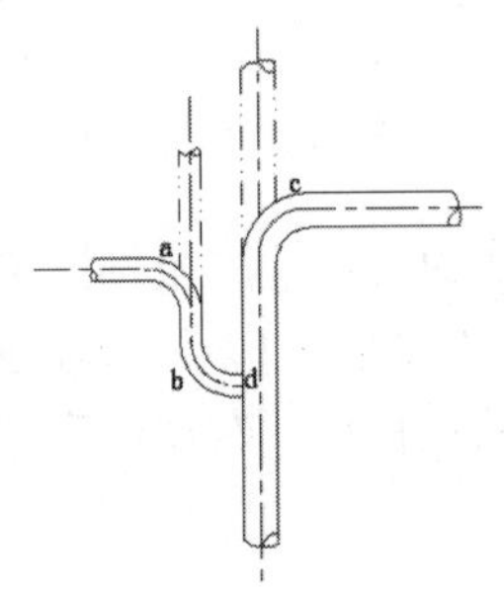

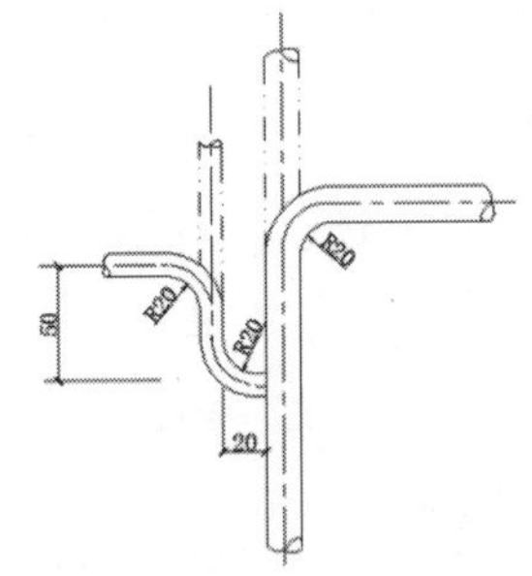

图 6-54 主干管与分支干管的连接形式　　图 6-55 主干管与分支干管的连接形式标注图

6.3.7 折弯半径标注的创建

单击“默认”选项卡|“注释”面板上的“折弯”按钮，或者单击“注释”选项卡|“标注”面板上的“已折弯”按钮，或者在命令行输入DIMJOGGED后按Enter键，都可以执行“折弯” 标注命令，可以折弯标注圆和圆弧的半径。该标注方式与半径标注方法基本相同，但需要指定一个位置代替圆或圆弧的圆心。执行该命令，命令行提示信息如下：

```
命令: _DIMJOGGED
选择圆弧或圆:                                    //选择需要标注的圆弧或者圆对象
指定图示中心位置:                                //拾取替代圆心位置的中心点
标注文字 = 225.9
指定尺寸线位置或 [多行文字(M)/文字(T)/角度(A)]:   //指定尺寸线位置
指定折弯位置:                                    //指定折弯位置
```

如图6-56所示，A点为用光标拾取的尺寸线起始点，用以代替原圆心，B点为用光标拾取的被折尺寸线的通过点，C点为指定折弯位置。

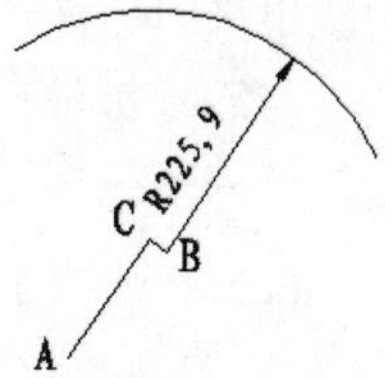

图 6-56　折弯标注

6.3.8　圆心标注

单击“注释”选项卡|“中心线”面板上的“圆心标记”按钮⊕，或者在命令行输入CENTERMARK后按Enter键，都可以执行“圆心标记”命令，为圆或弧创建圆心标记。即可标注圆和圆弧的圆心标记。此时只需选择需要标注其圆心的圆弧或圆即可。

在“标注样式”对话框“符号和箭头”选项卡的“圆心标记”选项组中可以设置圆心标记的类型，有3种方式可供选择。

- “无”单选按钮：不生成任何标记，尺寸变量 DIMCEN 为 0。
- “标记”单选按钮：在圆心处生成一个十字圆心标记，尺寸变量 DIMCEN 为正值，且该值是圆心标记线长度的一半。
- “直线”单选按钮：在圆心位置生成中心线，尺寸变量 DIMCEN 为负值，且该值是圆心处小十字线长度的一半。

例如，使用“半径标注”“直径标注”和“圆心标注”的功能，标注如图6-57所示的图形中的半径、直径和圆心。采用“暖通标注样式1”进行标注，完成直径、半径和圆弧标注后，再单击“注释”选项卡|“中心线”面板上的“圆心标记”按钮⊕，命令行提示信息如下：

```
选择圆弧或圆:          //指定所要标注的圆，选择图形大圆，标记该圆的圆心，按Enter键完成圆心标记，
对比效果如图6-57所示
```

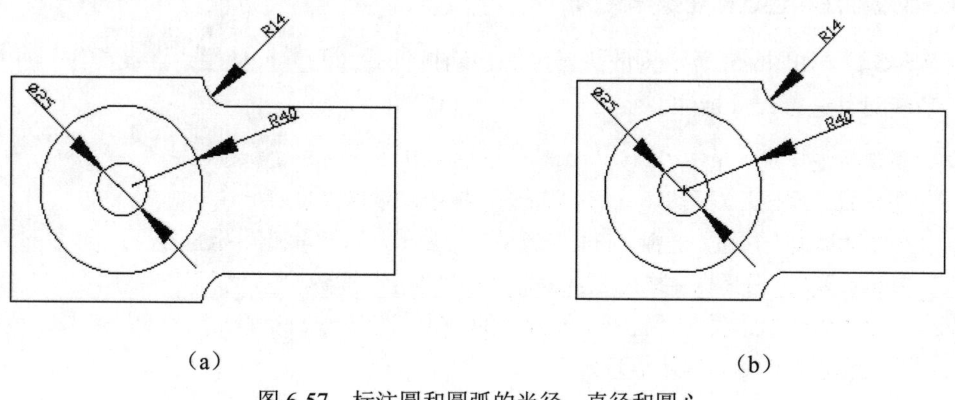

图 6-57　标注圆和圆弧的半径、直径和圆心

6.3.9 基线和连续标注的创建

1. 基线标注

单击“注释”选项卡|“标注”面板上的“基线”按钮，或者在命令行输入DIMBASELINE后按Enter键，都可以执行“基线”标注命令，创建一系列由相同的标注原点测量出来的标注。

与连续标注一样，在进行基线标注之前也必须先创建（或选择）一个线型、坐标或角度标注作为基线标注，然后执行DIMBASELINE命令，此时命令行提示信息如下：

```
指定第二个尺寸界线原点或[放弃(U)/选择(S)] <选择>:
```

在该提示下，可以直接确定下一个尺寸的第二条尺寸界线的起始点。AutoCAD 2021将按基线标注方式注出尺寸线，直到按下Enter键结束命令为止。

2. 连续标注

单击“注释”选项卡|“标注”面板上的“连续”按钮，或者在命令行输入DIMCONTINUE后按Enter键，都可以执行“连续”标注命令，创建一系列端对端放置的标注，每个连续标注都从前一个标注的第二条尺寸界线处开始。

在连续标注时，系统自动会以上一个刚创建的标注作为基础标注，进行连续标注，也可以选择选择一个线型、坐标或角度作为基准标注，以确定连续标注所需要的前一尺寸标注的尺寸界线，然后执行DIMCONTINUE命令，此时命令行提示信息如下：

```
命令: _DIMCONTINUE
指定第二个尺寸界线原点或 [选择(S)/放弃(U)] <选择>:
指定第二个尺寸界线原点或 [选择(S)/放弃(U)] <选择>:
```

在该提示下，当确定了下一个尺寸的第二条尺寸界线原点后，AutoCAD按连续标注方式标注出尺寸线，即把上一个或所选标注的第二条尺寸界线作为新标注的第一条尺寸界线标注尺寸。当标注完全部尺寸后，按Enter键即可结束该命令。

3. 基线标注和连续标注操作实例

【例6-5】 如图6-58所示为散热器中的自动排气罐（阀），使用“连续标注”和“基线标注”功能对其进行尺寸标注。

步骤01 新建标注样式。单击“默认”选项卡|“注释”面板上的“标注样式”按钮，弹出“标注样式管理器”对话框，单击“新建”按钮，新建“暖通标注样式 2”。

步骤02 单击“继续”按钮，选择“符号和箭头”选项卡，对符号和箭头进行设置，如图 6-59 所示，其余设置与“暖通标注样式 1”相同。单击“确定”按钮，关闭“标注样式管理器”对话框。

步骤03 单击“默认”选项卡|“注释”面板上的“线性”按钮，创建点 G 与点 H 之间的水平线性标注，命令行提示信息如下：

```
指定第一个尺寸界线原点或<选择对象>:        //指定第一条尺寸界线的起点，即在图样上捕捉点G
指定第二条尺寸界线原点:                    //指定第一条尺寸界线的终点，即在图样上捕捉点H
```

```
指定尺寸线位置或[多行文字(M)/文字(T)/角度(A)/水平(H)/垂直(V)/旋转(R)]：H //创建水平标注
```

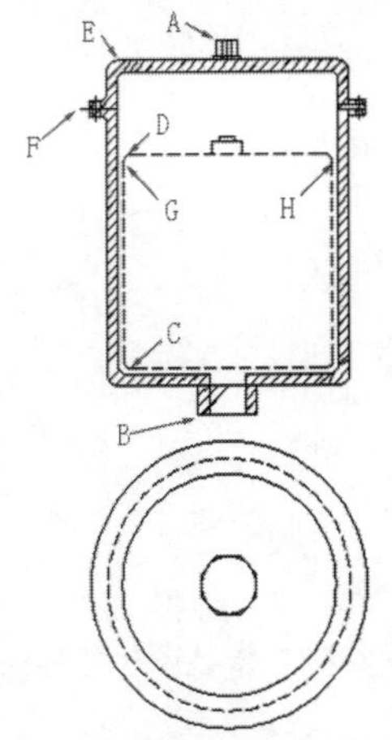

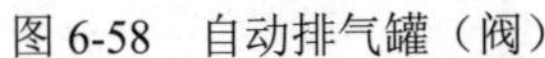

图 6-58 自动排气罐（阀）

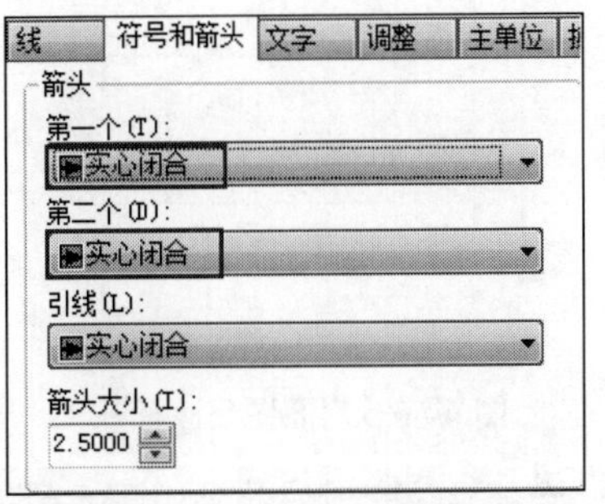

图 6-59 对符号和箭头进行设置

步骤 04 拖动光标，在合适的位置单击，确定尺寸线的位置。

步骤 05 单击“默认”选项卡|“注释”面板上的“线性”按钮，完成 BF 段的线性标注。

步骤 06 单击“注释”选项卡|“标注”面板上的“连续”按钮，系统将以最后一次创建的尺寸标注 BF 的点 F 作为新标注基点。此时命令行提示信息如下：

```
命令：_DIMCONTINUE
指定第二个尺寸界线原点或 [放弃(U)/选择(S)] <选择>： //在图样上捕捉点E，完成FE段标注
标注文字 =25
指定第二个尺寸界线原点或 [放弃(U)/选择(S)] <选择>： //在图样上捕捉点A，完成EA段标注
标注文字 = 10
指定第二个尺寸界线原点或 [放弃(U)/选择(S)] <选择>： //按Enter 键，结束连续标注
```

步骤 07 单击“注释”选项卡|“标注”面板上的“基线”按钮，系统将以最后一次创建的尺寸标注 EA 的原点 A 作为基点。此时命令行提示信息如下：

```
命令：_DIMBASELINE
指定第二个尺寸界线原点或 [放弃(U)/选择(S)] <选择>：
//指定第二条尺寸界线的原点，即在图样上捕捉点B
标注文字 =195
指定第二个尺寸界线原点或 [放弃(U)/选择(S)] <选择>： //按Enter键，结束基线标注
```

步骤 08 重复步骤（3）的操作，完成 DC 段的线性标注。拖动光标，在合适的位置单击，确定尺寸线的位置。完成上述标注后，效果如图 6-60 所示。

步骤 09 单击“默认”选项卡|“注释”面板上的“线性”按钮，创建图 6-61 中 I 与 J 处标注，并修改文字。单击“默认”选项卡|“注释”面板上的“直径”按钮，创建图 6-61 俯视图中的各直径标注，命令行提示信息如下：

```
选择圆弧或圆： //指定所要标注的圆，选择俯视图图形中外圆
指定尺寸界线位置或[多行文字(M)/文字(T)/角度(A)]： //在适当位置单击，标注出其直径
```

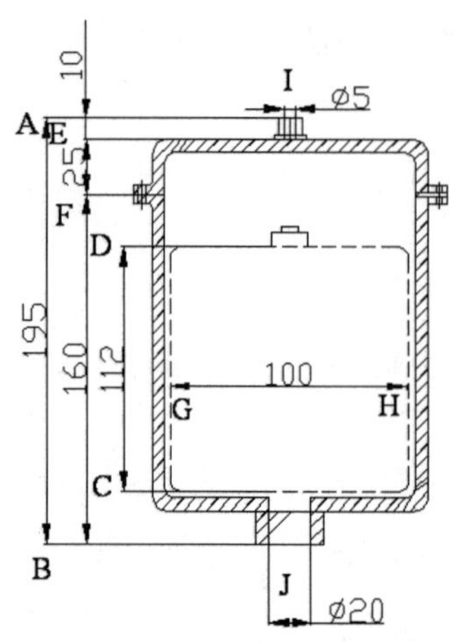

图 6-60　剖面图尺寸标注

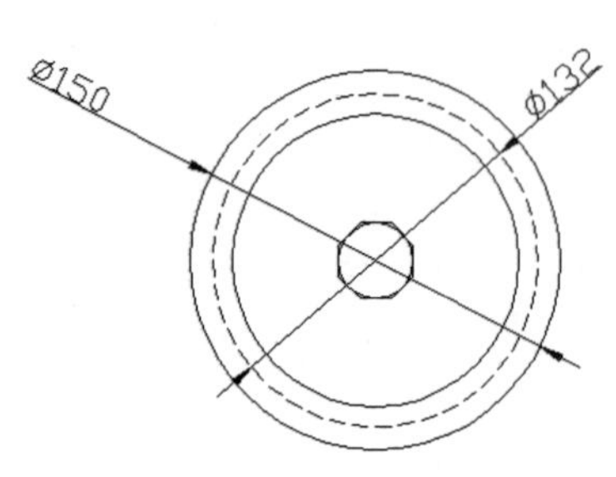

图 6-61　俯视图尺寸标注

步骤 10　全部标注完成后效果如图 6-62 所示。

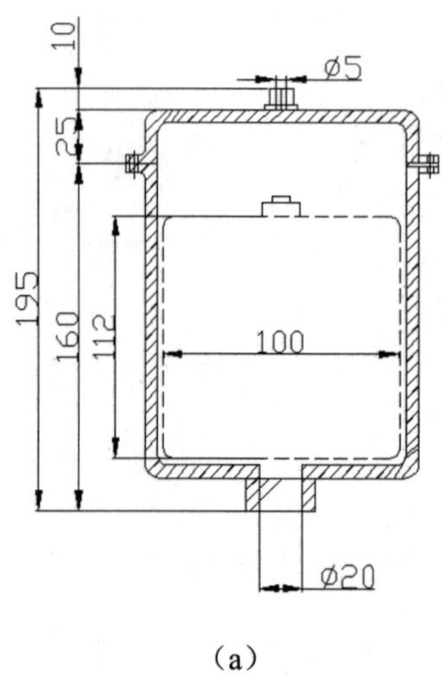

（a）

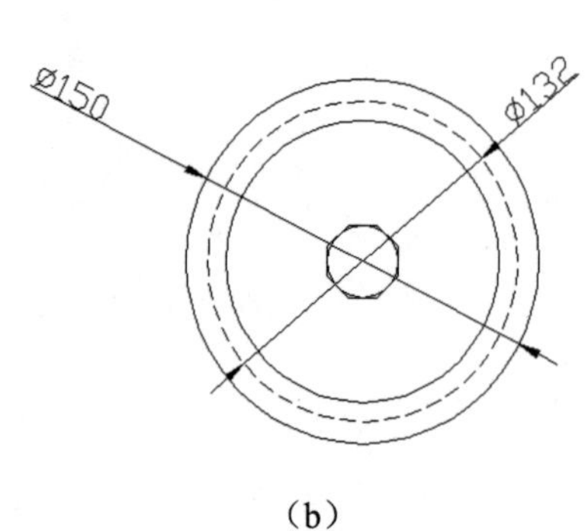

（b）

图6-62　标注效果图

6.3.10　多个对象的快速标注

执行“快速标注”命令可以集中选择同一标注类型的对象，然后快速地标注出一系列尺寸，或者对它们进行少量编辑。快速标注特别适用于基线标注、连续标注、并列标注和坐标标注，一次性标注大量的圆和圆弧尺寸及编辑现有标注的布局。

1．快速标注命令

单击“注释”选项卡|“标注”面板上的“快速”按钮，或者在命令行输入QDIM后按Enter键，都可以执行“快速”标注命令，快速创建成组的基线、连续、阶梯和坐标标注，快速标注多个圆、圆弧及编辑现有标注的布局。一系列端对端放置的标注，每个连续标注都从前一个标注的第二条尺寸界线处开始。

单击“标注”面板|“快速”按钮，选择需要标注尺寸的各图形对象，命令行提示信息如下：

```
命令：_QDIM
关联标注优先级 = 端点
选择要标注的几何图形：找到1个                    //选择要标注的图形对象
选择要标注的几何图形：                           //按Enter键，完成选择
指定尺寸线位置或 [连续(C)/并列(S)/基线(B)/坐标(O)/半径(R)/直径(D)/基准点(P)/编辑(E)/设置
(T)] <当前>:                                     //输入选项或按 Enter 键
```

由此可见，使用该命令可以进行“连续（C）”“基线（B）”“并列（S）”“坐标（O）”“半径（R）”“直径（D）”“基准点（P）”等一系列的标注。各选项的含义如下：

- “连续（C）”选项：对所有被选对象一次性地进行连续标注。可移动光标来确定是水平还是垂直尺寸，最后拾取一个点来定位尺寸线。
- “基线（B）”选项：对所选对象一次性标注多个基线尺寸。
- “并列（S）”选项：对所选对象进行并列标注。
- “坐标（O）”选项：对所选的多个点，一次性标注一系列坐标尺寸。
- “半径（R）”选项：对所选的多个圆或圆弧，一次性标注所有半径尺寸。
- “直径（D）”选项：对所选的多个圆或圆弧，一次性标注所有直径尺寸。
- “基准点（P）”选项：改变用于基线标注或坐标标注的基准点位置，命令行提示信息如下：

```
选择新基准点：
```

- “编辑（E）”选项：删除指定的尺寸标注点或增加多个尺寸标注点，然后继续进行快速标注。选择该选项后，在当前的尺寸标注点处出现“×”符号标记，命令行提示信息如下：

```
指定要删除的标注点或[添加(A)/退出(X)] <退出>:
```

此时，拾取一个标记号，该尺寸标注点便被删除。输入A，则可以添加尺寸标注点。

- “设置（T）”选项：为指定的尺寸界线原点设置默认对象捕捉模式，命令行提示信息如下：

```
关联标注优先级[端点(E)/交点(I)] <端点>:
```

2. 快速标注操作实例

【例6-6】 使用“快速标注”命令标注如图6-63所示图形中各圆及圆弧的半径。

步骤01 单击“注释”选项卡|“标注”面板上的“快速”按钮，命令行提示信息如下：

```
命令：_QDIM
关联标注优先级 = 端点
选择要标注的几何图形：                  //指定所要标注的圆和圆弧选择要标注的圆和圆弧
选择要标注的几何图形：找到 1 个，总计 1 个  //选择图形内侧小圆
选择要标注的几何图形：找到 1 个，总计 2 个  //按Shift键同时选择外侧圆弧，按Enter键，结束
对象选择
指定尺寸线位置或[连续(C)/并列(S)/基线(B)/坐标(O)/半径(R)/直径(D)/基准点(P)/编辑(E)/
设置(T)] <连续>：R                       //选择标注类型为半径
指定尺寸线位置或[连续(C)/并列(S)/基线(B)/坐标(O)/半径(R)/直径(D)/基准点(P)/编辑(E)/
设置(T)] <半径>:                         //确定尺寸线的位置
```

步骤 02 完成快速标注后效果如图 6-63 所示。

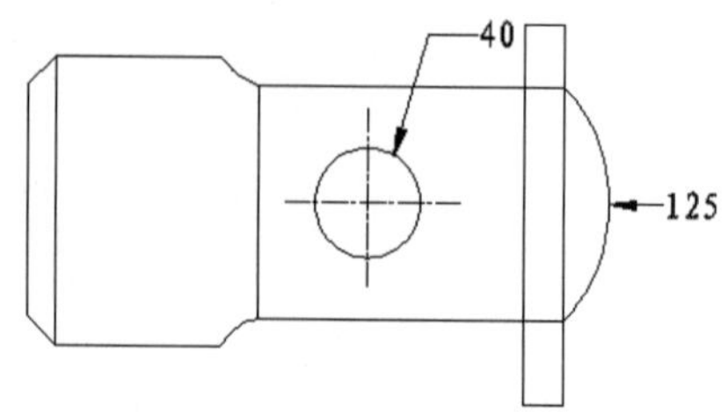

图 6-63 快速标注圆及圆弧的半径

6.3.11 多重引线标注的创建

引线标注由对图中某一部位的注释文字和连接该部分与文字的引线组成。在某些情况下，有一条短水平线（又称为基线）将文字或块和特征控制框连接到引线上。基线和引线与多行文字对象或块关联，因此当重定位基线时，内容和引线将随其移动。引线格式可以预先设置。

在AutoCAD 2021版本中，将提供如图6-64所示的“引线”功能面板，以供用户对多重引线进行创建、编辑及其他操作。

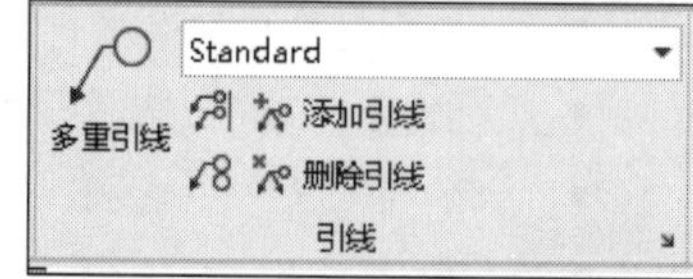

图 6-64 “引线”功能面板

1. 创建多重引线标注

单击“默认”选项卡|“注释”面板上的“多重引线”按钮，或单击“注释”选项卡|“标注”面板上的“多重引线”按钮，或者在命令行输入MLEADER后按Enter键，都可以执行“多重引线”命令，创建引线和注释，而且引线和注释可以有多种格式。

“多重引线”命令可创建为箭头优先、引线基线优先或内容优先，如果已使用多重引线样式，则可以从该指定样式创建多重引线。在命令行中，如果以箭头优先，则按照命令行提示在绘图区指定箭头的位置，命令行提示信息如下：

```
命令：_MLEADER
指定引线箭头的位置或 [引线基线优先(L)/内容优先(C)/选项(O)] <选项>: //在绘图区指定箭头的位置
指定引线基线的位置:                //在绘图区指定基线的位置，打开“文字编辑器”选项卡，输入文字
```

如果以引线基线优先，则需要在命令行中输入L，命令行提示信息如下：

```
命令：_MLEADER
指定引线箭头的位置或 [引线基线优先(L)/内容优先(C)/选项(O)] <选项>: L  //输入L，表示引线基线优先
指定引线基线的位置或 [引线箭头优先(H)/内容优先(C)/选项(O)] <选项>: //在绘图区指定基线的位置
指定引线箭头的位置:   //在绘图区指定箭头的位置，打开“文字编辑器”选项卡，可输入文字
```

如果以内容优先，则需要在命令行中输入C，命令行提示信息如下：

```
命令：_MLEADER
指定引线基线的位置或 [引线箭头优先(H)/内容优先(C)/选项(O)] <选项>: C  //输入C，表示内容优先
指定文字的第一个角点或 [引线箭头优先(H)/引线基线优先(L)/选项(O)] <选项>: //指定多行文字的第一个角点
```

```
指定对角点：              //指定多行文字的对角点，打开“文字编辑器”选项卡，输入多行文字
指定引线箭头的位置：      //在绘图区指定箭头的位置
```

命令行中还提供了选项O，输入后，命令行提示信息如下：

```
命令：_MLEADER
指定引线箭头的位置或 [引线基线优先(L)/内容优先(C)/选项(O)] <引线基线优先>: O
输入选项 [引线类型(L)/引线基线(A)/内容类型(C)/最大节点数(M)/第一个角度(F)/第二个角度(S)/退出选项(X)] <内容类型>:
```

用户在创建多重引线时，均可使用当前的多重引线样式，如果用户需要切换或更改多重引线的样式，可以展开“注释”选项卡|“引线”面板|“多重引线样式”下拉列表，或者展开“默认”选项卡|“注释”面板|“多重引线样式”下拉列表中选择相应的样式进行设置。

当然，用户也可以使用QLEADER命令创建如图6-65所示的引线标注，命令行提示信息如下：

```
命令：QLEADER
指定第一条引线点[设置 (S)] <设置>：                //指定第一条引线点，如点1
指定下一点：                                      //指定下一条引线点，如点2
指定下一点：                                      //指定下一条引线点，如点3
指定文字宽度 <0.0000>:15                          //指定文字的宽度为15
输入注释文字的第一行<多行文字(M)>：%%C60          //输入标注文字
```

完成引线标注的效果如图6-65所示。

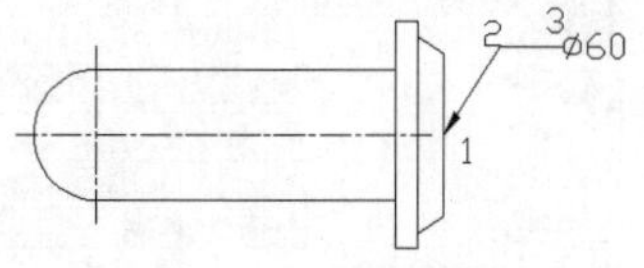

图 6-65 创建引线标注

2. 管理多重引线样式

（1）创建多重引线样式

单击“默认”选项卡|“注释”面板上的“多重引线样式”按钮，或单击“注释”选项卡|“引线”面板|“多重引线样式”下拉列表|“管理多重引线样式”命令，或者在命令行输入MLEADERSTYLE后按Enter键，都可以执行“多重引线样式”命令，打开“多重引线样式管理器”对话框，如图6-66所示。该对话框和“标注样式管理器”对话框的功能类似，可以设置多重引线的格式、结构和内容。

在“多重引线样式管理器”对话框中，“当前多重引线样式”栏中显示应用于所创建的多重引线的多重引线样式名称；“样式”列表框中显示多重引线列表，当前样式被亮显；“列出”下拉列表框控制“样式”列表框的内容。选择“所有样式”选项，可显示图形中可用的所有多重引线样式，选择“正在使用的样式”选项，仅显示被当前图形中的多重引线参照的多重引线样式；“预览”框显示“样式”列表框中选定样式的预览图像。

单击“置为当前”按钮，可以将“样式”列表框中选定的多重引线样式设置为当前样式。单击“新建”按钮，弹出“创建新多重引线样式”对话框，如图6-67所示，可以定义新多重引线样式；单击“修改”按钮，弹出“修改多重引线样式”对话框，可以修改多重引线样式；单击“删除”按钮，可以删除“样式”列表中选定的多重引线样式。

设置了新样式的名称和基础样式后，单击该对话框中的“继续”按钮，打开“修改多重引线样式”对话框，可以创建多重引线的格式、结构和内容。用户自定义多重引线样式后，单击“确定”按钮，然后在“多重引线样式管理器”对话框中将新样式设置为当前即可。

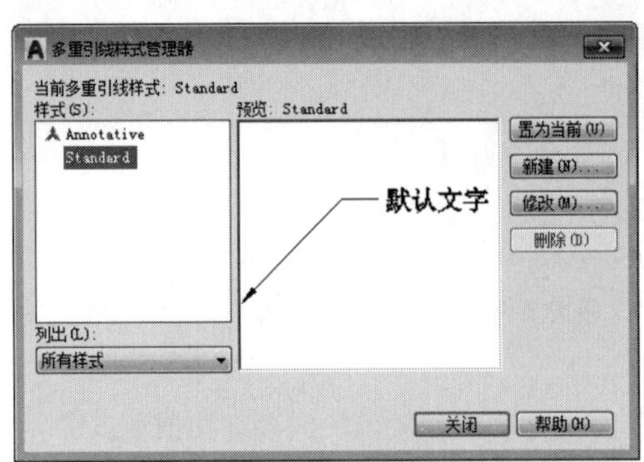

图 6-66 “多重引线样式管理器”对话框

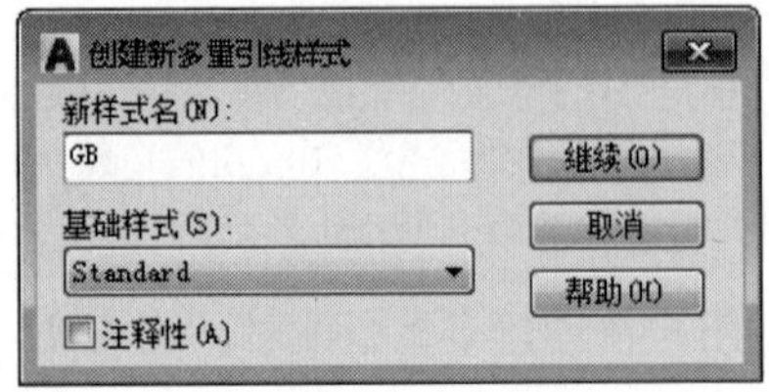

图 6-67 “创建新多重引线样式”对话框

（2）修改多重引线样式

“修改多重引线样式”对话框提供了“引线格式”“引线结构”和“内容”3个选项卡供用户进行设置。

“引线格式”选项卡如图6-68所示。

- “常规”选项组：控制多重引线的基本外观，包括引线的类型、颜色、线型和线宽，引线类型可以选择直引线、样条曲线或无引线，如图 6-69 所示为引线类型为样条曲线和直线的效果。

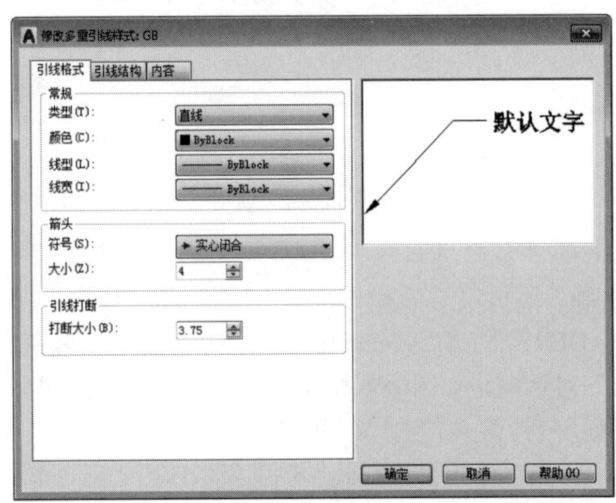

图 6-68 “修改多重引线样式：GB”对话框

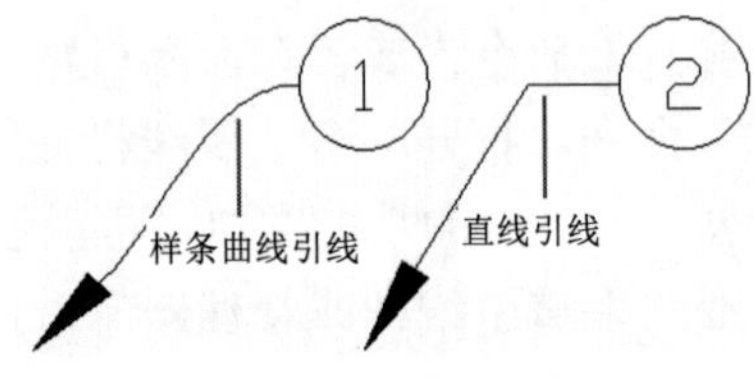

图 6-69 样条曲线引线和直线引线效果图

- “箭头”选项组：控制多重引线箭头的外观。“符号”下拉列表框中提供了各种多重引线的箭头符号；“大小”文本框用于显示和设置箭头的大小。
- “引线打断”选项组：控制将折断标注添加到多重引线时使用的设置，“打断大小”文本框用于显示和设置选择多重引线后的打断大小。

“引线结构”选项卡如图6-70所示。

- “约束”选项组：用于控制多重引线的约束。勾选“最大引线点数”复选框后，可以在后面的文本框中指定引线的最大点数；勾选“第一段角度”复选框后，需要指定引线中的第一个点的角度；勾选“第二段角度”复选框后，需要指定多重引线基线中第二个点的角度。

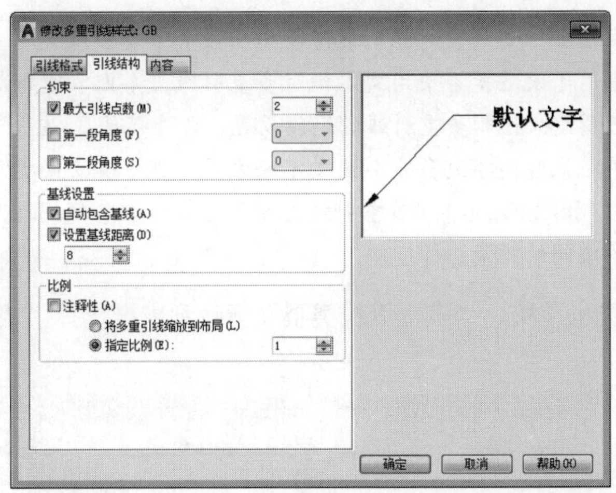

图 6-70 “引线结构”选项卡

- “基线设置”选项组：控制多重引线的基线设置。“自动包含基线”复选框控制是否将水平基线附着到多重引线内容；“设置基线距离”复选框控制是否为多重引线基线确定固定距离，是则需要设置具体的距离。
- “比例”选项组：控制多重引线的缩放。“注释性”复选框用于指定多重引线是否为注释性。如果多重引线为非注释性，则“将多重引线缩放到布局”和“指定比例”单选按钮可用。

“内容”选项卡如图6-71所示。

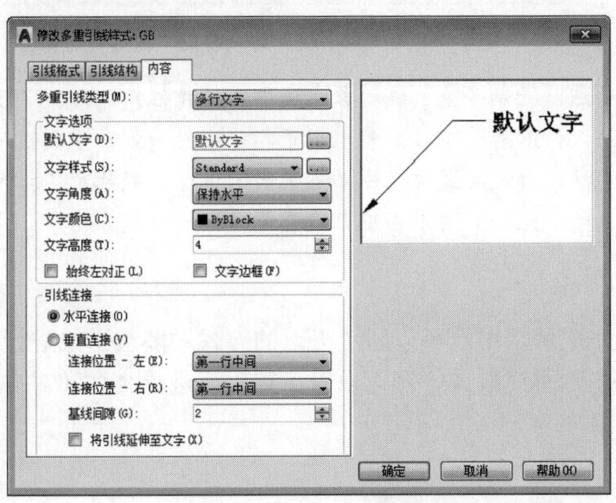

图 6-71 “内容”选项卡

- “多重引线类型”下拉列表框：确定多重引线是包含文字还是包含块。当选择“多行文字”选项时，需要设置“文字选项”和“引线连接”两个选项组。
- “文字选项”选项组：设置多重引线文字的外观。“默认文字”文本框用于为多重引线内容设置默认文字，单击[...]按钮将启动多行文字在位编辑器。“文字样式”下拉列表框用于指定属性文字的预定义样式；“文字角度”下拉列表框用于指定多重引线文字的旋转角度；“文字颜色”下拉列表框用于指定多重引线文字的颜色；“文字高度”文本框用于指定多重引线文字的高度；“始终左对正”复选框用于设置多重引线文字是否始终左对齐；“文字加框”复选框用于设置是否使用文本框对多重引线文字内容进行加框。

- “引线连接”选项组：控制多重引线的连接设置。“连接位置-左”下拉列表框用于控制文字位于引线左侧时基线连接到多重引线文字的方式；“连接位置-右”下拉列表框用于控制文字位于引线右侧时基线连接到多重引线文字的方式；“基线间隙”文本框用于指定基线和多重引线文字之间的距离。

如果设置多重引线包含块，“多重引线类型”下拉列表框选择“块”选项时，“内容”选项卡如图6-72所示。

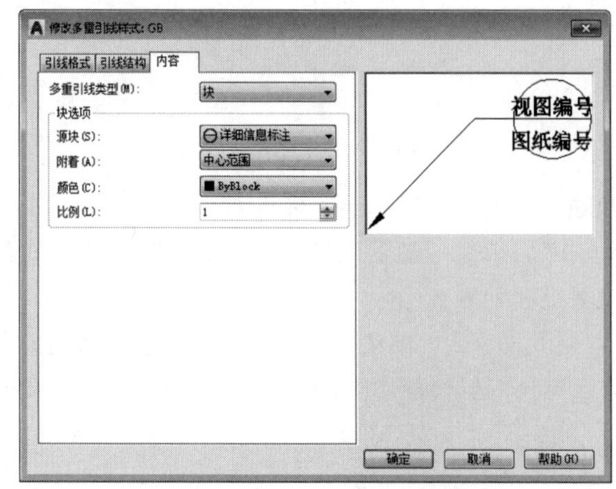

图 6-72　多重引线类型为“块”选项时的“内容”选项卡

- “块选项”选项组：控制多重引线对象中块内容的特性。“源块”下拉列表框设置用于多重引线内容的块；“附着”下拉列表框用于指定块附着到多重引线对象的方式，可以通过指定块的范围、块的插入点或块的中心点来附着块；“颜色”下拉列表框用于指定多重引线块内容的颜色；“比例”文本框用于设置块的插入比例。

3. 编辑引线

在多重引线创建完成后，用户可以通过夹点的方式对多重引线进行拉伸和移动，可以对多重引线进行添加和删除引线操作，还可以对多重引线进行合并和对齐操作，下面对引线的编辑功能进行详细介绍。

（1）夹点编辑

用户可以使用夹点修改多重引线的外观，使用夹点可以拉长或缩短基线和引线，可以重新指定引线头点，可以调整文字位置和基线间距或移动整个引线对象。

（2）添加和删除引线

多重引线对象可以包含多条引线，因此一个注解可以指向图形中的多个对象。单击“默认”选项卡|“注释”面板上的“添加引线”按钮，或单击“注释”选项卡|“标注”面板上的“添加引线”按钮，或者在命令行输入AIMLEADERDEITADD后按Enter键，都可以执行“添加引线”命令，可以将引线添加至选定的多重引线对象，命令行提示信息如下：

```
命令: AIMLEADERDEITADD
选择多重引线:                              //选择需要添加引线的多重引线对象
指定引线箭头位置或 [删除引线(R)]:            //按Enter键，结束选择
指定引线箭头位置或 [删除引线(R)]:            //在所需位置指定引线箭头
...
指定引线箭头位置或 [删除引线(R)]:            //按Enter键，结束命令
```

包含多个引线线段的注释性多重引线在每个比例图示中可以有不同的引线箭头。根据比例图示，水平基线和箭头可以有不同的尺寸，并且基线间隙可以有不同的距离。在所有比例图示中，多重引线内的水平基线外观、引线类型(直线或样条曲线)和引线线段数将保持一致。

如果需要删除添加的引线，可以单击“默认”选项卡|“注释”面板上的“删除引线”按钮，或单击“注释”选项卡|“标注”面板上的“删除引线”按钮，或者在命令行输入AIMLEADERDITREMOVE后按Enter键，都可以执行“删除引线”命令，从选定的多重引线对象中删除引线，命令行提示信息如下：

```
命令: AIMLEADERDITREMOVE
选择多重引线:                              //选择需要删除多重引线对象
指定要删除的引线或 [添加引线(A)]:            //在所需位置指定引线箭头
...
指定要删除的引线或 [添加引线(A)]:            //按Enter键，结束命令
```

（3）合并多重引线

单击“默认”选项卡|“注释”面板上的“合并引线”按钮，或单击“注释”选项卡|“标注”面板上的“合并引线”按钮，或者在命令行输入MLEADERCOLLECT后按Enter键，都可以执行“合并引线”命令，将选定的包含块的多重引线作为内容组织为一组，并附着到单引线，命令行提示信息如下：

```
命令: _MLEADERCOLLECT
选择多重引线: 找到 1 个                                    //选择需要合并的第一个多重引线对象
选择多重引线: 找到 1 个, 总计 2 个                          //选择需要合并的第二个多重引线对象
选择多重引线:                                                //按Enter键, 完成选择
指定收集的多重引线位置或 [垂直(V)/水平(H)/缠绕(W)] <水平>:    //指定多重引线对象位置
```

（4）对齐多重引线

单击“默认”选项卡|“注释”面板上的“对齐引线”按钮，或单击“注释”选项卡|“标注”面板上的“对齐引线”按钮，或者在命令行输入MLEADERALIGN 后按Enter键，都可以执行“对齐引线”命令，将多重引线对象沿指定的直线均匀排序，命令行提示信息如下信息：

```
命令: _MLEADERALIGN
选择多重引线: 找到 1 个                        //选择需要对齐的第一个多重引线对象
选择多重引线: 找到 1 个, 总计 2 个              //选择需要对齐的第二个多重引线对象
选择多重引线:                                  //按Enter键, 完成选择
当前模式:                                      //使用当前间距
选择要对齐到的多重引线或 [选项(O)]:              //选择需要对齐的多重引线
指定方向:                                      //指定对齐的方向
```

多重引线在暖通空调工程中的主要应用包括以下内容：

- 图样中某些部位的具体内容或要求无法标注时，常用引出线注出文字说明。
- 作为详图索引符号。
- 作为建筑平面图的定位轴线。

4. 多重引线操作实例

【例6-7】 对如图6-73所示的某厂房建筑平面图使用多重引线功能快速添加其定位轴线。《房屋建筑制图统一标准》GB/T 50001-2017中对定位轴线的规定如下：定位轴线一般应编号，编号应标注在轴线端部的圆内；圆应用细实线绘制，直径为8mm～10mm；定位轴线圆的圆心应在定位轴线的延长线上或延长线的折线上。

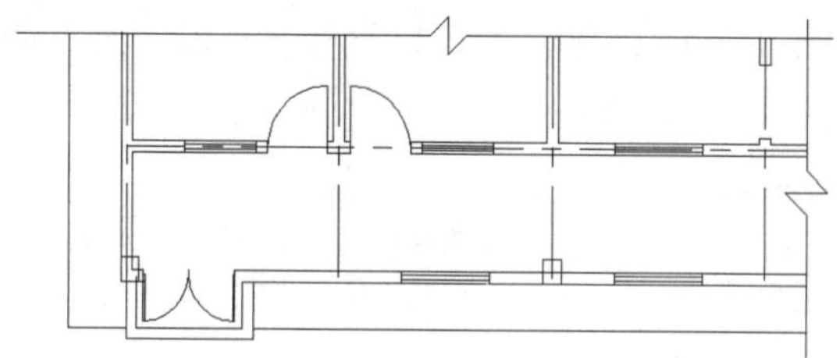

图 6-73 某厂房建筑平面图（局部）

步骤01 单击“默认”选项卡|“注释”面板上的“多重引线样式”按钮，在打开的“多重引线样式管理器”对话框中单击“新建”按钮，弹出“创建新多重引线样式”对话框，输入“定位轴线”样式名。

步骤02 单击“继续”按钮，弹出“修改多重样式”对话框，在“引线格式”选项卡中，选择“类型”为“直线”，箭头“符号”在下拉列表框中选择“无”；在“引线结构”选项卡的“指定比例”文本框中输入100，使引线大小与该平面图符合；在“内容”选项卡的“多重引线类型”下拉列表框中选择“块”，在“源块”下拉列表框中选择“圆”，完成设置后单击“确定”按钮，如图6-74所示。

（a）

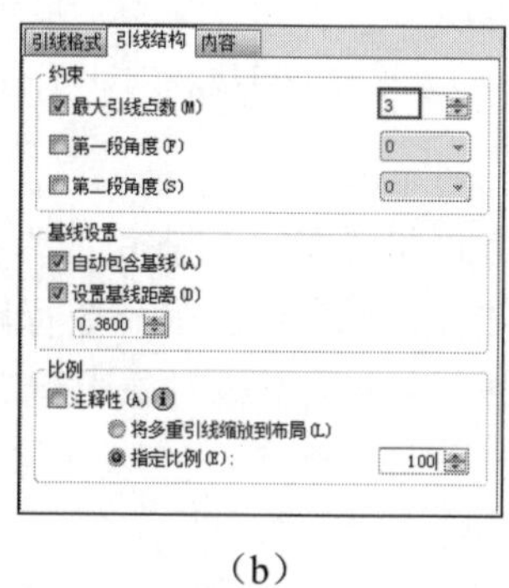

（b）

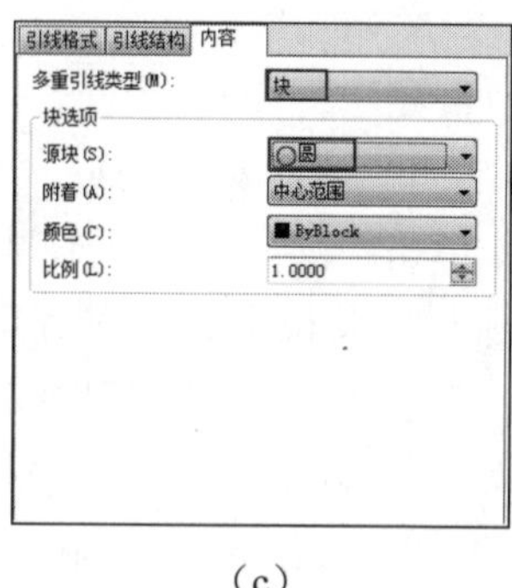

（c）

图6-74 引线样式参数设置

步骤03 单击“默认”选项卡|“注释”面板上的“多重引线”按钮，此时命令行提示信息如下：

```
命令： _MLEADER
指定引线箭头的位置或 [引线基线优先(L)/内容优先(C)/选项(O)] <选项>:
```

```
//选择外墙轴线对象捕捉图6-75中的点1
指定下一点:                          //指定定位轴线位置
指定引线基线的位置:                   //水平方向指定引线基线位置
输入属性值
输入标记编号 <TAGNUMBER>: 2           //输入轴线名称。同理，在点2处完成轴线添加，完成后如图
6-75所示
```

步骤04 在100的比例因子下标注定位轴线圆，可以看到圆的直径为800，换算比例后符合标准中对定位轴线尺寸大小的规定。

步骤05 图中定位轴线1和2没有对齐，单击“默认”选项卡|“注释”面板上的“对齐引线”按钮，将两条轴线对齐， 命令行提示信息如下：

```
命令: _MLEADERALIGN
选择多重引线: 找到 1 个                //选择轴线1
选择多重引线: 找到 1 个, 总计 2 个      //按Shift键选择轴线2
选择多重引线:                         //按Enter键完成对象选择
当前模式: 使用当前间距
选择要对齐到的多重引线或 [选项(O)]:     //选择轴线1作为对齐基准
指定方向:                             //指定轴线左侧为对齐方向，对齐后效果如图6-76所示
```

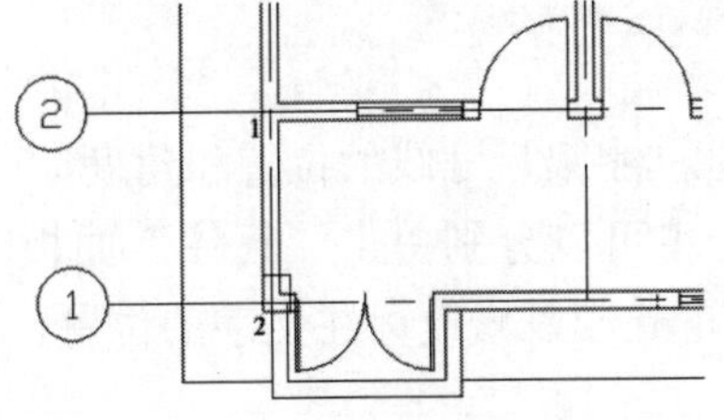

图6-75 添加定位轴线

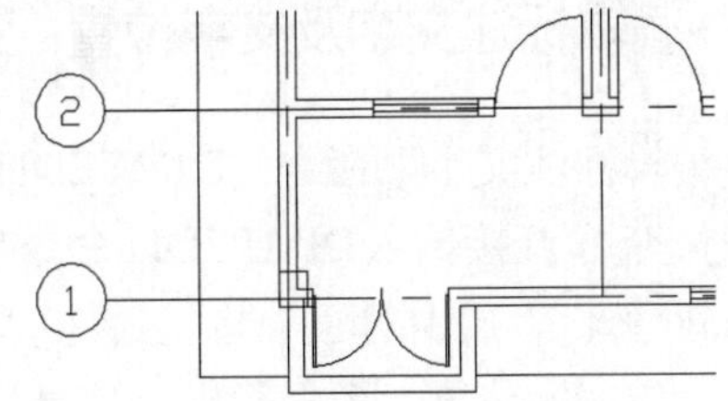

图6-76 轴线对齐后的效果

步骤06 利用同样的方法完成竖直方向上的轴线添加，最终效果如图6-77所示。

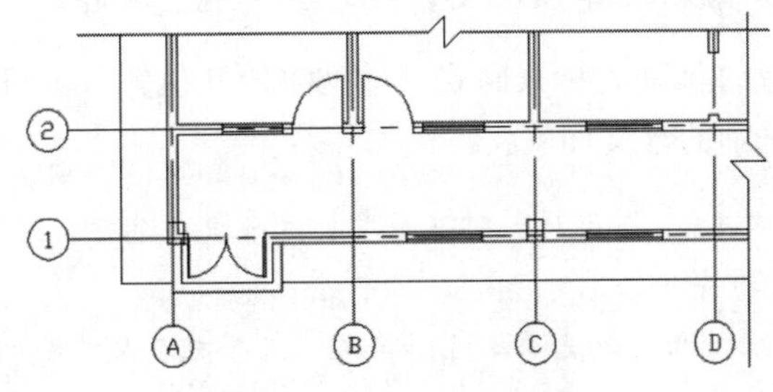

图6-77 完成定位轴线绘制

6.4 标注的编辑

6.4.1 编辑标注

“编辑标注”命令（DIMEDIT）用来修改已标注尺寸的文字内容、位置、转角和尺寸界线的倾斜角度。

在命令行输入DIMEDIT命令后按Enter键，可以修改标注文字的内容、修改标注的倾斜角度以及修改标注文字的旋转角度等。命令行提示信息如下：

```
命令：_DIMEDIT
输入标注编辑类型[默认(H)/新建(N)/旋转(R)/倾斜(O)] <默认>:
```

该命令提示下，各选项的含义如下：

- "默认（H）"选项：把标注文字恢复到标注样式所指定的位置和方向。
- "新建（N）"选项：更新标注文字。打开"在位文字编辑器"进行修改。
- "旋转（R）"选项：用于旋转标注文字，命令行提示信息如下：

```
指定标注文字的角度:
```

- "倾斜（O）"选项：将线性尺寸标注的尺寸界线倾斜一个指定的角度（该角度是尺寸界线与X轴之间的夹角），而尺寸线保持原方向，这是为了避免尺寸界线与图形对象相交。命令行提示信息如下：

```
输入倾斜角度（按Enter键表示无）:
```

6.4.2 编辑标注文字及文字位置

"编辑标注文字"命令（DIMTEDIT）可改变标注文字沿尺寸线的位置和角度。

在命令行直接输入DIMTEDIT命令后按Enter键，也可以分别单击"标注"面板|"左对正"按钮、"居中对正"按钮和"右对正"按钮，以修改标注文字的位置，都可以修改尺寸的文字位置。命令行提示信息如下：

```
命令：_DIMTEDIT
选择标注:                                                      //选择需要编辑的尺寸标注
指定标注文字的新位置或 [左(L)/右(R)/中心(C)/默认(H)/角度(A)]:   //拖动文字到需要的位置
```

默认情况下，可以通过拖动光标来确定尺寸文字的新位置，也可以输入相应的选项制定标注文字的新位置，各选项的含义如下：

- "左（L）"和"右（R）"选项：对非角度标注来说，选择该选项，可以将尺寸文字沿着尺寸线左对齐或右对齐。
- "中心（C）"选项：选择该选项，可以将尺寸文字放在尺寸线的中间。
- "默认（H）"选项：选择该选项，可以在默认位置及方向上放置尺寸文字。
- "角度（A）"选项：选择该选项，可以旋转尺寸文字，此时需要指定一个角度值。

6.4.3 标注的关联

尺寸关联是指所标注尺寸与被标注对象有关联。如果标注的尺寸值是按自动测量值标注，且尺寸标注是按尺寸关联模式标注的，那么改变被标注对象的大小后，相应的标注尺寸也将发生改变，即尺寸界线、尺寸线的位置都将改变到新的位置，尺寸值也将改变成新的测量值。反之，则若改变尺寸界线起点的位置，尺寸值也会发生相应的变化。显然，尺寸的关联性可使修改图形的工作量大大减少，这对图形管理与绘图效率有很大影响。下面介绍相关的命令。

例如，在如图6-78（a）所示的矩形中标注出了矩形边的高度和宽度尺寸，且该标注是按尺寸关联模式标注的，那么改变矩形右上角点的位置后，相应的标注也会自动改变，且尺寸值为新长度值，如图6-78（b）所示。

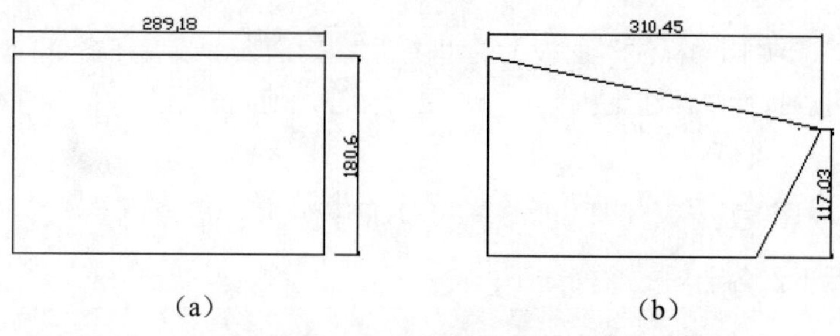

图6-78 尺寸关联标注

1. 用尺寸变量DIMASSOC设置尺寸标注的关联模式

尺寸变量DIMASSOC是用来控制尺寸标注关联模式的系统变量。当该变量等于0时，尺寸标注的4个元素之间及它们和标注对象之间都是独立的，即为“分解”的尺寸标注，不存在关联性；当该变量等于1时，尺寸标注的4个元素是一个整体，这样比较易于管理，但它们和标注对象之间仍然没有关联，称之为“非关联”的尺寸标注；当该变量等于2时，不但尺寸标注的4个元素是一个整体，而且它们和标注对象之间也有关联，故称之为“关联”的尺寸标注。

默认状态下DIMASSOC等于2，即只要尺寸值是按自动测量值标注，尺寸就是关联的。

在生成关联性尺寸时，同时会自动生成一个“定义点”层，用于存放标注尺寸时产生的基点，它们是尺寸界线的原点（也叫标注点）及第二个箭头的端点，统称为定义点。可以用节点（NOD）方式捕捉定义点。

偶尔也会需要个别尺寸各类元素成为独立对象，可以用分解（EXPLODE）命令使个别关联尺寸标注或非关联尺寸标注变为分解的尺寸标注。但其关联是不能复原的，因此尽量不要这样操作。

2. 解除关联命令DIMDISASSOCIATE

解除关联命令DIMDISASSOCIATE可以将指定的关联尺寸标注变为非关联尺寸标注，需要在命令行调用此命令。

3. 重新关联命令DIMREASSOCIATE

重新关联命令DIMREASSOCIATE可以将指定的非关联尺寸标注变为关联尺寸标注，可以在下拉菜单的“标注”中调用此命令。

4. 查看个别尺寸关联性的方法

对个别需要查看尺寸关联性的对象，可以用以下3种方法进行尺寸关联性的查看：

- 应用“特性”对话框（PROPERTIES）查看，从对话框中的“关联”特性选项可知被选择的尺寸标注是否关联。
- 应用“列表显示”命令（LIST）查看。
- 应用“快速选择”命令（QSELECT）查看。

6.4.4 标注的更新

单击“注释”选项卡|“标注”面板上的“更新”按钮，或者在命令行输入DIMSTYLE后按Enter键，都可以执行“标注更新”命令，更新标注，使其采用当前的标注样式，此时命令行提示信息如下：

```
输入标注样式选项[注释性(AN)/保存(S)/恢复(R)/状态(ST)/变量(V)/应用(A)/?] <恢复>: _apply
```

在该命令提示下，各选项的含义如下：

- “注释性（AN）”选项：为当前图形的标注添加注释。
- “保存（S）”选项：将当前尺寸系统变量的设置作为一种尺寸标注样式来命名保存。选择该选项，在命令行的“输入新标注样式名或[?]：”提示信息下，如果输入“?”，即可以查看已命名的全部或部分尺寸标注的样式；如果输入名字，则将当前尺寸系统变量的设置作为一种尺寸标注样式，以该名保存起来。
- “恢复（R）”选项：将用户保存的某一尺寸标注样式恢复为当前样式。选择该选项，在命令行的“输入新标注样式名、[?]或<选择标注>：”提示信息下，直接输入已有的尺寸标注样式名，系统将该尺寸标注样式恢复为当前样式。输入“?”，即可以查看当前图形中已有的全部或部分尺寸标注的样式。按 Enter 键，并选择某一尺寸对象，可以显示出当前的尺寸标注样式名和对该尺寸对象应用替换命令改变的尺寸变量及设置。
- “状态（ST）”选项：查看当前各尺寸系统变量的状态。选择该选项，可切换到文本窗口，并显示各尺寸系统变量及设置值。
- “变量（V）”选项：显示指定标注样式或对象的全部或部分尺寸系统变量及其设置。
- “应用（A）”选项：可以根据当前尺寸系统变量的设置更新指定的尺寸对象。
- “?”选项：显示当前图形中命名的尺寸标注样式。

6.4.5 标注的替代

该命令用于对指定尺寸的某些特性进行更改，而不改变其标注样式，也不影响别的标注尺寸。

在命令行输入DIMOVERRIDE后按Enter键，执行“标注替代”命令，可以临时修改标注尺寸的系统变量设置，并按该设置修改尺寸标注。该操作只对指定对象的尺寸做修改，并且修改后不影响原系统的变量设置。执行该命令时，命令行提示信息如下：

```
输入要替代的标注变量名或[清除替代(C)]:
```

输入要修改的系统变量名，并为该变量指定一个新值，然后选择需要修改的对象，这时系统默认指定的尺寸对象将按新的变量设置做出相应地更改。如果在命令行提示下输入C，并选择需要修改的对象，这时可以取消用户已做出的修改，并将尺寸对象恢复成在当前系统变量设置下的标注形式。

6.5 习 题

1. 填空题

（1）在工程绘图中，一个完整的尺寸标注应由__________、__________、__________、__________及__________5部分组成。

（2）“修改标注样式”对话框中包含线、__________、__________、调整、__________、__________和公差7个选项卡，可供用户对创建的标注样式进行修改。

（3）设置了新样式的名称和基础样式后，单击该对话框中的“继续”按钮，将打开“修改多重引线样式”对话框，“修改多重引线样式”对话框提供了__________、__________和__________3个选项卡供用户进行设置。

2. 选择题

（1）下列__________不属于尺寸标注对象的组成部分。

A. 尺寸界线　　B. 尺寸线
C. 标注文字　　D. 标注图形

（2）当通过“多行文字（M）”和“文字（T）”选项重新确定尺寸文字时，需要在尺寸文字前加前缀__________，才能使标出的直径尺寸有直径符号ϕ。

A. %%c　　B. %%p　　C. %%u　　D. %%o

（3）“新建标注样式”对话框中不包含下列__________选项卡。

A. 直线　　B. 文字　　C. 箭头和符号　　D. 显示

（4）在“弧长符号”区设置弧长符号的显示位置时，有3个单选按钮供选择。下列__________不在这3种选择中。

A. 标注文字的前缀　　B. 标注文字的上方
C. 标注文字的下方　　D. 无

3. 问答题

（1）如何创建标注样式？

（2）怎样修改标注样式的参数？

（3）快速标注、基线标注和连续标注之间有何区别与联系？

4. 上机题

（1）采用【例6-1】中的“暖通标注样式1”，创建如图6-79所示的散热器标注。

（2）采用【例6-1】中的“暖通标注样式1”，创建如图6-80所示的分集水器安装的某剖面图的标注。

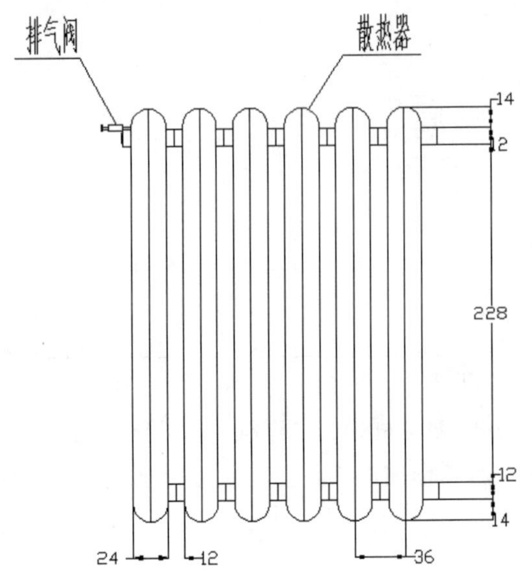

图 6-79　散热器尺寸标注

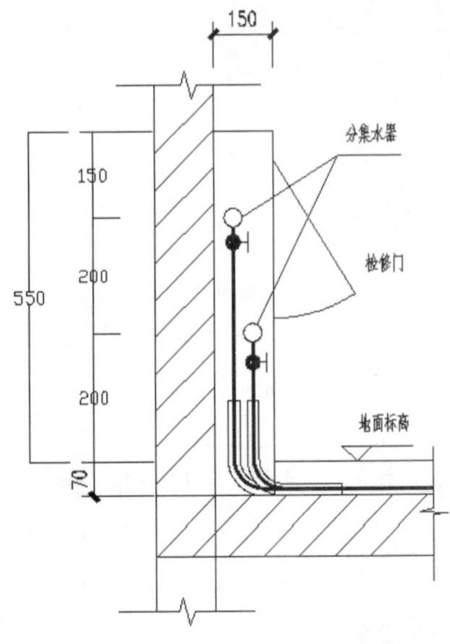

图 6-80　集水器安装剖面图标注

（3）采用【例6-1】中的“暖通标注样式1”，创建如图6-81所示的用于管道连接的扩口活套法兰连接剖面图的标注。

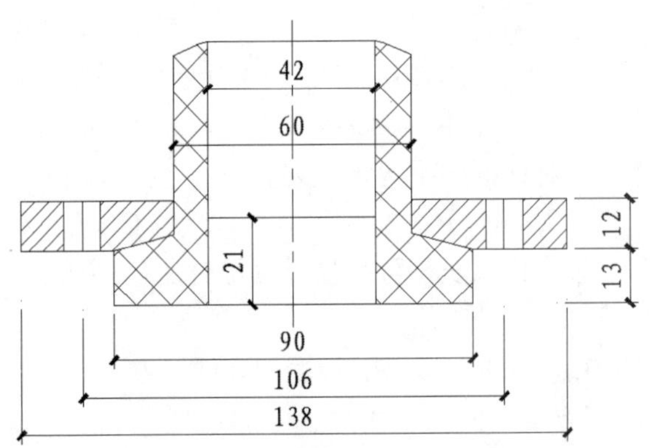

图 6-81　扩口活套法兰连接剖面图标注

第 7 章 暖通空调制图中文字和表格的应用

导言

文字对象是AutoCAD图形中很重要的图形元素，也是暖通空调制图中不可缺少的组成部分，在一个完整的图样中，通常也包含用文字注释来标注图样中的一些非图形信息，如暖通空调图形中的技术要求、装配说明、材料说明和施工要求等。另外，在AutoCAD 2021中使用表格功能可以创建不同类型的表格，还可以在其他软件中复制表格，以简化操作。

7.1 设置文字样式

在AutoCAD 2021中，所有文字都有与之相关联的文字样式。在创建文字注释和尺寸标注时，AutoCAD 2021通常使用当前的文字样式，也可以根据具体的要求重新设置文字样式或创建新的样式。文字样式包括文字“字体”“字体样式”“高度”“宽度因子”“倾斜角度”“反向”“颠倒”“垂直”等参数。

单击“默认”选项卡|“注释”面板上的“文字样式”按钮A，或在命令行输入STYLE或ST后按Enter键，都可以执行“文字样式”命令，打开“文字样式”对话框，如图7-1所示，利用该对话框可以修改或创建文字样式，并设置文字的当前样式。

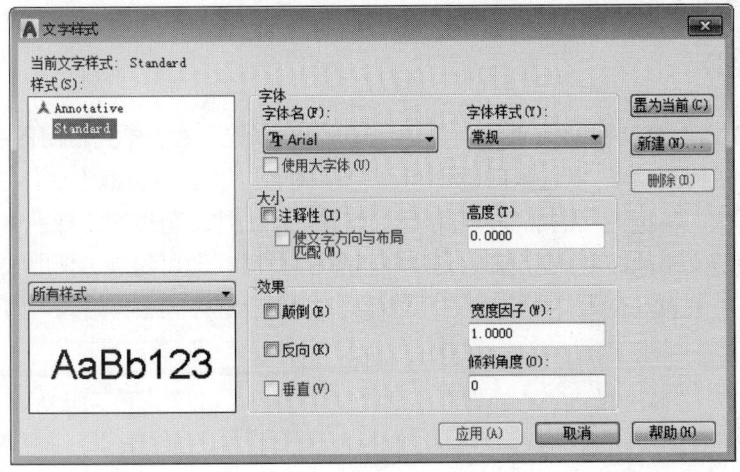

图 7-1 “文字样式”对话框

7.1.1 AutoCAD 中文字的概念

一般建筑图中的字符包括汉字、字母、数字和书写符号等。国家标准《房屋建筑制图统一规定》GB/T 50001-2017中规定建筑图中的字体应做到：字体工整、笔画清楚、间隔均匀和排列整齐。之所以有这样的规定，是因为若建筑图中的字体潦草，容易造成误解，给生产和施工带来麻烦。

7.1.2 设置样式名

在“文字样式”对话框中，可以显示文字样式的名称、创建新的文字样式、为已有的文字样式重命名或删除文字样式，对话框中各选项的含义如下：

- “样式”列表框：列出当前可以使用的文字样式，默认文字样式为 Standard。
- “置为当前”按钮：单击该按钮，可以将选择的文字样式设置为当前的文字样式。
- “新建”按钮：单击该按钮，可打开“新建文字样式”对话框，如图 7-2 所示。在“样式名”文本框中输入新建文字样式名称后，单击“确定”按钮可以创建新的文字样式。新建文字样式将显示在“样式”列表框中。此时，右击选中的样式，将弹出如图 7-3 所示的快捷菜单，用户可以对选择的样式进行置为当前、重命名或删除等操作，Standard 样式不可以被重命名。

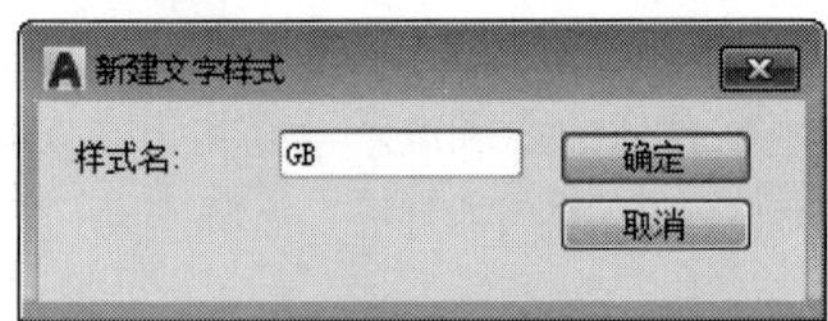

图 7-2 “新建文字样式”对话框

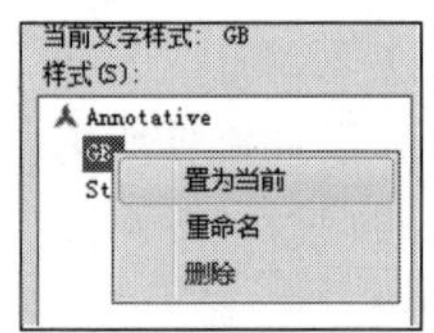

图 7-3 快捷菜单

- “删除”按钮：单击该按钮，可以删除某个已有的文字样式，但无法删除已经被使用的文字样式和默认的 Standard 样式。

7.1.3 设置字体

在“文字样式”对话框的“字体”选项组中，可以设置文字样式使用的字体和字高等属性。当撤选“使用大字体”复选框时，即可在“字体名”下拉列表框中选择字体，如图7-4所示。在“字体样式”下拉列表框中可以选字体的格式，如斜体、粗体和常规字体等；在“高度”文本框中可以设置文字的高度。当选择的字体为SHX字体时，即可勾选“使用大字体”复选框，“字体样式”下拉列表框变为“大字体”下拉列表框，便于选择大字体格式，如图7-5所示。

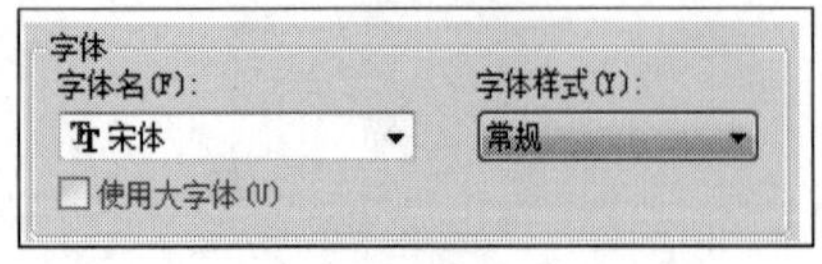

图 7-4 设置“字体名”和“字体样式”

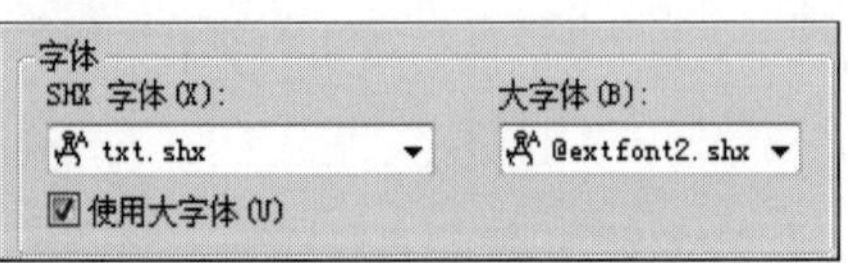

图 7-5 设置“SHX 字体”和“大字体”

如果将文字的高度设为0，在使用TEXT命令标注文字时，命令行将显示“指定高度”提示，要求用户指定文字的高度。如果在“高度”文本框中输入了文字高度值，AutoCAD将按此高度标注文字，而不再提示指定高度。

注 意

只有在“字体名”下拉列表框中指定SHX文件，才能使用“大字体”，也只有SHX文件才可以创建“大字体”，如图7-5所示。此时在“大小”选项组中可以选择文字的注释性，在“效果”选项组中可以选择文字的显示效果，除了任何字体都可选择的“颠倒”“反向”和“垂直”效果。

《房屋建筑制图统一标准》GB/T 50001-2017专门对文字标注做出了规定，其主要内容如下：

- 文字的字高应从以下系列中选用：3.5mm、5mm、7mm、10mm、14mm 和 20mm。如需书写更大的字，其高度应按$\sqrt{2}$的比值递增。
- 图样及说明中的汉字宜采用长仿宋体，宽度与高度的关系应符合表 7-1 的规定。大标题、图册封面和地形图等的汉字也可以书写成其他字体，但应易于辨认。

表 7-1 长仿宋体字宽高关系（mm）

字 高	20	14	10	7	5	3.5
字 宽	14	10	7	5	3.5	2.5

- 拉丁字母、阿拉伯数字与罗马数字如果需要写成斜体字，其斜度应是从字的底线逆时针向上倾斜 75°。斜体字的高度与宽度应与相应的直体字相等。
- AutoCAD 提供了符合标注要求的字体形文件：gbenor.shx、gbeitc.shx 和 gbcbig.shx 文件（形文件是 AutoCAD 用于定义字体或符号库的文件，其源文件的扩展名是.shp，扩展名为.shx 的文档是编译后的文档）。其中 gbenor.shx 和 gbeitc.shx 分别用于标注直体和斜体字母和数字，gbcbig.shx 则用于标注中文。使用系统默认的文字样式标注文字时，标注出的汉字为长仿宋体，但字母和数字则是采用文件 txt.shx 定义的字体，不能完全满足制图要求。为了使标注的字母和数字也满足要求，还需要将字体文件设成 gbenor.shx 或 gbeitc.shx。

7.1.4 设置文字的效果

在“文字样式”对话框中，使用“效果”选项组中的选项可以设置文字的显示效果，如图7-6所示。

该选项组中各选项的含义如下：

暖通空调
暖通空调
暖通空调
暖通CAD

图 7-6 文字的各种效果

- “颠倒”复选框：设置是否将文字倒过来书写。
- “反向”复选框：设置是否将文字反向书写。
- “垂直”复选框：设置是否将文字垂直书写。
- “宽度因子”文本框：设置文字字符的高度和宽度之比。当“宽度因子”值为 1 时，将按系统定义的高宽比书写文字；当“宽度因子”小于 1 时，字符会变窄；当“宽度因子”大于 1 时，字符会变宽。
- “倾斜角度”文本框：设置文字的倾斜角度。角度为 0° 时不倾斜，角度为正值时向右倾斜，角度为负值时向左倾斜。

7.1.5 预览与应用文字样式

在“文字样式”对话框左下角的预览框中，可以预览所选择或所设置的文字样式效果。

设置完文字样式后，单击“应用”按钮即可应用文字样式。然后单击“关闭”按钮，关闭“文字样式”对话框。

【例7-1】 定义符合暖通空调标准要求的新文字样式TH_7，字体高度为7，宽度因子为0.7。用同样的方法创建样式名为TH_3.5、TH_5和TH_10的文字样式。

步骤 01 单击“默认”选项卡|“注释”面板上的“文字样式”按钮，打开“文字样式”对话框。

步骤 02 单击“新建”按钮，打开“新建文字样式”对话框，在“样式名”文本框中输入 TH_7，然后单击“确定”按钮，返回到“文字样式”对话框。

步骤 03 在“字体”选项组中先撤选“使用大字体”复选框，在“字体名”下拉列表框中选择“仿宋”；在“高度”文本框中输入 7，“宽度因子”文本框中输入 0.7，如图 7-7 所示。

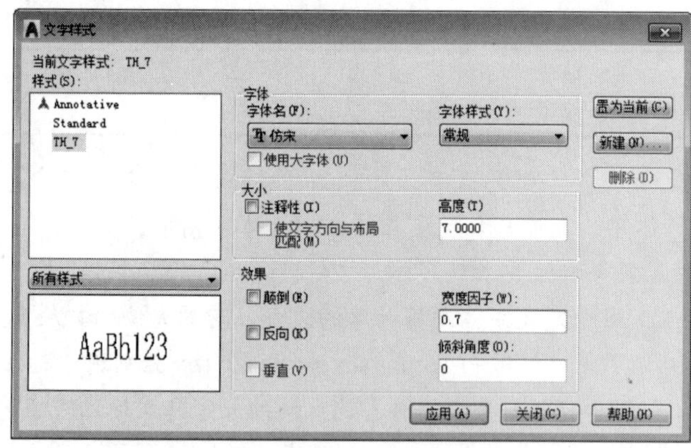

图 7-7 创建 TH_7 文字样式

步骤 04 单击“应用”按钮应用该文字样式，然后单击“关闭”按钮关闭“文字样式”对话框，并将文字样式 TH_7 置为当前样式。利用同样的方法完成 TH_3.5、TH_5 和 TH_10 文字样式的创建，如图 7-8 所示。

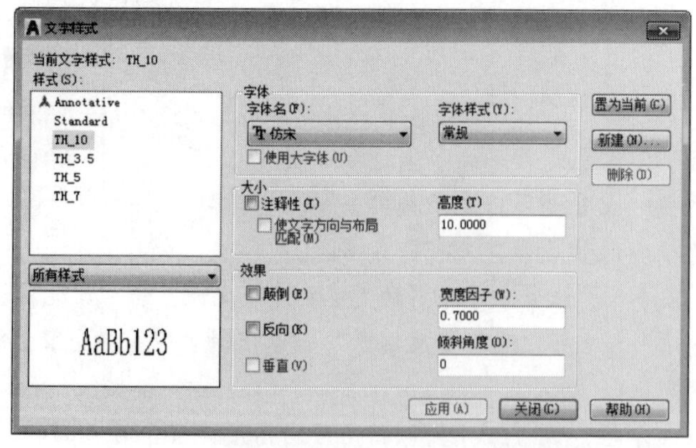

图 7-8 完成创建后的“文字样式”对话框

7.2 创建与编辑文字

在AutoCAD 2021中，使用如图7-9所示的“文字”面板可以编辑和创建文字。对于单行文字来说，每一行都是一个文字对象，可以用来创建文字内容比较简短的文字对象（如卷标），并且可以单独编辑。

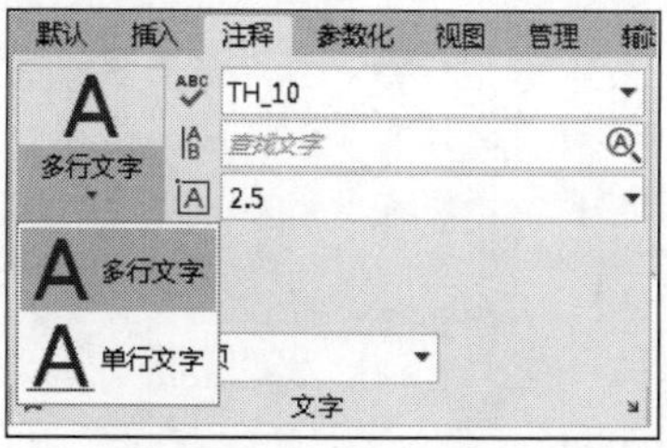

图 7-9 “文字”面板

7.2.1 创建单行文字

1. 创建单行文字的命令与选项

单击“注释”选项卡|“文字”面板上的“单行文字”按钮A，或者单击“默认”选项卡|“注释”面板上的“单行文字”按钮A，或者在命令行输入TEXT或DTEXT后按Enter键，都可执行“单行文字”命令，创建单行文字对象。执行该命令后，命令行提示信息如下：

```
命令: _DTEXT
当前文字样式:“TH_7”   文字高度: 7.0000  注释性:否  对正:  左
指定文字的起点或 [对正(J)/样式(S)]:           //指定文字的起点或选择选项
指定高度 <7.0000>:                            //输入文字的高度
指定文字的旋转角度 <0>:                       //输入文字的旋转角度
```

在指定了文字的旋转角度后，在绘图区出现单行文字动态输入框，该输入框将随用户的输入而展开，如图7-10所示。

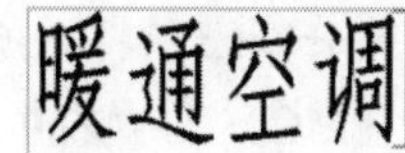

图 7-10 单行文字的动态输入框

命令行中包括 “指定文字的起点”“对正（J）”和“样式（S）”3个选项，各选项的含义如下。

（1）指定文字的起点

系统默认通过指定单行文字行基线的起点位置创建文字。AutoCAD 2021为文字行定义了顶线、中线、基线和底线4条线，用于确定文字行的位置。这4条线与文字串的关系如图7-11所示。如果当前文字样式的高度设置为0，命令行将显示“指定高度：”提示信息，要求指定文字高度，否则不显示该提示信息，而使用“文字样式”对话框中设置的文字高度。

图 7-11 文字标注参考线定义

命令行若显示“指定文字的旋转角度<0>：”提示信息，则要求指定文字的旋转角度。文字旋转角度是指文字行排列方向与水平线的夹角，默认角度为0°，最后输入文字即可，也可以切换到Windows的中文输入方式下输入中文文字。

（2）设置对正方式

在“指定文字的起点或[对正(J)/样式(S)]”提示信息下输入J，可以设置文字的对正方式。此时命令行提示信息如下：

```
输入选项 [左(L)/居中(C)/右(R)/对齐(A)/中间(M)/布满(F)/左上(TL)/中上(TC)/右上(TR)/左中(ML)/正中(MC)/右中(MR)/左下(BL)/中下(BC)/右下(BR)]:
```

AutoCAD 2021提供了多种对正方式，如图7-12所示。

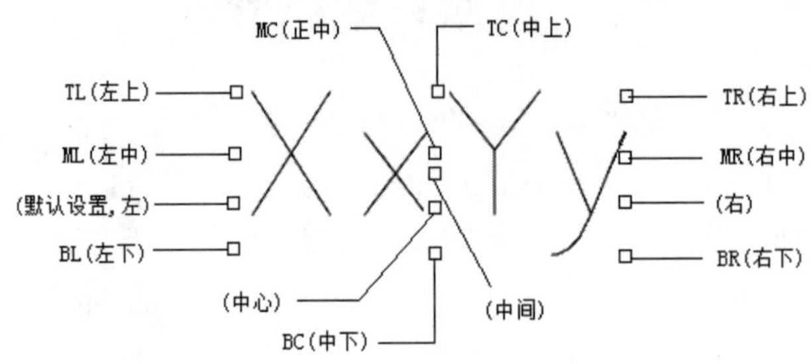

图 7-12　文字的对正方式

命令提示行中，各选项的含义如下：

- “对齐（A）”：要求确定所标注文字行基线的起始点与终点位置。
- “调整（F）”：此选项要求用户确定文字行基线的起点、终点位置及文字的字高。
- “中心（C）”：此选项要求确定 1 个点，AutoCAD 把该点作为所标注文字行基线的中点，即所输入文字的基线将以该点居中对齐。
- “中间（M）”：此选项要求确定 1 个点，AutoCAD 把该点作为所标注文字行的中间点，即以该点作为文字行在水平、垂直方向上的中点。
- “右（R）”：此选项要求确定 1 个点，AutoCAD 把该点作为所标注文字行基线的右端点。

在与“对正(J)”选项对应的其他提示中，“左上(TL)”“中上(TC)”“右上(TR)”选项分别表示将以所确定的点作为文字行顶线的起始点、中点和终点；“左中（ML）”“正中（MC）”“右中（MR）”选项分别表示将以所确定的点作为文字行中线的起始点、中点和终点；“左下（BL）”“中下（BC）”“右下（BR）”选项分别表示将以所确定的点作为文字行底线的起始点、中点和终点。

注 意

如果在输入文字的过程中想改变文字的位置，可先将光标移到新位置并按拾取键，原标注行结束，标志出现在确定的位置后，可以在此继续输入文字。无论采用哪种文字排列方式，输入文字时，在屏幕上显示的文字都是按左对齐的方式排列，直到输入结束命令TEXT后，才按指定的排列方式重新生成。

（3）设置当前文字样式

在“指定文字的起点或[对正(J)/样式(S)]”提示信息下输入S，可以设置当前使用的文字样式。选择该选项时，命令行提示信息如下：

```
输入样式名或 [?] <Standard>://输入样式名或按“？”显示已有文字样式
```

可以直接输入文字样式的名字，也可输入“？”，在“AutoCAD文本窗口”中显示当前图形中已有的文字样式，如图7-13所示。

在实际设计绘图中使用单行文字时，往往需要标注一些特殊的字符。例如，在文字上方或下方添加划线、标注度（°）、±和ϕ 等符号。这些特殊字符不能从键盘上直接输入，因此AutoCAD 2021提供了相应的控制符，以实现这些标注要求。常见的特殊符号的代码如表7-2所示。

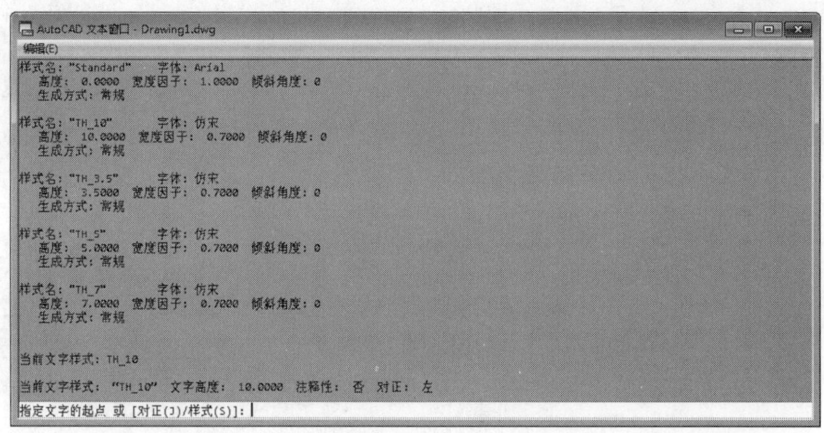

图 7-13　在“AutoCAD 文本窗口”中显示图形中包含的文字样式

表 7-2　AutoCAD 2021 常用的标注控制符

控 制 符	字 符	说 明
%%%	%	百分号
%%C	ϕ	直径符号
%%P	±	正负公差符号
%%D	°	度
%%O	‾	上划线
%%U	_	下划线

在“输入文字：”提示下输入控制符时，这些控制符也临时显示在屏幕上，当结束文本创建命令时，这些控制符将从屏幕上消失，转换成相应的特殊符号。

在AutoCAD 2021的控制符中，“%%O”和“%%U”分别是上划线与下划线的开关。第1次出现该符号时，可打开上划线和下划线；第2次出现该符号时，则会关掉上划线或下划线。

2. 创建单行文字操作示例

【例7-2】 使用控制符创建如图7-14所示的空调系统水管布置平面图的标题。

步骤 01 单击“注释”选项卡|“文字”面板上的“单行文字”按钮A，此时在命令行中将显示【例7-1】中的文字样式 TH_7，当前文字高度为 7.0000，命令行提示信息如下：

```
命令: _DTEXT
当前文字样式:“TH_7”   文字高度:7.0000  注释性:否    对正: 左
指定文字的起点或 [对正(J)/样式(S)]:          //在绘图区指定单行文字输入框起点
指定文字的旋转角度 <0>:                      //直接按Enter键，绘图区出现动态输入框
```

步骤 02 在图框内输入“%%U”后，再输入如图 7-15 所示的文字，然后按 Enter 键结束 DTEXT 命令，得到如图 7-15 所示的带下划线的平面图标题。

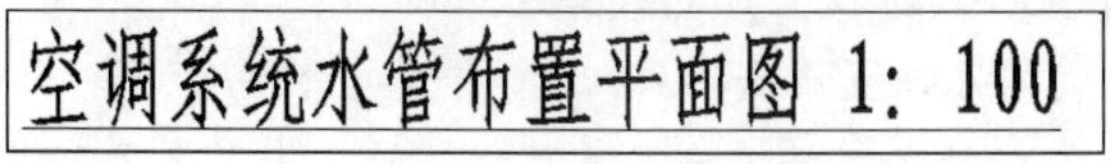

空调系统水管布置平面图 1: 100

图 7-14　使用控制符创建单行文字

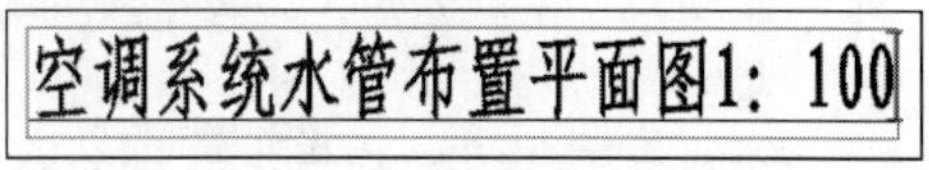

空调系统水管布置平面图1: 100

图 7-15　使用控制符输入带下划线的文字

7.2.2 创建多行文字

多行文字又称为段落文字，是一种更易于管理的文字对象，可以由两行以上的文字组成，而且各行文字都是作为一个整体来处理。在建筑制图中，常使用多行文字功能创建较为复杂的文字说明，如图样的技术要求等。

单击“注释”选项卡|“文字”面板上的“多行文字”按钮A，或者单击“默认”选项卡|“注释”面板上的“多行文字”按钮A，或者在命令行输入MTEXT后按Enter键，都可执行“多行文字”命令，然后在绘图窗口中指定一个用来放置多行文字的矩形区域，打开“文字编辑器”选项卡功能区面板和多行文字输入窗口，设置多行文字的样式、字体、大小等属性，如图7-16所示。

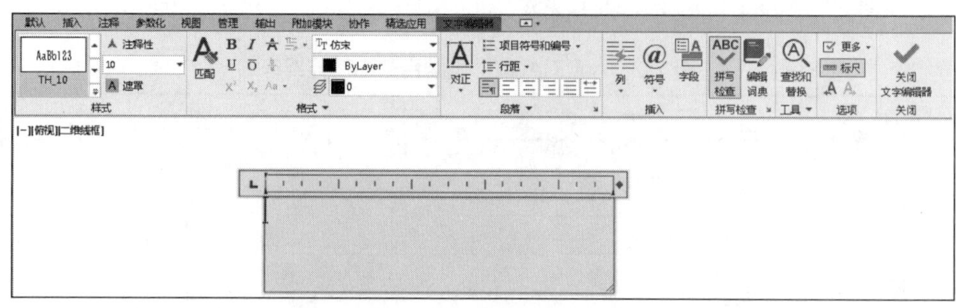

图 7-16 “文字编辑器”选项卡功能区面板和多行文字输入窗口

“文字编辑器”选项卡包括“样式”“格式”“段落”“插入”“拼写检查”“工具”“选项”及“关闭”8个功能区面板。

1. “样式”面板

- “样式”下拉列表用于设置当前的文字样式。
- 注释性按钮用于为新建的文字或选定的文字对象设置注释性。
- “文字高度”下拉列表框 2.5 用于设置新字符高度或更改选定文字的高度。
- A 遮罩按钮用于设置文字的背景遮罩。

2. “格式”面板

- 按钮用于将选定文字的格式匹配到其他文字上。
- “粗体”按钮 **B** 用于为输入的文字对象或所选定文字对象设置粗体格式。
- “斜体”按钮 *I* 用于为新输入文字对象或所选定文字对象设置斜体格式。这两个选项仅适用于使用 TrueType 字体的字符。
- “删除线”按钮用于在需要删除的文字上划线，表示需要删除的内容。
- “下划线”按钮 U 用于为文字或所选定的文字对象设置下划线格式。
- “上划线”按钮 Ō 用于为文字或所选定的文字对象设置上划线格式。
- “堆叠”按钮用于为输入的文字或选定的文字设置堆叠格式。文字中须包含插入符(^)、正向斜杠（/）或磅符号（#），堆叠字符左侧的文字将堆叠在字符右侧的文字之上。默认情况下，包含插入符（^）的文字转换为左对正的公差值；包含正斜杠（/）的文字转换为置中对正的分数值，斜杠被转换为一条同较长的字符串长度相同的水平线；包含磅符号（#）的文字转换为被斜线分开的分数。

- “上标”按钮 x^2 用于将选定的文字切换为上标或将上标状态关闭。
- “下标”按钮 X_2 用于将选定的文字切换为下标或将下标状态关闭。
- 大写按钮用于修改英文字符为大写；小写按钮用于修改英文字符为小写。
- 按钮用于清除字符及段落中的粗体、斜体或下划线等格式。
- “字体”下拉列表用于设置当前字体或更改选定文字的字体。
- “颜色”下拉列表用于设置当前文字的颜色或更改选定文字的颜色。
- “文字图层替代”下拉列表用于为文字对象指定的图层替代当前图层。
- “倾斜角度”按钮 0/ 0 用于修改文字的倾斜角度。
- “追踪”微调按钮 ab 1 用于修改文字间的距离。
- “宽度因子”按钮 1 用于修改文字的宽度比例。

3. “段落”面板

- “对正”按钮 A 用于设置文字的对正方式，单击该按钮可弹出如图 7-17 所示的对正菜单。
- 项目符号和编号按钮用于设置以数字、字母或项目符号等标记，其菜单如图 7-18 所示。
- 行距按钮用于设置段落文字的行间距，单击该按钮，可弹出如图 7-19 所示的菜单，单击“更多...”选项，可打开如图 7-20 所示的“段落”对话框，可以从中设置缩进和制表位位置。在“左缩进”选项组的“第一行”文本框中设置首行的缩进参数；在“制表位”选项组中可以设置制表位的位置，单击“添加”按钮，可设置新制表位，单击“删除”按钮，可以删除列表框中的所有设置。

图 7-17　对正菜单

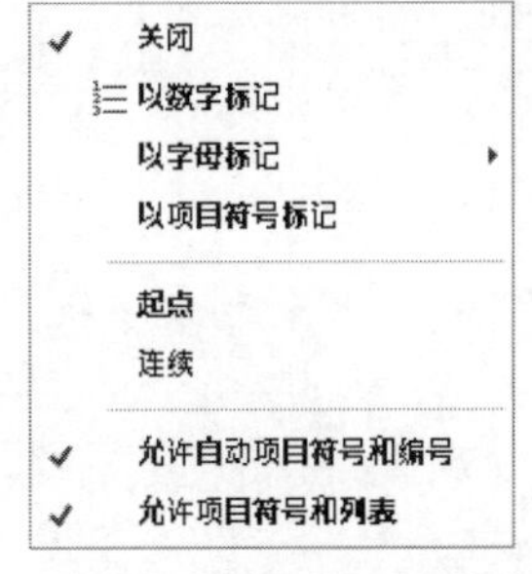

图 7-18　项目符号菜单

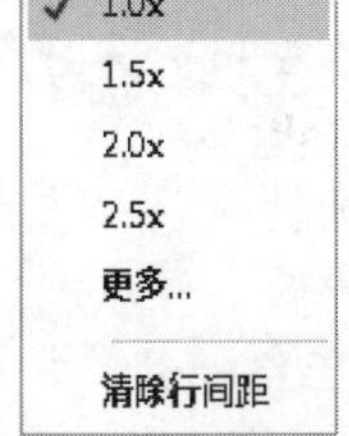

图 7-19　行距菜单

- 按钮用于设置段落文字的制表位、缩进量、对齐、间距等。
- “左对齐”按钮用于设置段落文字为左对齐方式。
- “居中”按钮用于设置段落文字为居中对齐方式。
- “右对齐”按钮用于设置段落文字为右对齐方式。
- “对正”按钮用于设置段落文字为对正方式。
- “分散对齐”按钮用于设置段落文字为分布排列方式。

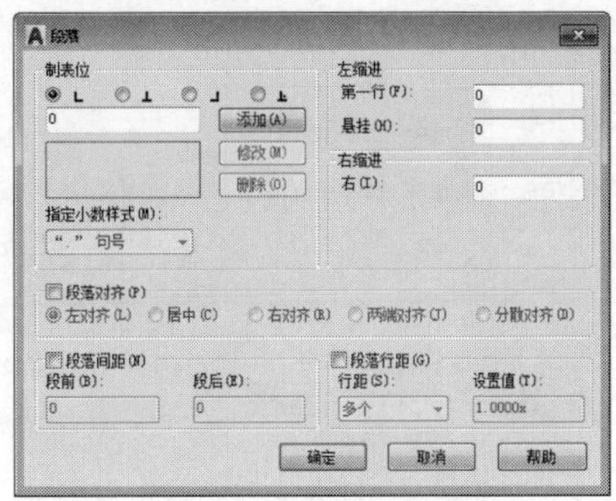

图 7-20　“段落”对话框

4. “插入”面板

- “列”按钮菜单用于为段落文字分栏排版，如图 7-21 所示，选择菜单上的“分栏设置...”选项，可打开如图 7-22 所示的“分栏设置”对话框，进行选择分栏类型、栏数、高度、宽度等参数设置。
- “符号”按钮@菜单用于添加一些特殊符号，常用的符号有度数、正负号和直径符号，其菜单如图 7-23 所示。
- “字段”按钮用于为段落文字插入一些特殊字段。

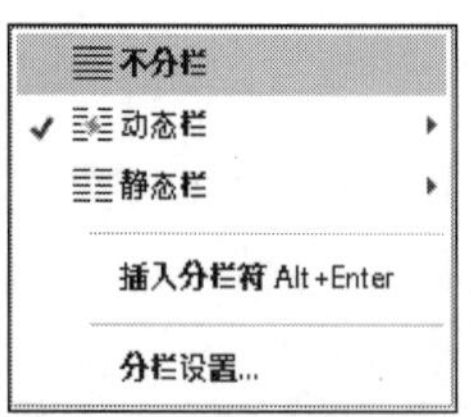

图 7-21 “列”菜单

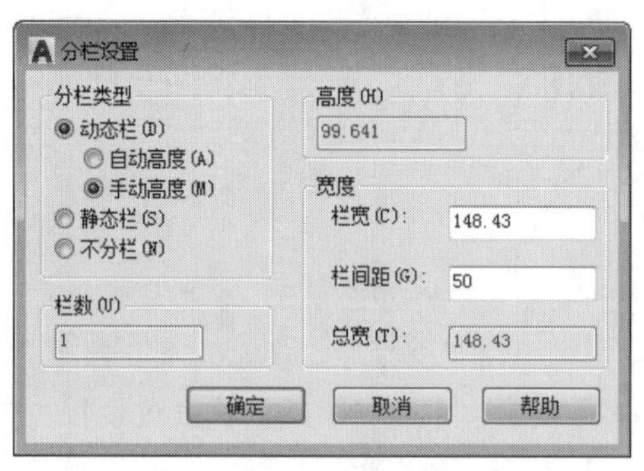

图 7-22 “分栏设置”对话框

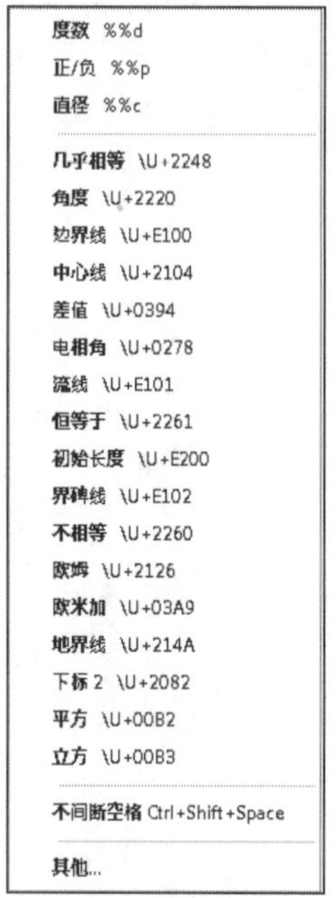

图 7-23 “符号”菜单

5. “拼写检查”面板

主要用于为输入的文字进行拼写检查，单击此面板右下角小箭头，可打开如图7-24所示的“拼写检查设置”对话框，设置包含和选项参数。

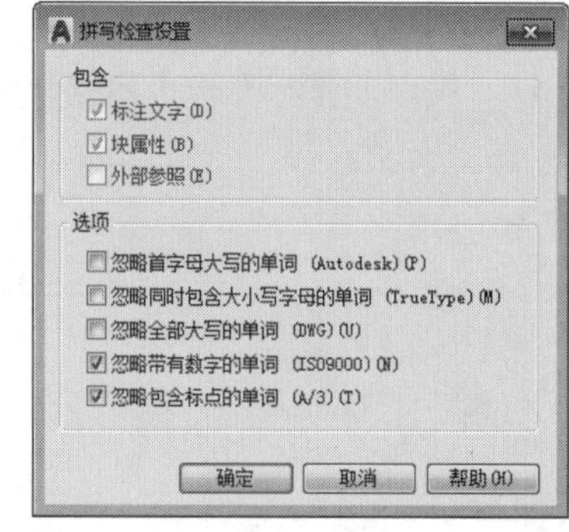

图 7-24 “拼写检查设置”对话框

6. “工具”面板

- 按钮用于搜索指定的文字串并使用新的文字将其替换。
- 输入文字按钮用于向文本中插入 TXT 格式的文本、样板等文件或插入 RTF 格式的文件。
- 全部大写按钮用于将新输入的文字或当前选择的文字转换成大写。

7. “选项”面板

- 标尺按钮用于控制文字输入框顶端标尺的开关状态。
- 更多按钮/字符集按钮用于设置当前字符集。
- 更多按钮/编辑器设置按钮用于设置显示文字背景色、选定文字的亮显色以及使用功能区面板或工具栏的形式进行创建多行文字。

8. “关闭”面板

“关闭”面板用于关闭文字编辑器选项卡面板，结束“多行文字”命令。

9. 多行文字输入框

图 7-25　标尺快捷菜单

在“多行文字输入框”上端的标尺上右击，打开如图7-25所示的快捷菜单，其位于文字编辑器选项卡面板的下方，主要用于输入和编辑文字对象，由标尺和文本框两部分组成。在文本输入框内右击，可弹出如图7-26所示的快捷菜单。其大多数选项功能与功能区面板上的各按钮功能相对应，用户也可以直接从此快捷菜单中调用所需工具。

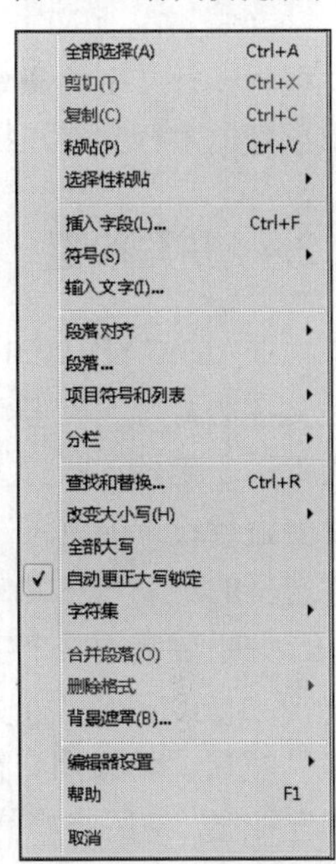

图 7-26　快捷菜单

7.2.3　编辑文字

编辑文字包括编辑文字的内容、格式、对齐方式和缩放比例等。

1. 编辑单行文字

右击需要编辑的文字对象，选择快捷菜单上的“特性”命令，在打开的“特性”选项板中对文字进行编辑，或者在功能区“注释”如选项卡|“文字”面板上进行编辑选择文字的字体样式、高度、图层等内容。

另外，如果仅仅是编辑文字的内容，可以在需要编辑的文字对象上双击，也可以在命令行输入ED后按Enter键，对文字内容进行修改。除此之外常用的还有“文字”面板上的“缩放”和“对正”命令进行编辑。

- 使用“缩放”命令（SCALETEXT）：单击“注释”选项卡|“文字”面板|“缩放”按钮，根据命令行的提示在绘图窗口中单击需要编辑的单行文字，在此输入缩放的基点以及指定新的高度、匹配对象或缩放比例，命令行提示信息如下：

```
命令：_ SCALETEXT
选择对象：找到 1 个                                        //选择文字对象
选择对象：                                                 //按Enter键结束
输入缩放的基点选项[现有(E)/左对齐(L)/居中(C)/中间(M)/右对齐(R)/左上(TL)/中上(TC)/右上(TR)/左中(ML)/正中(MC)/右中(MR)/左下(BL)/中下(BC)/右下(BR)] <现有>： //选择选项，确定缩放基点
指定新模型高度或 [图纸高度(P)/匹配对象(M)/比例因子(S)] <2.5>: //输入新比例高度或选择其他选项
1 个对象已更改                                             //成功修改文字比例
```

- “对正”命令（JUSTIFYTEXT）：单击“注释”选项卡|“文字”面板|“对正”按钮，然后在绘图窗口中单击需要编辑的单行文字，此时可以重新设置文字的对正方式，命令行提示信息如下：

```
命令：_JUSTIFYTEXT
选择对象：                          //选择需要修改的文字
选择对象：                          //按Enter键，结束选择
输入对正选项[左对齐(L)/对齐(A)/布满(F)/居中(C)/中间(M)/右对齐(R)/左上(TL)/中上(TC)/
```

```
右上(TR)/左中(ML)/正中(MC)/右中(MR)/左下(BL)/中下(BC)/右下(BR)] <左对齐>: //选择文字对正方式
```

2. 编辑多行文字

与编辑单行文字一样，编辑多行文字也有多种方式，如选择快捷菜单中的“特性”和“编辑多行文字”命令；在命令行输入ED后按Enter键，执行“编辑文字”命令；双击需要编辑创建的多行文字，打开“文字编辑器”选项卡，然后修改文字的样式、格式等。

7.2.4 拼写检查

在AutoCAD 2021中，使用拼写检查命令的是SPELL，可以检查单行文字、多行文字和属性文字的拼写。单击“注释”选项卡|“文字”面板上的“拼写检查”按钮，可以检查输入文本的正确性。执行“拼写检查”命令后，可打开如图7-27所示的“拼写检查”对话框，在“要进行检查的位置”下拉列表内设置要检查的对象，有“整个图形”“当前空间/布局”和“选择的对象”三类。

如果要更正某个字，可以从“建议”列表中选择一个替换字或是直接输入一个字，然后单击“修改”或“全部修改”按钮。要保留某个字不改变，可以单击“忽略”或“全部忽略”按钮。如果用户需要保留某个字不变并且将其添加到自定义的词典中，可以单击“添加”按钮，将某些非单词名称（如一些专有名词、产品名称等）添加到用户词典中，减少不必要的拼写错误提示。

用户还可以通过单击“词典”按钮，打开“词典”对话框来更改用于拼写的词典，如图7-28所示。

若更改主词典，可以在“当前主词典”下拉列表框中进行选择。若更改自定义词典，可从“自定义词典”下拉列表框中选择，或单击“浏览”按钮选择扩展名为.cus的文件。如果向自定义词典中添加单词，可在“自定义词典”选项组的“内容”文本框中输入单词后，单击“添加”按钮。如果要从自定义词典中删除单词，可从单词列表中选定该单词，然后单击“删除”按钮。

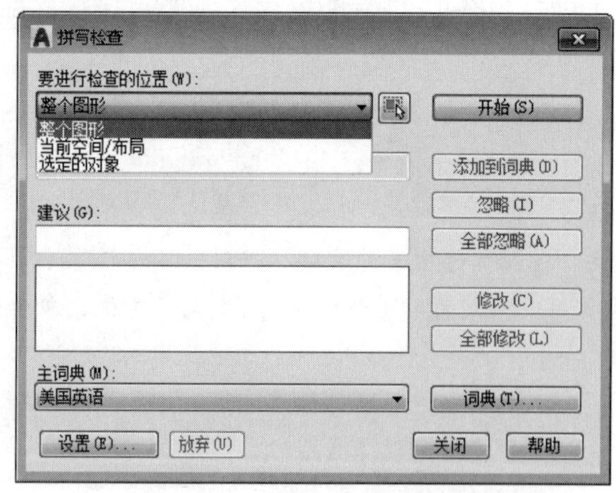

图 7-27 “拼写检查”对话框

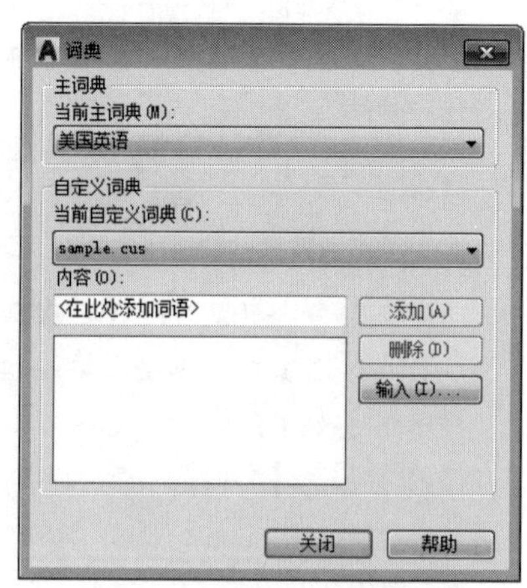

图 7-28 “词典”对话框

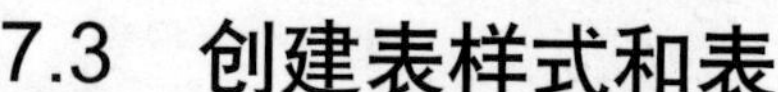

7.3 创建表样式和表

表格是在行和列中包含数据的对象，以一种简洁清晰的格式提供信息。常用于具有管道组件、进出口一览表、预制混凝土配料表、原料清单和其他组件的图形中。在AutoCAD 2021中，可以使用“表格”命令创建表格，还可以从Microsoft Excel中直接复制表格，并将其作为AutoCAD表格对象粘贴到图形中，也可以从外部直接导入表格对象。此外，还可以输出AutoCAD的表格数据，在Microsoft Excel或是其他应用程序中使用。

7.3.1 创建表格样式

表格样式用于控制表格的外观，保证字体、颜色、文本、高度和行距具有统一的样式。可以使用默认的表格样式，也可以根据需要自定义表格样式。

单击“默认”选项卡|“注释”面板上的“表格样式”按钮，或者单击“注释”选项卡|“表格”面板上的按钮，或者在命令行输入TS后按Enter键，都可以执行“表格样式”命令，打开“表格样式”对话框，如图7-29所示。单击“新建”按钮，打开“创建新的表格样式”对话框来创建新的表格样式，如图7-30所示。

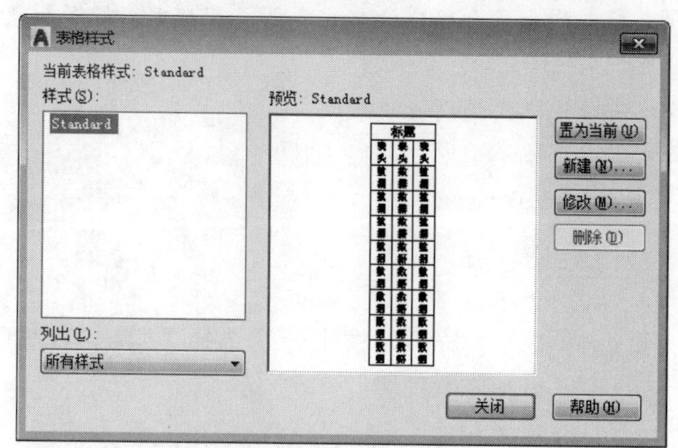

图 7-29 “表格样式”对话框

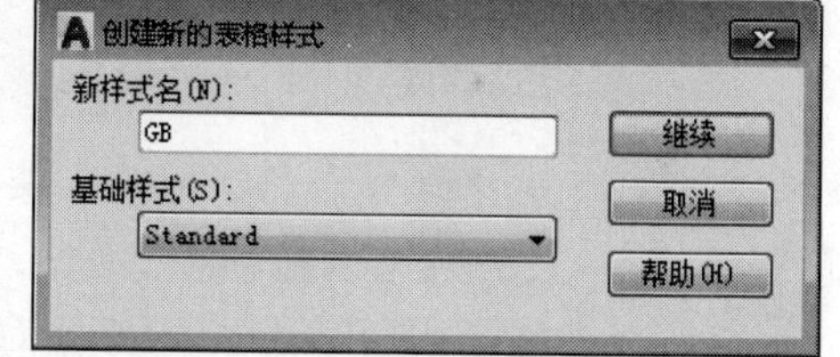

图 7-30 “创建新的表格样式”对话框

在“创建新的表格样式”对话框的“新样式名”文本框中输入新的表格样式名，在“基础样式”下拉列表框中选择默认的表格样式、标准的或已经创建的样式，新样式将在该样式的基础上进行修改。然后单击“继续”按钮，打开“新建表格样式”对话框，设置表格的格式、表格方向、边框特性和文本样式等，如图7-31所示。

“新建表格样式”对话框包括“起始表格”“常规”“单元样式”和“单元样式预览”4个选项组，各选项组的功能如下：

- “起始表格”选项组：在图形中指定一个表格作为样例来设置此表格的样式。单击按钮，回到绘图区选择表格后，可以指定从该表格复制到目标表格样式中的结构和内容。单击“删除表格”按钮，可以将表格从当前指定的表格样式中删除。

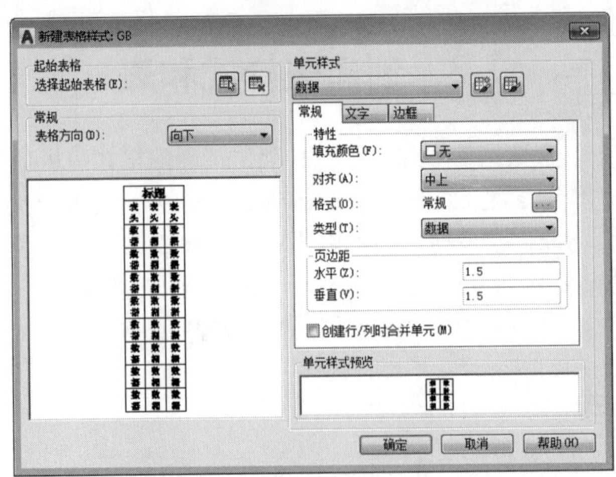

图 7-31 “新建表格样式：GB”对话框

- “常规”选项组：更改表格方向。在“表格方向”下拉列表框中可以选择“向下”或“向上”选项来设置表格方向。若选择“向上”选项，将创建由下而上读取的表格，行标题和列标题都在表格的底部。预览框将显示当前表格样式设置效果的样例。
- “单元样式”选项组：用于定义新的单元样式或修改现有的单元样式，也可以创建任意数量的单元样式。“单元样式”下拉列表框中列出了表格中的单元类型，有数据、标题和表头 3 种。
- “单元样式预览”选项组：用于预览当前单元样式的设置效果。

7.3.2 设置表格样式

1. 表格样式的属性

在“新建表格样式”对话框中，从“单元样式”下拉列表框中分别选择“数据”“标题”和“表头”选项来设置表格的数据、标题和表头对应的样式。

“新建表格样式”对话框中3个选项卡的内容基本相似，可以分别指定单元基本特性、文字特性和边界特性。各选项下提供了“常规”“文字”和“边框”3个选项卡，用于设置用户创建的单元样式的外观。如图7-31所示为“常规”选项卡的内容，“文字”选项卡和“边框”选项卡分别如图7-32和图7-33所示。

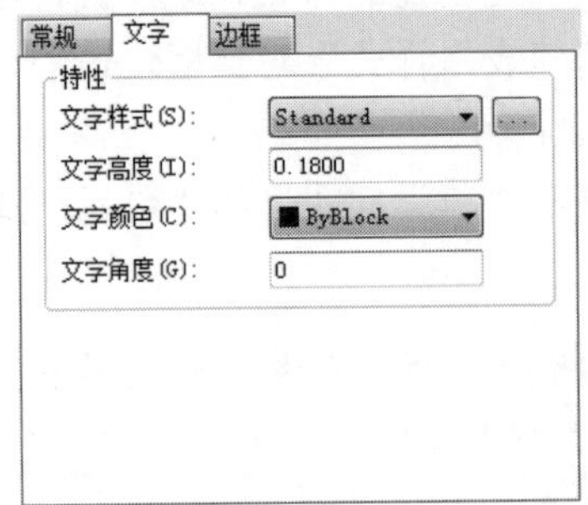

图 7-32 “文字”选项卡

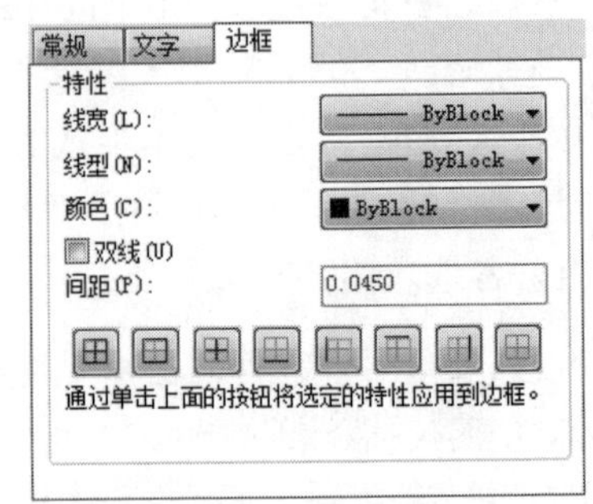

图 7-33 “边框”选项卡

- “常规”选项卡：该选项卡中的“特性”选项组用于设置表格单元的填充颜色与表格内容的对齐方式、格式和类型；“页边距”选项组用于设置单元边框和单元内容之间的水平和垂直间距。“水平”文本框用于设置单元中的文字或块与左右单元边界之间的距离；“垂直”文本框用于设置单元中的文字或块与上下单元边界之间的距离。
- “文字”选项卡：该选项卡中的“文字样式”下拉列表框用于选择表格中文字的样式，如图7-34所示。单击[...]按钮将显示“文字样式”对话框，在该对话框中可以创建新的文字样式；“文字高度”文本框用于设置文字的高度；“文字颜色”下拉列表框用于指定文字的颜色，如图7-35所示，可以在下拉列表框中选择合适的颜色或选择“选择颜色”选项后打开“选择颜色”对话框来设置颜色；“文字角度”文本框用于设置文字的角度，默认的文字角度为0°，可以输入–359°~359°之间的任意角度。

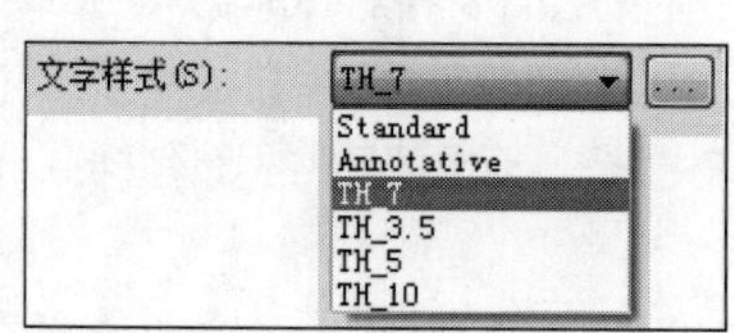

图7-34 “文字样式”下拉列表框

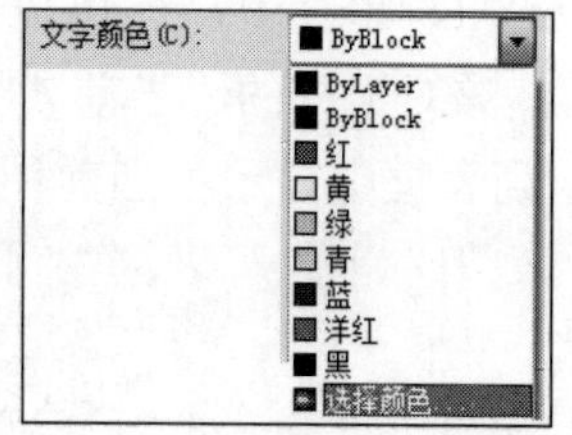

图7-35 “文字颜色”下拉列表框

- “边框”选项卡：除了设置线宽、线型和颜色以外，勾选“双线”复选框，将表格边界显示为双线，此时“间距”文本框中可输入双线边界的间距。另外8个边框按钮含义如下：
  - “所有边框”按钮：单击该按钮，将边界特性设置应用于所有数据单元、表头单元或标题单元的所有边界。
  - “外边框”按钮：单击该按钮，将边界特性设置应用于所有数据单元、表头单元或标题单元的外部边界。
  - “内边框”按钮：单击该按钮，将边界特性设置应用于所有数据单元或表头单元的内部边界，标题单元不适用。
  - “底边框”按钮：单击该按钮，将边界特性设置应用于所有数据单元、表头单元或标题单元的底边界。
  - “左边框”“上边框”和“右边框”3个按钮：设置左、上和右3个方向的边界。
  - “无边框”按钮：单击该按钮，将隐藏数据单元、表头单元或标题单元的边界。

2. 表格样式的操作实例

【例7-3】 创建“暖通设备表”表格样式，要求表格中标题的文字字体样式为TH_5，表头和数据文字样式均为TH_3.5，对齐方式均为正中，其他选项保持默认设置。

步骤01 单击“默认”选项卡|“注释”面板上的“表格样式”按钮，打开“表格样式”对话框。

步骤02 单击“新建”按钮，打开“创建新的表格样式”对话框，并在“新样式名”文本框中输入表格样式名“暖通设备表”。

步骤03 单击“继续”按钮，打开“新建表格样式”对话框，然后在“单元样式”下拉列表框中选择“标题”选项。

步骤 04 在“单元样式”选项组中单击“文字”选项卡，在“文字样式”下拉列表框中选择 TH_5 文字样式。

步骤 05 在“单元样式”选项组中单击“常规”选项卡，在“特性”选项组的“对齐”下拉列表框中选择“正中”选项。

步骤 06 分别在“单元样式”下拉列表框中选择“表头”和“数据”选项，设置文字样式为 TH_3.5，对齐方式为正中。

步骤 07 单击“确定”按钮，关闭“新建表格样式”对话框，再单击“关闭”按钮，关闭“表格样式”对话框。

3. 表格样式的管理

在AutoCAD 2021中，还可以使用“表格样式”对话框来管理图形中的表格样式，如图7-29所示。该对话框的“当前表格样式”后面显示当前使用的表格样式(默认为Standard)；在“样式”列表框中显示了当前图形所包含的表格样式；“预览”窗口中显示了选中表格的样式；在“列出”下拉列表框中可以选择“样式”列表框是显示图形中的所有样式还是正在使用的样式。

此外，在“表格样式”对话框中，还可以单击“置为当前”按钮，将选中的表格样式设置为当前；单击“修改”按钮，在打开的“修改表格样式”对话框中可以修改选中表格的样式，如图7-36所示；单击“删除”按钮，可以删除当前选中的表格样式。

图 7-36　“修改表格样式：GB”对话框

7.3.3 创建表格

单击“默认”选项卡|“注释”面板上的“表格”按钮，或者单击“注释”选项卡|“表格”面板上的“表格”按钮，或者在命令行输入TABLE或TB后按Enter键，都可以执行“表格”命令，打开“插入表格”对话框，如图7-37所示。在“表格样式”下拉列表框中选择表格样式或单击其后的“启动表格样式”按钮，打开“表格样式”对话框，创建新的表格样式。

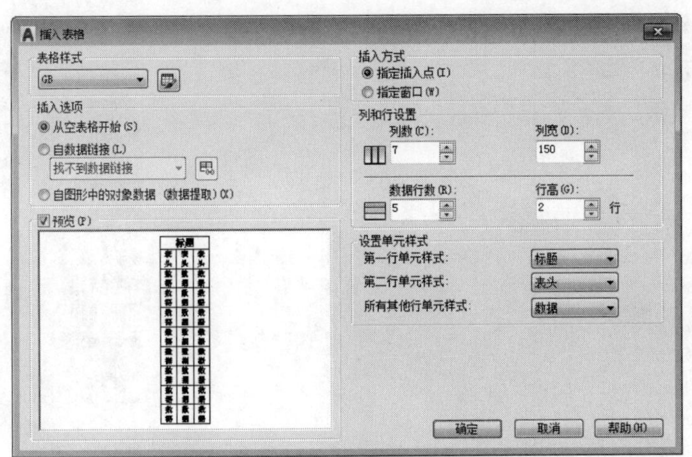

图 7-37 “插入表格”对话框

- “插入选项”选项组：选中“从空表格开始”单选按钮，可以创建一个空的表格；选中“自数据链接”单选按钮，可以从外部导入数据来创建表格；选中“自图形中的对象数据（数据提取）”单选按钮，可以用于从可输出的表格或外部文件的图形中提取数据来创建表格。
- “插入方式”选项组：选中“指定插入点”单选按钮，可以在绘图窗口中的某点插入固定大小的表格；选中“指定窗口”单选按钮，可以在绘图窗口中通过拖动表格边框来创建任意大小的表格。
- “列和行设置”选项组：通过改变“列数”“列宽”“数据行数”和“行高”文本框中的数值来调整表格的外观大小。
  - “列数”文本框：设置表格的列数。选中“指定窗口”单选按钮并指定列宽时，则选定了“自动”选项，且列数由表的宽度控制。
  - “列宽”文本框：设置列的宽度。选中“指定窗口”单选按钮并指定列数时，则选定了“自动”选项，且列宽由表的宽度控制，最小列宽为一个字符。
  - “数据行数”文本框：设置表格行数。选中“指定窗口”单选按钮并指定行高时，则选定了“自动”选项，且行数由表的高度控制。
  - “行高”文本框：按照文字行高指定表的行高。文字行高是基于文字高度和单元边距的，这两项均可在表格样式中设置。选中“指定窗口”单选按钮并指定行数时，则选定了“自动”选项，且行高由表的高度控制。
- “设置单元样式”选项组：“第一行单元样式”下拉列表框用于指定表格中第一行的单元样式，系统默认使用标题单元样式；“第二行单元样式”下拉列表框用于指定表格中第二行的单元样式，系统默认使用表头单元样式；“所有其他行单元样式”下拉列表框用于指定表格中其他行的单元样式，系统默认使用数据单元样式。

7.3.4 编辑表格

在AutoCAD 2021中，还可以使用表格的快捷菜单来编辑表格。当选中整个表格时，其快捷菜单如图7-38所示；当选中表格单元时，其快捷菜单如图7-39所示。

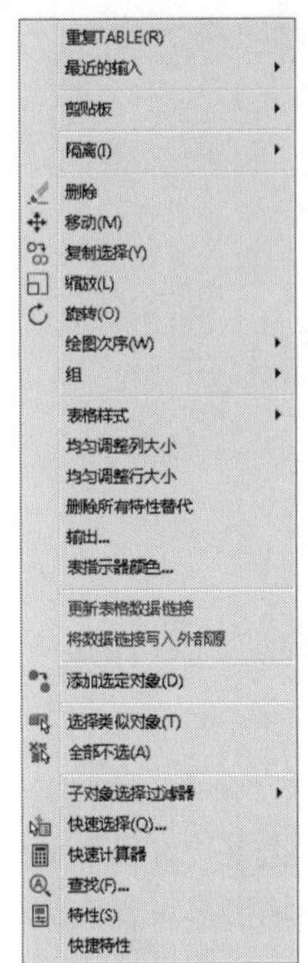

图 7-38　选中整个表格时的快捷菜单

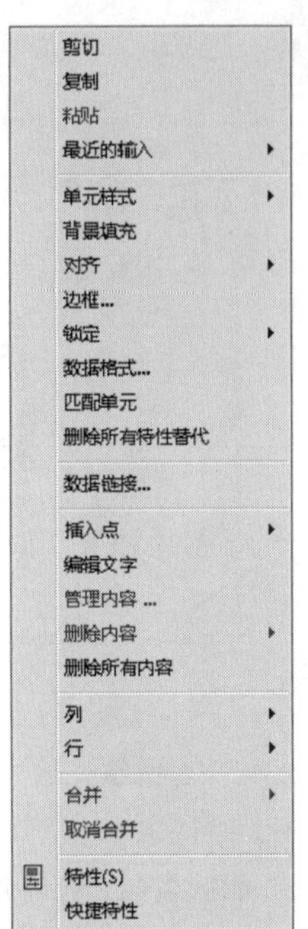

图 7-39　选中表格单元时的快捷菜单

从表格的快捷菜单中可以看到，可以对表格进行剪切、复制、删除、移动、缩放和旋转等简单的操作，还可以均匀调整表格的行和列的大小，删除所有特性替代。选择“输出”命令时，可以打开“输出数据”对话框，以.csv格式输出表格中的数据。

当选中表格后，在表格的四周、标题行上将显示许多夹点，如图7-40所示，通过拖动这些夹点来编辑表格，将光标在某一夹点上悬停，可以看到该夹点的功能，如图7-41所示。

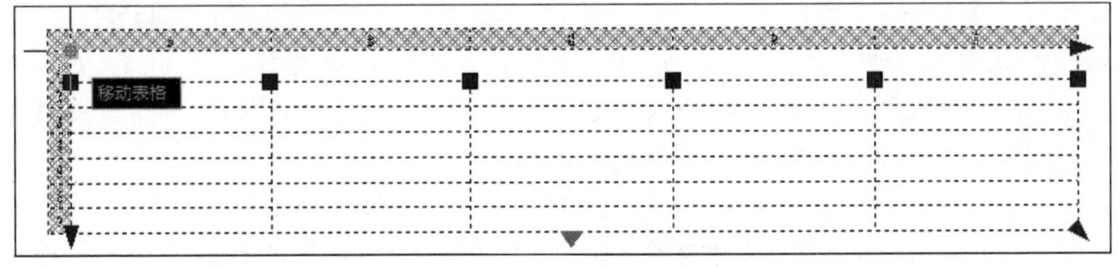

图 7-40　显示夹点的表格

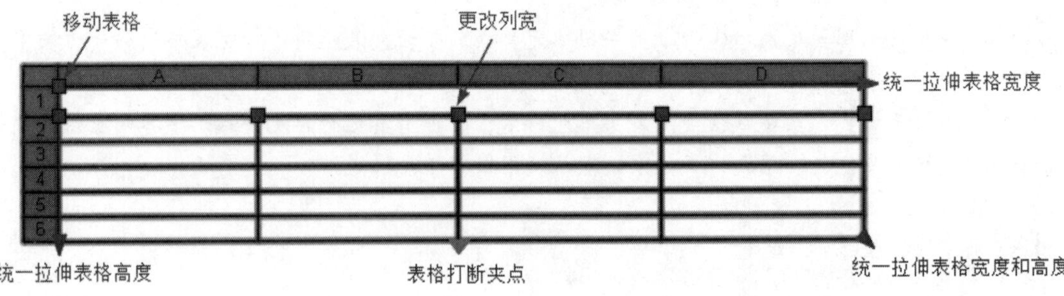

图 7-41　表格的夹点功能

各夹点的功能描述如下：

- 左上夹点：移动表格。
- 右上夹点：修改表宽并按比例修改所有列。
- 左下夹点：修改表高并按比例修改所有行。
- 右下夹点：修改表高和表宽并按比例修改行和列。
- 列夹点：在表头行的顶部，将列的宽度修改到夹点的左侧，并加宽或缩小表格以适应此修改。

当选中了表格中的某单元格时，表格状态如图7-42所示，用户可以对表格中的单元格进行编辑处理，表格上方的“表格”工具栏中提供了各种对单元格进行编辑的工具。在各按钮上悬停光标，即可出现该按钮的功能说明。

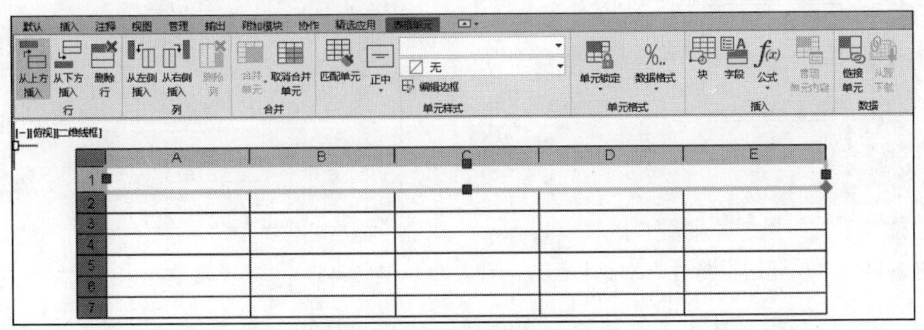

图 7-42　单元格被选中状态

当选中表格中的单元格后，单元格边框的中间将显示夹点，效果如图7-43所示。在另一个单元格内单击可以将选中的内容移到该单元格，拖动单元格上的夹点可以改变单元格及其列或行的宽度或大小。

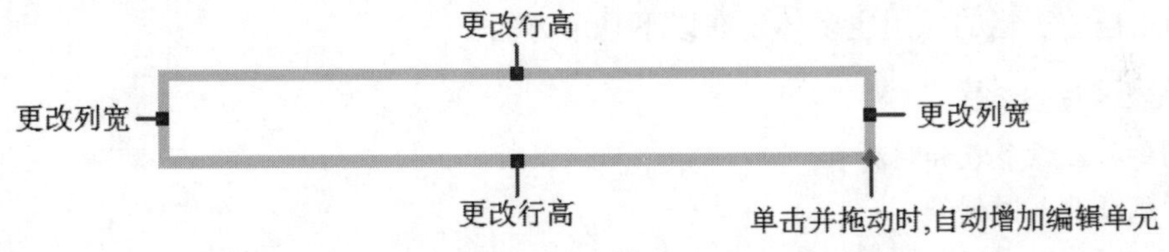

图 7-43　单元格夹点

单元格右下角的点用于选择多个单元格编辑时使用，也可以按住Shift键同时在另一个单元格内单击，可以同时选中这两个单元格以及它们之间所有的单元格，单元格被选中后，可以使用“表格”工具栏中的工具，或者执行如图7-39所示的快捷菜单中的命令，对单元格进行操作。

右击单元格后，将弹出表格单元格快捷菜单，其主要命令选项的含义说明如下：

- “对齐”命令：在该命令的子命令中可以选择表格单元的对齐方式，如左上、左中、左下等。
- “边框”命令：选择该命令，将打开“单元边框特性”对话框，可以设置单元格边框的线宽、颜色等特性，如图 7-44 所示。
- “匹配单元”命令：用当前选中的表格单元格式（源对象）匹配其他表格单元（目标对象），此时鼠标指针变为刷子形状，单击目标对象即可进行匹配。

- “插入点”命令：选择该命令中的子命令，可以从中选择插入到表格中的快、字段和公式。如选择“块”命令，将打开“在表格单元中插入块”对话框，可以设置插入的块在表格单元中的对齐方式、比例和旋转角度等特性，如图 7-45 所示。

图 7-44　“单元边框特性”对话框

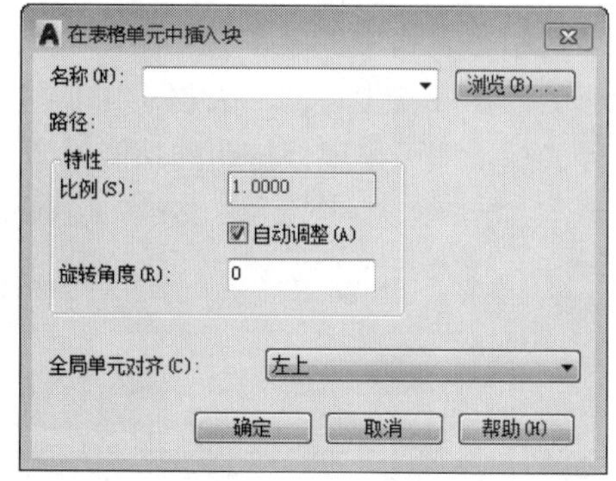

图 7-45　“在表格单元中插入块”对话框

- “合并”命令：当选中多个连续的表格单元格后，使用该命令中的子命令可以全部、按列或按行合并表格单元。

7.4　暖通工程中的表格

暖通工程中表格的应用主要体现在以下几个方面。

- 标题栏与会签栏。
- 明细栏、设备表和材料表。
- 图纸目录与图例等。

7.4.1　标题栏与会签栏

在《房屋建筑制图统一标准》GB/T 50001-2017中对暖通空调图纸中的标题栏与会签栏作了以下规定。

标题栏应根据工程需要选择确定其尺寸、格式及分区，签字区应包含实名列和签名列，如图7-46所示。涉外工程的标题栏内，各项主要内容的中文下方应附有译文，设计单位的上方或左方，应加“中华人民共和国”字样。

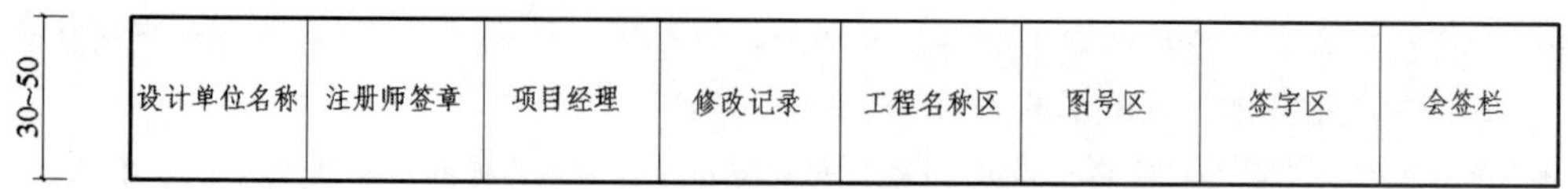

图 7-46　标题栏

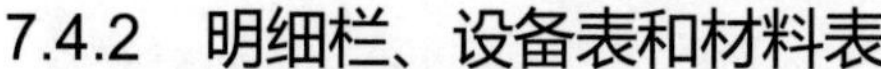

7.4.2 明细栏、设备表和材料表

在《暖通空调制图标准》GB/T 50114-2010中对图纸中的明细栏和设备表格的绘制方法及尺寸作了详细的规定。

1. 明细栏

图纸中的设备或部件不便用文字标注时，可进行编号。图样中只注明编号，其名称宜以“注：”“附注：”或“说明：”表示。如还需表明其型号（规格）、性能等内容时，宜用“明细栏”表示，如图7-47所示。装配图的明细栏按现行国家标准《技术制图 明细栏》GB 10609.2-2009执行。

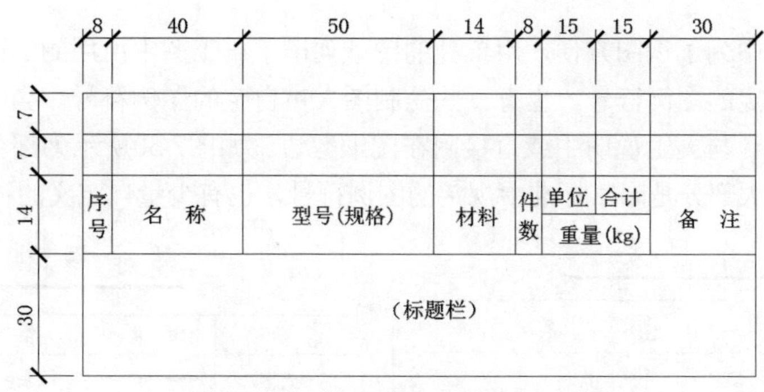

注：本示例适合于字高为 5、字宽为 0.8 的情况

图 7-47 明细栏示例

2. 设备表和材料表

初步设计和施工图设计的设备表至少应包括序号（或编号）、设备名称、技术要求、数量和备注栏；材料表至少应包括序号（或编号）、材料名称、规格或物理性能、数量、单位和备注栏（可选）。

如图7-48所示即为某工程的设备表（部分）。

主要设备表

序号	名 称	规 格	数量	单位
1	电散热器	AT060-500	2	台
2	电散热器	AT060-750	1	台
3	电散热器	AT060-2000	3	台
4	浴 霸	N=3.5KW	10	台
5	空调室外机	HSLR-30 制冷量 27.6KW,N=11.34KW 制热量 31.4KW	1	台
6	壁挂式电锅炉	CML-15 N=15KW	1	台
7	风机盘管	FP-5LA	3	台

图 7-48 主要设备表

7.4.3 图纸目录与图例

同其他安装类的工程一样，暖通空调工程的图纸中需要通过图纸目录和图例来索引识图。

1. 图纸目录

图纸目录和书籍的目录功能相似，是暖通工程施工图的总索引。其主要用途是方便使用者迅速找到所需的图纸。在图纸目录中完整地列出了本套暖通空调工程图纸所有设计图纸的名称、图号和工程编号等，有时也包含图纸的图幅和备注。如图7-49所示为某空调工程的部分图纸目录。

2. 图例符号说明

在暖通空调图中为了识图方便，用单独的图纸列出了施工图中所用到的图例符号。其中有些是国家标准中规定的图例符号，也有一些是制图人员自定的图例符号。当图例符号数量较少时，可以归纳到设计与施工说明中或直接附在图纸旁边。如图7-50所示为部分暖通空调中工程图纸的图例，其中大部分是国家标准中规定的图例符号，也有少量自定义的符号，如浴霸。

图纸目录

序号	图 号	图 名
1	设施 1	设计说明
2	设施 2	一层空调平面图
3	设施 3	二层空调平面图
4	设施 4	阁楼层空调平面图
5	设施 5	空调系统图

图 7-49 图纸目录

暖通图例

名 称	图 例	名 称	图 例
供水管		温度计	
回水管		止回阀	
冷凝水管		阀门	
风机盘管		自动排气阀	
电动三通阀		发热电缆	
电暖器、电风幕		带换气扇浴霸	

图 7-50 暖通空调工程图纸的部分图例

7.5 综合操作实例

【例7-4】 创建如图7-51所示的某酒店空调机房设备表。

主要设备表

序号	名称	规 格	数量	单位	备注
1	电散热器	AT060-500	2	台	
2	电散热器	AT060-750	1	台	
3	浴霸	N=3.5KW	10	台	新增设备
4	室外空调机	HSLR-30 制冷量27.6KW,制热量31.4KW N=11.34KW	1	台	新增设备
5	壁挂式电锅炉	CML-15 N=15KW	1	台	新增设备
6	风机盘管	FP-5LA	3	台	

图 7-51 绘制暖通设备表

步骤 01 单击“默认”选项卡|“注释”面板上的“表格样式”按钮，弹出“表格样式”对话框，在“样式”列表框中选择 7.3.2 节创建的“暖通设备表”表格样式。

步骤 02 单击“修改”按钮，打开“修改表格样式”对话框，在“单元样式”下拉列表框中选择“数据”选项，在“文字”选项卡的“文字样式”下拉列表框中选择 TH_5 文字样式；在“单元样式”下拉列表框中选择“表头”选项，在“文字”选项卡的“文字样式”下拉列表框中选择 TH_5 文字样式，对齐方式为正中；在“单元样式”下拉列表框中选择“标题”选项，在“文字”选项卡的“文字样式”下拉列表框中选择 TH_10 文字样式，单击按钮，弹出“文字样式”对话框，将文字“宽度因子”修改为 0.8。所有文字对齐方式均为正中。

步骤 03 依次单击“确定”按钮和“关闭”按钮，关闭“修改表格样式”和“表格样式”对话框。

步骤 04 单击“默认”选项卡|“注释”面板上的“表格”按钮，在“表格样式”下拉列表框中选择“暖通设备表”样式；在“插入方式”选项组中选中“指定窗口”单选按钮；设置“列数”为 7，“列宽”为“自动”，“数据行数”为 6，其余设置均按默认，效果如图 7-52 所示。

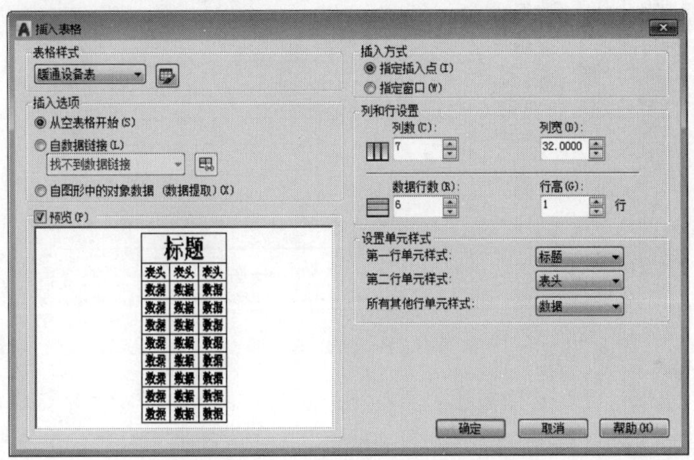

图 7-52　插入表格并设置表格参数

步骤 05 单击“确定”按钮，移动鼠标在绘图窗口中单击将绘制出一个表格，此时表格的最上面一行处于文字编辑状态，如图 7-53 所示。

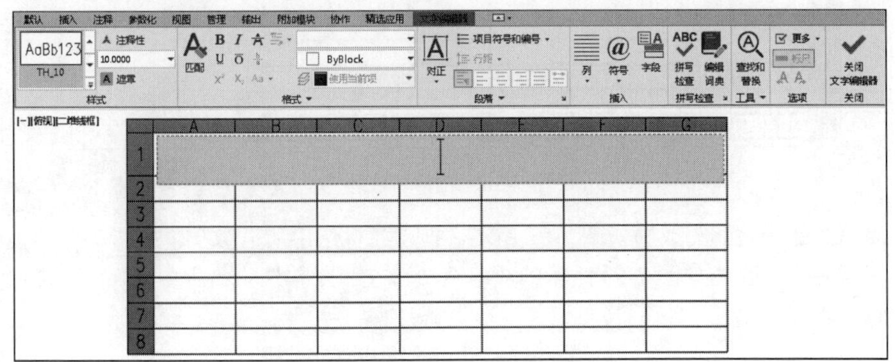

图 7-53　处于编辑状态的表格

步骤 06 输入标题文字“主要设备表”，单击“关闭”面板上的按钮，完成标题的输入，使用光标单击并拖动，形成如图 7-54 所示的选择框。

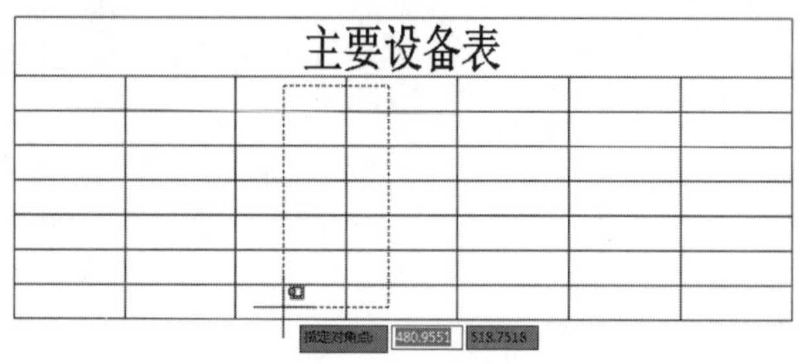

图 7-54　选择框

步骤 07 释放鼠标左键，则选择框经过的 7 行 2 列被选中，在“表格单元”选项卡上单击“合并”面板上的“按行合并”按钮，单元格合并效果如图 7-55 所示。

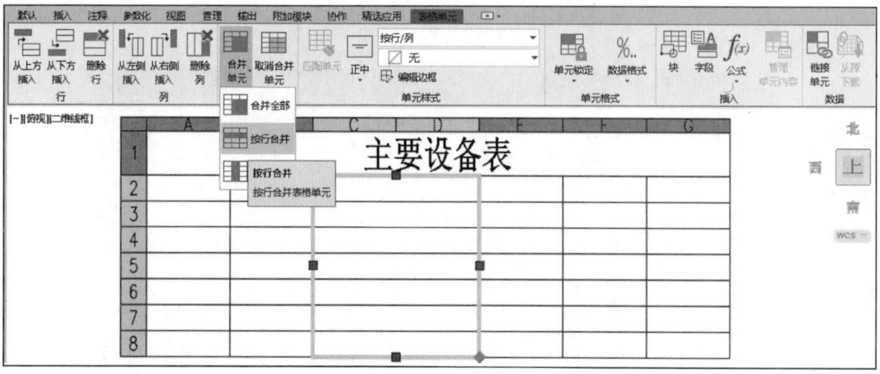

图7-55　合并单元格

步骤 08 双击各单元格，进入表格编辑状态，输入表头，完成后单击表格边框，进入夹点编辑模式，将最后一列“备注”向右拉伸 20mm，单击夹点变为红色，向右拖动光标，输入 20 后按 Enter 键，效果如图 7-56 所示。

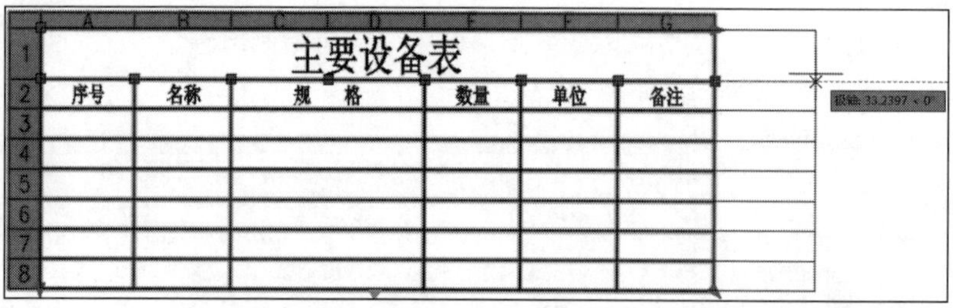

图 7-56　拉伸备注栏

步骤 09 填写数据内容，完成后如图 7-57 所示。拖动光标选中所有数据，如图 7-58 所示，在选中区域右击，弹出如图 7-59 所示的快捷菜单，在“对齐”子命令中选择“正中”命令将数据居中。

主要设备表					
序号	名称	规　格	数量	单位	备注
1	电散热器	AT060-500	2	台	
2	电散热器	AT060-750	1	台	
3	浴霸	N=3.5KW	10	台	新增设备
4	室外空调机	HSLR-30 制冷量27.6KW，制热量31.4KW N=11.34KW	1	台	新增设备
5	壁挂式电锅炉	CML-15 N=15KW	1	台	新增设备
6	风机盘管	FP-5LA	3	台	

图 7-57　填写完数据的表格

	A	B	C	D	E	F	G
1	主要设备表						
2	序号	名称	规　格		数量	单位	备注
3	1	电散热器	AT060-500		2	台	
4	2	电散热器	AT060-750		1	台	
5	3	浴霸	N=3.5KW		10	台	新增设备
6	4	室外空调机	HSLR-30 制冷量27.6KW，制热量31.4KW N=11.34KW		1	台	新增设备
7	5	壁挂式电锅炉	CML-15 N=15KW		1	台	新增设备
8	6	风机盘管	FP-5LA		3	台	

图 7-58　选中数据

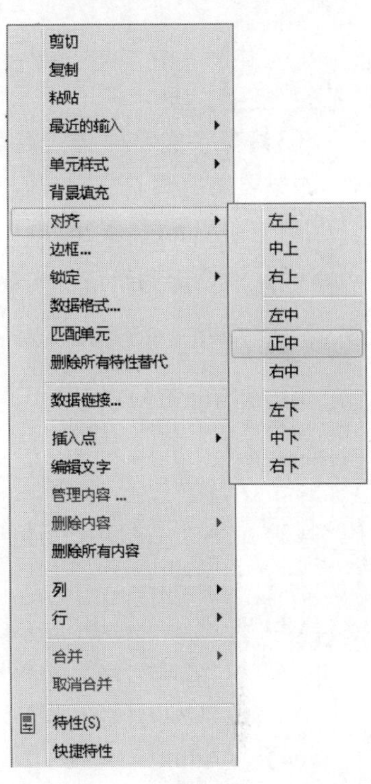

图 7-59　选择“正中”命令

步骤 10　最后使用拖动夹点的方法调整表格各列宽度，调整后的高度和宽度尺寸如图 7-60 所示，完成“主要设备表”表格的绘制。

主要设备表					
序号	名称	规　格	数量	单位	备注
1	电散热器	AT060-500	2	台	
2	电散热器	AT060-750	1	台	
3	浴霸	N=3.5KW	10	台	新增设备
4	室外空调机	HSLR-30 制冷量27.6KW，制热量31.4KW N=11.34KW	1	台	新增设备
5	壁挂式电锅炉	CML-15 N=15KW	1	台	新增设备
6	风机盘管	FP-5LA	3	台	

行高：16，10，10，10，10，27，20，10
列宽：20，36，70，20，20，50

图 7-60　调整后的设备表

7.6 习　题

1. 填空题

（1）在AutoCAD 2021中，可以使用__________对话框创建文字样式。

（2）在中文版AutoCAD 2021中，系统默认的文字样式为__________，它使用基本字体文件是__________。

（3）在“文字样式”对话框中设置文字效果，倾斜角度为0°时，文字__________倾斜；如果要向右倾斜文字，则角度为__________。

（4）在AutoCAD 2021中，__________对话框可以修改原有的表样式或自定义表样式。

（5）当选中表格后，可以通过拖动表格四周、标题行上的__________来编辑表格。

2．选择题

（1）在AutoCAD 2021中，使用堆叠方式设置文字的分数形式时，不能使用的分隔符号是__________。

A. /　　B. #　　C. ^　　D. 。

（2）在AutoCAD中创建文字时，标注度的表示方法是__________。

A. %%D　　B. %%P　　C. %%C　　D. %%R

（3）要创建字符串好运北京2014，下列正确的命令是__________。

A. %%U好运北京%%O2014　　B. %%U好运北京%%U2014

C. %%O好运北京%%U2014　　D. %%O好运北京%%O2014

（4）在AutoCAD 2021中，可以通过拖动表格的__________来编辑表格。

A. 行　　B. 边框　　C. 列　　D. 夹点

（5）创建多行文字的命令是__________。

A. DDEDIT　　B. MTEXT　　C. DTEXT　　D. TABLESTYLE

3．问答题

（1）在AutoCAD中，如何创建文字样式？

（2）在AutoCAD中，如何计算表格单元的平均值？

（3）如何在图形中标注有下标的文字？

4．上机题

（1）创建如图7-61所示的空调机房平面布置图标题，要求字体为“仿宋 _GB2312”，文字高度为10，宽度比例为0.7，并使用控制符添加下划线。

空调机房平面布置图 1:100

图 7-61　平面图标题

（2）使用多行文字创建如图7-62所示的空调机房平面图图注，其中要求文字采用“仿宋_GB2312”，“注：”字的字高为7并加粗。其余文字的字高为5，宽度比例为1。

注：
1．所有风机盘管的阀门及相关附件安装见风机盘管管路安装示意图，盘管底标高均与主梁梁底等高。
2．风机盘管供回水管接管均为DN32。
3．与风机盘管相连的凝水水管坡度不小于0.01。

图 7-62 标注多行文字

（3）创建文字样式“图纸表格字体”，字体为“仿宋_GB2312”，文字高度为5，宽度比例为0.7；创建表格样式“暖通图纸目录”，没有标题，只有数据单元和列标题，文字样式均采用“图纸表格字体”，对齐方式为“正中”，创建如图7-63所示的明细表。

5	设 施-5	空调系统图
4	设 施-4	阁楼层空调平面图
3	设 施-3	二层空调平面图
2	设 施-2	一层空调平面图
1	设 施-1	设计说明
序 号	图 号	图 名

图 7-63 暖通设计图纸目录

第8章 使用块和设计中心

导言

在绘图过程中，如果图形中有大量相同或相似的内容，则可以把需要重复绘制的图形创建成块，在需要时直接插入这些块即可，从而提高绘图的效率。还可以根据需要为块创建属性，用来指定块的名称、用途等信息。

另外，AutoCAD 2021中的设计中心提供了一个直观、高效的工具，使用它可以方便地浏览、查找、预览、使用和管理AutoCAD图形、块等不同的资源文件。

8.1 创建与编辑块

块是AutoCAD图形设计中一个重要的概念，是一个或多个对象组成的对象组合，常用于绘制复杂、重复的图形。将一组对象组合成块后，就可以根据作图需要将这组对象插入到图中任意指定位置，并可以按不同的比例和旋转角度插入。

8.1.1 创建块

“创建块”命令用于将单个或多个对象创建为一个整体单元，保存于当前文件内，以供当前文件引用。此命令创建的图块称为“内部块”。

单击“默认”选项卡|“块”面板上的“创建”按钮，或者在命令行输入BLOCK或B后按Enter，都可以执行“创建块”命令，打开如图8-1所示的“块定义”对话框，使用该对话框，可以将已绘制的对象创建为块。

“块定义”对话框中主要选项的含义如下：

- “名称”下拉列表框：指定块的名称。如果系统变量 EXTNAMES 设置为 1，块名最长可达 255 个字符，可以包括字母、数字、空格及 Microsoft Windows 和 AutoCAD 未作他用的特殊字符。块名称和定义保存到当前图形中。如果一个块被重新定义，那么一旦重新生成图形，则图形中的所有使用该名称的块都将自动更新。
- “基点”选项组：指定块的插入基点位置。直接在 X、Y、Z 文本框中输入坐标值，也可以单击“拾取点”按钮，切换到绘图窗口并选择基点。理论上讲，可以选择块上的任意一点作为插入基点，为了绘图方便，应根据图形的结构选择基点。一般基点选在块的对称中心、左下角或其他有特征的位置。

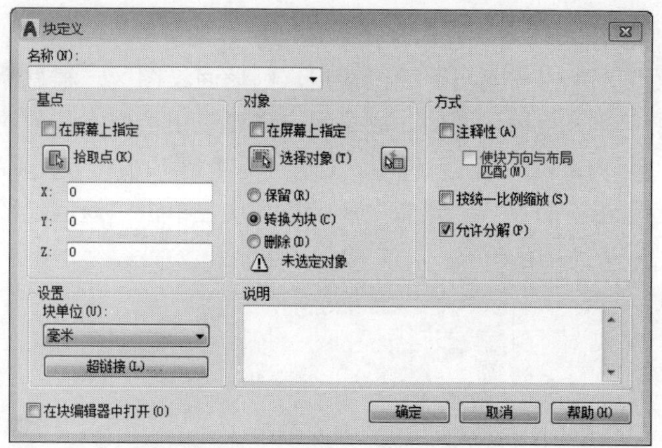

图 8-1 “块定义”对话框

- “设置”选项组：可以在此选项组中设置“块单位”和为块插入超链接。单击“超链接”按钮，系统弹出“插入超链接”对话框，可以在此将超链接与块定义相并联。
- “对象”选项组：设置组成块的对象，其中包括下列选项。
    - “在屏幕上指定”复选框：在屏幕上指定要创建块的对象，勾选该复选框后，“选择对象”按钮就会无效。
    - “选择对象”按钮：可以切换到绘图窗口选择组成块的各个对象，选择完毕后按 Enter 键返回“块定义”对话框。
    - “保留”单选按钮：确定创建块后仍在绘图窗口上是否保留组成块的各对象。
    - “转换为块”单选按钮：确定创建块后是否将组成块的各对象保留并把它们转换成块。
    - “删除”单选按钮：确定创建块后是否删除绘图窗口中组成块的原对象。
- “方式”选项组：设置组成块的对象的显示方式。
    - 勾选“注释性”复选框：为块定义添加注释。
    - 勾选“使块方向与布局匹配”复选项：设置块方向与布局匹配。
    - “按统一比例缩放”复选框：设置对象是否按统一的比例进行缩放。
    - “允许分解”复选框：设置对象是否允许被分解。
- “说明”文本框：用来输入当前块的说明部分。

注 意

当创建块时，必须先绘出要创建块的对象。如果新块名与已定义的块名重复，系统将显示警告对话框，要求重新定义块名称。此外，使用BLOCK命令创建的块只能由块所在的图形使用，而不能由其他图形使用。如果要在其他图形中也使用块，则需使用WBLOCK命令创建块。

8.1.2 插入块

单击“默认”选项卡|“块”面板上的“插入块”按钮，或者在命令行中输入INSERT或I后并按Enter键，都可执行“插入块”命令。

单击面板上的按钮，首先展开的是插入块面板，如图8-2（a）所示，预览区中显示的是当前文件中所有图块，单击需要引用的图块后，则返回绘图区，根据命令行的提示进行块的参数设置，最后指定插入点插入图块。如果用户需要引用当前文件外的图块，则需要选择“最近使用的块...”或“库中的块...”选项，打开“块”选项板，如图8-2（b）所示，在下侧“插入选项”区域设置相应的参数，然后在所示需图块上单击，返回绘图区指定插入点，即可插入图块。

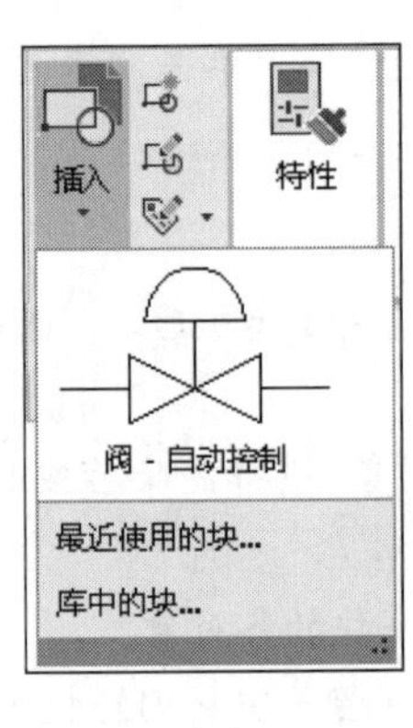

（a）

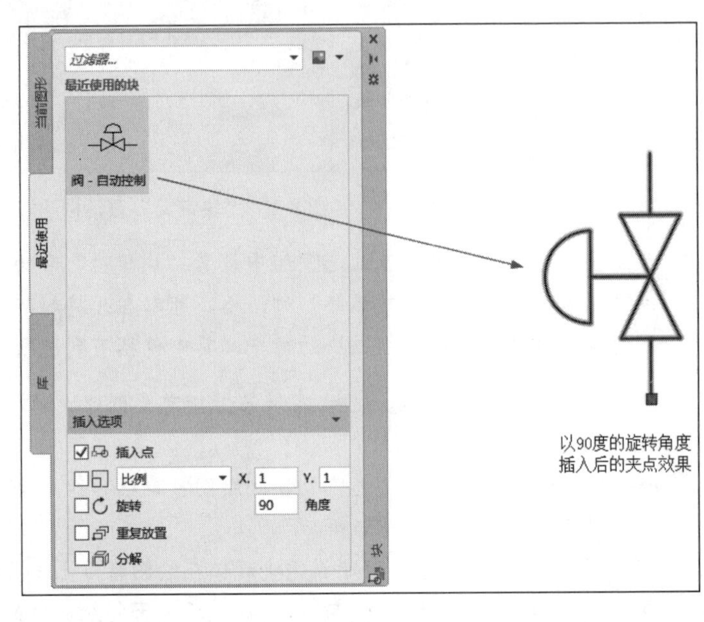

（b）

图 8-2 “块”选项板

另外，如果用户通过命令行输入命令INSERT或I后并按Enter键，则可以直接打开“块”选项板，直观地选择所需图块并在选项板中设置参数。

“块”选项板包括“当前图形”“最近使用”“库”3个选项卡和“插入选项”下拉列表，各选项卡解析如下：

- “当前图形”选项卡显示当前文件中所有图块，用户可以将当前文件中的图块再次插入到当前文件内。通过单击选项板上侧的按钮，可以以多种模式显示并预览当前文件中的所有图块。
- “插入选项”下拉列表主要用于设置图块的插入参数。其中如果勾选了“插入点”复选框，那么将会在绘图区捕捉图形的特征点或在命令行输入插入点坐标，进行定位插入点；如果不勾选该复选框，则需要在“块”选项板中输入插入点的绝坐标值；“比例”复选框用于设置图块的缩放比例；“旋转”复选框用于设置图块的旋转角度；“重复放置”复选框用于重复使用上一次插入图块时设置的参数；如果勾选了“分解”复选框，那么所插入的图块就不是一个单独的对象了。
- “最近使用”选项卡主要用于显示最近使用过的图块，用户可以通过此选项卡查看并引用最近使用过的图块。

- “库”选项卡是比较重要的一项功能，通过单击选项板上侧的按钮，可以打开“为块库选择文件夹或文件”对话框，然后选择已存盘文件，如图 8-3（左）所示，单击“打开”按钮即可将其以图块的形式插入到当前图形文件中。另外，在“为块库选择文件夹或文件”对话框中还可以选择文件夹，单击“打开”按钮，则文件夹中所有文件都会被加载到“块”选项板中，如图 8-3（右）所示。

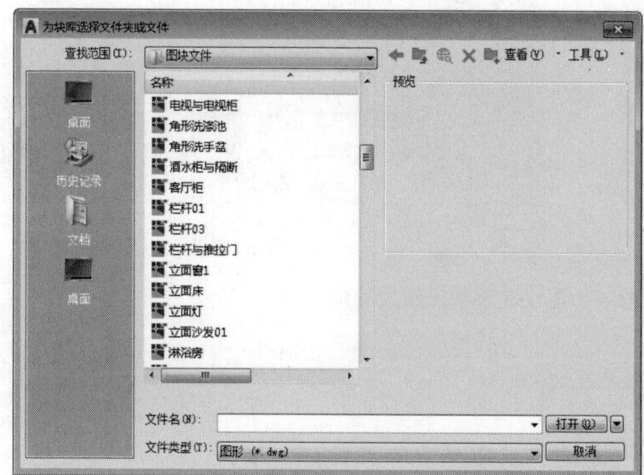

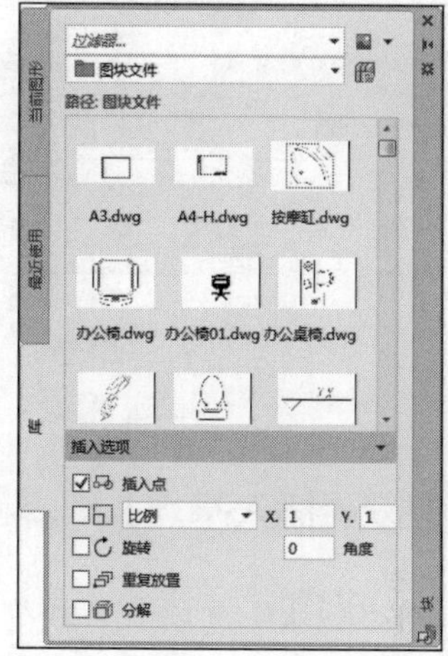

图 8-3　加载文件或文件夹

8.1.3　存储块

在AutoCAD 2021中，使用WBLOCK命令可以将块以文件的形式写入磁盘，以便在其他图形中也能够使用该块。

在命令行中输入WBLOCK或W命令后按Enter键，执行“写块”命令，弹出“写块”对话框，如图8-4（a）所示。

可以在“写块”对话框的“源”选项组中设置组成块的对象来源，其中各选项的含义如下：

- “块”单选按钮：将 BLOCK 命令创建的块写入磁盘，可在其后的下拉列表框中选择块名称。
- “整个图形”单选按钮：将当前文件内的全部图形作为块进行存盘，在下侧“文件名和路径”下拉列表框内可以设置块的名称及存盘路径。
- “对象”单选按钮：在当前文件内选择需要定义图块的全部或部分对象。选中该单选按钮时，可以根据需要使用“基点”选项组设置块的插入点位置，使用“对象”选项组来设置组成块的对象。

可以在“写块”对话框的“目标”选项组中设置块的保存名称和位置，其中各选项的含义如下：

- “文件名和路径”文本框：用于输入块文件的名称和保存位置。也可以单击其后的按钮，使用打开的“浏览图形文件”对话框来设置文件的保存位置，如图 8-4（b）所示。
- “插入单位”下拉列表框：用于选择从 AutoCAD 设计中心拖动块时的缩放单位。

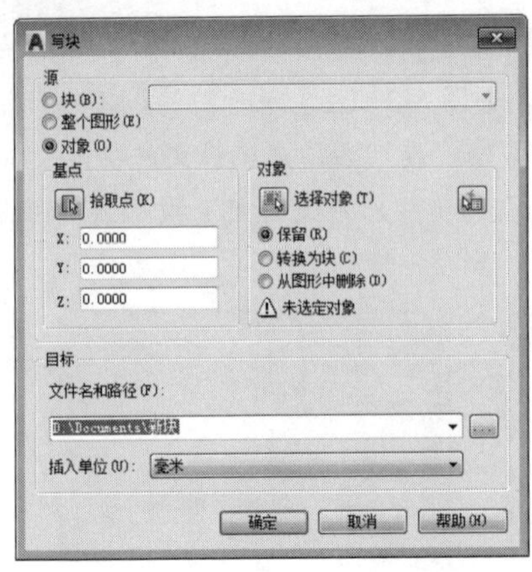

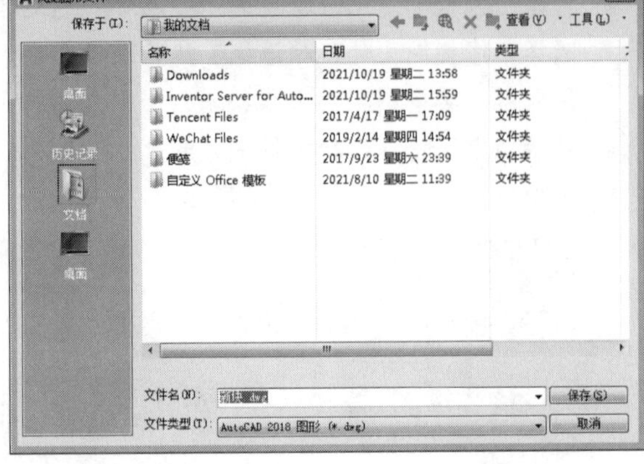

（a）“写块”对话框　　　　（b）“浏览图形文件”对话框

图8-4　写块的参数设置及存储

8.1.4　设置插入基点

单击“默认”选项卡|“块”面板上的“设置基点”按钮，或者在命令行中输入BASE或BA后并按Enter键，都可执行“设置基点”命令，设置当前图形的插入基点。当把一个图形文件作为块插入时，系统默认将该图的坐标原点作为插入点，这样往往会给绘图带来不便。这时就可以使用“基点”命令为图形文件指定新的插入基点。

执行BASE命令后，命令行提示信息如下：

```
命令：'_BASE 输入基点 <0.0000,0.0000,0.0000>:   //输入插入基点坐标或绘图区选择基点
```

8.2　编辑与管理块属性

块属性是附属块的非图形信息，是块的组成部分，是特定的可以包含在块定义中的文字对象。在定义一个块时，属性必须预先定义而后被选定。通常属性在块的插入过程中自动注释。

8.2.1　块属性的特点

在AutoCAD中，可以在图形绘制完成后（甚至在绘制完成前）使用ATTEXT命令将块属性数据从图形中提取出来，并将这些数据写入到一个文件中，这样就可以从图形数据库文件中获取块数据信息。块属性具有以下特点：

- 块属性由属性标记名和属性值两部分组成。例如，可以把“配件”定义为属性标记名，而具体的配件“普通阀门”就是属性值。
- 定义块前应先定义该块的每个属性，即规定每个属性的标记名、属性提示、属性默认值、属性的显示格式（可见或不可见）及属性在图中的位置等。
- 定义块时，应将图形对象和表示属性定义的属性标记名一起用来定义块对象。

- 插入有属性的块时，系统将提示输入需要的属性值。插入块后，属性用它的值表示。因此，同一个块在不同点插入时，可以有不同的属性值。如果属性值在属性定义时规定为常量，系统将不再询问其属性值。
- 插入块后，可以改变属性的显示可见性，对属性进行修改并把属性单独提取出来写入文件，以供统计、制表使用，还可以与其他高级语言或数据库进行数据统计。

8.2.2 创建带属性的块

1. 块属性的定义

单击“默认”选项卡|“块”面板|“定义属性”按钮，或者单击“插入”选项卡|“块定义”面板|“定义属性”按钮，或者在命令行中输入ATTDEF后按Enter键，都可执行“定义属性”命令，打开“属性定义”对话框，如图8-5所示。

图 8-5 “属性定义”对话框

“属性定义”对话框中各选项的含义如下：

- “模式”选项组：设置属性的模式。该选项组包含以下各选项。
  - “不可见”复选框：确定插入块后是否显示其属性值。
  - “固定”复选框：设置属性值是否为固定值。为固定值时，插入块后该属性值不再发生变化。
  - “验证”复选框：验证所输入的属性值是否正确。
  - “预设”复选框：确定是否将属性值直接预置成它的默认值。
  - “锁定位置”复选框：设置是否固定插入块的坐标位置。
  - “多行”复选框：设置是否使用多段文字来标注块的属性值。
- “属性”选项组：定义块的属性。该选项组包含以下各选项。
  - “标记”文本框：输入属性的标记。
  - “提示”文本框：输入插入块时系统显示的提示信息。
  - “默认”文本框：输入属性的默认值。
- “插入点”选项组：用于设置属性值的插入点，即属性文字排列的参照点。可以直接在X、Y、Z文本框中输入点的坐标，也可以勾选“在屏幕上指定”复选框，在绘图窗口中拾取一点作为插入点。
- “文字设置”选项组：用于设置属性文字的格式。该选项组包含以下各选项。
  - “对正”下拉列表框：设置属性文字相对于参照点的排列形式。
  - “文字样式”下拉列表框：设置属性文字的样式。
  - “文字高度”文本框：设置属性文字的高度。可以直接在文本框中输入高度值，也可以单击其右面的按钮，在绘图窗口中指定高度。
  - “旋转”文本框：设置属性文字行的旋转角度。可以直接在文本框中输入角度值，也可以单击其右面的按钮，在绘图窗口中指定角度。

- “在上一个属性定义下对齐”复选框：设置当前属性是否采用上一个属性的文字样式、文字高度及旋转角度，且另起一行按上一个属性的对正方式排列。

设置完“属性定义”对话框中的各项内容后，单击“确定”按钮，系统将完成一次属性定义，可以用上述方法为块定义多个属性。

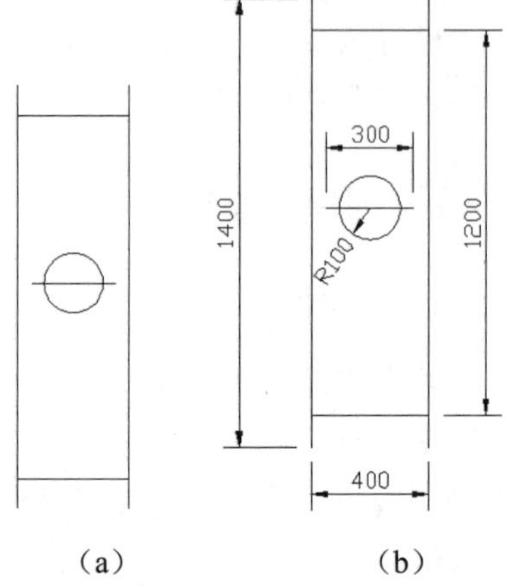

图 8-6　空调管道防火阀

2．创建图块操作实例

【例8-1】　创建空调管道防火阀图块。

按照暖通空调制图标准给出的空调管道阀门图例中防火阀的绘制方法创建“空调管道防火阀”图块，提示为“输入关闭温度”，默认值为1，设置图块名称为“空调管道防火阀”。

步骤 01　绘制如图 8-6（a）所示的防火阀，具体尺寸如图 8-6（b）所示。

步骤 02　单击“默认”选项卡|“注释”面板上的“文字样式”按钮，打开“文字样式”对话框，单击“新建”按钮，创建 TH_200 文字样式，设置字体样式、高度和宽度因子，如图 8-7 所示。

步骤 03　单击“默认”选项卡|“块”面板上的“定义属性”按钮，弹出“属性定义”对话框，设置对话框中各选项的参数，如图 8-8 所示。

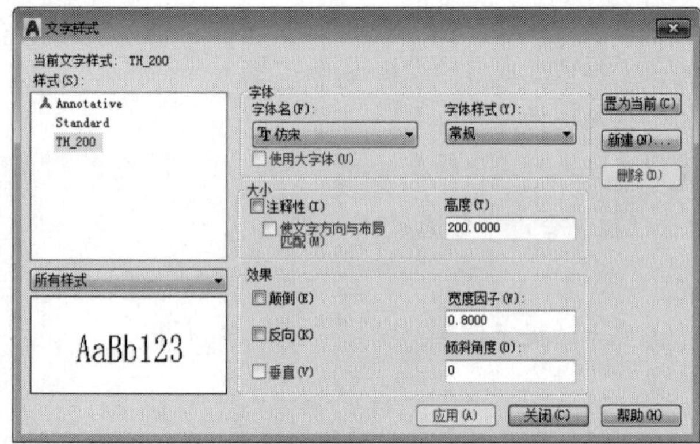

图 8-7　创建 TH_200 文字样式

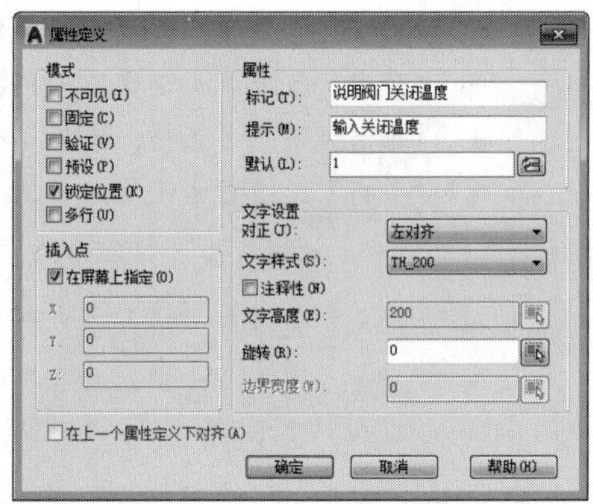

图 8-8　设置块属性

步骤 04　单击“确定”按钮完成属性设置，命令行提示“指定起点:”，在阀门右侧附近任选一点为起点，效果如图 8-8 所示。

步骤 05　单击“默认”选项卡|“块”面板上的“创建”按钮，弹出“块定义”对话框，选择如图 8-9 所示的图形为块对象，捕捉基点为如图 8-10 所示的点，命名图块名称为“空调管道防火阀”。单击“确定”按钮，弹出如图 8-11 所示的“编辑属性”对话框，可在文本框中输入关闭温度，如 70℃，即说明所用防火阀为 70℃关闭的常开阀。单击“确定”按钮完成“空调管道防火阀”图块的创建，效果如图 8-12 所示。

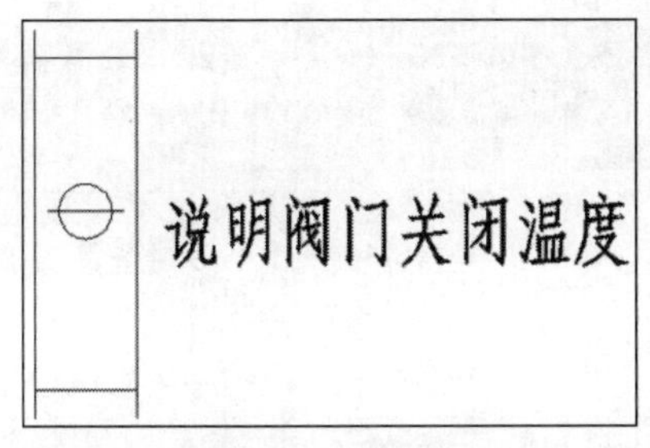

图 8-9　设置属性效果

图 8-10　捕捉块插入基点

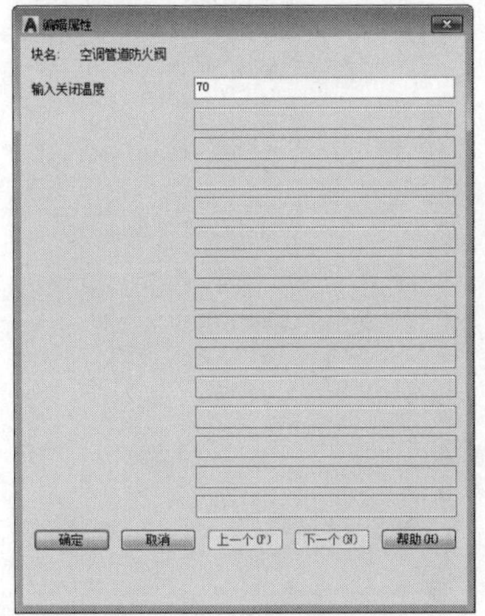

图 8-11　“编辑属性”对话框

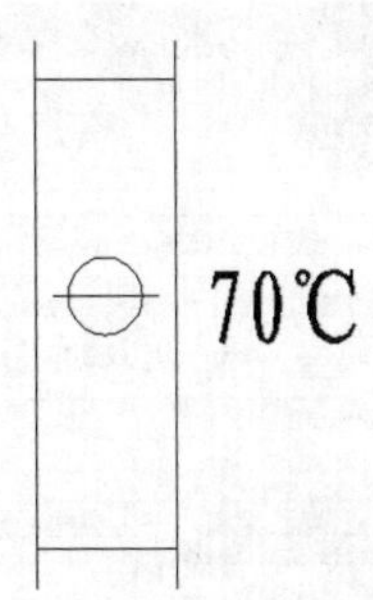

图 8-12　70℃常开防火阀

8.2.3　编辑块属性

“编辑属性”命令是对带有文字属性的几何图块进行编辑块属性的工具。单击“默认”选项卡|“块”面板|“编辑属性”|“单个”按钮，或者在命令行输入EATTEDIT或EAT并按Enter键，都可执行“编辑属性”命令，在绘图窗口中选择需要编辑的块对象后，打开“增强属性编辑器”对话框，如图8-13所示。

“增强属性编辑器”对话框中包含3个选项卡，其各自的功能如下：

- “属性”选项卡：显示了块中每个属性的标记、提示和值。在列表框中选择某一属性后，在“值”文本框中将显示出该属性对应的属性值，可以通过它来修改属性值。
- “文字选项”选项卡：用于修改属性文字的格式。其中包括文字样式、对正方式、高度、旋转、宽度因子和倾斜角度等内容，如图 8-14 所示。
- “特性”选项卡：用于修改文字的图层、线宽、线型、颜色及打印样式等属性，如图 8-15 所示。

此外，还可以使用ATTEDIT命令编辑块属性。在命令行中直接输入ATTEDIT命令，然后选择需要编辑的块对象后，打开“编辑属性”对话框，可以在此编辑或修改块的属性值，如图8-16所示。

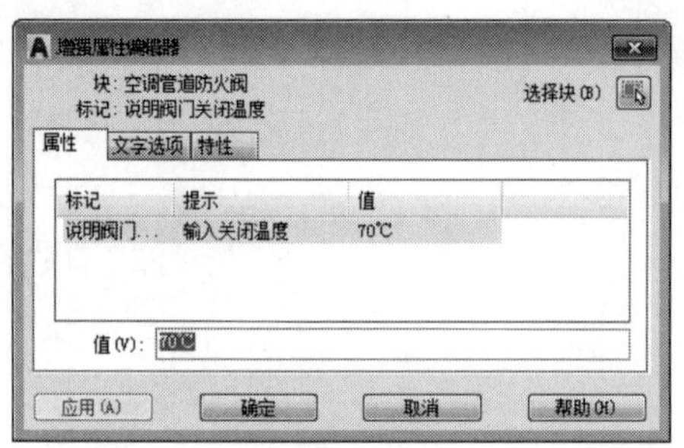

图 8-13 “增强属性编辑器”对话框

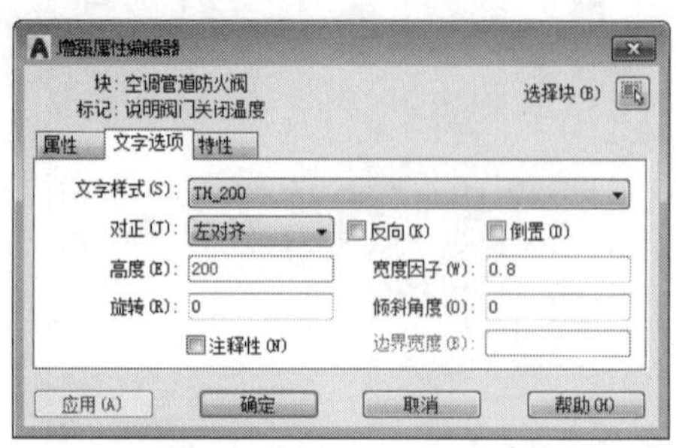

图 8-14 “文字选项”选项卡

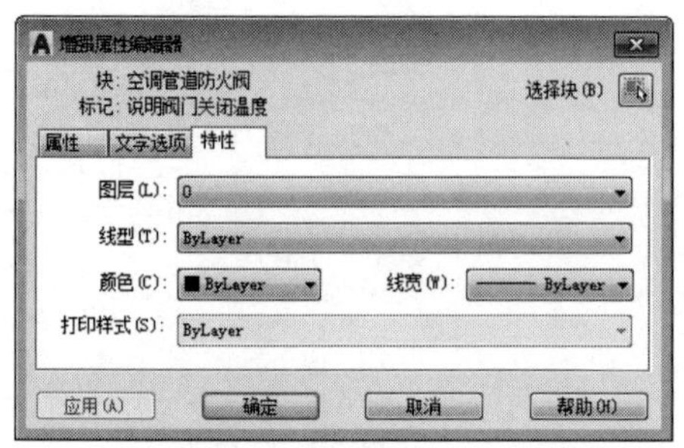

图 8-15 “特性”选项卡

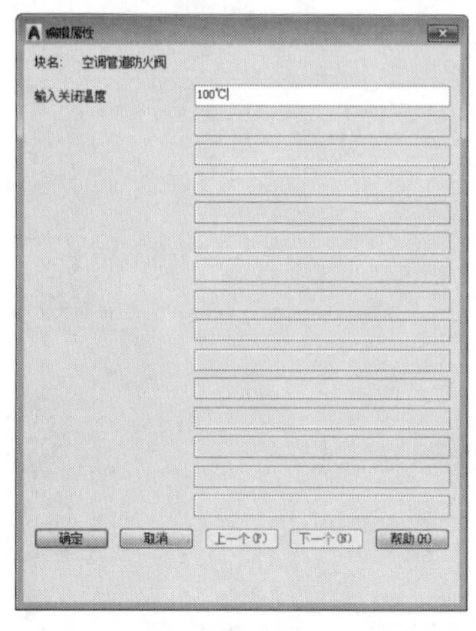

图 8-16 “编辑属性”对话框

8.2.4 块属性管理器

单击“默认”选项卡|“块”面板上的“块属性管理器”按钮，或者在命令行中直接输入BATTMAN后按Enter键，都可以执行“块属性管理器”命令，打开“块属性管理器”对话框，如图8-17所示。

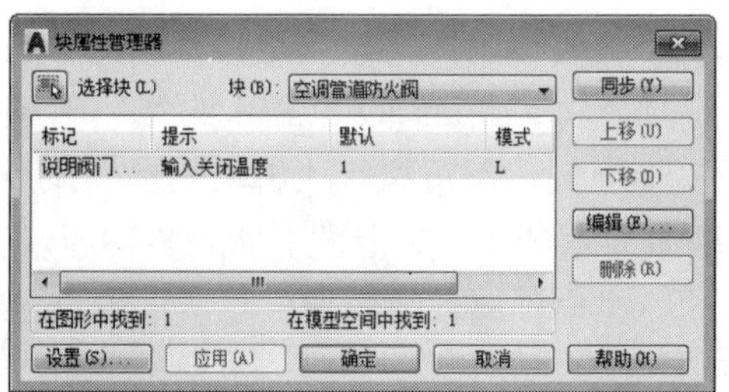

图 8-17 “块属性管理器”对话框

在“块属性管理器”对话框中，各主要选项的含义如下：

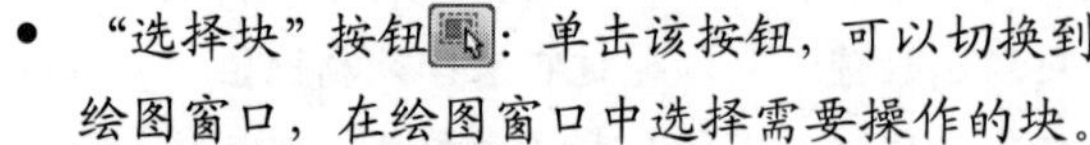

- “选择块”按钮：单击该按钮，可以切换到绘图窗口，在绘图窗口中选择需要操作的块。
- “块”下拉列表框：列出了当前图形中含有属性的所有块的名称，也可以通过该下拉列表框确定要操作的块。
- 属性列表框：显示当前所选择块的所有属性。包括属性的标记、提示、默认和模式。
- “同步”按钮：单击该按钮，可以更新已修改的属性特性实例。
- “上移”按钮：单击该按钮，可以在属性列表框中将选中的属性行向上移动一行，但对属性值为定值的行不起作用。
- “下移”按钮：单击该按钮，可以在属性列表框中将选中的属性行向下移动一行。

- "编辑"按钮：单击该按钮，系统弹出"编辑属性"对话框，在该对话框中，可以重新设置属性定义的构成、文字特性和图形特性。
- "删除"按钮：单击该按钮，可以从块定义中删除在属性列表框中选中的属性定义，且块中对应的属性值也被删除。
- "设置"按钮：单击该按钮，打开"块属性设置"对话框，可以在此设置属性列表框中能够显示的内容。

8.3 创建动态块

8.3.1 创建动态块命令与选项

图块是由一组对象构成的单一对象，当插入块时，可以通过输入缩放比例因子及旋转角度设定块的大小和方向。除此之外，无法通过其他编辑命令对块的大小进行编辑。要使已有的块对象的尺寸具有可编辑性，必须将块创建成动态块。动态块包含尺寸参数及与参数关联的动作，常用的参数有长度、角度等，与这些参数相关的动作有拉伸、旋转等。

使块成为动态块至少包含一个参数以及一个与该参数关联的动作，这个工作可以由块编辑器完成，块编辑器是专门用于创建块定义并添加动态行为的一个工具。

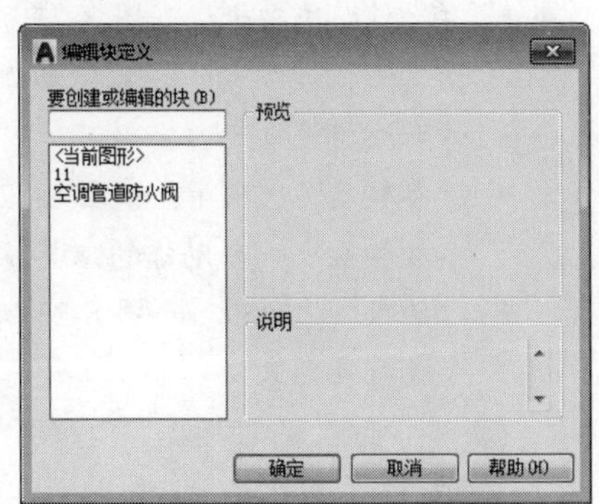

图 8-18 "编辑块定义"对话框

单击"默认"选项卡|"块"面板上的"块编辑器"按钮，或者单击"插入"选项卡|"块定义"面板上的"块编辑器"按钮，或者在命令行中输入BEDIT后按Enter键，都可执行"块编辑器"命令，弹出如图8-18所示的"编辑块定义"对话框。在"要创建或编辑的块"文本框中可以选择已经定义的块，也可以选择当前图形创建的新动态块，如果选择"<当前图形>"选项，当前图形将在块编辑器中打开。在图形中添加动态元素后，可以保存图形并将其作为动态块参照插入到另一个图形中。同时可以在"预览"窗口查看选择的块，"说明"栏将显示该块的信息。

选定需要编辑的块后，单击"编辑块定义"对话框中的"确定"按钮，进入"块编辑器"窗口，如图8-19所示。"块编辑器"窗口由"块编辑器"选项卡的功能区面板、"块编写选项板"和编写区域组成。

"块编辑器"选项卡包括"打开/保存"面板、"几何"面板、"标注"面板、"管理"面板、"操作参数"面板、"可见性"面板和"关闭"面板，主要提供了各种创建动态块以及设置可见性状态的工具，"块编写选项板"中包含"参数""动作""参数集"和"约束"4个选项卡，具体含义如下：

- "参数"选项卡：如图 8-20 所示，该选项卡用于向块编辑器中的动态块添加参数，动态块的参数包括点参数、线性参数、极轴参数、XY 参数、旋转参数、对齐参数、翻转参数、可见性参数、查寻参数和基点参数。

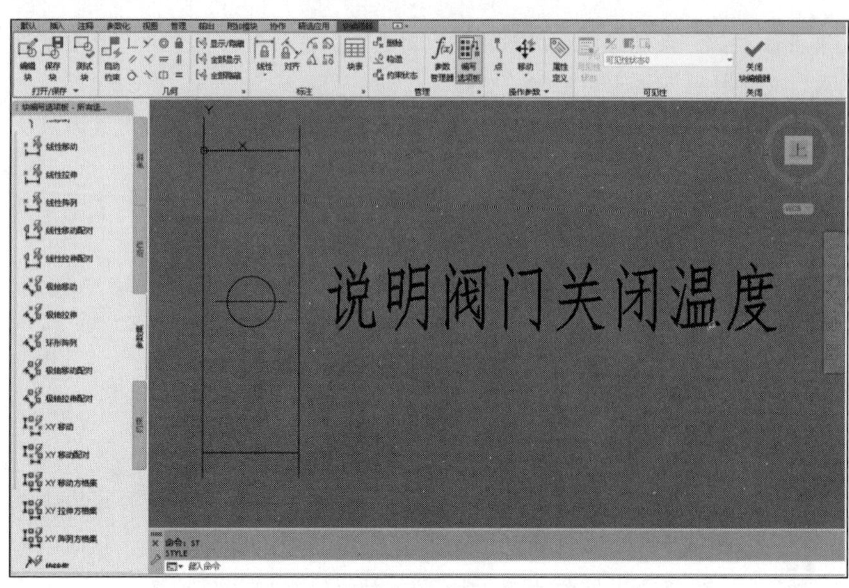

图 8-19 块编辑器

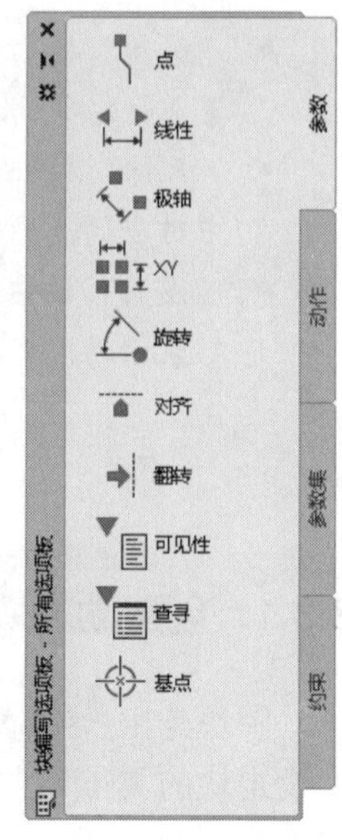

图 8-20 “参数”选项卡

- “动作”选项卡：如图 8-21 所示，该选项卡用于向块编辑器中的动态块添加动作，包括移动动作、缩放动作、拉伸动作、极轴拉伸动作、旋转动作、翻转动作、阵列动作、查寻动作和块特性表动作。
- “参数集”选项卡：如图 8-22 所示，该选项卡用于在块编辑器中向动态块定义中添加一个参数和至少一个动作的工具，是创建动态块的一种快捷方式。
- “约束”选项卡：如图 8-23 所示，该选项卡用于在块编辑器中向动态块定义中添加几何约束或标注约束。

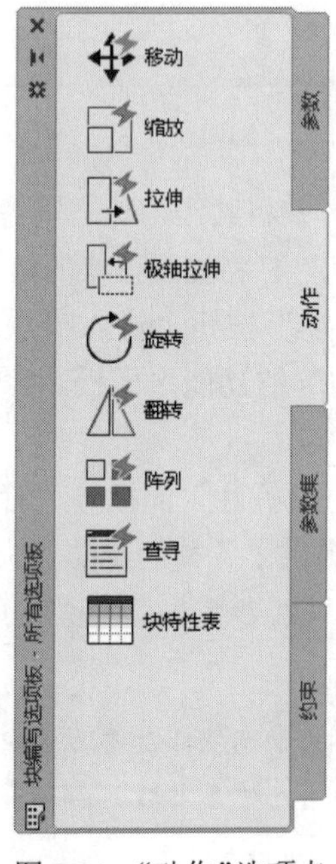

图 8-21 “动作”选项卡

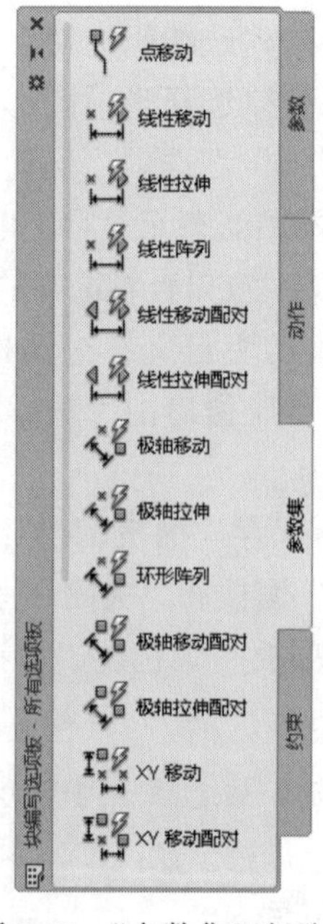

图 8-22 “参数集”选项卡

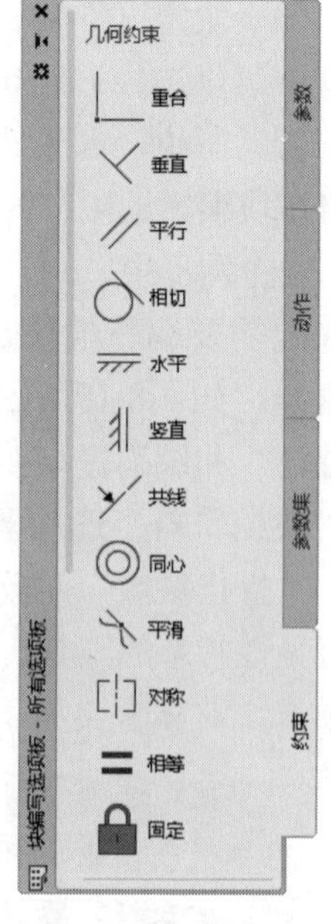

图 8-23 “约束”选项卡

8.3.2 创建动态块操作实例

【例8-2】 创建空调风管中的变径管动态块。

步骤01 单击"默认"选项卡|"块"面板上的"块编辑器"按钮，打开"编辑块定义"对话框，在"要创建或编辑的块"文本框中输入新图块名称"变径管"，如图 8-24 所示。

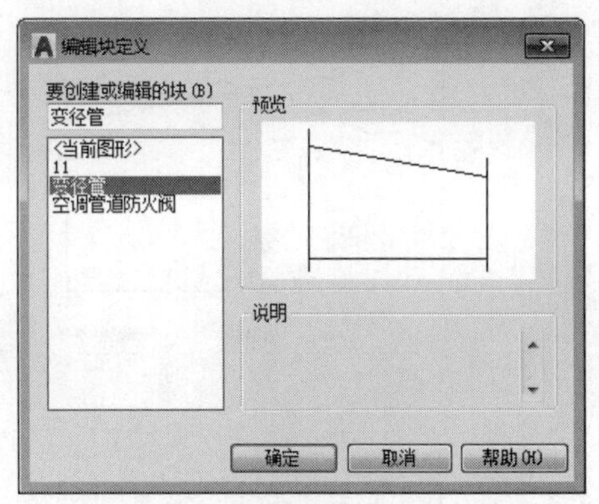

图 8-24 "编辑块定义"对话框

步骤02 单击"确定"按钮，打开块编辑器，在此编辑器中绘制块图形，如图 8-25 所示。该区域内有一个坐标系图标，坐标系原点是块的插入基点，变径管的具体尺寸如图 8-26 所示。

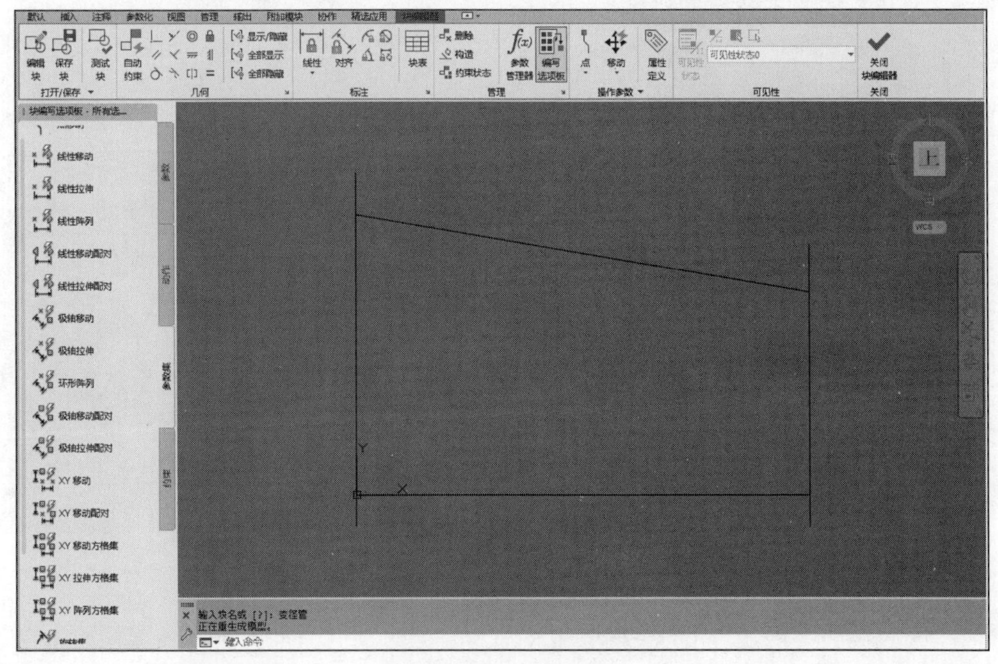

图 8-25 打开块编辑器

步骤03 单击"块编写选项板"|"参数集"选项卡|线性拉伸命令，此时命令行提示信息如下：

```
命令: _BPARAMETER 线性
指定起点或 [名称(N)/标签(L)/链(C)/说明(D)/基点(B)/对话框(P)/值集(V)]:
//对象捕捉如图8-27所示的A点
指定端点:                //对象捕捉B点
指定标签位置:            //单击块下部一点，放置参数标签
```

步骤04 此时图块上出现一个警告图标，表明现在参数还未与动作关联起来。

步骤05 选中"线性"参数并右击，选择"特性"选项，打开"特性"选项板，如图 8-28 所示。在"距离类型"和"夹点数"文本框中分别输入"增量"和 1；在"距离增量"文本框中输入 100；在"最大距离"文本框中输入 3000。

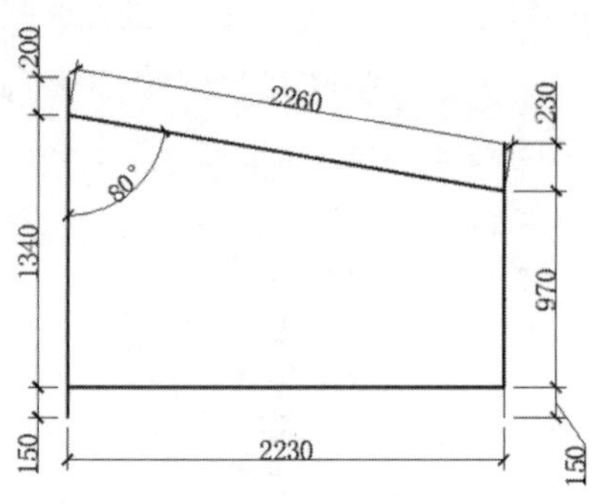

图 8-26　变径管尺寸

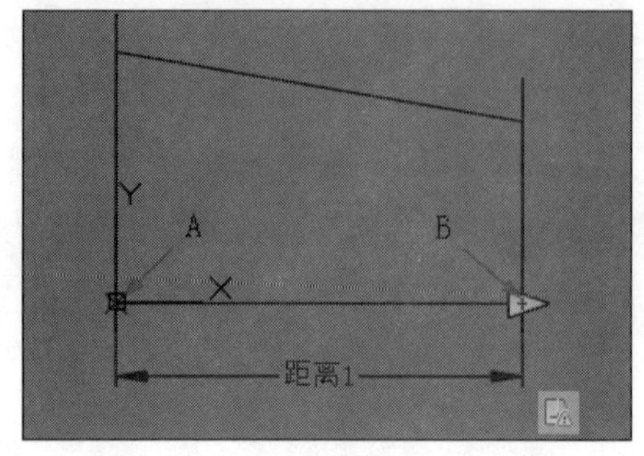

图 8-27　添加“线性”参数

步骤06　利用同样的方法，设置“管径 1”和“管径 2”的“线性”参数和特性，“最大距离”均设置为 2000，完成后效果如图 8-29 所示。

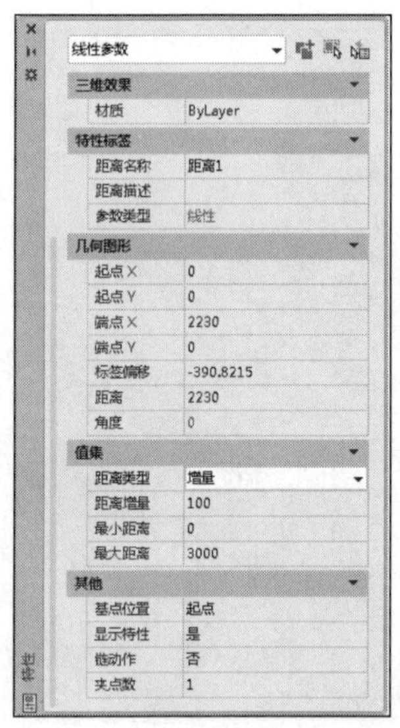

图 8-28 “特性”选项板

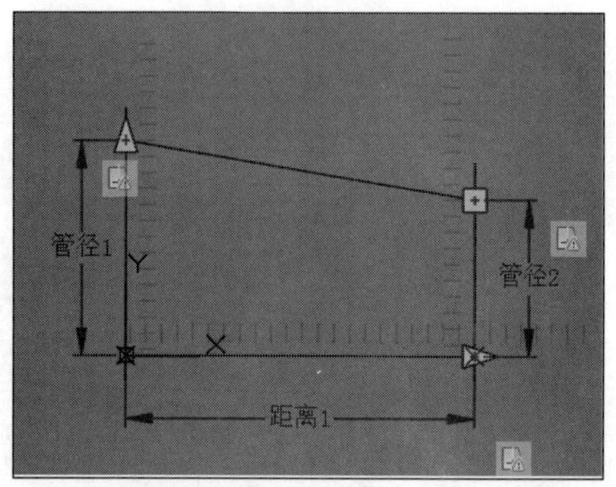

图 8-29　添加“管径 1”和“管径 2”线性参数

步骤07　选择“动作”选项卡中的“拉伸”动作工具，此时命令行提示信息如下：

```
命令：_BACTIONTOOL拉伸
选择参数：　//选择长度参数
指定要与动作关联的参数点或输入 [起点(T)/第二点(S)] <起点>:　　　//选择B点
指定拉伸框架的第一个角点或 [圈交(CP)]:　　　　　　　　　　　　//单击C点
指定对角点:　　　　　　　　　　　　　　　　　　　　　　　　　　//单击D点
指定要拉伸的对象
选择对象：找到 1 个
选择对象：找到 1 个，总计 2 个
选择对象：找到 1 个，总计 3 个
选择对象：找到 1 个，总计 4 个　//按Shift键，选择框架内的对象，选中的对象以虚线表示，如图8-30所示
选择对象:　　　　　　　　　　　　//按Enter键完成对象选择
指定动作位置或 [乘数(M)/偏移(O)]:　//单击一点放置动作标签，完成与参数关联的动作
```

步骤 08 利用同样的方法，完成“管径 1”和“管径 2”的拉伸动作，完成后效果如图 8-31 所示。

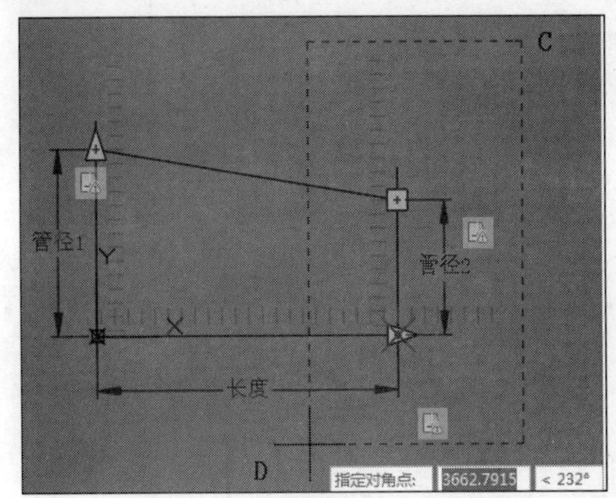

图 8-30　添加与“参数”关联的动作

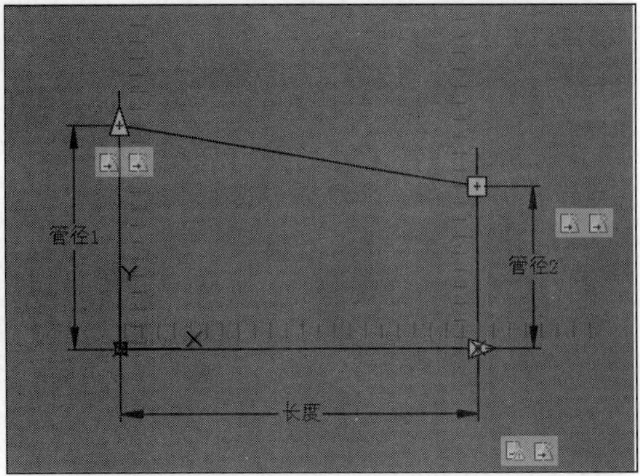

图 8-31　完成所有“拉伸”动作的设置

步骤 09 选择“参数集”选项卡中的“翻转集”工具，添加参数及动作，此时命令行提示信息如下：

```
命令: _BPARAMETER翻转
指定投影线的基点或 [名称(N)/标签(L)/说明(D)/对话框(P)]:        //单击A点
指定投影线的端点:                                          //单击B点，确定投影线
指定标签位置:                                              //单击B点附近任一点放置标签位置
命令:                                                      //双击翻转上方的感叹号
命令: _BACTIONSET
指定动作的选择集
选择对象: 指定对角点: 找到 16 个                            //圈交选择全部块对象
选择对象:                                                  //按Enter键完成翻转动作设置
```

步骤 10 接着选择“参数集”选项卡中的“旋转集”工具，添加参数及动作，完成旋转动作设置，完成后效果如图 8-32 所示。

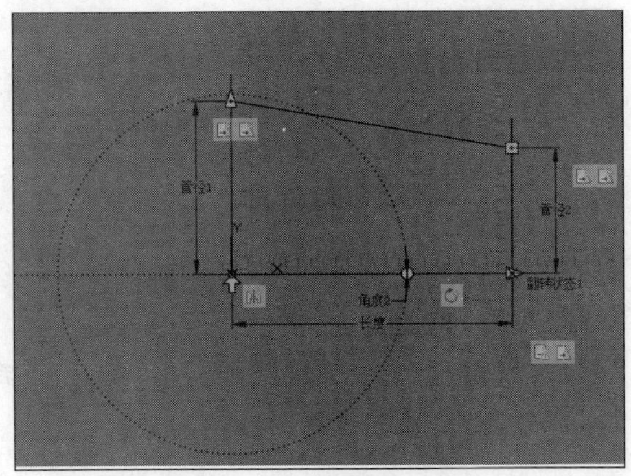

图 8-32　完成所有动作设置

步骤 11 依次单击“保存块定义”按钮和“关闭编辑器”按钮关闭动态块编辑器，完成后效果如图 8-33（a）所示。其中图 8-33（b）~图 8-33（d）分别为翻转、旋转和拉伸效果。

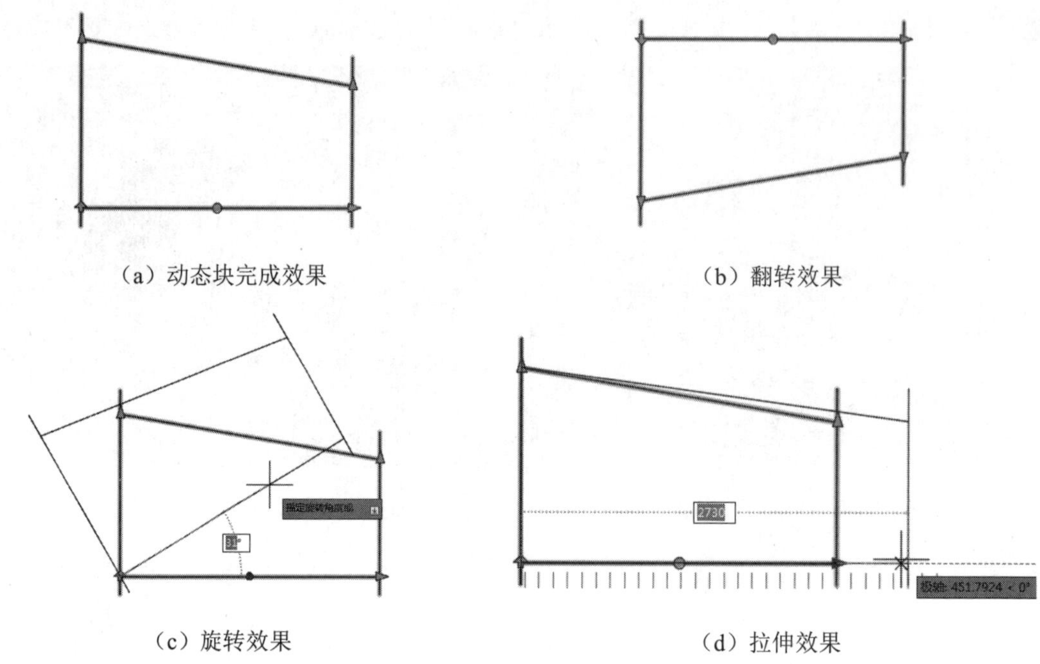

（a）动态块完成效果　（b）翻转效果

（c）旋转效果　（d）拉伸效果

图8-33　变径管动态块动作效果

8.4　使用AutoCAD设计中心

对于比较复杂的设计工程来说，一个建筑物的暖通设计包含的图纸数量大、种类多，往往会由多个设计人员共同完成，因此对图形的管理显得十分重要，这时可以使用AutoCAD的设计中心来管理图形设计资源。

AutoCAD设计中心提供了一个直观高效的工具，它与Windows资源管理器类似。利用此设计中心，不仅可以浏览、查找、预览和管理AutoCAD图形、块、外部参照及光栅图形等不同的资源文件，而且还可以通过简单地拖动、缩放操作，将位于本地计算机、局域网或国际互联网上的块、图层和外部参照等内容插入到当前图形中。如果打开多个图形文件，在多文件之间也可以通过简单地拖放操作实现图形的插入。所插入的内容除包含图形本身外，还包含图层定义、线型、字体等内容，从而使已有资源得到再利用和共享，提高了图形管理和图形设计的效率。

利用AutoCAD设计中心，可以完成如下操作。

- 对频繁访问的图形、文件夹和 Web 站点创建快捷方式。
- 根据不同的查询条件在本地计算机和网络上查找图形文件，找到后可以将它们直接加载到绘图区域或设计中心。
- 浏览不同的图形文件，包括当前打开的图形和 Web 站点上的图形库。
- 查看块、图层和其他图形文件的定义，将这些图形定义插入到当前图形文件中。
- 通过控制显示方式控制设计中心控制板的显示效果，还可以在控制板中显示与图形文件相关的描述信息和预览图像。

8.4.1 打开设计中心

单击“视图”选项卡|“选项板”面板上的“设计中心”按钮，或在命令行输入ADCENTER后按Enter键，或者按键盘上的Ctrl+2组合键，都可以执行“设计中心”命令，弹出“设计中心”选项板，如图8-34所示。

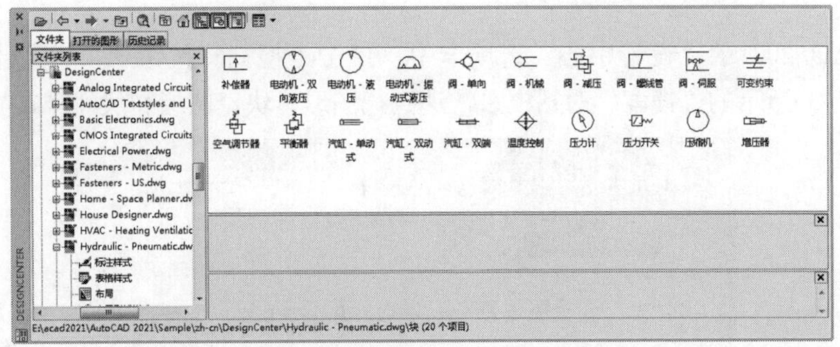

图 8-34 “设计中心”选项板

8.4.2 观察图形信息

AutoCAD“设计中心”选项板中包含一组工具按钮和选项卡，利用它们可以选择和观察设计中心中的图形。

各选项卡和按钮功能如下：

- “文件夹”选项卡：显示设计中心的资源，可以将设计中心的内容设置为本计算机的桌面，或本地计算机的资源信息，也可以是网上邻居的信息。
- “打开的图形”选项卡：显示在当前 AutoCAD 2021 环境中打开的所有图形，包括最小化的图形。此时单击某个文件图标，就可以看到该图形的相关设置，如图层、线型、文字样式、块和尺寸样式等。
- “历史记录”选项卡：显示最近访问过的文件，包括这些文件的完整路径。
- “树状图切换”按钮：单击该按钮，可以显示或隐藏树状视图。
- “收藏夹”按钮：单击该按钮，可以在“文件夹列表”中显示 Favorites/Autodesk 文件夹中的内容，同时在树状视图中反向显示该文件夹。可以通过“收藏夹”来标记存放在本地磁盘、网络驱动器或 Internet 网页上常用的文件。
- “加载”按钮：单击该按钮，打开“加载”对话框，利用该对话框可以从 Windows 的桌面、收藏夹或通过 Internet 加载图形文件。
- “预览”按钮：单击该按钮，可以打开或关闭预览窗格，以确定是否显示预览图像。打开预览窗格后，单击控制板中的图形文件，如果该图形文件包含预览图形，则在预览窗格中显示该图像。如果选择的图形中不包含预览图像，则预览窗格为空。
- “说明”按钮：打开或关闭说明窗格，以确定是否显示说明内容。打开说明窗格后，单击控制板中的图形文件，如果该图形文件包含文字描述信息，则在说明窗格中显示出图形文件的文字描述信息。如果该图形文件没有文字描述信息，则说明窗格为空。

- “视图”按钮：用于确定控制板所显示内容的显示格式。单击该按钮，将弹出一个快捷菜单，可从中选择显示内容的显示格式。
- “搜索”按钮：用于快速查找对象。单击该按钮，打开“搜索”对话框，可以在该对话框中快速查找图形、块、图层、尺寸样式等图形内容。

8.4.3 在设计中心中查找内容

在AutoCAD 2021的“设计中心”选项卡中，单击“搜索”按钮，可以使用其查找功能，通过如图8-35所示的“搜索”对话框来快速查找图形、块、图层和尺寸样式等图形内容。

图 8-35 “搜索”对话框

“搜索”对话框中包括“图形”“修改日期”和“高级”3个选项卡。各选项卡的具体功能如下：

- “图形”选项卡：按“搜索文字”“位于字段”等条件查找图形文件。
- “修改日期”选项卡：可以通过指定图形文件创建日期、上一次修改的日期或指定日期范围来查找。
- “高级”选项卡：可以指定其他搜索条件，如“包含”“包含文字”“大小”等。

8.4.4 在文档中插入设计中心内容

利用AutoCAD设计中心，可以方便地在当前图形中插入块，在图形之间复制块、图层、线型、文字样式、标注样式及用户定义的内容等。

1. 插入块

AutoCAD 2021提供了两种插入块的方法：一种是插入时自动换算插入比例；另一种是插入时确定插入点、插入比例和旋转角度。

如果采用第一种方法，可以从设计中心窗口中选择要插入的块，并拖动到绘图窗口，移到插入位置时释放鼠标，即可实现块的插入。系统将按在“选项”对话框的“用户系统配置”选项卡中确定的单位自动转换插入比例。

如果采用第二种方法，可以在设计中心窗口中选择要插入的块，然后利用右键将该块拖动到绘图窗口后释放，此时将弹出一个快捷菜单，选择“插入块”命令。打开“插入块”对话框，可以利用插入块的方法，确定插入点、插入比例及旋转角度。

2. 在图形中复制对象

在绘图过程中，一般将具有相同特征的对象（图层、线型、文字样式、尺寸样式、布局及块等）放在同一图层上。利用AutoCAD设计中心，可以将图形文件中的图层复制到新的图形文件中。这样一方面节省了时间，另一方面也保持了不同图形文件结构的一致性。

在AutoCAD“设计中心”选项板中选择一个或多个图层，然后将它们拖动到打开的图形文件后，释放左键，即可将图层从一个图形文件复制到另一个图形文件。

8.4.5 设计中心在暖通专业中的应用

1. 设计中心的作用

AutoCAD在设计中心为各专业的用户提供了以专业标准为基础的图层、文字样式和标注样式等的设置。暖通专业用户可以直接查找和应用这些设置并可以插入设计中心提供的暖通制图中常用设备的图块。

AutoCAD 2021\sample\DesignCenter 文件夹中的 HVAC-Heat Ventilntion Air Conditioning .dwg文件是设计中心专门提供给暖通专业设计人员的文件。可以在如图8-36所示的“设计中心”选项板“文件夹”选项卡中进行调用，能够很方便地向图形中插入符合暖通标准的图层、文字样式、标注样式等设置。在设计中心中找到“HVAC-Heating Ventilntion Air Conditioning .dwg”文件后，单击该文件，如图8-36所示，在右侧的区域内显示标注样式等设置内容，双击其中的图标，如双击“标注样式”图标，即显示相应的标注样式。同样，双击“块”图标也可以向图形中插入暖通专业的图块。

2. 利用设计中心插入图块操作实例

【例8-3】 利用设计中心插入暖通图例中的图块。

步骤 01 单击“视图”选项卡|“选项板”面板上的“设计中心”按钮，弹出如图 8-36 所示的“设计中心”选项板，在“文件夹”选项卡中查找“AutoCAD 2021\sample”子目录，选中子目录中的“Design Center”文件夹并将其展开。

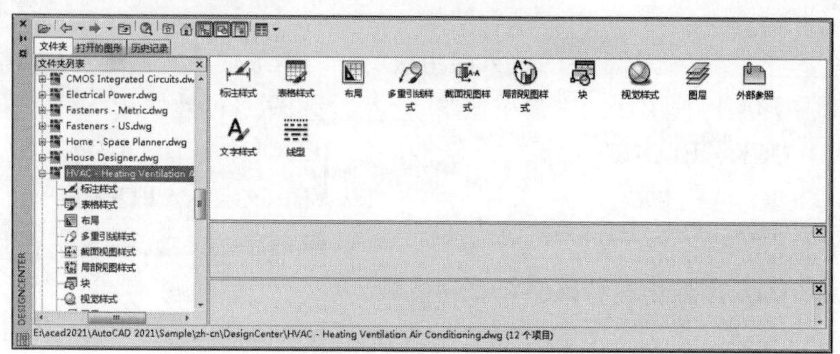

图 8-36 选择 HVAC 文件

步骤 02 选中“HVAC-Heating Ventilation Air Conditioning .dwg”文件，将在右侧的窗格中列出图层、图块、文字样式等项目。

步骤 03 选中“块”并双击，将列出图形中的所有图块，如图 8-37 所示。

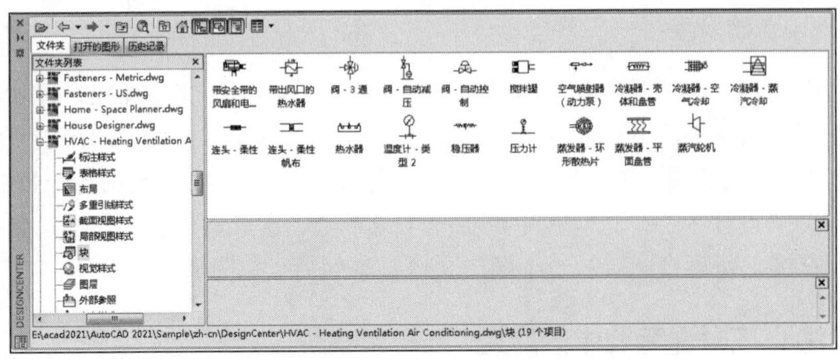

图 8-37 列出图块信息

步骤 04 选中某一图块后右击，在弹出的快捷菜单中选择“插入块”选项，即可将此图块插入到当前图形中。

步骤 05 利用同样的方法还可以将图层、标注样式、文字样式等项目插入到当前图形中。

8.5 习 题

1. 填空题

（1）块是AutoCAD图形设计中的一个重要概念，是一个或多个__________组成的组合，常用于绘制复杂、重复的图形。

（2）在图形中插入块或其他图形，在插入的同时还可以改变所插入块或图形的__________和__________。

（3）块属性由__________和__________两部分组成。

（4）在AutoCAD 2021中，可以在图形绘制完成后，使用__________命令将块属性数据从图形中提取出来。

（5）如果新块名与已定义的块名重复，系统将__________，要求用户__________。

2. 选择题

（1）使用__________命令创建的块只能由块所在的图形使用，而不能由其他图形使用。如果希望在其他图形中也使用块，则需用使用__________命令创建块。

A. WBLOCK、BLOCK　　B. BLOCK、WBLOCK

C. BLOCK、ATTEXT　　D. WBLOCK、ATTEXT

（2）块名最长可达__________个字符，可以包括字母、数字、空格以及Microsoft Windows和AutoCAD未作他用的特殊字符。

A. 250　　B. 255　　C. 300　　D. 350

（3）在命令行输入下列__________命令，执行写块命令。

A. BASE　　B. WBLOCK　　C. EATTEDIT　　D. FILLET

（4）执行下列__________命令，可以打开块属性管理器。

A. WBLOCK　　B. BASE　　C. EATTEDIT　　D. BATTMAN

（5）在AutoCAD“设计中心”选项板的__________选项卡中，可以查看当前图形中的图形信息。

A. 文件夹　　B. 打开的图形　　C. 历史记录　　D. 联机设计中心

3．上机题

（1）绘制空调管道消声器，尺寸如图8-38所示，并定义为块，设置点A为插入点。

（2）绘制空调风管导流弯头，主要尺寸如图8-39所示，倒角为100，第一道导流片半径为400，其余均向上偏移300。

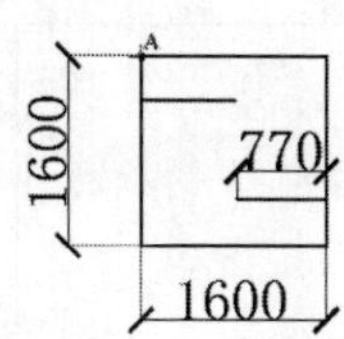

图 8-38　管道消声器

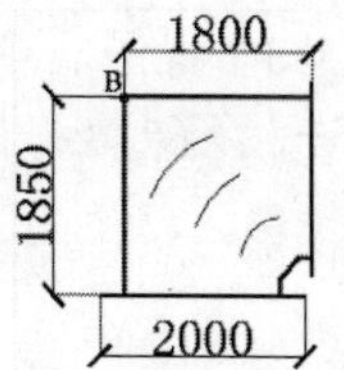

图 8-39　风管导流弯头

（3）将上机题（1）、（2）中创建的块插入如图8-40（a）所示的空调风管中，插入后效果如图8-40（b）所示。

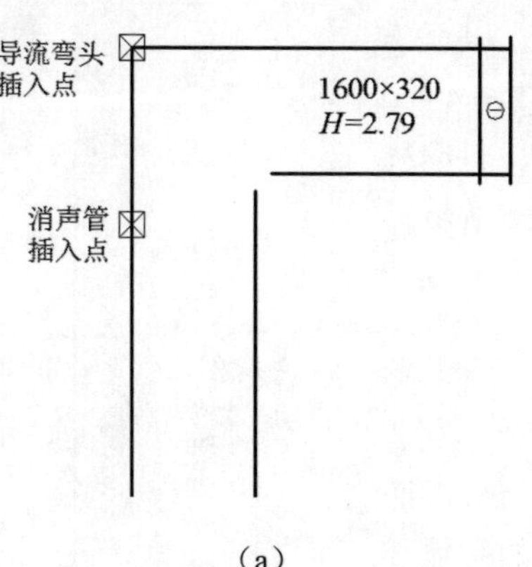

（a）

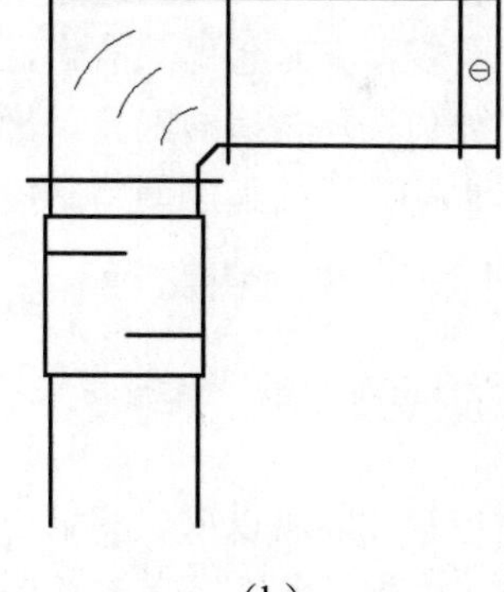

（b）

图 8-40　管道中插入块

第 9 章 暖通空调制图中图形显示的控制

导言

AutoCAD 2021的图形显示控制功能在工程设计和绘图领域中的应用极其广泛。在暖通空调制图中，控制图形的显示很重要，也是工程设计人员必须要掌握的技术。在二维图形中，经常用到3个视图，即主视图、侧视图和俯视图，同时还用到轴测图。在三维图形中，图形的显示控制就显得很重要。在AutoCAD 2021中，可以使用多种方法来观察绘图窗口中绘制的图形，以便灵活观察图形的整体效果或局部细节。

9.1 视图的缩放与平移

相信读者经常遇到这些情况，有时绘制的图形在当前绘图窗口内显示的太小，以至于无法清晰地查看；有时绘制的图形在当前绘图窗口内显示的太大，超出了当前绘图窗口，以至于无法观看到全貌；有时想局部放大显示某一个对象或某一块区域，而不知如何选择合适的工具。诸如上述这些情况，我们只需要了解和掌握视图的缩放调整功能即可完美解决，本节将详细讲述AutoCAD的这类功能。

9.1.1 缩放视图

通过缩放视图，可以放大和缩小图形的屏幕显示尺寸，而图形的真实尺寸保持不变。单击绘图区右侧导航栏上的缩放按钮，在打开的菜单中选择相应的功能，如图9-1（左）所示，或单击“视图”选项卡|“导航”面板上的各按钮，如图9-1（右）所示。

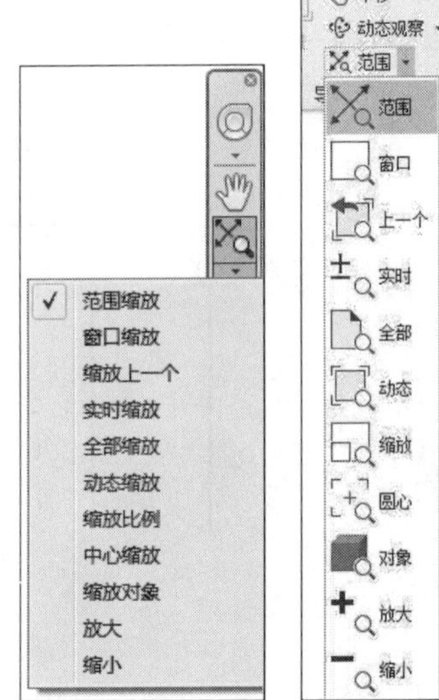

图 9-1　导航栏和“导航”面板

此外，用户还可以在命令行中输入ZOOM命令进行执行视图的缩放功能，命令行提示信息如下：

```
命令：'_ZOOM
指定窗口的角点，输入比例因子 (nX 或 nXP)，或者[全部(A)/中心(C)/动态(D)/范围(E)/上一个(P)/比例(S)/窗口(W)/对象(O)] <实时>：//默认为实时缩放功能
```

命令行中不同的选项代表了不同的缩放方法，下面介绍几种常用的缩放功能。

1. 实时缩放视图

执行“实时缩放”功能后，进入实时缩放模式，此时光标呈 状，如图9-2所示。向上拖动光标可放大整个图形，光标呈 状；向下拖动光标可缩小整个图形，光标呈 状；释放鼠标后停止缩放。

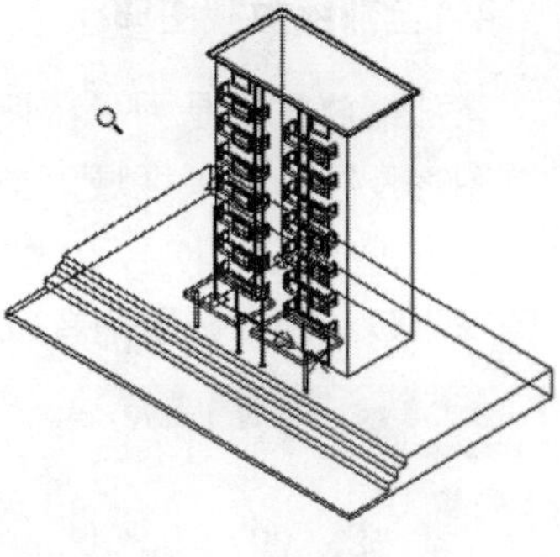

图 9-2　实时缩放

2. 窗口缩放视图

窗口缩放方式用于缩放一个由两个对角点所确定的矩形区域，在图形中指定一个缩放区域，如图9-3所示，AutoCAD将快速放大包含在区域中的图形，如图9-4所示。窗口缩放使用非常频繁，但是仅能用来放大图形对象，不能缩小图形对象，而且窗口缩放是一种近似的操作，在图形复杂时可能要多次操作才能得到所要的效果。

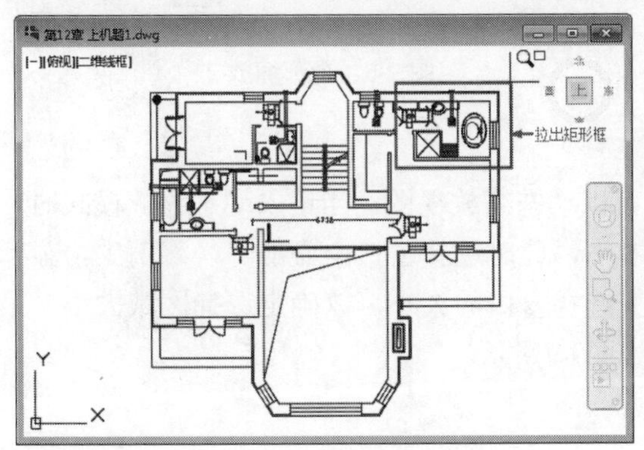

图 9-3　指定窗口缩放区

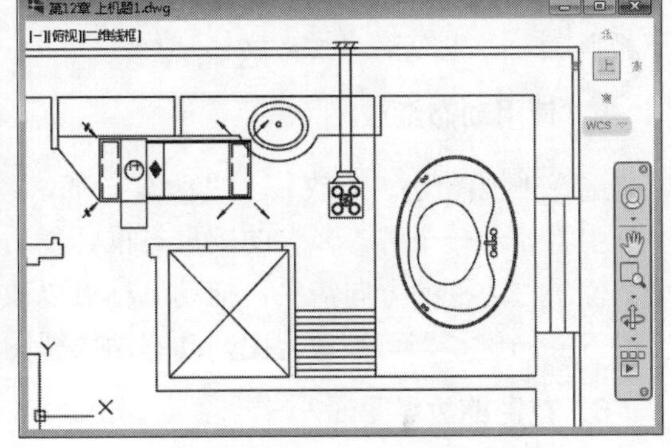

图 9-4　窗口缩放结果

在使用窗口缩放时，如果系统变量REGENAUTO设置为关闭状态，则与当前显示设置的界线相比，拾取区域显得过小。系统提示将重新生成图形，并询问是否继续，此时应在命令行中输入NO，并重新选择较大的窗口区域。

3. 缩放上一个视图

在图形中进行局部特写时，可能经常需要将图形缩小以观察总体布局，然后又希望重新显示前面的视图。这时就可以选择“上一个” 命令，使用系统提供的显示上一个视图功能，快速回到最初的视图。

如果此时正处于实时缩放模式，则右击打开快捷菜单，从中选择“缩放为原窗口”命令，即可回到最初的使用实时缩放过的缩放视图。

AutoCAD 2021可以还原最初的视图。这些视图包括缩放视图、平移视图、还原视图、透视视图及平面视图。但是，该功能只能还原视图的大小和位置，而不能还原上一个视图的编辑环境。

4．全部缩放视图

全部缩放方式是为了在视图中全部显示所有图形，图形显示的结果是全部显示视图内的所有图形及图形界限区域，当绘制的图形完全处在图形界限内，那么全部缩放后，则以图形界限区域进行最大化显示，如图9-5所示；当绘制的图形超出图形界限，那么全部缩放后，则以图形界限和图形范围两者所占区域最大化显示，如图9-6所示。

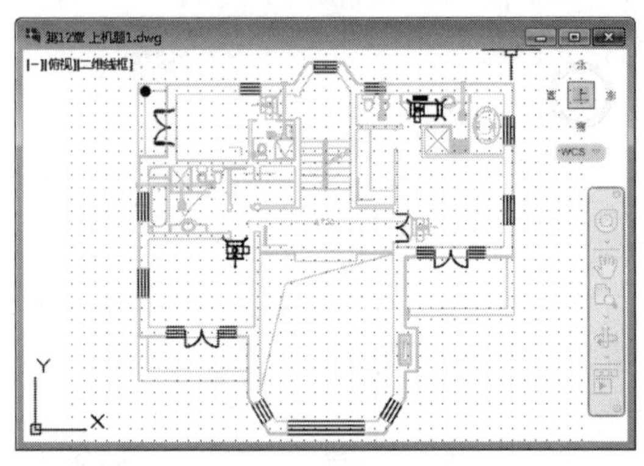

图 9-5　全部缩放 1

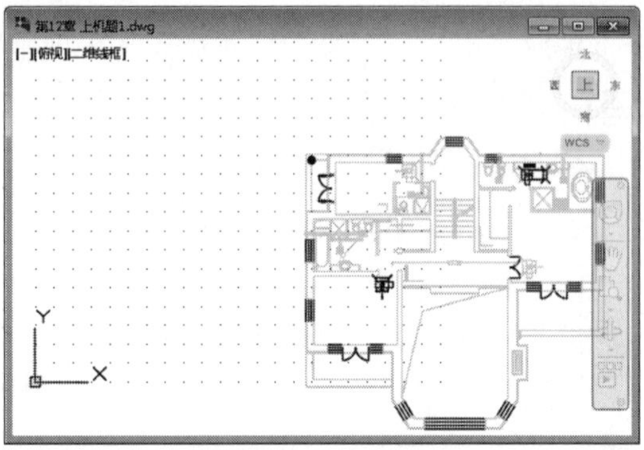

图 9-6　全部缩放 2

5．使用动态缩放

选择“视图”|“缩放”|“动态”命令，可以动态缩放视图。当进入动态缩放模式时，屏幕中将显示一个带“×”的矩形方框。然后右击，此时选择窗口中心的“×”消失，显示一个位于右边框的方向箭头，拖动鼠标可以改变选择窗口的大小，以确定选择区域大小，最后按下Enter键，即可缩放视图，动态缩放视图如图9-7所示。

6．范围缩放视图

选择“视图”|“缩放”|“范围”命令，或者在“导航”面板中单击“范围缩放”按钮时，在视图中将以尽可能大的、包含图形中所有对象的放大比例显示视图。范围缩放与全部缩放选项不同，它与图形界限无关，只把已绘制的图像最大限度地充满整个屏幕，如图9-8所示。

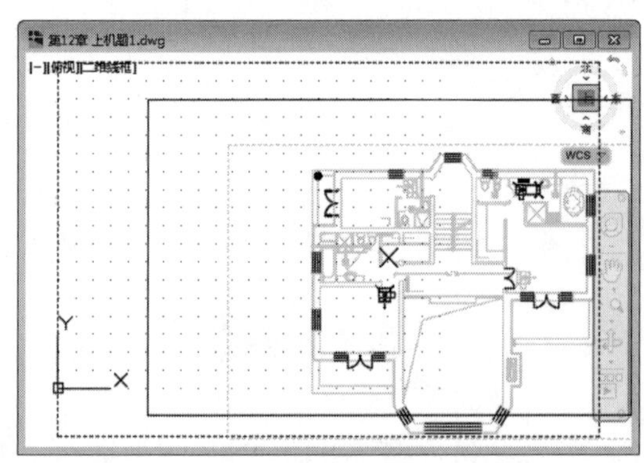

图 9-7　动态缩放

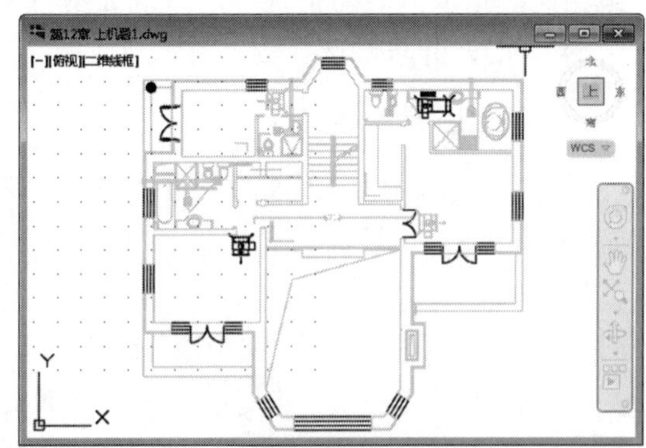

图 9-8　范围缩放

范围缩放中视图包含已关闭图层上的对象，但不包含冻结图层上的对象。对于大型的图纸，全部缩放和范围缩放都需要较长的显示时间。

7. 中心缩放

单击“导航栏”或“导航”面板上的“中心缩放”按钮，在图形中指定一个点，然后指定一个缩放比例因子或者指定高度值来显示一个新视图，而选择的点将作为该视图的中心点。如果输入的高度值比默认值小，则会放大视图；如果输入的高度值比默认值大，则会缩小视图。

要指定相对的显示比例，可以输入带X的比例因子数值，如输入10X，则以10倍的尺寸显示当前视图，以图9-9所示的点作为缩放中心点，缩放10倍后的效果如图9-10所示；如果正在使用浮动视口，则可以输入XP来相对于图纸空间进行比例缩放。

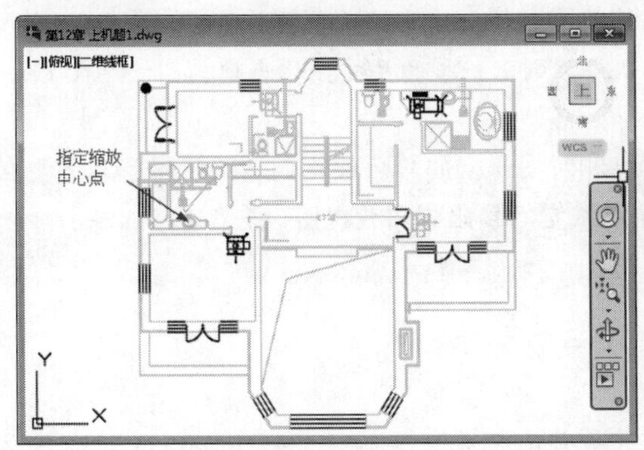

图 9-9　指定中心点

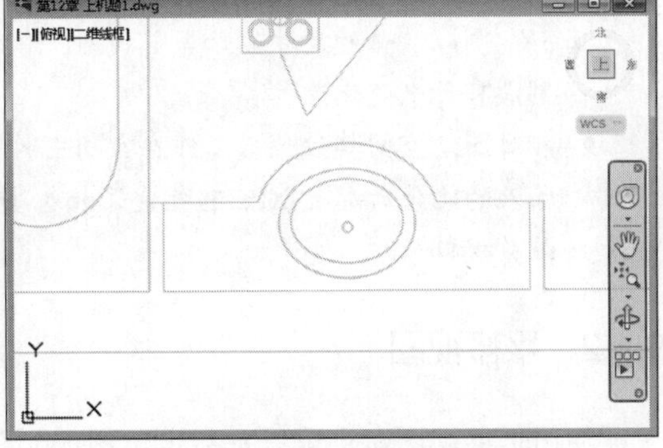

图 9-10　缩放 10 倍后的效果

8. 缩放对象

“缩放对象”是最大限度地显示所选定的图形对象，使用此功能可以缩放单个对象，也可以缩放多个对象。如图9-11所示，缩放对象为马桶图块，对象缩放后的结果如图9-12所示。

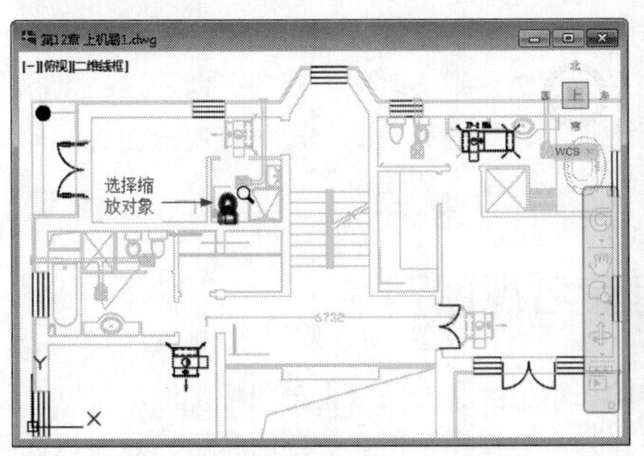

图 9-11　选择缩放对象

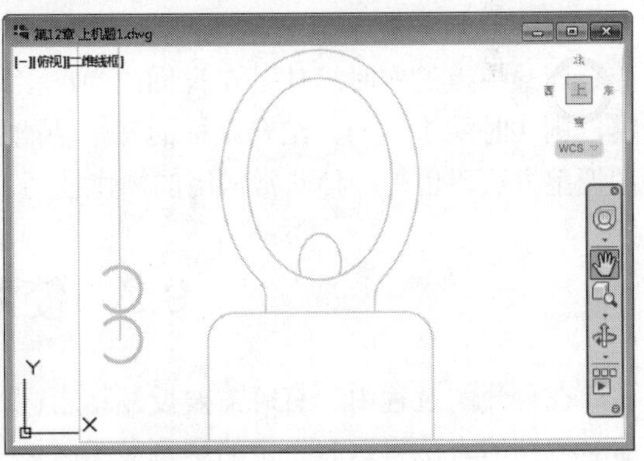

图 9-12　对象缩放效果

9. 比例缩放视图

此种缩放方式可以按一定比例来缩放视图，命令行提示信息如下：

```
命令：'_ZOOM
指定窗口的角点，输入比例因子 (nX 或 nXP)，或者[全部(A)/中心(C)/动态(D)/范围(E)/上一个(P)/
```

```
比例(S)/窗口(W)/对象(O)] <实时>: _S //指定窗口缩放的窗口角点，或选择相应选项指定缩放方式输入比例
因子 (nX 或 nXP) :                      //输入缩放比例
```

在该命令提示下，可以通过以下3种方法来指定缩放比例。

- 相对图形界限：直接输入一个不带任何后缀的比例值作为缩放的比例因子，该比例因子适用于整个图形。输入 1，可以在绘图区域中以上一个视图的中点为中心点来显示尽可能大的图形界限。要想实现放大或缩小效果，只需输入一个大一点或小一点的数字即可。例如，输入 2 表示以完全尺寸的两倍显示图像；输入 0.5 表示以完全尺寸的一半显示图像。当用户要观察当前图形界限时，可以使用 GRID 命令打开栅格显示。
- 相对当前视图：要相对当前视图按比例缩放视图，须在输入的比例值后加 X。例如，输入 3X，则以 3 倍的尺寸显示当前视图；输入 0.5X，则以一半的尺寸显示当前视图；输入 1X，则没有什么变化。
- 相对图纸空间单位：当工作在布局中时，要相对图纸空间单位按比例缩放视图，只需要在输入的比值后加上 XP。它指定了相对当前图纸空间按比例缩放视图，并且还可以在打印前缩放视口。

9.1.2 平移视图

使用平移视图命令可以重新定位图形，在不改变视图显示比例的前提下，以便看清楚图形的其他部分，此时就需要进行平移操作。

在绘图窗口右侧的导航栏上单击“平移”按钮，或者在命令行中输入PAN后按Enter键，光标都将变成手形，用户可以对图形对象进行实时平移。

选择菜单“视图”|“平移”命令，在弹出的级联菜单中还有其他平移菜单命令，同样可以进行平移的操作，不过不太常用。

最快捷的平移不需要激活命令，而是按住鼠标中键进行拖曳视图，就可达到平移的目的。而最快捷的实时缩放是在视图内向前滚动鼠标中键，则实时放大视图；向后滚动鼠标中键，则实时缩小视图。结合鼠标的三个功能键进行平移和缩放视图，是最方便快捷的一种视图调整方法，也是一种非常常用的操作技巧。

9.2 使用命名视图

在设计的过程中，有时需要反复使用同样的观察位置和方向来查看图形，用户可以使用命名视图的方法将这些特定的屏幕显示区域保存为命名视图，但在需要的时候，需将该视图恢复，以便进行编辑、浏览或打印。

9.2.1 命名视图

命名视图随图形一起保存并可以随时使用，在构造布局时，可以将命名视图恢复到布局的视口中。命名和保存视图时，将会保存以下设置：

- 比例、中心点和视图方向。
- 指定视图类别。
- 在“模型”选项卡或特定的布局选项卡指定视图的位置。
- 视图是否与图纸中的视口关联。
- 保存视图时图形中的图层可见。
- 用户坐标系。
- 三维透视和剪裁。

单击“视图”选项卡|“命名视图”面板上的“命名视图”按钮，或者在命令行输入VIEW或V后按Enter键，打开“视图管理器”对话框，如图9-13所示，在该对话框中可以创建、设置、重命名及删除命名视图。

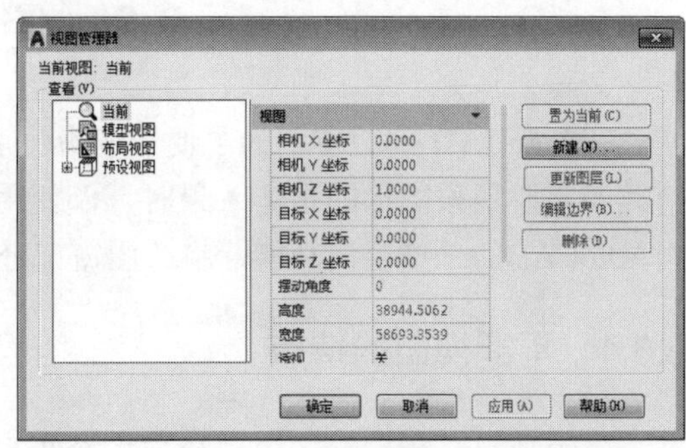

图 9-13 “视图管理器”对话框

9.2.2 恢复命名视图

在一张工程图纸上可以创建多个视图。当要查看、修改图纸上的某一部分视图时，将该视图恢复出来即可。

在AutoCAD 2021中，可以一次命名多个视图，当需要重新使用一个已命名的视图时，将该视图恢复到当前视口即可。如果绘图窗口中包含多个视口，也可以将视图恢复到活动视口中，或者将不同的视图恢复到不同的视口中，以同时显示模型的多个视图。

恢复视图时可以恢复视口的中点、查看方向、缩放比例因子、透视图（镜头长度）等设置，如果在命名视图时将当前的UCS随视图一起保存起来，当恢复视图时也可以恢复UCS。

恢复视口时，执行“命名视图”命令，打开“视图管理器”对话框，在“当前视图”列表框中选择已命名的视图，如图9-14所示。单击“置为当前”按钮，然后单击“确定”按钮，即可将其设置为当前视图。

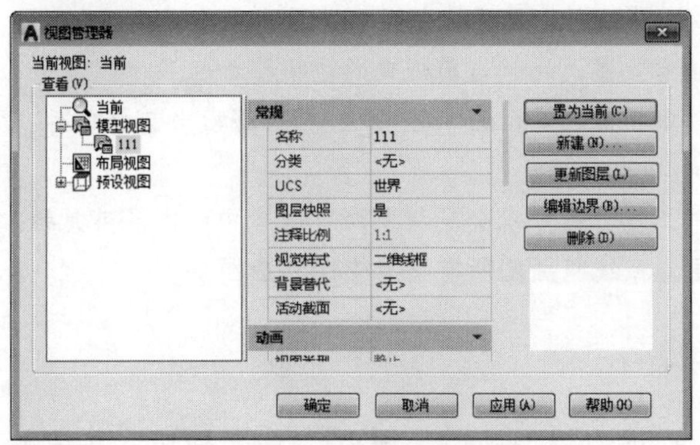

图 9-14 恢复命名视图

9.2.3 删除命名视图

单击“视图”选项卡|“命名视图”面板上的“命名视图”按钮，或者在命令行输入

VIEW或V后按Enter键，打开“视图管理器”对话框，在该对话框中，选择要删除的视图，然后单击“删除”按钮，即可删除已经选中的视图。

9.3 使用平铺视口

在AutoCAD 2021中，为了便于编辑图形，常常需要将图形的局部进行放大，以显示其细节。当需要观察图形的整体效果时，仅使用单一的绘图视口已无法满足需要。此时，可以使用AutoCAD的平铺视口功能，将绘图窗口分为若干个视口。

9.3.1 平铺视口的特点

平铺视口是指把绘图窗口分成多个矩形区域，从而创建多个不同的绘图区域，其中每个区域都可以用来查看图形的不同部分。在AutoCAD中，可以同时打开多达32000个视口，屏幕上还可以显示菜单栏和命令提示窗口。

在AutoCAD 2021中，使用“视图”选项卡|“模型视口”面板上的命令，可以在模型空间创建和管理平铺视口，如图9-15所示。

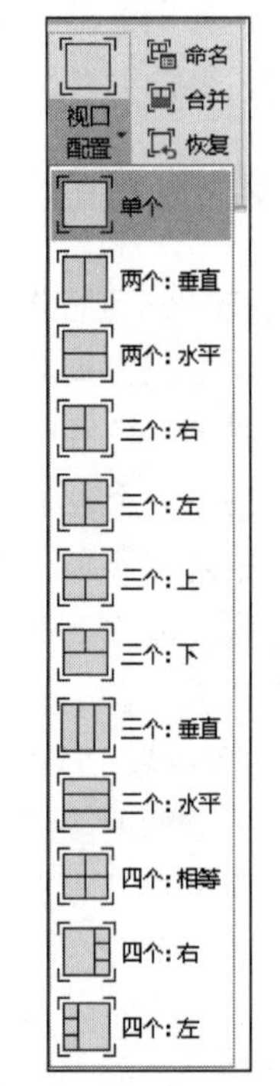

图9-15 “模型视口”面板

当打开一个新图形时，系统默认用一个单独的视口填满模型空间的整个绘图区域。而当系统变量TILEMODE被设置为1后（即在模型空间模式下），就可以将绘图区域分割成多个平铺视口。在AutoCAD 2021中，平铺视口具有以下特点。

- 每个视口都可以平移和缩放，设置捕捉、栅格和用户坐标系等，且每个视口都可以有独立的坐标系统。
- 在命令执行期间，可以切换视口以便在不同的视口中绘图。
- 可以命名视口的配置，以便在模型空间中恢复视口或应用到布局。
- 只能在当前的视口中工作，要将某个视口设置为当前视口，只需要单击视口的任意位置，此时当前视口的边框将加粗显示。
- 只有在当前视口中指针才显示为十字形状，指针移出当前视口后就变为箭头形状。
- 当在平铺视口中工作时，可以全局控制所有视口中的图层可见性。如果在某一个视口中关闭了某一个图层，系统将关闭所有视口中的相应图层。

9.3.2 创建平铺视口

单击“视图”选项卡|“模型视口”面板|“命名视口”按钮，或者在命令行输入VPORTS后按Enter键，打开“视口”对话框，如图9-16所示，在“新建视口”选项卡中可以显示标准视口配置列表及创建并设置新的平铺视口。

在“命名视口”选项卡中可以显示图形中已经命名的视口配置。当选择一个视口配置后，配置的布局情况将显示在预览窗口中，如图9-17所示。

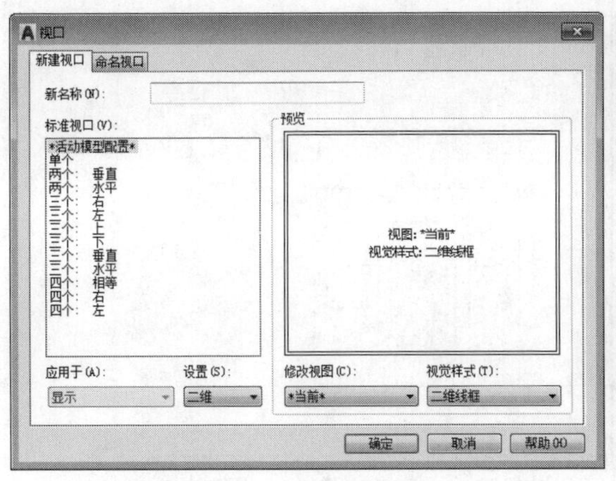

图 9-16　“视口”对话框

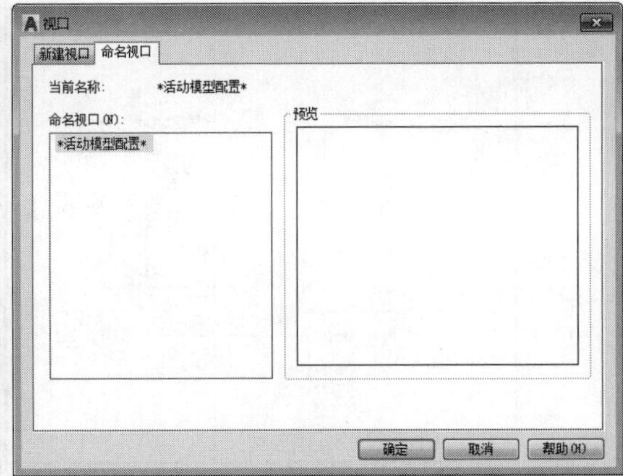

图 9-17　“命名视口”选项卡

9.3.3　分割与合并视口

在AutoCAD 2021中选择“模型视口”面板上的|“视口配置”子菜单中的命令，可以在不改变视口显示的情况下分割或合并当前视口。例如，在“模型视口”面板中选择“视口配置”|“单个”命令，会把当前视口扩大到充满整个绘图窗口；选择“视口配置”|“两个垂直”命令或“三个水平”“四个相等”命令，可以将当前视口分割为2个垂直视口、3个水平视口或4个相等的视口。绘图窗口分割为3个视口的效果如图9-18所示。

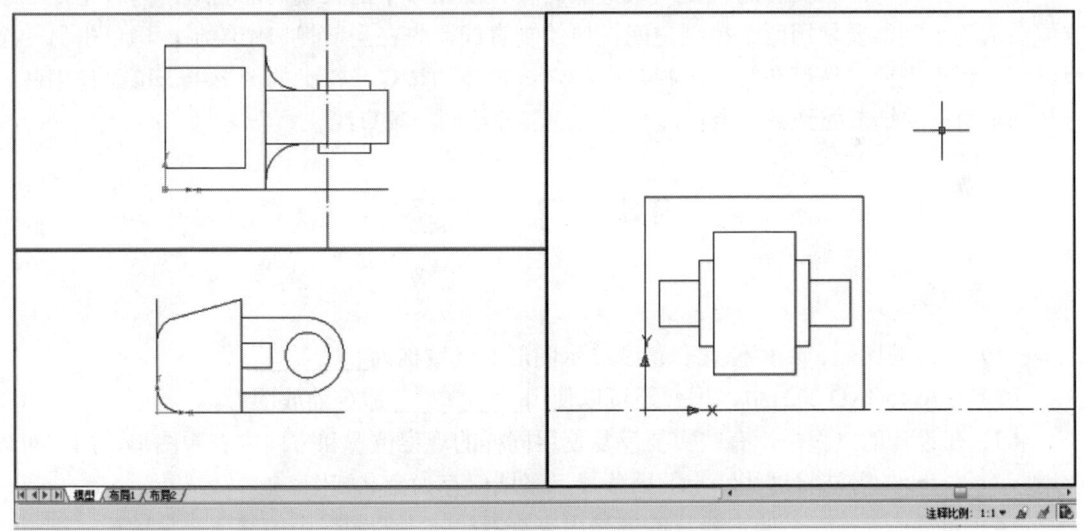

图 9-18　将绘图窗口分割为 3 个视口

单击“视图”选项卡|“模型视口”|“视口合并”按钮，系统要求选定一个视口作为主视口，然后选择一个相邻视口，并将该视口与主视口合并。例如，将图9-18中的两个视口合并为一个视口，其结果如图9-19所示。

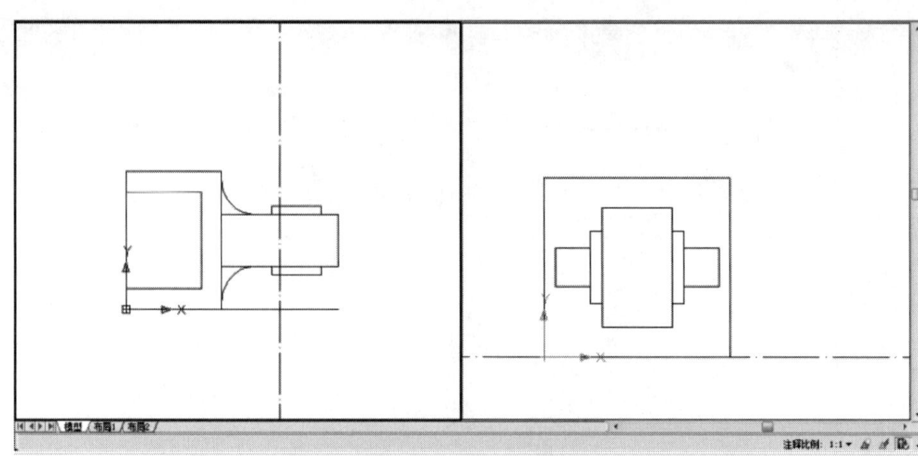

图 9-19　合并视口

9.3.4　在平铺视口中工作

使用多个视口时，有一个为当前视口，用户可以在其中输入光标和执行视图命令。对于当前视口，光标显示为十字形状而不是箭头形状，并且视口边缘高亮显示，只要不是正在执行“视图”命令，可以随时切换当前视口。要将一个视口置为当前视口，可在该视口中单击，或者按Ctrl+R组合键遍历现有的视口。

创建平铺视口的主要目的就是用来查看比较大的图形中的某一局部图形，同时也是为了方便图形的绘制。要使用两个模型空间视口绘制直线，先在当前视口中绘制，再单击另一个视口将其置为当前，然后在第二个视口中指定该直线的端点。在大的图形中，可以使用此方法从一个角点的细节处到另一个较远角点的细节处绘制一条直线。

9.4　习　　题

1．填空题

（1）一定的比例、观察位置和角度显示图形的区域称为__________。

（2）在AutoCAD 2021中，用户还可以使用__________命令缩放图形。

（3）在设计的过程中，有些需要反复使用同样的观察位置和方向来查看图形，用户可以使用__________的方法将这些特定的屏幕显示区域保存为命名视图。

（4）创建__________的主要目的就是用来查看比较大的图形中的某一局部图形，同时也是为了方便图形的绘制。

2．选择题

（1）当使用“窗口”缩放视图时，应尽量使所选矩形对角点与屏幕成一定的比例，并非一定是__________。

A．长方形　　B．矩形　　C．圆　　D．正方形

（2）当进入动态缩放模式时，在屏幕中将显示一个带__________的矩形方框。

A．/　　B．×　　C．^　　D．#

（3）要指定相对的显示比例，可以输入带X的比例因子数值，如输入3X，则以________倍的尺寸显示当前视图。

A．X　　B．6　　C．1　　D．3

（4）在平铺视口中工作时，可以全局控制所有视口中的图层可见性。如果在某一个视口中关闭了某一个图层，系统__________所有视口中的相应图层。

A．打开　　B．关闭　　C．打开或关闭　　D．没关系

（5）使用多个视口时，按__________组合键遍历现有的视口。

A．Ctrl+R　　B．Ctrl+S　　C．Ctrl+A　　D．Ctrl+E

第10章 暖通空调制图的国家标准

导言

暖通空调专业内容一般可划分为采暖工程、空调通风工程、供热工程和冷热源工程4部分。暖通空调的CAD制图除了应满足本专业的国家标准外，专业中的4个部分还根据其各自侧重点的不同，分别拥有各自的设计规定，具体的规定将在随后的章节中介绍。本章着重介绍用于暖通空调专业的国家标准，即暖通空调专业制图中的统一标准。

《房屋建筑制图统一标准》为国家标准，编号为GB/T 50001-2017，自2018年5月1日起实施，原国家标准《房屋建筑制图统一标准》GB/T 50001-2010同时废止。《总图制图标准》GB/T 50103-2010、《建筑制图标准》GB/T 50104-2010、《建筑结构制图标准》GB/T 50105-2010、《给水排水制图标准》GB/T 50106-2010和《暖通空调制图标准》GB/T 50114-2010由中华人民共和国建设部发布通知，批准为国家标准，自2011年3月1日起实施，原2001标准同时废止。

其中《房屋建筑制图统一标准》GB/T 50001-2017（简称《统一标准》）为推荐性国家标准，是房屋建筑制图的基本规定，适用于总图、建筑、结构、给水排水、暖通空调、电气等各个专业的制图。

在《暖通空调制图标准》GB/T 50114-2010总则中明确规定暖通空调专业制图，除了应符合本标准外，还应符合《房屋建筑制图统一标准》GB/T 50001-2017以及国家现行的相关强制性标准的规定。

新标准充分考虑了手工制图与计算机制图各自的特点，兼顾二者的需要和新的要求。对不适当和过时的图例、表达方法和制图规则进行了修改、删除或增补，使之更符合实际工作需要。

10.1 图纸规格

暖通设计图纸的幅面规格应符合《房屋建筑制图统一标准》GB/T 50001-2017和《暖通空调制图标准》GB/T 50114-2010的规定。

10.1.1 图纸幅面规格

《房屋建筑制图统一标准》GB/T 50001-2017对图纸幅面的规格规定如下：

● 图纸幅面及图框尺寸应符合表10-1的规定。

表 10-1 图纸幅面的尺寸 （单位：mm）

尺寸代号	幅面代号				
	A0	A1	A2	A3	A4
$b \times l$	841×1189	594×841	420×594	297×420	210×297
c	10		5		
a	25				

● 需要微缩复制的图纸，其中一条边上应附有一段准确米制尺度，4条边上均附有对中标志，米制尺度的总长应为100mm，分格应为10mm。对中标志应绘在图纸各边长的中点处，线宽应为0.35mm，伸入框内应为5mm。

● 图纸的短边一般不应加长，长边可加长，但应符合表10-2的规定。

表 10-2 图纸幅面的加长尺寸 （单位：mm）

幅面尺寸	长边尺寸	长边加长后尺寸
A0	1189	1486 1635 1783 1931 2080 2230 2378
A1	841	1051 1261 1471 1682 1892 2021
A2	594	743 891 1041 1189 1338 1486 1635 1783 1932 2080
A3	420	630 841 1051 1261 1471 1682 1892

注：如有特殊需要，图纸可采用$b \times l$为841mm×891mm与1189mm×1261mm的幅面。

● 图纸以短边作为垂直边称为横式，以短边作为水平边称为立式。一般A0～A3图纸宜横式使用；必要时也可以立式使用。

● 工程设计中，一般每个专业所使用的图纸不宜多于两种幅面，不含目录及表格所采用的A4幅面。

10.1.2 标题栏与会签栏

根据《房屋建筑制图统一标准》GB/T 50001-2017的规定，图纸的标题栏、会签栏及装订边的位置应符合以下原则。

● 横式使用的 图纸，应按如图10-1所示的形式布置；立式使用的图纸，应按如图10-2和图10-3所示的形式布置。

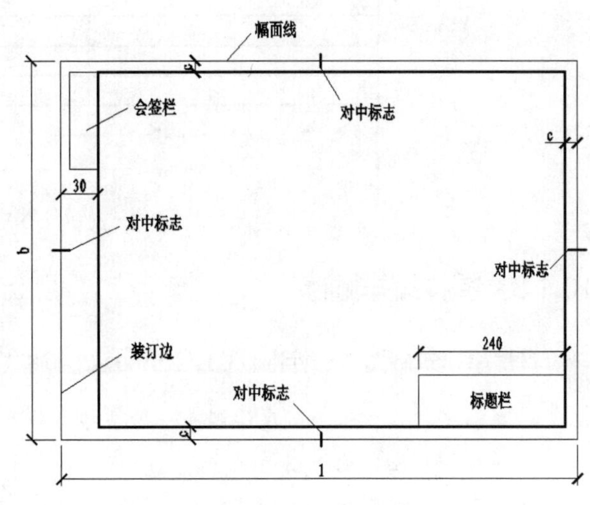

图 10-1 A0~A3 横式幅面 1

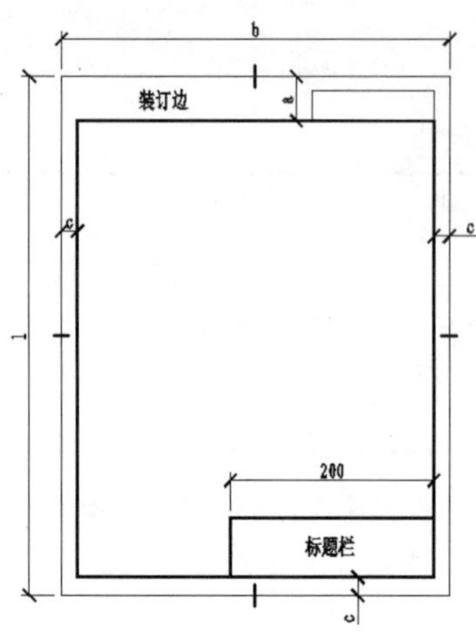

图 10-2　A0~A3 立式幅面 1

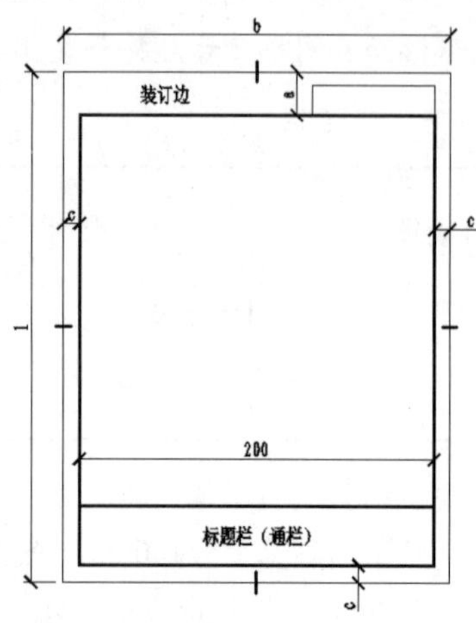

图 10-3　A0~A4 立式幅面 2

- 标题栏、会签栏应按如图10-4和图10-5所示，根据工程需要选择确定其尺寸、格式及分区。签字区应包含实名列和签名列。涉外工程的标题栏内，各项主要内容的中文下方应附有译文，设计单位的上方或左方应加“中华人民共和国”字样。

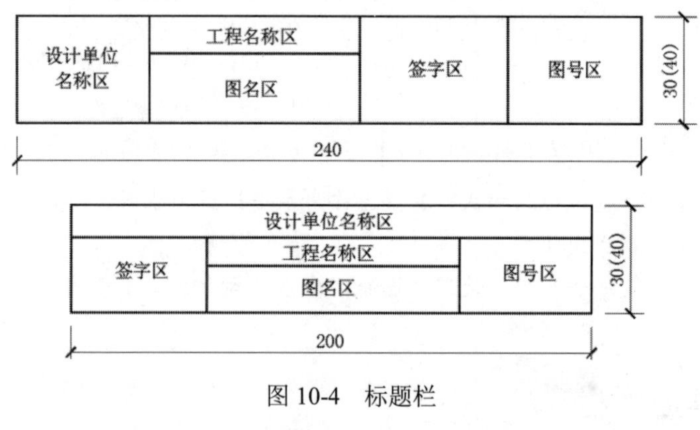

图 10-4　标题栏

（专业）	（实名）	（签名）	（日期）

图 10-5　会签栏

10.1.3　图样编排顺序

《房屋建筑制图统一标准》GB/T 50001-2017中规定，工程图样的编排顺序应符合以下原则：

- 工程图样应按专业顺序编排。一般应按图样目录、总图、建筑图、结构图、给水排水图、暖通空调图、电气图等顺序。
- 各个专业的图样应该按图样内容的主次关系和逻辑关系进行有序排列。

10.2 图线、字体与比例

暖通设计图纸中的字体同样应符合《房屋建筑制图统一标准》GB/T 50001-2017和《暖通空调制图标准》GB/T 50114-2010的规定。

10.2.1 图线

《房屋建筑制图统一标准》GB/T 50001-2017中规定，图线的基本宽度b和线宽组应根据图样的比例、类别及使用方式确定。

- 图线的宽度比可从下列线宽系列中选取：1.4mm、1.0mm、0.7mm、0.5mm、0.35mm和0.18mm。每个图样应根据复杂程度与比例大小，先选定基本线宽比，再选用表10-3中相应的线宽组。

表 10-3 线宽组 （单位：mm）

线宽比	线宽组			
b	1.4	1.0	0.7	0.5
0.7b	1.0	0.7	0.5	0.35
0.5b	0.7	0.5	0.35	0.25
0.25b	0.35	0.25	0.18	0.18

注：① 需要微缩的图纸，不宜采用0.18mm及更细的图线。

② 同一张图样内，不同线宽中的细线，可统一采用较细的线宽组的细线。

- 图样中仅使用两种线宽的线宽组为b和0.25b；三种线宽的线宽组为b、0.5b和0.25b。
- 在同一张图纸内，各不同线宽组的细线，可统一采用最小线宽组的细线。
- 暖通空调专业制图采用的线型及其含义，应符合表10-4的规定。
- 图样中也可以使用自定义图线及含义，但应明确说明，且其含义不应与本标准相反。

表 10-4 线型及一般用途

名称		线型	线宽	一般用途
实线	粗	━━━━━━	b	单线表示的供水管道
	中粗	━━━━━━	0.7b	本专业设备轮廓、双线表示的管道轮廓
	中	──────	0.5b	尺寸、标高和角度等标注线及引出线；建筑物轮廓
	细	──────	0.25b	建筑布置的家具、绿化等；非本专业设备轮廓
虚线	粗	━ ━ ━ ━ ━	b	回水管线及单线表示的管道被遮挡的部分
	中粗	━ ━ ━ ━ ━	0.7b	本专业设备及双线表示的管道被遮挡的轮廓
	中	— — — — —	0.5b	地下管沟、改造前风管的轮廓线；示意性连线
	细	— — — — —	0.25b	非本专业虚线表示的设备轮廓等

（续表）

名　称		线　型	线　宽	一般用途
波浪线	中		0.5b	单线表示的软管
	细		0.25b	断开界线
单点长划线			0.25b	轴线、中心线
双点长划线			0.25b	假想或工艺设备轮廓线
折断线			0.25b	断开界线

此外，在《房屋建筑制图统一标准》GB/T 50001-2017中对线宽的要求还有以下几点：

- 同一张图纸内，相同比例的图样，应选用相同的线宽组。
- 图纸的图框和标题栏线，可采用表10-5的线宽。

表 10-5　图框和标题栏的线宽　（单位：mm）

幅面代号	图　框　线	标题栏外框线	标题栏分格线
A0、A1	b	0.5b	0.25b
A2、A3、A4	b	0.5b	0.35b

- 相互平行的图线，其间隙不宜小于其中的粗线宽度，且不宜小于0.2mm。
- 虚线、单点长划线或双点长划线的线段长度和间隔，宜各自相等。
- 单点长划线或双点长划线，当在较小图形中绘制有困难时，可用实线代替。
- 单点长划线或双点长划线的两端，不应是点。点划线与点划线交接或点划线与其他图线交接时，应是线段交接。
- 虚线与虚线交接或虚线与其他图线交接时，应是线段交接。虚线为实线的延长线时，不得与实线连接。
- 图线不得与文字、数字或符号重叠、混淆，不可避免时，应首先保证文字等的清晰。

10.2.2　字体

字体是指图中文字、字母和数字的书写形式。在实际绘图中，应该根据《房屋建筑制图统一标准》GB/T 50001-2017来操作，具体要求如下：

- 文字的字高，如果是中文矢量字体，则应从以下系列中选用：3.5mm、5mm、7mm、10mm、14mm、20mm; 如果是TrueType字体及非中文矢量字体，则应从以下系列中选用：3mm、4mm、6mm、8mm、10mm、14mm、20mm; 如需书写更大的字，其高度应按$\sqrt{2}$的比值递增。
- 图样及说明中的汉字，宜采用长仿宋体（矢量字体）或黑体，同一图纸字体种类不应超过两种。长仿宋体的宽度与高度的关系应符合表10-6的规定，黑体字的宽度与高度应相同。大标题、图册封面、地形图等的汉字，也可书写成其他字体，但应易于辨认。

表 10-6　长仿宋体字高宽关系　（单位：mm）

字　高	20	14	10	7	5	3.5
字　宽	14	10	7	5	3.5	2.5

- 拉丁字母、阿拉伯数字与罗马数字的书写与排列，应符合表10-7的规定。

表 10-7 拉丁字母、阿拉伯数字与罗马数字的书写规则

书写字体	一般字体	窄 字 体
大写字母的高度	h	h
小写字母的高度（上下均无延伸）	7/10h	10/14h
小写字母伸出的头部和尾部	3/10h	4/14h
笔画宽度	1/10h	1/14h
字母间距	2/10h	2/14h
上下行基准线最小间距	15/10h	21/14h
词间距	6/10h	6/14h

- 拉丁字母、阿拉伯数字与罗马数字，如需写成斜体字，其斜度应是从字的底线逆时针向上倾斜75°。斜体字的高度与宽度应与相应的直体字相等，其字高不小于2.5mm。
- 数量的数值注写应采用正体阿拉伯数字。各种计量单位凡前面有量值的，均应采用国家颁布的单位符号注写，单位符号应采用正体字母。
- 分数、百分数和比例数的注写，应采用阿拉伯数字和数学符号，如四分之三、百分之二十五和一比二十应分别写成3/4、25%和1:20。注意，当注写的数字小于1时，必须写出个位的0，小数点应采用圆点，齐基准线书写，如0.01。
- 长仿宋汉字、拉丁字母、阿拉伯数字与罗马数字示例应符合国家现行标准《技术制图—字体》GB/T 14691的有关规定。

10.2.3 比例

《房屋建筑制图统一标准》GB/T 50001-2017中对比例有如下规定：

- 图样的比例是指图形与实物相对应的线性尺寸之比。比例的大小，是指其比值的大小，如1:50大于1:100。
- 比例的符号为“:”，比例应以阿拉伯数字表示，如1:1、1:2、1:100等。
- 比例宜注写在图名的右侧，字的基准线应取平；比例的字高宜比图名的字高小一号或两号，如图10-6所示。
- 绘图所用的比例，应根据图样的用途与被绘对象的复杂程度，从表10-8中选用，并优先选用表中常用比例。

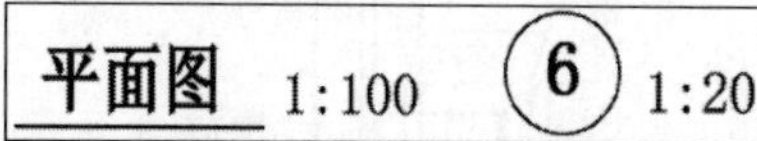

图 10-6 比例的注写

表 10-8 绘图所用的比例

常用比例	1:1、1:2、1:5、1:10、1:20、1:50、1:100、1:150、1:200、1:500、1:1000、1:2000、1:5000、1:10000、1:20000、1:50000、1:100000、1:200000
可用比例	1:3、1:4、1:6、1:15、1:25、1:30、1:40、1:60、1:80、1:250、1:300、1:400、1:600

- 一般情况下，一个图样应选用一种比例。根据专业制图需要，同一图样可选用两种比例。
- 特殊情况下也可自选比例，这时除应注出绘图比例外，还必须在适当位置绘制出相应的比例尺。

另外，在《暖通空调制图标准》GB/T 50114-2010中对比例的规定还有：总平面图、平面图的比例宜与工程项目设计的主导专业一致，其余可按表10-9选用。

表 10-9　比例选用

图　名	常用比例	可用比例
剖面图	1:50、1:100、1:150、1:200	1:300
局部放大图、管沟断面图	1:20、1:50、1:100	1:30、1:40、1:50、1:200
索引图、详图	1:1、1:2、1:5、1:10、1:20	1:3、1:4、1:15

10.3　房屋建筑图样的绘制方法

了解房屋建筑制图图样的绘制方法有助于暖通空调图的绘制和识图，《房屋建筑制图统一标准》GB/T 50001-2017对图样的绘制方法进行如下说明。

10.3.1　投影法

使用投影法对房屋建筑进行制图时有以下规定。

- 房屋建筑的视图，应按正投影法并用第一角绘制方法绘制。自前方A投影为正立面图，自上方B投影为平面图，自左方C投影称为左侧立面图，自右方D投影称为右侧立面图，自下方E投影称为底面图，自后方F投影称为背立面图，如图10-7所示。
- 当视图用第一角绘制方法绘制不易表达时，可用镜像投影法绘制，如图10-8（a）所示。但应在图名后注写“镜像”二字，如图10-8（b）所示，或者按如图10-8（c）所示绘制出镜像投影识别符号。

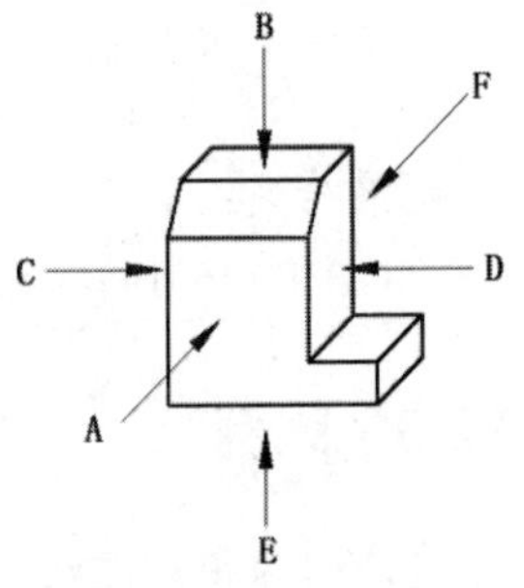

图 10-7　第一角绘制方法

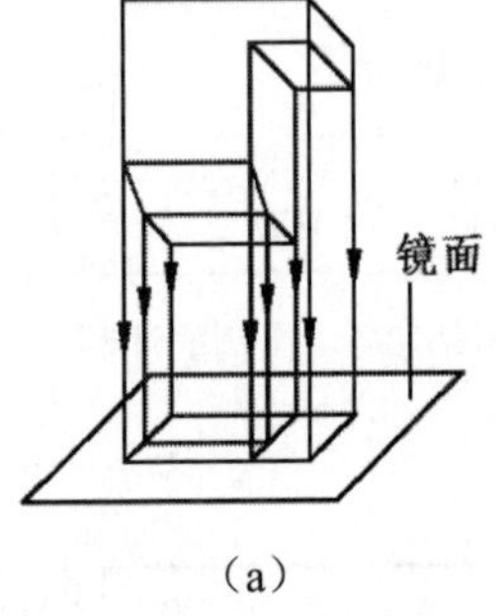

（a）

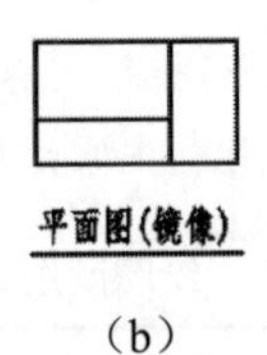

（b）

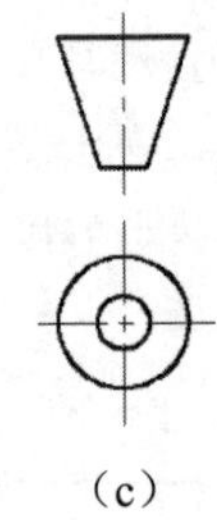
（c）

图10-8　镜像投影法

10.3.2　视图配置

《房屋建筑制图统一标准》GB/T 50001-2017中对视图配置有如下规定：

- 如在同一张图纸上绘制若干个视图时，各视图的位置宜按如图10-9所示进行配置。

- 每个视图一般均应标注图名。图名宜标注在视图的下方或一侧，并在图名下用粗实线绘制一条横线，其长度应以图名所占长度为准，如图10-9所示。使用详图符号作图名时，符号下不再绘制横线。
- 分区绘制的建筑平面图，应绘制组合示意图，指出该区在建筑平面图中的位置。各分区视图的分区部位及编号均应一致，并应与组合示意图一致，如图10-10所示。

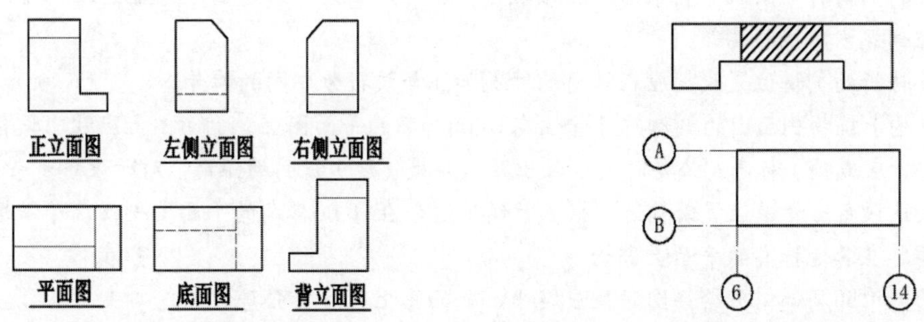

图 10-9　视图配置　　　　图 10-10　分区绘制

- 同一工程不同专业的总平面图，在图纸上的布图方向均应一致；单体建（构）筑物平面图在图纸上的布图方向，必要时可与其在总平面图上的布图方向不一致，但必须标明方位；不同专业的单体建（构）筑物平面图，在图纸上的布图方向均应一致。
- 如果建（构）筑物的某些部分与投影面不平行（如圆形、折线形和曲线形等），在绘制立面图时，可将该部分展至与投影面平行，再以正投影法绘制，并应在图名后注写“展开”字样。

10.3.3　剖面图和断面图

绘制图形时，为了清楚地表达房屋及器件的结构，假设用一个或多个垂直于外墙轴线的铅垂剖切面，将房屋剖开，所得的投影图或该剖切面与物体接触部分的图形，分别称为剖面图和断面图。断面图只绘制出物体被剖切后剖切平面与形体接触的那部分投影，即只绘制出截断面的图形；而剖面图则绘制出被剖切后剩余部分的投影。《房屋建筑制图统一标准》GB/T 50001-2017中对视图配置作了如下规定。

1. 对剖面图的规定

剖面图除了应绘制出剖切面切到部分的图形以外，还应绘制出沿投射方向看到的部分。被剖切面切到部分的轮廓线用粗实线绘制；剖切面没有切到，但沿投射方向可以看到的部分用中实线绘制；断面图用粗实线绘制出剖切面切到部分的图形，如图10-11所示。

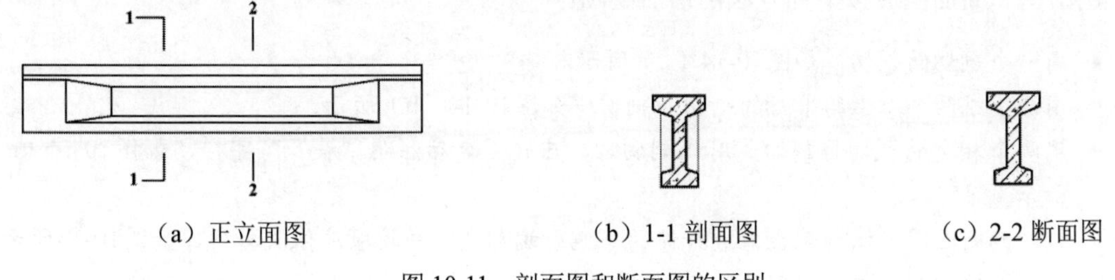

（a）正立面图　　（b）1-1 剖面图　　（c）2-2 断面图

图 10-11　剖面图和断面图的区别

2．对剖视的剖切符号的规定

- 剖视的剖切符号由剖切位置线及投射方向线组成，均应以粗实线绘制。剖切位置线的长度宜为6mm ~ 10mm；投射方向线应垂直于剖切位置线，长度应短于剖切位置线，宜为4mm ~ 6mm，如图10-12所示。绘制时，剖视的剖切符号不应与其他图线相接触。
- 剖视的剖切符号的编号宜采用阿拉伯数字，按顺序由左至右、由下至上连续编排，并应注写在剖视方向线的端部。
- 需要转折的剖切位置线，应在转角的外侧加注与该符号相同的编号。
- 建（构）筑物剖面图的剖切符号宜注在±0.00标高的平面图上。剖面图上应注出设备、管道（中、底或顶）标高。必要时还应注出距该层楼（地）板面的距离。对于设备和管道而言，为表达设备、管道位置或构造，很多时候不适合在±0.00标高的平面图剖切，可以根据实际需要，在其他标高的平面上剖切。
- 剖面图中的局部需另绘详图时，应在平、剖面图上标注索引符号。

3．对断面的剖切符号的规定

- 断面的剖切符号应只用剖切位置线表示，并应以粗实线绘制，长度宜为6mm ~ 10mm。
- 断面剖切符号的编号宜采用阿拉伯数字，按顺序连续编排，并应注写在剖切位置线的一侧；编号所在的一侧应为该断面的剖视方向，如图10-13所示。

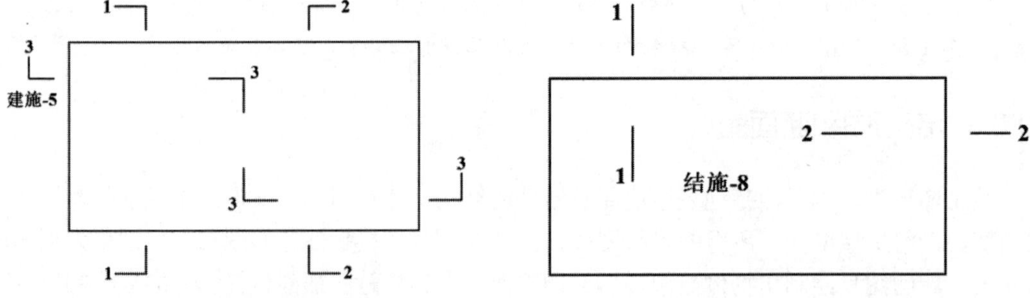

图 10-12　剖视图的剖切符号　　　图 10-13　断面图的剖切符号

- 剖面图或断面图，如与被剖切图样不在同一张图内，可在剖切位置线的另一侧注明其所在图纸的编号，也可以在图上集中说明。
- 剖面图，应在平面图上尽可能选择反映系统全貌的部位垂直剖切后绘制。当剖切的投射方向为向下和向右，且不会引起误解时，可省略剖切方向线。
- 剖面图中的水、汽管道可用单线绘制，风管不宜采用单线绘制（方案设计和初步设计除外）。

剖面图和断面图应按下列方法剖切后绘制。

- 用一个剖切面剖切，如图10-14（a）所示。
- 用两个或两个以上的平行的剖切面剖切，如图10-14（b）所示。
- 用两个相交的剖切面剖切。用此剖切时，应在图名后注明“展开”字样，如图10-14（c）所示。
- 杆件的断面图可以绘制在靠近杆件的一侧或端部处，并按顺序依次排列，如图10-15所示，也可以绘制在杆件的中断处，如图10-16所示。

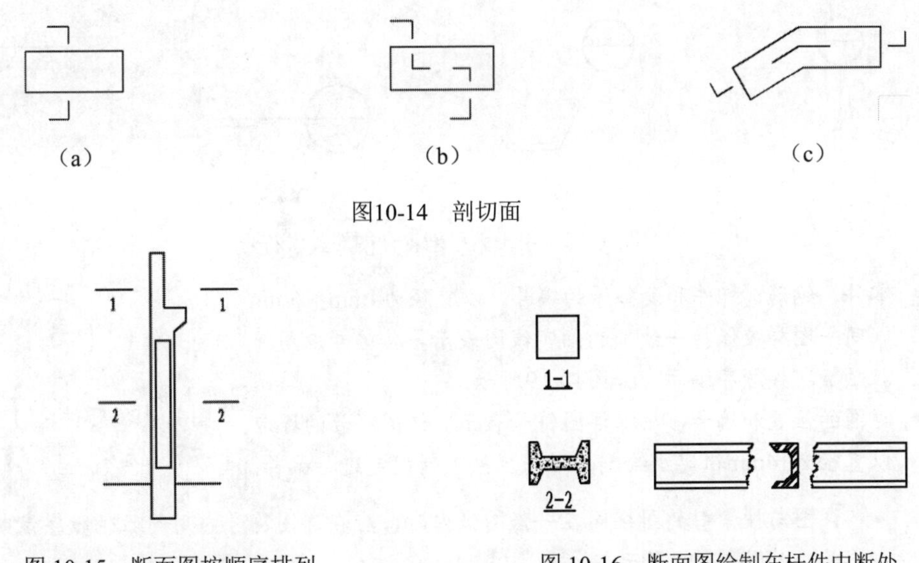

图10-14　剖切面

图 10-15　断面图按顺序排列

图 10-16　断面图绘制在杆件中断处

10.3.4　索引符号和详图符号

索引符号是用以说明详图所在的图纸编号及详图编号的符号。《房屋建筑制图统一标准》GB/T 50001-2017中对索引符号有如下规定：

- 图样中的某一局部或构件，如需另见详图，应以索引符号索引，如图10-17（a）所示。索引符号是由直径为10mm的圆和水平直径组成，圆及水平直径均应以细实线绘制。索引符号应按下列规定编写。
    - 索引出的详图，如与被索引的详图同在一张图纸内，应在索引符号的上半圆中用阿拉伯数字注明该详图的编号，并在下半圆中间绘制一条水平细实线，如图 10-17（b）所示。
    - 索引出的详图，如与被索引的详图不在同一张图纸内，应在索引符号的上半圆中用阿拉伯数字注明该详图的编号，在索引符号的下半圆中用阿拉伯数字注明该详图所在图纸的编号，如图 10-17（c）所示。数字较多时，可加文字标注。
    - 索引出的详图，如果采用标准图，应在索引符号水平直径的延长线上加注该标准图册的编号，如图 10-17（d）所示。

图10-17　索引符号

- 索引符号如用于索引剖视详图，应在被剖切的部位绘制剖切位置线，并以引出线引出索引符号，引出线所在的一侧应为投射方向。索引符号的编写应符合本小节中的规定，如图10-18（a）~图10-18（d）所示。

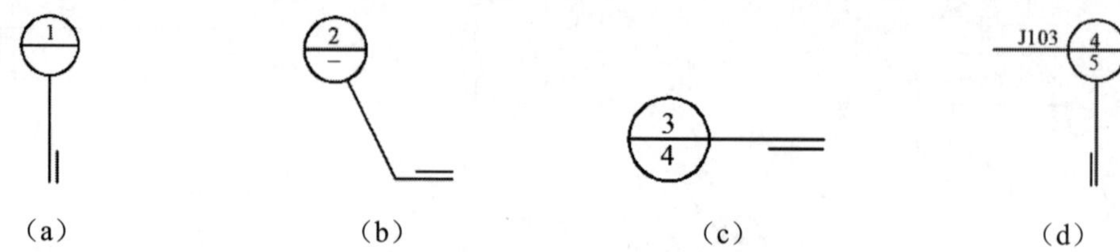

图10-18　用于索引剖视详图的索引符号

- 零件、钢筋、杆件和设备等的编号，以直径为4mm ~ 6mm（同一图样应保持一致）的细实线圆表示，其编号应用阿拉伯数字按顺序编写，如图10-19所示。

5

图 10-19　零件、钢筋等的编号

- 详图的位置和编号，应以详图符号表示。详图符号的圆应以直径为14mm粗实线绘制。详图应按下列规定进行编号。
    - 详图与被索引的图样同在一张图纸内时，应在详图符号内用阿拉伯数字注明详图的编号，如图 10-20 所示。
    - 详图与被索引的图样不在同一张图纸内，应用细实线在详图符号内绘制一条水平线，在上半圆中注明详图编号，在下半圆中注明被索引的图纸编号，如图 10-21 所示。

图 10-20　与被索引图样在同一张图纸内的详图符号

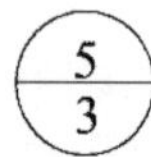

图 10-21　与被索引图样不在同一张图纸内的详图符号

10.3.5　引出线与其他符号

当图样中某些部位的具体内容或要求无法标注时，常用引出线注出文字说明或详图索引符号。引出线的具体绘制方法有以下几点要求：

- 引出线应以细实线绘制，宜采用水平方向的直线，与水平方向成30°、45°、60°和90°的直线，或经上述角度再折为水平线。文字说明宜注写在水平线的上方，如图10-22（a）所示；也可注写在水平线的端部，如图10-22（b）所示；索引详图的引出线应与水平（直径）线相连接，如图10-22（c）所示。

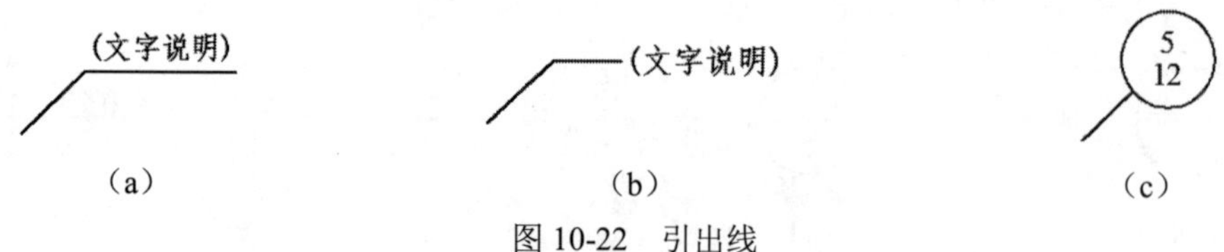

图 10-22　引出线

- 同时引出几个相同部分的引出线，应互相平行，如图10-23（a）所示，也可绘制为集中于一点的放射线，如图10-23（b）所示。
- 多层构造或多层管道共用引出线，应通过被引出的各层。文字说明宜注写在水平线的上方或注写在水平线的端部，说明的顺序应由上至下，并应与被说明的层次相一致；如层次为横向排序，则由上至下的说明顺序应与左至右的层次相一致，如图10-24所示。

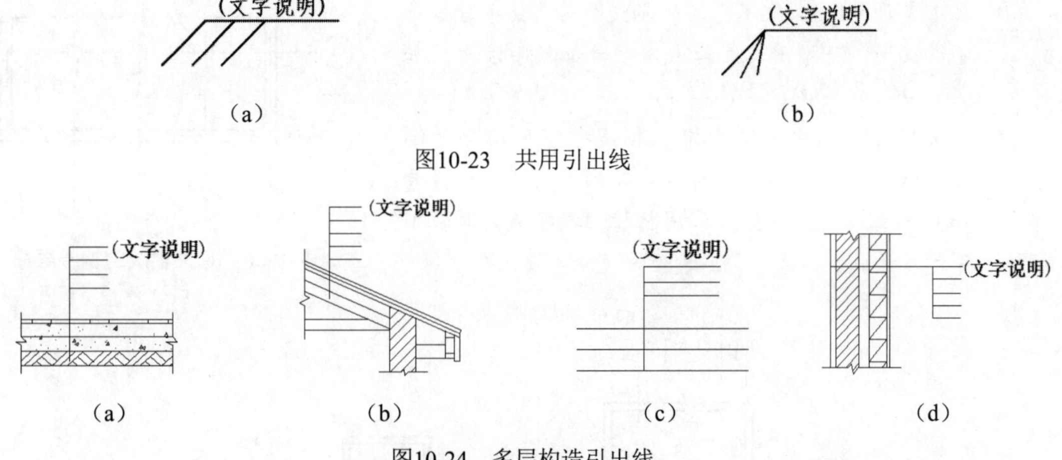

图10-23　共用引出线

图10-24　多层构造引出线

除了以上介绍的符号，在建筑和暖通图纸中还经常见到对称符号、连接符号和指北针等符号，《房屋建筑制图统一标准》GB/T 50001-2017中对这些符号的绘制有以下几点要求：

- 对称符号由对称线和两端的两对平行线组成。平行线用细实线绘制，其长度宜为6mm～10mm，每对的间距宜为2mm～3mm；对称线用细点画线绘制，其垂直平分于两对平行线，两端超出平行线宜为2mm～3mm，如图10-25所示。
- 连接符号应以折断线表示需连接的部位。两部位相距过远时，折断线两端靠图样一侧应标注大写拉丁字母表示连接编号。两个被连接的图样必须用相同的字母编号，如图10-26所示。
- 指北针的形状如图10-27所示，其圆的直径宜为24mm，用细实线绘制；指针尾部的宽度宜为3mm，指针头部应注“北”或N字样。需用较大直径绘制指北针时，指针尾部宽度宜为直径的1/8。

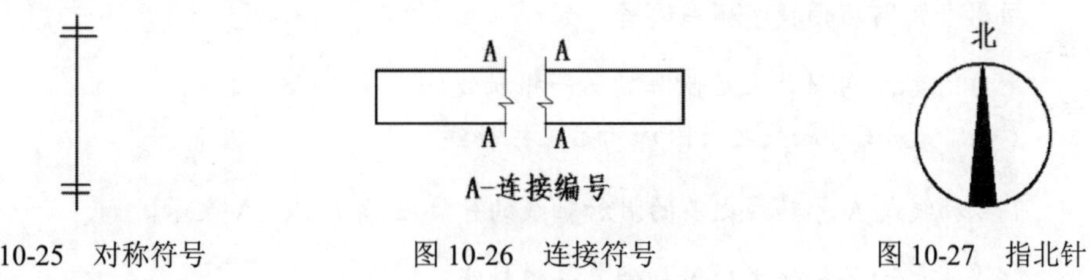

图 10-25　对称符号　　图 10-26　连接符号　　图 10-27　指北针

10.3.6　定位轴线

定位轴线是用来确定建筑物主要结构或构件的位置及其标志尺寸的线。《房屋建筑制图统一标准》GB/T 50001-2017中对定位轴线作了以下几点规定：

- 定位轴线应用细点画线绘制。
- 定位轴线一般应编号，编号应注写在轴线端部的圆内。圆应该采用细实线绘制，直径为8mm～10mm。定位轴线圆的圆心应在定位轴线的延长线上或延长线的折线上。
- 平面图上定位轴线的编号，宜标注在图样的下方与左侧。横向编号应用阿拉伯数字，从左至右按顺序编写，竖向编号应用大写拉丁字母，从下至上按顺序编写，如图10-28所示。

- 拉丁字母的I、O、Z不得用做轴线编号。如字母数量不够使用，可增用双字母或单字母加数字注脚，如A_A、B_A…Y_A或A_1、B_1…Y_1。
- 组合较复杂的平面图中定位轴线也可采用分区编号，如图10-29所示，编号的注写形式应为“分区号-该分区编号”。分区号采用阿拉伯数字或大写拉丁字母表示。

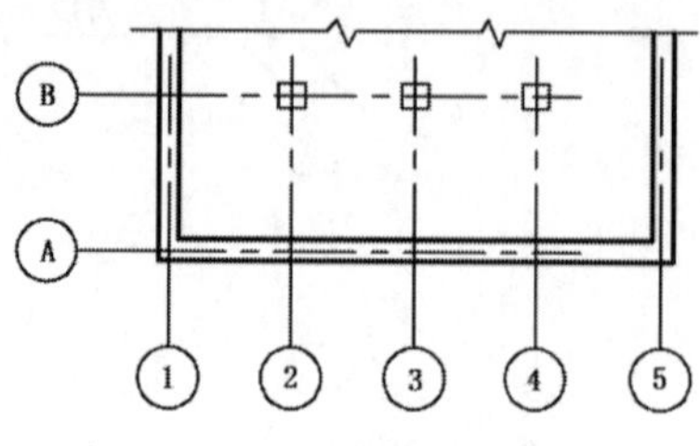

图 10-28　定位轴线的编号顺序

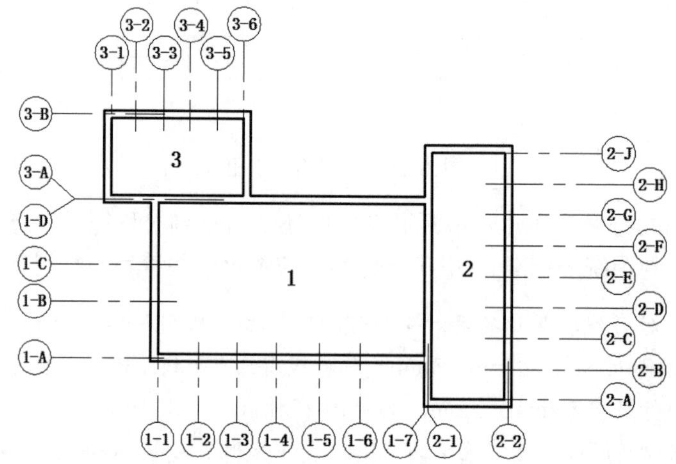

图 10-29　定位轴线的分区编号

- 附加定位轴线的编号，应以分数形式表示，并应按下列规定编写。
  - 两根轴线间的附加轴线，应以分母表示前一轴线的编号，分子表示附加轴线的编号，编号宜用阿拉伯数字顺序编写，如：

    (1/2) 表示2号轴线之后附加的第一根轴线。

    (3/C) 表示C号轴线之后附加的第三根轴线。
  - 1 号轴线或 A 号轴线之前的附加轴线的分母应以 01 或 0A 表示，如：

    (1/01) 表示1号轴线之后附加的第一根轴线。

    (3/0A) 表示A号轴线之后附加的第三根轴线。
- 一个详图适用于几根轴线时，应同时注明各有关轴线的编号，如图10-30所示。

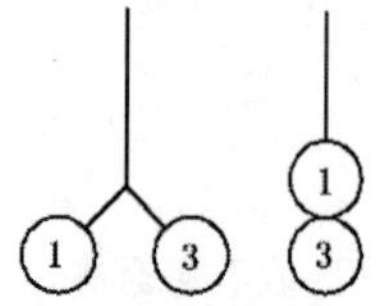

（a）用于 2 根轴线时

1 3,6

（b）用于 3 根或 3 根以上轴线时

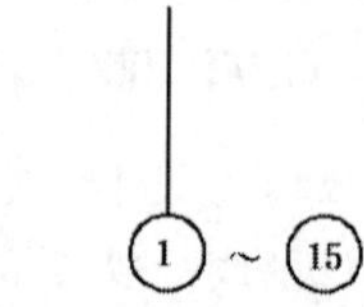

（c）用于 3 根以上连续编号的轴线时

图 10-30　详图的轴线编号

- 通用详图中的定位轴线应只绘制圆，不注写轴线编号。

- 圆形平面图中定位轴线的编号，其径向轴线宜用阿拉伯数字表示，从左下角开始，按逆时针顺序编写；其圆周轴线宜用大写拉丁字母表示，从外向内顺序编写，如图10-31所示。
- 折线形平面图中定位轴线的编号可按如图10-32所示的形式编写。

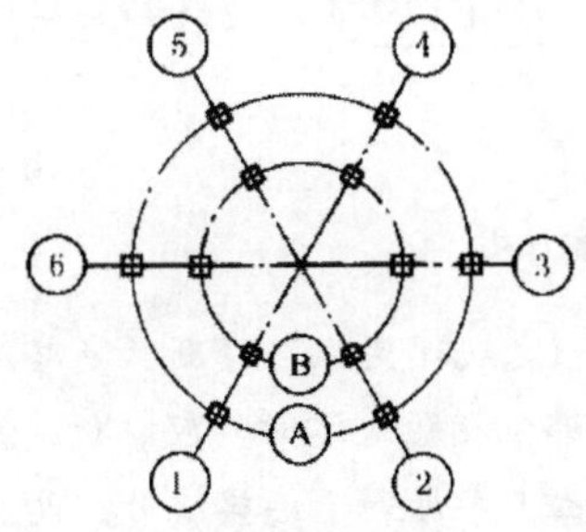

图 10-31　圆形平面定位轴线的编号

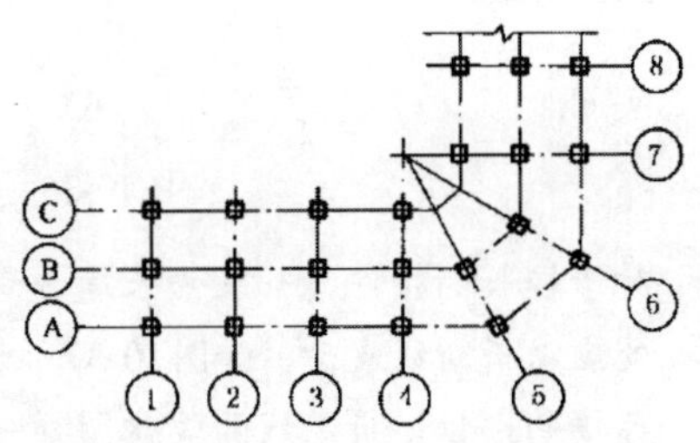

图 10-32　折线形平面定位轴线的编号

10.3.7　简化绘制方法

简化绘制方法有以下几点规定。

- 构配件的视图有一条对称线，可只绘制该视图的一半；视图有两条对称线，可只绘制该视图的1/4，并绘制出对称符号，如图10-33所示。图形也可稍超出其对称线，此时可不绘制对称符号，如图10-34所示。

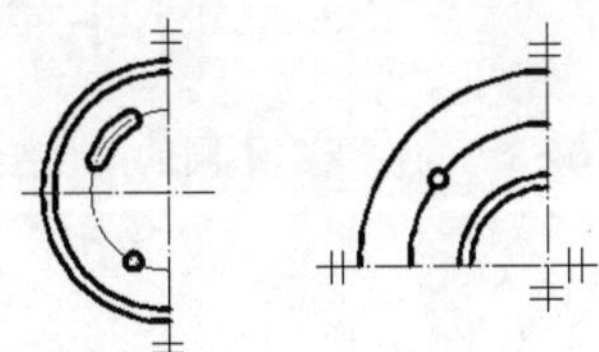

图 10-33　绘制出对称符号

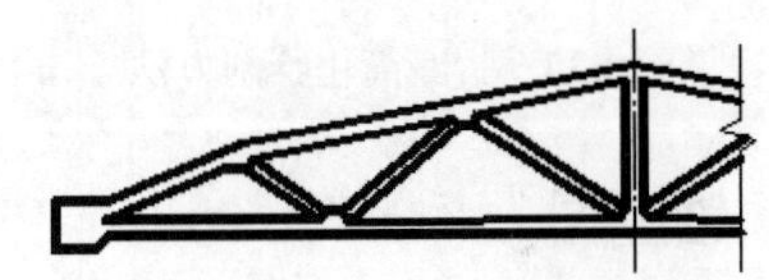

图 10-34　不绘制对称符号

- 对称的形体需要绘制剖面图或断面图时，可以以对称符号为界，一半绘制视图（外形图），一半绘制剖面图或断面图，如图10-35所示。

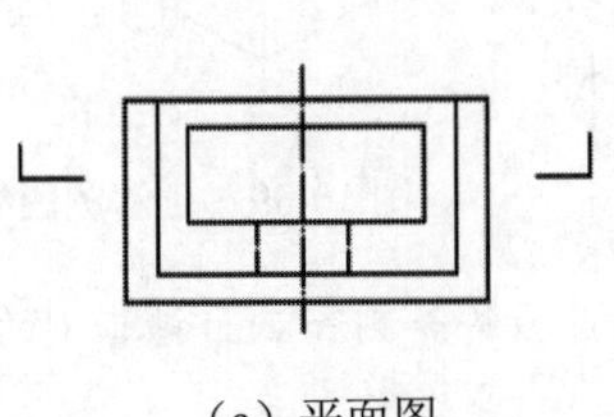

（a）平面图

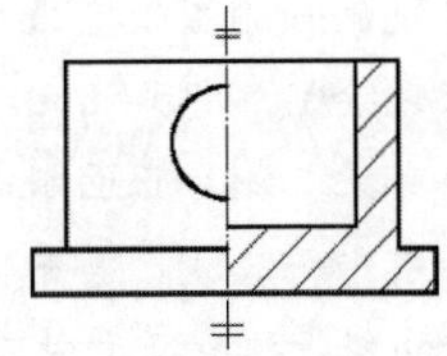

（b）1-1 剖面图

图10-35　一半绘制平面图，一半绘制剖面图

- 若构配件内有多个完全相同且连续排列的构造要素，可仅在两端或适当位置绘制出其完整形状，其余部分以中心线或中心线交点表示，如图10-36（a）和（b）所示。
- 如相同构造要素少于中心线交点，则其余部分应在相同构造要素位置的中心线交点处用小圆点表示，如图10-36（c）和（d）所示。

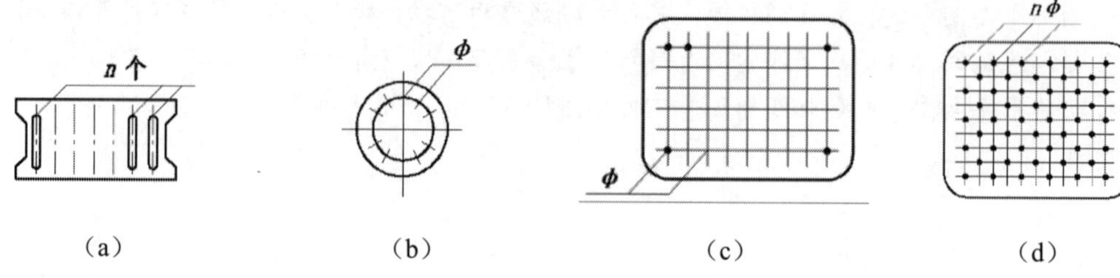

图10-36　相同要素的简化绘制方法

- 对于较长的构件，如果沿长度方向的形状相同或按一定规律变化，可断开省略绘制，断开处应以折断线表示，如图10-37所示。当断开的两个部位相距过远时，应以折断线表示需要连接的部位，折断线两端靠图样一侧应该标注大写拉丁字母表示连接编号。两个被连接的图样必须用相同的字母编号。
- 如果一个构配件绘制位置不够，可以分成几个部分绘制，并应以连接符号表示相连。如果一个构配件与另一构配件仅部分不相同，该构配件可以只绘制不同部分，但应在两个构配件的相同部分与不同部分的分界线处，分别绘制连接符号，如图10-38所示。

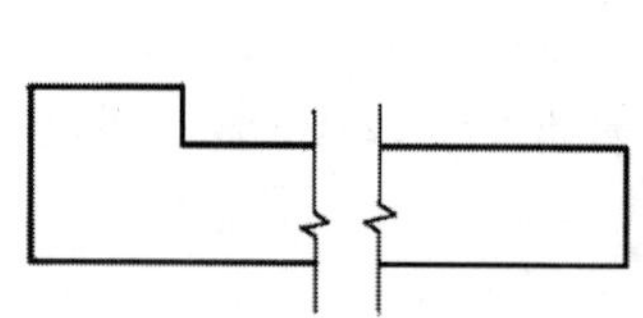

图 10-37　折断简化绘制方法

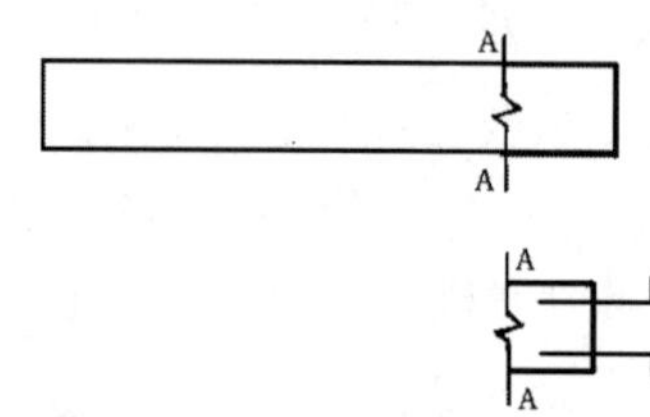

图 10-38　构件局部不同的简化绘制方法

10.3.8　轴测图

轴测图的绘制方法主要有以下几点要求。

- 轴测图中，p、q、r可分别表示X轴、Y轴、Z轴的轴向伸缩系数，用轴向伸缩系数控制轴向投影的大小变化。房屋建筑的轴测图较宜采用正等测投影并用简化轴向伸缩系数绘制，即$p = q = r = 1$，如图10-39所示。其他轴测图有正二测、正面斜等测和正面斜二测、水平斜等测和水平斜二测，其中，暖通制图中最常用有正等测、正面斜等测和正面斜二测等，如图10-40所示为正面斜等测和正面斜二测的绘制方法。

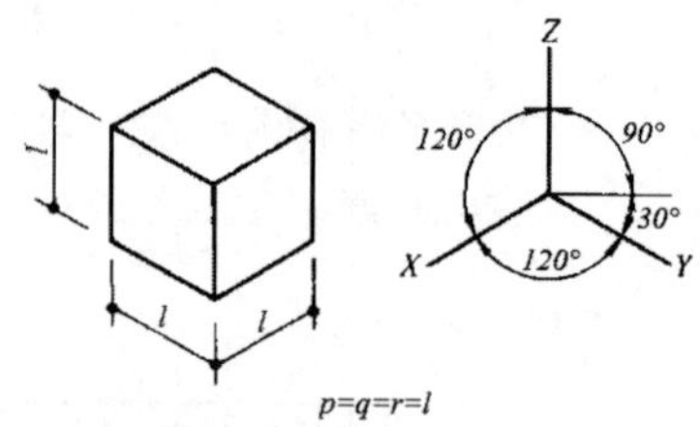

图 10-39　正等测的绘制方法

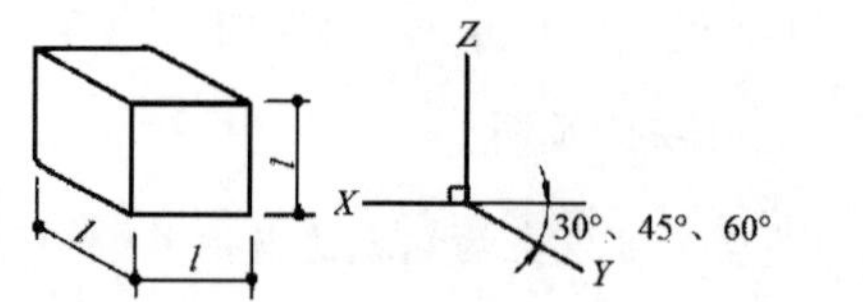

（a）正面斜等测 $p=q=r=l$

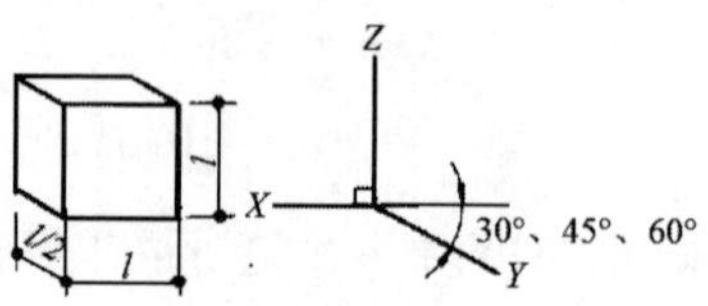

（b）正面斜二测 $p=r=l$　$q=1/2$

图10-40　正面斜等测和正面斜二测的绘制方法

- 轴测图的可见轮廓线应该采用中实线绘制，断面轮廓线则采用粗实线绘制。不可见轮廓线一般不绘出，必要时可以用细虚线绘出所需部分。断面上应绘制出其材料图例线，图例线应按其断面所在坐标面的轴测方向绘制。
- 轴测图线性尺寸应标注在各自所在的坐标面内，尺寸线应与被注长度平行，尺寸界线应平行于相应的轴测轴，尺寸数字的方向应平行于尺寸线，如出现字头向下倾斜时，应将尺寸线断开，在尺寸线断开处水平方向注写尺寸数字。轴测图的尺寸起止符号宜用小圆点，如图10-41所示。
- 轴测图中的圆径尺寸应标注在圆所在的坐标面内，尺寸线与尺寸界线应分别平行于各自的轴测轴。圆弧半径和小圆直径尺寸也可引出标注，但尺寸数字应注写在平行于轴测轴的引出线上，如图10-42所示。

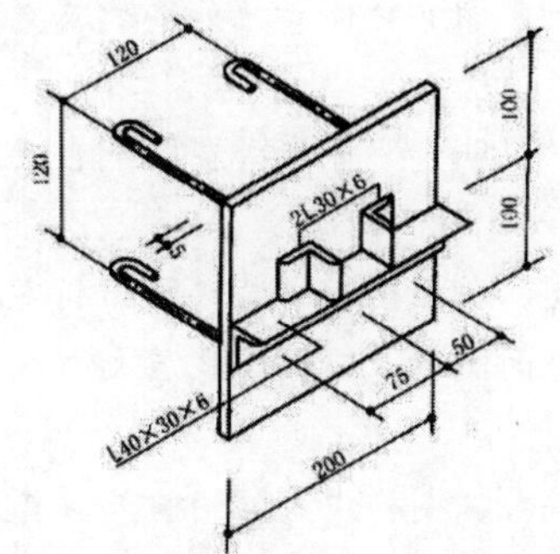

图 10-41　轴测图中线性尺寸的标注方法

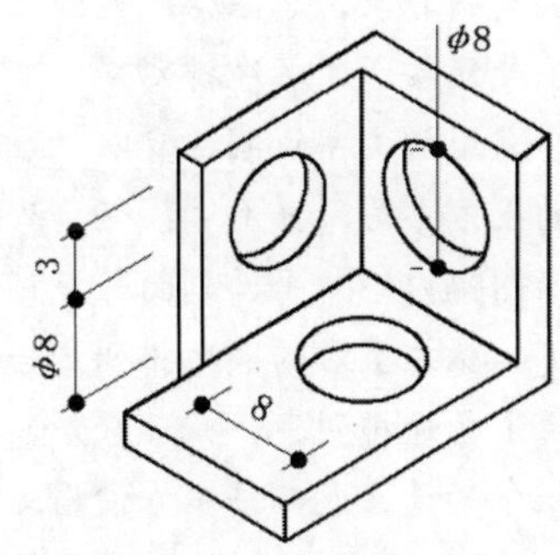

图 10-42　轴测图圆直径标注方法

- 轴测图的角度尺寸，应标注在该角所在的坐标面内，尺寸线应绘成相应的椭圆弧或圆弧。尺寸数字应水平方向注写，如图10-43所示。
- 在暖通空调工程制图中，使用最广泛的轴测投影是正面斜等测投影。绘制时一般将Y轴倾斜45°，观察点一般在东南方向。

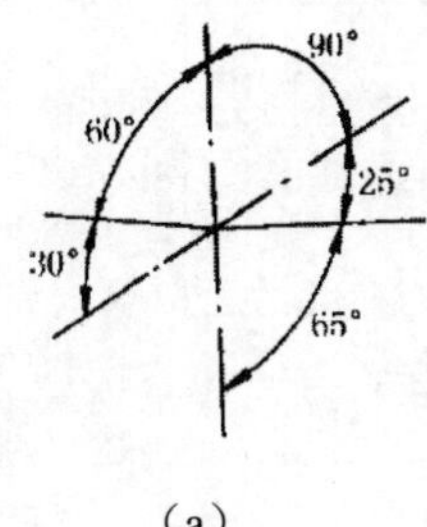

（a）

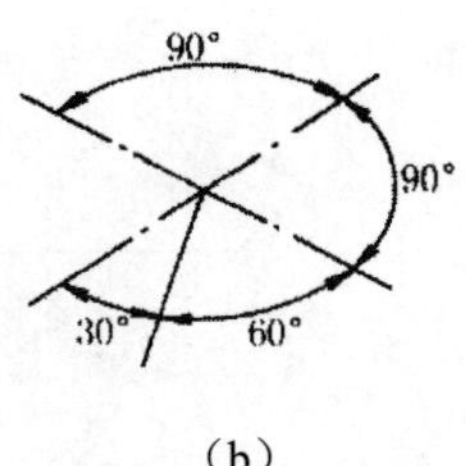

（b）

图10-43　轴测图角度的标注方法

10.4　暖通空调图样的绘制方法

在《暖通空调制图标准》GB/T 50114-2010中对暖通空调中图样的绘制方法作出了规定。了解和熟悉暖通空调中图样的绘制方法，尤其是管道绘制方法和表达，可以更加规范地使用AutoCAD 2021绘制出符合标准的暖通空调图纸。

10.4.1 一般规定

暖通空调的图样绘制方法除了应满足《房屋建筑制图统一标准》GB/T 50001-2017中对图样绘制方法的有关要求，还应同时满足《暖通空调制图标准》GB/T 50114-2010中对图样绘制方法的规定，尤其是管道绘制方法的规定。标准中对图纸、编号等的一般规定如下：

- 各工程、各阶段的设计图纸应满足相应的设计深度要求。
- 本专业设计图纸编号应独立。
- 在同一套工程设计图纸中，图样线宽组、图例、符号等应一致。
- 在工程设计中，应依次表示图纸目录、选用图集（纸）目录、设计施工说明、图例、设备及主要材料表、总图、工艺图、系统图、平面图、剖面图和详图等。如单独成图时，其图纸编号应按所述顺序排列。
- 图样需用的文字说明，宜以“注：”“附注：”或“说明：”等形式在图纸右下方、标题栏的上方书写，并用“1、2、3、...”进行编号。
- 一张图幅内绘制平、剖面等多种图样时，应按平面图、剖面图和安装详图的顺序以及从上至下、从左至右的顺序排列；当一张图幅绘有多层平面图时，应按建筑层次由低至高，由下至上顺序排列。
- 图纸中的设备或部件不方便用文字标注时，可进行编号。图样中只注明编号，其名称宜以“注：”“附注：”或“说明：”表示。如果还需要标明其型号（规格）、性能等内容时，宜用“明细栏”表示，如图10-44所示。装配图的明细栏按现行国家标准《技术制图—明细栏》（GB 10609.2-2009）执行。

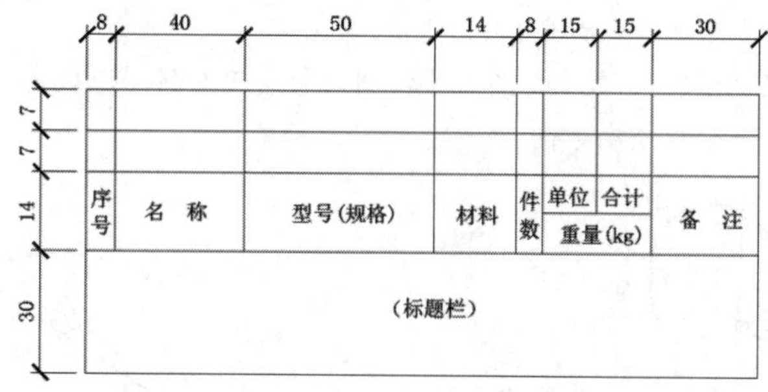

注：本示例适合字高为 5、字宽为 0.8 的情况

图 10-44 明细栏示例

- 初步设计和施工图设计的设备表至少应包括序号（或编号）、设备名称、技术要求、数量和备注栏；材料表至少应包括序号（或编号）、材料名称、规格或物理性能、数量、单位和备注栏。

10.4.2 管道和设备布置平面图、剖面图及详图

《暖通空调制图标准》GB/T 50114-2010中对管道和设备布置平面图、剖面图及详图绘制方法的一般规定如下：

- 管道和设备布置平面图、剖面图应以直接正投影法绘制。
- 用于暖通空调系统设计的建筑平面图、剖面图，应用细实线绘出建筑轮廓线和与暖通空调系统有关的门、窗、梁、柱、平台等建筑构配件，并标明相应的定位轴线编号、房间名称和平面标高。
- 管道和设备布置平面图应按假想除去上层板后俯视规则绘制，否则应在相应垂直剖面图中表示平剖面的剖切符号。
- 剖视的剖切符号应由剖切位置线、投射方向线和编号组成，剖切位置线和投射方向线均应以粗实线绘制。剖切位置线的长度宜为6mm~10mm；投射方向线长度应短于剖切位置线，宜为4mm~6mm；剖切位置线和投射方向线不应与其他图线相接触；编号宜用阿拉伯数字标在投射方向线的端部；转折的剖切位置线宜在转角的外顶角处加注相应编号，见《房屋建筑制图统一标准》GB/T 50001-2017中的表达方法。
- 断面的剖切符号用剖切位置线和编号表示。剖切位置线宜为长6mm~10mm的粗实线；编号可用阿拉伯数字、罗马数字或小写拉丁字母，标在剖切位置线的一侧，并表示投射方向，见《房屋建筑制图统一标准》GB/T 50001-2017中的表达方法。
- 平面图上应注出设备、管道定位（中心、外轮廓和地脚螺栓孔中心）线与建筑定位（墙边、柱边和柱中）线间的关系；剖面图上应注出设备、管道（中、底或顶）标高。必要时，还应标注距该层楼（地）板面的距离。
- 剖面图应在平面图上尽可能选择反映系统全貌的部位，垂直剖切后绘制。当剖切的投射方向为向下和向右，且不会引起误解时，可省略剖切方向线。
- 建筑平面图采用分区绘制时，暖通空调专业平面图也可分区绘制。分区部位应与建筑平面图一致，并应绘制分区组合示意图。
- 平面图、剖面图中的水、汽管道可用单线绘制，风管不宜用单线绘制（方案设计和初步设计除外）。
- 平面图、剖面图中的局部需另绘详图时，应在平、剖面图上标注索引符号。索引符号的绘制方法如图10-45所示；如图10-45（b）所示为引用标准图或通用图时的绘制方法。

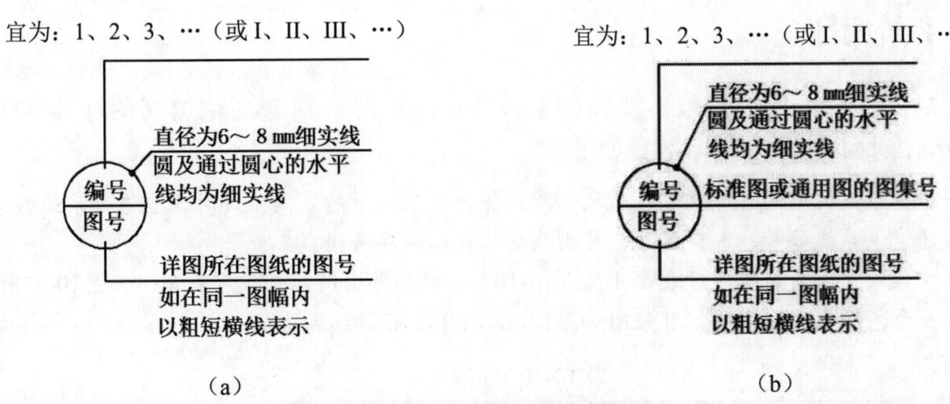

图10-45　索引符号的绘制方法

- 为表示某一（些）室内立面及其在平面图上的位置，应在平面图上标注内视符号。内视符号绘制方法如图10-46所示。

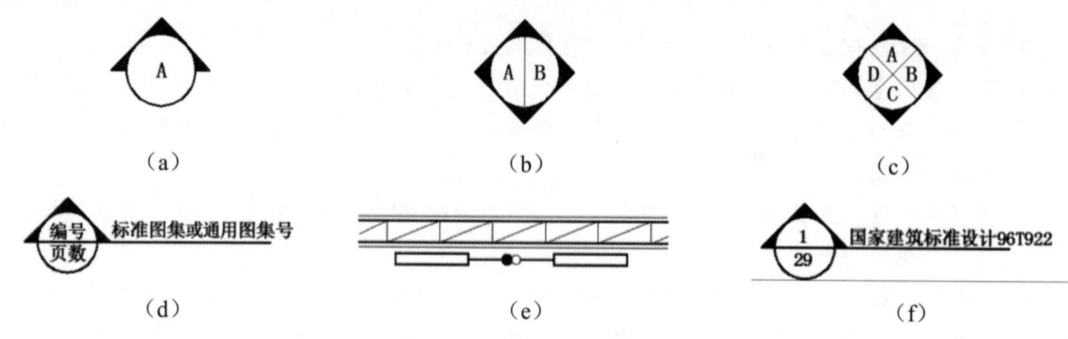

图10-46　内视符号绘制方法

10.4.3　管道系统图和原理图

《暖通空调制图标准》GB/T 50114-2010中对管道系统图和原理图的绘制方法一般规定如下：

- 管道系统图应能确认管径、标高及末端设备，可按系统编号分别绘制。
- 管道系统图如采用轴测投影法绘制，宜采用与相应的平面图一致的比例，按正等轴测或正面斜二轴测的投影规则绘制。
- 在不会引起误解时，管道系统图可不按轴测投影法绘制。
- 管道系统图的基本要素应与平、剖面图相对应。
- 水、汽管道及通风、空调管道系统图均可用单线绘制。
- 系统图中的管线重叠处、密集处，可采用断开绘制方法。断开处宜以相同的小写拉丁字母表示，也可用细虚线连接。
- 室外管网工程设计宜绘制管网总平面图和管网纵剖面图。绘制方法应按国家现行标准《供热工程制图标准》CJJ/T 78-2010执行。
- 原理图不按比例和投影规则绘制。
- 原理图基本要素应与平、剖面图及管道系统图相对应。

10.4.4　系统编号

在绘制好不同系统的图纸后要按照系统给图纸编号。《暖通空调制图标准》GB/T 50114-2010中对系统编号的一般规定如下。

- 一个工程设计中同时有供暖、通风和空调等两个及以上的不同系统时，应进行系统编号。
- 暖通空调系统编号、入口编号，应由系统代号和顺序号组成。
- 系统代号由大写拉丁字母表示（见表10-10），顺序号由阿拉伯数字表示，如图10-47所示。当一个系统出现分支时，可采用如图10-47（b）所示的绘制方法。

表 10-10　系统代号

序　号	字母代号	系统名称	序　号	字母代号	系统名称
1	N	（室内）供暖系统	9	H	回风系统
2	L	制冷系统	10	P	排风系统
3	R	热力系统	11	XP	新风换气系统

（续表）

序　　号	字母代号	系统名称	序　　号	字母代号	系统名称
4	K	空调系统	12	JY	加压送风系统
5	J	净化系统	13	PY	排烟系统
6	C	除尘系统	14	P（Y）	排风兼排烟系统
7	S	送风系统	15	RS	人防送风系统
8	X	新风系统	16	RP	人防排风系统

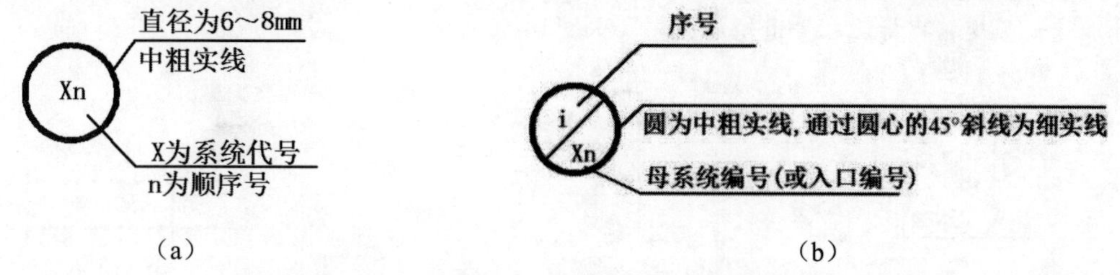

图10-47　系统代号、顺序号的绘制方法

- 系统编号宜标注在系统总管处。
- 竖向布置的垂直管道系统，应标注立管号，如图10-48所示。在不会引起误解时，可只标注序号，但应与建筑轴线编号有明显区别。

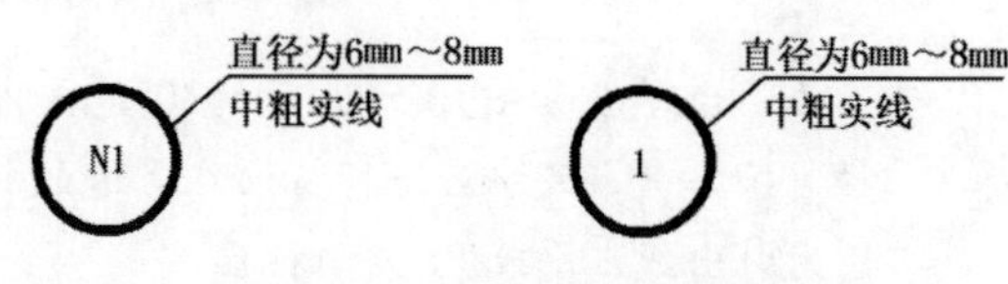

图 10-48　立管号的绘制方法

10.4.5　管道标高、管径（压力）和尺寸标注

《暖通空调制图标准》GB/T 50114-2010中对图样中管道标高、管径和尺寸的标注有如下规定。

- 在不宜标注垂直尺寸的图样中，应标注标高。标高以m为单位，精确到cm或mm。
- 标高符号应以直角等腰三角形表示，详见10.5节。当标准层较多时，可只标注与本层楼（地）板面的相对标高，如图10-49所示。

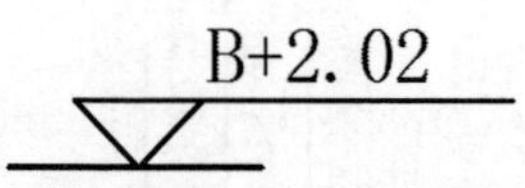

图 10-49　相对标高的绘制方法

- 水、汽管道所注标高未予说明时，表示管中心标高。
- 水、汽管道标注管外底或顶标高时，应在数字前加“底”或“顶”字样。
- 矩形风管所注标高未予说明时，表示管底标高；圆形风管所注标高未予说明时，表示管中心标高。
- 低压流体输送用焊接管道规格应标注公称通径或压力。公称通径的标记由字母*DN*后跟一个以mm表示的数值组成，如*DN*15、*DN*32；公称压力的代号为*PN*。
- 输送流体用无缝钢管、螺旋缝或直缝焊接钢管、铜管、不锈钢管，当需要注明外径和壁厚时，用“*D*（或 *ϕ*）外径×壁厚”表示，如*D*108×4或 *ϕ*108×4。在不会引起误解时，也可采用公称通径表示。

- 金属或塑料管用*d*表示，如*d*10。
- 圆形风管的截面定型尺寸应以直径符号 *ϕ*后跟以mm为单位的数值表示。
- 矩形风管（风道）的截面定型尺寸应以“*A*×*B*”表示。*A*为该视图投影面的边长尺寸，*B*为另一边尺寸。*A*、*B*单位均为毫米。
- 平面图中无坡度要求的管道标高可以标注在管道截面尺寸后的括号内，如*DN*32（2.50）。必要时应在标高数字前加“底”或“顶”字样。
- 水平管道的规格宜标注在管道的上方，竖向管道的规格应标在管道的左侧。双线表示的管道，其规格可标注在管道轮廓线内，如图10-50所示。

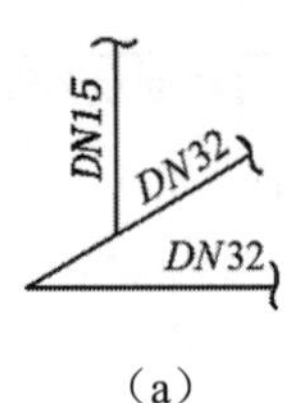

（a）

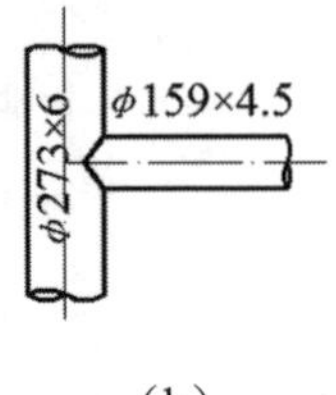

（b）

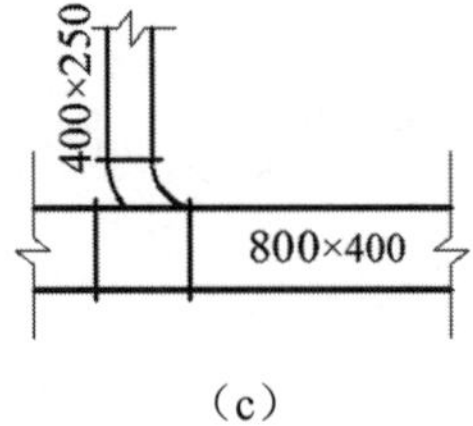

（c）

图10-50　管道截面尺寸的绘制方法

- 当斜管道不在如图10-51所示的30°范围内时，其管径（压力）、尺寸应平行标注在管道的斜上方，否则用引出线水平或90°方向标注。
- 多条管线的规格标注方式如图10-52所示。管线密集时采用中间图绘制方法，其中短斜线也可统一用圆点表示。

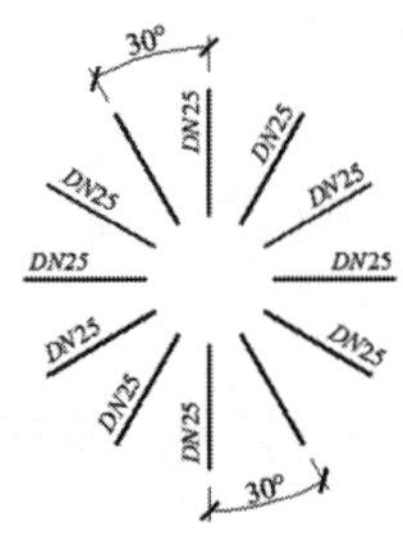

图 10-51　管径（压力）的标注位置示例

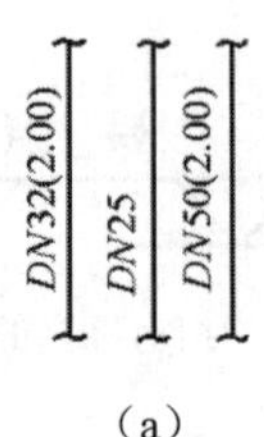

（a）

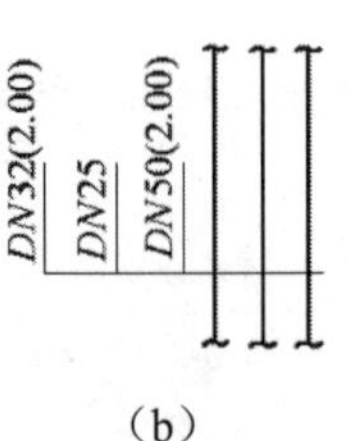

（b）

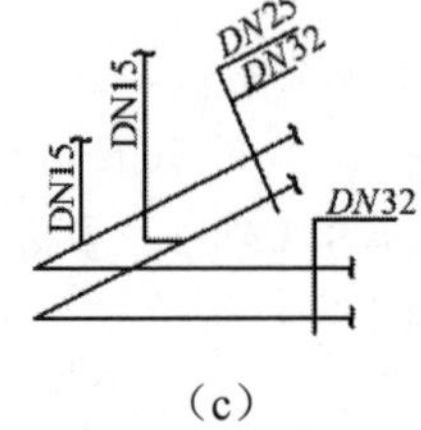

（c）

图10-52　多条管线规格的绘制方法

- 风口、散流器的规格、数量及风量的表示方法如图10-53所示。

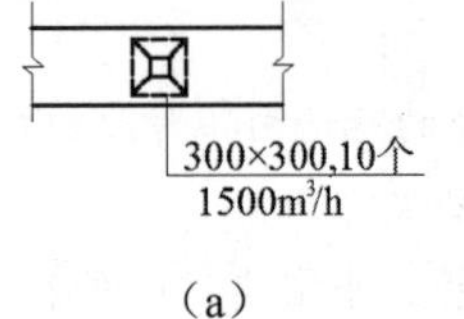

（a）

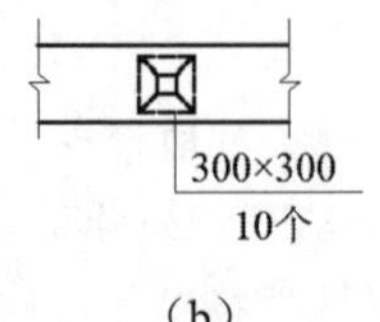

（b）

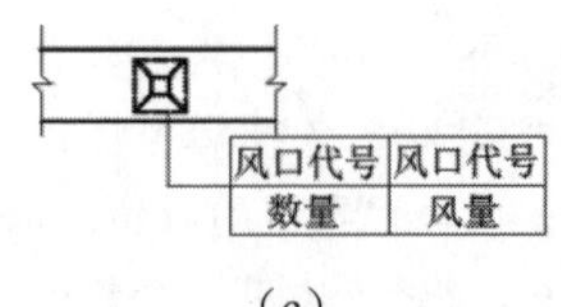

（c）

图10-53　风口、散流气的表示方法

- 图样中尺寸标注应按10.5节执行。

- 平面图、剖面图上如需标注连续排列的设备或管道的定位尺寸或标高时，应至少有一个自由段，如图10-54所示。

（a）　　（b）

注：括号内数字应为不保护尺寸，不宜与上排尺寸同时标注

图 10-54　定位尺寸的表示方法

- 挂墙安装的散热器应说明安装高度。
- 设备加工（制造）图的尺寸标注、焊缝符号可按现行国家标准《机械制图—尺寸注法》GB 4458.4-2003、《技术制图—焊缝符号的尺寸、比例及简化表示法》GB 12212-2014执行。

10.4.6　管道转向、分支、重叠及密集处的绘制方法

在绘制复杂管道系统时，经常会遇到管道交叉、转向及分支等情况。《暖通空调制图标准》GB/T 50114-2010中给出了当绘制管道时发生管道转向、分支及重叠时的绘制方法，具体要求如下：

- 单线管道转向的绘制方法如图10-55所示。
- 双线管道转向的绘制方法如图10-56所示。

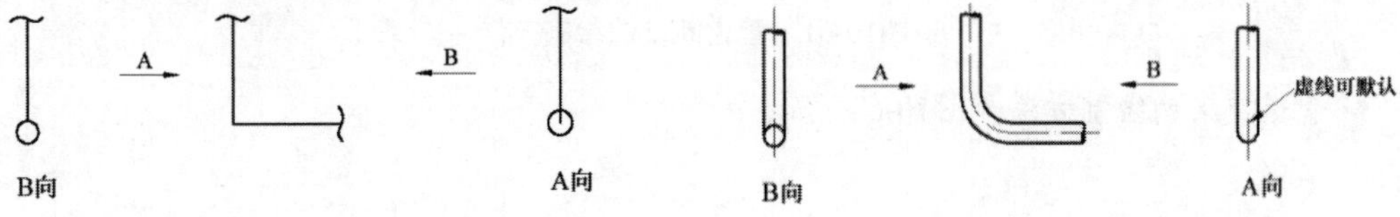

图 10-55　单线管道转向的绘制方法　　图 10-56　双线管道转向的绘制方法

- 单线管道分支的绘制方法如图10-57所示。
- 双线管道分支的绘制方法如图10-58所示。

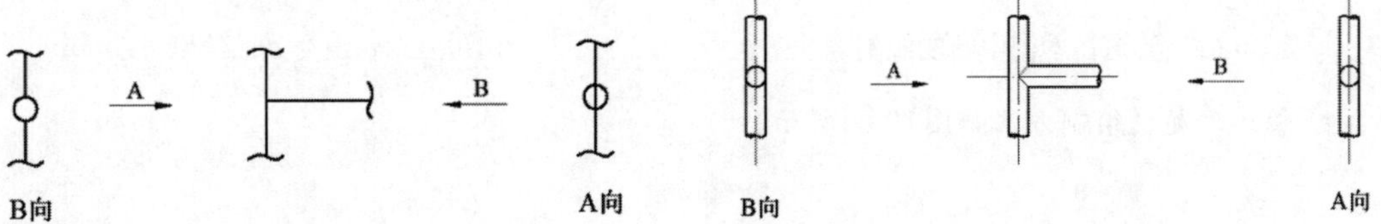

图 10-57　单线管道分支的绘制方法　　图 10-58　双线管道分支的绘制方法

- 送风管转向的绘制方法如图10-59所示。
- 回风管转向的绘制方法如图10-60所示。
- 平面图、剖视图中管道因重叠、密集需断开时，应采用断开绘制方法，如图10-61所示。
- 管道在本图中断，转至其他图面表示（或由其他图面引入）时，应注明转至（或来自）的图纸编号，如图10-62所示。

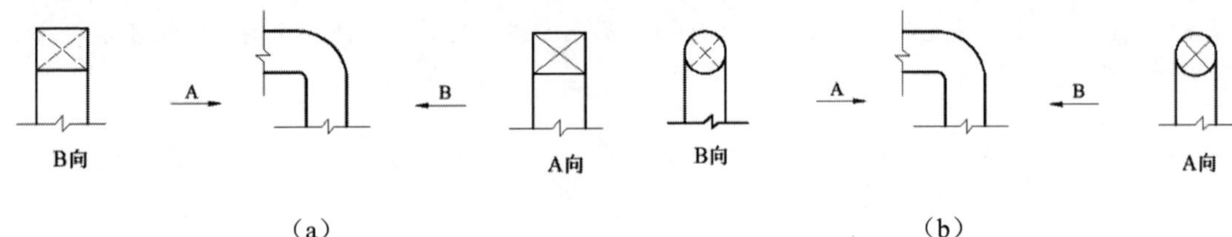

图10-59　送风管转向的绘制方法

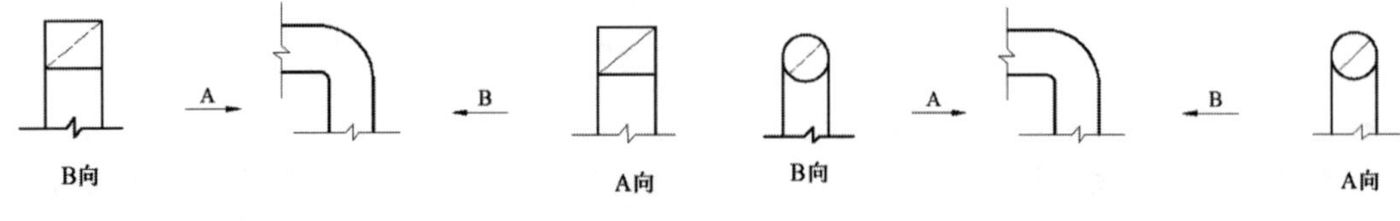

图 10-60　回风管转向的绘制方法

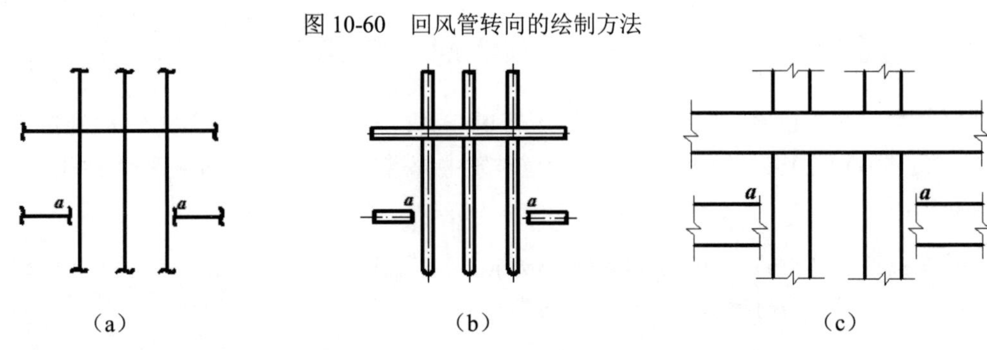

图10-61　管道断开的绘制方法

- 管道交叉的绘制方法如图10-63所示。

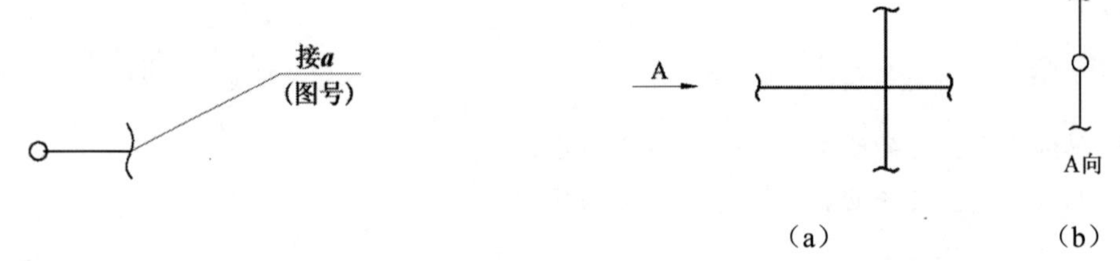

图 10-62　管道在本图中断的绘制方法　　图 10-63　管道交叉的绘制方法

- 管道跨越的绘制方法如图10-64所示。

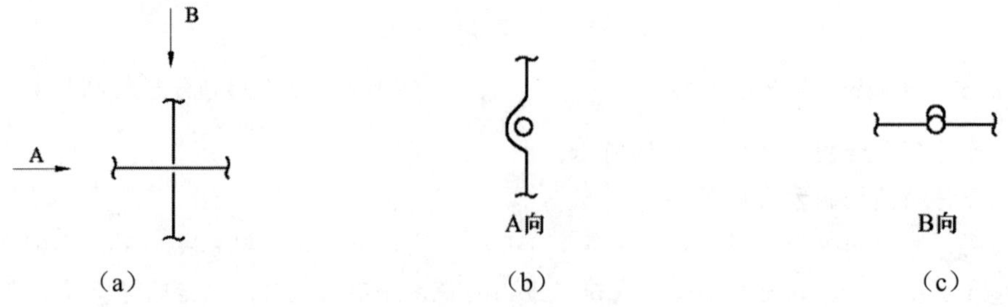

图 10-64　管道跨越的绘制方法

10.5 标高的绘制方法

暖通专业标注除了符合第6章尺寸标注的相关要求外，对标高的绘制方法作出如下具体规定：

- 标高符号应以直角等腰三角形表示，可按如图10-65（a）所示的形式用细实线绘制，如果标注位置不够，也可按如图10-65（b）所示的形式绘制。标高符号的具体绘制方法如图10-65（c）和图10-65（d）所示。
- 总平面图室外地坪标高符号，宜用涂黑的三角形表示，如图10-66（a）所示，具体绘制方法如图10-66（b）所示。

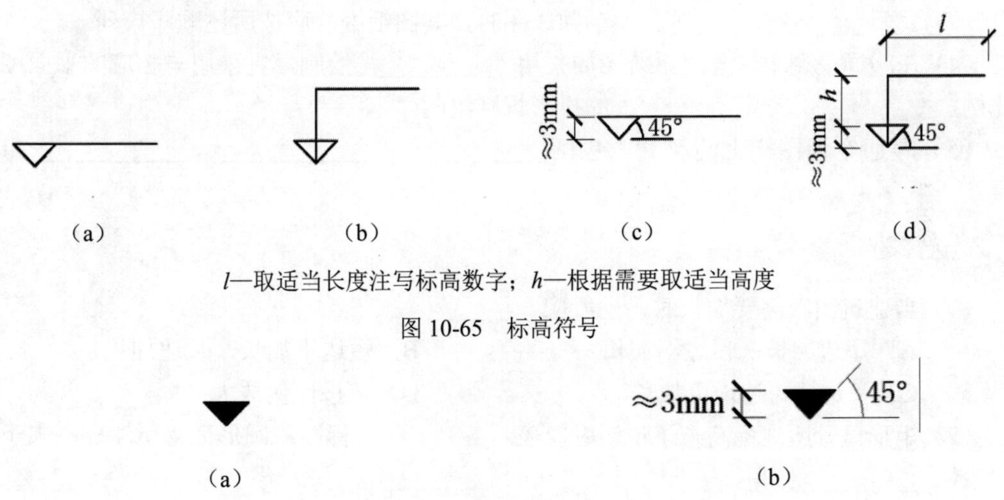

l—取适当长度注写标高数字；*h*—根据需要取适当高度

图 10-65　标高符号

图10-66　总平面图室外地坪标高符号

- 标高符号的尖端应指至被注写高度的位置。尖端一般应向下，也可向上。标高数字应注写在标高符号的左侧或右侧，如图10-67所示。
- 标高数字应以米为单位，注写到小数点以后第三位。在总平面图中，可注写到小数点以后第二位。
- 零点标高应注写成±0.000，正数标高不注“+”，负数标高应注“–”，例如3.000、–0.600。
- 在图样的同一位置需要表示几个不同标高时，标高数字可按如图10-68所示的形式注写。

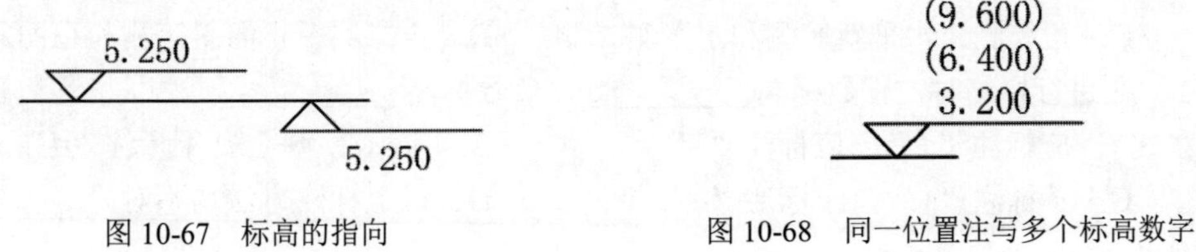

图 10-67　标高的指向

图 10-68　同一位置注写多个标高数字

10.6 习　　题

1. 填空题

（1）文字的字高，应从下列参数中选用：__________、5mm、__________、10mm、__________、20mm。如需书写更大的字，其高度应按__________的比值递增。

（2）《暖通空调制图标准》GB/T 50114-2010中规定，在同一套工程设计图纸中__________、__________和__________等应一致。

（3）在暖通空调工程设计中，应依次表示__________、选用图集（纸）目录、__________、图例、设备及主要材料表、总图、__________、__________、平面图、__________、__________等。如单独成图时，其图纸编号应按所述顺序排列。

（4）在暖通空调中，管道系统图如采用__________法绘制，宜采用与相应的平面图一致的比例，按__________或__________的投影规则绘制。

（5）暖通空调图样上的尺寸，包括__________、__________、__________和尺寸数字。

2. 选择题

（1）当建筑图纸需要加长时，一般应__________。

A. 短边加长，长边不加长　　B. 短边不加长，长边加长
C. 长边、短边均可加长　　D. 可按比例放大

（2）矩形风管所注标高未予说明时，表示__________标高；圆形风管所注标高未予说明时，表示__________标高。

A. 管中心，管顶　　B. 管顶，管中心
C. 管中心，管底　　D. 管底，管中心

（3）尺寸界线应用细实线绘制，一般应与被注长度垂直，其中一端应离开图样轮廓线__________，另一端宜超出尺寸线2mm～3mm。图样轮廓线可用作尺寸界线。

A. 不小于2mm　　B. 不大于2mm
C. 等于2mm　　D. 2mm～3mm

（4）暖通中最常使用的是__________和__________的绘制方法。

A. 正等测、正面斜等测和正面斜二测　　B. 正二测、水平斜等测和水平斜二测
C. 正等测、水平斜等测和水平斜二测　　D. 正二测、正面斜等测和正面斜二测

（5）在进行标高时，正数标高__________，负数标高__________。

A. 应标注“+”，应标注“–”　　B. 应标注“+”，不标注“–”
C. 不标注“+”，应标注“–”　　D. 以上标注方法均不对

第11章 采暖工程制图

导言

采暖工程包括室内输配管路和末端设备，是典型的全水系统。暖通空调专业图纸，除了应该符合《暖通空调制图标准》GB/T 50114-2010以外，还应该符合《房屋建筑制图统一标准》GB/T 50001-2017及国家现行的有关强制性标准的规定。近几年，采暖设备和系统呈现多样化的趋势，采暖和空调系统越来越融合在一起，在《暖通空调制图标准》中没有单独对采暖系统的绘制方法进行规定，具体针对采暖绘制方法的规定也很少，本章根据现行的制图标准和行业习惯绘制方法介绍其制图方法。

11.1 采暖制图概述

采暖工程是暖通空调专业的一个重要组成部分，采暖系统在我国“三北”地区（东北、西北和华北)有着广泛地应用，在其他夏热冬冷地区的应用也逐渐增多。由于采暖系统属于典型的全水系统，其输配管路和末端设备的许多绘制原则和表达方法可以应用到空调水系统的绘制中，尤其是风机盘管水系统的绘制和采暖系统更为相近。

11.1.1 采暖制图一般规定

设计施工中，随着近年来采暖设备和系统的多样化越来越突出，《暖通空调制图标准》GB/T 50114-2010中对采暖制图中的一些基本表达方法和图样的绘制方法有以下具体规定：

- 系统代号：采暖系统的代号为N。
- 基准线宽：基准线宽b可以在1.0mm、0.7mm、0.5mm、0.35mm、0.18mm中选取。
- 比例：采暖系统的比例宜与工程设计项目的主导专业（一般为建筑）一致。
- 线型：采暖系统中一般用粗实线表示供水管；粗虚线表示回水管；中粗线表示散热设备和水箱等；细线表示建筑轮廓及门窗；尺寸、标高和角度等标注线及引出线也均用细线表示。
- 通用图例：一些通用的设备阀门仪表（泵、除污器、闸阀、截止阀和排气阀的集气罐等）图例见表11-1和表11-2。

表 11-1　采暖设备图例

序　　号	名　　称	图　　例	附　　注
1	散热器及手动放气阀	15　15　15	左为平面图绘制方法，中为剖面图绘制方法，右为系统图、轴测图绘制方法
2	散热器及控制阀	15　15 15　15	左为平面图绘制方法，右为剖面图绘制方法

表 11-2　常用设备阀门仪表图例

序　　号	名　　称	图　　例
1	截止阀	
2	闸阀	
3	快开阀	
4	球阀	
5	蝶阀	
6	柱塞阀	
7	止回阀	
8	安全阀	
9	三通阀	
10	减压阀	
11	旋塞阀	
12	自动排气阀	

（续表）

序　号	名　称	图　例
13	疏水器	
14	水泵	
15	集气罐、排气装置	

- 管道标注：采暖系统中管道一般采用单线绘制，由于目前室内的采暖管道大多采用焊接管道，因此标注用DN；也有一些室内采暖系统采用塑料管，应用d标注。
- 立管编号：对于垂直式系统，要对立管进行编号，用一个直径为6mm~8mm的中粗实线圆，在其内书写编号，编号为N后跟阿拉伯数字，入口号应为系统代号。
- 图样：采暖工程包括以下图样。
  - 图样目录，其中图样类别应为暖施，而不是热施。
  - 设计说明书。
  - 采暖系统轴测图。
  - 采暖平面图、剖面图。
  - 热力入口、立管竖井详图，非标设备的加工和安装详图。

实际的设计过程中，可将表11-1和表11-2内的图例或自行设计图例创建成块或外部参照，使用时可方便地插入图形中，提高绘图效率。

11.1.2 设计施工说明

设计施工说明通常包括以下内容。

- 采暖室内外计算温度、采暖建筑面积、采暖热负荷、热媒来源、种类和参数。
- 采用何种散热器、管道材质、连接形式。
- 防腐和保温做法。
- 散热器试压和系统试压，应该遵守的标准和规范等。

设计施工说明的具体书写内容应该根据设计需要，可参照下面实例的格式书写。

【例11-1】 某办公楼采暖工程设计说明。

（1）本设计为某办公楼室内采暖设计。采暖建筑面积为1371m^2，采暖热负荷69080W，供热热源为锅炉房，供回水温度为90/70℃热水。

（2）采暖室外设计温度t_w＝−6℃，采暖室内设计温度为18℃。

（3）采暖管道采用焊接钢管，*DN*≤32mm采用螺纹连接；*DN*＞32mm采用法兰连接。采暖系统中的关闭用阀门，除特殊要求外，管径*DN*＜50mm的采用球阀；管径*DN*≥50mm的采用金属硬密封蝶阀。采暖系统中阀门工作压力均为1.0MPa，系统排气均采用自动排气阀。

（4）管道穿过墙壁或楼板处应设置钢制套管。安装在楼板内的套管，其顶部应高出地面50mm，底部与楼板底面相平；安装在墙壁内的套管，其两端应与饰面相平。穿过卫生间、厕所和厨房的管道，套管与管道之间的间隙用不燃绝热材料填充紧密。

（5）管道水平安装的滑动支架间距，按表11-3选用。

表 11-3 管道水平安装的滑动支架间距

公称直径 / mm		15	20	25	32	40	50	70	80	100	125	150
最大间距/m	保温	1.5	1.5	2.0	2.0	2.5	2.5	3.0	3.0	4.0	5.0	5.0
	不保温	2.0	2.5	3.0	3.5	4.0	4.5	5.5	5.5	6.0	7.0	7.5

（6）采暖系统管道坡度除已注出外均为0.002，坡向见系统轴测图。

（7）采暖系统散热器采用M132型普压铸铁散热器。散热器工作压力均为0.5MPa。散热器均采用无足式挂式安装，各层散热器底距该层地面高100mm。散热器安装形式主要为明装。

（8）管道、管件、散热器和支架等在涂刷漆之前，必须清除表面的灰尘污垢锈斑焊渣等物；明装的管道、管件及支架和铸铁散热器，刷一道防锈底漆，两道银粉，如安装在潮湿房间（卫生间等），防锈底漆应为两道。暗装管道及支架刷防锈底漆两道。

（9）地沟内的采暖管道采用50mm厚的玻璃棉管壳保温，外包玻璃丝布一遍，刷调和漆两遍。保温前先清除管道表面锈污，刷防锈漆两道。

（10）采暖系统安装完毕后，应作水压试验，且室内采暖系统应与室外热网彻底断开进行，试验压力为0.6MPa，试验点为系统入口处供回水干管上。水压试验按规范规定进行。试压合格后，应对系统反复注水排水，直至排出水中不含泥沙铁屑等杂质，且水色不浑浊方为合格。采暖系统各环路的供回水干管上均应预留温度计压力表接口。系统经试压和冲洗合格后，进行系统调试。

（11）其他未尽事项按《建筑给水排水及采暖工程施工质量验收规范》GB/T50242-2002中有关规定执行。

11.1.3 采暖工程平面图

1. 采暖工程平面图的主要绘制内容

室内采暖工程平面图主要表示采暖管道及设备的布置，主要包括以下内容：

- 采暖系统的干管、立管、支管的平面位置、走向、立管编号和管道安装方式。
- 散热器平面位置、规格、数量和安装方式。
- 采暖干管上的阀门、固定支架以及采暖系统有关设备，如膨胀水箱、集气罐、输水器等的平面位置和规格。
- 热媒入口及入口地沟的情况，热媒来源、流向及与室外热网的连接。

2. 采暖工程平面图的绘制方法

采暖工程平面图的绘制方法如下：

- 平面图中的管道宜用单线绘制，供水用粗实线，平面图上本专业所需的建筑物轮廓应与建筑图一致，建筑图用细线。
- 散热器及其支管宜按下图的绘制方法绘制，如图11-1所示为垂直单管系统的绘制方法，对于双管系统应表达出两个立管（即绘制两个圆圈）。

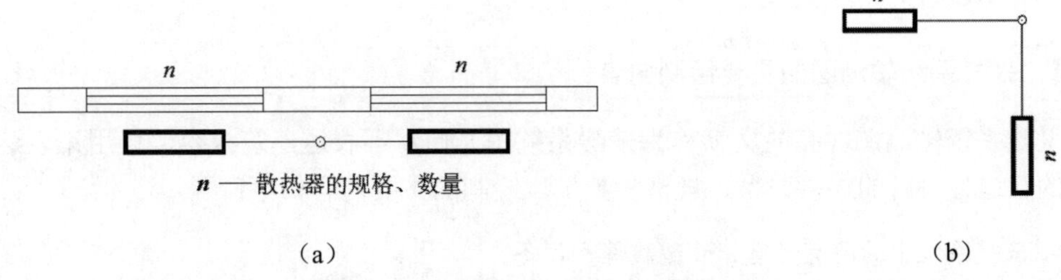

图 11-1　平面图中散热器规格和数量的标注

- 散热器的形式、规格和数量宜按规定标注。
    - 柱式散热器应该只标注数量。
    - 圆翼形散热器应该只标注根数、排数，如图 11-2 所示。
    - 光管散热器应该只标注管径、长度和排数，如图 11-3 所示。
    - 串片式散热器应该只标注长度、排数，如图 11-4 所示。

图 11-2　圆翼形散热器标注方法

图 11-3　光管散热器标注方法

图 11-4　串片式散热器标注方法

- 平面图中双管系统和单管系统散热器的供水（供气）管道、回水（凝结水）管道，宜按图11-5所示绘制。该绘制方法具有较强的示意表达性质，但是并不完全符合投影规则。如图11-5所示为该楼层既有供水干管也有回水干管的情况；如果只有其一，则应该绘制相应的干管、支管与干管的连接段；如果没有供水干管，则不绘制干管，当然也不绘制干管与散热器支管的连接管段。具体绘制应该根据干管的存在与否，决定是否绘制干管。

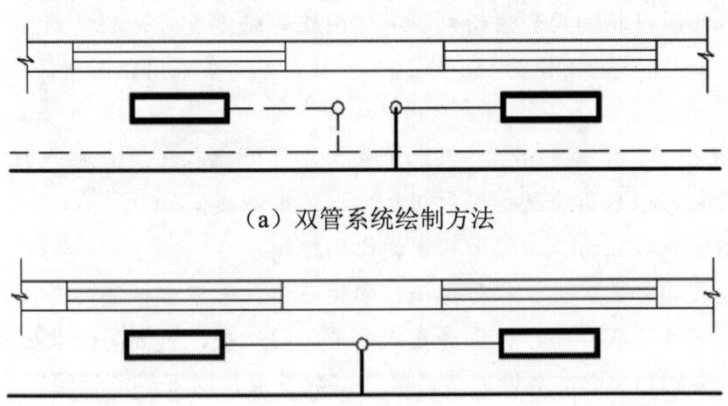

（a）双管系统绘制方法

（b）单管系统绘制方法

图 11-5　平面图中双管系统和单管系统的绘制方法

- 对于广泛采用的上供下回式单管或双管系统，通常绘制首层平面（其中有回水管的布置）、顶层平面（其中有供水干管的布置）和标准层（其中无供回水干管，中间各层散热器的片数按从上到下的顺序标注在标准层上）。

11.1.4 采暖系统轴测图

1．采暖系统轴测图的主要绘制内容

采暖系统轴测图（有的文献称为采暖系统图）通常不表达建筑内容，仅用来表达采暖系统中的管道、设备的连接关系、规格和数量。绘制的主要内容如下：

- 采暖系统中的所有管道、管道附件和设备。
- 标明管道规格，水平管道标高、设备。
- 散热设备的规格、数量和标高，散热设备与管道的连接方式。
- 系统中的膨胀水箱、集气罐等与系统的连接方式。

采暖系统轴测图中经常用到的图例除表11-2列出的各种阀门仪表之外，还有管道与支架的图例，如表11-4所示。

表 11-4　采暖系统中管道与支架图例

名　称	图　例	名　称	图　例
采暖供水（汽）管		固定支架	
采暖回水（汽）管		导向支架	
金属软管		活动支架	

2．采暖系统轴测图的绘制方法

采暖系统轴测图的绘制方法如下：

- 采暖系统轴测图以轴测投影法绘制，并宜用正等轴测或斜轴测投影法、采用正面斜测轴测绘制，Y轴与水平线的夹角为45°或30°。目前，大多采用正面斜等测绘制，Y轴与水平线的夹角为45°。
- 采暖系统轴测图宜用单线绘制。供水干管、立管用粗实线，回水干管用粗虚线，散热器支管、散热器和膨胀水箱等设备用中粗线，标注用细线。
- 系统轴测图宜与对应的平面图用相同的比例绘制。
- 需要限定高度的管道应标注相对标高。管道应标注管中心标高，并应标在管段的始端或末端。散热器宜标注底标高，对于垂直式系统，同一层、同标高的散热器只标右端的一组。
- 散热器应按如图11-6所示来绘制，其规格、数量应按以下规定标注。
    - 柱式、圆翼形散热器的数量应标注在散热器内。
    - 光管式、串片式散热器的规格和数量应标注在散热器的上方。

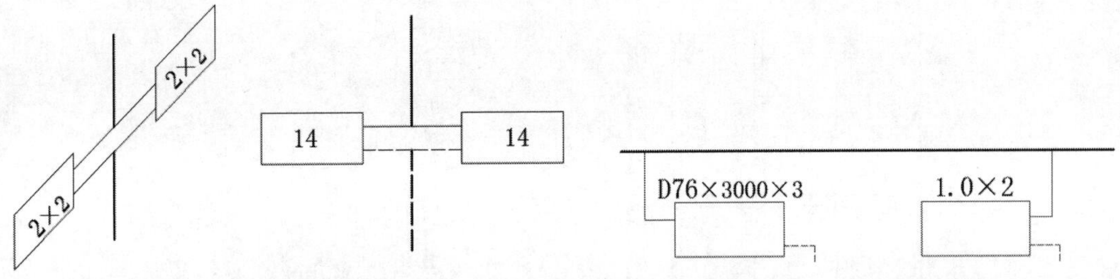

（a）柱式、圆翼式散热器的绘制方法　　（b）光管式、单片式散热器的绘制方法

图 11-6　系统图中散热器的规格数量绘制方法

- 系统轴测图中的重叠、密集的地方可以断开引出绘制，相应的断开处宜用相同的小写拉丁字母标注。对于较大的垂直式系统，经常将系统断开为南北两支，将南北两支移开一定距离，以使前后不重叠在一起，断开处用折断符号表示，或者用细虚线将断开管道连接在一起，如图11-7所示。

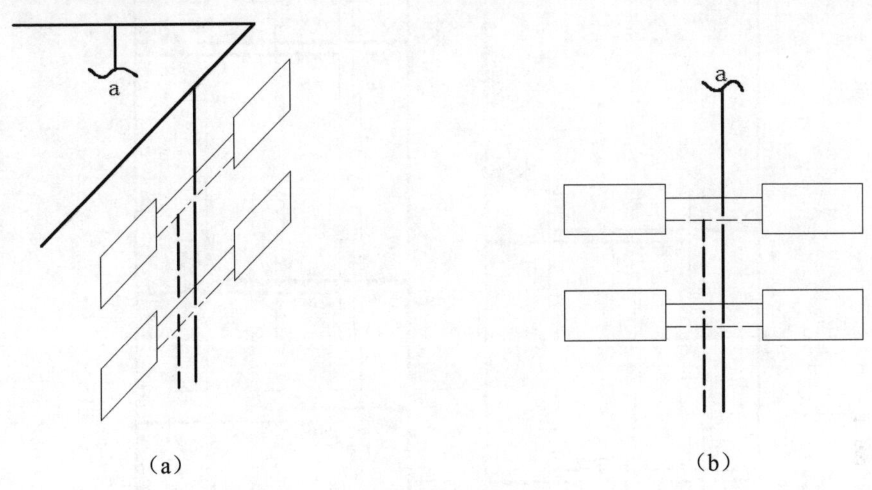

（a）　　（b）

图11-7　轴测图中重叠管道的表达

- 一般立管与回水干管都通过乙字弯相连，散热器支管上也有乙字弯，但一般不绘制乙字弯。

例如，如图11-8所示为某三层办公楼采暖系统的轴测图，从图中可以看出该楼的供暖系统采用双管上供下回式。图中包含了所有的采暖设备、管道和阀门等部件，清楚地表达了它们之间的连接关系和空间位置关系。图中标注了散热器的底标高和片数、管道的直径和坡度。

3．常规采暖系统形式

表11-5所示为工程中经常使用的8种常规采暖系统形式的图示、使用范围和特点。

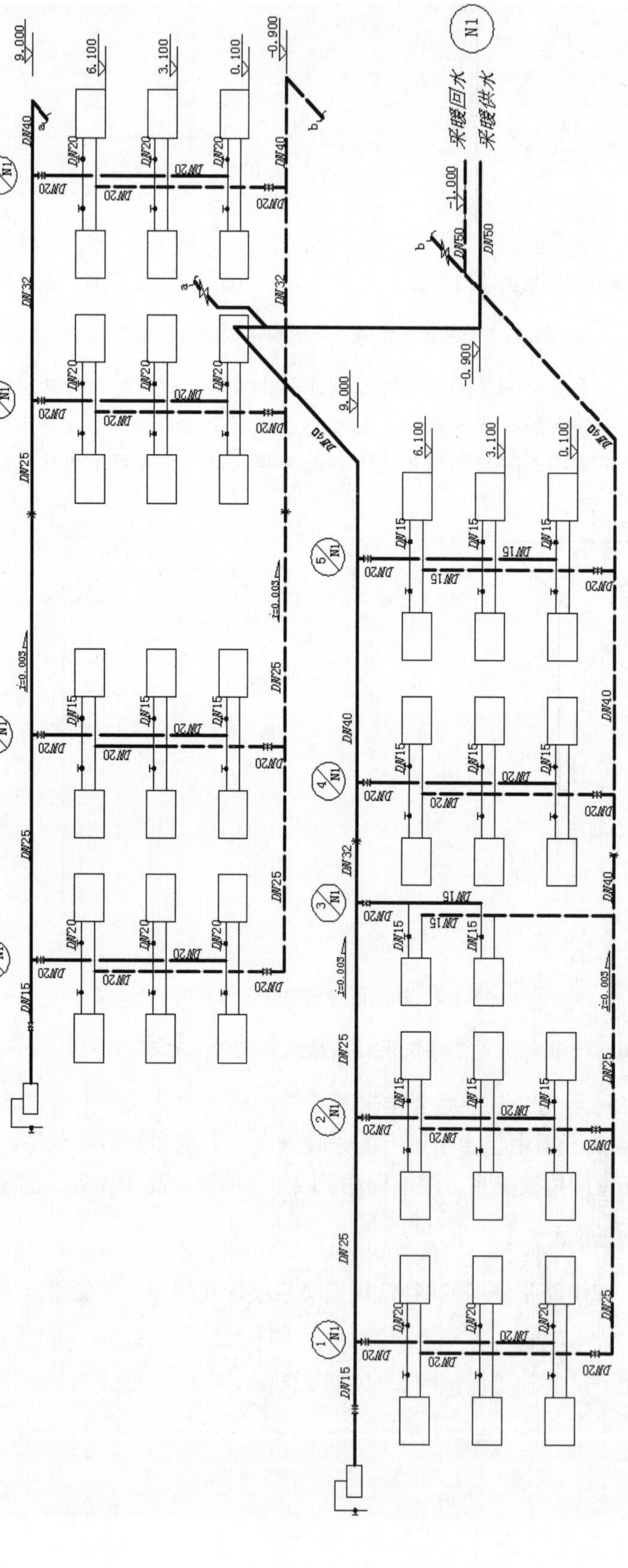

图 11-8　某办公楼采暖系统轴测图

表 11-5 常用采暖系统形式及特点

序 号	形式名称	图 示	使用范围	特 点
1	双管上供下回式	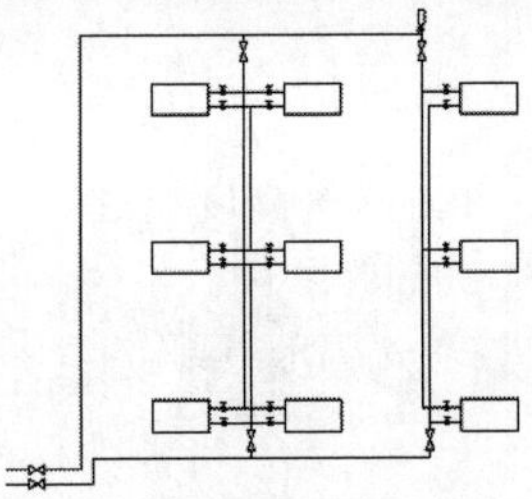	不超过层 5 的住宅	1）排气方便 2）每组散热器可单独调节 3）层数多时垂直失调严重 4）顶层须保证管带坡敷设空间 5）回水干管设于地沟或地下室
2	双管下供下回式	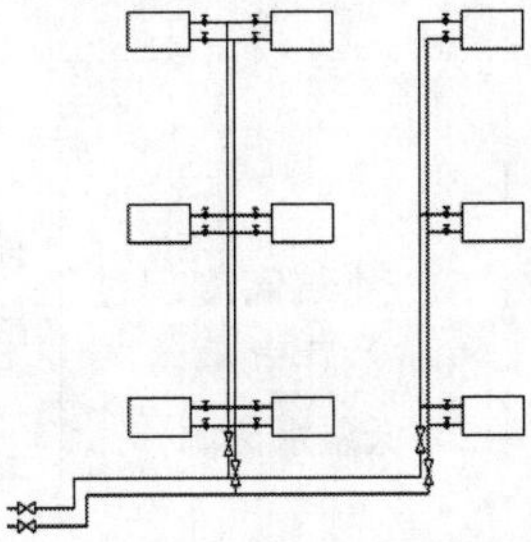	1）别墅式住宅 2）顶层无干管敷设空间的多层住宅（≤6 层）	1）合理配管可有效消除垂直失调现象 2）供回水干管设于地沟或地下室，室内无干管 3）每副立管都要设自动排气阀，否则只能靠散热器手动跑风，排气不便
3	垂直单管跨越式	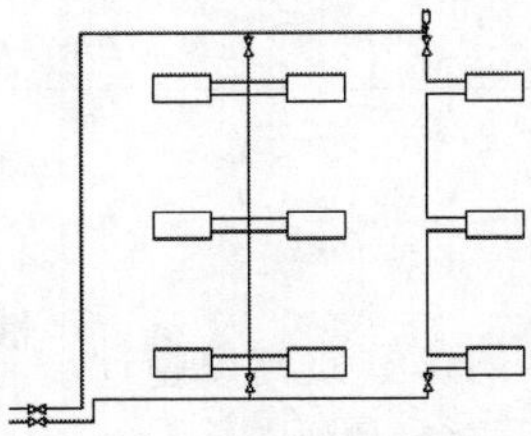	多层住宅和高层住宅（一般不超过 12 层）	1）可解决垂直失调问题 2）散热器可单独调节或关断 3）三通阀也可以仅装下部几层
4	垂直单（双）管上供下回式	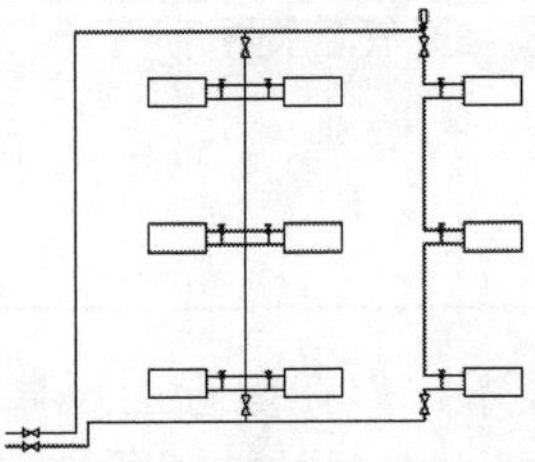	1）不易设置地沟的多层住宅 2）旧楼加装暖气	1）系统泄水不方便 2）影响室内底层美观 3）排气不方便 4）检修方便 5）为保证底层采暖效果，双管系统底层应做成单管系统
5	单双管式（多级双管式）	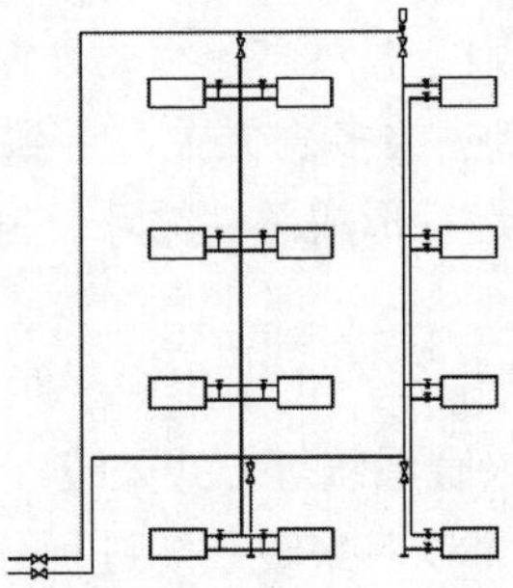	5 层以上住宅	1）克服双管系统垂直失调问题 2）克服单管系统不能调节问题 3）每级双管不超过四层 4）各级的散热器应按不同水温选择 5）通过每级的水量为各级按负荷计算所得水量的总和

（续表）

序　号	形式名称	图　示	使用范围	特　点
6	分区采暖		1）建筑高度超过50m 的住宅 2）高温水热源	1）室外管网为低温热水时，高区散热器用量大 2）宜采用板式等高效换热器 3）造价较高
7	双水箱分层式		1） 建筑高度超过50m 的住宅 2）低温水热源	1）直接利用室外热源，提高散热器平均温度 2）采用开式水箱，空气进入系统，易腐蚀管道
8	无水箱直连式		1）建筑高度超过50m 的住宅 2）低温水热源	1）直接利用室外热源，提高散热器平均温度 2）无开式水箱，空气不会进入系统，不腐蚀管道 3）外网压力可直接利用，加压泵扬程低，节能性好

当然，常规的采暖系统虽然有着成熟的技术，但在运行上还存在很多问题，如调控困难、能源浪费严重；热费收取不合理，收费困难；系统管理困难等。在这些问题的影响下，一些用户的室温达不到要求，而另一部分用户则室温过高，需要开窗散热，造成热能浪费。而且常规的采暖系统也使收费与用户的实际用热的多少无关，导致用户缺少自主节能的意识，又因为达不到室温要求而怨声载道，供热运行形成恶性循环。室内温度在当居民外出或上班时无法调节，也使热能白白浪费。

针对这些问题，现代住宅采暖系统的方式中，产生了集中采暖住宅分户热计量采暖系统、单户独立式采暖系统和低温热水地板辐射采暖系统等方式采暖。

对于已经采用了常规的采暖系统的用户，可以对采暖系统进行分户热计量改造，改造的途径有两种：一种是结合室内管道更新，拆除原系统，按满足分户热计量的要求重新设计；另一种是尽量利用原系统，进行适当改造，满足温控、计量的基本要求。基本的改造方法是在室内添加热分配表、恒温阀、锁闭阀等设备，使热量能够准确计算、收费管理方便。

恒温阀一般为球阀、锁闭阀与热分配表，图例如图11-9所示。

（a）锁闭阀　　（b）热分配表

图 11-9　锁闭阀与热分配表图例

新建的住宅中则采用热量表、流量和温度传感器实现计量，达到节能的目的。

11.2　单户水平式采暖系统的制图表达

随着用热收费制度的推行和建筑节能工作的深入开展，越来越多的住宅建筑采用单户水平式采暖系统（Household Horizontal Heating System），单户水平式采暖系统是典型的竖向分层水平式系统。另外，写字楼、宾馆和住宅楼中，其空调水系统也大多采用竖向分层的水平式系统，现在越来越多的高层建筑采用这种形式。在制图表达方面，竖向分层的水平式系统特点如下：

- 一般有一组立管，立管大多布置在管道井中，各楼层的分系统从立管上接出。
- 各楼层的水平式系统往往布置形式相似，甚至完全相同。

11.2.1　平面图

1．采暖系统平面图的绘制方法

采暖系统平面图的绘制和普通系统大体相同，一般仍绘制首层平面、中间层平面和顶层平面。对于比较大型的建筑，可以使用分区绘制的办法，这时要绘制各分区的组合示意图。采暖系统的分区应和建筑图中的分区一致。由于单户水平式系统在不同楼层的住户的采暖系统形式一般完全相同，顶层和首层也没有供水干管和回水干管，并且许多系统中间层的散热器片数也完全相同，因此，可以将3张平面图合而为一，在上面标注散热器片数时，注明其是首层、中间层还是顶层。对于高层建筑，由于热压和风压的变化，中间层的片数可能随楼层变化，这时要表明其具体的楼层或楼层范围，如20层，16片；2~10层，13片；1层，15片。

如图11-10~图11-12所示分别为结构比较简单的某办公室一层到三层的采暖系统平面图，从图中可以看到，采暖系统采用双管上供下回的形式，结合如图11-9所示的系统轴测图后，可以清楚地看到整个系统的散热器布置位置和片数、供水和回水管道的走向以及各管段的管径。

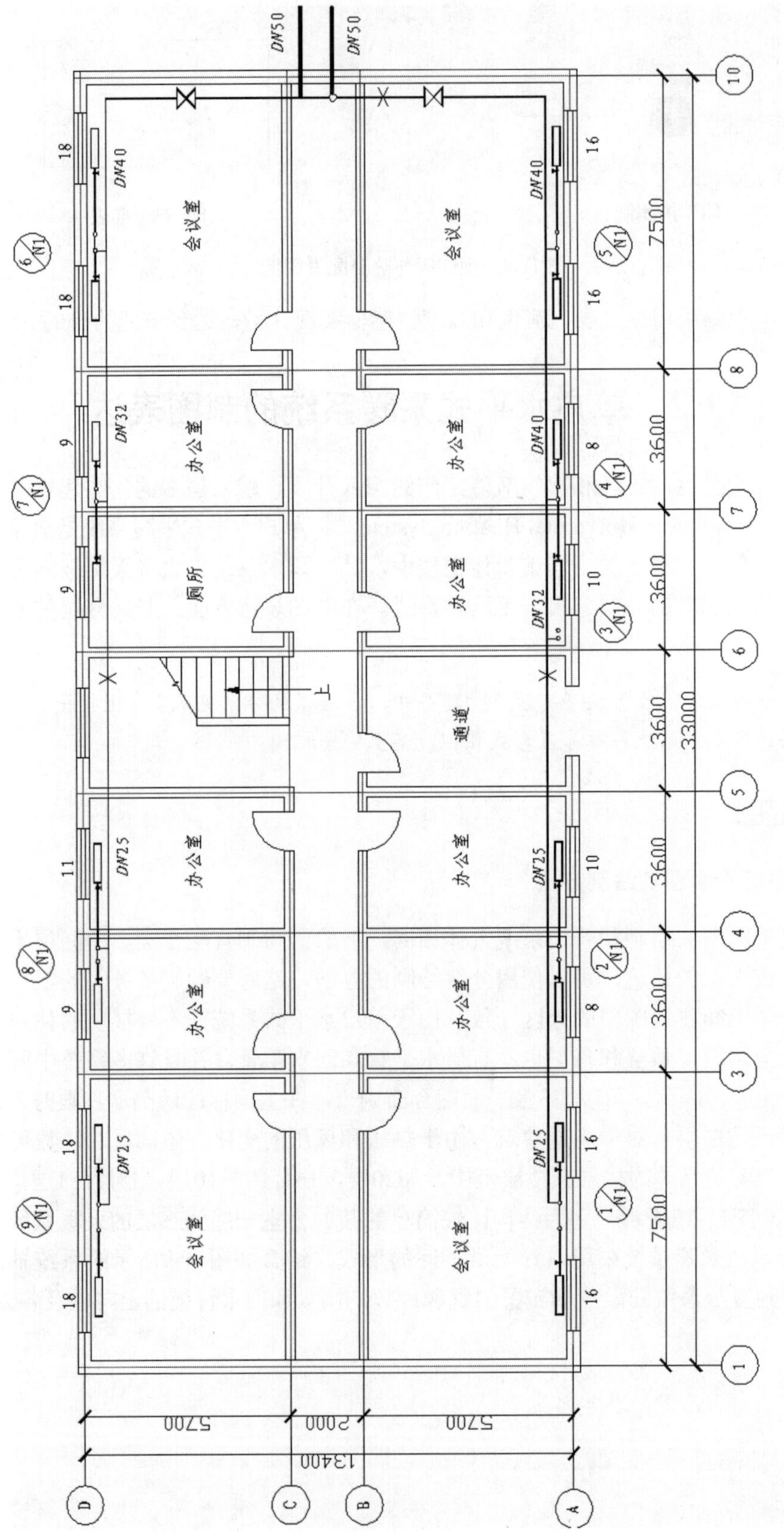

图 11-10　一层采暖平面图

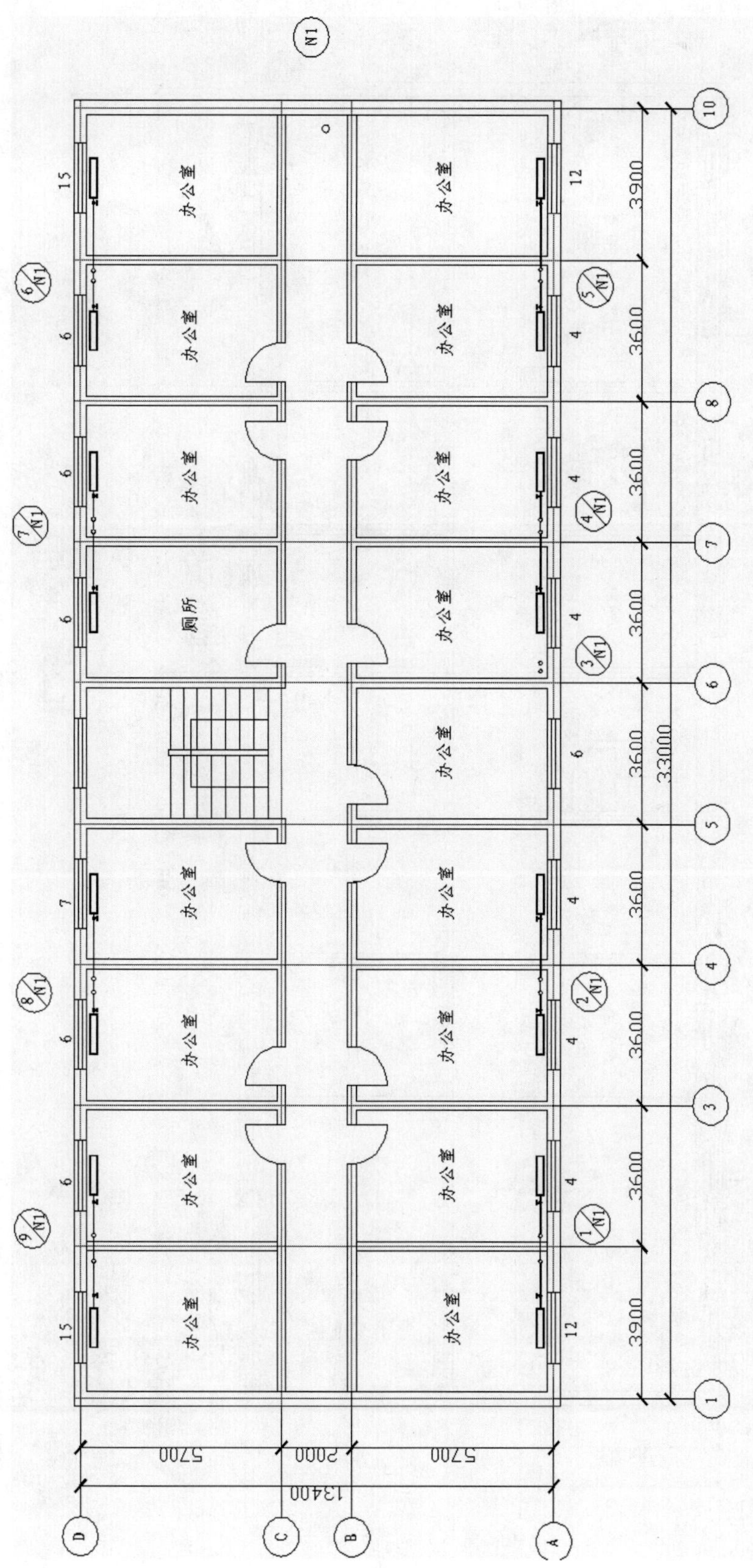

图 11-11　二层采暖平面图

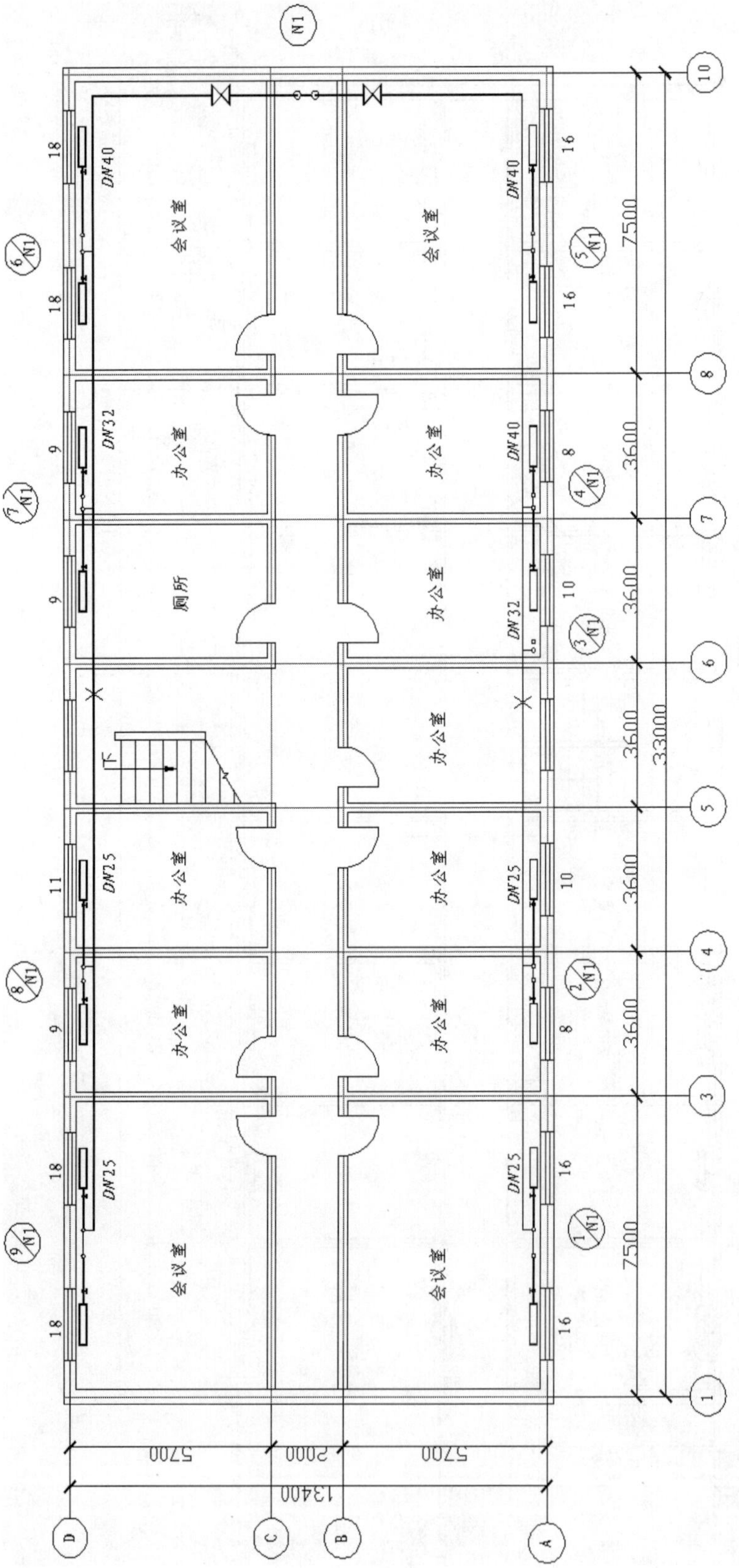

图 11-12　顶层采暖平面图

2. 采暖系统平面图绘制实例

【例11-2】 某办公楼采暖系统平面图的绘制。

通常情况下，暖通空调专业绘制的平面图是在建筑专业提供的建筑图纸上完成。由于各专业在绘图时，根据自己专业所要突出表达部分不同，其绘图的侧重点也不同，例如，暖通专业主要对供回水管路、散热设备等部分重点表达，因此建筑图纸中的某些绘图表达就不符合暖通专业的表达习惯。本例将从建筑图开始，演示采暖平面图的绘制。

（1）绘图准备

建立新文件。打开AutoCAD 2021应用程序，单击“快速访问”工具栏上的“新建”按钮，打开“选择样板”对话框，单击“打开”按钮右侧的下拉按钮，选择以“无样板打开—公制”（毫米）方式建立新文件，将新文件命名为“某办公楼采暖平面图.dwg”并保存。

（2）设置图层

单击“默认”选项卡|“图层”面板上的“图层特性”按钮，在弹出的“图层特性管理器”选项板中设置如图11-13所示的新图层，并分别设置颜色、线型和线宽。

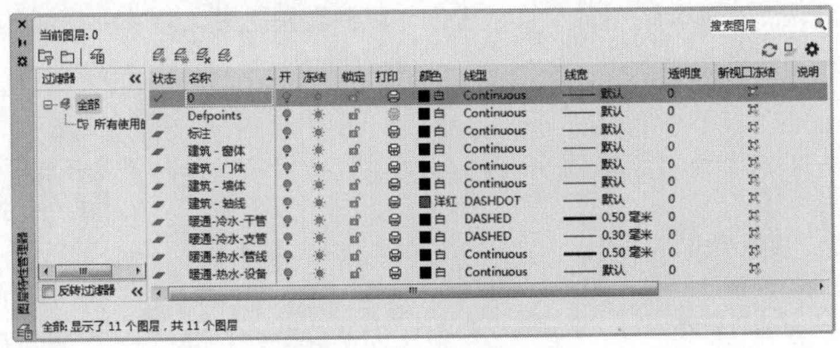

图 11-13 设置图层

（3）绘制轴线

在绘图时，轴线的点划线和回水管线的虚线可能看不到，可以展开“默认”选项卡|“图层”面板|“线型”下拉列表，选择“其他”选项，打开如图11-14所示的“线型管理器”对话框，然后在“全局比例因子”文本框中输入100，图中的点划线和虚线即可正确地显示出来。如图11-15所示为“全局比例因子”为1和100时的对比。

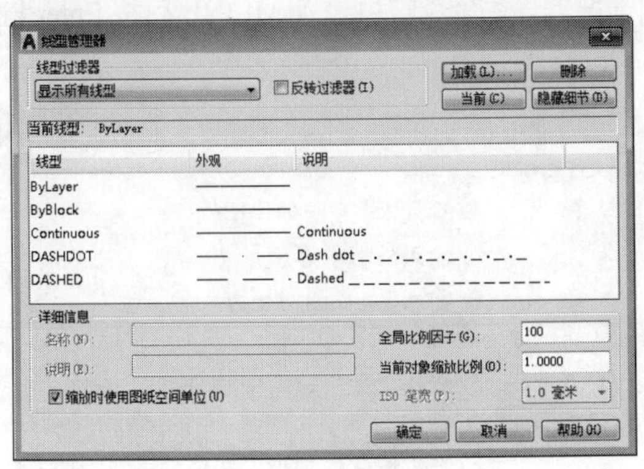

图 11-14 “线型管理器”对话框

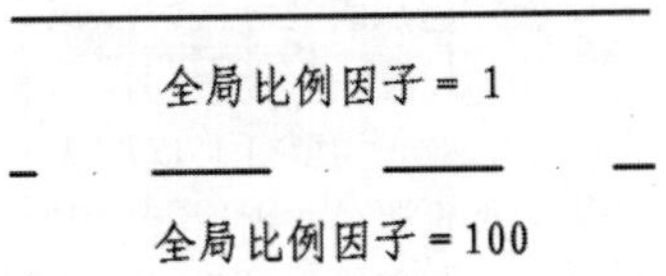

全局比例因子 = 1

全局比例因子 = 100

图 11-15 不同比例的显示效果

步骤01 单击“默认”选项卡|“绘图”面板上的“直线”按钮，绘制第一条水平轴线长 40000mm，第一条垂直轴线长 20000mm，交叉点位于水平轴线左侧 3000mm 处，如图 11-16 所示。

步骤02 单击“默认”选项卡|“修改”面板上的“复制”按钮，将水平轴线和竖直轴线分别进行复制，水平轴线复制 3 条，间距分别为 5700、7700、13400；竖直轴线复制 7 条，间距分别为 7500、11100、14700、18300、21900、25500、33000。复制完成后，轴线如图 11-17 所示。

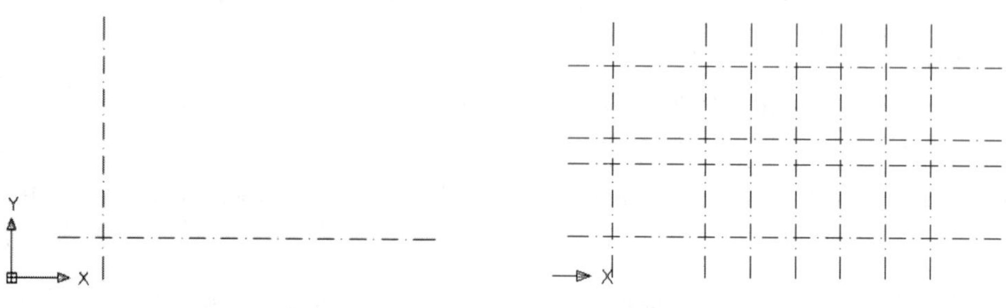

图 11-16　绘制两条轴线　　　图 11-17　复制完成后的轴线图

步骤03 单击“默认”选项卡|“修改”面板上的“复制”按钮，以水平轴线的复制为例，复制时命令行提示信息如下：

```
命令: _COPY
选择对象: 找到 1 个                                         //选择第一条水平轴线
选择对象:                                                   //按Enter键结束对象选择
当前设置: 复制模式 = 多个
指定基点或 [位移(D)/模式(O)] <位移>:                         //指定轴线上任一点
指定第二个点或 [阵列(A)] <使用第一个点作为位移>:@0,5700      //输入相对坐标复制第2条轴线
指定第二个点或 [阵列(A)/退出(E)/放弃(U)] <退出>:@0,7700   //复制第3条水平轴线
指定第二个点或 [阵列(A)/退出(E)/放弃(U)] <退出>: @0,13400  //复制第4条水平轴线
指定第二个点或 [阵列(A)/退出(E)/放弃(U)] <退出>:            //按Esc键退出复制命令
```

（4）绘制墙线

步骤01 展开“默认”选项卡|“图层”面板上的“图层”下拉列表，设置“墙线”层为当前图层，然后使用“多线”命令绘制。墙体分为外墙和内墙，本办公楼墙体的外墙厚为 360mm，内墙为 240mm，在不改变多线样式的情况下，在命令行中输入 MLINE 后按 Enter 键，命令行提示信息如下：

```
命令: _MLINE
当前设置: 对正=上, 比例= 20.00, 样式 = STANDARD
指定起点或 [对正(J)/比例(S)/样式(ST)]: S       //输入S, 改变多线比例
输入多线比例 <20.00>:  360                      //输入外墙的厚度
指定起点或 [对正(J)/比例(S)/样式(ST)]: J       //输入J, 更改对正方
当前设置: 对正 = 上, 比例 = 360.00, 样式 = STANDARD
输入对正类型 [上(T)/无(Z)/下(B)] <上>: Z       //选择“无”, 即中心对正
当前设置: 对正 = 无, 比例 = 360.00, 样式 = STANDARD
指定起点或 [对正(J)/比例(S)/样式(ST)]:          //指定墙体的起点, 即图11-18中的点1
指定下一点:                                     //指定点2
```

```
指定下一点或 [放弃(U)]:                          //指定点3
指定下一点或 [闭合(C)/放弃(U)]:                  //指定点4
指定下一点或 [闭合(C)/放弃(U)]:                  //指定点1
指定下一点或 [闭合(C)/放弃(U)]:                  //按Enter键完成外墙绘制，效果如图11-18所示
```

步骤 02 内墙的绘制同理，在命令行中输入 MLINE 后按 Enter 键，将多线比例设置为 240，绘制内部墙线，绘制完成后效果如图 11-19 所示。

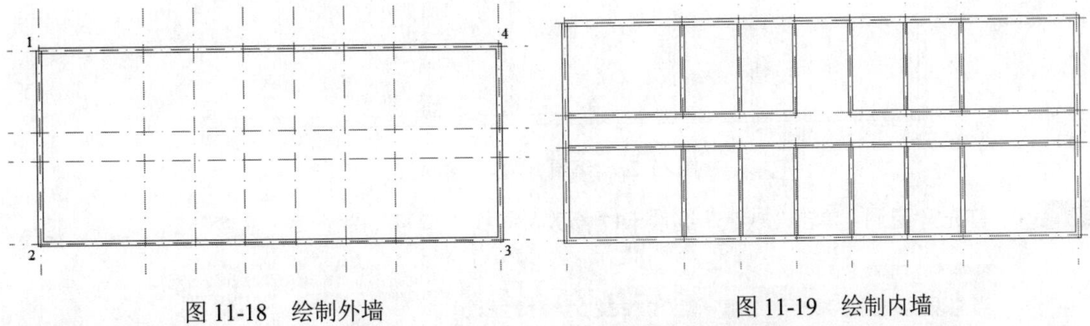

图 11-18　绘制外墙　　　　图 11-19　绘制内墙

步骤 03 在命令行中输入 MLEDIT 后 Enter 键，打开如图 11-20 所示的“多线编辑工具”对话框，分别选择“角点结合”和“T 形打开”编辑墙线，例如使用“角点结合”编辑左上角外墙，命令行提示信息如下：

```
命令: MLEDIT
选择第一条多线:    //选择如图11-21所示的第1条多线
选择第二条多线:    //选择第2条多线，完成角点闭合
```

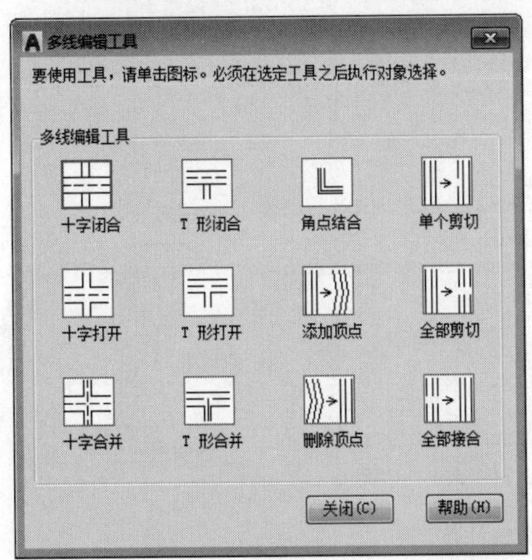

图 11-20　“多线编辑工具”对话框

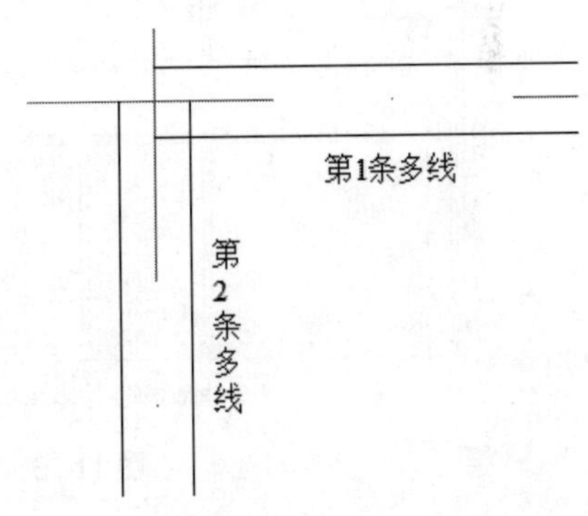

图 11-21　使用“角点闭合”编辑多线

步骤 04 编辑完成后效果如图 11-22 所示。

（5）开门洞和窗洞

通过偏移辅助线来开门洞和窗洞，将辅助线偏移一定的距离，单击“默认”选项卡|“修改”面板|“修剪”按钮，以偏移后的辅助线为剪切边，修剪墙线。再单击“默认”选项卡|“绘图”面板|“直线”按钮，补充门洞和窗洞的墙线。

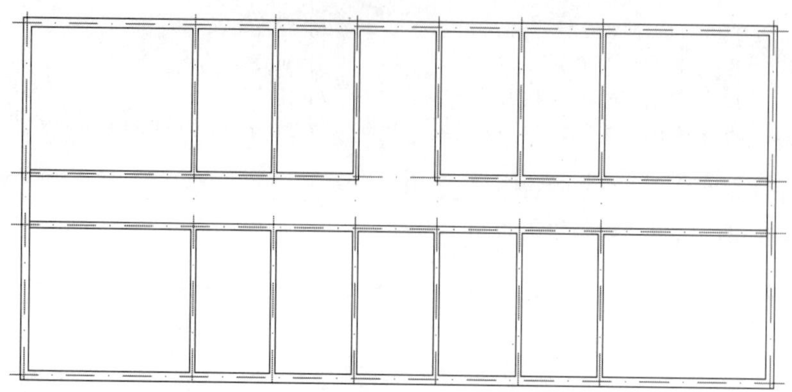

图 11-22 编辑好的墙线效果

步骤 01 首先开窗洞。单击“默认”选项卡|“修改”面板|“偏移”按钮⊆，命令行提示信息如下：

```
命令: _OFFSET
当前设置: 删除源=否  图层=源  OFFSETGAPTYPE=0
指定偏移距离或 [通过(T)/删除(E)/图层(L)] <900.0000>:900          //输入偏移距离
选择要偏移的对象，或 [退出(E)/放弃(U)] <退出>:                   //选择偏移对象
指定要偏移的那一侧上的点，或 [退出(E)/多个(M)/放弃(U)] <退出>:  //指定偏移一侧的任意点
选择要偏移的对象，或 [退出(E)/放弃(U)] <退出>:               //按Enter键，完成一次偏移
```

步骤 02 单击“默认”选项卡|“修改”面板|“偏移”按钮⊆，继续将辅助线进行偏移，偏移尺寸如图 11-23 所示。

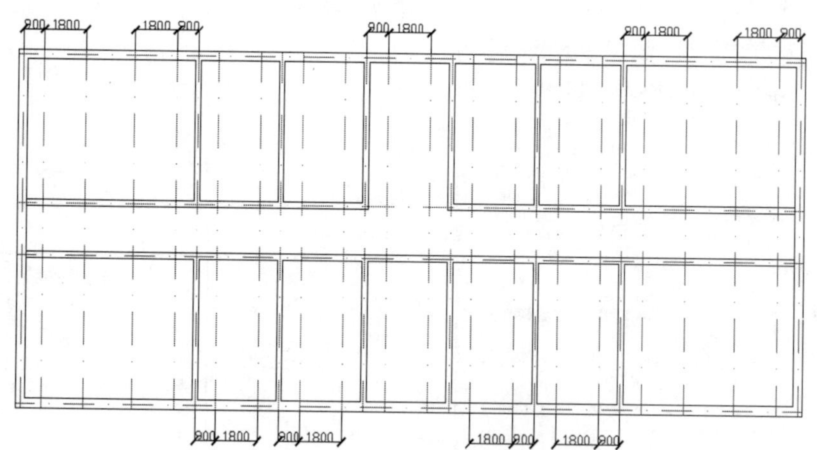

图 11-23 偏移绘制窗洞的辅助线

步骤 03 单击“默认”选项卡|“修改”面板|“修剪”按钮，以偏移绘制的辅助线为剪切边来修剪墙线，并单击“默认”选项卡|“绘图”面板|“直线”按钮，补充墙线，绘制效果如图 11-24 所示。

步骤 04 利用同样的方法，单击“默认”选项卡|“修改”面板|“偏移”按钮⊆，偏移绘制门洞的辅助线，偏移尺寸如图 11-25 所示。

步骤 05 再次单击“默认”选项卡|“修改”面板|“修剪”按钮，修剪墙线，并单击“默认”选项卡|“绘图”面板|“直线”按钮，补充墙线，绘制效果如图 11-26 所示。

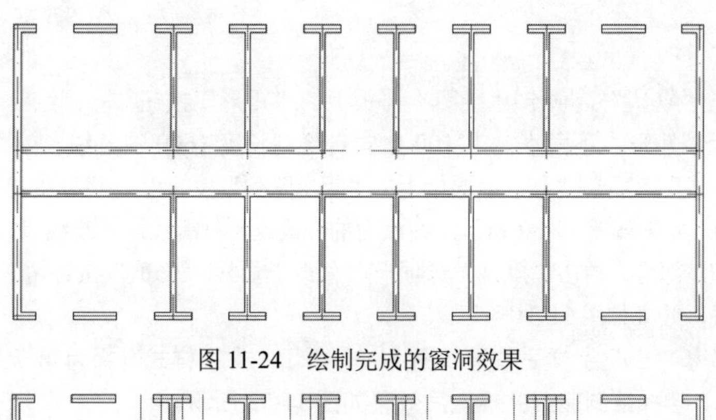

图 11-24　绘制完成的窗洞效果

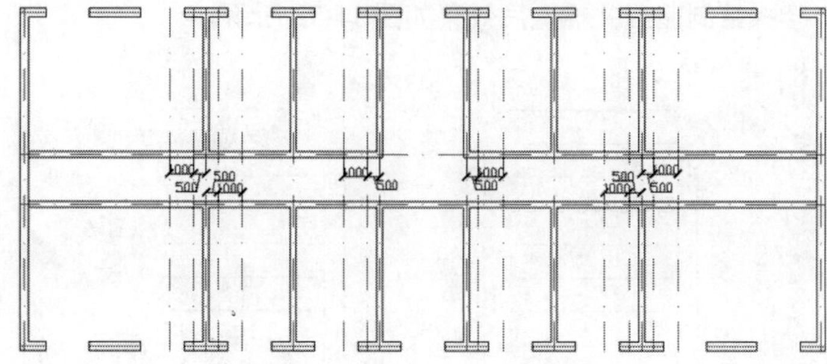

图 11-25　偏移绘制门洞的辅助线

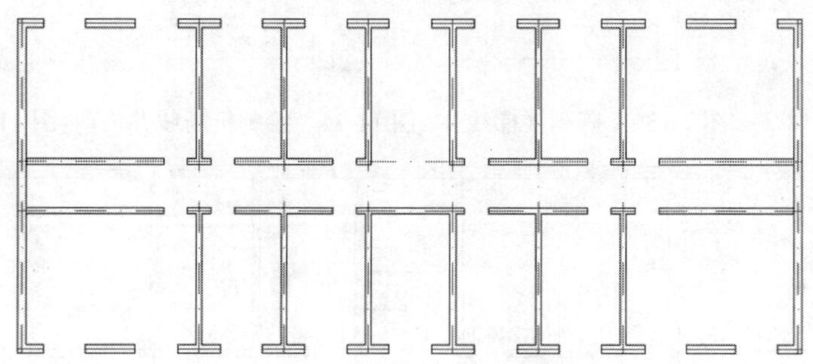

图 11-26　绘制完成的门洞效果

（6）绘制并插入窗和门

步骤 01 在空白位置绘制窗和门。先绘制窗，单击"默认"选项卡|"绘图"面板上的"矩形"按钮，绘制一个 1800×360 的矩形，对矩形执行"分解"命令，分解后将顶端直线向下偏移两次 120mm，绘制完成的窗如图 11-27 所示。

步骤 02 绘制门时，先单击"默认"选项卡|"绘图"面板上的"直线"按钮，绘制一条长 1000 的竖直直线，然后使用"圆弧"命令绘制 1/4 圆，完成后效果如图 11-28 所示。

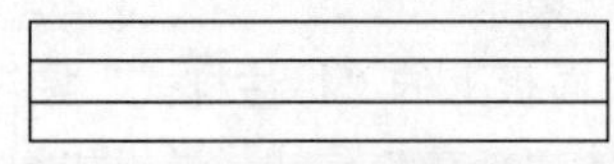

图 11-27　绘制窗户

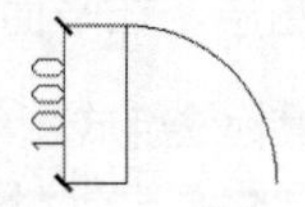

图 11-28　绘制门

步骤 03 在窗洞和门洞相应位置插入门和窗，插入门时注意使用旋转和镜像来改变门的方向，并在平面图上相应的位置绘制楼梯。

（7）绘制楼梯

步骤01 首先单击“默认”选项卡|“绘图”面板上的“矩形”按钮，绘制一个 200×3000 的矩形，距离矩形右下角点向上 100 处向右绘制长度 1600 的直线，效果如图 11-29 所示。

步骤02 单击“默认”选项卡|“修改”面板上的“矩形阵列”按钮，将直线向上阵列 12 条，行偏移为 320，效果如图 11-30 所示，在相应的位置绘制折断线，折断线尺寸不作具体要求，只需表达清楚即可。单击“默认”选项卡|“修改”面板|“修剪”按钮，修剪折断线左上部分楼梯线，效果如图 11-31 所示。

步骤03 插入箭头和“上”字样后效果如图 11-32 所示，文字样式选择为第 7 章【例 17-1】创建的 TH_7。楼梯绘制完成并插入后效果如图 11-33 所示。

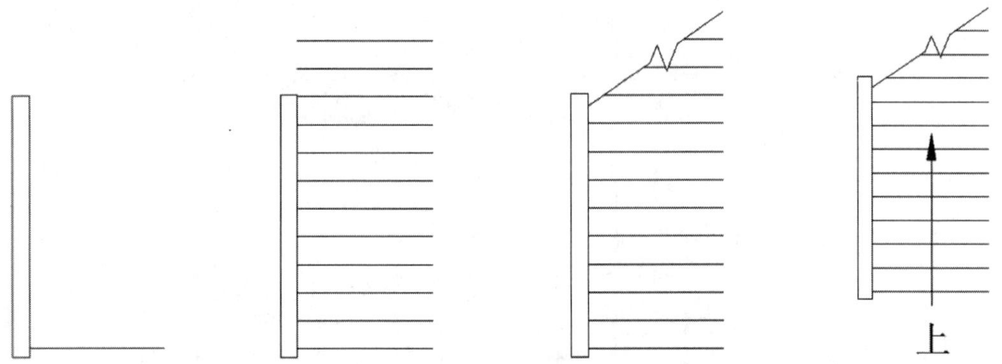

图 11-29 绘制楼梯　图 11-30 阵列楼梯线　图 11-31 绘制折断线并修剪　图 11-32 绘制好的楼梯

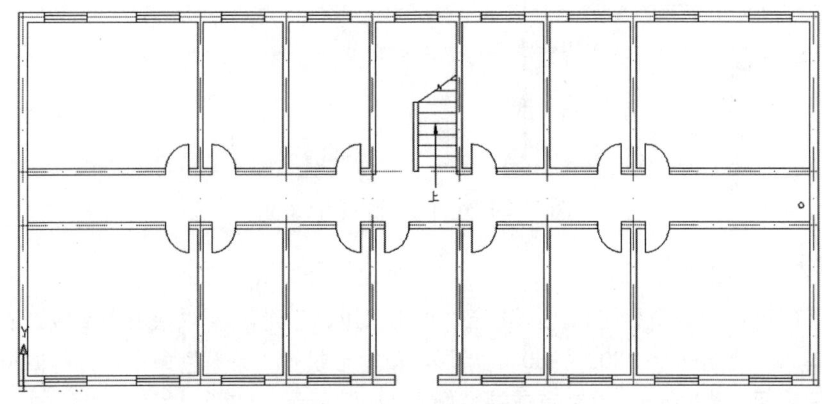

图 11-33 插入楼梯后的效果

（8）标注尺寸和文字

切换到标注图层，在平面图中添加标注。

步骤01 首先设置标注样式，单击“默认”选项卡|“注释”面板上的“标注样式”按钮，弹出如图 11-34 所示的“标注样式管理器”对话框，单击“新建”按钮，弹出如图 11-35 所示的“创建新标注样式”对话框，在“新样式名”文本框中输入 my，确定后进入“新建标注样式：尺寸标注”对话框，具体设置参考第 6 章中的“暖通标注样式 1”。值得注意的是，本例是按 1:1 比例绘制，所以各参数大小均为第 6 章“暖通标注样式 1”中各参数的

100 倍。创建完毕后，单击“确定”按钮返回，将标注样式 my 置为当前并关闭“标注样式管理器”对话框。

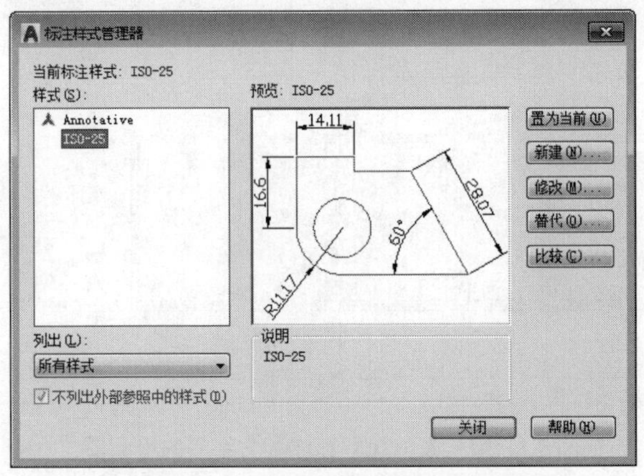

图 11-34 “标注样式管理器”对话框

步骤 02 设置文字样式。单击“默认”选项卡|“注释”面板上的“文字样式”按钮，弹出“文字样式”对话框，单击“新建”按钮，打开“新建文字格式”对话框，在“样式名”文本框中输入 TH_350（见图 11-36）并将其作为当前文字样式，在“字体名”下拉列表框中选择“仿宋”，设置“高度”为 350，“宽度因子”为 1，如图 11-37 所示，单击“应用”按钮返回。

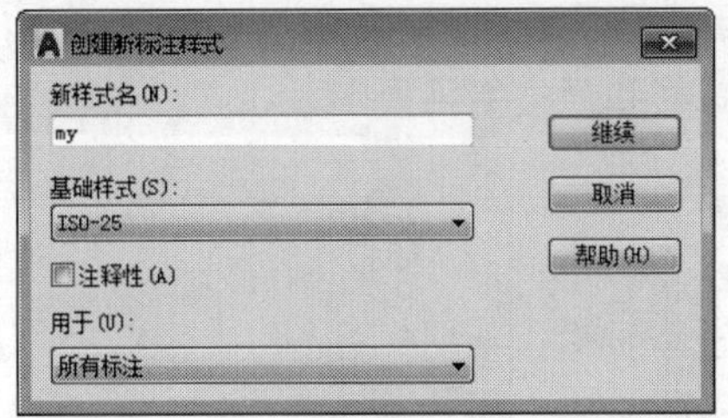

图 11-35 “创建新标注样式”对话框

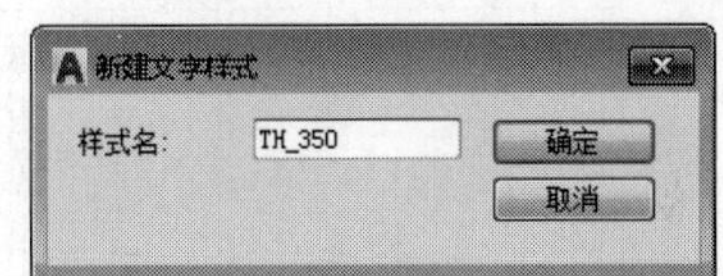

图 11-36 “新建文字样式”对话框

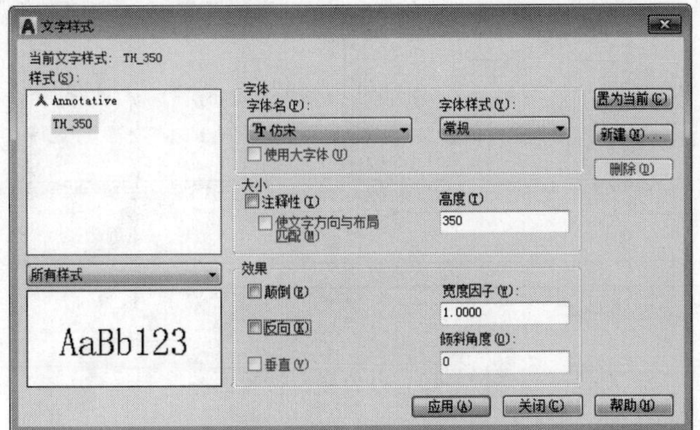

图 11-37 “文字样式”对话框

步骤 03 添加尺寸标注和文字，效果如图 11-38 所示。

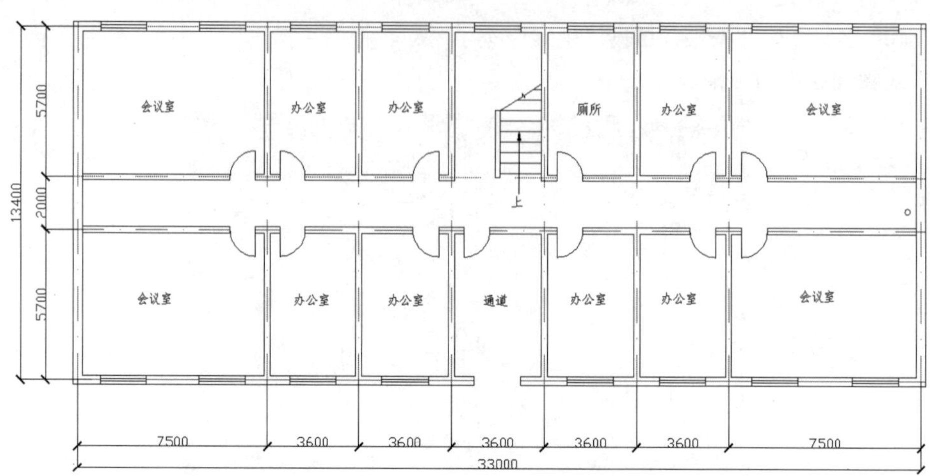

图 11-38　添加尺寸标注和文字后的平面图

（9）绘制轴线标记

步骤 01　单击“默认”选项卡|“绘图”面板上的“圆”按钮，在空白处绘制一个半径为 500mm 的圆，然后在圆中插入文字，文字样式为 TH_500 即轴线编号，如图 11-39 所示。其中，在右边插入的定位轴线插入点选择为 C 点，在左边插入的定位轴线插入点选择为 B 点。

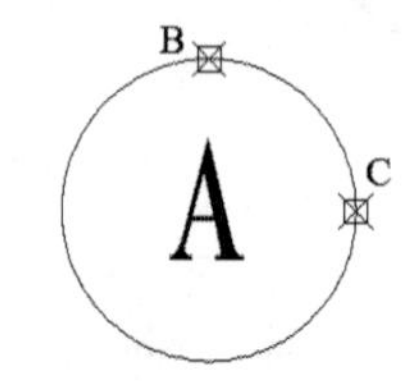

图 11-39　轴线标号

步骤 02　单击“默认”选项卡|“修改”面板上的“复制”按钮，将轴线标号复制并移动到相应的位置，然后修改文字，得到如图 11-40 所示的办公楼一楼的平面图形。同理，可绘制二楼和顶楼的平面图。

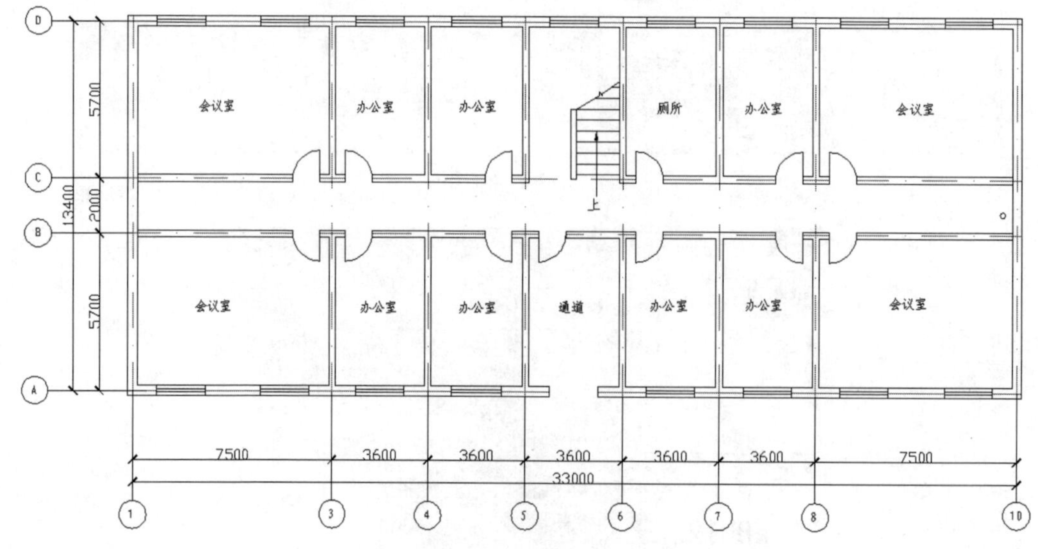

图 11-40　办公楼一楼平面图

（10）绘制采暖设备

在本例中，采暖设备仅为散热器。展开“默认”选项卡|“图层”面板上的“图层”下拉列表，将图层切换到采暖设备，在该图层中绘制散热器。

步骤 01 单击“默认”选项卡|“绘图”面板|“多段线”按钮，绘制一个大小为 1000×200 的矩形，命令行提示信息如下：

```
命令: _PLINE
指定起点:                                              //空白处指定任意指定一点作为起点
当前线宽为 40.0000                                     //显示多段线当前线宽
指定下一个点或 [圆弧(A)/半宽(H)/长度(L)/放弃(U)/宽度(W)]: H        //设置多段线半宽
指定起点半宽 <20.0000>: 10                                        //设置起点半宽为10
指定端点半宽 <10.0000>: 10                                        //设置端点半宽为10
指定下一个点或 [圆弧(A)/半宽(H)/长度(L)/放弃(U)/宽度(W)]: @1000,0
指定下一点或 [圆弧(A)/闭合(C)/半宽(H)/长度(L)/放弃(U)/宽度(W)]: @0,200
指定下一点或 [圆弧(A)/闭合(C)/半宽(H)/长度(L)/放弃(U)/宽度(W)]: @-1000,0
//输入各端点的相应坐标
指定下一点或 [圆弧(A)/闭合(C)/半宽(H)/长度(L)/放弃(U)/宽度(W)]: C    //闭合多段线
```

步骤 02 单击“默认”选项卡|“绘图”面板|“多段线”按钮，对象捕捉矩形短边的中点为起点绘制一条长度为 250mm 的直线。

步骤 03 单击“默认”选项卡|“绘图”面板上的“圆”按钮，绘制一个半径为 50mm 的圆，命令行提示信息如下：

```
命令: _CIRCLE  指定圆的圆心或 [三点(3P)/两点(2P)/ 切点、切点、半径(T)]: 50
//指定圆心位置，对象追踪250mm短线左侧端点向左50mm处
指定圆的半径或 [直径(D)]: 50    //确定圆的半径为50
```

步骤 04 至此，散热器的图例已绘制完成，效果如图 11-41 所示。

图 11-41　散热器图例

（11）绘制预设温控阀

步骤 01 本例中，每一组散热器均配置一只预设温控阀，预设值为 20kPa。在散热器图形上再绘制一只预设温控阀。单击“默认”选项卡|“绘图”面板|“多段线”按钮，绘制一条水平线段，命令行提示信息如下：

```
命令: _PLINE
指定起点:                              //对象捕捉散热器图例中代表支管的那条直线的中点
当前线宽为 20.0000
指定下一个点或 [圆弧(A)/半宽(H)/长度(L)/放弃(U)/宽度(W)]: @0,100  //输入相对坐标绘制
竖直直线
指定下一点或 [圆弧(A)/闭合(C)/半宽(H)/长度(L)/放弃(U)/宽度(W)]:@-50,0
//绘制水平直线的左侧部分，同理绘制右侧部分，完成后效果如图11-42所示
```

步骤 02 单击“默认”选项卡|“绘图”面板| “圆环”按钮，绘制一个实心圆，命令行提示信息如下：

```
命令: _DONUT
指定圆环的内径 <0.5000>: 0        //指定圆环内径为0
指定圆环的外径 <1.0000>: 80       //指定圆环外径为80
指定圆环的中心点或 <退出>:         //对象捕捉上面绘制的垂直直线的顶点为中心点，插入实心圆
指定圆环的中心点或 <退出>:         //按Enter键完成命令，完成后效果如图11-43所示
```

图 11-42　绘制预设温控阀　　图 11-43　带预设温控阀的散热器图例

（12）布置散热器

选中散热器图例，单击“默认”选项卡|“修改”面板上的“复制”按钮，在一层平面图的每个房间窗中布置散热器，布置位置正对窗户，距窗100mm，布置过程中可使用“旋转”和“镜像”命令调整散热器方向，布置完成后在窗外标出散热器片数，文字样式选用TH_350，效果如图11-44所示。另外，图例中的连接支管可以按需要进行拉伸，以方便实际工程中的布管。参照图中绘制方法连接管道，需要连接主管道的立管，绘制一段竖直方向上长为250mm的直线作为连接管线，并在图示位置上添加管段的系统编号，如图11-45所示，其中圆半径为500，文字样式为TH_350。其中，N代表供暖系统编号，3代表管道的序号。将立管编号插入平面图，效果如图11-46所示。

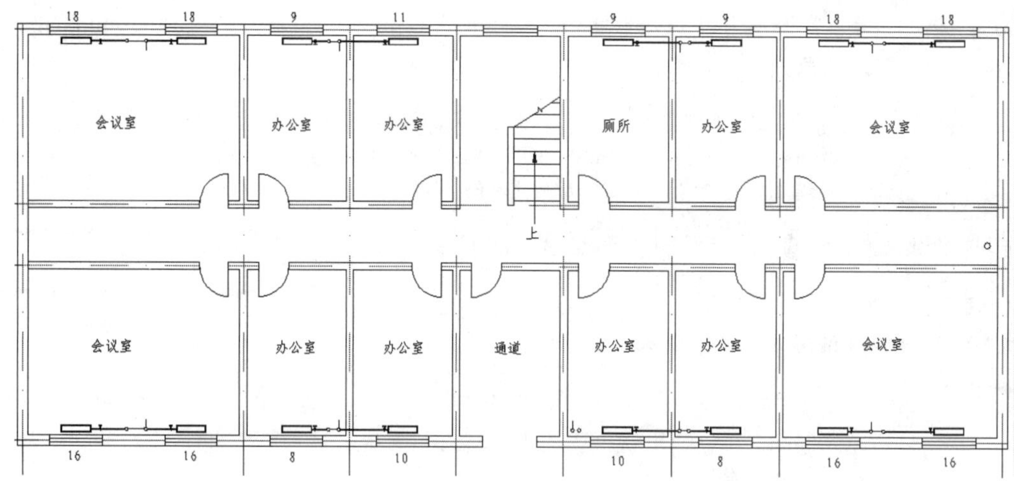

图 11-44　布置了散热器的一层平面图

图 11-45　供暖管道的系统编号

（13）布置采暖主管道

由于该办公楼的供暖方式采用上供下回式，因此一楼的主管道为回水管道。选择“图层”下拉列表框中的“回水管线”层，将其设置为当前图层。使用“多段线”或“直线”命令连接各散热器，连接后的干管最后汇聚到右侧的主立管，表示主立管的直线长度为3000，线宽为0.5。在干管与主立管交叉位置绘制一个半径为100mm的圆，表示水向垂直于图面位置流入，效果如图11-47所示。连接后添加管径文字标注，文字样式为TH_350，文字插入位置参考图中位置。

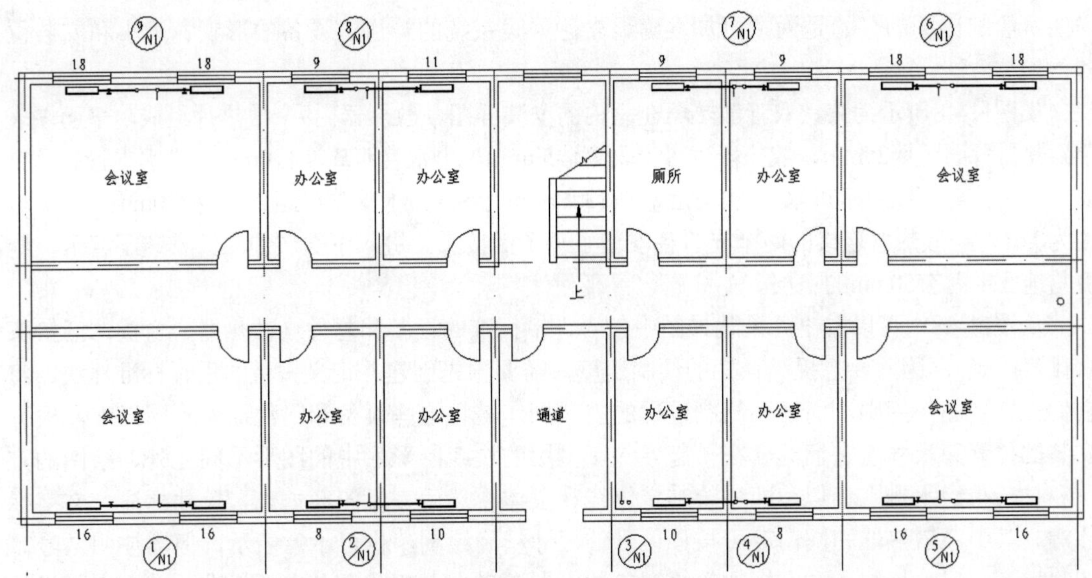

图 11-46　插入管道的系统编号

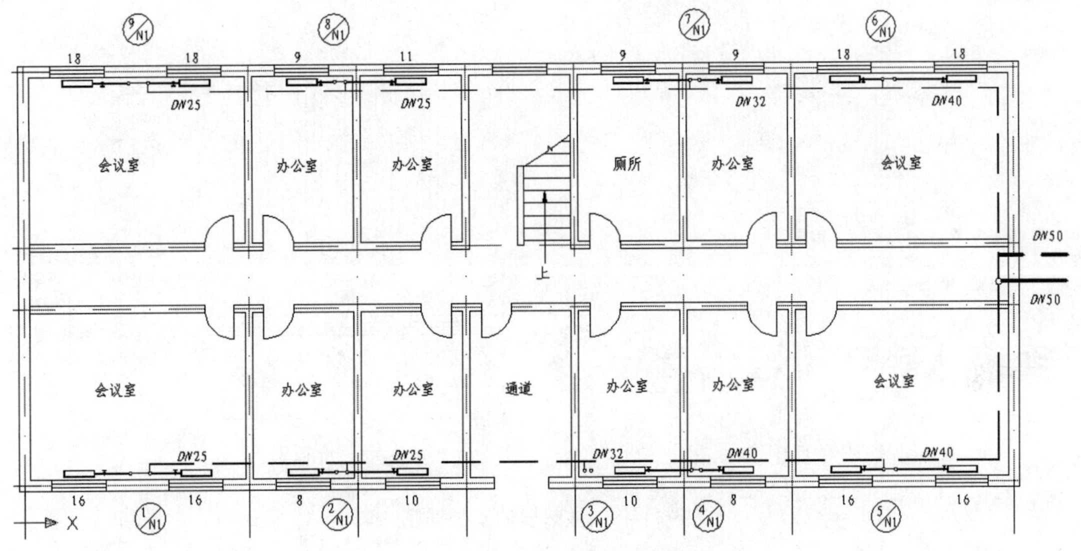

图 11-47　连接回水管道

（14）完成绘制

标注管径后完成一层平面图的绘制，最终效果如图11-10所示。利用同样的方法，完成二层和顶层的采暖平面图绘制。

11.2.2　散热器安装详图

1. 散热器安装详图介绍

当某些设备的构造或管道连接处的连接情况，在平面图和系统图上表示不清楚时，可将这些局部位置放大比例，绘制成大样图，以反映其详细结构和安装要求，这些大样图也称为详图。绘制详图的目的是为了更加准确地表达采暖系统的管道、设备的形状、大小和安装位置、安装方法。

如图11-48所示为铸铁双管散热器在室内的安装详图。散热器由9个散热片组成，平面图表示散热器背面距墙25mm，散热器进水管距离墙50mm，出水管距离墙110mm，进水支管有两个30°拐角；立面图表示进水支管口距离立管350mm，下方回水支管口距离立管270mm，安装坡度为0.01，与散热器连接的两个支管各安装了一个活接头，进入下一层的立管安装了管卡，地板与地面中间有50mm的垫层。

从图11-48中可以看出，采暖详图中包含许多标准的设备和附件（散热器、弯头、活接头和排气阀等），因此要想提高详图的绘制速度，需要预先创建并定义大量的采暖标准件块，将它们保存到图形库中，而详图绘制过程的主要操作是将这些设备和附件插入到图形中，根据安装的位置和尺寸将它们结合在一起。除了调用的块或图形库中的图形不同之外，绘图的方法和技巧与给水排水相似，即先绘制定位线和主体，然后完成图案填充、尺寸标注、文字标注等。其中，散热器和阀门等可按该型号的尺寸精确绘制，也可示意表示，但需注明型号。图案填充、尺寸标注、文字标注等绘制参数设置参考本书相关章节中的标准并结合实际设计参数确定。

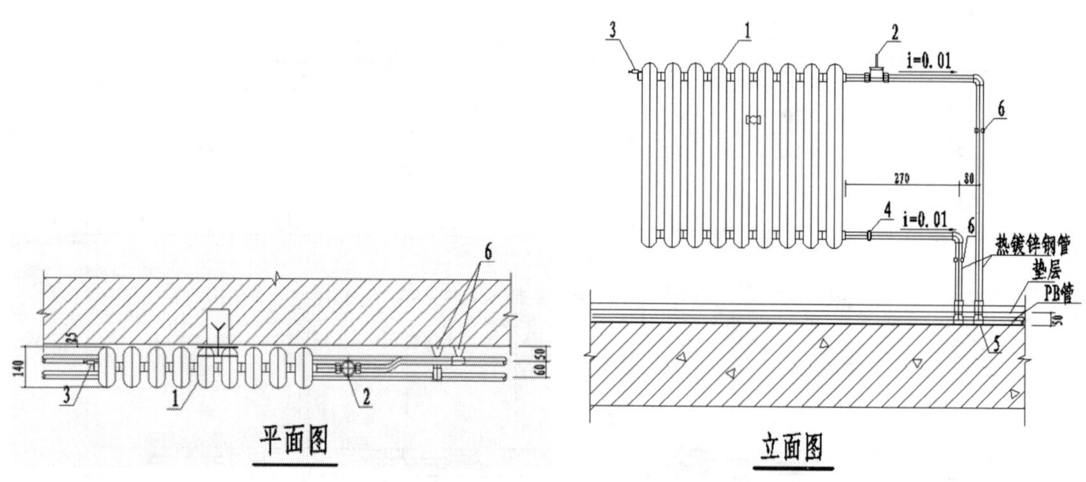

图 11-48 散热器的安装详图

2. 散热器立面图安装详图操作实例

下面以散热器安装详图的简要绘制方法来说明这类详图的绘制顺序。安装图的作用是表达建筑与设备的相对位置，供施工时使用。因此，设备与建筑位置之间的关系在绘制时应着重表明。

【例11-3】 绘制散热器立面图安装详图。

（1）绘制地面与地板

步骤01 单击“默认”选项卡|“绘图”面板上的“直线”按钮╱，在绘图区任意一点绘制一条长为 7000 的水平直线。然后单击“默认”选项卡|“修改”面板|“偏移”按钮⊆，命令行提示信息如下：

```
命令：_OFFSET
当前设置：删除源=否  图层=源  OFFSETGAPTYPE=0
指定偏移距离或 [通过(T)/删除(E)/图层(L)] <0.0000>:1300          //输入偏移距离
选择要偏移的对象，或 [退出(E)/放弃(U)] <退出>:                  //选择水平直线
指定要偏移的那一侧上的点，或 [退出(E)/多个(M)/放弃(U)] <退出>： //任意单击直线上方一点，得到一条偏移直线
```

步骤 02 单击“默认”选项卡|“修改”面板|“偏移”按钮，重复上述过程偏移得到另外两条直线，效果如图 11-49 所示。

步骤 03 绘制如图 11-50 所示的折断线，尺寸不作具体要求。单击“默认”选项卡|“修改”面板上的“复制”按钮，复制并移动折断线到如图 11-51 所示的位置。

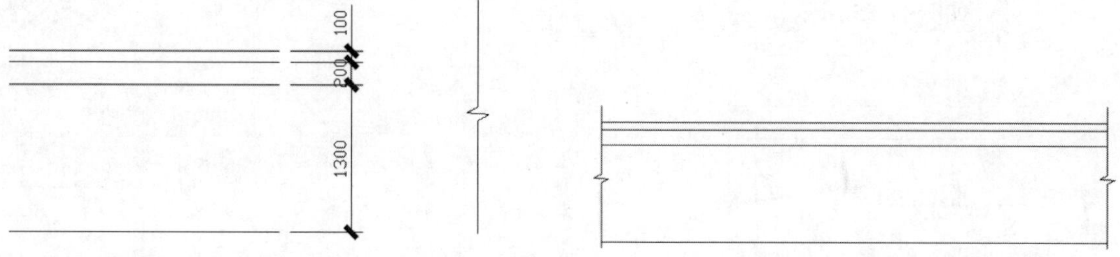

图 11-49　偏移直线　　图 11-50　绘制折断线　　图 11-51　复制并移动折断线

步骤 04 单击“默认”选项卡|“绘图”面板上的“图案填充”按钮，然后右击选择“设置”选项，在打开的“图案填充和渐变色”对话框中设置两次填充图案，如图 11-52 所示。对第 1 条和第 2 条直线中间的部分进行两次填充，填充效果如图 11-53 所示。

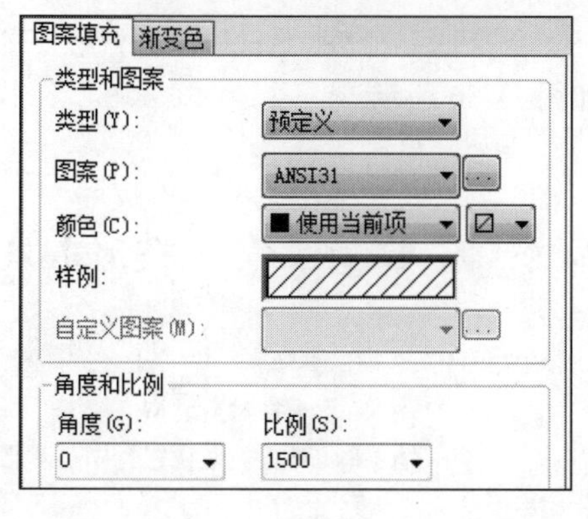

（a）

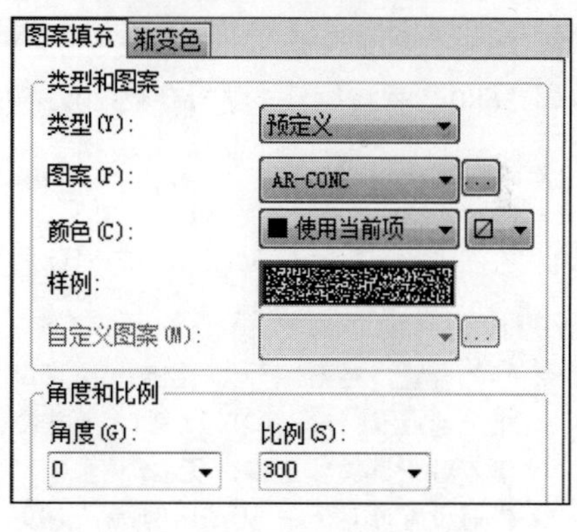

（b）

图 11-52　图案填充设置

图 11-53　填充效果

（2）绘制管道 1

步骤 01 首先绘制一条定位线。单击“默认”选项卡|“绘图”面板|“直线”按钮╱，命令行提示信息如下：

```
命令：_LINE 指定第一点：      //对象捕捉A点
指定下一点或 [放弃(U)]：@-730,100
指定下一点或 [放弃(U)]：      //按Enter键完成，效果如图11-54所示
```

步骤 02 单击“默认”选项卡|“绘图”面板|“直线”按钮╱，以 B 点为中心点绘制一横一竖两条管道轴线，线型为 ACAD_ISO04W100，全局比例因子为 50，水平线长度为 6900，垂直线长度为 4700，交叉点右侧和下部线段长度分别为 670 和 450。完成后删除定位线，效果如图 11-55 所示。

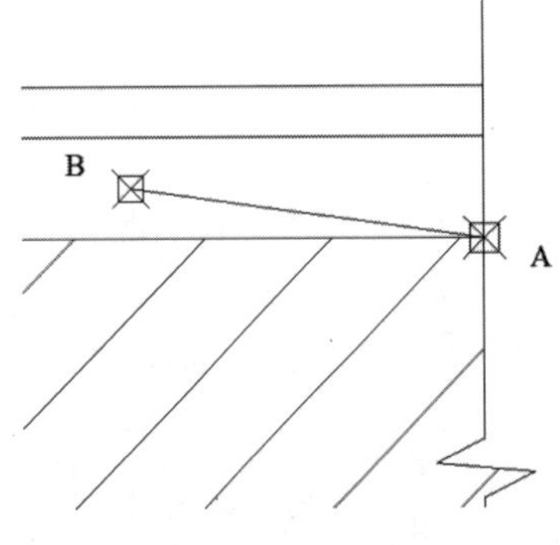

图 11-54　绘制定位线

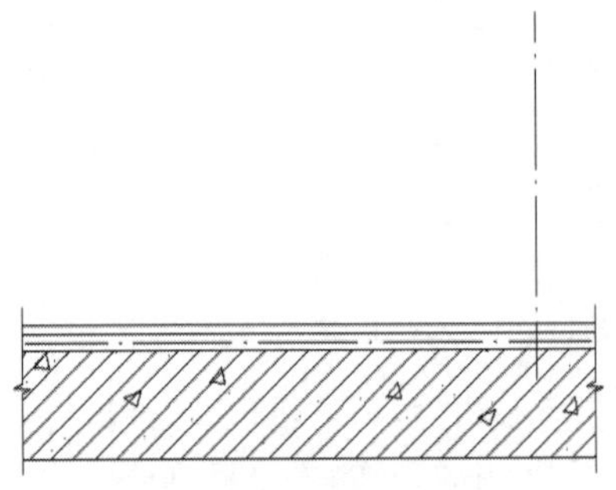

图 11-55　绘制管道轴线

步骤 03 单击“默认”选项卡|“修改”面板上的“偏移”按钮⊆，将水平轴线向上偏移 1280 和 3680，垂直轴线向左偏移 320，完成后效果如图 11-56 所示。

（3）绘制管道 2

步骤 01 在命令行中输入 MLINE 或 ML 后按 Enter 键，执行“多线”命令，命令行提示信息如下：

```
命令：_MLINE
当前设置：对正 = 上，比例 = 0.000，样式 = STANDARD
指定起点或 [对正(J)/比例(S)/样式(ST)]： J          //输入J，选择对正类型
输入对正类型 [上(T)/无(Z)/下(B)] <上>： Z          //输入Z，对正类型设置为中心对正
当前设置：对正 = 无，比例 = 1.000，样式 = STANDARD
指定起点或 [对正(J)/比例(S)/样式(ST)]： S          //输入S，确定多线比例
输入多线比例 <1.000>： 100                         //输入100，按Enter键
当前设置：对正 = 无，比例 = 100.00，样式 = STANDARD
指定起点或 [对正(J)/比例(S)/样式(ST)]：            //指定最下方水平轴线左端点
指定下一点：                                       //指定右端点
指定下一点或 [放弃(U)]：                           //按Enter键完成
```

步骤 02 在命令行中输入 A 后按 Enter 键，在管道右侧使用“圆弧”命令添加管头，完成后效果如图 11-57 所示。

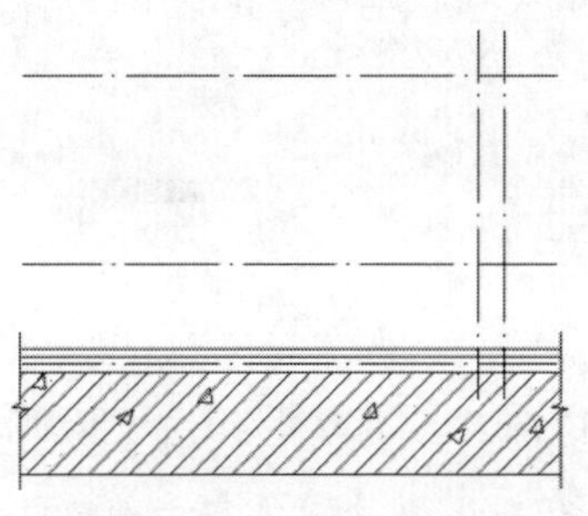

图 11-56　偏移轴线效果

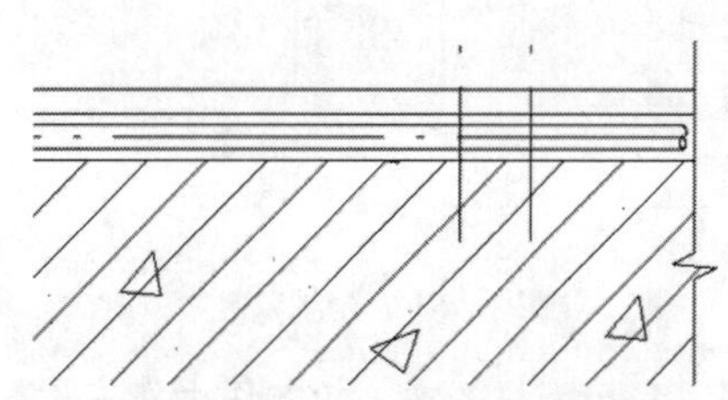

图 11-57　绘制夹层内的管道

步骤 03　在命令行中输入 MLINE 或 ML 后按 Enter 键，继续执行“多线”命令，绘制如图 11-58 所示的两条管道。

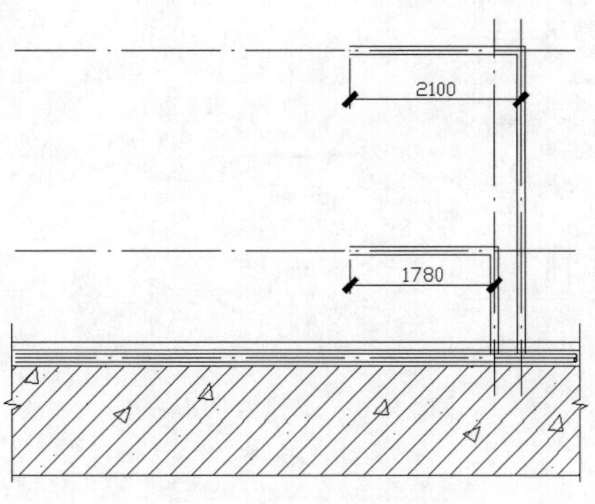

图 11-58　绘制另外两条管道

（4）绘制连接三通

步骤 01　三通的尺寸和效果如图 11-59 所示，然后单击“默认”选项卡|“块”面板上的“创建”按钮，将三通保存为块，插入点位于下部矩形中心点，即 C 点，可通过对象追踪捕捉到该点，效果如图 11-60 所示。

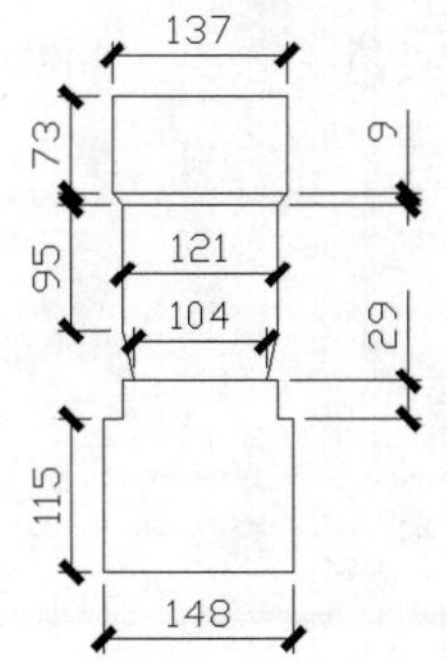

图 11-59　三通图例

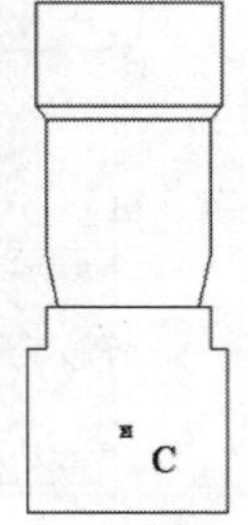

图 11-60　将三通保存为块

步骤 02　参照上述操作，利用同样的方法绘制弯头，如图 11-61 所示，然后单击“默认”选项卡|“块”面板上的“创建”按钮，保存为块，插入点可通过极轴追踪得到，如图 11-62 所示。

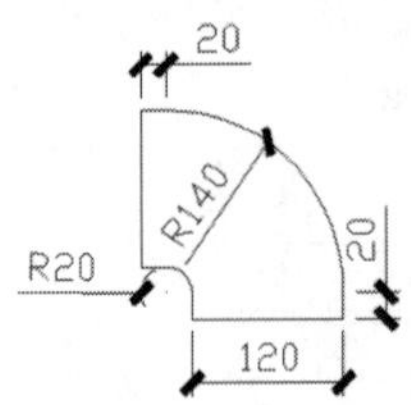

图 11-61　绘制弯头

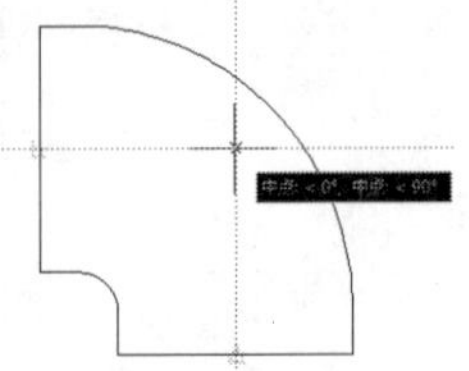

图 11-62　保存弯头为块并设置插入点

步骤 03 利用同样的方法绘制压力阀、连接管和管道夹，并保存为块，插入点及主要尺寸如图 11-63 所示，其他尺寸在本例中不作具体要求。

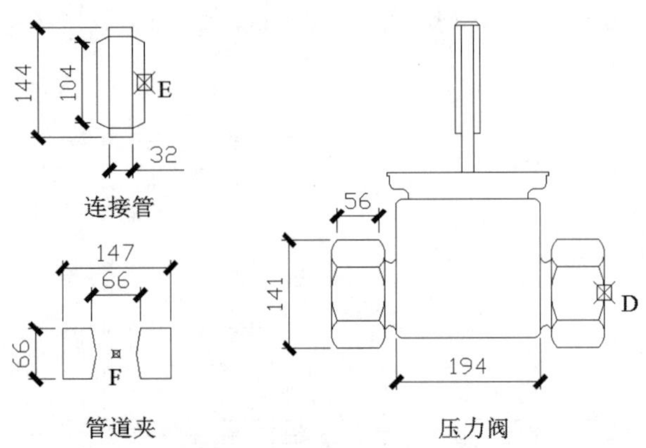

图 11-63　其他零件图块

（5）插入各种图块

单击“默认”选项卡|“修改”面板|“修剪”按钮，修剪完善图形，并删除多余的线条，插入后效果如图11-64所示。

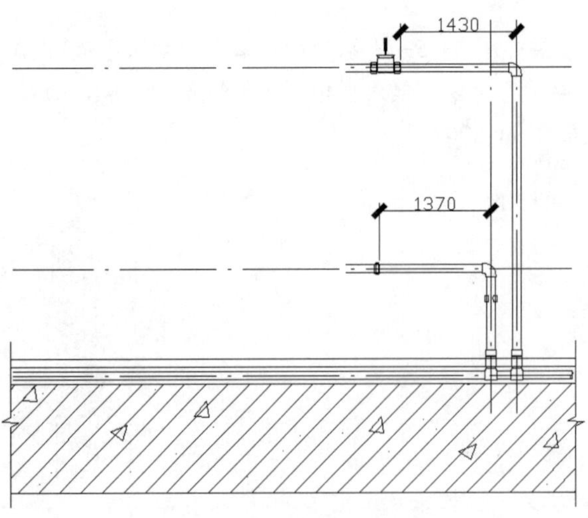

图 11-64　插入各种图块

（6）插入散热器图块

散热器图块可以参照标准自行绘制，最好设置为动态块形式，方便调整大小和位置，插入点建议选择管道接口位置。最后向各段添加数字引线，引线文字样式为TH_200，完成后效果如图11-48所示。

（7）标注说明

图中各编号所代表的名称应在图形附近列表说明。对安装有特殊要求的部分应在附近注明。如图11-65所示为编号的列表和安装注解，该图中文字样式为TH_200。

编号	名　称
1	散热器
2	恒温两通阀
3	排气阀
4	活接头
5	三通
6	管卡

注：
1. 明管为热镀锌钢管，垫层内为聚丁烯（PB）管。敷设在垫层内的管道不得有接头，但接散热气处可采用同材质专用连接件热熔连接。

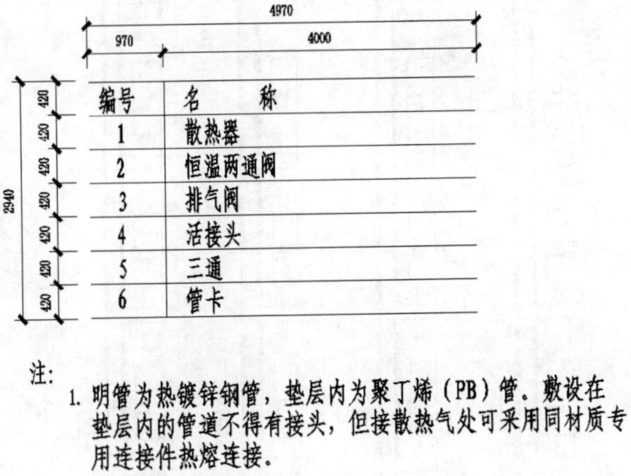

图 11-65　编号列表和安装说明

11.2.3　管路系统的表示

单户水平式采暖系统的管路系统制图表达和原来的垂直式单管（双管）系统有很大的不同。因为按原来系统轴测图的绘制方法，不同楼层住户的采暖系统会重叠在一起，图画十分杂乱，并且由于不同楼层住户的采暖系统完全相同（散热器位置、片数和各管段管径），也没有逐一绘制的必要，因此通常采用下列方法中的一种。

1．常规系统轴测图

以立管为中心，绘制系统轴测图，在上面标注各楼层的标高、立管管径，并绘制各户与立管的连接管道及附件。只绘制某几个（如首层、标准层和顶层）楼层的户内采暖系统，其他楼层的管段从立管接出后马上打断，并注明相同的楼层。这种系统对于多层建筑来说是可行的，但对于高层建筑，由于户内系统的尺寸相对于立管太小，该方法不太适合。

2．立管轴测图和单层系统轴测图

在立管轴测图上标注标高、立管管径和与户内系统的连接管道等，在典型单户系统轴测图（如首层、中间层和顶层）上绘制户内采暖系统，在这些系统上要标注散热器片数。

3．原理图、立管大样和单层系统的轴测图

原理图相当于将采暖系统在某一平面上展开，绘制时不按比例和投影规则，示例如图11-66所示。从该图可以清楚地看出立管以及各支管的管径、户内系统与立管的连接方式、散热器支管与散热器的连接方式、各楼层的散热器片数等。

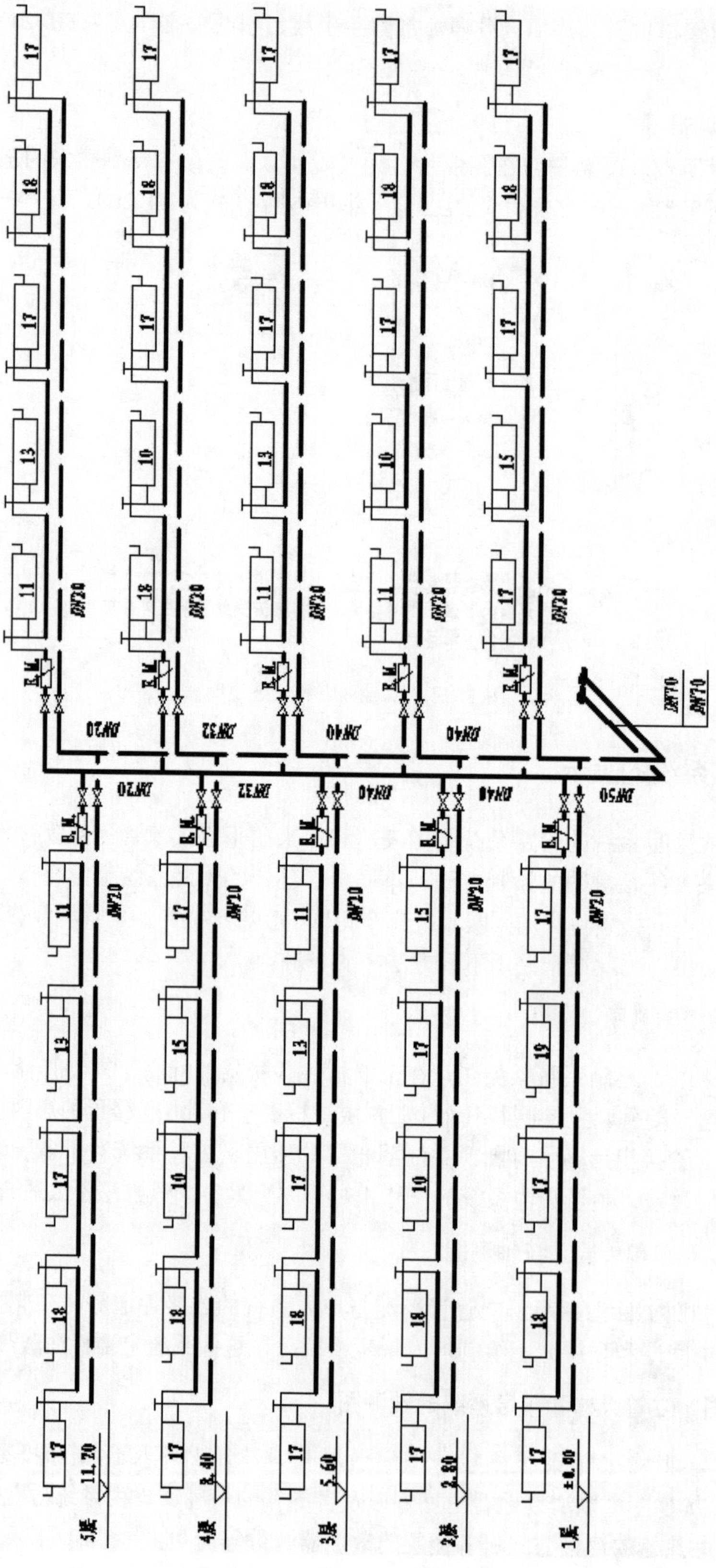

图 11-66　某办公楼采暖系统图

单层系统的轴测图可以选择某一特定的楼层（要标注散热器片数）或非特定楼层（不标注散热器片数），来表达户内的采暖系统。如图11-67所示为某30层高层建筑A座15层以上标准层采暖系统的轴测图。

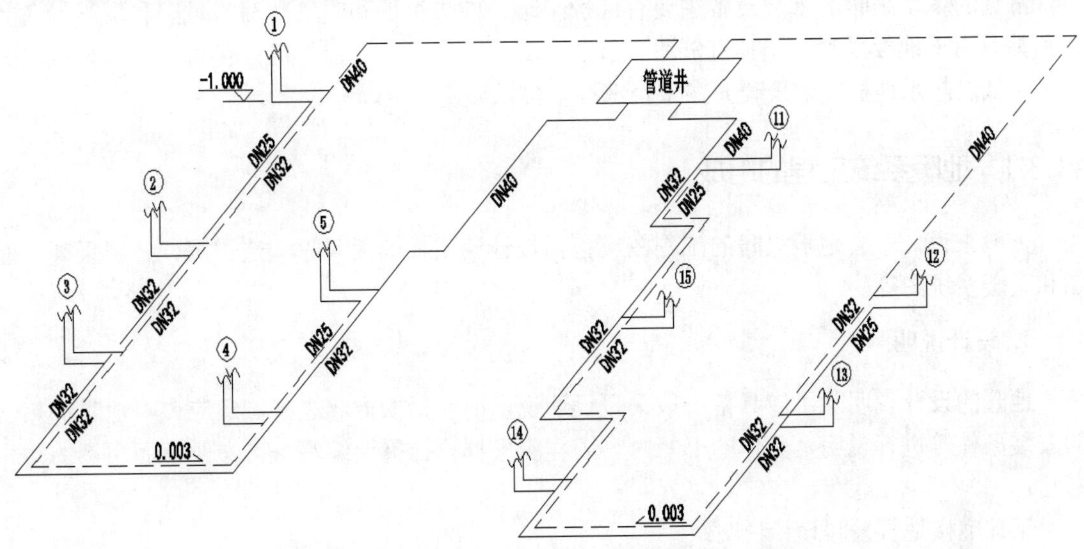

图 11-67　高层建筑 15 层以上标准层采暖系统轴测图

立管大样图选择同一楼层处，或者在布管形式完全相同的楼层选择一个标准楼层，通过绘制平面图和剖面图来表示立管在管道井中的位置、立管与户内系统的连接方式(包括各种阀门仪表），如图11-68所示。

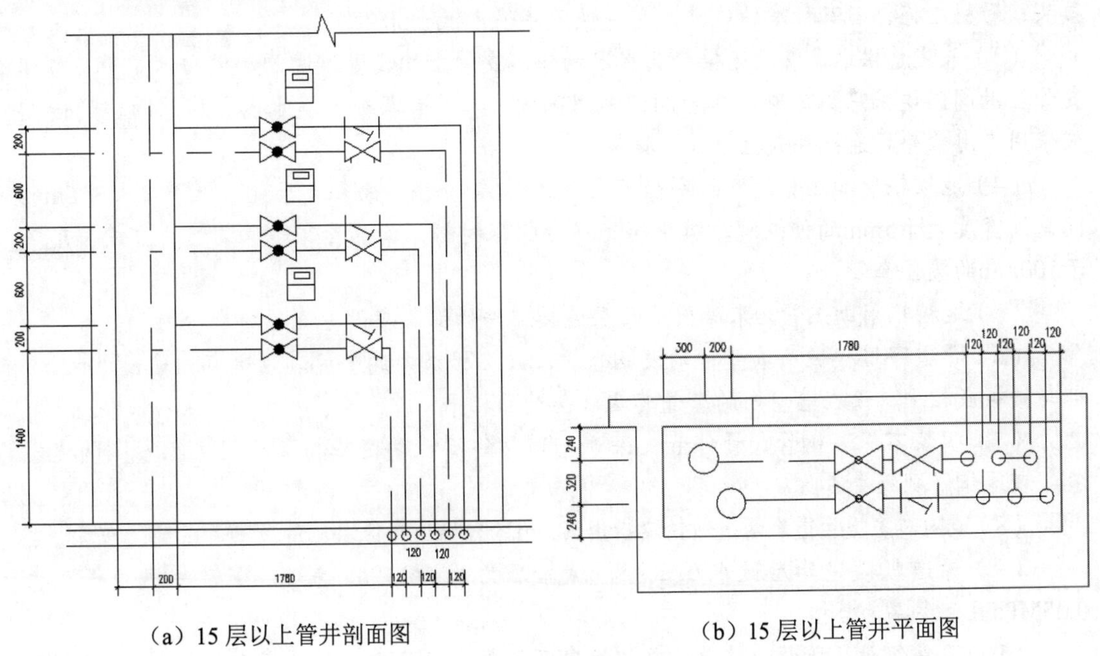

（a）15 层以上管井剖面图　　（b）15 层以上管井平面图

图 11-68　采暖管径大样图

11.3 地板采暖系统的制图表达

常见的冬季采暖的末端设备主要有地板采暖、中央空调和暖气片3种，这3种取暖设备各有利弊。由于地板采暖系统具有舒适、节能、高效、经济、环保等诸多优点，所以地板采暖（又称低温热水地板辐射采暖）在采暖工程中得以大量应用。

11.3.1 地暖系统工程的组成

一般来说，一套地板采暖的工程图应包括设计说明、地板采暖构造详图、各层采暖平面图和采暖系统图等。

1. 设计说明

地暖的设计说明除了应具备一般采暖设计说明所包括的内容之外，还应该对地暖加热器的安装条件等进行说明，具体的书写内容同样应根据设计需要编写，可参照下面实例的格式书写。

某住宅楼地板采暖设计说明：

（1）本工程采用低温热水地板辐射采暖，集中供热。

（2）本工程采暖设计供回水温度为60/50℃，采暖供回水主管、立管及分集水器至立管间的管道采用焊接钢管。DN≤32mm，采用螺纹连接；DN＞32mm，采用焊接。地板辐射加热管采用交联聚乙烯（PE-X）管，外径为20mm，壁厚为2mm，一个环路为一根管，地下部分无接头，管材应符合国家标准的规定，允许使用年限不低于50年。

（3）采暖总供水干管及连接分集水器的供水支管上均设置过滤器，供回水支管及各环路支管上的阀门均采用铜球阀，其余阀门采用闸阀。加热管与分、集水器各环路阀门的连接，应采用专用卡套式连接件或插接式连接件。

（4）地板辐射加热管的弯曲半径不应小于5倍管外径，面积大于30m^{2}及长度大于6m的房间需设宽度大于5mm的伸缩缝，缝中填充弹性膨胀材料，加热管穿越伸缩缝处应设长度不小于100mm的柔性套管。

（5）地板辐射加热管始末端出地面至连接配件的管段应设置在硬质套管内。

（6）管道穿过楼板及墙壁时均设钢套管，设在楼板内的套管其顶部高出地面20mm。底部与楼板底相平，设在墙壁内的套管其两端与饰面相平。

（7）明装不保温钢管、管件和支架刷一道防锈漆，两道银粉漆。暗装钢管刷两道防锈漆，埋地钢管刷沥青漆防腐。

（8）地沟内采暖管道刷两道防锈漆后用50mm厚岩棉管套保温，外做沥青玻璃丝布保护层。

（9）管道敷设完毕后做水压试验，试验压力为0.6MPa，稳压1小时，压力降不大于0.05MPa且无渗漏为合格。

（10）系统经试压验收合格后，能进行卵石混凝土的浇捣，标号不小于C15，卵石粒径不大于12mm，混凝土中需掺入适量防止龟裂的添加剂。

（11）混凝土填充层在浇捣和养护过程中，系统应保持不小于0.4MPa的压力。严禁对敷设加热管的地面进行剔凿或向地面嵌入任何物体。

（12）地板辐射采暖系统应根据工程施工特点分3个阶段进行中间验收：管道敷设完毕后检查是否符合设计布管要求；分、集水器安装完毕后，混凝土填充层浇捣前进行系统水压试验；混凝土填充层养护期满后，再次进行水压试验，试压合格后进行管道冲洗，至出水清净为止。以上3个阶段由施工单位与监理单位共同进行验收，并做好验收记录。

2. 地板采暖构造详图

地板采暖工程应绘制设计中出现的采暖设备的安装详图，如图11-69~图11-71所示分别为地板辐射采暖的剖面图和分集水器的大样图。

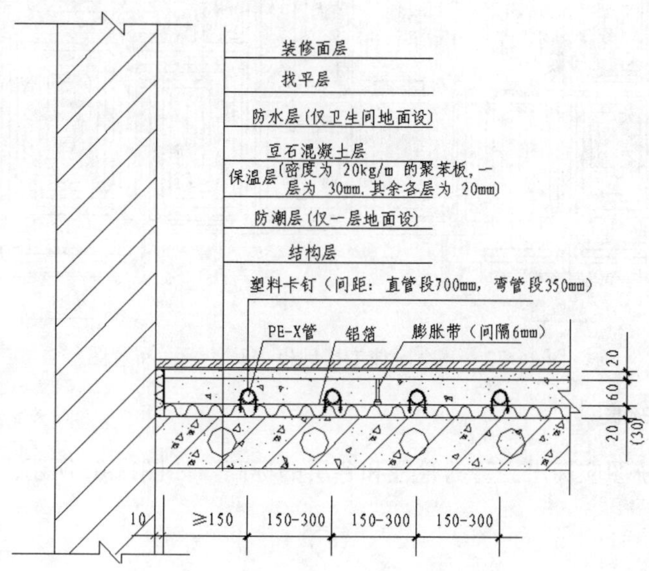

图 11-69　地板辐射采暖剖面图

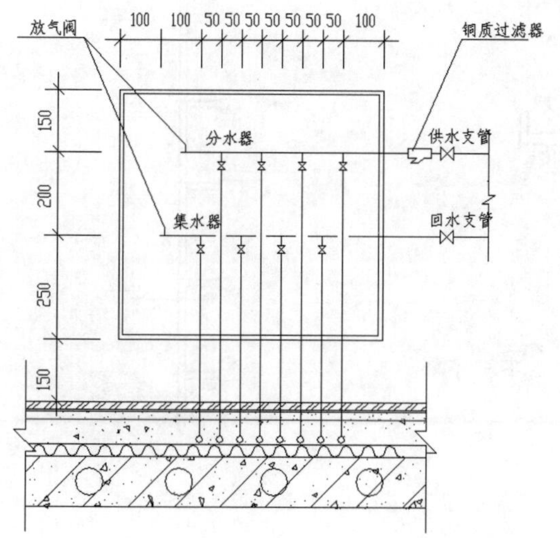

图 11-70　分集水器大样图（正视）

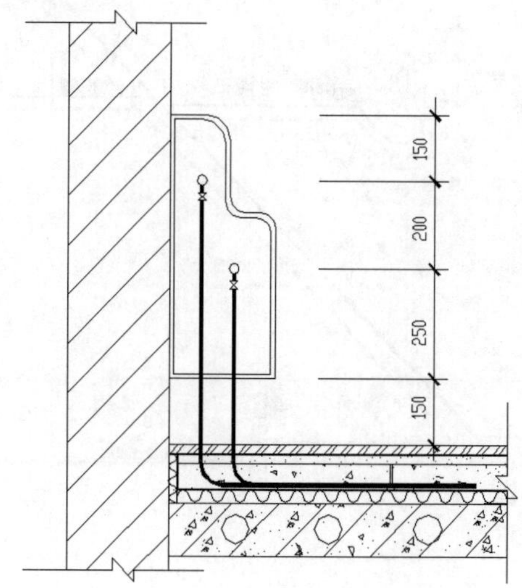

图 11-71　分集水器大样图（侧视）

3. 采暖平面图

地暖平面图能清楚地反映各楼层和各房间加热盘管的具体布置位置，需要在地暖系统图纸中详细表示，如图11-72所示为某小区住宅楼地板采暖的平面布置图。由图中可以看出，具体的地暖管道的设计相当复杂，但总的布置原则是使温度场均匀、供暖效果好。

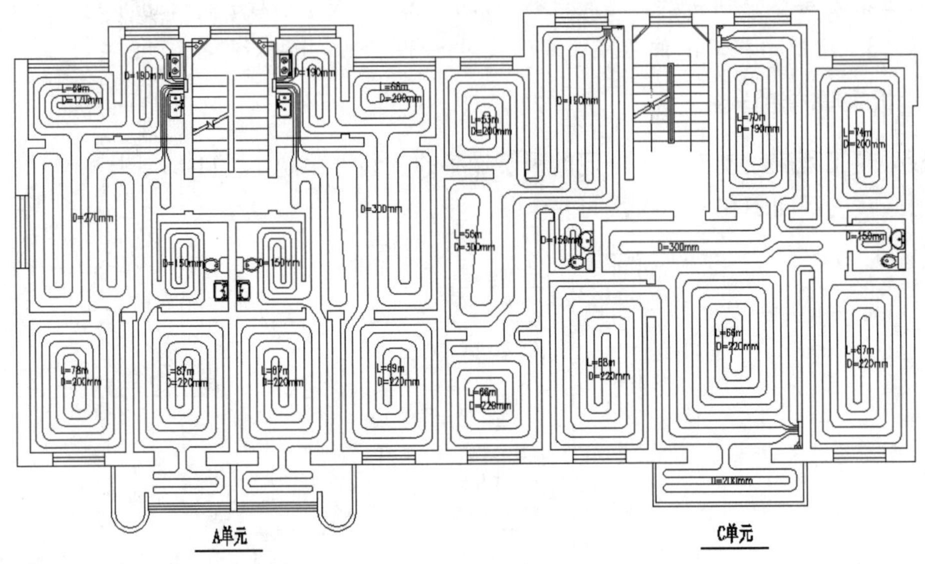

图 11-72　某小区住宅楼地板采暖的平面布置图

4. 地板采暖系统图

地板采暖的系统图应标出立管的管径和各层的标高，如图11-73所示。

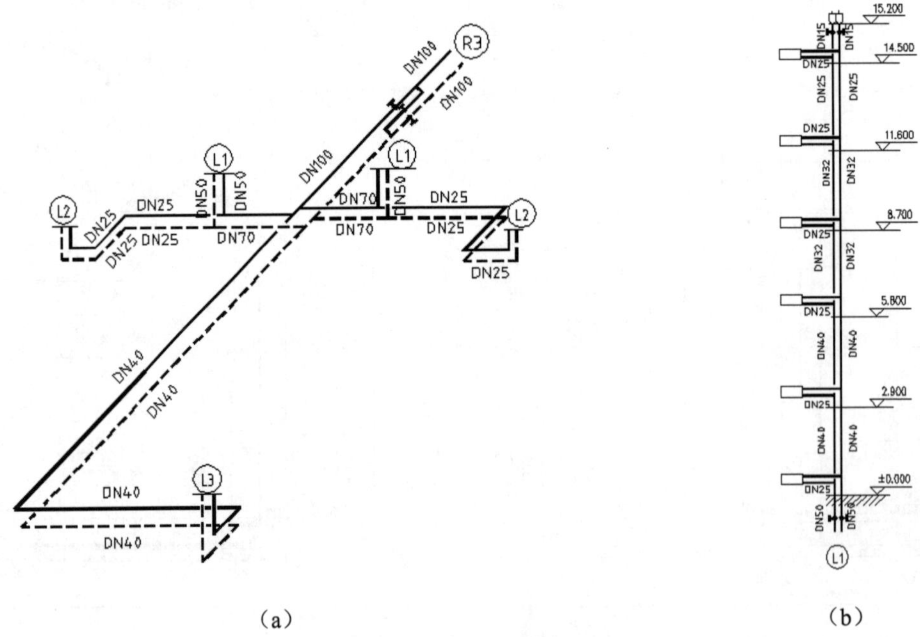

（a）　　　　　　　　　　（b）

图 11-73　地板采暖系统图

11.3.2 地暖系统平面图操作实例

【例11-4】 绘制某小区A单元标准层地暖平面图。

绘制某小区A单元标准层的地暖平面图，该单元标准层的平面图如图11-74所示。从图中可以看到该层左右户型完全一样，因此该地暖管道的布置只需布置一套房间，另一套房间的管道布置采用镜像完成即可。

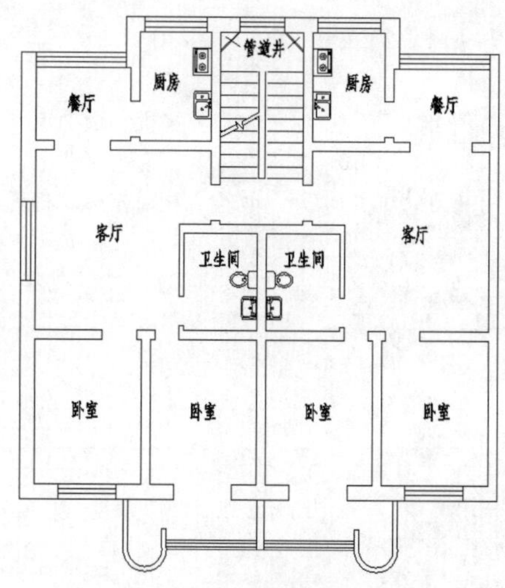

图 11-74　A 单元标准层建筑平面图

（1）设置图层

单击“默认”选项卡|“图层”面板上的“图层特性”按钮，在打开的“图层特性管理器”选项板中设置如图11-75所示的新图层，并分别设置颜色、线型和线宽。

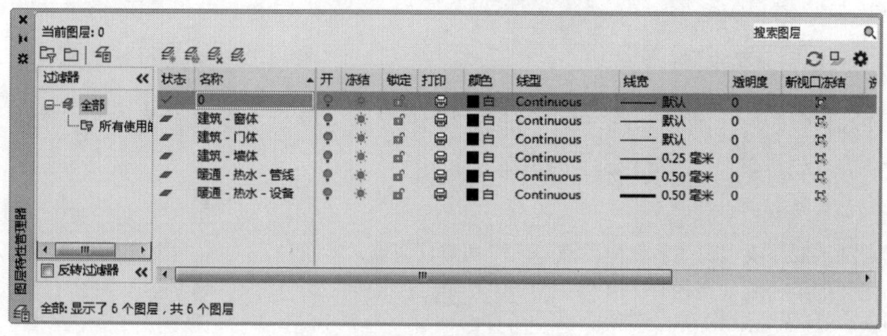

状态	名称	开	冻结	锁定	打印	颜色	线型	线宽	透明度	新视口冻结
✓	0					白	Continuous	默认	0	
	建筑 - 窗体					白	Continuous	默认	0	
	建筑 - 门体					白	Continuous	默认	0	
	建筑 - 墙体					白	Continuous	0.25 毫米	0	
	暖通 - 热水 - 管线					白	Continuous	0.50 毫米	0	
	暖通 - 热水 - 设备					白	Continuous	0.50 毫米	0	

图 11-75　设置图层

（2）绘制左侧房间的分集水器示意图

展开“默认”选项卡|“图层”面板上的“图层”下拉列表，将图层切换到“暖通-热水-设备”图层。单击“默认”选项卡|“绘图”面板上的“矩形”按钮，命令行提示信息如下：

```
命令：_RECTANG
指定第一个角点或 [倒角(C)/标高(E)/圆角(F)/厚度(T)/宽度(W)]：   //以A点正下1130处作为第一个角点，可从A点向下先绘制一条1130长度的直线，再对象捕捉端点即可
```

```
指定另一个角点或 [面积(A)/尺寸(D)/旋转(R)]: @100,-380    //绘制集水器示意图，效果如图11-76
所示
```

（3）连接管道、绘制接头

连接分集水器进水出水管至管道井并绘制3对分水集水管道接头。

步骤01 单击“默认”选项卡|“绘图”面板|“直线”按钮，将进水管和回水管引入管道井，如图 11-76 所示。

命令行提示信息如下：

```
命令: _LINE
指定第一点:                          //对象捕捉上边中点作为第一点
指定下一点或 [放弃(U)]: @0,1050
指定下一点或 [放弃(U)]: @400,0       //输入相对坐标，将进水管引入管道井
命令: _LINE
指定第一点:                          //以点B正下150处作为第一点
指定下一点或 [放弃(U)]: @300,0       //输入相对坐标，将回水管引入管道井，完成后效果如图
11-77所示
```

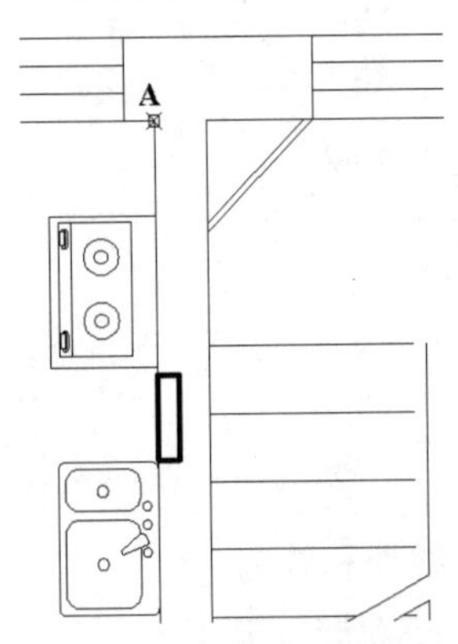

图 11-76　绘制分集水器

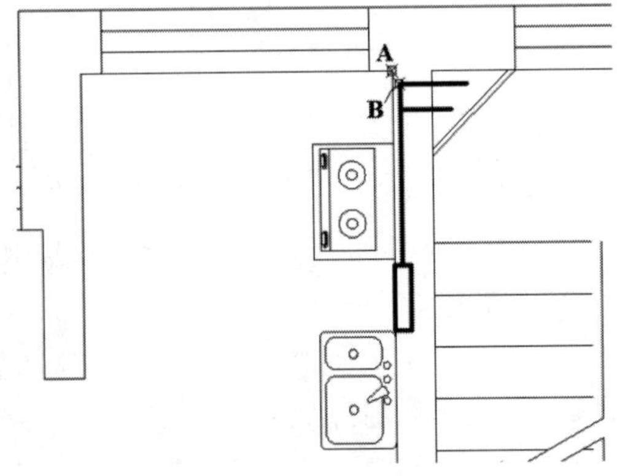

图 11-77　连接至管道井

步骤02 在管道井中的管道另一端绘制半径为 50 的立管。单击“默认”选项卡|“绘图”面板上的“圆”按钮，命令行提示信息如下：

```
命令:_CIRCLE
指定圆的圆心或 [三点(3P)/两点(2P)/切点、切点、半径(T)]:    //对象捕捉直线端点作为圆心
指定圆的半径或 [直径(D)]: 50                              //输入半径
命令:_CIRCLE
指定圆的圆心或 [三点(3P)/两点(2P)/ 切点、切点、半径(T)]:
指定圆的半径或 [直径(D)] <50.0000>: 50      //完成并修建圆内线段后效果如图11-78所示
```

步骤03 在集水器左侧绘制 3 对分水集水管接头。单击“默认”选项卡|“绘图”面板|“直线”按钮，命令行提示信息如下：

```
命令: _LINE指定第一点:                 //以矩形左上角点向下40作为直线第一点
指定下一点或 [放弃(U)]: @-180,0        //绘制第一段分水管
```

步骤04 单击“默认”选项卡|“修改”面板|“矩形阵列”按钮，设置偏移的行数为 6，行偏移

为–60，表示向下偏移，完成 3 对管道接头的绘制，并分别编号为 1、1'，2、2'和 3、3'，文字样式选用 TH_350，效果如图 11-79 所示。1 和 1'分别代表第一对分水和集水管道接头。

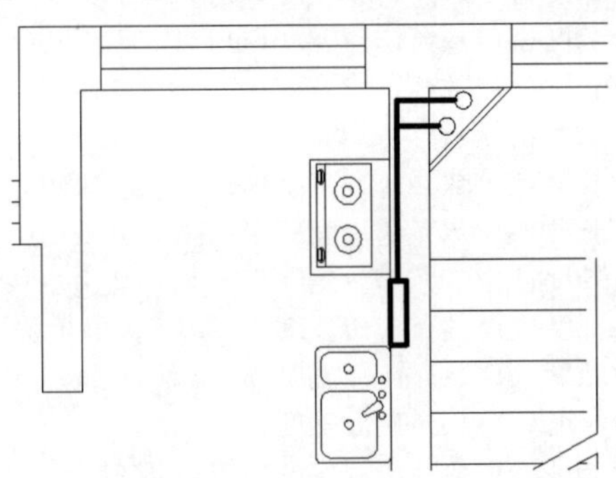
图 11-78　添加立管

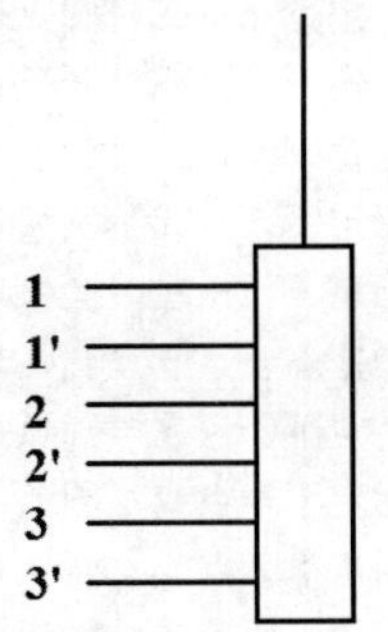

图 11-79　3 对分水集水管

（4）敷设各房间的管道

步骤 01 展开“默认”选项卡|“图层”面板上的“图层”下拉列表，将图层切换到“暖通-热水-管线”图层。从分水管头 1 开始敷设厨房、餐厅和部分客厅的地暖管道，采用“回”形方式布置盘管。为了满足各房间的采暖需要，设置厨房的地暖管道管间距 D=190mm，餐厅地暖管道间距 D=170mm，客厅地暖管道间距 D=170mm。单击“默认”选项卡|“绘图”面板|“多段线”按钮，命令行提示信息如下：

```
命令: _PLINE
指定起点:    //对象捕捉1点作为多段线起点
当前线宽为 0.5000
指定下一个点或 [圆弧(A)/半宽(H)/长度(L)/放弃(U)/宽度(W)]: @-200,0
指定下一点或 [圆弧(A)/闭合(C)/半宽(H)/长度(L)/放弃(U)/宽度(W)]:@0,1020
指定下一点或 [圆弧(A)/闭合(C)/半宽(H)/长度(L)/放弃(U)/宽度(W)]:@-1330,0
指定下一点或 [圆弧(A)/闭合(C)/半宽(H)/长度(L)/放弃(U)/宽度(W)]:@0,-2260
指定下一点或 [圆弧(A)/闭合(C)/半宽(H)/长度(L)/放弃(U)/宽度(W)]:@-2530,0
指定下一点或 [圆弧(A)/闭合(C)/半宽(H)/长度(L)/放弃(U)/宽度(W)]:@0,1190
指定下一点或 [圆弧(A)/闭合(C)/半宽(H)/长度(L)/放弃(U)/宽度(W)]:@1820,0
指定下一点或 [圆弧(A)/闭合(C)/半宽(H)/长度(L)/放弃(U)/宽度(W)]:@0,-850
指定下一点或 [圆弧(A)/闭合(C)/半宽(H)/长度(L)/放弃(U)/宽度(W)]:@-1480,0
指定下一点或 [圆弧(A)/闭合(C)/半宽(H)/长度(L)/放弃(U)/宽度(W)]:@0,510
指定下一点或 [圆弧(A)/闭合(C)/半宽(H)/长度(L)/放弃(U)/宽度(W)]:@1140,0
指定下一点或 [圆弧(A)/闭合(C)/半宽(H)/长度(L)/放弃(U)/宽度(W)]:@0,-170
指定下一点或 [圆弧(A)/闭合(C)/半宽(H)/长度(L)/放弃(U)/宽度(W)]:@-970,0
指定下一点或 [圆弧(A)/闭合(C)/半宽(H)/长度(L)/放弃(U)/宽度(W)]:@ 0,-170
指定下一点或 [圆弧(A)/闭合(C)/半宽(H)/长度(L)/放弃(U)/宽度(W)]:@1140,0
指定下一点或 [圆弧(A)/闭合(C)/半宽(H)/长度(L)/放弃(U)/宽度(W)]:@0,510
指定下一点或 [圆弧(A)/闭合(C)/半宽(H)/长度(L)/放弃(U)/宽度(W)]:@-1480,0
指定下一点或 [圆弧(A)/闭合(C)/半宽(H)/长度(L)/放弃(U)/宽度(W)]:@0,-850
指定下一点或 [圆弧(A)/闭合(C)/半宽(H)/长度(L)/放弃(U)/宽度(W)]:@1820,0
指定下一点或 [圆弧(A)/闭合(C)/半宽(H)/长度(L)/放弃(U)/宽度(W)]:@0,1190
指定下一点或 [圆弧(A)/闭合(C)/半宽(H)/长度(L)/放弃(U)/宽度(W)]:@-2160,0
```

```
指定下一点或 [圆弧(A)/闭合(C)/半宽(H)/长度(L)/放弃(U)/宽度(W)]:@0,-1560
指定下一点或 [圆弧(A)/闭合(C)/半宽(H)/长度(L)/放弃(U)/宽度(W)]:@1080,0
指定下一点或 [圆弧(A)/闭合(C)/半宽(H)/长度(L)/放弃(U)/宽度(W)]:@0,-4530
指定下一点或 [圆弧(A)/闭合(C)/半宽(H)/长度(L)/放弃(U)/宽度(W)]:@-810,0
指定下一点或 [圆弧(A)/闭合(C)/半宽(H)/长度(L)/放弃(U)/宽度(W)]:@0,3720
指定下一点或 [圆弧(A)/闭合(C)/半宽(H)/长度(L)/放弃(U)/宽度(W)]:@270,0
指定下一点或 [圆弧(A)/闭合(C)/半宽(H)/长度(L)/放弃(U)/宽度(W)]:@0,-3450
指定下一点或 [圆弧(A)/闭合(C)/半宽(H)/长度(L)/放弃(U)/宽度(W)]:@270,0
指定下一点或 [圆弧(A)/闭合(C)/半宽(H)/长度(L)/放弃(U)/宽度(W)]:@0,3720
指定下一点或 [圆弧(A)/闭合(C)/半宽(H)/长度(L)/放弃(U)/宽度(W)]:@-810,0
指定下一点或 [圆弧(A)/闭合(C)/半宽(H)/长度(L)/放弃(U)/宽度(W)]:@0,-4260
指定下一点或 [圆弧(A)/闭合(C)/半宽(H)/长度(L)/放弃(U)/宽度(W)]:@1350,0
指定下一点或 [圆弧(A)/闭合(C)/半宽(H)/长度(L)/放弃(U)/宽度(W)]:@0,4800
指定下一点或 [圆弧(A)/闭合(C)/半宽(H)/长度(L)/放弃(U)/宽度(W)]:@2300,0
指定下一点或 [圆弧(A)/闭合(C)/半宽(H)/长度(L)/放弃(U)/宽度(W)]:@0,2080
指定下一点或 [圆弧(A)/闭合(C)/半宽(H)/长度(L)/放弃(U)/宽度(W)]:@-570,0
指定下一点或 [圆弧(A)/闭合(C)/半宽(H)/长度(L)/放弃(U)/宽度(W)]:@0,-1700
指定下一点或 [圆弧(A)/闭合(C)/半宽(H)/长度(L)/放弃(U)/宽度(W)]:@190,0
指定下一点或 [圆弧(A)/闭合(C)/半宽(H)/长度(L)/放弃(U)/宽度(W)]:@0,1510
指定下一点或 [圆弧(A)/闭合(C)/半宽(H)/长度(L)/放弃(U)/宽度(W)]:@190,0
指定下一点或 [圆弧(A)/闭合(C)/半宽(H)/长度(L)/放弃(U)/宽度(W)]:@0,-1700
指定下一点或 [圆弧(A)/闭合(C)/半宽(H)/长度(L)/放弃(U)/宽度(W)]:@-570,0
指定下一点或 [圆弧(A)/闭合(C)/半宽(H)/长度(L)/放弃(U)/宽度(W)]:@0,2080
指定下一点或 [圆弧(A)/闭合(C)/半宽(H)/长度(L)/放弃(U)/宽度(W)]:@950,0
指定下一点或 [圆弧(A)/闭合(C)/半宽(H)/长度(L)/放弃(U)/宽度(W)]:@0,-900
指定下一点或 [圆弧(A)/闭合(C)/半宽(H)/长度(L)/放弃(U)/宽度(W)]:@390,0
//输入各点相对坐标，完成后效果如图11-80所示
```

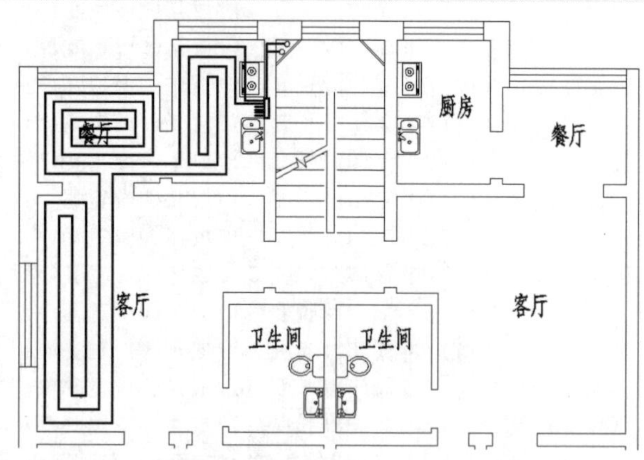

图 11-80　绘制厨房、餐厅和部分客厅的盘管

步骤 02 对管道进行倒圆角处理。单击“默认”选项卡|“修改”面板|“圆角”按钮⌐，命令行提示信息如下：

```
命令: _FILLET
当前设置: 模式 = 修剪, 半径 = 0.0000
选择第一个对象或 [放弃(U)/多段线(P)/半径(R)/修剪(T)/多个(M)]: R //选择R指定圆角半径
```

```
指定圆角半径 <0.0000>: 200                                              //输入圆角半径
选择第一个对象或 [放弃(U)/多段线(P)/半径(R)/修剪(T)/多个(M)]:             //选择第一条倒角边
选择第二个对象，或按住 Shift 键选择对象以应用角点或 [半径(R)]:            //选择第二条倒角边
```

步骤 03 单击“默认”选项卡|“修改”面板上的“圆角”按钮，将所有盘管拐弯处倒圆角，其中最内侧管道倒角时圆角半径为 75，其余倒角半径均为 200，完成后效果如图 11-81 所示。

步骤 04 将前面绘制的多段线选中，单击“默认”选项卡|“修改”面板|“镜像”按钮，将其镜像到对称房间，完成后效果如图 11-82 所示。由于该单元的房间完全对称，所以镜像线可直接对象捕捉中线上的任意两点即可完成。另外，在设计时也可布置完所有管道后再进行镜像。

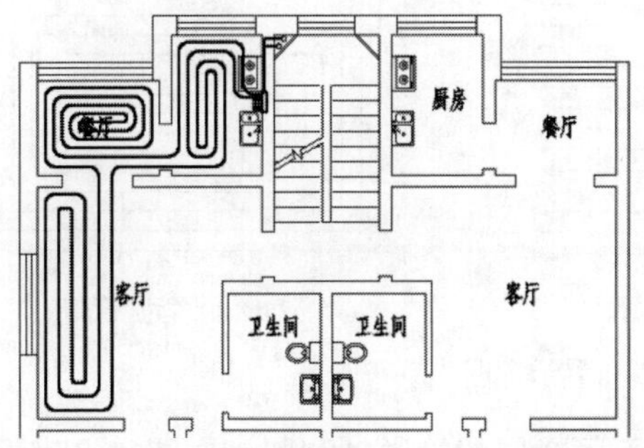

图 11-81　倒圆角处理后的效果

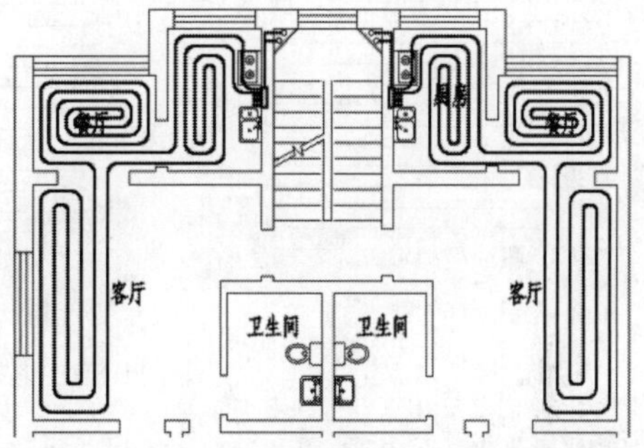

图 11-82　镜像处理后效果

步骤 05 单击“默认”选项卡|“绘图”面板|“多段线”按钮，利用同样的方法，从分水接头 2 出发，绘制厨房的地暖管道管间距 D=190mm，餐厅地暖管道间距 D=170mm，客厅地暖管道间距 D=270mm。管道分别经客厅至卧室，最终从集水接头 2'回水。长度不作要求，只需要保证地暖管道的间距。镜像完成后得到如图 11-83 所示的效果。

步骤 06 使用同样的方法，从分水接头 3 出发，绘制卫生间的地暖管道管间距 D=150mm，另一间卧室的地暖管道和阳台间距 D=220mm，客厅地暖管道间距 D=270mm。管道分别经客厅、另一间卧室、阳台、卫生间，最终从集水接头 3'回水。镜像完成后得到如图 11-84 所示的效果。至此，该层的地暖管道敷设完毕。

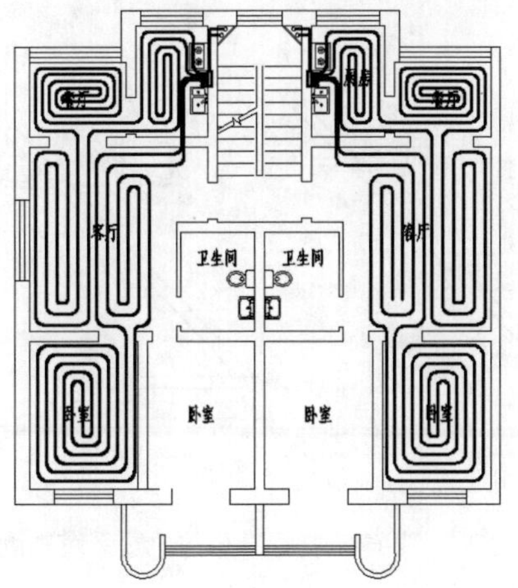

图 11-83　绘制客厅和卧室

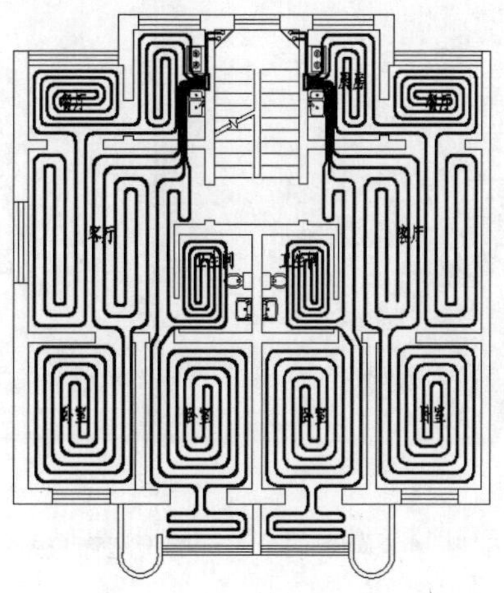

图 11-84　标注层地暖管道布置

11.3.3 地暖管路系统的表达

地板采暖管路系统的核心是加热盘管的布置，现在比较常用的布置形式有平行排管、S型盘管和回型盘管，如图11-85所示。平行排管最为简单，但其板面温度随着水的流动逐渐降低，首尾部温差较大，板面温度场不均匀。S型盘管和回型盘管虽然铺设复杂，但板面温度场均匀，高、低温管间隔布置，供暖效果较好，现被广泛采用。实际选择哪种类型布置应根据房间的具体情况选择合适的系统形式，也可混合使用。

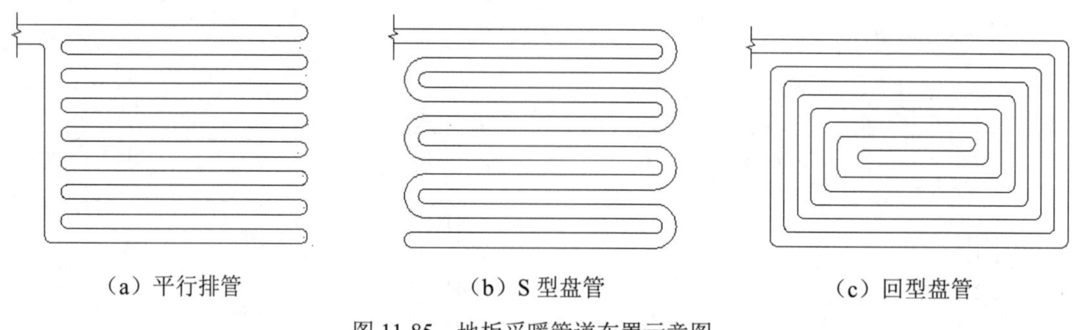

（a）平行排管　　（b）S 型盘管　　（c）回型盘管

图 11-85　地板采暖管道布置示意图

地暖系统的系统图需要给出各层立管的管径和不同楼层的管道轴测图，如图11-86所示为某6层建筑物地暖管道的立管轴测图，图中标出了各段立管和干管的管径，也有管道布置位置的标高。

若需要表示某一层地暖管道的管径及布置位置，需要用到地暖系统的轴测图，如图11-87所示为对应例11-4中建筑物的标准层地暖系统的轴测图，图中需要表明进水与出水所连接的立管和干管的编号，同时需要标明各段管径。

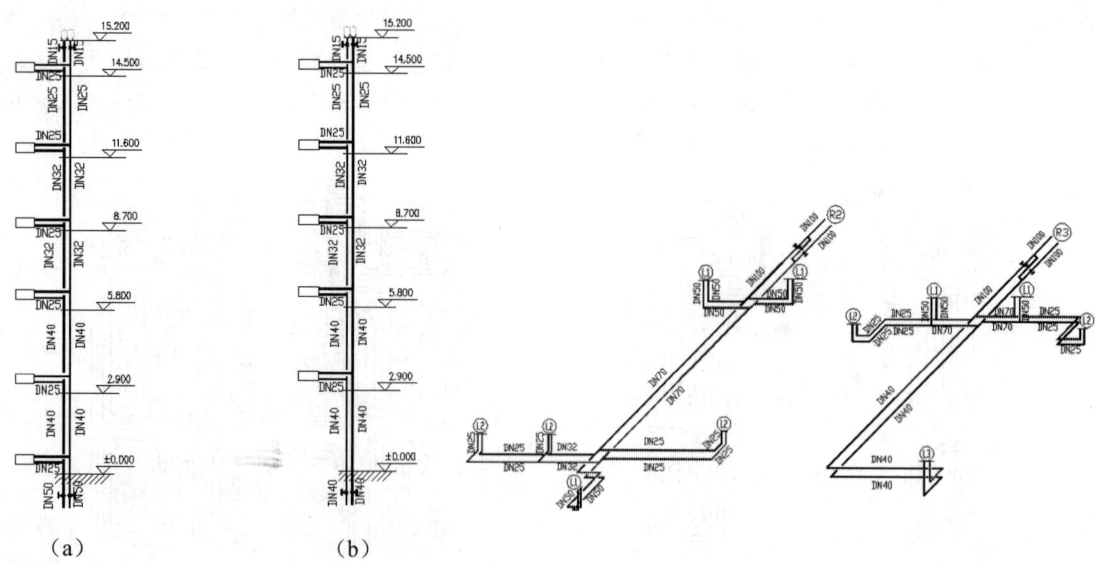

（a）　　（b）

图 11-86　某 6 层建筑两个单元的管道布置系统图　　图 11-87　某建筑物标准层的地暖系统轴测图

11.4 采暖系统CAD制图的设置技巧

11.4.1 图层设置

根据《房屋建筑制图统一标准》GB/T 50001-2017的要求，热水采暖系统图层的设置要参照标准中13.0.1和13.0.2的要求进行设置，如表11-6所示。当然，用户也可以根据图层设置规则设置相应的图层。

表 11-6 热水采暖系统图层的命名

中 文 名	英 文 名	英文描述
暖通-热水	M-HOTW	Hot Water Heating System
暖通-热水-设备	M-HOTW-EQPM	Hot Water Equipment
暖通-热水-管线	M-HOTW-PIPE	Hot Water Piping
暖通-热水-立管	M-HOTW-RIST	Hot Water Riser
暖通-热水-阀门	M-HOTW-VALV	Hot Water Valve

如果工程属于改扩建项目，可以根据需要在这些图层名的后面添加相应的状态码，如表11-7所示。

表 11-7 状态码名称及代号

状态码中文名	状态码代号	英文名称
新建	NEWW	New Work
保留	EXST	Existing to Remain
拆迁	DEMO	Existing to Demolish
拟建	FUTR	Future Work
临时	TEMP	Temporary Work
搬迁	MOVE	Items to be Moved
改建	RELO	Relocated Items
契外	NICN	Not in Contract
阶段	PHS1-9	Phase Numbers

暖通专业的建筑图来自建筑专业，不需要自行绘制。如果需要自行绘制，建筑的图层命名如表11-8所示。

表 11-8 冷热源工程常用图层设置

中文图层名	英文图层名	中文说明	英文说明
暖通-冷水	M-CWTR	空调冷冻水系统	Chilled Water Systems
暖通-冷水-设备	M-CWTR-EQPM	设备	Chilled Water Equipment
暖通-冷水-管线	N-CWTR-PIPE	管道	Chilled Water Piping
暖通-冷却	M-COOL	冷却水系统	Cooling Water Systems
暖通-冷却-设备	M-COOL-EQPM	冷却设备	Cooling Equipment

（续表）

中文图层名	英文图层名	中文说明	英文说明
暖通-冷却-管线	M-COOL-PIPE	冷却水管道	Cooling Water Piping
暖通-热水	M-HOTW	采暖热水系统	Hot Water Heating Systems
暖通-热水-设备	M-HOTW-EQPM	采暖设备	Hot Water Equipment
暖通-热水-管线	M-HOTW-EQPM	采暖管道	Hot Water Piping
暖通-冷冻	M-REFG	冷冻系统	Refrigeration Systems
暖通-冷冻-设备	M-REFG-EQPM	冷冻设备	Refrigeration Equipment
暖通-冷冻-管线	M-REFG-PIPE	冷冻管线	Refrigeration Piping
建筑-墙体	A-WALL	墙	Walls
建筑-门体	A-DOOR	门	Doors
建筑-窗户	A-WIND	窗	Windows
建筑-楼梯	A-STRS	楼梯踏步、自动扶梯、梯子	Stairs Treads, Escalators, Ladders
建筑-柱子	A-COLS	柱	Columns

11.4.2 相同内容的绘制

在工程设计制图中，通常会有大量完全相同或基本相同的内容，例如，建筑中甲、乙单位相同，采暖热水管线1和管线2相同，同一设计中所有散热器与支管的连接方式均相同等。在AutoCAD中主要有3种方法来简化这些相同内容的绘制：外部引用（Reference）、拷贝或阵列（Copy & Array）、块（Block）。

1．外部引用

外部引用主要用于不同专业之间的数据共享，例如，暖通专业的建筑图来自建筑专业，即暖通专业可以把建筑图作为外部引用插入到文件中，当建筑图改变时，暖通图样中的建筑图会自动改变。这是一种很有用的方法，由于不同专业的表达习惯不同，突出表达的内容也不同，暖通专业一般需要对建筑图进行一番整理才能使用，因此，目前在工程设计实践中应用的很少。

2．拷贝或阵列

在采暖系统中，许多立管完全相同或大致相同，不同楼层的采暖系统也大致相同，这时多重拷贝（拷贝命令中选择实体后，应用选项M）或阵列是十分方便的。但是，设计过程中经常需要修改，如支管与散热器的连接方式要改变，则要么在拷贝后的图上逐一修改，要么删除拷贝内容，修改后重新拷贝，建议使用块方式。

3．块

将阀门、仪表等部件作为块是CAD应用的基本技术，块相对于拷贝的优点就是修改方便。例如，把散热器机器支管或整个立管中的管道及设备做成块，当需要修改时，在图面空白处插入该块，将其炸开并进行修改，然后做块，名字和插入的基点与原来的完全相同，则图中所有使用该块的图形全部自动更新。

11.4.3 过滤器的使用

过滤器实际上就是条件选择。在制图过程中，经常需要对符合某些特定条件的实体进行操作。例如，可能根据需要把所有的红线变成绿线，或者修改一些字体、字号等，这就是条件选择。这时可以使用过滤器构造选择集，选取的不符合条件的实体会自动被系统过滤出。正确地使用过滤器，可以使批量修改操作的效率大大提高。过滤器是一个透明命名，它可以在其他命令执行的过程中执行，但此时命令输入须在命令前加一个单引号“'”，在AutoCAD中类似的命令还有PAN、ZOOM等。

当设计师拿到一张复杂的图纸时，如果需要对某一类问题进行集中修改或删除，过滤器将是非常方便的工具。

例如，在绘图过程中忘记图层切换，把文字添加到其他图层上，这时就可以使用过滤器将这类文字挑出来，把它们集中转换到文字图层。

【例11-5】 下面以将例11-2平面图中“暖通-热水-设备”图层文字转换到“文字”图层为例，介绍过滤器的使用。

步骤 01 在命令行中输入 ERASE 并按 Enter 键，出现“选择对象”提示信息，再输入“'FILTER”，弹出“对象选择过滤器”对话框，如图 11-88 所示，该对话框最上面是已经构造的选择条件内容列表框，下面左边一栏主要用于构造列表框，右边一栏用于对列表框内的内容进行修改、删除、清除等操作。

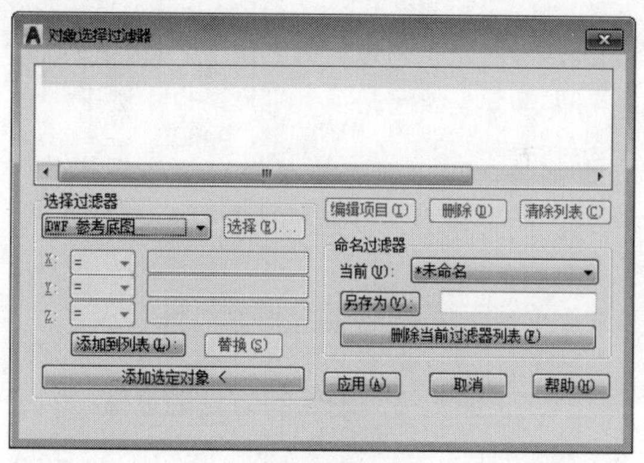

图 11-88 “对象选择过滤器”对话框

步骤 02 单击如图 11-89 所示的“选择过滤器”下拉列表框，选择“文字”选项，然后单击“添加到列表”按钮，则把选择条件添加到“对象选择过滤器”对话框的内容列表框中，如图 11-90 所示。

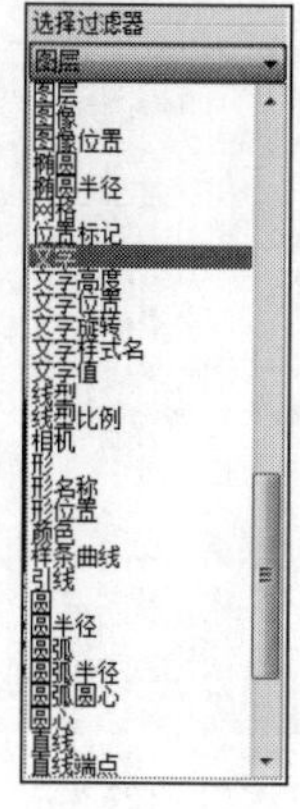

图 11-89 选择过滤对象下拉列表框

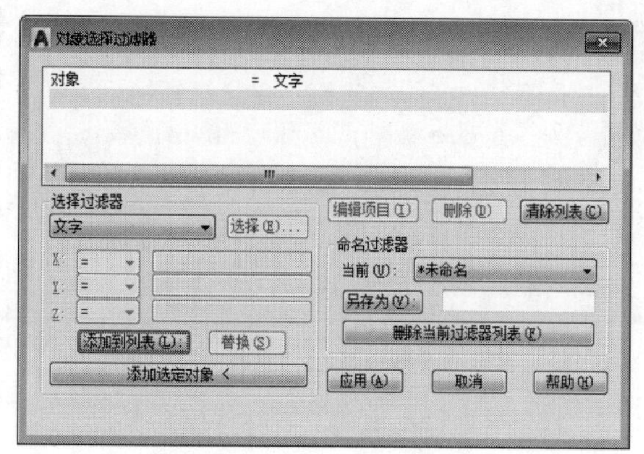

图 11-90 添加对象到列表框

步骤 03 再次单击“选择过滤器”下拉列表框，选择“图层 Layer”选项，然后单击“选择”按钮，打开“选择图层”对话框，选择如图 11-91 所示的层名为“暖通-热水-设备”的图层后返回主对话框，单击“添加到列表”按钮，把选择条件添加到上面的内容列表框中。

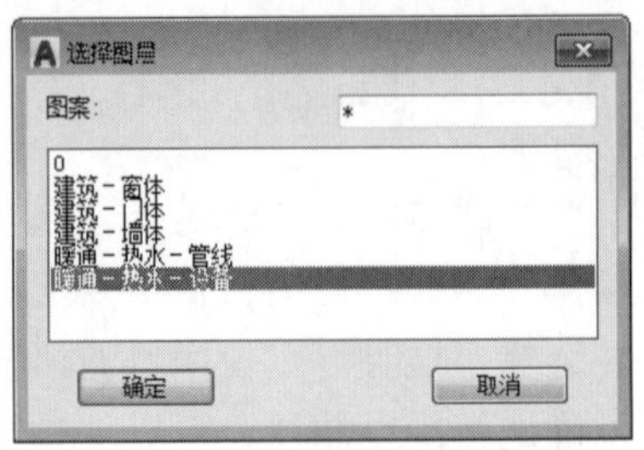

图 11-91 “选择图层”对话框

步骤 04 单击“应用”按钮，退出对话框，要求选择目标，这时可以综合使用点选、窗选方式或窗交方式进行选择，不符合条件的对象将会被系统自动过滤掉。例如，将图中所有对象选中，命令行提示信息如下：

```
选择对象：指定对角点：找到 20 个        //选定了20个符合该过滤条件的对象
```

如果不选择过滤对象，直接按 Enter 键选择相应的“选择对象”，系统仍提示“选择对象”，但这时已经退出过滤选择方式，可以用常规方法选择目标，若要再次使用过滤器，则需要再重新输入“'FILTER”。

步骤 05 将这些对象转到“文字”图层中，在“图层”下拉列表框中选择“文字”图层，即可将这些文字转换到“文字”图层中。

另外，可以对选择条件进行逻辑操作（与、或、非，系统默认列表框内的各个条件是“与”的关系），从而构造复杂的条件选项，但由于其应用得不多，在此不详细介绍。

11.4.4 正面斜等测图的绘制

1. 正面斜等测图绘制方法的设置

采暖制图中一项重要的内容就是轴测图的绘制，采暖轴测图一般采用正面斜等测的绘制方法。在AutoCAD中，使用极轴跟踪功能可以方便地绘制轴测图，具体设置如下：

步骤 01 在命令行输入 DS 后按 Enter 键，执行“绘图设置”命令，打开“草图设置”对话框，然后切换到“极轴追踪”选项卡。

步骤 02 在“极轴角设置”选项组的“增量角”中输入一个角度，如 45。

步骤 03 在“对象捕捉追踪设置”选项组中选中“用所有极轴角设置追踪”单选按钮。

步骤 04 在“极轴角测量”选项组中选中“相对上一段”单选按钮，如图 11-92 所示，单击“确定”按钮，退出对话框。然后单击状态栏（图形屏幕的右下方）上的“极轴”按钮打开或关闭极轴跟踪功能。打开“极轴”后，可以在 0°~360° 中的任意方向轴上进行定位操作，十分方便，暖通空调中的轴测图一般设置该角度为 45°。

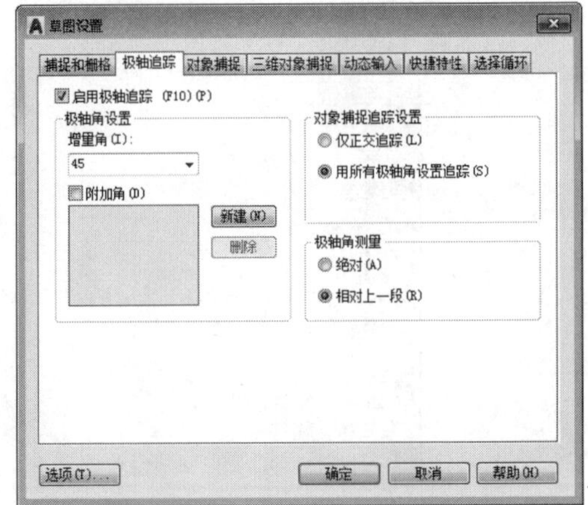

图 11-92 “极轴追踪”选项卡

2．绘制采暖立管轴测图操作实例

【例11-6】 绘制如图11-93所示的采暖立管轴测图。

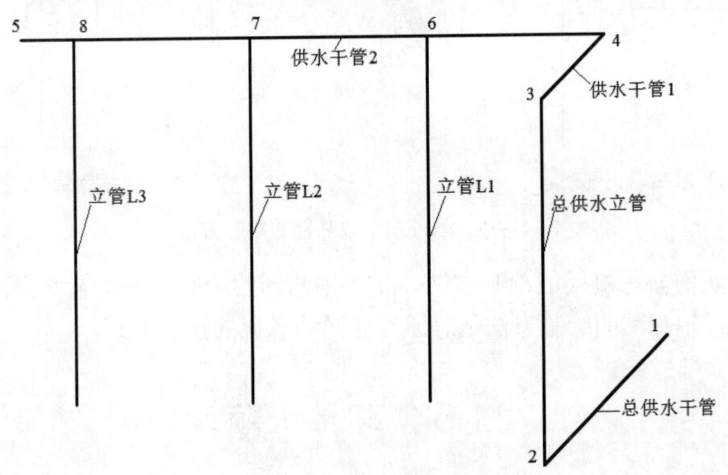

图 11-93　采暖立管轴测图

步骤01　首先按正斜面等测图方法设置好极轴追踪。

步骤02　绘制总供水干管。单击"默认"选项卡|"绘图"面板|"直线"按钮，输入起点 1 坐标（3000，500），沿 225° 追踪线输入 2000 确定终点 2，具体过程如图 11-94 和图 11-95 所示。

图 11-94　在相应位置出现极轴追踪线　　图 11-95　输入长度后得到端点

步骤03　绘制总供水立管。按空格键，继续单击"默认"选项卡|"绘图"面板|"直线"按钮，捕捉点 2 为起点，上移光标，输入 4000 确定终点 3。

步骤04　绘制供水干管。继续单击"默认"选项卡|"绘图"面板|"直线"按钮，捕捉点 3 为起点，沿 45° 追踪线移动光标，输入 1000 确定点 4；左移光标，输入 6600 确定点 5。

步骤05　绘制采暖供水立管。继续单击"默认"选项卡|"绘图"面板|"直线"按钮，捕捉点 4 为追踪点，左移光标，输入 2000 确定点 6；下移光标输入 4000 完成立管 L1 的绘制。

步骤06　单击"默认"选项卡|"修改"面板上的"偏移"按钮，将 L1 向左分别偏移 2000、4000 得到立管 L2、L3，完成最终图形。

如果将系统图与平面图同时绘制在一个图形中，可从平面图各个立管的圆心向上绘制所有立管。当立管上的散热器需要轴测表达时，散热器同样应采用正面斜等轴测绘制方法，采用45° 极轴追踪，效果如图11-96所示。

（a）散热器正面表示　　　　（b）散热器轴测表示

图 11-96　系统图中散热器的绘制方法

本例讲述了正面斜等测图的绘制方法，正等轴测图的绘制方法可参照第12章与第13章的相关实例。总之，轴测图的绘制方法是暖通专业必须掌握的技术之一。

11.5　习　　题

（1）练习绘制某住宅楼标准层采暖平面图，绘制方法、文字样式设置和标注样式设置参考【例11-1】，效果如图11-97所示。

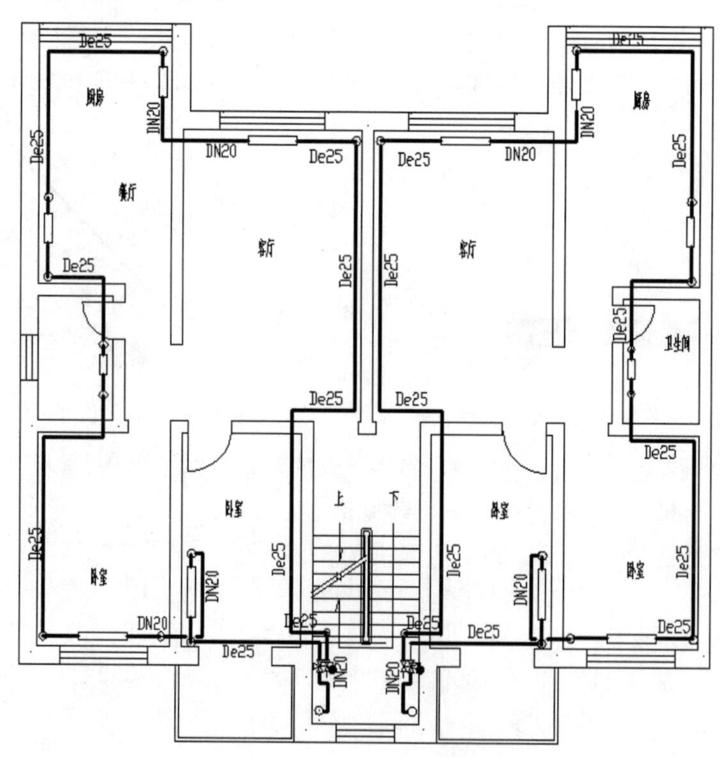

图 11-97　某住宅楼标准层采暖平面图

（2）参照本章系统轴测图的绘制方法，绘制如图11-98所示的系统图。该系统图为正面斜等测，干管线宽为1.00，其余均为默认，文字样式基本同TH_350，将字体修改为gbc.shx，注意管道重叠处断开部分的绘制方法。

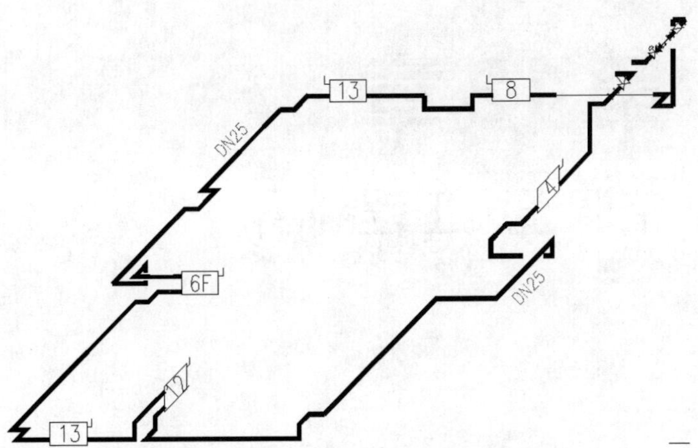

图 11-98　某住宅楼 A 单元标准层采暖图

（3）在如图11-99所示的平面图中布置地暖盘管，布置完成后效果如图11-100所示，各房间盘管管间距见图中标注。

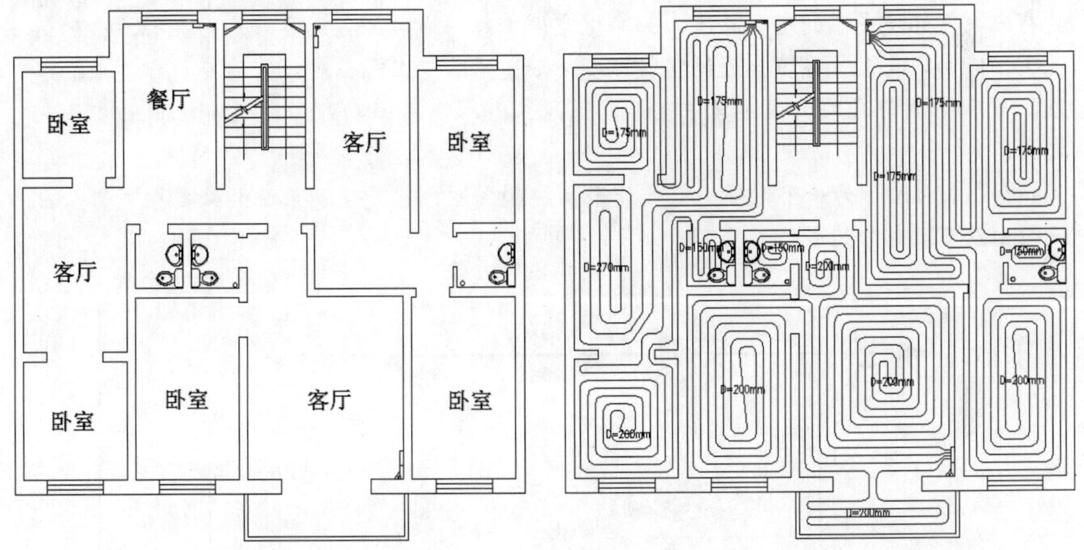

图 11-99　某建筑物某单元平面图　　　　图 11-100　地暖平面布置效果图

第12章 空调通风工程制图

导言

空调通风工程是指采用人工手段改善室内热湿环境和空气环境的工程方法。

根据对热湿环境和空气环境项目要求不同分为空调工程和通风工程。空调工程和通风工程的主要区别在于，空调工程一般对空气进行热湿、过滤等处理后送入房间，而通风工程则往往仅对空气进行过滤处理。两者过滤要求有时不尽相同，空调工程要求房间具有比大气环境更高的空气品质，如净化空调工程；通风工程则要求房间在有污染的情况下，能实现与大气环境接近的空气环境，如通风除尘工程。对于有些有特殊要求的建筑，兼有空调与通风工程，其中空调与通风工程根据房间功能不同又有民用和工业用之分。

如图12-1所示为一个常规的空气处理系统构成图，它是空调系统的必要组成部分，一般由以下几部分组成：

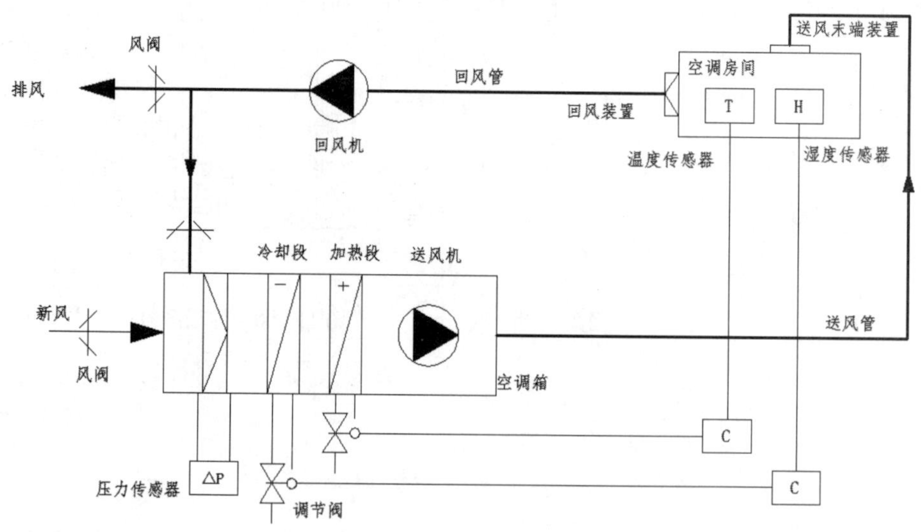

图12-1 空气处理系统构成

- 风管网络（送风管、回风管等）。
- 空气处理与动力设备（空调箱、送风机和回风机等）。
- 风道附件与末端送回风装置（风阀、送风口和回风口等）。
- 空气调控设备（湿、温度传感器等）。

本章将以空调工程为例，根据《暖通空调制图标准》GB/T 50114-2010，介绍上述4个部分制图的基本规则和制图原理，以及这4个部分分别在原理图、平面图、立面图和轴测图等方面的具体绘制方法。

12.1 线型与比例

为了区分不同的风管和设备轮廓，空调通风工程图中常采用不同的线宽组合及线型。暖通空调专业制图采用的线型及其用途，应符合第10章表10-4的规定。其中总平面图和平面图的比例，应与工程项目设计的主导专业一致，其余可按表12-1选用。

表 12-1 通风空调工程图常用比例

图　名	常用比例	可用比例
剖面图	1∶50、1∶100、1∶150、1∶200	1∶300
局部放大图、管沟断面图	1∶20、1∶50、1∶100	1∶30、1∶40、1∶50、1∶200
索引图、详图	1∶1、1∶2、1∶5、1∶10、1∶20	1∶3、1∶4、1∶15

12.2 风管系统的绘制方法

12.2.1 风管的绘制方法

根据工程图性质及其用途不同，风管可以采用单线和双线来表示。单线风管的表示方法与单线水管基本相同。双线风管、弯头表示、管道重叠绘制方法可以参考10.4.6节规定的方法绘制。其他风管和弯头参照表12-2的规定绘制。

表 12-2 风管及弯头

类　别	序　号	名　称	图　例
风管	1	异径风管	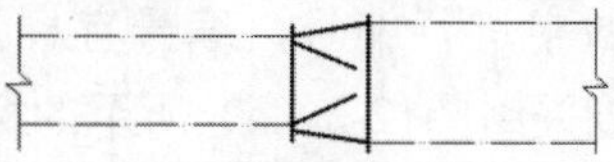
	2	柔性风管	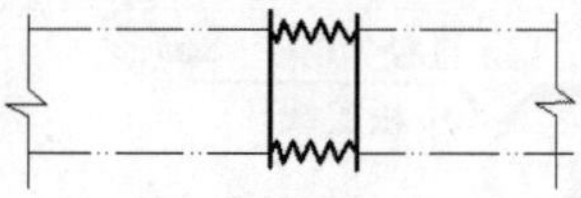
各风道、烟道平面及截面图	3	一般风道	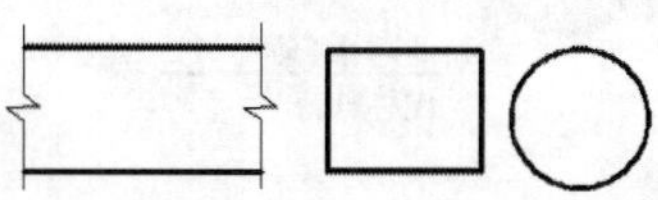
	4	砖筑风、烟道	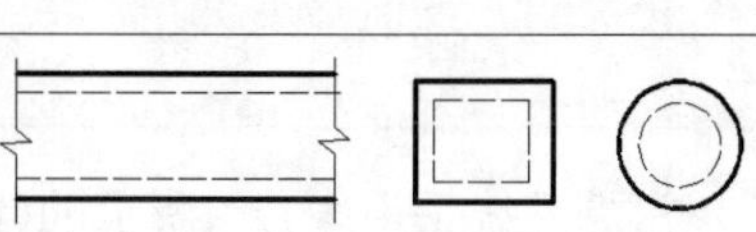

（续表）

类　别	序　号	名　称	图　例
三通	5	矩形三通	
	6	圆形三通	
弯头	7	普通弯头	
	8	带导流片的矩形弯头	

12.2.2　风管代号及系统代号

根据风管的用途不同，空调工程图中风管采用表12-3所列的代号来区分标注。

表 12-3　风管代号

代　号	风管名称	代　号	风管名称
K	空调风管	HF	回风管（一、二次回风管附加 1、2 区别）
SF	送风管	PF	排风管
XF	新风管	PY	消防排烟风管或排风、排烟兼用管道

对于建筑设备工程中同时有采暖、通风和空调等两个以上的系统时，应对相同系统采用阿拉伯数字进行编号，编号宜标注在系统的总管处，如图12-2所示。当一个系统出现分支时，可以采用图12-2（a）所示的标注方式。

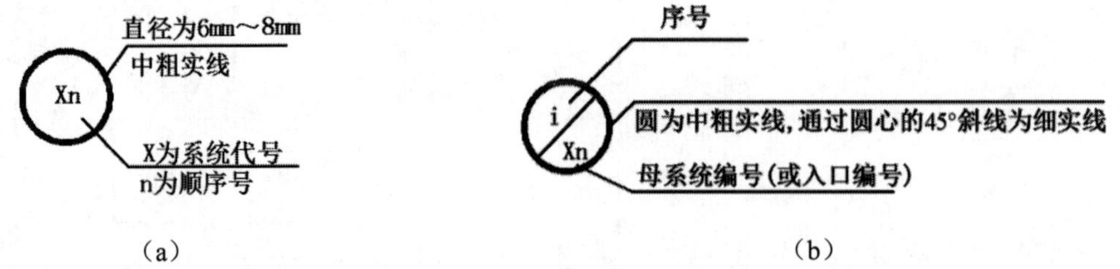

图 12-2　系统的编号

常见系统采用表12-4所示的代号表示，表中没有涉及的代号，可以取系统汉语名称的拼音首个字母，如与表中已有的代号重复，可以继续选取第2个和第3个字母，最多不超过3个字母，采用非汉语名称标注系统代号时，须明确标明对应的汉语名称。

表 12-4　暖通空调系统编号

代　　号	系统名称	代　　号	系统名称	代　　号	系统名称	代　　号	系统名称
N	采暖系统	XP	新风换气系统	X	新风系统	PY	排烟系统
L	制冷系统	J	净化系统	H	回风系统	P（Y）	排风兼排烟系统
R	热力系统	C	除尘系统	P	排风系统	PS	人防送风系统
K	空调系统	S	送风系统	JY	加压送风系统	RP	人防排风系统

而对于竖向布置的垂直管道系统，应标注立管号，如图12-3所示。在不致引起误解的情况下，可以只标注序号，但应与建筑轴线编号有明显的区别。

图 12-3　立管号的编号

12.2.3　风管尺寸与标高标注

圆形风管的截面定型尺寸应该以直径符号“ϕ ”后加毫米为单位的数值来表示，以板材制作的圆形风管均指内径。

矩形风管（风道）的截面定型尺寸应以“A×B”表示，A为该视图投影面的边长尺寸，B为另一边长尺寸。在空调通风工程平面图中，常以B表示风管高度，A、B单位均为毫米。风管尺寸标注应该就近标注，一般水平风管标注在风管上方，竖向风管标注在左方，双线风管根据具体的情况标注在风管轮廓线内或轮廓线外。

圆形风管所注标高未予说明时，表示管中心标高；矩形风管未予说明时，表示管低标高。

单线风管标高的尖端可以直接指向被标注的风管线上，对于轴测图单线风管的标高还可以采用标高尖端指向单线风管的延长引出线。当平面图中要求标注风管标高时，标高标注可以在风管截面尺寸标注后的括号内，如“ϕ500（+4.00）”“800×400（+4.00）”。

当没有特殊说明时，习惯以建筑的底层表示标高基准，标准层较多时可以只标注以本层楼（地）板为基准的相对标高，如B+3.00，表示相对于本层楼（地）板标高为3.00m。当建筑群各建筑底层、室外地坪标高不同时，以FL表示本建筑层标高，以GL表示室外地坪标高，标注尺寸前的F和G则分别表示以本层建筑底层和室外地坪为基准的标高。

风管尺寸及标高标注如图12-4所示。

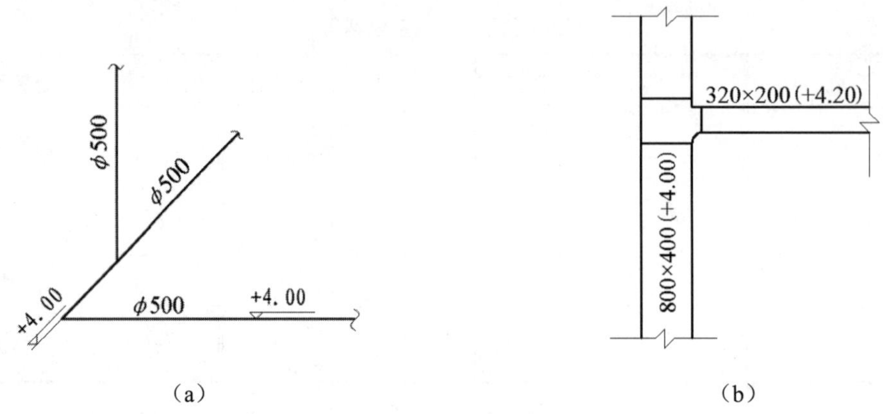

图 12-4　风管尺寸与标高标注的绘制方法

12.3　空调通风工程图组成与图例

空调通风工程图主要包括原理图、平面图、剖面图、轴测图及安装详图。后面章节会详细介绍其中各图的制图基本规则和原理。

12.3.1　暖通空调设备图例

暖通空调设备图例根据《暖通空调制图标准》GB/T 50114-2010的规定，应该按表12-5所示进行绘制。

表 12-5　暖通空调设备图例

序　号	名　称	图　例	附　注
1	轴流风机		
2	离心式管道风机		
3	水泵		左侧为进水，右侧为出水
4	空调机组加热、冷却盘管		从左到右分别为加热、冷却及双功能盘管
5	板式换热器		
6	空气过滤器		左为粗效，中为中效，右为高效
7	电加热器		
8	加湿器		
9	挡水板		

（续表）

序　　号	名　　称	图　　例	附　　注
10	窗式空调器	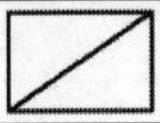	
11	分体空调器		
12	风机盘管	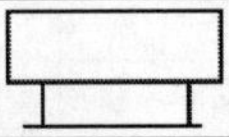	可标注型号：如 FP-5
13	减震器	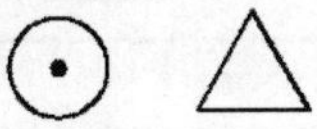	左为平面图绘制方法，右为剖面图绘制方法

12.3.2 空调风道、阀门和附件图例

空调通风工程风道、阀门及附件图例根据《暖通空调制图标准》GB/T 50114-2010的规定，应按　表12-6所示进行绘制。

表 12-6　空调通风工程风道、阀门及附件图例

序　　号	名　　称	图　　例	附　　注
1	消声弯头	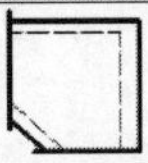	
2	插板阀	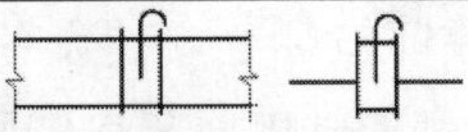	
3	天圆地方	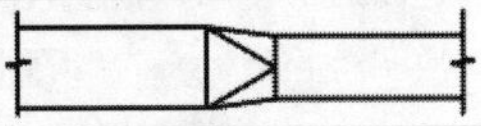	左接矩形风管，右接圆形风管
4	蝶阀	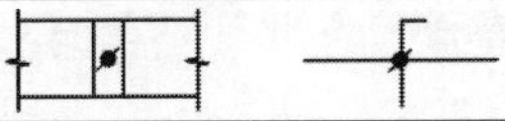	
5	对开多叶调节阀	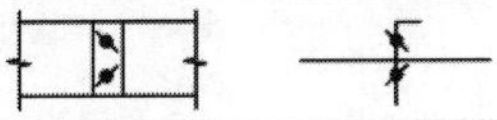	左为手动，右为电动
6	止回风阀	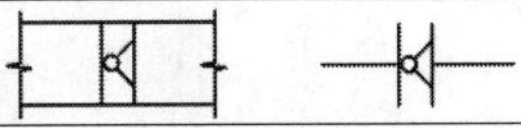	
7	三通调节阀	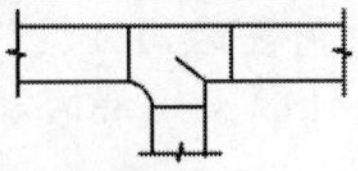	
8	防烟、防火阀	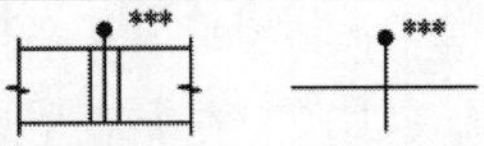 ***	***表示防烟、防火阀名称代号
9	风管软接头	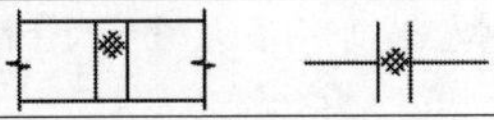	
10	软风管	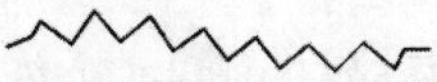	
11	方形风口	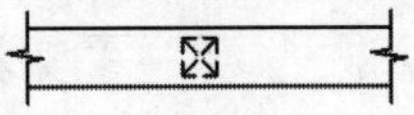	
12	条缝形风口	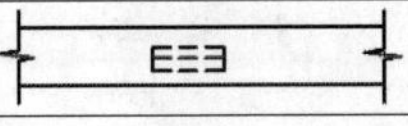	
13	矩形风口	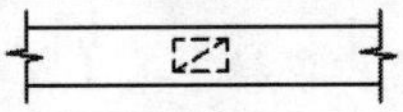	
14	圆形风口	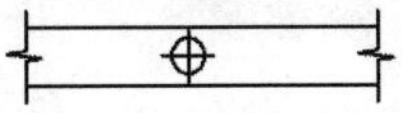	

（续表）

序　号	名　称	图　例	附　注
15	气流方向		左为通用表示法，中表示送风，右表示回风
16	防雨百叶		
17	检修门	J　J	

12.4　空调通风系统制图基本方法

空调通风系统，无论是风管系统还是水管系统，一般都以环路的形式出现。对于一定来源的管路，一般可以按一定的方向，通过干管、支管及相连的具体设备，多数情况下又将回到来源处，制图时也按照顺流或逆流方向进行。空调通风系统中的主要设备，如冷热源、空调箱、冷却塔等，应根据机房的实际布置要求，提供相应的设备布置图。在暖通工程中，为了表达得更清楚，空调通风施工图中除了大量的平面图、立面图之外，还包括剖面图、轴测图和原理图等。

空调通风系统中的设备、风管、水管及许多配件的安装，都需要有土建的建筑结构图配合支持。因此，在绘制或是阅读施工图样时，应配合土建图样理解，如果设计与土建图矛盾，应该及时与土建单位协商解决，保证按标准安装设备。另外，在空调通风工程中，设备、风管和水管的配件常常需要配置一定的强电或弱电供应，即需要与建筑电气密切配合；水系统的补水、排水等问题也需要与建筑给排水协调。因此，一个完整的空调通风工程必须与建筑、土建、电气、给排水、自控等各个专业和谐配合，才能充分发挥其作用。

12.4.1　空调通风工程图规定

根据《暖通空调制图标准》和行业习惯，空调通风工程制图一般有以下规定：

- 空调通风工程从最初的设计到竣工一般需要经历方案设计、初步设计、施工图设计和竣工图4个甚至4个以上的阶段，各个阶段的设计图都应该满足工程各阶段相应的设计深度。
- 空调通风工程设计图样应根据各阶段工程图性质独立编号。
- 一张图幅内绘制平面、剖面等多种图样时，应按平面图、剖面图、安装详图，从上到下，从左到右的顺序排列；当一张图幅绘制有多层平面图时，应按建筑层次由低至高，由下到上顺序排列。
- 图样中的设备或部件不便用文字标注时，可以进行编号。图样中只注明编号，其名称宜以“注：”“附注：”或“说明：”表示。如果还需要表示其型号、规格、性能等内容时，宜用“明细栏”表示，一般放于图样标题栏之上，与图样中标题栏同宽，高度可以根据图样的大小确定。
- 初步设计和施工图设计的设备应该至少包括序号（或编号）、设备名称、技术要求、数量和备注栏等；材料表至少应该包括序号（或编号）、材料名称、规格（或物理性能）、数量、单位、备注栏等。

12.4.2 图样目录与设计施工说明

图样目录是为了便于对图样管理和对整个工程概貌进行了解而制作的，因此，空调通风工程与其他工程一样，要求必须提供所有图样的目录清单。目录的形式有多种，无论哪种形式，目录所提供的图样清单应该能充分反映这个阶段整个工程的全貌。各图样应该有相应的序号、图号区分，以方便以后查阅，同时还应该包含这一工程所处的阶段、专业、工程名称、项目名称、设计单位和设计日期等内容，后者也是所有后续图样中应该包含的内容。

在暖通空调中，常采用“风施”表示通风工程；“暖施”表示采暖工程；而用“风施”“暖施”来表示冬夏季全年空调的工程。对于扩建的工程设计阶段的工程图，相应的图经常表示为“风初”“暖初”。为了便于审批、施工、验收和监理等方面技术人员理解设计思想和阅图，一般空调通风工程图应按下列顺序进行排列：设计与施工说明、设备与主要材料表、冷热源机房热力系统原理图、空调系统原理图、空调系统风管水管平面图、风管水管剖面图、风管水管轴测图、冷热源机房平面与剖面图、冷热源机房水系统轴测图和详图等。每个项目的图样可能有所增减，但仍会按上述顺序排列。当设计较简单且图样内容较少时，可以将上述某些图合并绘制。如表12-7所示为一个图样目录的实例。

表 12-7 图样目录

<table>
<tr><th colspan="6">图样目录</th></tr>
<tr><td colspan="3">设计阶段：施工图</td><td colspan="3">专业：暖通　共 1 页第 1 页</td></tr>
<tr><td rowspan="4">××××
设计院</td><td>工程名称</td><td></td><td>工程代号</td><td colspan="2"></td></tr>
<tr><td>项目名称</td><td></td><td>项目代号</td><td colspan="2"></td></tr>
<tr><td>专业负责人</td><td></td><td>日　期</td><td colspan="2"></td></tr>
<tr><td>填表人</td><td></td><td>日　期</td><td colspan="2"></td></tr>
<tr><td>序号</td><td>图别图号</td><td>修改版次</td><td>图名</td><td>图幅</td><td>备注</td></tr>
<tr><td>1</td><td>暖施-1</td><td></td><td>设计说明</td><td>A4</td><td></td></tr>
<tr><td>2</td><td>暖施-2</td><td></td><td>设备及材料表</td><td>A4</td><td></td></tr>
<tr><td>3</td><td>暖施-3</td><td></td><td>一层空调平面图</td><td>A2</td><td>图 A-1</td></tr>
<tr><td>4</td><td>暖施-4</td><td></td><td>二~五层空调平面图</td><td>A2</td><td>图 A-2</td></tr>
<tr><td>5</td><td>暖施-5</td><td></td><td>Ⅰ、Ⅱ、Ⅲ、Ⅳ剖面图</td><td>A2</td><td>图 A-3</td></tr>
<tr><td>6</td><td>暖施-6</td><td></td><td>空调水系统轴测图</td><td>A2</td><td>图 A-4</td></tr>
<tr><td>7</td><td>暖施-7</td><td></td><td>空调风系统轴测图</td><td>A2</td><td>图 A-5</td></tr>
<tr><td>8</td><td>暖施-8</td><td></td><td>冷热源水系统原理图</td><td>A2</td><td>图 A-6</td></tr>
<tr><td>9</td><td>暖施-9</td><td></td><td>冷热源机房平面图</td><td>A2</td><td>图 A-7</td></tr>
<tr><td>10</td><td>暖施-10</td><td></td><td>冷热源水系统轴测图</td><td>A</td><td>图 A-8</td></tr>
<tr><td>11</td><td>暖施-11</td><td></td><td>冷热源机房剖面图</td><td>A3</td><td>图 A-9</td></tr>
<tr><td>12</td><td>暖施-12</td><td></td><td>分集水缸加工示意图</td><td>A3</td><td>图 A-9</td></tr>
</table>

设计施工说明一般作为整套设计图样的首页，简单项目可以不做首页，其内容可以与平面图等合并。在扩充设计中，一般提供设计说明，而施工图、竣工图中要提供设计施工说明。

1．设计说明

空调通风工程设计说明是为了帮助工程设计、审图和项目审批等技术人员了解本项目的设计依据、引用规范与标准、设计目的、设计思想、设计主要数据与技术指标等主要内容。设计说明一般包含下列内容：

- 设计依据：整个设计引用的各种标准规范、设计任务书、主管单位的审查意见等。
- 建筑概况：需要进行的空调通风工程范围简述（含建筑与房间）。
- 室外设计参数：说明空调通风工程实施对象需要实现的室内环境参数（如室内冬夏季空调通风温度及控制精度范围，新风量、换气数量，室内风速、含尘浓度或洁净度要求、噪声级别等）。
- 室内计算参数：说明空调通风工程项目的气象条件（如室内冬夏季空气调节、通风的计算湿度及温度、室外风速等）。
- 空调设计说明：说明空调房间名称、性质及其产生热、湿、有害物的情况；空调系统的划分与数量；各系统的送、回、排、新风量，系统总热量、总冷量和总耗电量等系统的综合技术参数；室内气流组织方式（送回风方式）；空气处理设备（空调机房主要设备）；空调系统所需的冷热源设备（冷冻机房主要设备、锅炉房主要设备等）容量、规格和型号；如果冷热源设备比较庞大，则需要另列小节叙述；系统全年运行调节方式；系统消声减振等措施、管道保温处理措施以及自控方案等与外专业相关部分的阐述。
- 通风设计说明：通风系统的数量、性质及用途等；通风、净化、除尘与排气净化的方案等措施；各系统送排风量，主要通风设备容量、规格型号等；其他（如防火、防爆、防震和消声等）特殊措施；与外专业相关部分（如自控等方案）的阐述等。

2．施工说明

施工中应该注意的、施工图中表达不清楚的内容都需要在施工说明中说明。在施工说明中的各条款是工程施工中必须执行的措施依据，有一定的法律依据。凡是施工说明中未提及，施工中未执行，且其结果又引起施工质量等不良后果的，或者按施工说明执行且无其他因素引起的不良后果，设计方需承担一定责任，因此施工说明各条款的内容非常重要。

施工说明一般有以下几项内容：

- 需要遵循的施工验收规范。
- 各风管材料和规格要求，风管、弯头、三通等制作要求。
- 各风管连接方式、支吊架、附件等安装要求。
- 各风管、水管、设备和支吊架等的除锈、油漆等的要求和做法。
- 各风管、水管和设备等保温材料与规格、保温施工方法。
- 机房各设备安装注意事项、设备减振做法等。
- 系统试压、漏风量测定、系统调试和试运行注意事项。
- 对于安装于室外的设备，需说明防雨、防冻和保温等措施及做法。

对于有经验的施工单位，上述条款也可以简化，但是相应的施工要求与做法应该指出需要遵循的国家标准或规范条款等。

12.4.3 空调通风工程原理图

能够充分反映系统的工作原理以及工作介质的流程，表达设计者的设计思想和设计方案的图样称为原理图或流程图。在绘制中，原理图不按投影规则和比例绘制。图中的风管和水管一般用粗实线单线绘制，设备轮廓用中粗线绘制。原理图可以不受物体实际空间位置的约束，根据系统流程表达的需要来规划图面的布局，使图面线条简洁，系统的流程清晰。如果条件允许，绘图时应该尽量使物体的实际空间位置大体方位相一致。对于垂直式系统，一般按楼层或实际物体的标高从上到下的顺序来组织图面的布局。

空调系统图一般有以下几项内容：

- 应该注明系统中所有设备及相连的管道名称，可用符号或编号表示，各空气状态参数（如温湿度等）应该根据实际情况及具体要求标注。
- 绘出并标注各空调房间的编号，设计参数如冬夏季湿度、房间静压和洁净度等，可以在相应的风管附近标注系统和各房间的送风、回风、新风与排风量等参数。
- 绘出并标注系统中的空气处理设备，有时需要绘出空调机组内各处理过程所需的功能段，技术参数应该根据实际情况及具体要求标注。
- 绘出冷热源机房冷冻水、冷却水、蒸汽和热水等循环系统的流程，其中包括全部设备和管道、系统的配件和仪表等。绘制时应根据相应的设备标注主要技术参数，如水温、冷量等。
- 标注出压力、温度、湿度和流量等测试元件与调节元件之间的关系及相对位置。

对于大型的工程，要在一张图上完整且详细地表达全部系统和过程几乎是不可能的，这时就可以绘制多张原理图，各原理图重点表达通风空调工程的一个部分或子项。例如，可以将冷热源机房的原理图与输配系统的原理图分开绘制；将水系统与风系统原理图分开绘制，水系统有时细分为热水系统和冷水系统，风系统有时又分为循环风系统、排风系统和防排烟系统。在工程实践中，应用较多的是水系统原理图、冷热源机房热力系统原理图和不含冷热源的空调系统原理图。冷热源机房的绘制将在13.1.5节中介绍。

如图12-5所示为某办公辅助区空调系统原理图，图中表达了一个空调系统，该空调系统包括空调机组、水管道、送风回风管、排风管道与设备、空调对象等，图中不包括冷热源。各房间均标有室内温湿度参数，为了达到室内设计参数，图中通过空气处理设备的布置顺序、空气处理方式、室内气流组织形式、排风方式、各风管风量、温度控制方式等内容说明了该空调系统的工作原理。

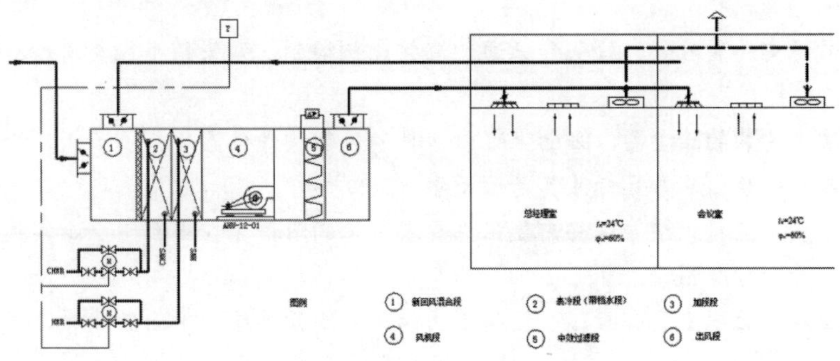

图 12-5　某办公辅助区空调系统原理图

12.4.4 空调通风工程平面图绘制规定

各个设备、风管、风口和水管等安装的平面位置与建筑平面之间的相互关系，必须在平面图中反映出来。根据相关的标准，空调通风工程平面的绘制有如下规定。

- 平面图一般在建筑专业提供的建筑平面图上采用正投影法绘制，所绘制的系统平面图应该包括所有安装需要的平面定位尺寸。
- 绘制时应该保留原有建筑图的外形尺寸、建筑定位轴线编号和房间、工段等区域的名称。
- 绘制平面图时，有关工艺设备要绘制出其外轮廓线、非本专业的图，如门、窗、梁、柱和平台等的建筑构配件及工艺设备，这些应用细实线表示。
- 若车间仅仅一部分或几层平面与本专业有关，可以仅绘制有关部分与层数，并绘制出切断线。而对于比较复杂的建筑，应该在局部区域绘制，如车间，应该在所绘部分的图面上标出该部分在车间总体中的位置。
- 平面图中表示剖面位置的剖面线应该在平面图中有所表示，剖视线应尽量少拐弯，指北针应该绘在首层平面上。
- 管道和设备布置平面图应该按假想除去上层板后俯视规则绘制，否则应在相应的垂直剖面图中表示平剖面的剖切符号。
- 空调通风工程平面图按其系统特点一般包括风管系统平面图（根据系统的复杂程度有时可以分为风口布置平面图和风管布置平面图）、水管布置平面图、空调机房平面图和冷冻机房平面图等。有时风管与水管也可以绘制在同一个平面图上。

12.4.5 空调通风工程风管平面布置图的绘制

1. 风管平面布置图绘制原则

空调通风工程风管平面布置图是指风管系统管道的布置。按照行业习惯，一般应该遵循如下原则来绘制。

- 风管按比例采用中粗双线绘制，并且要注明风管与建筑轴线或有关部位之间的定位尺寸。
- 标注风管尺寸时，只要求标注两风管变径的前后尺寸。
- 风管、立管穿楼板或层面时，除了标注布置尺寸及风管尺寸外，还应该标注出所属系统编号及走向。
- 风管：系统中的变径管、弯头和三通均应按比例绘制，弯头的半径与角度有特殊要求时要标出。
- 风管系统上安装的除尘器、平面上可以看见的风管构件位置（如调节阀、检修孔、清扫孔等）均应一一绘出，并且标注其定位尺寸。
- 如屋面上的自然排风帽等这些需要根据要求加工的附件，在平面图上以实线绘制，并且要注明其型号和标准图号。
- 多根风管在平面图上重叠时，应该将上面的风管断开再绘制下面的风管，并且要标注各个风管的系统编号。

- 送风口、回风口、排风口（如散流器）、百叶回风口和排风罩的位置、类型、尺寸及数量应该明确反映，并标注定位尺寸。一般把风口布置图与风管布置图分别绘制，此时风口平面布置图还可以在净化空调验收时，用于确定风口测定方案。

如图12-6所示为某办公大楼餐厅的空调风系统平面图，餐厅采用全空气系统。空调箱设置在餐厅北面的设备间内。窗外新风经过新风过滤箱进入设备间，在设备间中与回风混合后，进入空调箱，经过处理后，由送风机送出，首先经过消声器，然后由送风管送出。送风管在房间的东面、南面和西面沿墙敷设。餐厅采用局部吊顶，将风管隐藏起来。该系统采用侧送方式，送风口安装在送风管的侧面。回风管沿距离设备间较近的北墙敷设，也装在吊顶内，回风口设置在风管下面。回风进入回风管，经过消声器，回到设备间。设备间左面的房间中单独设置了一个风机盘管。为了表达清楚，在A-A、B-B处设有两个剖面。

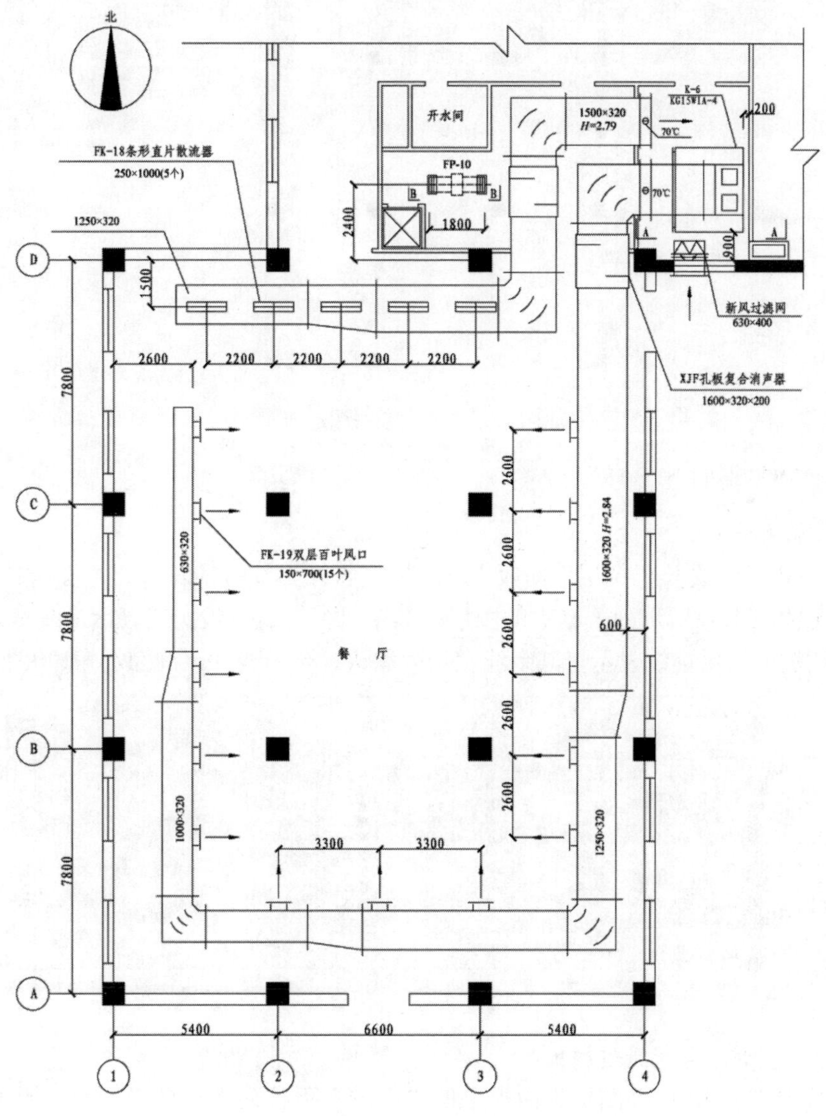

图 12-6　某办公大楼餐厅的空调风系统平面图

2．空调风系统平面图操作实例

【例12-1】 绘制如图12-6所示的某办公大楼餐厅的空调风系统平面图。

在如图12-7所示的基础上绘制空调风系统，采用侧向送风，送风管三面敷设，另一面回风。

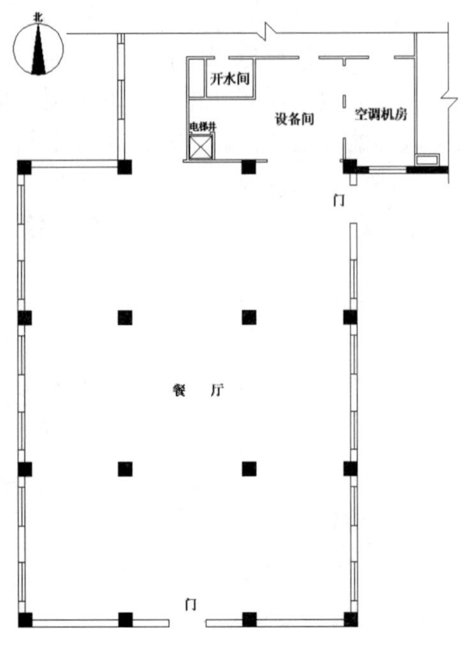

图12-7 某办公大楼餐厅平面图

绘制的具体步骤如下。

（1）设置图层

单击“默认”选项卡|“图层”面板上的“图层特性”按钮，弹出“图层特性管理器”选项板，创建如图12-8所示列表框中的图层。其中风管管线以粗实线表示，线宽为0.5，墙线线宽为0.25，进风口用虚线表示，其余线宽均为默认，全局线性比例因子为100。

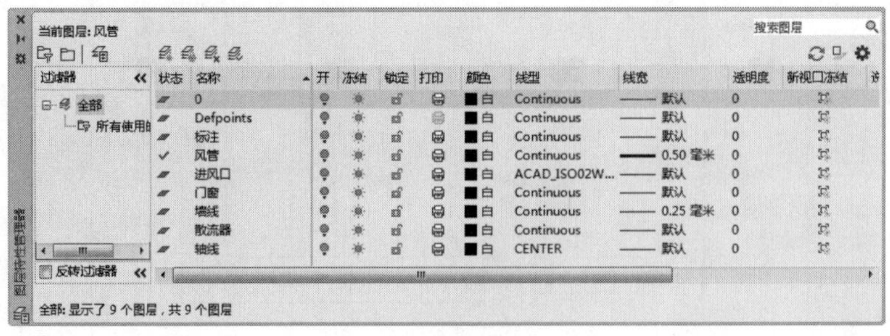

图12-8 设置图层

（2）绘制空调箱和新风过滤网

展开“默认”选项卡|“图层”面板上的“图层”下拉列表，把“风管”层置为当前图层，在平面图的空调机房中绘制空调箱和新风过滤网。

步骤01 绘制空调箱的定位线。单击“默认”选项卡|“绘图”面板|“直线”按钮，命令行提示信息如下：

```
命令: _LINE 指定第一点:                         //对象捕捉图12-9中A点
指定下一点或 [放弃(U)]: @-200,900              //输入相对坐标
指定下一点或 [放弃(U)]:                         //按Enter键完成
```

步骤02 绘制空调箱。单击“默认”选项卡|“绘图”面板上的“矩形”按钮，命令行提示信息如下：

```
命令:_RECTANG
指定第一个角点或 [倒角(C)/标高(E)/圆角(F)/厚度(T)/宽度(W)]:    //对象捕捉B点
指定另一个角点或 [面积(A)/尺寸(D)/旋转(R)]: @-2230,2700        //输入相对坐标得到矩形
```

步骤03 单击“默认”选项卡|“修改”面板上的“删除”按钮，删除定位线。单击“默认”选项卡上的“修改”面板中的“分解”按钮，将矩形分解，然后单击“默认”选项卡|“修改”面板上的“复制”按钮，将分解后最左边的边向左复制100，效果如图12-10所示。

步骤04 单击“默认”选项卡|“绘图”面板|“直线”按钮，命令行提示信息如下：

```
命令:_LINE
指定第一点: 200            //从图中C点出发向上移动光标，在追踪线出现后输入200，得到第一点
指定下一点或 [放弃(U)]:  //向右捕捉矩形左边的垂足，得到连接线
指定下一点或 [放弃(U)]:  //按Enter键完成
```

步骤05 单击“默认”选项卡|“修改”面板上的“镜像”按钮，以C点所在的直线和矩形左边的中点为镜像线上的点，配合“对象捕捉”和“极轴追踪”功能将刚才绘制的连接线镜像，效果如图12-11所示。

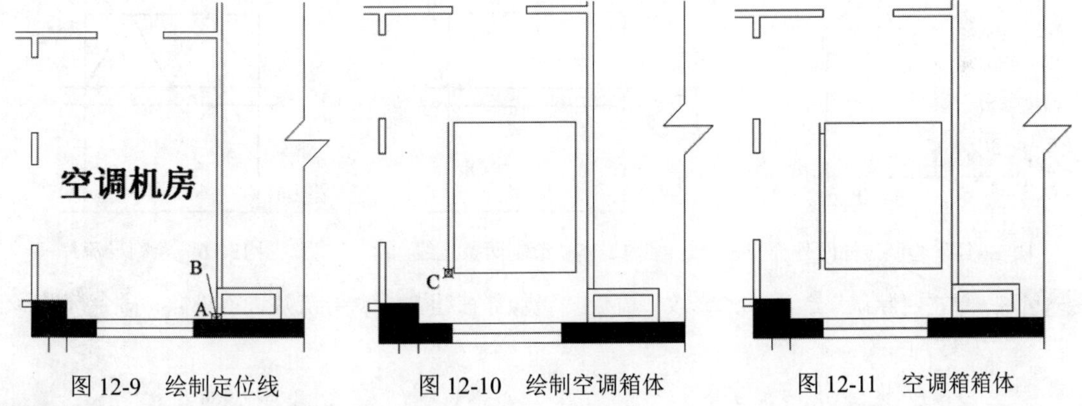

图12-9 绘制定位线　　图12-10 绘制空调箱体　　图12-11 空调箱箱体

步骤06 按照如图12-12所示的尺寸绘制进风口和出风管，其中出风管引出至如图12-13所示的墙洞。

（3）绘制新风过滤网

步骤01 首先单击“默认”选项卡|“绘图”面板|“直线”按钮，绘制如图12-14所示的图形，然后单击“默认”选项卡|“修改”面板上的“复制”按钮，将最下面的直线分别向上复制600和700，得到两条直线，如图12-15所示。

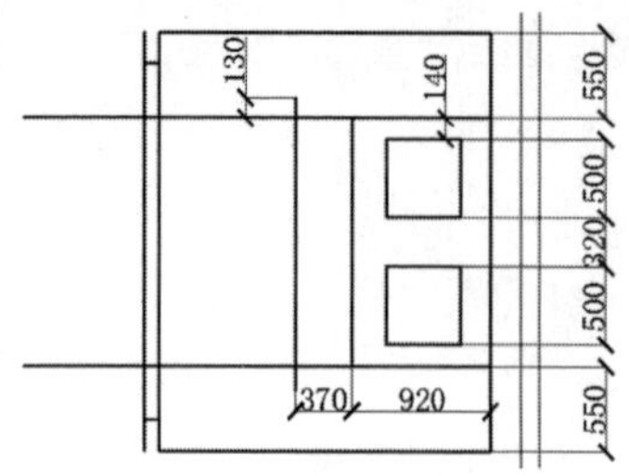

图 12-12　绘制进风口与出风管

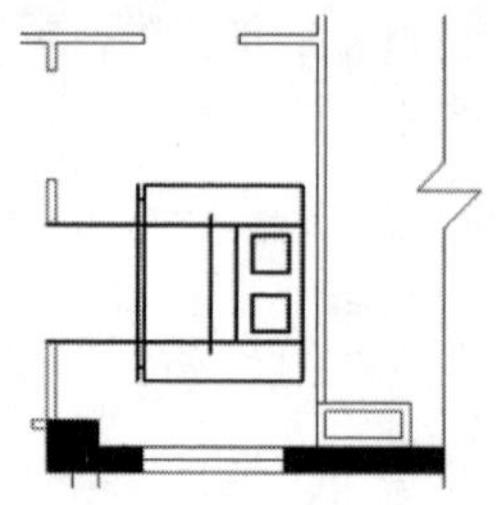

图 12-13　空调箱绘制完成

步骤 02 单击"默认"选项卡|"绘图"面板|"多段线"按钮，配合坐标输入和"对象捕捉"功能绘制导流片。命令行提示信息如下：

```
命令：_PLINE指定起点：                                    //选择点D作为多段线起点
当前线宽为 0.5000
指定下一个点或 [圆弧(A)/半宽(H)/长度(L)/放弃(U)/宽度(W)]：@500<55    //得到一条线段
指定下一点或 [圆弧(A)/闭合(C)/半宽(H)/长度(L)/放弃(U)/宽度(W)]：  //对象捕捉D点所在直线中点
指定下一点或 [圆弧(A)/闭合(C)/半宽(H)/长度(L)/放弃(U)/宽度(W)]：@469<61    //得到第三条线段
指定下一点或 [圆弧(A)/闭合(C)/半宽(H)/长度(L)/放弃(U)/宽度(W)]：      //对象捕捉E点
指定下一点或 [圆弧(A)/闭合(C)/半宽(H)/长度(L)/放弃(U)/宽度(W)]：      //按Enter键完成，效果如图12-16所示
```

步骤 03 单击"默认"选项卡|"绘图"面板上的"圆"按钮，以距 F 点向右 270 位置为圆心，绘制半径为 20 的圆，并利用 SOLID 命令将圆内填充为实心。单击"默认"选项卡|"绘图"面板|"直线"按钮，绘制一条以圆心为中点的倾斜线段，倾斜角度为 45°，线段长度为 160，完成后效果如图 12-16 所示。

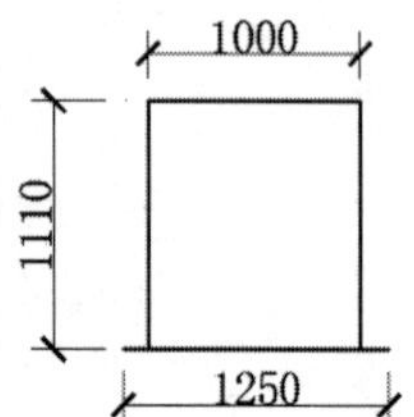

图 12-14　绘制过滤网外壳

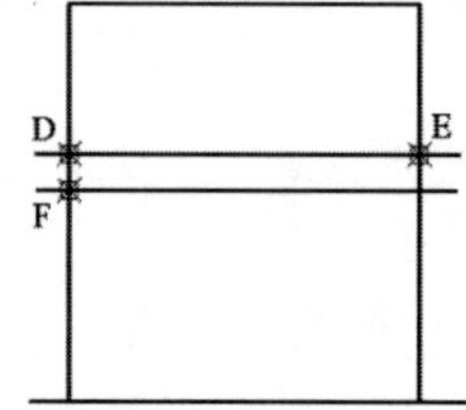

图 12-15　绘制两条直线

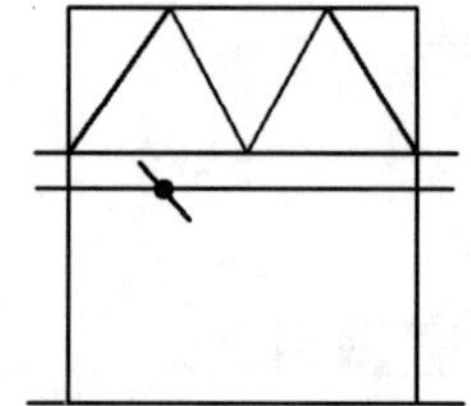

图 12-16　绘制导流片

步骤 04 单击"默认"选项卡|"修改"面板|"镜像"按钮，对导流片进行镜像。命令行提示信息如下：

```
命令：_MIRROR 找到 3 个                    //选择实心圆和线段为镜像对象
指定镜像线的第一点：指定镜像线的第二点：      //分别以F和D点所在线段上的中点为镜像线的第一和第二点
要删除源对象吗？[是(Y)/否(N)] <N>：   //按Enter键结束命令，完成镜像，效果如图12-17所示
```

步骤 05 将图 12-17 中的图形保存为块。单击"默认"选项卡|"块"面板上的"创建"按钮，弹出如图 12-18 所示的"块定义"对话框，输入块名称，设置插入点为点 G，即 F 点向下 100 处。将图块插入点 H 处，完成后效果如图 12-19 所示。

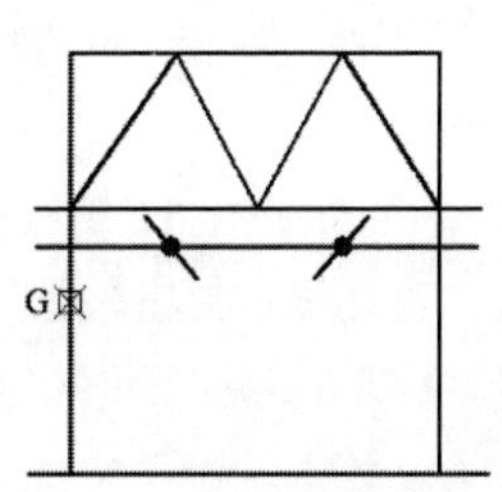

图 12-17　镜像导流片

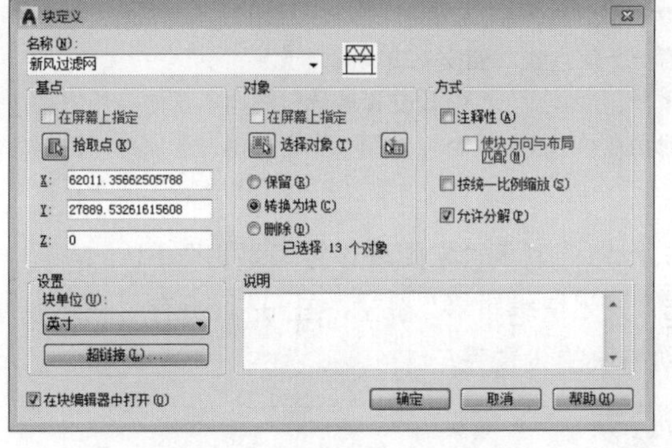

图 12-18　“块定义”对话框

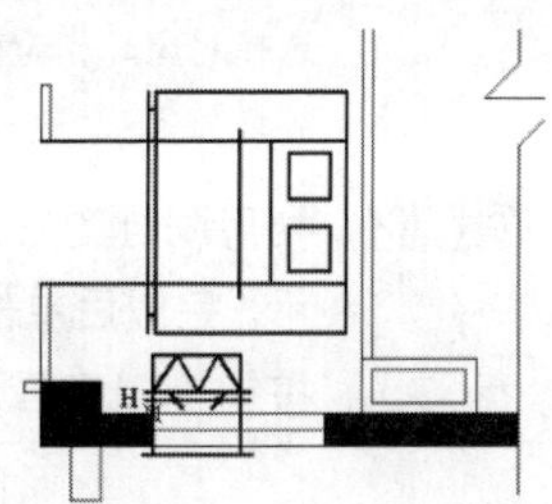

图 12-19　插入新风过滤网

（4）将图例创建为块

利用同样的方法，将本图中用到的其他图例创建为块，需要创建的块包括导流弯管、消声管、变径管、70℃常开防火阀、百叶风口等。部分图块的绘制方法如下。

① 空调管道消声器图块的绘制

绘制空调管道消声管（尺寸见图12-20）并定义为块，插入点为I点，两条长度为50的短线用于调整消声器图块的大小以适应管道。

步骤 01 单击“默认”选项卡|“块”面板上的“块编辑器”按钮，在弹出的“编辑块定义”对话框中选择刚才创建的“消声管”图块，如图 12-21 所示。单击“确定”按钮进入块编辑模式。

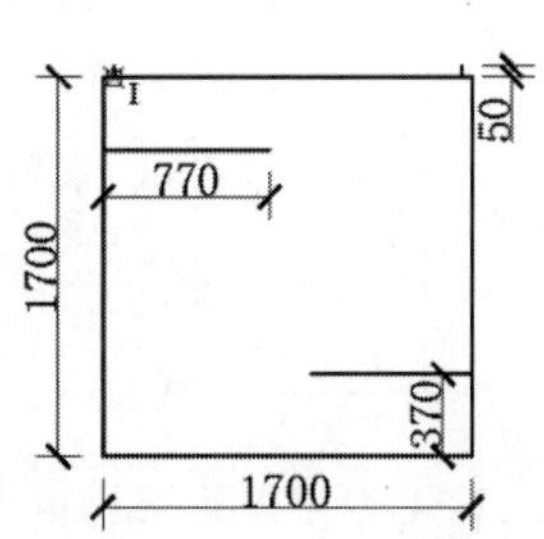

图 12-20　管道消声器

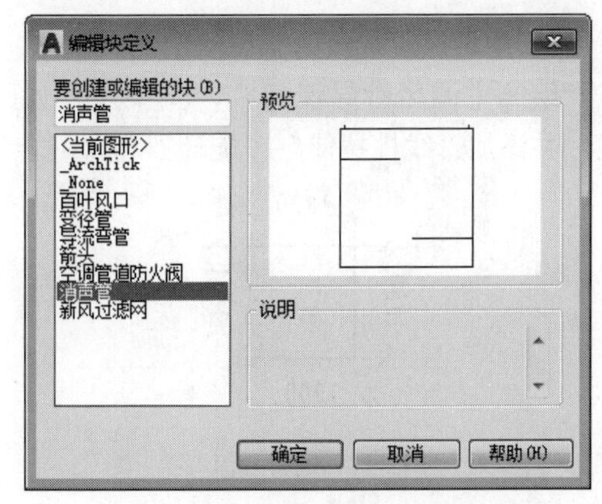

图 12-21 “编辑块定义”对话框

步骤 02 在块编写对话框中选择“参数集”选项卡，选择“线性拉伸”命令，命令行提示信息如下：

```
命令: _BPARAMETER
指定起点或 [名称(N)/标签(L)/链(C)/说明(D)/基点(B)/对话框(P)/值集(V)]:  //指定消声器
左上角点
指定端点:                                                //指定消声器右上角点
指定标签位置:                                            //适当位置处放置标签
```

步骤 03 双击标签上面的叹号，命令行提示信息如下：

```
命令: _.BACTIONSET
指定拉伸框架的第一个角点或 [圈交(CP)]:
指定对角点:                    //窗交模式选定图中所示的拉伸框架，即外侧框指定要拉伸的对象
选择对象: 指定对角点: 找到 7 个          //窗交模式选定拉伸框架内的所有对象
选择对象:                            //按Enter键完成对其拉伸动作的设置
```

步骤 04 利用同样的方法，为“消声管”图块设置“翻转”和“旋转”动作，效果如图 12-22 所示。完成后单击“关闭块编辑器”按钮，在“是否保存并更新块编辑”对话框中单击“是”按钮，消声器动态块的设置完毕。

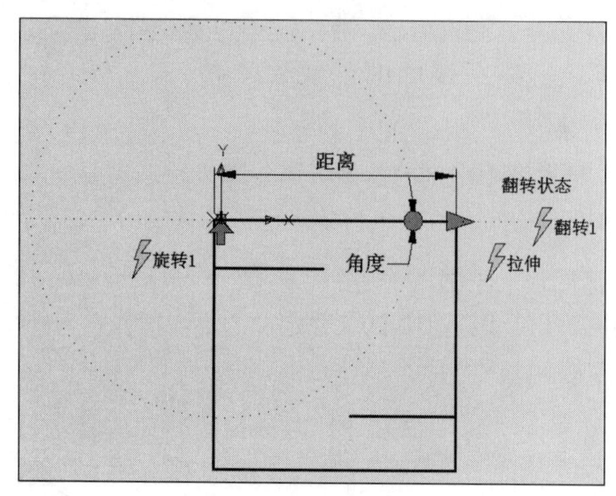

图 12-22 消声器动态块动作设置

② 空调风管导流弯头图块的绘制

绘制空调风管导流弯头，主要尺寸如图12-23所示。完成后创建为块，插入点指定为J点，并添加“线性拉伸”“旋转”和“翻转”动作，方法同上，完成后效果如图12-24所示。

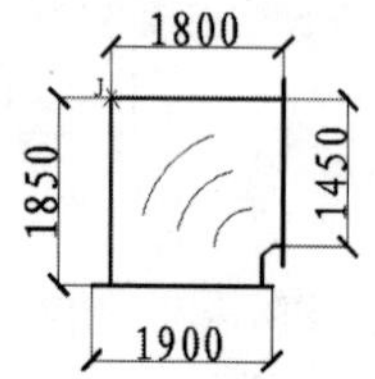

图 12-23 风管导流弯头

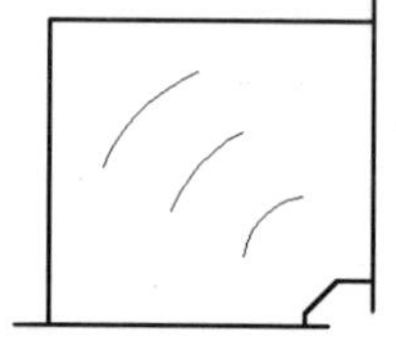

图 12-24 导流弯头绘制效果

③ 百叶风口图块的绘制

百叶风口的绘制尺寸如图12-25所示，插入点为K点，将其创建为“百叶风口”图块，并添加“线性拉伸”“旋转”和“翻转”动作，方法同上，完成后效果如图12-26所示。

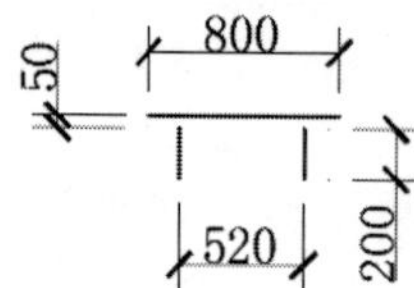

图 12-25 百叶风口绘制尺寸

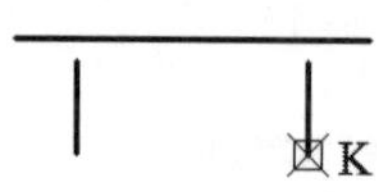

图 12-26 百叶风口绘制效果

④ 变径管与70℃常开防火阀图块的绘制

变径管与70℃常开防火阀的绘制可参照第8章的绘制方法。

（5）绘制送风管

步骤01 展开“默认”选项卡|“图层”面板上的“图层”下拉列表，将图层切换到“风管”图层，选择“插入”|“块”命令，在如图 12-27 所示的风管出口处分别插入 70℃常开防火阀和导流弯管动态块。

步骤02 单击“默认”选项卡|“绘图”面板|“直线”按钮╱，分别从点 L 和点 M 向下绘制两段长度为 300 的线段，在 N 点处插入消声管动态块并调整图块大小适应管道宽度，完成后效果如图 12-28 所示。

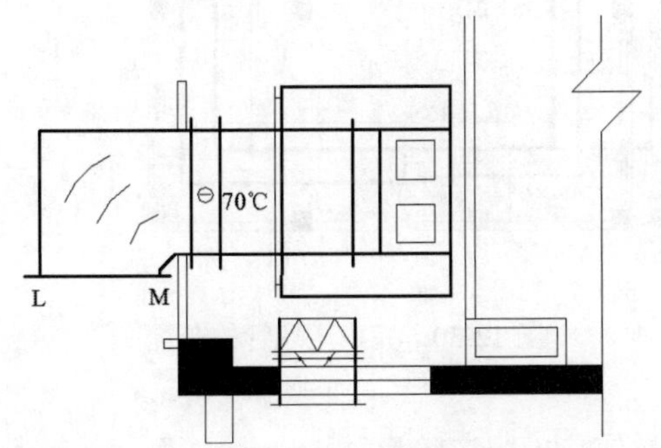

图 12-27　插入 70℃常开防火阀和导流弯管动态块

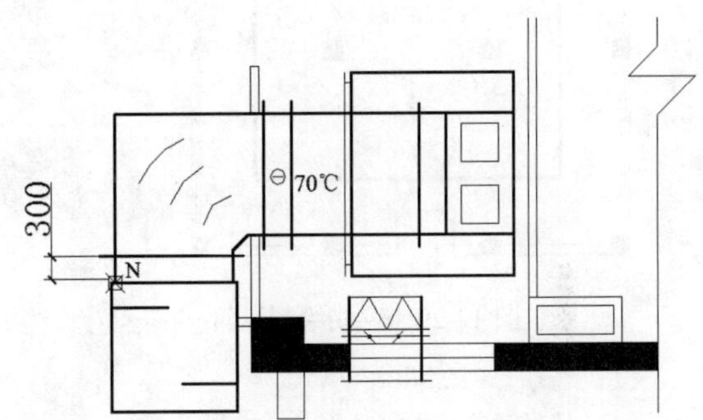

图 12-28　插入消声管动态块

步骤03 继续绘制管道，单击“默认”选项卡|“绘图”面板|“直线”按钮╱，命令行提示信息如下：

```
命令: _LINE
指定第一点:                                  //以N点正下对应位置处作为管道起点
指定下一点或 [放弃(U)]:@0,-20000
指定下一点或 [放弃(U)]:@-12600,0
指定下一点或 [闭合(C)/放弃(U)]:@0,16000
指定下一点或 [闭合(C)/放弃(U)]:@-630,0
指定下一点或 [闭合(C)/放弃(U)]:@0,-7750
指定下一点或 [闭合(C)/放弃(U)]:              //按Enter键完成，效果如图12-29所示
```

步骤04 单击“默认”选项卡|“绘图”面板|“直线”按钮╱，继续绘制风管，并在适当的位置插入变径管以改变管径，插入位置和风管尺寸如图 12-30 所示。

步骤05 在命令行中输入 INSERT 或 I 后并按 Enter 键，执行“插入块”命令，在管道下方的两个拐弯处插入导流弯管，即可完成送风管主管道的布置。

步骤06 单击“默认”选项卡|“块”面板上的“插入块”按钮，插入百叶风口，在适当的位置插入百叶风口图块，具体插入尺寸与位置如图 12-31 所示。在每个风口中心向上 100 处绘制箭头，表示送风方向。用户可自行调整箭头大小，尺寸不作具体要求，表明风向即可。

步骤07 左侧风管上的风口可由右侧风口镜像得到，单击“默认”选项卡|“修改”面板|“镜像”按钮⚠，命令行提示信息如下：

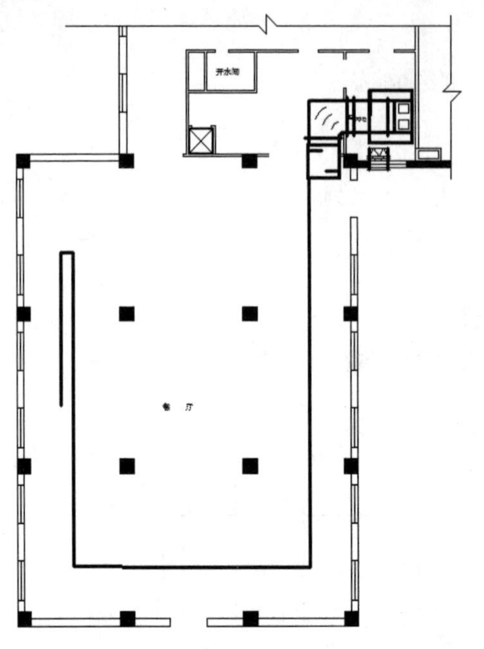

图 12-29　直线绘制风管

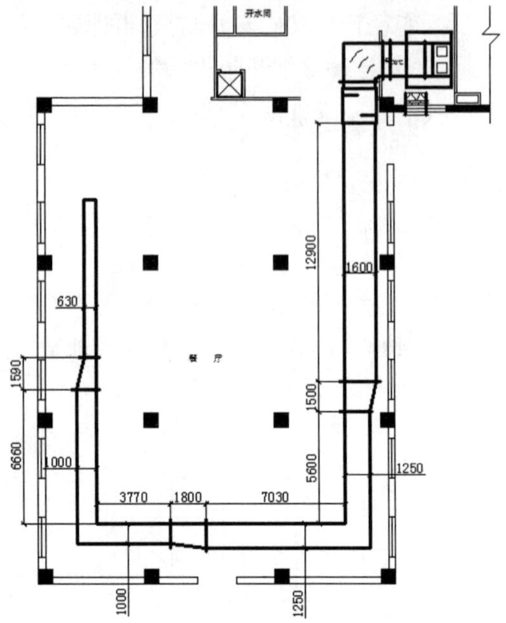

图 12-30　完成送风管的布置

```
命令：_MIRROR
选择对象：指定对角点：找到 24 个        //选择右侧的6个风口和箭头
选择对象：                            //按Enter键完成对象选择
指定镜像线的第一点：
指定镜像线的第二点：   //对象捕捉下侧风管的中点和其垂直正交线上任意一点，完成镜像线的确定
要删除源对象吗？[是(Y)/否(N)] <N>：   //按Enter键完成镜像，完成后效果如图12-32所示
```

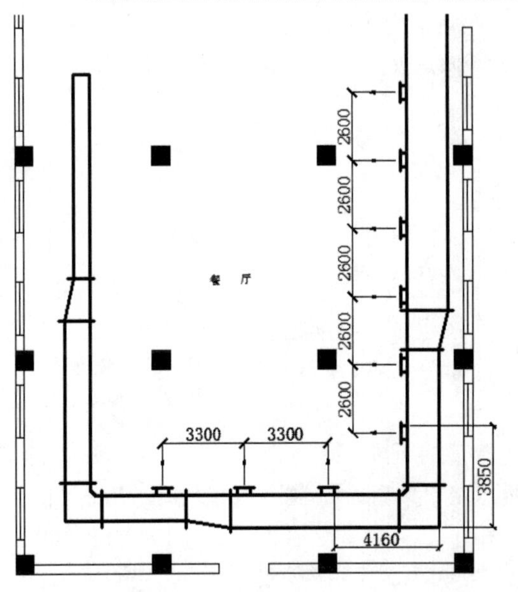

图 12-31　风管上插入送风口

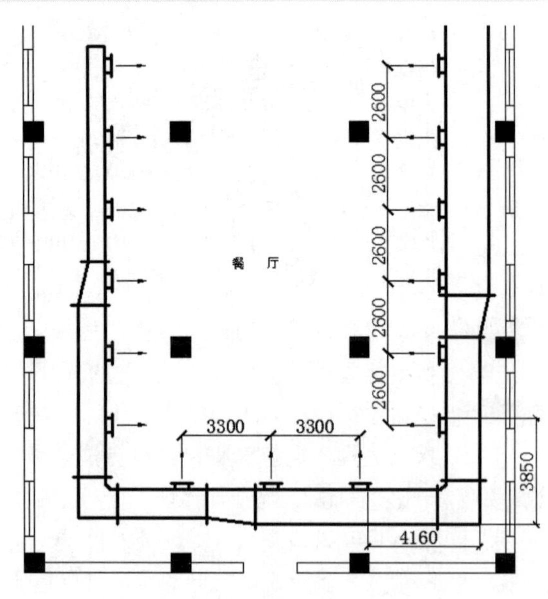

图 12-32　镜像得到另一侧风口

至此，送风管绘制完成。

（6）绘制风系统管道及风口

步骤 01 回风管具体尺寸如图 12-33 所示，需要在图中相应的位置插入变径管、导流弯管、消声器和 70℃常开防火阀动态块，并调整大小以适应管道。从图 12-33 中可以看到回风管终点为空调机房，经 1 段变径管、2 个导流弯头和 1 个孔板复合消声器进入空调机房，空调机房入口处设 70℃常开防火阀。

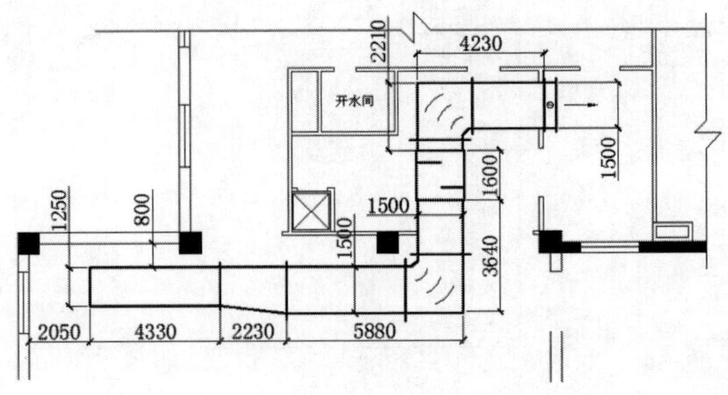

图 12-33　绘制回风管

步骤 02 绘制进风口。切换到“进风口”图层，在如图 12-34 所示的位置绘制进风口，进风口尺寸如图 12-35 所示。

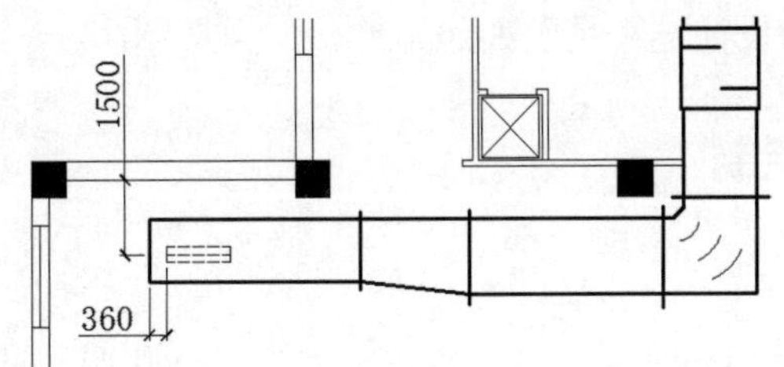

图 12-34　绘制进风口

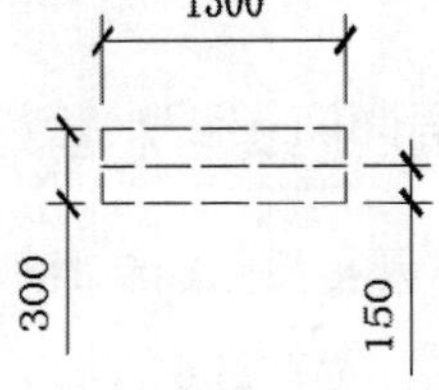

图 12-35　进风口

步骤 03 选择该进风口，单击“默认”选项卡|“修改”面板|“矩形阵列”按钮，设置偏移的列数为 5，列偏移距离为 2200，表示向右偏移，完成进风口的阵列，效果如图 12-36 所示。

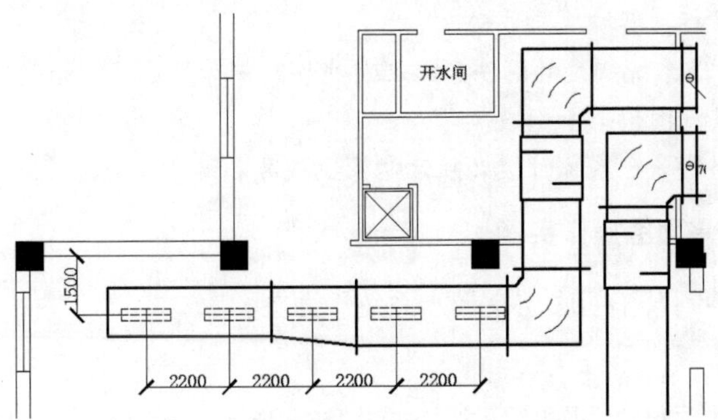

图 12-36　回风管和进风口绘制完成

至此，图形中风系统管道及风口绘制完毕。

（7）添加引线和尺寸标注

绘制完成后添加风管和风口的引线说明，完成风系统平面图的布置。最后，在无法完全表示清楚的位置绘制剖切符号，在剖视图或大样图中表达。文字样式可根据图纸要求选择TH_350、TH_500和TH_700等。标注样式的各项设置参数如图12-37所示。

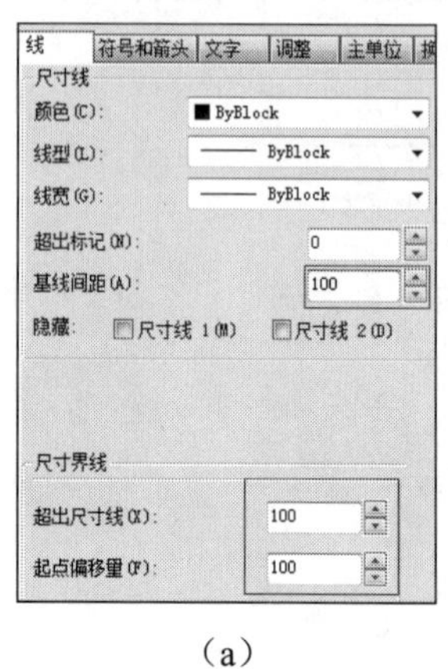

（a）

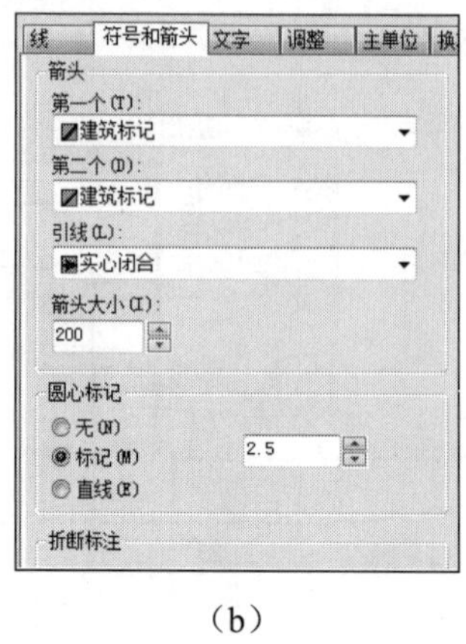

（b）

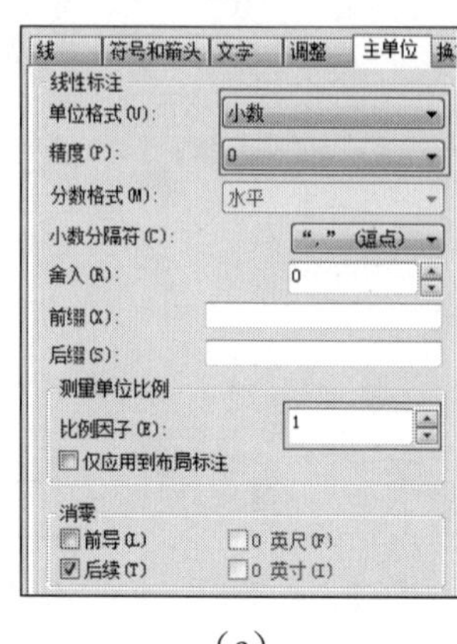

（c）

图 12-37　标注样式设置

完成后效果如图12-6所示。

绘制风系统平面图时，设计者可按上述步骤进行，也可以按自己的习惯表达设计思路。总之，只要将系统的各个部分表达清楚，具体的设计过程是因人而异的。

12.4.6　空调通风工程水管布置平面图的绘制

1. 水管布置平面图绘制原则

空调工程中以冷冻水作为冷媒的系统中，必须绘制出系统水管平面布置图。按照行业习惯，水管平面布置图的绘制一般应该遵循以下原则：

- 水管一般采用单线方式绘制，并且以粗实线表示供水管，粗虚线表示回水管，并标明水管的直径和规格以及管径中心离建筑墙、柱或有关部位的尺寸。
- 凝水管等应该标注其坡度与坡向。
- 风机盘管、管道系统相关的附件采用粗实线按比例和规定符号绘制出，如遇到特殊的附件，则可以自行设计图例来绘制出。
- 系统总水管供给多个系统时，必须注明系统代号和编号。

2. 空调水系统平面图操作实例

【例12-2】　绘制某车间底层空调水系统平面图。

（1）设置图层

单击“默认”选项卡|“图层”面板上的“图层特性”按钮，打开“图层特性管理器”选项板，创建如图12-38所示的图层。其中供水管线用实线表示，回水管用虚线表示，冷凝水管用点划线表示，这3种线线宽均为0.35，其余线宽均为默认值，线性比例为20。

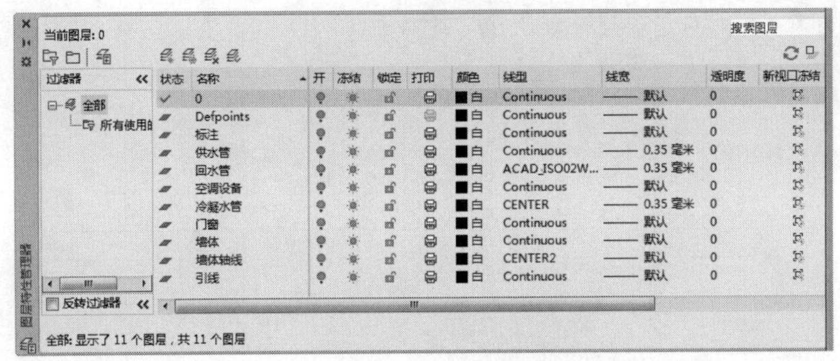

图 12-38　设置图层

（2）绘制空调风系统

在某车间底层平面图上绘制空调风系统，建筑平面图如图12-39所示。

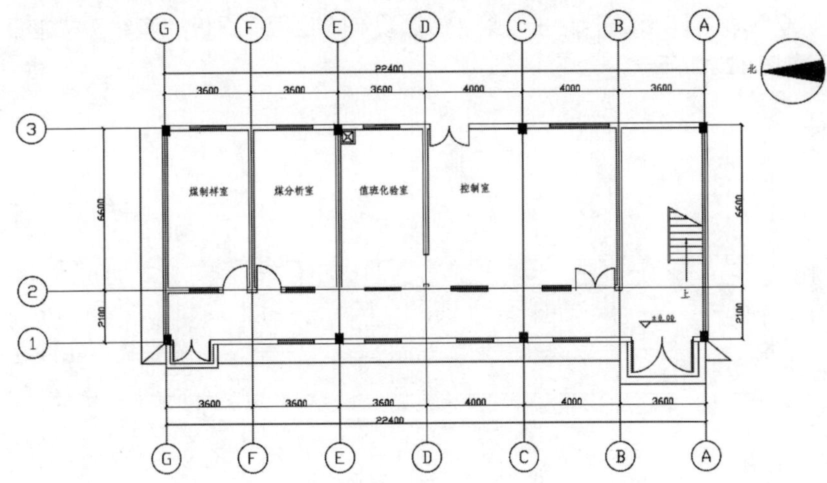

图 12-39　某车间底层平面图

（3）绘制风机盘管

步骤01 单击“默认”选项卡|“绘图”面板上的“矩形”按钮，单击“矩形”按钮，命令行提示信息如下：

```
命令: _RECTANG
指定第一个角点或 [倒角(C)/标高(E)/圆角(F)/厚度(T)/宽度(W)]:    //任意指定矩形第一点
指定另一个角点或 [面积(A)/尺寸(D)/旋转(R)]: @1000,400
//输入相对坐标，绘制尺寸为1000×400的矩形
```

步骤02 再次单击“默认”选项卡|“绘图”面板上的“矩形”按钮，在上一个矩形的正下方绘制一个 800×200 的矩形，组成本图中的风机盘管，风机盘管使用自定义图例，如图 12-40 所示。

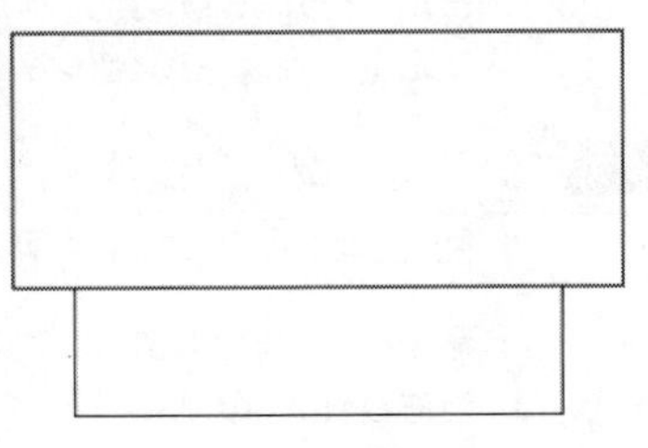

图 12-40　风机盘管

步骤03 单击“默认”选项卡|“修改”面板上的“复制”按钮，将风机盘管复制到如图 12-41 所示的位置，将风机盘管布置在设计的位置。

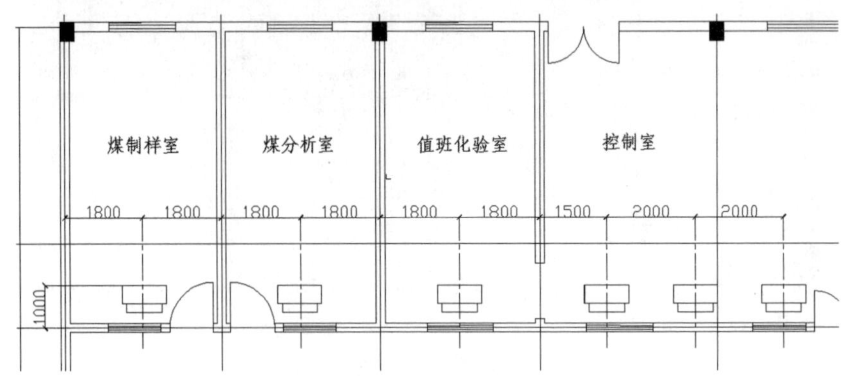

图 12-41　布置风机盘管

（4）绘制供水管

步骤 01 切换到“供水管”图层，单击“默认”选项卡|“绘图”面板|“直线”按钮，绘制供水管，如图 12-42 所示。

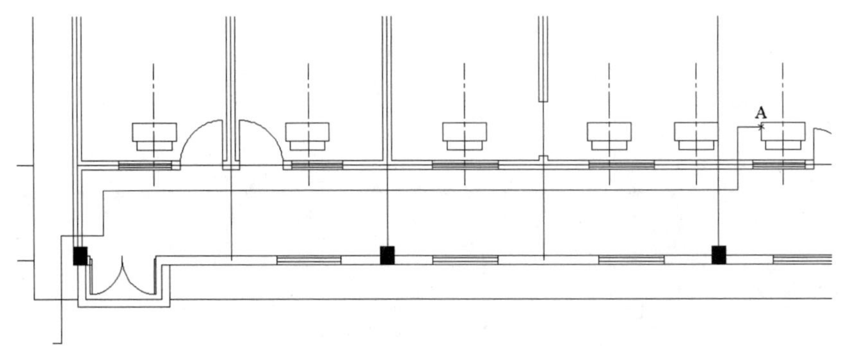

图 12-42　绘制供水管线

命令行提示信息如下：

```
命令：_LINE
指定第一点：                    //选择图12-42中A点，位置在该风机盘管左上角点向下100处
指定下一点或 [放弃(U)]:@-550,0                  //输入各点相对坐标
指定下一点或 [放弃(U)]:@0,-1400
指定下一点或 [闭合(C)/放弃(U)]:@-14650,0
指定下一点或 [闭合(C)/放弃(U)]:@0,-1000
指定下一点或 [闭合(C)/放弃(U)]:@-1000,0
指定下一点或 [闭合(C)/放弃(U)]:@0,-2400
指定下一点或 [闭合(C)/放弃(U)]:@-200,0
指定下一点或 [闭合(C)/放弃(U)]:                //按Enter键完成
```

步骤 02 单击“默认”选项卡|“修改”面板上的“复制”按钮，复制第 1 和第 2 条直线，如图 12-43 所示，将这两条直线向左复制，命令行提示信息如下：

```
命令：_COPY 找到 2 个
当前设置：  复制模式 = 多个
指定基点或 [位移(D)/模式(O)] <位移>:                        //指定A点为基点
```

```
指定第二个点或 [阵列(A)] <使用第一个点作为位移>:@-2000,0      //输入位移相对坐标
指定第二个点或 [阵列(A)/退出(E)/放弃(U)] <退出>: @-4000,0
指定第二个点或 [阵列(A)/退出(E)/放弃(U)] <退出>: @-7300,0
指定第二个点或 [阵列(A)/退出(E)/放弃(U)] <退出>: @-10900,0
指定第二个点或 [阵列(A)/退出(E)/放弃(U)] <退出>:@-14500,0
指定第二个点或 [阵列(A)/退出(E)/放弃(U)] <退出>:               //按Enter键完成复制，效果如图12-44所示
```

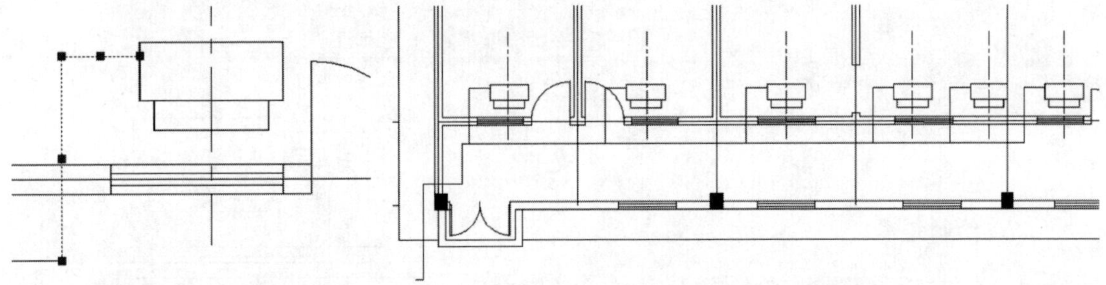

图 12-43　复制直线　　　　图 12-44　完成供水管的绘制

步骤03 在图 12-45 中 B 点处绘制一个半径为 65 的圆，并填充为黑色，代表此处有一段立管，在主管与墙的重叠位置绘制断开符号，完成后效果如图 12-45 所示。

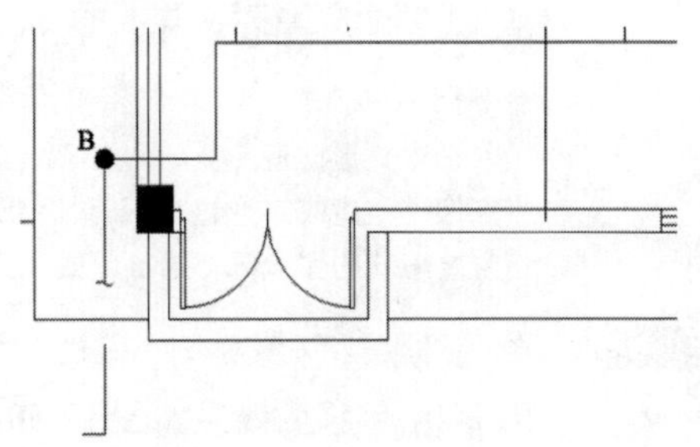

图 12-45　绘制立管和断开符号

（5）绘制回水管线

展开“默认”选项卡|“图层”面板上的“图层”下拉列表，将图层切换到“回水管”层，单击“默认”选项卡|“绘图”面板|“直线”按钮╱，绘制回水管，位置如图12-46所示，供水管与回水管间距为100。注意图12-47圆圈中管道重叠时的表示方法。

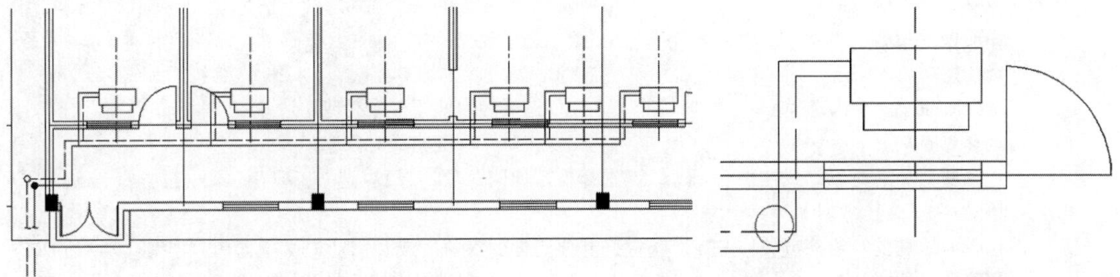

图 12-46　绘制回水管线　　　　图 12-47　重叠管道处的绘制方法

（6）绘制冷凝水管

步骤01 展开“默认”选项卡|“图层”面板上的“图层”下拉列表，切换到“冷凝水管”图层，单击“默认”选项卡|“绘图”面板|“直线”按钮╱，绘制冷凝水管，位置如图 12-48 所示，冷凝水管与回水管距离为 100。

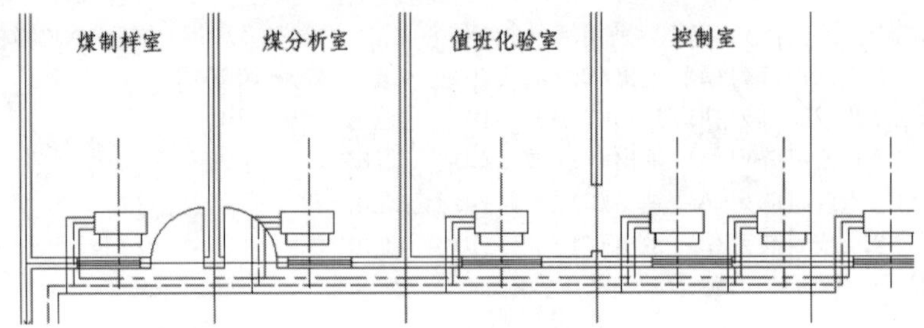

图 12-48　绘制冷凝水管

步骤 02　单击“默认”选项卡|“修改”面板上的“打断”按钮，在管道重叠处断开管道，如图 12-49 所示。

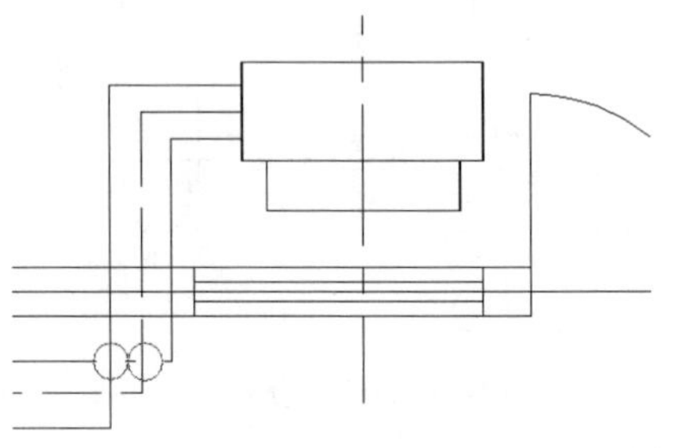

图 12-49　重叠管道断开

（7）绘制排水口

步骤 01　单击“矩形”按钮，在绘图区任意位置绘制 600×600 的矩形；单击“默认”选项卡|“修改”面板|“偏移”按钮，命令行提示信息如下：

```
命令: _OFFSET
当前设置: 删除源=否  图层=源  OFFSETGAPTYPE=0
指定偏移距离或 [通过(T)/删除(E)/图层(L)] <100.0000>:  80          //指定偏移距离
指定要偏移的那一侧上的点，或 [退出(E)/多个(M)/放弃(U)] <退出>:     //单击矩形内任意位置
```

步骤 02　单击“默认”选项卡|“修改”面板|“偏移”按钮，选择原始的矩形，向内偏移，距离为 250，偏移后效果如图 12-50 所示。单击“默认”选项卡|“绘图”面板|“直线”按钮，连接中间矩形的对角线，如图 12-51 所示。

步骤 03　单击“默认”选项卡|“修改”面板|“修剪”按钮，修剪矩形内的线段，命令行提示信息如下：

```
命令: _TRIM
当前设置:投影=UCS, 边=无
选择剪切边...
选择对象或 <全部选择>:  找到 1 个        //选择最内侧矩形作为剪切边
选择对象:                               //按Enter键完成对象选择
选择要修剪的对象，或按住 Shift 键选择要延伸的对象，或[栏选(F)/窗交(C)/投影(P)/边(E)/
删除(R)/放弃(U)]:
选择要修剪的对象，或按住 Shift 键选择要延伸的对象，或[栏选(F)/窗交(C)/投影(P)/边(E)/
删除(R)/放弃(U)]: //分别选择矩形内的2条线段，完成对直线的修剪，完成后效果如图12-52所示
```

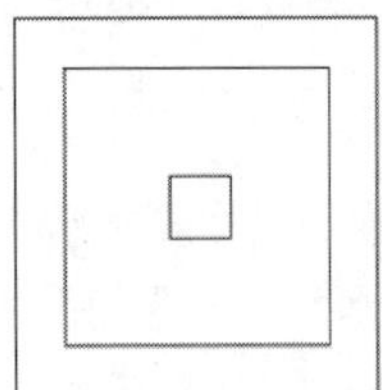

图 12-50　偏移对象

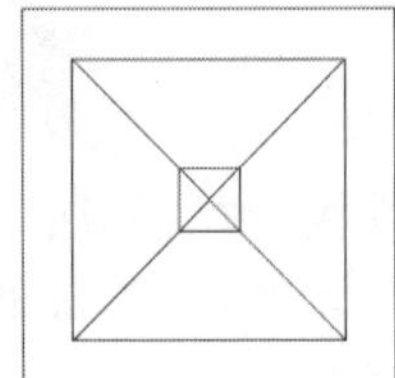

图 12-51　连接对角线

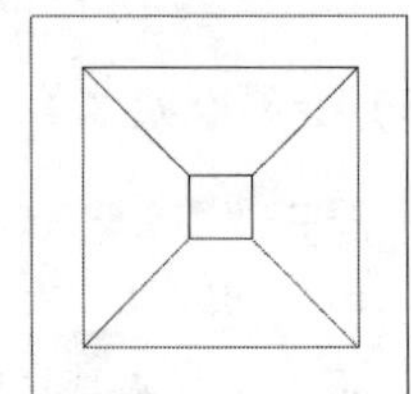

图 12-52　排水口

步骤04 单击“默认”选项卡|“修改”面板上的“移动”按钮，移动排水口至如图 12-53 所示的位置，使用“端点捕捉”功能捕捉排水口最内侧矩形下边中点，单击“默认”选项卡|“绘图”面板|“直线”按钮，向正下方连接到冷凝水管，完成后效果如图 12-53 所示。

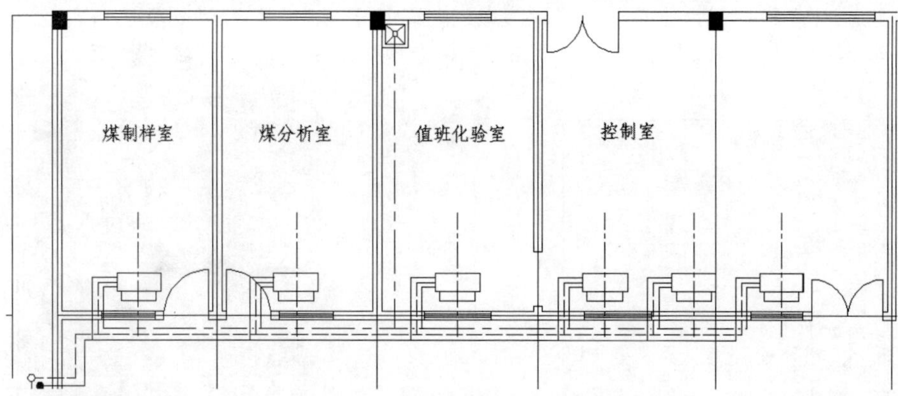

图 12-53 连接冷凝管与排水口

（8）标注管径

步骤01 首先展开“默认”选项卡|“图层”面板上的“图层”下拉列表，将图层切换到“标注”层，然后单击“默认”选项卡|“注释”面板上的“标注样式”按钮，弹出“标注样式”对话框，创建名为 THvac 的标注样式，并在“修改标注样式”对话框中各选项卡的设置如图 12-54 所示。其中，在“文字”选项卡的“文字外观”选项组中，可以单击按钮打开“文字样式”对话框，进行设置文字样式，可以新建名为 TH_* 的文字样式，也可以将 Standard 样式修改为符合暖通标准的文字样式，完成设置后返回。

（a）

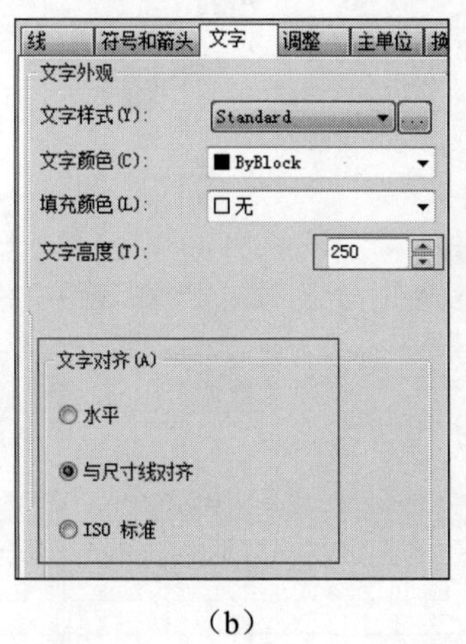

（b）

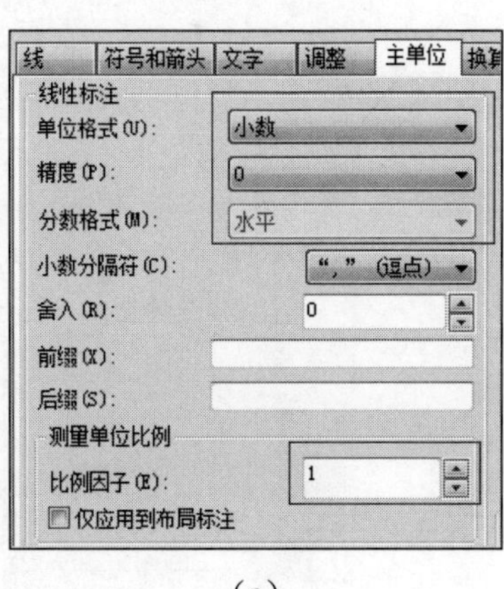

（c）

图 12-54 “修改标注样式”对话框中各选项卡的参数设置

步骤02 单击“默认”选项卡|“注释”面板上的“多重引线样式”按钮，弹出“多重引线样式”对话框，创建名为 new1 的多重引线样式，引线注释的参数设置如图 12-55 所示。

步骤03 单击“默认”选项卡|“注释”面板上的“多重引线”按钮，添加引线标注，命令行提示信息如下：

命令： MLEADER
指定引线箭头的位置或 ［引线基线优先(L)/内容优先(C)/选项(O)］ <选项>: //选择引线所在的管线
指定下一点: //正交选择正下方一点
指定引线基线的位置: //指定基线位置，打开“文字编辑器”选项卡，输入文字，最终效果如图12-56所示

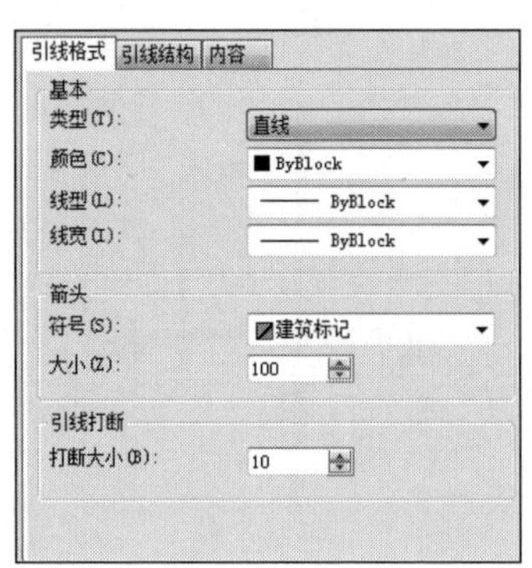

（a）

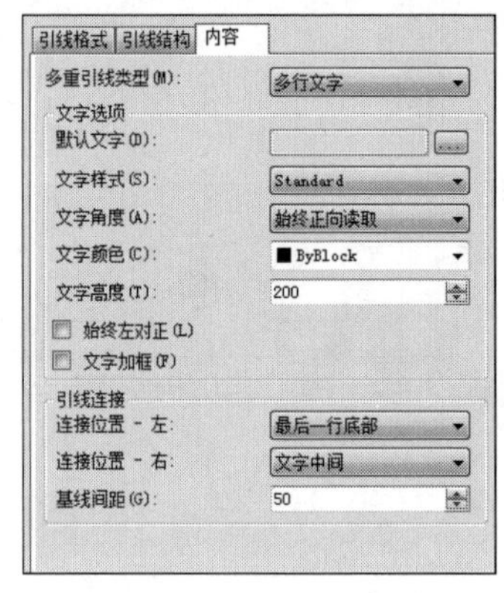

（b）

图 12-55 “修改多重引线”对话框中各选项卡的参数设置

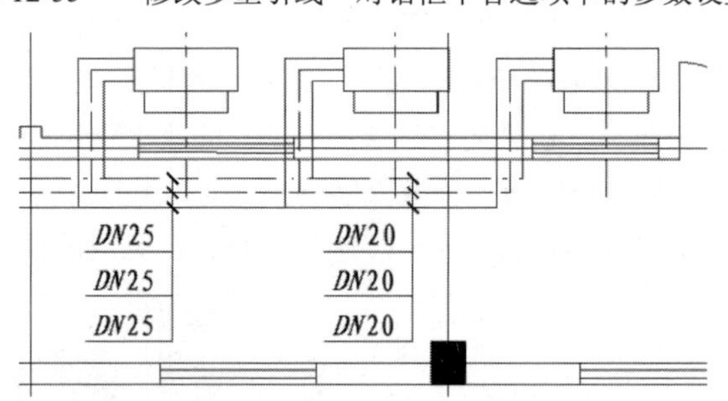

图 12-56 添加引线

步骤 04 再次单击“默认”选项卡|“注释”面板上的“多重引线”按钮，添加其他引线后，也可以配合“镜像”和“复制”命令，快速创建其他引线注释，结果如图 12-57 所示。

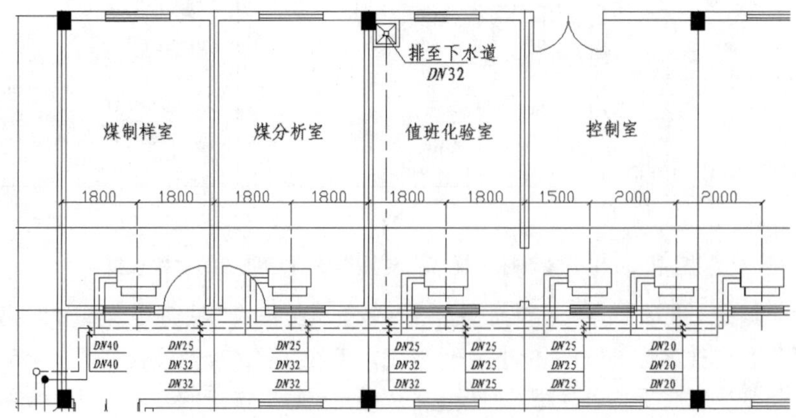

图 12-57 添加引线标注

步骤 05 最后标注风机盘管的编号，完成后最终效果如图 12-58 所示。

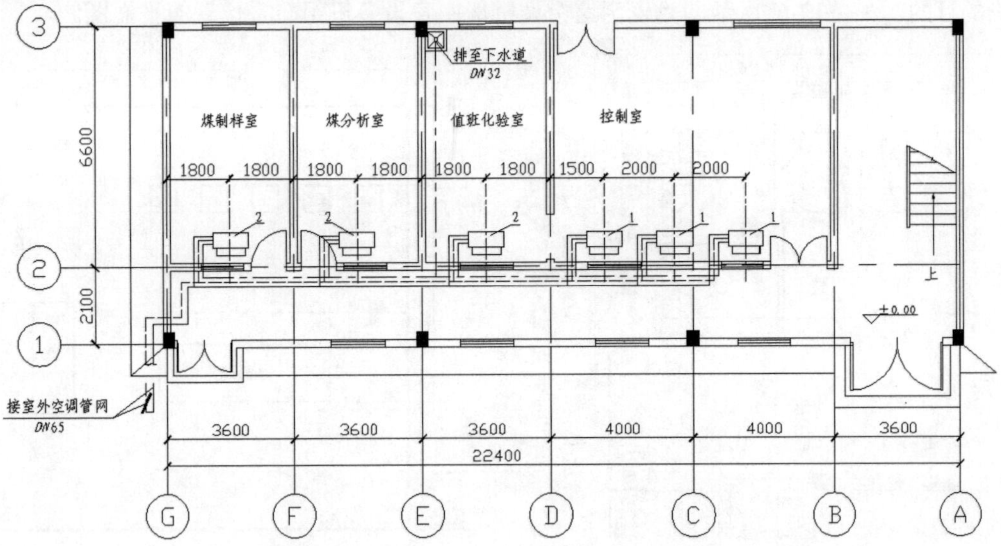

图 12-58 某车间底层空调水系统平面图

12.4.7 空调机房平面图的绘制

1. 空调机房平面图绘制原则

空调机房平面图必须反映空气处理设备与风管、水管连接的相互关系及安装位置，同时应尽可能说明空气处理与调节原理。空调机房平面图一般包括以下内容：

- 空气处理设备：应该注明机房内所有空气处理设备的型号、规格和数量，并按比例绘制出其轮廓和安装的定位尺寸。空调机组应注明各个功能段，如风机段、表冷段、加热段、加湿段、混合段等功能的名称、容量。
- 风管系统：送风管、回风管、新风管和排风管等管道采用双线风管绘制方法，注明与空气处理设备连接的安装位置，对风管上的设备如管道加热器、消声设备等必须按比例根据实际位置绘制出；对于调节阀、防火阀和软接头等附件可以根据实际的安装位置示意来绘制出。
- 水（汽）管系统：采用单粗线绘制，如果有机房水、气管并存，可以采用代号标注区分。平面图应该充分反映各个水、汽管与空气湿热处理设备之间的连接关系和安装位置，对于管道上的附件（如水过滤器、调节阀等）可以按照比例绘制出其安装位置。
- 其他：对于设备机组等的基础轮廓、地漏等平面图的可见部分应采用细实线绘出；所有的风管、水管等穿越机房时，应该采用系统规定的代号标明管道路径；平面图中还应该标明设备前各个操作面的纵横尺寸以及设备、管道靠墙时与墙的间距。注意，室外的机组必须标明防雨、防鸟等措施的附件。

2. 某大厦空调机房平面图说明

如图12-59所示为某大厦空调机房平面图，从图中可以清楚地看到空调水（汽）系统及其与各种设备机组的连接。平面图也可以根据需要完整地表达某一部分系统，如该平面图完整地表达了水系统与设备之间的关系。还可以通过另外的图纸配合使用，以达到图纸表达清晰明确的目的，如图12-60所示即为表明该空调机房中各设备机组布置位置的平面图。

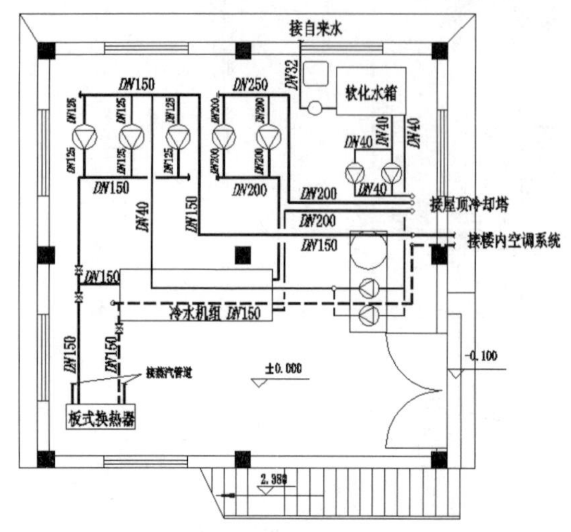

图 12-59　空调机房平面图

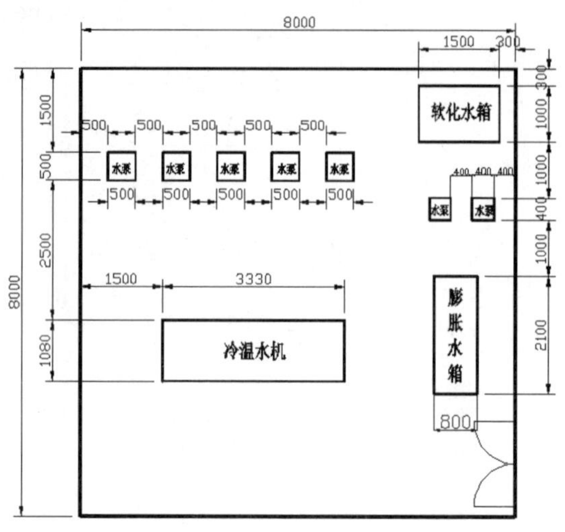

图 12-60　空调机房设备布置位置平面图

12.4.8　空调通风工程剖面图

剖面图是为了说明平面图难以表达的内容而绘制的。在某一个视点，通过对平面图剖切观察绘制的图称为剖面图。其与平面图的绘制方法相同，均采用正投影法绘制。图中的说明内容必须与平面图一致。常见的有空调通风系统剖面图、空调机房剖面图和冷冻机房剖面图等，经常用于说明立管的复杂性。图中的设备、管道与建筑之间的线型设置等规则与平面图相同，除此之外，一般还有以下内容。

- 剖视和剖切符号要符合有关规定与标准（见10.3.2节）。
- 凡是在平面图中被剖到或被见到的有关建筑、结构和工艺设备均应用细实线绘制出。标出地板、楼板、门窗、天棚及与通风有关的建筑物、工艺设备等的标高，并应该注明建筑轴线编号、土壤图例。
- 标注空调通风设备与其基础、构件、风管、风口的定位尺寸及有关标高、管径和系统编号。
- 标出风管出屋面的排出口高度及拉索位置，标注自然排风帽的滴水盘与排水管位置、凝水管用的地沟或地漏等。

为表达平面图上风管垂直方向的结构，并以最简单的方式提供更多的信息，还可以采用阶梯形的剖切方式。剖面图中不仅应该反映管道的布置情况，还应该反映设备、管道布置的定位尺寸。

平面图、系统轴测图上能表达清楚的可以不绘制剖面图，剖面图与平面图在同一张图上时，应该将剖面图位于平面图的上方或是右下方。如图12-61所示为某空调机房的剖面图和平面图的对照。

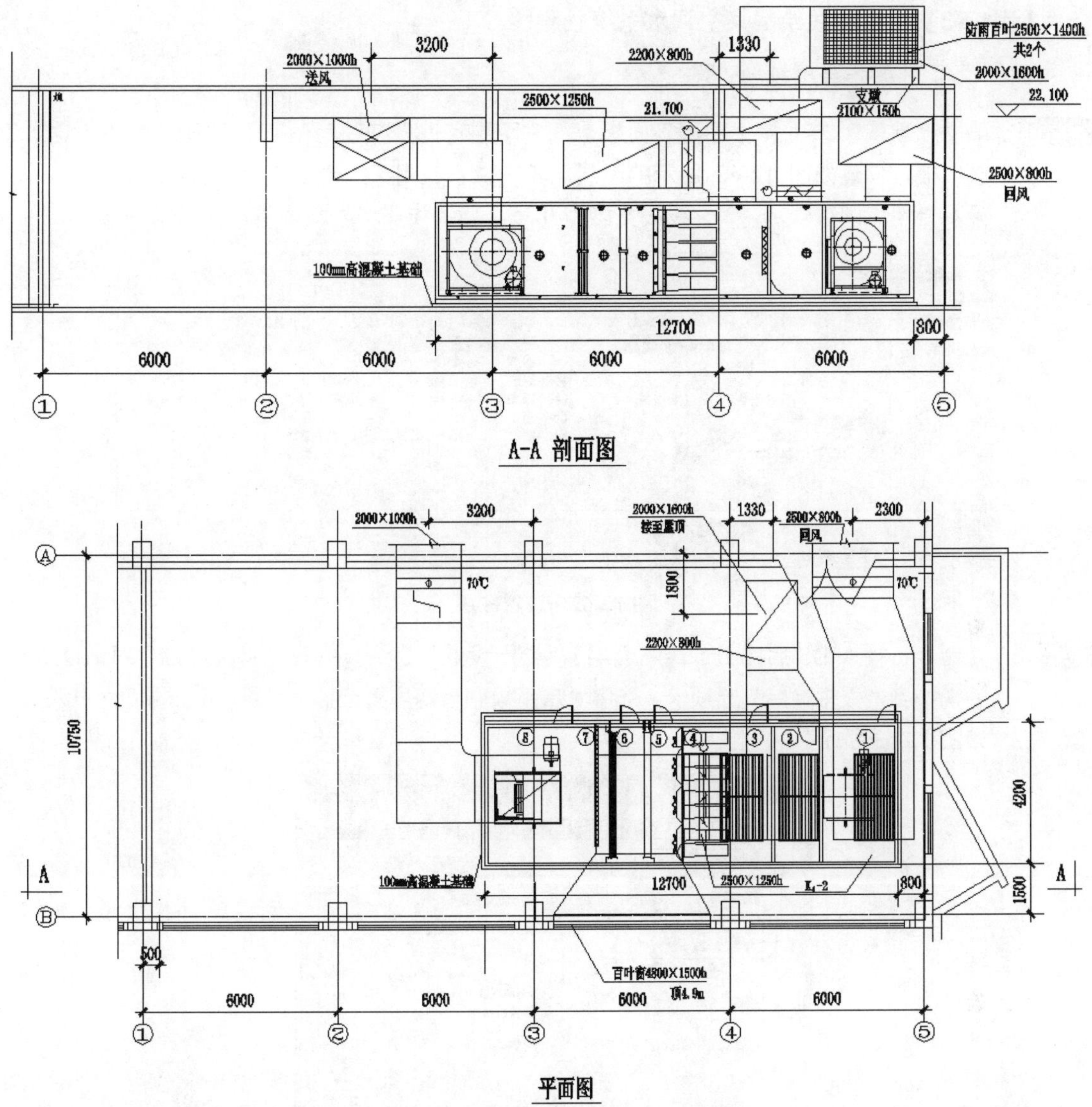

图 12-61　空调机房剖面图、平面图

12.4.9　空调通风工程轴测图

轴测图一般采用45° 投影法来绘制，并以单线按比例绘制，其比例应该与平面图一致，除特殊情况之外。一般将室内的输配系统与冷热源机房分开绘制，而室内输配系统根据介质的不同其种类分为风系统和水系统。

1．水系统轴测图

水系统轴测图一般用单线表示，基本方法和采暖系统相似。在读图时，把平面图和轴测图联系起来可以帮助理解空调系统管道的走向及其与设备的关联。

【例12-3】 用单线绘制某空调水系统轴测图。

（1）设置图层并启用极轴追踪

步骤 01 单击“默认”选项卡|“图层”面板上的“图层特性”按钮，弹出“图层特性管理器”选项板，创建如图 12-62 所示的图层。其中供水管用实线表示，回水管用虚线表示，冷凝水管用点划线表示，3 种线线宽均为 0.35，其余线宽均为默认值，线性比例为 20。

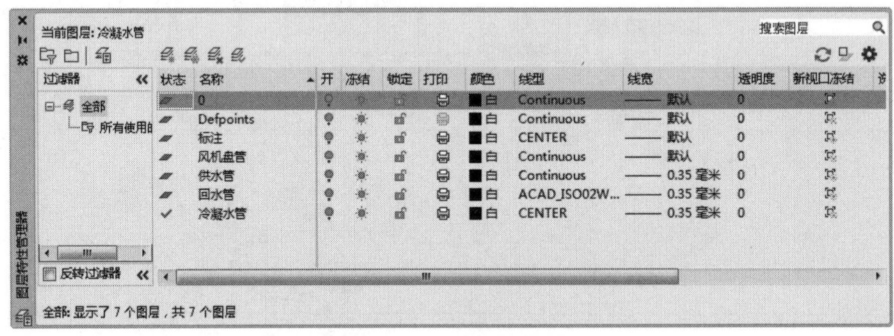

图 12-62 设置图层

步骤 02 在命令行输入 DS 后按 Enter 键，执行“绘图设置”命令，打开“草图设置”对话框，然后切换到“极轴追踪”选项卡，选中“启用极轴追踪”复选框，设置“增量角”为 45°，如图 12-63 所示。

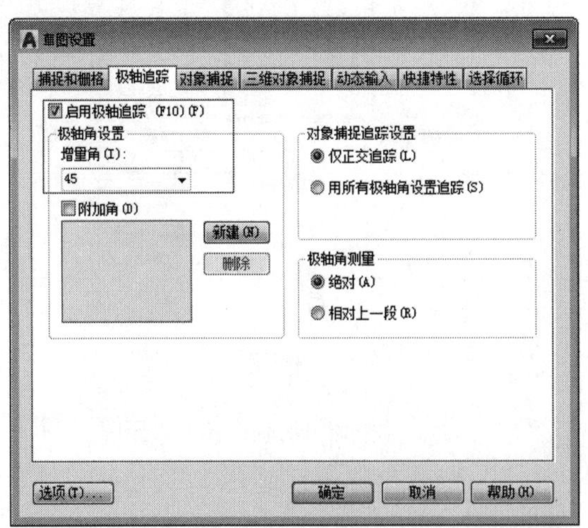

图 12-63 设置“极轴追踪”

（2）绘制风机盘管

步骤 01 单击“默认”选项卡|“绘图”面板上的“矩形”按钮，绘制长度为 1000、宽度为 400 的矩形。命令行提示信息如下：

```
命令: _RECTANG
指定第一个角点或 [倒角(C)/标高(E)/圆角(F)/厚度(T)/宽度(W)]: 100,100 //指定矩形第一点
指定另一个角点或 [面积(A)/尺寸(D)/旋转(R)]: @1000,400
//输入相对坐标，绘制尺寸为1000×400的矩形
```

步骤 02 单击“默认”选项卡|“修改”面板上的“复制”按钮，将矩形沿右上 45° 追踪线移动光标，输入 400，得到如图 12-64 所示的图形；单击“默认”选项卡|“绘图”面板|“直线”按钮，连接两个矩形的相应角点，效果如图 12-65 所示。

步骤 03 单击“默认”选项卡|“修改”面板|“修剪”按钮，修剪掉多余的线条，得到如图 12-66 所示的风机盘管的轴测示意图。

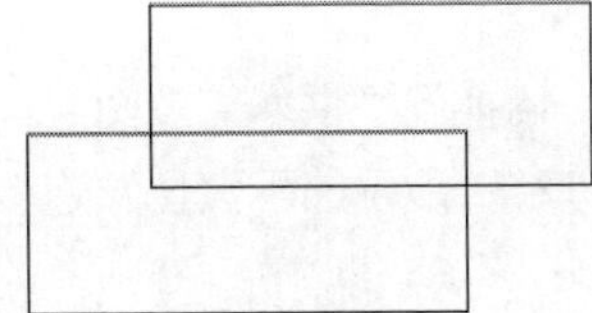
图 12-64　复制矩形

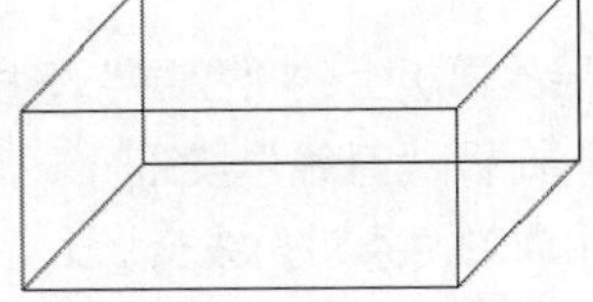
图 12-65　连接相应角点

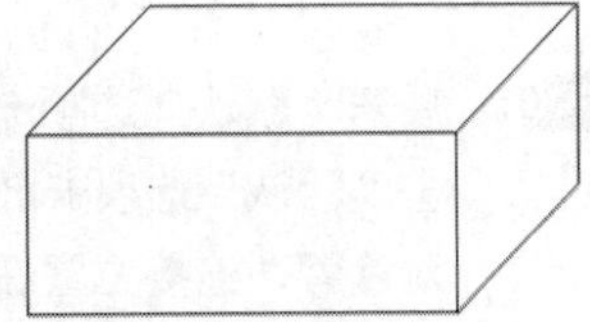
图 12-66　风机盘管轴测示意图

步骤 04 单击“默认”选项卡|“注释”面板上的“文字样式”按钮，创建名为 TH_200 的文字样式，参数设置如图 12-67 所示。

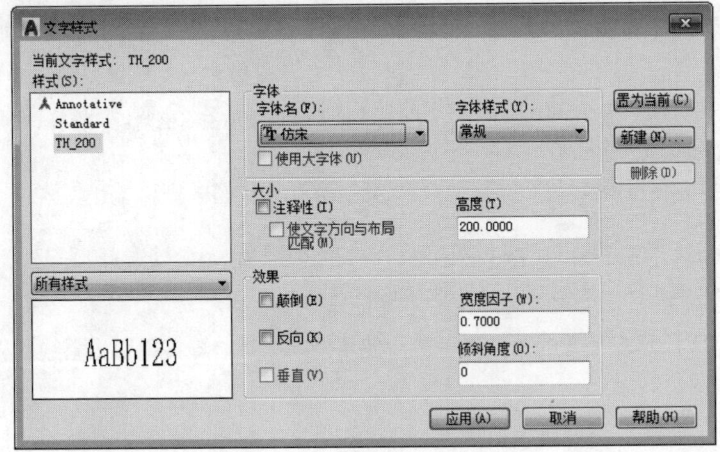

图 12-67　“文字样式”对话框

步骤 05 单击“注释”选项卡|“文字”面板上的“多行文字”按钮A，在如图 12-68 所示的位置添加文字，说明盘管型号。

步骤 06 单击“默认”选项卡|“修改”面板上的“复制”按钮，将风机盘管图形向右复制 3000 后得到如图 12-69 所示的图形。

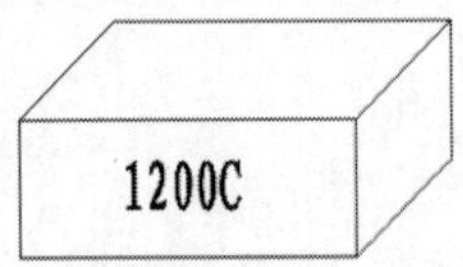

图 12-68　为风机盘管添加说明文字

图 12-69　复制盘管

步骤 07 再次单击“默认”选项卡|“修改”面板上的“复制”按钮，将如图 12-69 所示的图形分别向右复制 6000 和 12000；再将复制前后的图形一起选中，单击“默认”选项卡|“修改”面板上的“复制”按钮，指定基点并沿右上 45° 追踪线移动光标，输入 8000，得到如图 12-70 所示的图形，完成盘管的布置。

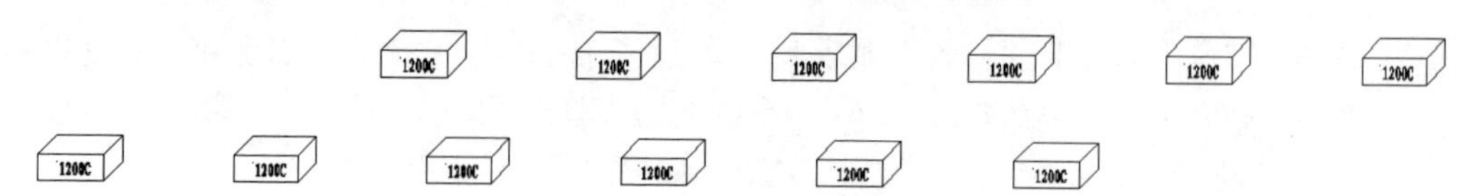

图 12-70　风机盘管布置

（3）绘制供水管线

步骤 01 展开“默认”选项卡|“图层”面板上的“图层”下拉列表，切换到“供水管”图层，单击“默认”选项卡|“绘图”面板|“直线”按钮，在如图 12-71 所示的示意位置连接一对盘管，连接位置在对应平面的两条对角线交点上。

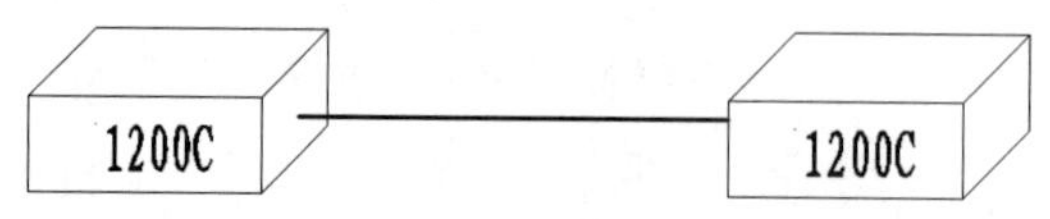

图 12-71　连接盘管

步骤 02 单击“默认”选项卡|“绘图”面板|“多段线”按钮，命令行提示信息如下：

```
命令：_PLINE
指定起点：                    //在连接的管道中单击右侧附近，选择一点作为多段线起点
当前线宽为 0.3500
指定下一个点或 [圆弧(A)/半宽(H)/长度(L)/放弃(U)/宽度(W)]：   //沿45° 追踪线移动光标，输入3000
指定下一点或 [圆弧(A)/闭合(C)/半宽(H)/长度(L)/放弃(U)/宽度(W)]：@0,-300
//输入下一点坐标，得到如图12-72所示的多段线
```

步骤 03 如图 12-72 所示左上方的第一对盘管，使用相同的方法连接并引出管线，得到如图 12-73 所示的效果。

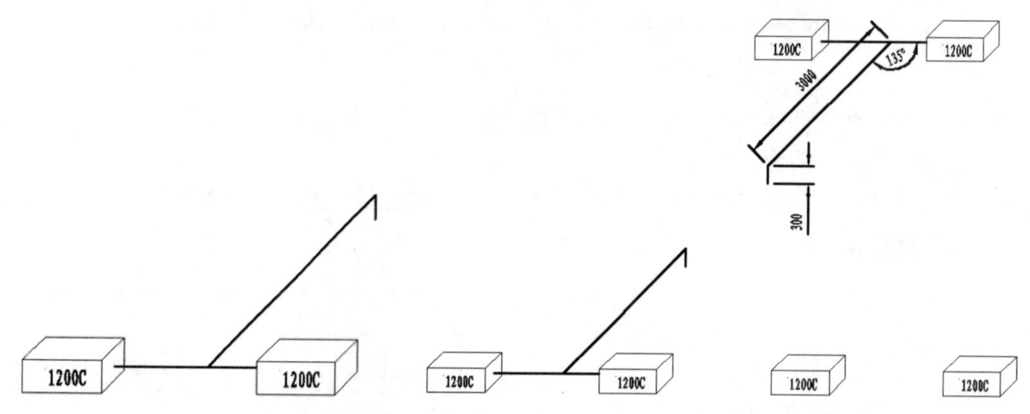

图 12-72　绘制多段线

图 12-73　连接并引出对应一侧的供水管

步骤 04 利用同样的方法，连接其他 4 对盘管。然后单击“默认”选项卡|“修改”面板上的“复制”按钮，将管线向右分别复制 6000 和 12000 个单位，完成后效果如图 12-74 所示。

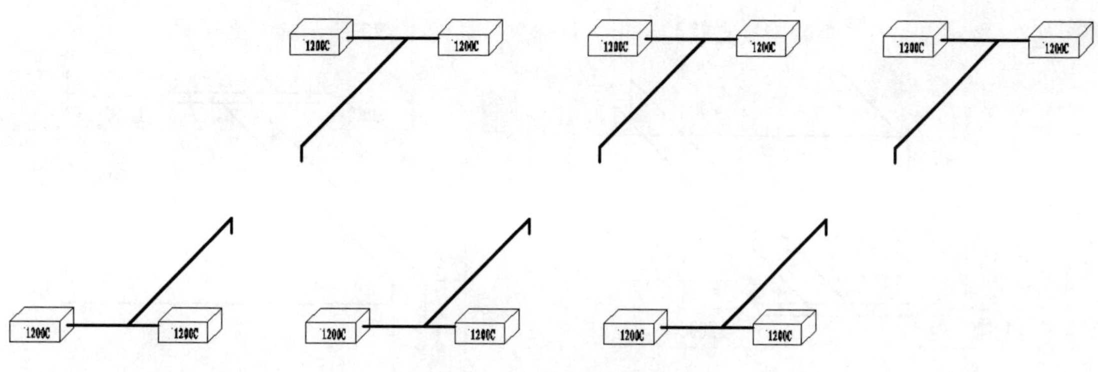

图 12-74 完成所有盘管的引出

步骤05 连接到供水主管。单击“默认”选项卡|“绘图”面板|“直线”按钮╱，命令行提示信息如下：

```
命令: _LINE 指定第一点:                       //选择A点为直线起点
指定下一点或 [放弃(U)]: @14000,0              //完成第一条直线绘制
指定下一点或 [放弃(U)]: 2000                  //225° 追踪线移动光标，输入2000
指定下一点或 [闭合(C)/放弃(U)]: @-17000,0
指定下一点或 [闭合(C)/放弃(U)]: 3000          //45° 追踪线移动光标，输入3000
指定下一点或 [闭合(C)/放弃(U)]: @0,600
指定下一点或 [闭合(C)/放弃(U)]: @-800,0
指定下一点或 [闭合(C)/放弃(U)]: @0,1200
指定下一点或 [闭合(C)/放弃(U)]: @-1800,0
指定下一点或 [闭合(C)/放弃(U)]: @0,500
指定下一点或 [闭合(C)/放弃(U)]: @-900,0
指定下一点或 [闭合(C)/放弃(U)]:  //按Enter键完成供水主管绘制，完成后效果如图12-75所示
```

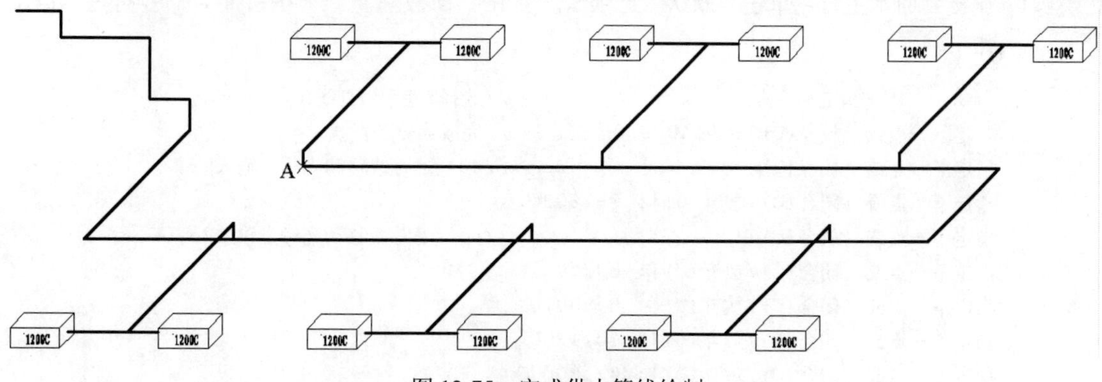

图 12-75 完成供水管线绘制

（4）绘制回水管

步骤01 展开“默认”选项卡|“图层”面板上的“图层”下拉列表，将当前图层设置为“回水管”层，首先绘制连接各盘管的回水管支管，单击“默认”选项卡|“绘图”面板|“直线”按钮╱，在每对盘管的供水管上方 120 位置处连接盘管，对象捕捉连接的回水管中点，以该点为起点 45° 追踪线移动光标，输入 3200，输入相对坐标（@0, –300），得到如图 12-76 所示的图形。

步骤02 将对应上方的盘管连接支管并引出，具体尺寸如图 12-77 所示。

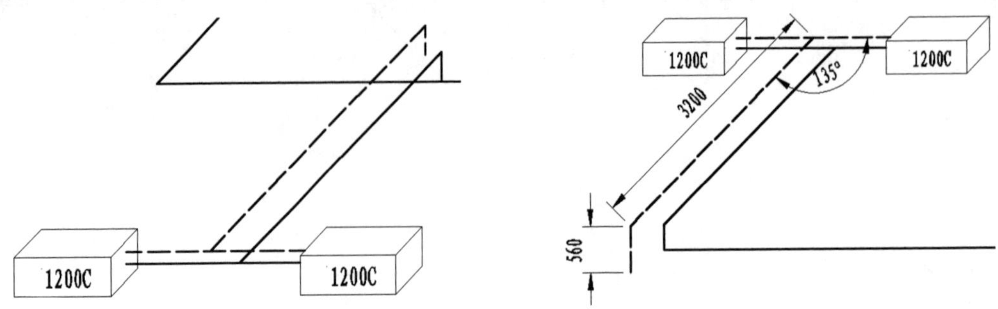

图 12-76　连接回水管道支管　　图 12-77　连接并引出对应一侧的回水管

步骤03 利用同样的方法，复制回水管线。然后单击“默认”选项卡|“修改”面板上的“复制”按钮，将管线向右分别复制 6000 和 12000，完成后效果如图 12-78 所示。

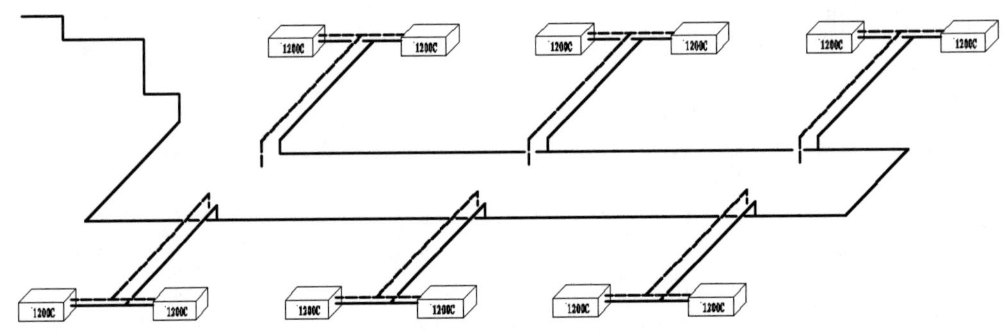

图 12-78　复制回水管线

步骤04 连接到回水主管。单击“默认”选项卡|“绘图”面板|“直线”按钮，命令行提示信息如下：

```
命令：_LINE指定第一点：                        //选择B点作为直线起点
指定下一点或 [放弃(U)]：@14000,0              //完成第一条直线
指定下一点或 [放弃(U)]：                       //45° 追踪线移动光标，输入1232
指定下一点或 [闭合(C)/放弃(U)]：@-16000,0
指定下一点或 [放弃(U)]：                       //45° 追踪线移动光标，输入2320
指定下一点或 [闭合(C)/放弃(U)]：@0,600
指定下一点或 [闭合(C)/放弃(U)]：@-800,0
指定下一点或 [闭合(C)/放弃(U)]：@0,1200
指定下一点或 [闭合(C)/放弃(U)]：@-1800,0
指定下一点或 [闭合(C)/放弃(U)]：@0,500,
指定下一点或 [闭合(C)/放弃(U)]：@-900,0
指定下一点或 [闭合(C)/放弃(U)]：//按Enter键完成回水主管的连接，完成后效果如图12-79所示
```

（5）绘制凝水管道

步骤01 展开“默认”选项卡|“图层”面板上的“图层”下拉列表，将当前图层设置为“冷凝水管”图层，按如图 12-80 所示的尺寸绘制凝水支管。

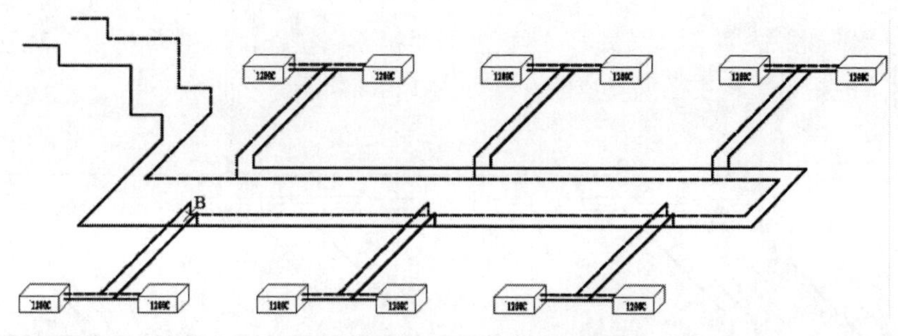

图 12-79　完成回水管道绘制

步骤 02　绘制对应盘管上方的一对盘管的冷凝支管，尺寸如图 12-81 所示。

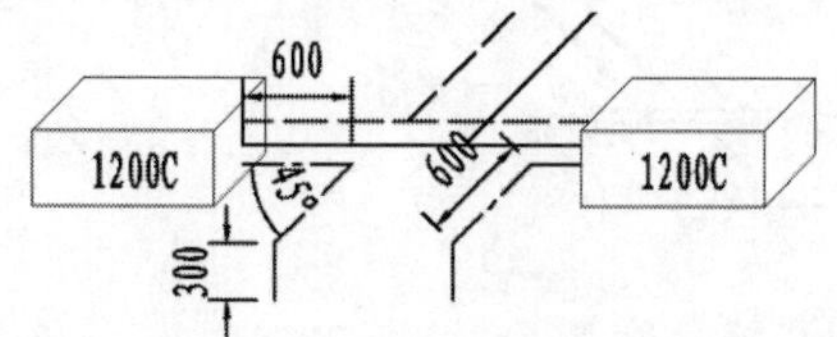

图 12-80　绘制凝水支管

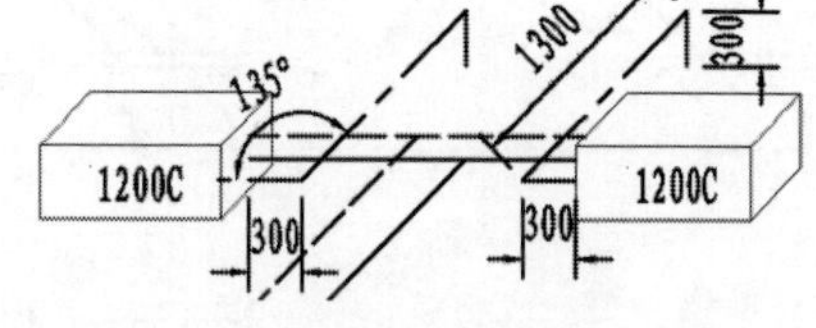

图 12-81　绘制上方凝水支管

步骤 03　利用同样的方法，复制已绘制的所有冷凝支管。然后单击“默认”选项卡|“修改”面板上的“复制”按钮，将管线向右分别复制 6000 和 12000，完成后效果如图 12-82 所示。

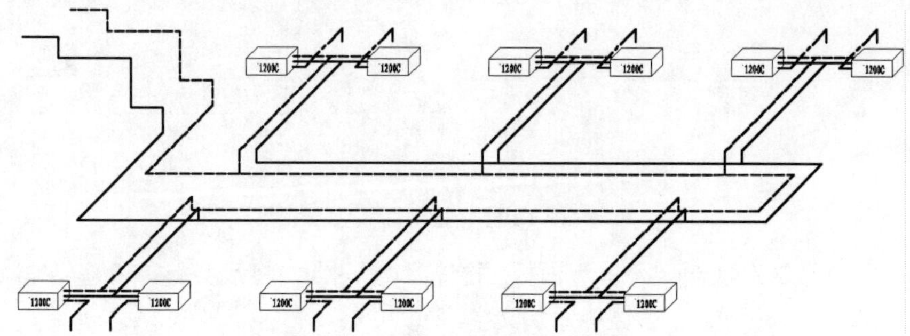

图 12-82　复制完成所有冷凝支管

步骤 04　使用画线命令连接冷凝水管到排水管，完成冷凝水管的绘制。绘制的位置与尺寸如图 12-83 所示。

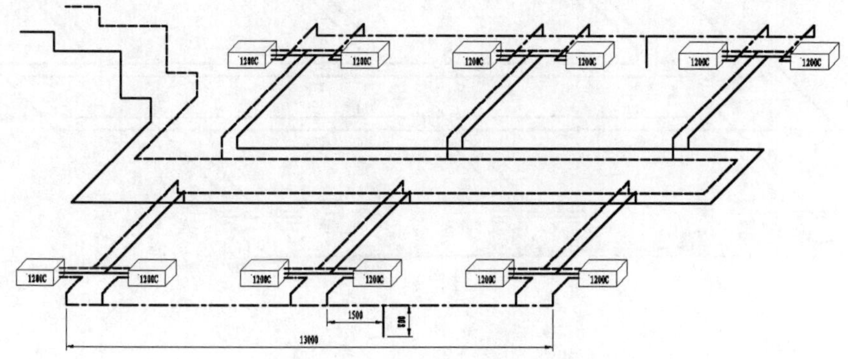

图 12-83　完成冷凝水管的绘制

步骤 05 单击“默认”选项卡| “修改”面板上的“打断”按钮，根据标准中对管道交叉时绘制方法的规定，将交叉的管道断开，如图 12-84 所示。

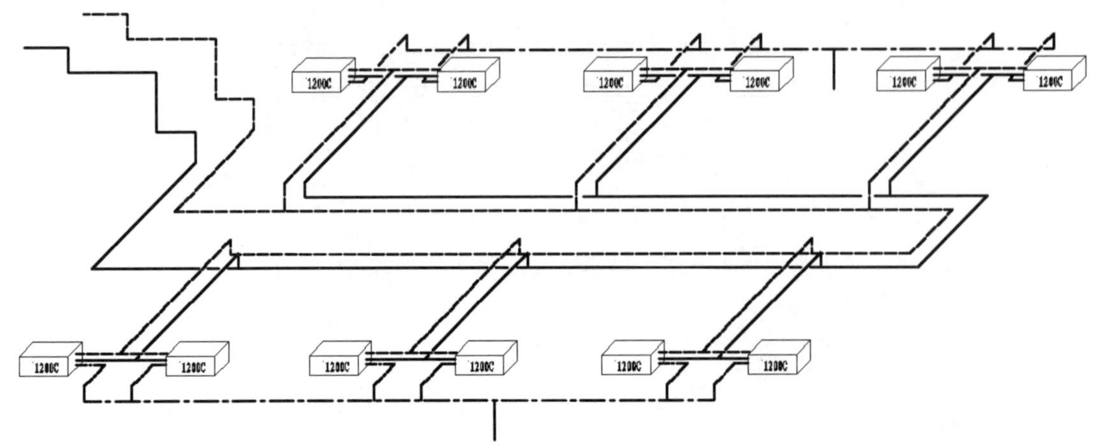

图 12-84 根据可视原则断开交叉管道

（6）插入箭头及标注文字

步骤 01 单击“默认”选项卡|“绘图”面板上的“直线”按钮，绘制说明水流方向的箭头，并对其进行填充，箭头尺寸如图 12-85（b）所示。

（a） （b）

图 12-85 绘制箭头

步骤 02 单击“默认”选项卡|“修改”面板|“旋转”按钮，将箭头旋转–90°，然后将箭头移动到如图 12-86 所示的位置并添加文字。

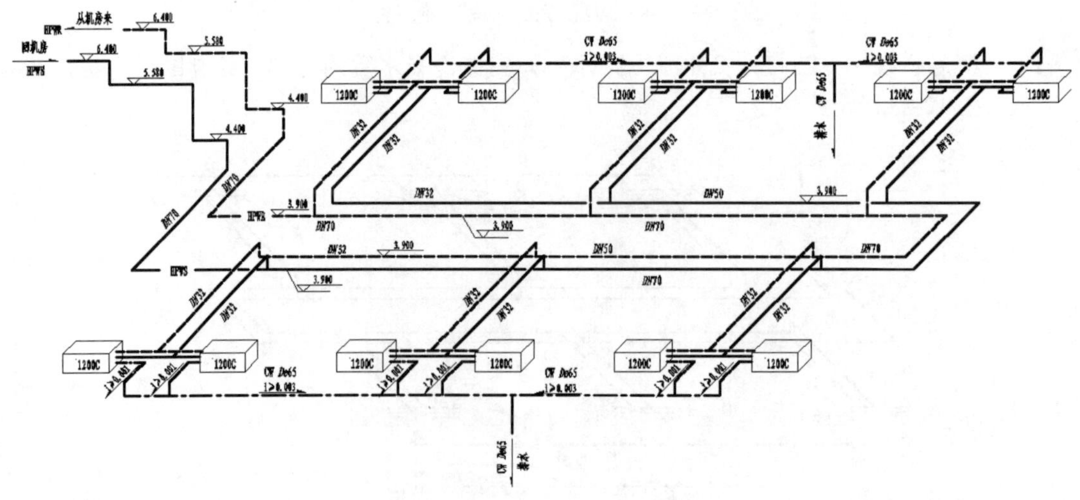

图 12-86 完成后的空调水管系统轴测图

步骤03 展开“默认”选项卡|“图层”面板上的“图层”下拉列表，将当前图层设置为“标注”图层，为所有支管和干管添加管径标注和引线标注，并说明各段管道标高，得到如图12-86所示的最终图形。标注样式名为TH，其各项参数设置如图12-87所示。

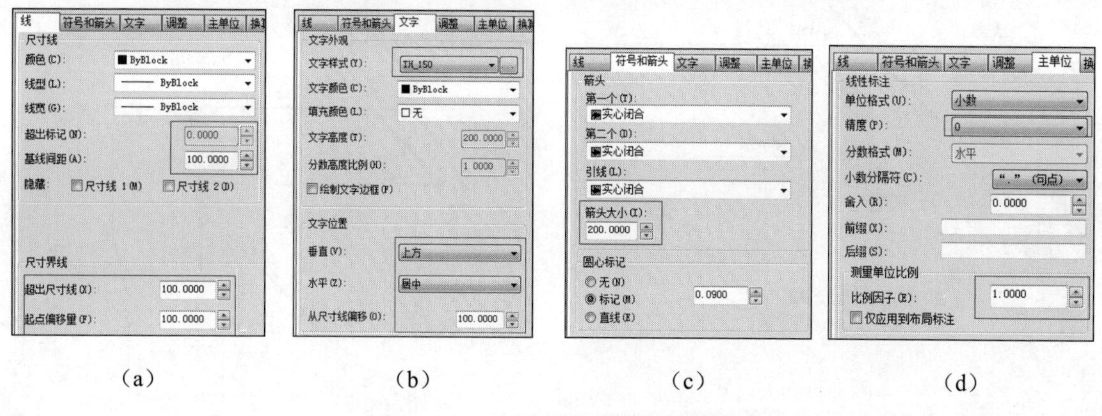

图12-87 “标注样式”各选项设置

2. 风系统轴测图

通风空调系统轴测图一般包括以下内容：表示出通风空调系统中空气或冷热水等介质，经过的所有管道、设备及全部构件，并标注设备与构件名称或编号。绘制空调通风系统轴测图应该注意以下事项：

- 用单线或双线按比例绘制管道系统轴测图，标注管径、标高，在各个支路上要标注管径及风量，在风机出口段标注总风量及管径。由于双线轴测图制图工作量大，所以在单线轴测图能够表达清楚的情况下，很少采用双线轴测图。
- 按照比例或者示意图绘制出局部排风罩及送排风口、回风口，并标注定位尺寸、风口形式。
- 管道有坡度要求时，应该标注坡度、坡向。如果要排水，应在风机或风管上表示出排水管及阀门。
- 水平管道、设备和构件均需要标注标高，其中除尘系统管道可以只标注最高点的控制标高，圆形风管标注中心标高，风机入口标注中心标高。特殊情况除外，但是要在附注中进行说明。
- 各个管道上主要热工测量仪表如温度、压力、流量和液位等，应该按照流程图的绘制方法标注在相应的位置上。
- 应该标明各种管道的来向与去向。

如图12-88所示的轴测图为一个完整的风系统单线轴测图，系统有新风、回风和送风，轴测图包括了风管、送回风口、调节阀、空调器、混合箱、变径等风系统的所有部件，标注了风管的截面尺寸和标高。通过该图，可以清晰地了解风系统的概貌。绘制时，要注意管道重叠处的断开绘制方法。

如图12-89所示为一个新风系统的双线轴测图。它是一个变风量的新风系统，空调箱型号中的BFP表示变风量空调箱，X5表示新风量为5000m^3/h，L表示立式（出风口在上方），Z表示进出水管在箱体左边进出，第2个Z表示过滤网可以从左面取出。绘制时，应先绘制主管和空调箱，然后在相应的位置布置出风口。

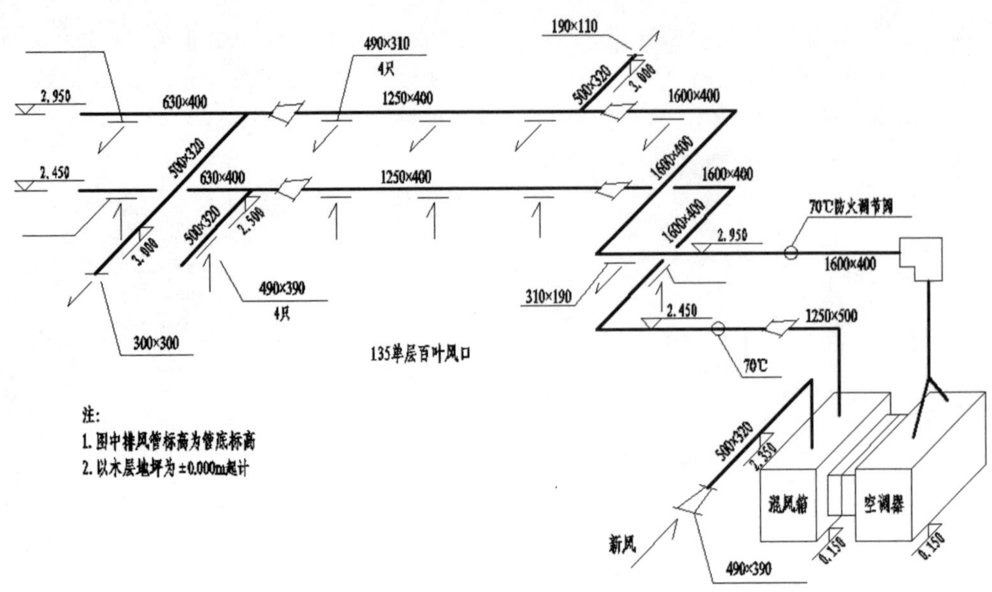

图 12-88　风系统单线轴测图示例

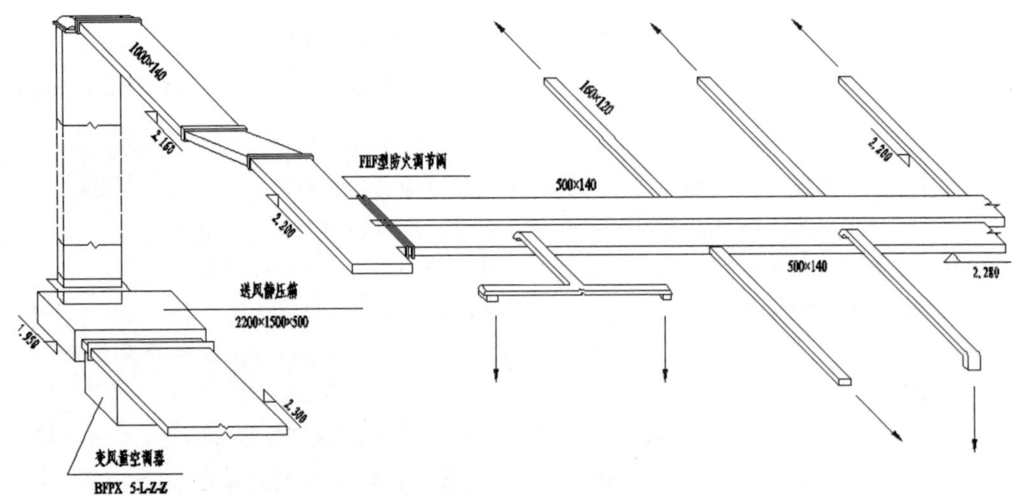

图 12-89　新风系统双线轴测图示例

12.4.10　空调机组配置图

空调工程施工图中，还应包括设计者根据设计要求确定的、无现成产品的空调机组配置图，空调系统选用标准形式产品的空调机组无须配置图。绘制配置图的目的是为了让施工单位根据配置图所确定的机组各功能段要求采购空调机组，并作为厂家生产非标机组的技术条件，根据这一目的，空调机组配置图中应该包括以下内容：

- 明确机组内各功能段名称、容量和长度等特征参数。
- 明确表明机组外壳尺寸，以便机房布置。
- 如果机组有自控要求，那么在配置图中应该反映被控参数传感信号及执行机构等的控制原理。

- 如果在机组立面图中无法说明空气出入口位置，那么在配置图中应该包括相应的剖面图或平面图。
- 空调机组配置图还应该给出机组制作的技术要求，如材料、密封形式等。

如图12-90所示为某室外空调机组配置图，它由立、平、侧3个视图构成，充分说明了风管及其连接的相互关系。该空调机组侧面回风，经回风机部分排至室外，部分空气与新风混合，经过滤、表冷段冷却、挡水板除去水滴，由送风机顶端送出。图中所附的技术参数与技术要求作为空调机组生产商的制作依据。

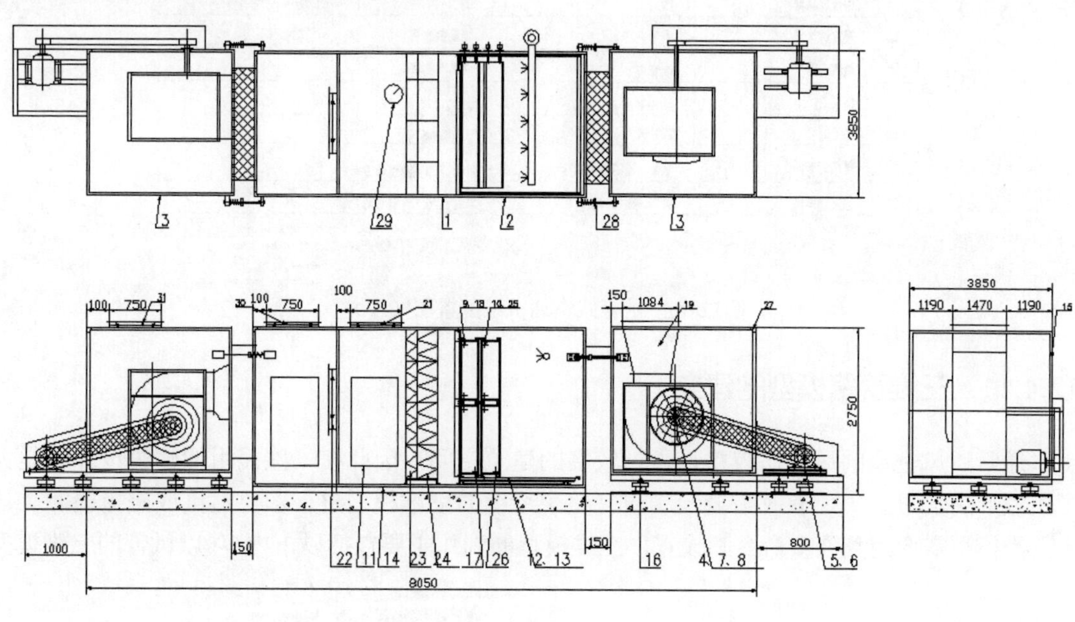

(a)

序号	名称	材料		规格说明
1	过滤段壳体	冷板喷涂/不锈钢穿孔板		外:1.5/里:0.6
2	表冷段壳体	冷板喷涂/不锈钢穿孔板		外:1.5/里:0.6
3	风机段壳体	冷板喷涂/不锈钢穿孔板		外:1.5/里:0.6
4	风机	N/A	1	2140DW/2140DW
5	电机	N/A	1	3Φ,50Hz,380V
6	电机轴承	GC200	1	NSK
7	风机轴承	GC200	1	NSK
8	V-BELT	RUBBER	1	高张紧力皮带
9	表冷器	AL+CU	1	亲水铝箔　铝片:0.14　铜管壁厚:0.5(蒸汽:0.7)
10	加热器	AL+CU	1	普通铝箔　铝片:0.14　铜管壁厚:0.5(蒸汽:0.7)
11	门子	塑钢	1	内开或外开
12	冷凝水管	镀锌管	1	DG40
13	冷凝水盘	不锈钢	1	1.5T
14	基础	Q235A	1	126*53*5.5
15	保温板	岩棉板	1	50

(b)

图12-90　结合式空调机组配置图

序号	名称	材料		规格说明
16	减震器	弹性减震器	1	YDS型
17	冷凝器进管	铜管	2	详见参数表
18	冷凝器出管	铜管	2	详见参数表
19	帆布软接	帆布	1	4FW
20	加湿器	不锈钢	1	干蒸汽加湿
21	送风调节阀	铝合金	1	叶片:1.0 框架:2.0
22	旁通阀	铝合金	1	叶片:1.0 框架:2.0
23	初效过滤器	G4	1	45 可洗
24	中效过滤器	F6	1	295
25	蒸汽进管	铜管	1	详见参数表
26	蒸汽出管	铜管	1	详见参数表
27	框架	铝合金	1	74/50
28	压差计	指针式	1	0~50mmAq
29	排风调节阀	镀锌（齿轮转动）	1	叶片:1.0 框架:2.0
30	回风调节阀	镀锌（齿轮转动）	1	叶片:1.0 框架:2.0

（c）

图12-90　结合式空调机组配置图（续）

12.4.11　三维管路模型的建立

通常通风空调的风管比较粗，占据较多的建筑空间，因此在一些民用的建筑设计或是大型工业厂房的设计中，有时需要绘制建立整个系统的三维模型进行彩色渲染或碰撞检测。建立三维模型需要用到许多命令和设置，三维模型的制作主要包括以下内容（以风管的三维模型为例）。

1. 三维管路模型的初步建立

建立三维模型时，一般要切换到轴测视图状态，这时Z轴方向一般通过输入相对坐标来确定。

- 用单线LINE命令在计算机三维空间中绘制出整个三维管道的中心线，这样管道系统的框架就勾勒出来了。
- 用“倒圆”命令生成各个管道的连接弯头，弯头的曲率半径必须准确。用“倒圆”命令比用圆弧绘制要省事。
- 根据各个管道的截面尺寸在相应管道中心线的起始端绘制圆，或者用复合线POLYLINE命令绘制封闭的矩形。这时绘制的圆或矩形与水平面平行，用三维旋转命令将其旋转成与各自的中心线垂直。
- 对各个圆形或矩形沿着各自的中心线进行拉伸，就得到了整个管路系统的三维模型。对于变径接头，拉伸时只能从小面积的断面拉向大面积的断面；对于一些特殊形状的部件，可能要综合运用多种三维操作命令才能得到。

2. 三维模型的修改

三维实体作为一个整体，可以用旋转、移动和删除等命令进行修改，AutoCAD也提供了许多命令进行三维实体内部的修改，大大简化了三维实体模型。以下是矩形风管和圆形风管的三维模型修改的方法。

- 矩形风管：三维矩形风管其实就是一个长方体，由6个面组成。只要移动矩形风管的某一个端面就可以加长或缩短风管；只要移动某一个侧面就可以使风管变粗或变细。
- 圆形风管：通过移动风管的端面，风管就可以加长或缩短；通过偏移风管的侧面就可以实现管径的增大（偏移量为正数）或缩小（偏移量为负数）。

3．三维模型的观察

可以通过改变视点来从不同的方向进行观察，进行消隐（Hide）、着色（Shade）或渲染（Render）。

三维模型建成后，可以单击绘图区左上角“视图控件”，在打开的菜单中选择合适的轴测图命令，将视图调整为轴测图。需要注意的是，这种方法生成的二维轴测图只是视觉上的二维轴测图，图形仍属于三维图形，并不是真正的二维图形。另外，可以对这些柱体抽壳得到真实厚度的“管”，而不是“柱”，进而统计出各个管段及整个系统的重量、钢板耗量等信息。

AutoCAD 2021中，圆柱用线框表示法来显示，其侧面一般用4条线来表示，与通常的轮廓表示法有很大的差异，可以通过如下设置改为轮廓表示法。选择快捷菜单中的“选项”命令，打开“选项”对话框，如图12-91所示，切换到“显示”选项卡，在“显示精度”选项组中设置“每个曲面的轮廓素线”，轮廓素线的数目不同，显示的效果也不同，轮廓素线越多，显示精度就越高。

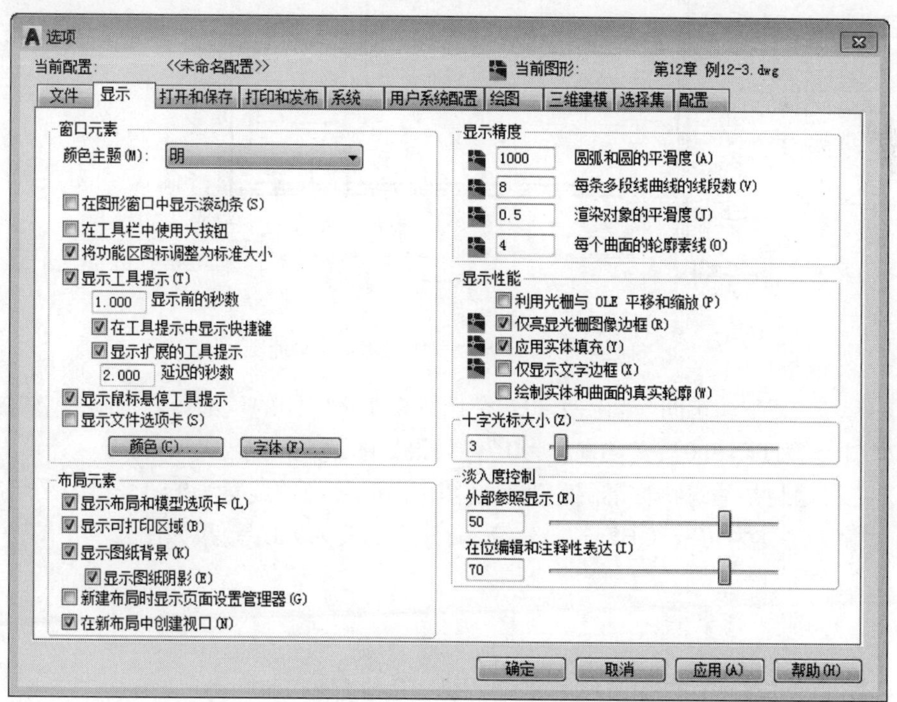

图 12-91 “选项”对话框

12.4.12 简化命令的自定义

许多人绘图时，只用单手操作，这样绘图的速度一般不会很高，理想的方法是，左手操作键盘，主要是输入简化命令字符，右手用鼠标定点。简化命令的定义存储在acad.pgp中，此文件一般在AutoCAD 2021的Support目录下，用户可以根据习惯，自行修改或添加定义。例如，把STRETCH命令定义为SS，则在相应的位置添加一行：

```
SS,    *STRETCH
```

12.5 习　　题

（1）练习绘制某别墅二层空调水系统平面图。供水管用实线表示，回水管用虚线表示，冷凝水管用点划线表示，所有管道的线宽为1.00，效果如图12-92所示。

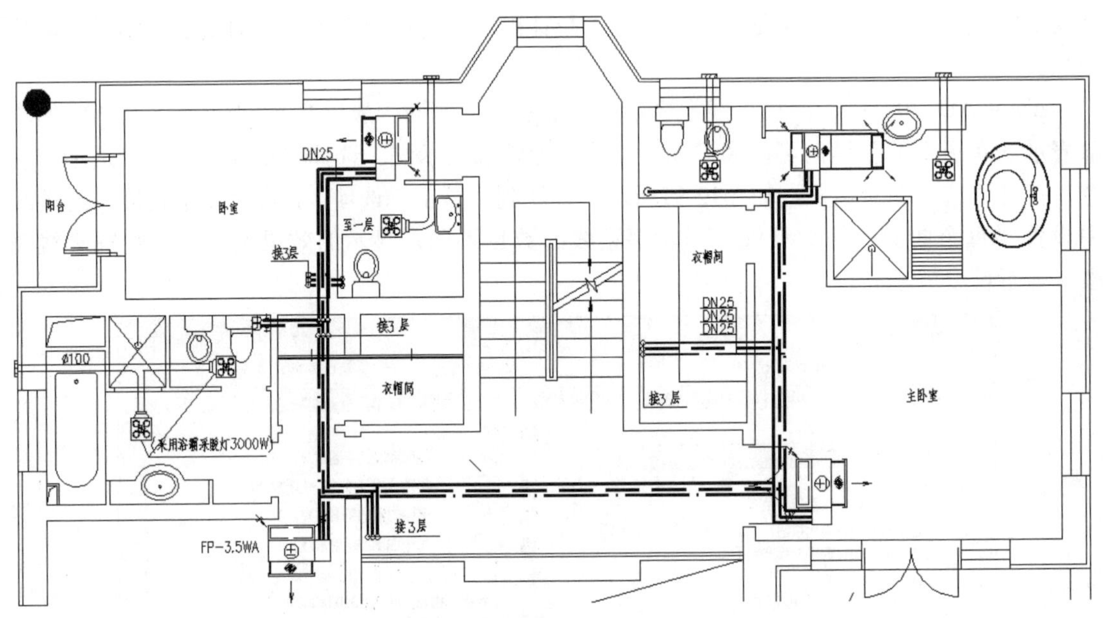

图 12-92　某别墅二层空调水系统平面图

（2）练习在某制药车间平面图上布置空调风系统平面图的一部分，绘制的空调管线线宽为0.5，文字样式为TH_500，文字宽度为0.7，效果如图12-93所示。

（3）练习绘制某建筑物标准层空调系统图，风管管道的线宽为0.50。视图采用斜二测绘制，标注文字的字体为仿宋_GB2312，字高为350，宽度为0.8，效果如图12-94所示。

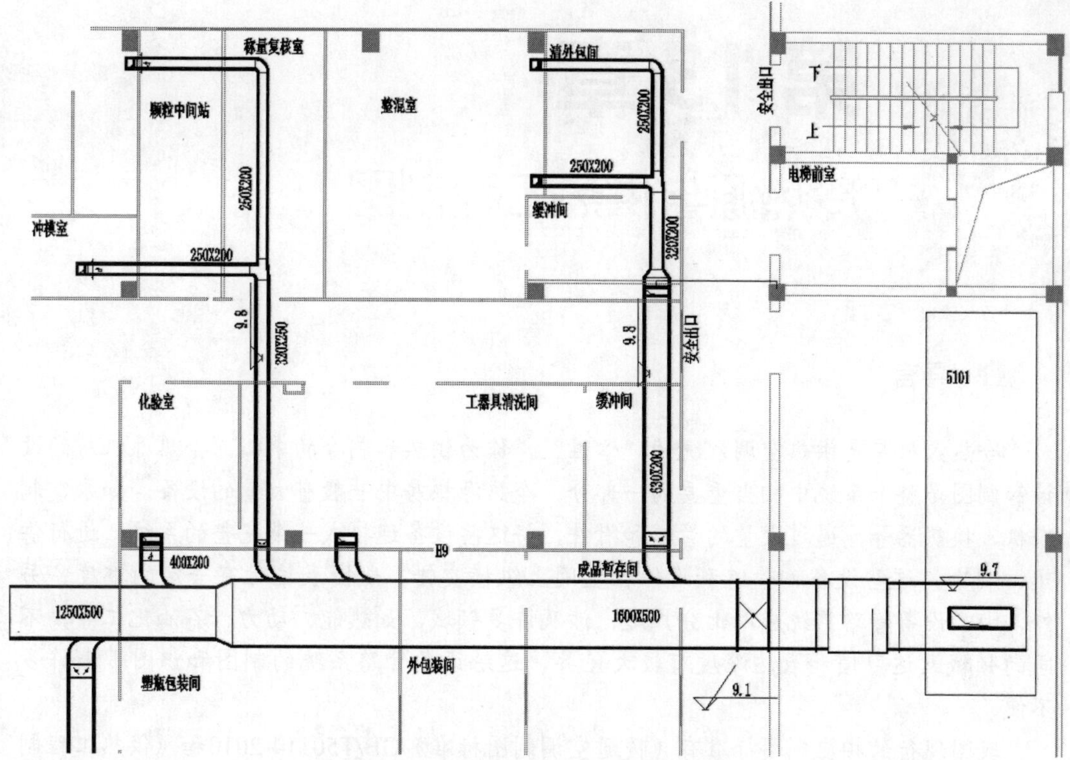

图 12-93 某制药车间空调管线布置平面图

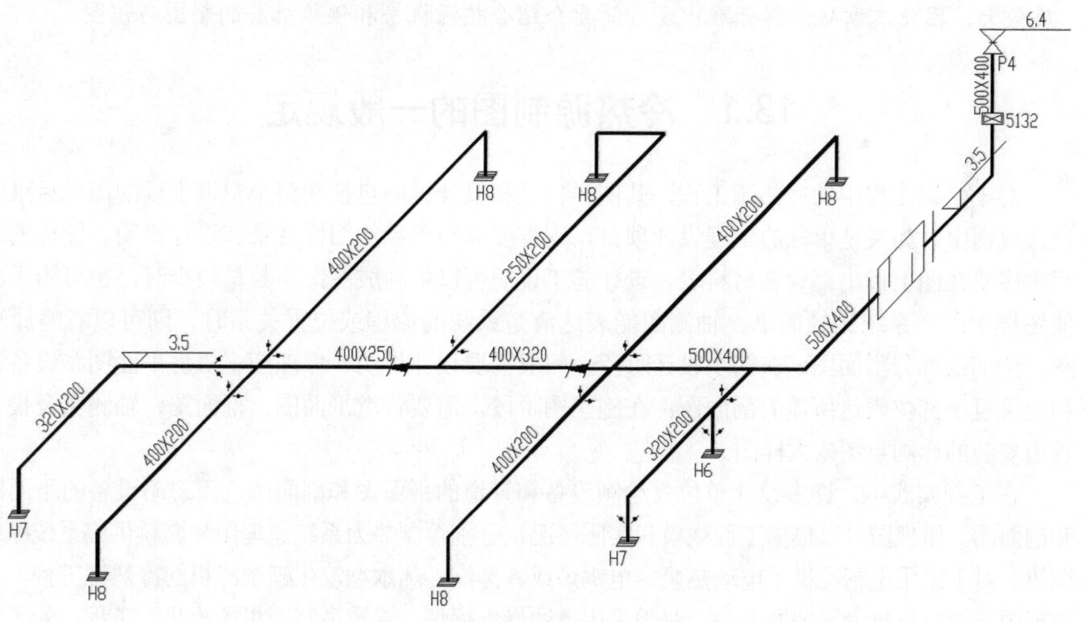

图 12-94 某建筑物空调系统图

第 13 章 冷热源与供热工程制图

导言

冷热源机房是供热空调系统的“心脏”。作为供热和制冷的中心，冷热源机房的设计和制图是整个系统中相当重要的一部分。冷热源机房中一般有大量的设备，如泵、制冷机、换热器等，通过大量的管道和附件，将这些设备连接成一个完整的系统，进行供热、制冷。这些设备、管道和附件在空间上纵横交错，制图表达时有一定的难度。另外，由于设备管路系统应用十分广泛，涉及许多领域，如热能、动力、石油化工等，不同的领域表达习惯和表达深度有较大差异，这给设备管路系统的制图和识图带来许多不便。

我国现行的相应制图标准有《暖通空调制图标准》GB/T50114-2010和《供热工程制图标准》CJJ/T78-2010两个推荐性国家标准。本章涉及的专业知识设计领域广，且设计难度较大，因此本章从讲解标准出发，简要介绍冷热源机房和供热机房的制图与识图。

13.1 冷热源制图的一般规定

对于空调工程中的冷热源工程，其图样目录和设计说明包括在整个空调工程的图样目录和设计说明中。如果是单独的工程设计项目，则需要编写单独的图样目录和设计说明，图样的编写顺序要在图上标出。设备材料表、设计施工说明可以单独成图；当数量较少时，也可附于其他图样中；当系统比较简单、轴测图能表达清楚系统的流程或位置关系时，则可以省略原理图、全部或部分剖面图。在初步设计阶段，一般需要设计说明、原理图、机房平面图、设备表和交叉复杂部位表达所需的剖面图；在施工图阶段，需要管道平面图、剖面图、轴测图及设备管道安装的详细点图或大样图。

在工程实践中，许多设计单位只绘制设备和管道的平面图和剖面图，而忽略设备的平面图和剖面图。原理图可以根据工程规模和实际情况，分别绘制热力系统原理图和燃料供应系统原理图等。对于采用电制冷机、电动热泵、电锅炉或者蒸汽、热水型溴化锂制冷机的冷热源工程，其原理图一般只有热力系统原理图；对于采用燃油燃气锅炉、直燃型制冷机的冷热源工程，除了热力系统原理图外，还有燃油燃气系统原理图，这些原理图视复杂程度可以分别绘制，也可以绘制在同一张原理图上。

13.1.1 冷热源工程所需的图样

冷热源机房的施工图样，通常包括图样目录、设计施工说明与图例、设备及主要材料表、原理图、设备平面图、设备剖面图、设备与管道平面图、设备与管道剖面图、管路系统轴测图、详图和基础图等。

对于冷热源工程中所需图样有以下几点说明：

- 对于空调工程中的冷热源，其图样目录和设计说明包含在整个空调工程的图样目录和设计说明中。如果是单独的工程设计项目，需要编写单独的图样目录和设计说明，图样的编排顺序如上所述。
- 设备材料表、设计施工说明可以单独成图，当数量较少时，也可附于其他图样上。
- 当系统较简单，轴测图能表达清楚系统的流程或位置关系时，可以省略原理图和全部或部分剖面图。
- 在初步设计阶段，一般需要设计说明、原理图、机房平面图及设备表、交叉复杂部位表达所必需的剖面图；在施工图阶段，需要管道平面图、剖面图、轴测图及设备管道安装的详细节点图或大样图。
- 在工程实践中，许多设计单位只绘制管道的平面图和剖面图，而省略设备的平面图和剖面图。
- 原理图在供热标准中称作流程图，也称为系统图。原理图可以根据工程规模和实际情况，分别绘制热力系统原理图、燃料供应系统原理图等。

13.1.2 图样目录

图样目录一般单独成图，可以采用A4或A3图幅，其格式及图样的顺序参照表13-1。

表 13-1 某电站工程图样目录

某设计院	工程名称		某电站工程		设 计 号	
	项 目		第 1 号热力站		共 1 页	第 1 页
序 号	图别/图号	图 名	采用标准图或重复使用图		图样尺寸	备 注
			图集编号或工程编号	图别/图号		
1	热施-1	设计说明			A3	
2	热施-2	设备表			A3	
3	热施-3	热力系统原理图			A1	
4	热施-4	设备平面图			A1	
5	热施-5	设备和管道平面图			A1	
6	热施-6	管路系统轴测图			A1	
7	热施-7	分集水器大样图			A2	
8	热施-8	设备基础图			A2	

13.1.3 设备材料表

设备材料表可以单独成图，也可以书写于平面图的标题栏上方，这时项目名称写在下面，从下往上编号。设备表至少包括序号（或编号）、设备名称、技术要求、件数和备注栏等内容；材料表至少包括序号（或编号）、材料名称、规格（或物理性能）、数量、单位和备注栏。如表13-2所示为某工程的设备表。

表 13-2 某工程的设备表

序 号	名 称	型号及性能	单 位	数 量	备 注
1	补给水箱	V=50m^3（6000mm×3000mm×2400mm）	个	1	参考 GS27-3 11 号水箱制作
2	补给水泵	65MS×5-11 Q=21m^3/h H=50m	台	2	
3	旋流除污器（二级）	XL-300	个	1	
4	循环水泵	KQL200-400（I）B Q=450m^3/h H=29.6m	台	3	N=130kW
5	旋流除污器（一级）	XL-250	个	1	
6	集水器	D630×9 L=2400	个	1	
7	分水器	D630×9 L=2400	个	1	
8	换热器	LWP1200	台	1	
9	换热器	LWP1800	台	1	
10	电磁除垢器	DSG-350w	台	1	P=130W

13.1.4 设计说明

1. 设计说明的内容

设计说明是工程设计的重要组成部分，它包括对整个设计的总体描述（如设计条件方案选择、安装调试要求、执行的标准等），以及对设计图样中没有表达或表达不清楚的内容补充说明等。冷热源工程的设计说明除了包括应该遵循的设计和施工验收规范外，一般还应该包括如下内容：

- 设计的冷热负荷要求。
- 冷热源设备的型号、台数及运行控制要求。
- 冷热水机组的安装和调试要求。
- 泵的安装要求。
- 管道系统的材料、连接的形式和要求，防腐、绝热要求。
- 管路系统的泄水、排气、支吊架和跨距要求。
- 系统的工作压力和试压要求。

2. 某工程的设计说明举例

- 本工程设计供热面积20万立方米，设计热负荷71W/m²，一级网设计水温100℃/65℃，二级网设计水温85℃/60℃，一级网设计流量383.5t/h，二级网设计流量537t/h。
- 该工程与外部管线的连接地沟，待外部管线和该工程施工完毕后，应该给予封闭。
- 管道及设备安装前，应该校验尺寸、型号及基础尺寸。
- 所用设备、附件等应有说明书和产品合格证。
- 管道水平安装的支架间距，按表13-3选用。

表 13-3　支架选用参数

公称直径/mm	25	32	40	50	70	80	100	125	150	200
最大间距/m	2.0	2.5	3.0	3.0	4.0	4.0	4.5	5.0	6.0	7.0

- DN125mm管道上的阀门及除污器两侧，应该设支吊架。
- 旋流式除污器安装时，要求在除污器的出口处设滤网，以防止固体颗粒物进入换热器内。
- 工程内设备及管道安装完成后，应该进行清洗，然后按1.5倍工作压力进行试压。
- 管道清洗试压合格后，换热站内管道用岩棉管壳保温，外包镀锌铁皮。保温前应该除掉管道外表面的污垢，然后刷防锈漆。
- 供热管道清洗试压合格后，方可安装流量仪表。
- 本项目执行《城市供热管网施工及验收规范》，未尽事项按国家有关规定执行。

13.1.5　冷热源工程原理图

冷热源工程原理图是工程设计中重要的图样，它表达系统的工艺流程，应该表示出设备和管道间的相对关系以及过程进行的顺序，可不按比例和投影规则绘制。一般来说，尺寸大的设备绘制得大一些，尺寸小的设备绘制得小一些。设备、管道在图面的布置上主要考虑图面线条清晰、图面布局均衡，与实际物理空间的设备管道布置没有投影对应关系。

在绘制冷热源工程原理图时，要注意以下几点。

- 应该在图中表示出全部系统流程中有关的设备、构筑物，并标注设备编号或设备名称。设备、构筑物可以用图形符号或简化外形表示，同类型设备应相似。图上应绘制出管道和阀门等管路附件，标注管道代号及规格，并应标注介质流向。
- 管线应采用水平方向或垂直方向进行单线绘制，转折处应该绘制成直角。管线不宜交叉，当有交叉时，应该使主要管线连通、次要管线断开。管线不得穿越设备或部件的图形符号。管线应采用粗实线绘制，设备应采用中实线绘出，阀门等管道附件应采用细线绘制。
- 宜在原理图上标注管道代号和图形符号，并列出设备明细表。
- 管道与设备的接口方位宜与实际情况相符。
- 对于采用电制冷机、电动热泵、电锅炉或蒸汽热水型溴化锂制冷机的冷热源工程，一般只有热力系统原理图；对于采用燃油燃气锅炉直燃型制冷机的冷热源工程，除了热力系统原理图以外，还有燃油燃气原理图，这些原理图视复杂程度可以分别绘制，也可以绘制在同一张原理图上。

如图13-1所示为某大厦水源热泵机房的工程原理图（或称为流程图）。该原理图包括了热泵机房中所有热力设备和管道，重点表达了设备、管道的连接关系以及水的流程。从该原理图中可知，用户回水首先经集水器汇集到回水总管，进入水处理净化装置，由循环水泵加压后，进入换热器，温度升高后离开换热器，进入分水器，最后供给各用户。从水处理净化装置出来的水量会有所减少，为保证水量恒定，采用1.8m×1.7m×2.5m的补水箱补水。该水箱同时还具有一定的定压功能。

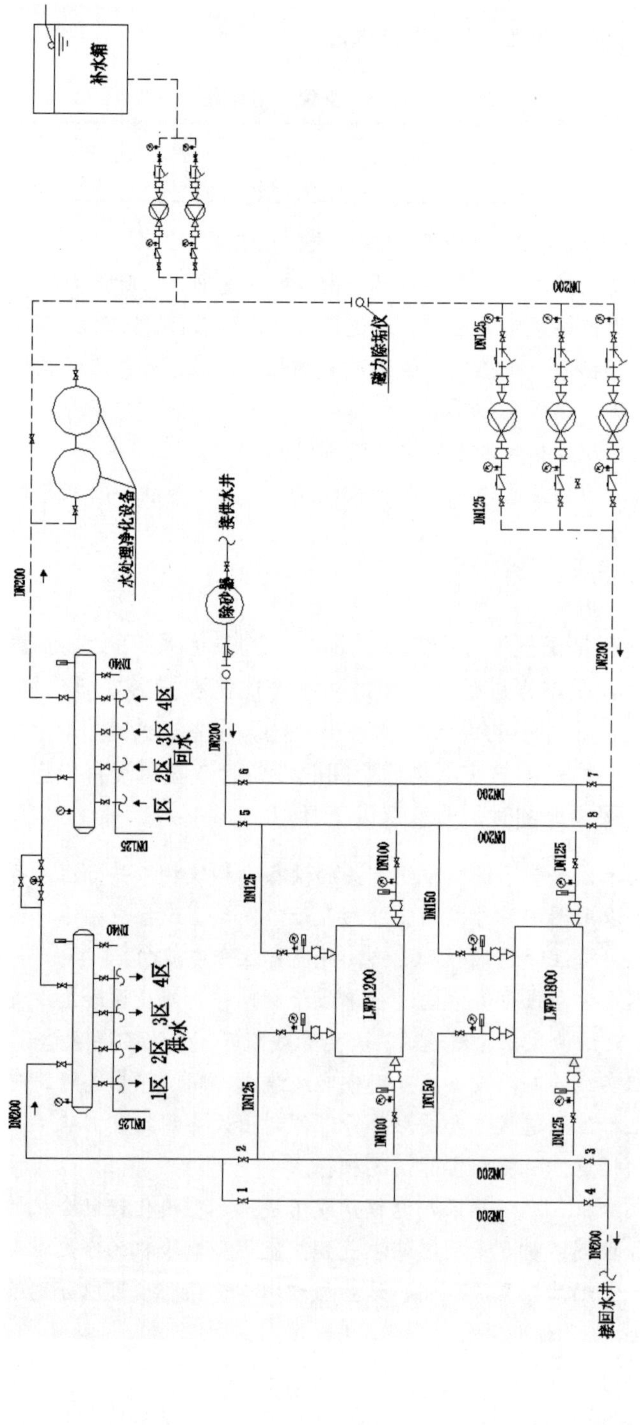

图 13-1 某大厦水源热泵机房原理图

原理图不是按比例和投影规则绘制的。设备名称可以在图中给出，也可以编号后在设备表（见表13-2）中给出其具体参数，图中管道已标注了管径。

13.1.6 冷热源工程的平面图和剖面图

冷热源工程的平面图和剖面图主要反映设备的布置和定位情况，是施工安装的重要依据，应该采用正投影法按比例绘制。

在绘制冷热源工程的平面图和剖面图时，要注意以下几点：

- 在冷热源工程中，由于设备是突出表达的对象，所以设备轮廓应用粗线，根据实际的物体尺寸和形状按比例绘制；建筑是设备定位的参考系，应该用细线绘制出建筑轮廓线和相关的门窗、梁柱和平台等建筑构配件，并标明相应的定位轴线编号房间名称、平面表格和设备，平面图中不绘制管道。
- 设备平面图应该按假想除去上层板后俯视规则绘制，否则应该在相应垂直剖面图上表示平剖面的剖切符号。
- 平面图上应标注出设备定位（中心、外轮廓和地脚螺栓孔中心等）线与建筑定位（墙边、柱边和柱中）线间的关系；通过尺寸标注（纵向和横向各一个）确定设备与建筑的位置关系，使设备位置在水平面上不再浮动。剖面图上应该标注出设备中心线或是某表面的标高，使其在竖直方向位置确定后不再浮动，还应该标注出距该层楼（地）板面的距离。
- 要标注设备名称和编号，一般只绘制设备的可见轮廓。
- 在实际工程中，往往存在设备未订货就出施工图的情况，因此设备的这部分图样通常会在订货后补出。

如图13-2所示为某大厦水源热泵机房的设备平面图，在该设备平面图中，绘出了热泵机房中的所有设备，清楚地表示出机房的布局及各设备的定位尺寸。

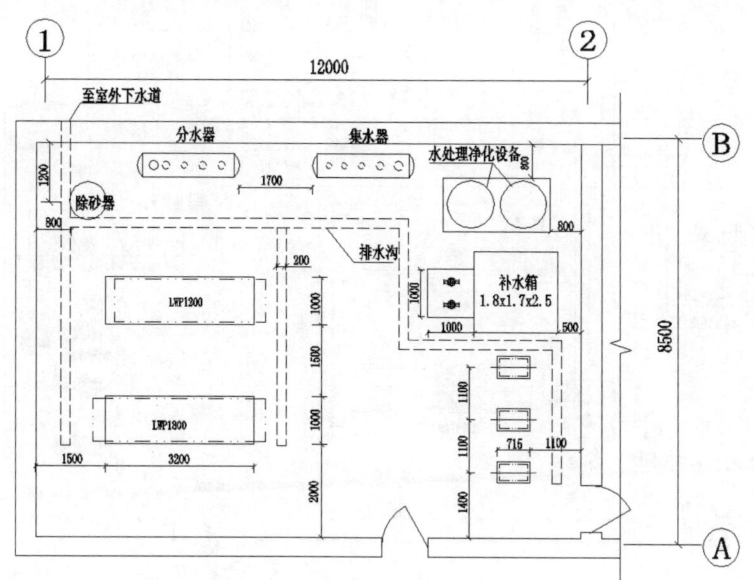

图 13-2　大厦水源热泵机房设备平面图

13.1.7 设备和管道的平面图和剖面图

设备和管道的平面图、剖面图主要是表达管道的空间布置，即管道与设备、管道与建筑之间的位置关系，管道是突出表达的对象。和设备平面图相比，主要增加了管道、管道附件及相关的标注。在该图上，设备轮廓线改为中粗线绘制。

1. 管道的绘制

- 管道可以单线（粗线）或双线（中粗线）绘制。在实际应用中，一般较粗的管道用双线，细管道用单线。绘制双线管道的工作量较大，但更能反映管道的实际情况。
- 管道的遮挡分支、交叉和重叠要根据《暖通空调制图标准》或《供热工程制图标准》的规定绘制。
- 要标注管道的定位尺寸，一般标注在管道的中心线与建筑、设备或管道间的距离。
- 剖面图上要标注水平管道的标高，一般为管道的中心线。
- 标注管道的规格和代号，并标注介质流向。

2. 阀门等管道附件的绘制

- 阀门等管道附件宜采用细线绘制。
- 阀门等附件应按比例绘制，若按暖通空调标准可以不绘制阀杆，并且当投影方向与阀门轴线平行时不绘制阀门；若采用供热标准则应该按其对阀门的绘制要求进行绘制。

如图13-3所示为某大厦水源热泵机房设备和管道平面图，该平面图重点表达的对象是管道，图中对各主要管道的规格和定位尺寸进行了标注。

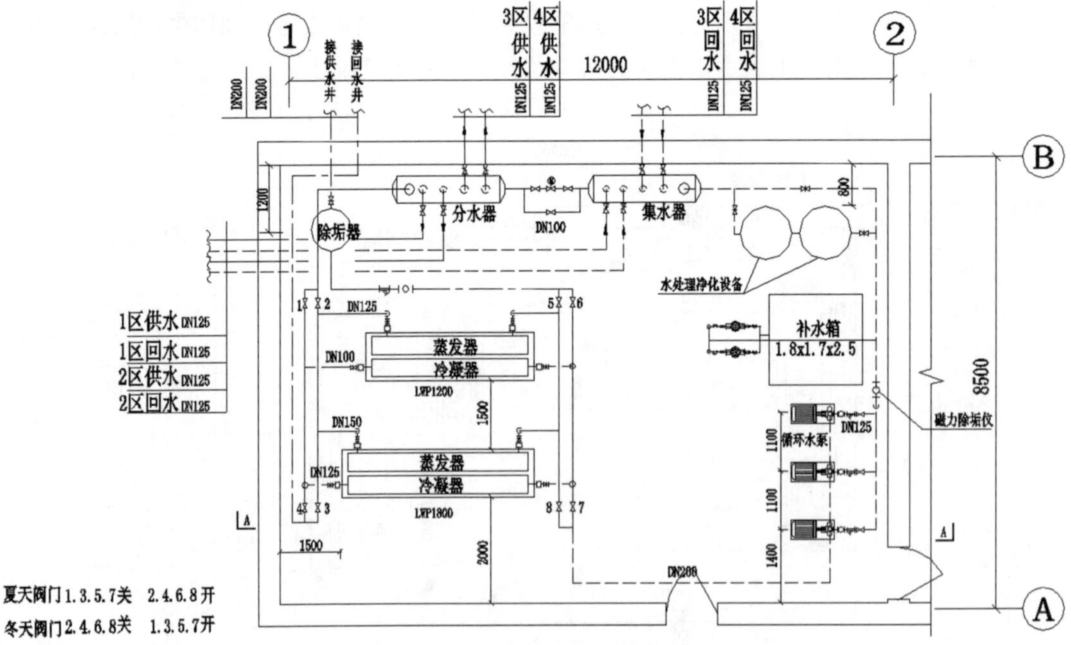

图 13-3 大厦水源热泵机房设备和管道平面图

13.1.8 管路系统轴测图

为了将管路系统表达清楚，一般要绘制管路系统轴测图。轴测图应采用正等轴测法或正面斜二测绘制方法。在工程应用中，工业设计部门（冶金、化工、动力和机械等行业）大多采用正等轴测法，而建筑设计部门大多采用正面斜等测法。

在绘制冷热源工程管路系统轴测图时，要注意以下几点内容。

- 轴测图上应该按比例绘制相应的设备和管道。
- 设备采用中粗线绘制，应标注设备的名称和代号，可见轮廓线采用实线绘制，被遮挡设备可以不绘制，必要时用中粗虚线绘制。
- 管道一般采用单线，双线绘制工作量太大，管道应标注管道规格、代号，水平管道应该标注标高坡度和坡向。
- 当采用供热工程制图标准时，阀门应该按其要求进行绘制，阀门应按比例绘制阀门和阀杆。采用暖通空调制图标准时，可以按其所示的阀门轴测绘制方法绘制，需要绘制阀杆的方向，阀体和阀杆的大小根据其实际尺寸近似按比例绘制，即大致反映其大小。在工程实践中，许多时候可以不绘制阀杆，阀门的大小也不必严格按比例绘制。
- 为使图面清晰，一个系统经常断开为几个子系统来分别绘制，断开处要标识相应的折断符号。也可以将系统断开后平移，使前后管道不聚集在一起，断开处要绘出折断线或是用细虚线相连。

如图13-4所示为某大厦水源热泵机房管路系统轴测图，轴测图采用供热制图标准绘制。该轴测图重点表达了换热站中各设备，管道的连接关系与空间位置关系，途中对各设备、管道的规格和标高都进行了标注。对照该轴测图和图13-1所示的原理图，可以体会轴测图和原理图的异同。

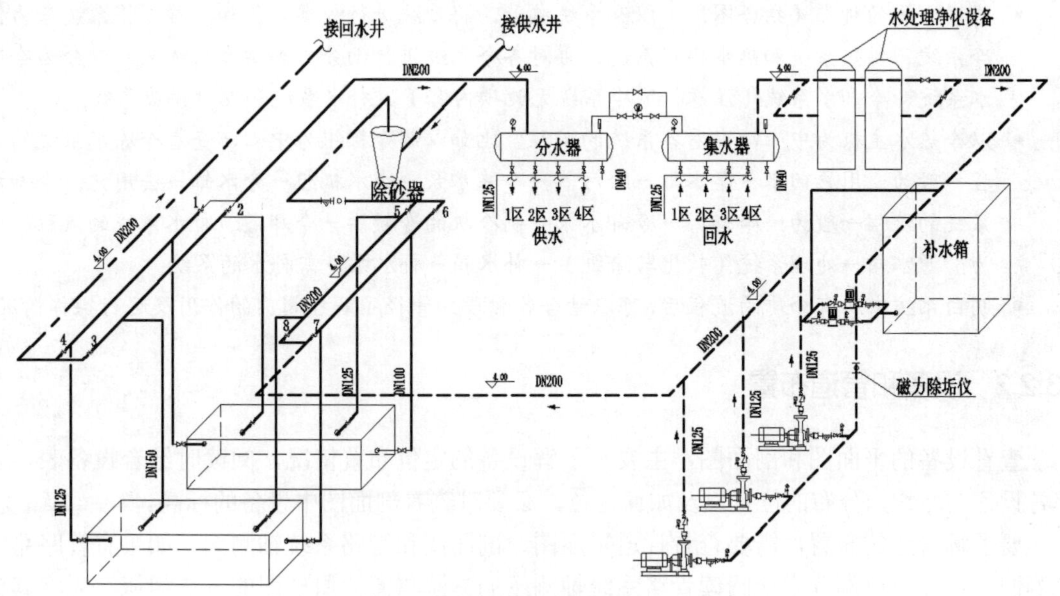

图 13-4 大厦水源热泵机房管路系统轴测图

13.1.9 大样详图

冷热源机房大样详图的绘制方法和采暖机房的类似，详图包括的图纸有以下几种。

- 加工详图：当所用设备由用户自行制造时，需要绘制加工详图。通常有水箱、分水缸等。
- 基础图：如水泵的基础图和换热器的基础图等，其绘制方法请参阅标准图集中相关设备的绘制方法。
- 安装节点详图：包括各种设备安装节点的详图。

13.2 冷热源机房识图

对于暖通专业的设计人员来讲，采暖和空调部分的绘图方法无疑是需要重点掌握的。冷热源机房作为供热制冷的枢纽，属于暖通专业设计学习的范畴。但在实际设计和应用中，其重要性、必要性和设计难度都远不如前两者。而且这部分的设计工作常常会由热动专业的设计人员来完成，在此不对其进行详细地绘制介绍。懂得如何识读冷热源机房的各种图纸是暖通专业设计人员的必备素质之一，因此本节重点介绍冷热源机房的识图。

13.2.1 系统原理

对于一个工程，首先要明白其工作原理，判断其方案是否正确。原理图表达了系统的工艺流程，所以识图时必须先看原理图，方法如下：

- 首先阅读设计说明，了解工程概况。再结合设备表，弄清楚流程中各设备的名称和用途，在冷热源机房中一般有冷水机组、锅炉、换热器、泵、水处理设备和水箱等。
- 根据介质的种类（结合图形）以及系统编号，将系统进行分类。例如，首先将系统分为供冷系统、供热系统和热水供应系统，再对各个系统进行细分，如供冷系统又可以分为冷冻水系统、冷却水系统（注意，风冷系统无此项内容）、补水系统和燃料供应系统。
- 以冷热水主机为中心，查看各系统的流程。比如以制冷机组为中心，查看冷冻水系统的流程一般为：用户回水→集水缸→除污器→冷冻水泵→冷水机组→分水缸→去用户；冷却水系统的流程一般为：冷却塔→冷却水泵→制冷机的冷凝器→冷却塔；补水系统的流程一般为：源水箱→处理系统（软化与除氧）→补水箱→补水泵→需补水的系统。
- 明白系统中所有介质的流程后，可以结合各管段的管径了解各阀门的作用及运行操作情况。

13.2.2 设备和管道布置

查看设备的平面图和剖面图，主要是了解设备的定位布置情况，阅读时结合设备表，了解各设备的名称、分布的位置以及如何定位，必要时查看剖面图中设备的标高。

要了解管道的布置，需要查看管道平面图、剖面图和管路系统轴测图。如果有管路系统轴测图，首先应该阅读它。阅读管路系统轴测图的方法与阅读原理图的方法相似，先将其分为几个系统；然后弄清楚各个系统的来龙去脉，并注意管道在空间的布局和走向；最后结合平面图和剖面图，了解管道的具体定位尺寸和标高。

有了管路系统轴测图，图样阅读的难度一般不大。如果没有管路系统轴测图，只能结合平面图和剖面图进行阅读，应以平面图为主，剖面图为辅，并结合原理图和设备表。根据管道的表达规则，尤其是弯头转向和管道分支的表达方法，此时要充分注意管道代号的作用，必要时根据管段的管径和标高，将平面图、剖面图上的各管段对应起来。阅读时，要先弄清主要管道的走向，比如制冷系统中冷冻水的大致流程，一些设备就近的配管（如泄水管、放汽管）先不要考虑。由于在管道平面图中设备的配管难以表达清楚，设计人员往往提供某些设备的配管平面图、剖面图或轴测图，待主要管道的走向弄清之后，可以根据管道表达规则仔细阅读这些设备配管图。

对于较复杂的管路系统，建议绘制管路系统轴测图，以减慢阅读的速度。同时，可以省去许多剖面图。当管路系统十分复杂时，有时可以借助于物理模型或计算机三维模型来弄清楚。

13.3 冷热源CAD制图设置

13.3.1 图层的设置

冷热源工程中常用的图层可以参照《 房屋建筑制图统一标准》GB50001-2017附录B中的“B-6 常用暖通空调专业图层名称列表”设置。如果用户自定义图层，最好能够符合《房屋建筑制图统一标准》 GB50001-2017中13.0.1和13.0.2的规定。

一般暖通专业所用的建筑轮廓图来自建筑专业，但暖通专业的主要机房，如冷冻机房、热交换机房和洁净室等，往往由暖通专业绘制设计图提交给建筑专业。

13.3.2 图形符号库的建立

在暖通空调的制图中，会涉及大量的图形符号，如各种设备、阀门和仪表的图形符号，一个有效的方法就是建立自己的图形符号库。建立符号库的基本方法是将每个图形符号做成块，然后建立相应的管理界面，进行图块的增加、修改、删除和调用。最简单的方法是，将这些块直接存到相应的文件夹下，不同的文件夹存放不同类型的图形符号，直接通过AutoCAD 2021的“块插入”命令调用。另外一个方法是，将同一类的图块放在同一个文件中，各图形符号在该文件中做成内部块，将这些包括多个块的文件添加到AutoCAD 2021 Today中的Symbol libraries中，然后通过AutoCAD 2021 Today就可以将文件内的块取出，这样图形文件的数目可以减少，使用时更加方便一些。

在AutoCAD 2021中，块的使用尽管简单，但如果设置不当，有时也会出现许多意想不到的问题。例如在块中某线条本来是红色的，插入后变成了蓝色；或者块插入后某线条是蓝色的，块炸开后突然变成黑色；又比如某块实体位于A层上，但当A层关闭（OFF）后，块仍然显示出来。因此，在大规模制作自己的符号库时，必须清楚块及块中实体的属性与层的关系，否则在使用这些符号块时可能造成许多麻烦。下面对块与图层及块的属性设置进行介绍。

1．块插入后块中实体所处的层

- 0层是一个特殊的层。块插入后，原来位于0层上的块内实体被绘制到块所在的层上。
- 对于块内不位于0层上的实体，块插入后，如果有同名的层，则绘制在图中同名的层上，并且层的属性（如颜色线型和线宽）以当前图形中的定义为准；如果没有同名的层，则根据块中实体的层定义在当前图形中新建这些层。

2．块中实体的颜色、线型和线宽等属性

- 如果块中实体属性为具体值，如颜色为红色，则插入后这些块中实体显示其本来的值，即红色。
- 如果块中实体属性值为随层，则在图块插入后，这些实体的属性取决于实体所在层和图块所在层中不同的定义。
- 如块中实体属性值为随块，则依据块的属性而定。如果块的属性值为具体值，则实体属性为该值；如果块属性为随层，则为块所在的属性值；如块属性为随块，则没有具体值，暂时为系统默认值，即颜色为白色，线型为Continuous。
- 对于嵌套的块内实体的颜色，可以从内到外遵循上述原则逐次分析。

3．块中实体的可见性

- 如果插入的块由多个不同层上的实体组成，当进行图形的开关时，则块内各实体的显示与否，只取决于块中实体所在的层，与块所在层的开关无关。
- 如果进行冻结操作，当块所在的层冻结，块中的所有实体均不可见；当块所在的层解冻，则块中实体的可见性取决于其所在的层状态，即块内实体所在的层冻结便不可见，解冻且打开则可见。

4．图块的分解

当图块分解以后，所有的块中实体均返回到做块时各自的图层，原来是0层的也要返回到0层，其颜色、线型等属性依实体自身的属性和它所在的当前图层定义而定。若插入块时图层重名，以当前图层的定义为准。

因此，在建立设备阀门等图形符号的图库时，应该先规划好层的名称和所存放的内容，使符号库中块的层使用方案与自己的制图模板中层使用方案统一。制作一般的图块时，尽量将块中实体绘制在0层上，使其各属性值为随块，在设置块内实体的显示属性时，具有较大的灵活性。

13.3.3 双线管道与墙体的绘制

双线管道（管道轮廓与中心线）与墙体可以使用多重平行线命令绘制。使用时要先定义多重平行线的样式。

首先定义样式，在命令行中输入MLSTYLE后按Enter键，执行“多线样式”命令，打开“多线样式”对话框，如图13-5所示。在该对话框中单击“修改”按钮，打开“修改多线样式”对话框，如图13-6所示。根据需要设置多线的颜色、偏移量及线型，设置完成后单击“保存”按钮，以备将来使用。

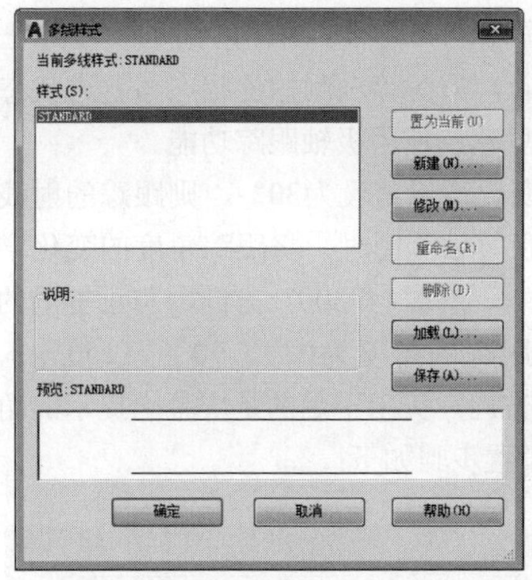

图 13-5　“多线样式”对话框

图 13-6　“修改多线样式”对话框

使用时，在命令行中输入ML后按Enter键，就可以像“直线”命令一样绘制多重平行线了，此时命令行提示信息如下：

```
命令:ML
MLINE
当前设置: 对正 = 上, 比例 = 20.00, 样式 = STANDARD
指定起点或 [对正(J)/比例(S)/样式(ST)]:  *取消*
```

在绘制管道、墙体时，选择“对正”|“无”命令，也就是以拾取点坐标确定中心线或是定位轴线；“比例”为实际绘制时的比例，定义上下偏移量为0.5和–0.5。因此，若要绘制管径为100的管道，比例应设为100，“样式”用于改变样式。

AutoCAD 2021提供了专门的工具进行多线相交或打断等处理，在命令行中输入MLEDIT后Enter键，或者在需要编辑的多线上双击，打开“多线编辑工具”对话框，在对话框中可以根据需要进行处理。需要注意以下几点：

- 当要将交线处理成T形时，要先拾取“|”所在管线的相应一侧，然后拾取“—”所对应的管线。
- 当把主要的交角处理完毕，个别交角通过该工具难以达到预期效果时，可以用“分解”命令将其打开，之后可以方便地进行修改。
- 为了修改方便，多线的转折不要太多，否则在进行交角处理时，会出现意想不到的结果，只能分解后再逐一修剪才能达到预期的效果，因此一般绘制两三个转折后就结束，再开始处理下一段多线。

13.3.4　正等轴测图的绘制

1．正等轴测图的绘制方法

在冷热源机房的绘制中，轴测图通常使用正等测或正面斜等测的方法绘制。这两种方法的优点是各轴的长度均不发生变化，易于绘制和测量。正面斜等测的绘制方法参见11.4.4节。

在AutoCAD中，将捕捉类型设为等轴测捕捉状态，则屏幕的X轴和Y轴分别为±30° 和±150° 方向，但不能准确绘制Z轴及图形屏幕的±90° 方向，需在等轴测捕捉状态与普通状态（X与Y轴垂直）之间切换，这样操作很不方便，因此这里建议使用极轴跟踪功能。

如果绘制的轴测图采用正等轴测表达，跟踪角度的变化增量角设为30° ，则跟踪的射线太多，并且容易弄错。在此笔者提供一种方法：在绘制正等轴测图时，将跟踪角度的变化增量角设为60° ，则跟踪的角度为0° 、60° 、120° 、180° 、240° 和300° 方向，与正等测的方向不符合，这时需要将系统的起始方向设为30° ，跟踪的角度为0° 、90° 、150° 、210° 、270° 和330° 共6个方向，恰为正等测所需的6个方向，美中不足的是屏幕上提示的角度和普通状态下相差30° ，但一般不会影响判断，具体设置步骤如下：

步骤01 在命令行中输入 DS 后按 Enter 键，执行“草图设置”命令，弹出如图 13-7 所示的对话框，切换到“极轴追踪”选项卡。

步骤02 在“极轴角设置”选项组的“增量角”中输入 60。

步骤03 在“对象捕捉追踪设置”选项组中选中“用所有极轴角设置追踪”单选按钮。

步骤04 在“极轴角测量”选项组中选中“相对上一段”单选按钮，单击“确定”按钮退出。

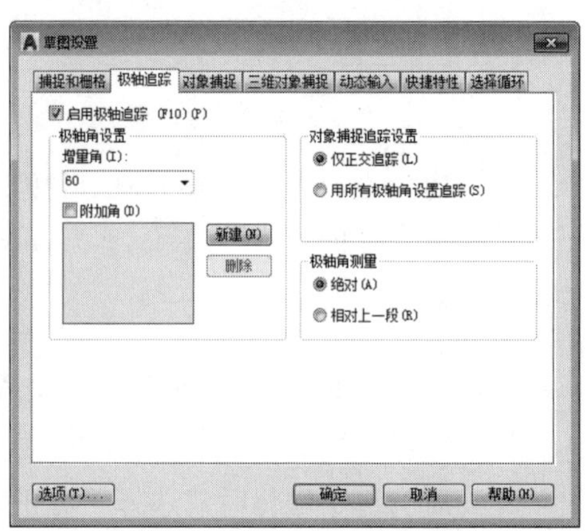

图 13-7 “草图设置”对话框

步骤05 在命令行中输入 UN 后按 Enter 键，执行“单位”命令，打开如图 13-8 所示的对话框。单击下面的“方向”按钮，打开“方向控制”对话框，如图 13-9 所示，选中“其他”单按按钮，然后在“角度”文本框中输入 30，单击“确定”按钮退出对话框，设置完毕。

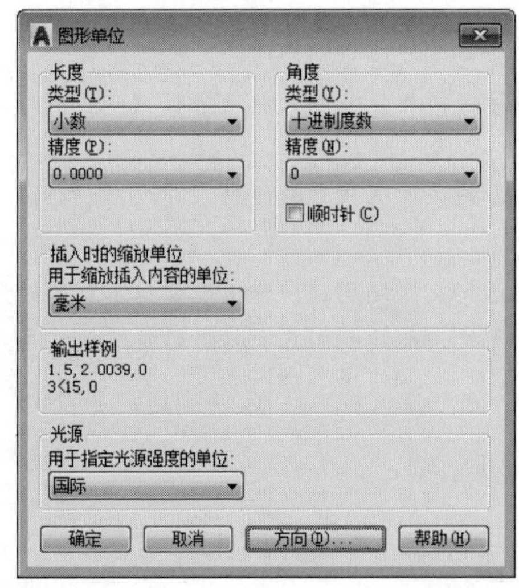

图 13-8 “图形单位”对话框

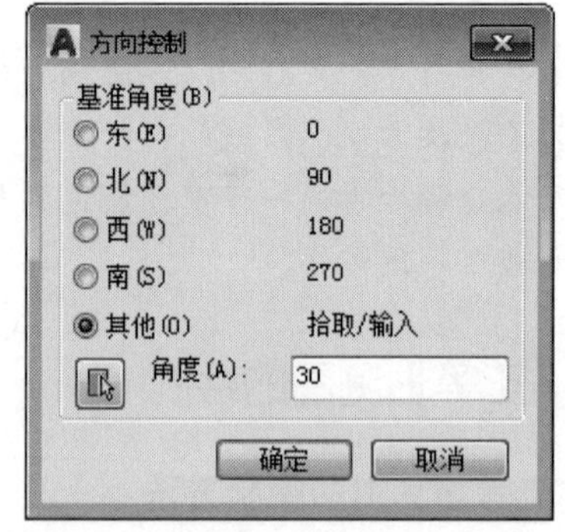

图 13-9 “方向控制”对话框

步骤06 单击图形屏幕右下方状态栏上极轴区域的开/关极轴跟踪功能。

步骤07 绘制轴测图时，确定起点后，用户只要给出所绘制的直线大致方向，系统就能计算出最接近的一个轴测轴，可以通过输入该线段的长度或直接用鼠标拾取点，绘出所需的与轴测轴平行的线段。

2. 绘制正等轴测图操作实例

下面以一段换热器配管图的正等轴测的绘制方法来介绍如何使用AutoCAD 2021提供的在轴测视图绘制轴测图。

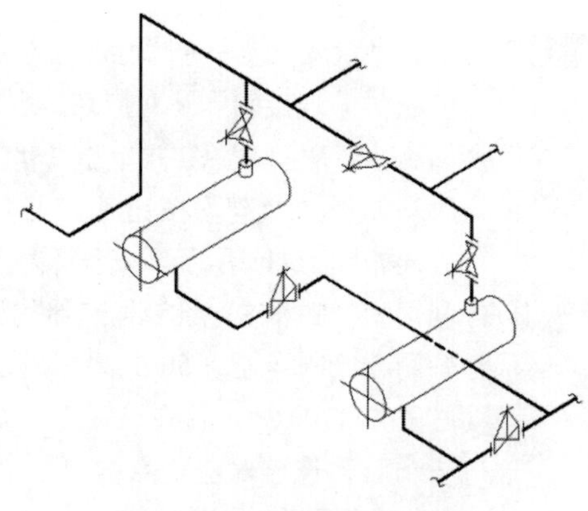
图 13-10 换热器配管轴测图

【例13-1】 在正等轴测模式下绘制换热器的配管图，完成后效果如图13-10所示。

（1）进入轴测绘图模式

选择“工具”|“绘图设置”命令，打开“草图设置”对话框，在“捕捉和栅格”选项卡的“捕捉类型”选项组中选中“等轴测捕捉”单选按钮。单击“确定”按钮，返回绘图区。

（2）绘制换热器

步骤01 首先单击“默认”选项卡|“绘图”面板上的“直线”按钮，在左侧轴测平面视图中绘制两段互相垂直的直线，长度为 500。然后单击“默认”选项卡|“绘图”面板上的“圆心”按钮，绘制轴测圆。命令行提示信息如下：

```
命令: _ELLIPSE
指定椭圆轴的端点或 [圆弧(A)/中心点(C)/等轴测圆(I)]: I   //输入I，绘制等轴测圆
指定等轴测圆的圆心:                                    //选定两段线段的中点作为圆心
指定等轴测圆的半径或 [直径(D)]: 200                    //输入半径200，效果如图13-11所示
```

步骤02 按 F5 键将视图切换到右侧等轴测平面，然后单击“默认”选项卡|“修改”面板|“复制”按钮，将轴测圆复制到图 13-12 所示的位置。

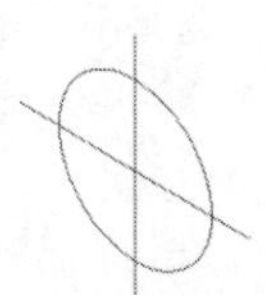
图 13-11 轴测圆

图 13-12 复制轴测圆

命令行提示信息如下：

```
命令: <等轴测平面 上>
命令: <等轴测平面 右>
命令: _COPY 找到 1 个
```

```
当前设置：  复制模式 = 多个
指定基点或 [位移(D)/模式(O)] <位移>:                //对象捕捉圆的圆心
指定第二个点或 [阵列(A)] <使用第一个点作为位移>:  <正交 开> 1500
//在正交模式开启状态下向右上方追踪，输入1500
指定第二个点或 [阵列(A)/退出(E)/放弃(U)] <退出>:   //按Enter键，完成后效果如图13-12
所示
```

步骤 03 单击“默认”选项卡|“绘图”面板上的“直线”按钮，连接轴测圆对应点，即图 13-13 中的 A 和 A'点、B 和 B'点，并单击“默认”选项卡|“修改”面板|“修剪”按钮，修剪多余的线条，效果如图 13-13 所示。

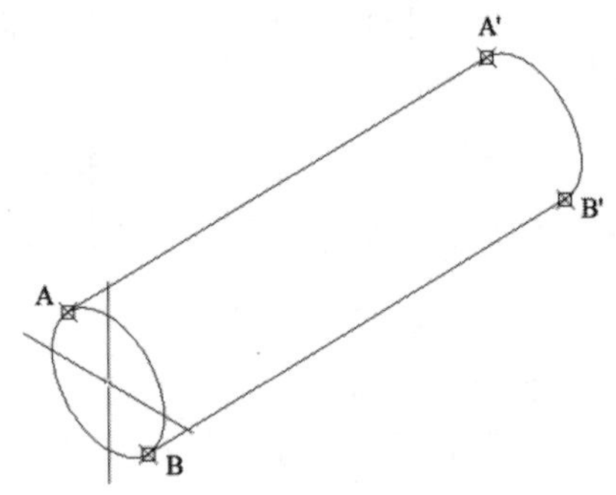

图 13-13　连接对应点

步骤 04 利用同样的方法，绘制换热器的出水口，即使用轴测圆绘制半径为 50 的圆，圆心位置位于 C 点右上方 1200 处，并在该圆正上方 100 处复制另一个圆，连接对应切点；单击“默认”选项卡|“修改”面板|“修剪”按钮，修剪多余的线段，完成后效果如图 13-14 所示。

步骤 05 按 F5 键将视图切换至左侧等轴测平面，单击“默认”选项卡|“修改”面板|“复制”按钮，将换热器轴测图复制到如图 13-15 所示的位置。

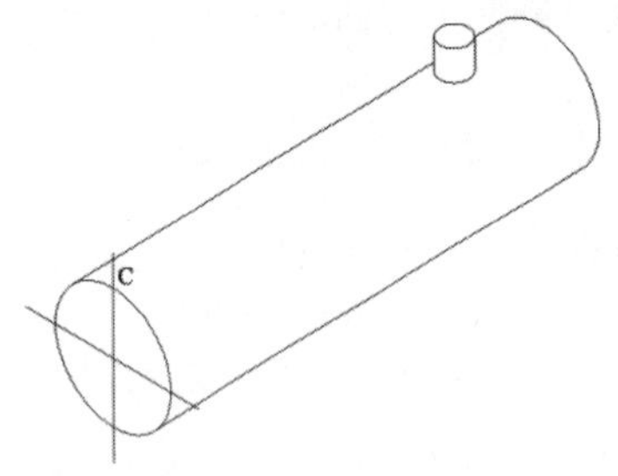

图 13-14　换热器轴测

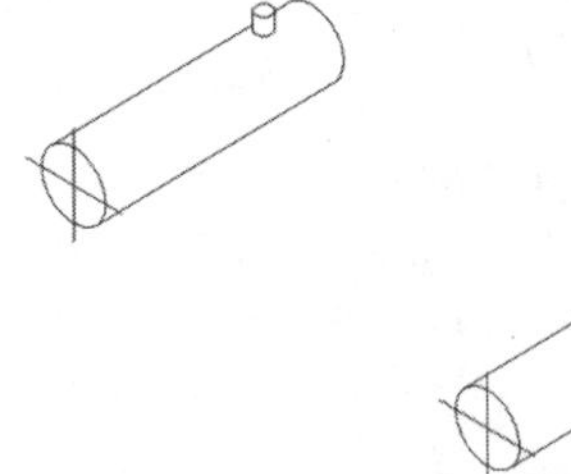
图 13-15　复制换热器

命令行提示信息如下：

```
命令： _COPY
选择对象：指定对角点：找到 11 个                        //选择刚才绘制的换热器轴测图
选择对象：                                              //按Enter键结束对象选择
当前设置：  复制模式 = 多个
指定基点或 [位移(D)/模式(O)] <位移>:                    //选择换热器轴测图上任一点
指定第二个点或 [阵列(A)] <使用第一个点作为位移>:2600   //向右下方移动鼠标，并输入2600
指定第二个点或 [阵列(A)/退出(E)/放弃(U)] <退出>:      //按Enter键完成复制，得到效果如
图13-15所示
```

（3）绘制进水管道

步骤 01 单击“默认”选项卡|“绘图”面板上的“多段线”按钮，配合坐标输入功能，按如图 13-16 所示的尺寸绘制进水管线。

步骤 02 单击“默认”选项卡|“修改”面板|“修剪”按钮，修剪被遮挡的线条，并删除残余图线，然后单击“默认”选项卡|“修改”面板上的“延伸”按钮，将最右下边的直线向两边各延伸 300，并添加管道省略符号，代表该段为进水干管，绘制完成后效果如图 13-17 所示。

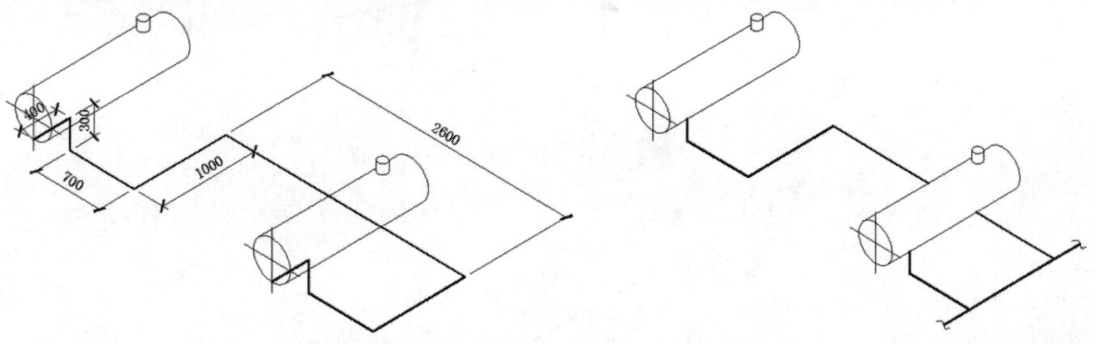

图 13-16　绘制进水管线

图 13-17　完成进水管道的绘制

（4）绘制出水管道

按如图13-18所示的尺寸绘制出水管线。在管道中相应的位置添加省略符号，管道线宽为0.35。绘制时应注意按F5键随时切换轴测面，控制管道的走向。

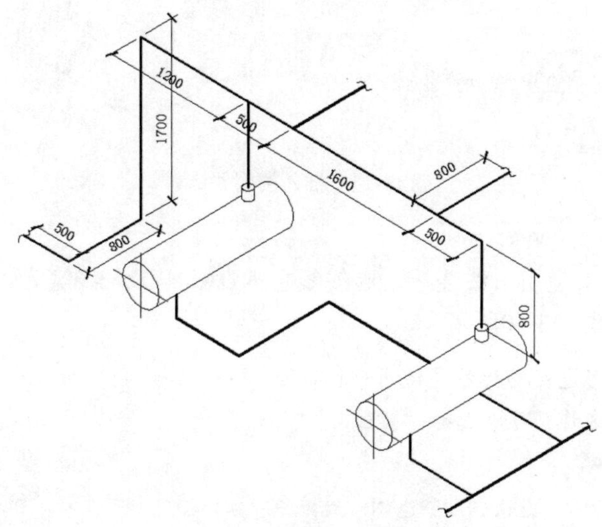

图 13-18　绘制出水管道

（5）绘制闸阀

步骤 01 单击“默认”选项卡|“绘图”面板上的“直线”按钮，在“正等轴测面”右视图下绘制闸阀，主要尺寸如图 13-19 所示。

步骤 02 单击“默认”选项卡|“绘图”面板上的“直线”按钮，利用同样的方法，在其他轴测视图下绘制闸阀，具体尺寸同上，完成后效果如图 13-20 所示。

步骤 03 分别单击“默认”选项卡|“修改”面板上的“移动”按钮和“复制”按钮，在管道中插入闸阀，并单击“默认”选项卡|“修改”面板|“修剪”按钮，修剪多余的线段，插入位置如图 13-21 所示。

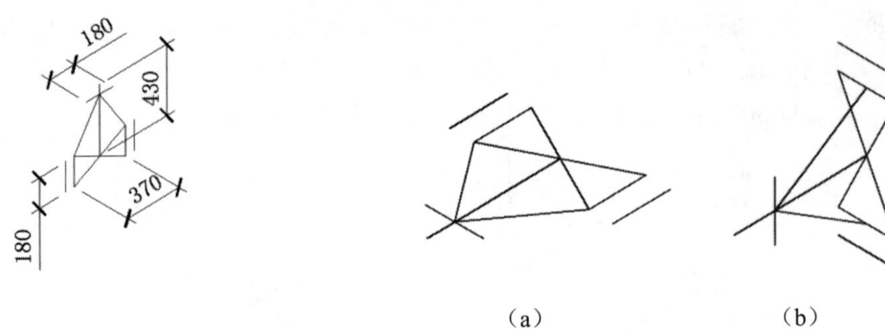

图 13-19　绘制右侧轴测下的闸阀　　　图 13-20　绘制另两个轴测视图下的闸阀

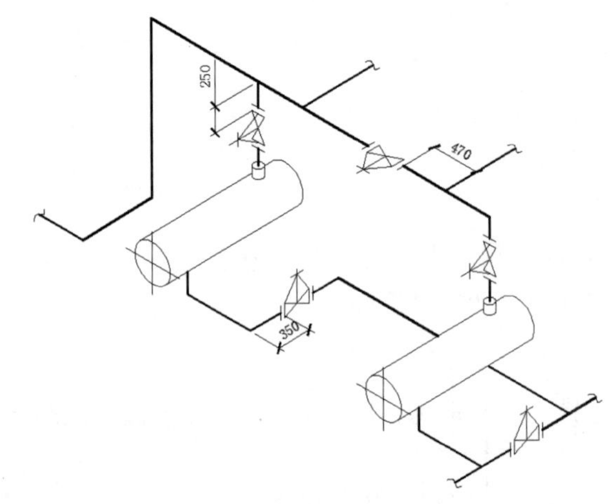

图 13-21　插入闸阀并修剪

（6）连接管道

最后将被遮挡的管道用虚线连接，虚线线型为DASHED，线宽为0.35，全局比例因子为8，完成后最终效果如图13-10所示。

注　意

上例中对图形进行的标注是使用“标注”|“对齐”命令。标注出来的图形往往不符合视图要求。这时，可以选择“标注”|“倾斜”命令，命令行提示信息如下：

```
命令：_DIMEDIT
输入标注编辑类型 [默认(H)/新建(N)/旋转(R)/倾斜(O)] <默认>：_O
选择对象：找到 1 个                     //选择需要调整的标注
选择对象：                              //按Enter键结束对象选择
输入倾斜角度 (按 Enter 表示无)：-30     //输入30或-30即可将标注调整到正等轴测的视图
内，效果如图13-22所示
```

图 13-22　调整标注方向

13.3.5 三维设计与制图方法

1. 三维设计应用现状

三维设计和常规的二维设计相比，其优点是直观形象，可以及时发现建筑、设备、管道间的相互干扰，从而事先排除一些设计缺陷，也便于方案的交流。但是三维CAD的应用，尤其是在工程设计中，还存在着严重的问题，制约了三维技术的推广应用，因此二维技术仍是主流技术。

（1）建立三维模型相对比较困难

建立一个工厂的三维模型要远比二维制图困难，三维模型的建立本身就比二维复杂，三维实体的创建和修改方法少，与二维制图下提供的丰富灵活的建立和修改方法形成了鲜明的对比。三维物体的定位也不方便，由于鼠标移动时，只能表达二维坐标信息，用鼠标定位不方便，而且容易产生视觉错误，图面线条也比较繁乱。

（2）三维模型和二维制图难以无缝集成

目前流行的国外配管CAD软件，如Pro-Pipe、AutoPLANT、CADPIPE以及市场上流行的CAD平台，如AutoCAD、MicroStation等所产生的平面图和剖面图要么根本不消隐，要么就把工厂模型按照严格的几何投影关系做真三维消隐，得到的图样不符合我国的制图标准。直接在这些软件生成的二维图形上修改，工作量很大，常常不如利用二维制图的方法重新绘制简单。对于管道系统，空间管道纵横交错、上下重叠也很多。管道工程制图方法有很大的成分是示意表达，是“写意”，其表达方法具有很强的技巧和艺术性，单纯“写意”式的三维制图往往难以满足表达的需要。以闸阀为例，就不存在一个三维形体，其在各方向的投影符合供热工程投影表达方法。

2. 模型空间建模，图样空间制图

综合上述内容，图样中包括两个方面的内容：物理图形与空间物体的比例对应关系和标注说明。AutoCAD 2021的三维环境提供了模型空间和图样空间来分别存储这两类内容。在模型空间建立物理模型，在图样空间通过建立视口来选择要表达的模型，视口相当于一个相机的镜头，镜头的方向、视野的不同就决定了所观察到的物体内容和大小的不同，而标注则相当于注写于镜头玻璃上的文字。对于同一模型可以建立多个视口，从而对其从不同的侧面进行表达，也就形成了不同的视图。此方法的优点在于随着模型的改变，视口中的内容也会自动改变；不足之处在于模型已变，而与其相关的标注说明不会自动改变，比如模型中的“马”已经变为“鹿”，而图样空间就会出现“指鹿为马”。由于模型和图样分离，模型的缩放也容易使模型与标注失去对应关系。另外，该方法的一个重要缺陷是，只能按照几何投影关系对模型进行表达，用户无法修改，这与管道制图的要求相去甚远，因此难以应用到正式的工程制图中。

3. 将三维模型转换为二维图形

在此提供一种新的方法，即通过系统中的三维向二维转换的功能，将三维设计和二维图形结合起来。

（1）在模型空间建立三维模型

模型最好建立在多个用户自定义的层上，根据需要可以对某些层进行关闭或打开，如建筑层、设备层和管道层。不同的物体可以根据其实际颜色设置颜色。要在世界坐标系WCS下（系统默认状态）建立模型，建立的模型在满足形象直观的要求下，尽量简单、有代表性，比如把一些设备用长方体或圆柱体来表示。建立模型的过程中，可以选择“视图”|“消隐”命令或“着色”和“渲染”命令进行观察，单击绘图区左上角的“视觉样式控件”，在展开的“视觉样式”菜单中选择消隐、着色等各种显示方式。

（2）定义用户坐标系

模型建立完成后，要将其生成多种二维视图。首先设置观察方向，比如西南方向，选择“视图”|“三维视图”|“西南等轴测”命令，也可以使用绘图区左上角的“视图”控件，将模型显示为轴测图的样子，可以多试验几个方向，进行消隐，观察哪个方向最佳。选择不同的观察方向，则可以生成俯视图、前视图、左视图等。

（3）生成二维图线

进入布局视图即可将当前视口中的三维实体生成二维线条（原三维实体仍然存在），再回到模型状态下，关闭三维模型所在的层，可以看到屏幕上还有物体的图形，但不再是3D实体，而只是普通二维线条。

冷热源机房中的设备管道及通风空调管道（这些管道均比较粗）可以用上述方法进行绘制。而采暖、给排水的管道则没有必要用这种方法。另外，可以用此方法绘制泵风机、制冷机等设备的轴测图块，以便在绘制正等轴测图时使用。

13.4 供热工程制图标准

供热工程制图标准主要适用于供热锅炉房、热力站和热网工程的制图，它与暖通空调制图标准在具体细节的表达上有着一些细微的差别。一般可以这样处理：对于供热系统所涉及的供热锅炉房、热力站和室外热力管网，应执行供热标准；而对于一般的空调冷热源，应以暖通空调标准为主，该标准中未涉及的内容，可以参照供热标准中的规定执行。另外，石油、化工、冶金、动力和机械等工程的表达方法与供热工程的制图表达方法比较相近，因此，了解供热工程的制图标准对暖通的制图是非常有用的。

本节将介绍供热标准与暖通标准的不同之处，其相同之处参照暖通标准中的介绍。

13.4.1 一般规定

供热标准规定的图纸幅面、图线的线型和宽度、字体、比例、投影方法等与《房屋建筑制图统一标准》GB/T 50001-2017的规定相同，标高的表达符号也相同，管路系统的绘制方法的基本原则也与暖通标准基本相同，但在一些细节上有些差别。从总体上看，供热标准比暖通标准在管路系统的绘制方面更加细致和全面。

在供热标准中，剖视符号和《房屋建筑制图统一标准》GB/T 50001-2017中规定的符号略有不同：供热标准中采用带箭头的投射方向符号使投射方向更明确；文字一般注写在剖切位置线的端部，如图13-23所示。

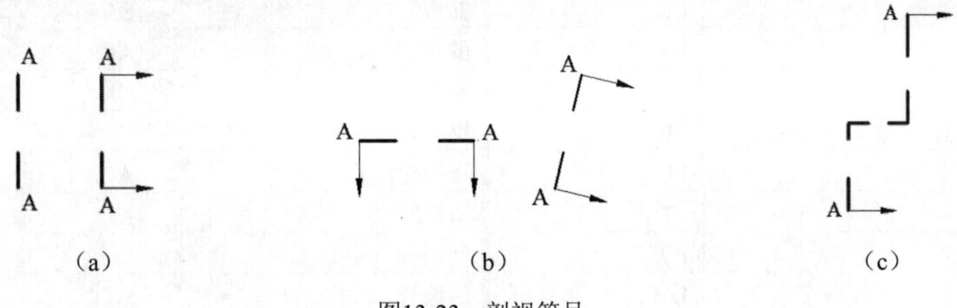

图13-23　剖视符号

13.4.2　管道阀门绘制方法及代号

1. 管道分支或空间交叉

被遮挡管道的轮廓在暖通标准中为完整的圆，而在供热标准中不是完整的圆，如图13-24所示。

2. 管道代号

供热标准中的管道代号从其英文含义而来，而暖通标准中的管道代号则采用汉语拼音字母。表13-4所示为一些常用管道的代号。暖通空调制图中管道代号一般注在管道的断开部位中间，而供热制图建议把管道代号注于管道规格之前，如图13-25所示。

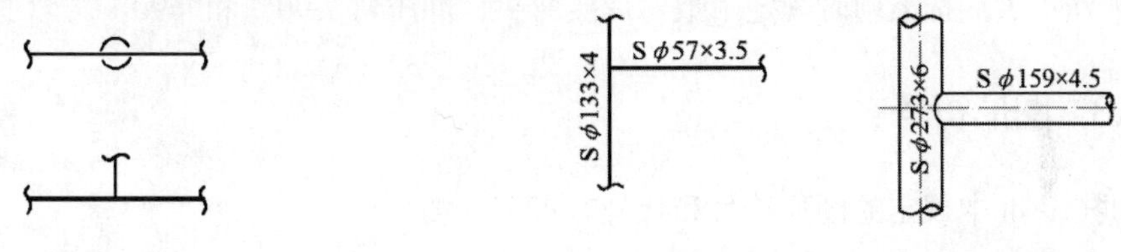

图 13-24　管道分支　　图 13-25　管道代号的标注位置

表 13-4　供热标准常用管道代号

管道名称	代　号	管道名称	代　号
供热管（通用）	HP	膨胀管	E
蒸汽管（通用）	S	信号管	SI
饱和蒸汽管	S	溢流管	OF
过热蒸汽管	SS	取样管	SP
二次蒸汽管	FS	排水管	D
高压蒸汽管	HS	放汽管	V
中压蒸汽管	MS	冷却水管	CW
低压蒸汽管	LS	软化水管	SW
凝水管（通用）	C	除氧水管	DA
有压凝结水管	CP	除盐管	DM

（续表）

管道名称	代　　号	管道名称	代　　号
自流凝结水管	CG	盐液管	SA
排汽管	EX	酸液管	AP
连续排污管	CB	碱液管	CA
定期排污管	PB	燃汽管	G
补水管	M	压缩空汽管	A
循环管	CI	氮汽管	N
生产给水管	PW	回油管	RO
生活给水管	DW	污油管	WO
锅炉给水管	BW	燃油管（供油）	O
给水管（通用）自来水管	W	空调用供水管	AS
采暖供水管（通用）	H	空调用回水管	AR
采暖回水管（通用）	HR	二级管网供水管	H2
一级管网供水管	H1	二级管网回水管	HR2
一级管网回水管	HR1	生活热水供水管	DS
生产热水供水管	P	生活热水循环管	DC
生产热水绘制管（或循环管）	PR		

3．弯头转向

暖通标准只规定了管道转向的一般绘制方法。供热标准规定了弯头的通用绘制方法，绘制方法与暖通标准相同，当仅有一种弯头类型或不需要标明弯头类型时，可以使用弯头通用绘制方法；供热标准同时规定了煨弯焊接弯头、冲压弯头90°和非90°转弯的绘制方法。

13.4.3　图形符号

供热标准中规定的图形符号和代号有以下几类：

- 设备与器具的图形符号。
- 阀门、控制元件和执行机构的图形符号。
- 补偿器的图形符号及其代号。
- 变径、丝堵和软接头等的图形符号。
- 管道支座、支吊架和管架的图形符号及其代号。
- 检测计量仪表的图形符号。
- 管道敷设方式、管线设施等的图形符号和代号。

这些图形代号的规定比暖通标准更加详细和全面。暖通标准中规定的水、汽管道方面的图形符号在供热标准中也都有相同的规定，并且有的进行了分类和细化，大部分设备、阀件和附件的图形符号与暖通标准相同。表13-5列出了供热标准与暖通标准中表达方式不同的图形符号。另外，供热标准中有一些图形符号在暖通标准中没有规定，表13-6列出了一部分此类图形符号。

表 13-5 供热标准与暖通标准中不同的设备图形符号

名　称	图形符号	名　称	图形符号
板式换热器		过滤器	
止回阀（通用）		除污器（通用）	
调节阀（通用）		电动水泵	

表 13-6 供热标准中专有的常用设备和器具

名　称	图形符号	名　称	图形符号
调速水泵		分汽缸分（集）水器	
真空泵		电磁水处理仪	N S
水、蒸汽喷射器		热力、真空除氧器	
换热器（通用）		闭式水箱	
套管式换热器		开式水箱	
管壳式换热器		水封、单极水封	
螺旋板式换热器		安全水封	
离子交换器（通用）		取样冷却器	

这些设备图例主要应用于原理图的绘制，而平面图和剖面图一般要根据设备的外形按比例进行绘制。

设备、管道附件的图例应优先采用制图标准中规定的符号，对于其中没有的内容，用户可以自行建立，并对这些图形符号的含义进行说明。自定义的图例不能与标准中的图例相冲突。

13.4.4 供热机房系统图

供热机房系统图是供热工程设计中重要的图样，它表达系统的工艺流程，表示出设备和管道间的对应关系以及过程进行的顺序，不按比例和投影规则绘制。一般尺寸大的设备绘制得大一些，尺寸小的设备绘制得小一些，设备、管道在图面的布置主要考虑图面线条清晰、图面布局均衡，与实际物理空间的设备管道布置没有投影对应关系。

如图13-26所示为某工业园区的生活区供热机房的系统图，从图中可以看出，供热系统主要由供热锅炉和换热器两部分组成，水由生活用水供水管进入锅炉，加热后供给生活区。用户回水经换热器换热后，水同样进入锅炉。为了保证水量均匀，设置2m^{3}水箱进行补水。

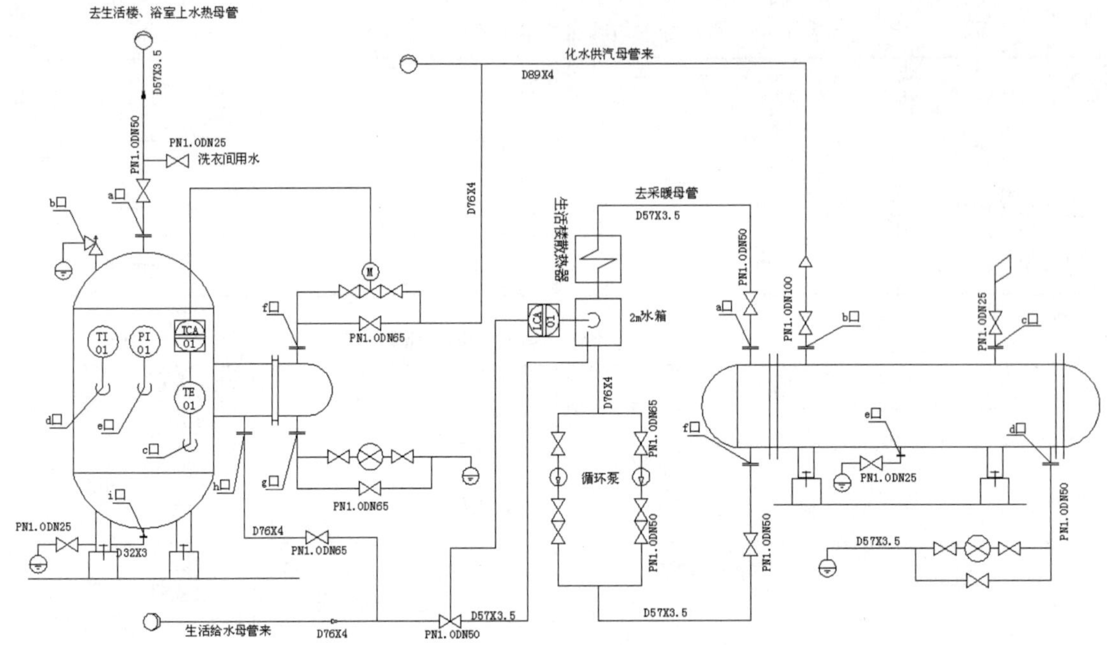

图 13-26　某工业园区供热机房系统图

13.4.5　供热机房平面图、剖面图

供热机房平面图、剖面图主要反映设备的布置和定位情况，是施工安装的重要依据，应该采用正投影法按比例绘制。

如图13-27所示为某酒店锅炉房设备平面布置图，图中清楚地表达了设备与建筑的相对位置。

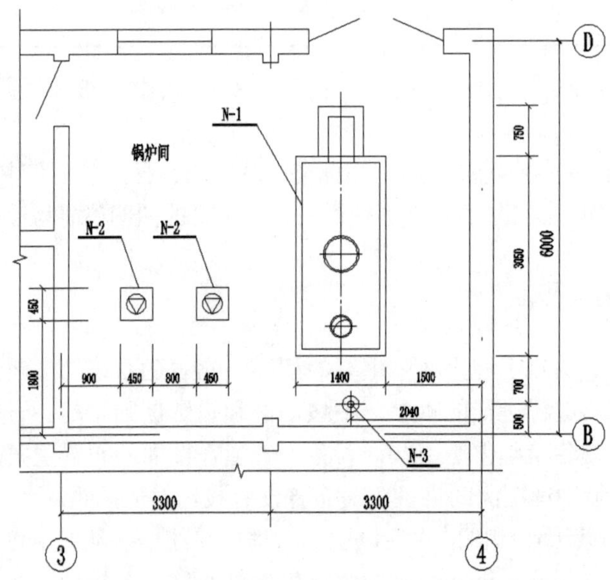

图 13-27　某酒店锅炉房设备平面布置图

13.5 习 题

（1）绘制如图13-28所示的某热电工厂的热力站设备布置平面图；设备布置完成后效果如图13-29所示；各设备编号与意义如图13-30所示。

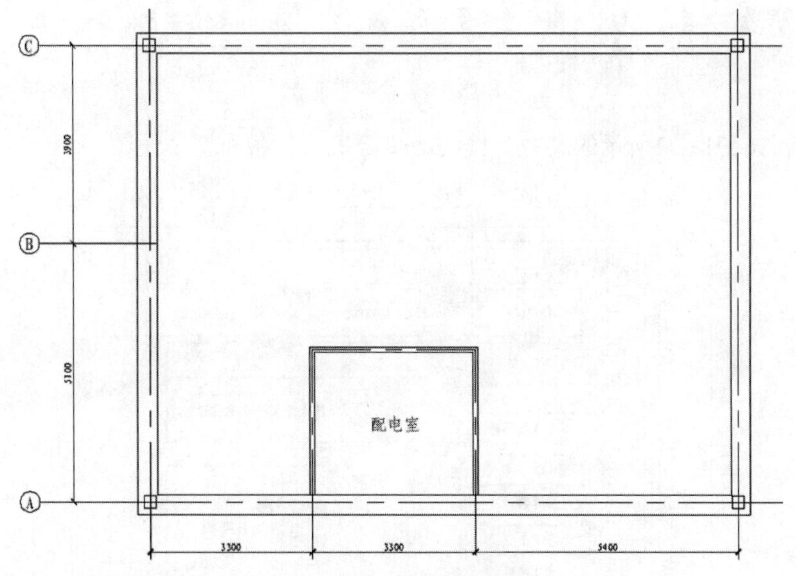

图 13-28 热力站平面图

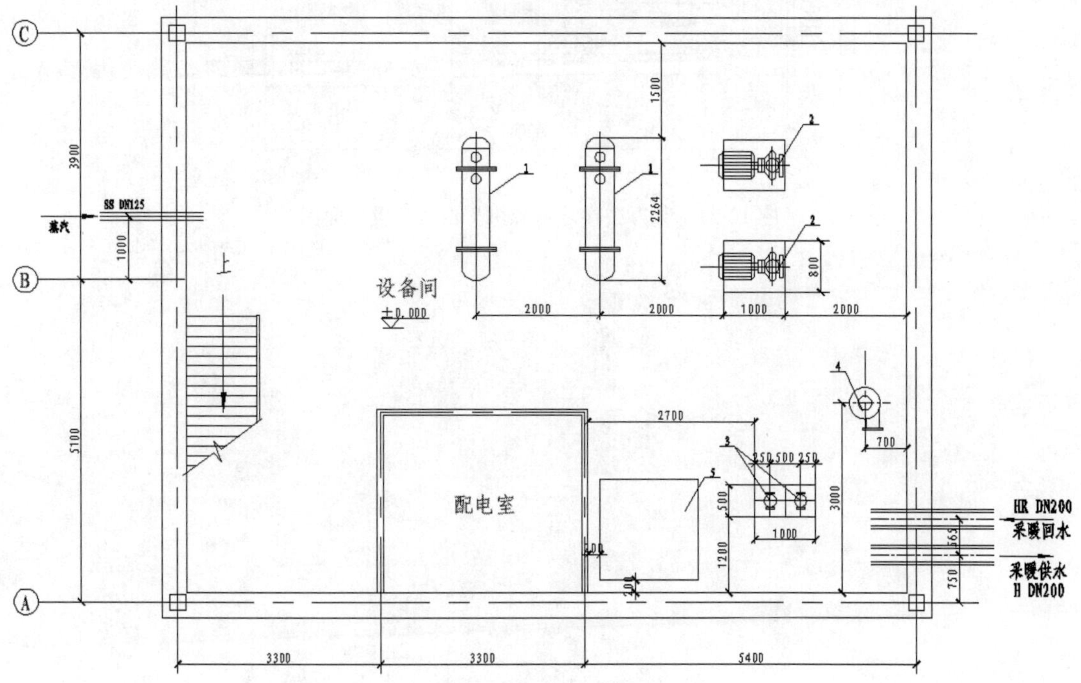

图 13-29 热力站设备布置平面图

5	水箱	V=3m³ 1600×1600× 1400	台	1	
4	旋流式除污器	XL-200 DN200 PN1.6	个	1	见图集R406-3、222页
3	补给水泵	CDL2-60 G=2.0.0m³/h H=45m N=0.75Kw n=2900r/min	台	2	一用一备
2	循环水泵	ZHWD125-400(I)B G=138m³/h H=38m N=30Kw n=1450r/min	台	3	两用一备
1	波节管换热器	SBHN450-4.2-QS/W	台	2	并联运行
序号	名　称	型 号 及 规 格	单位	数量	备　注

图 13-30　设备明细表

（2）绘制如图13-31所示的某办公楼的冷热源机房设备布置平面图。

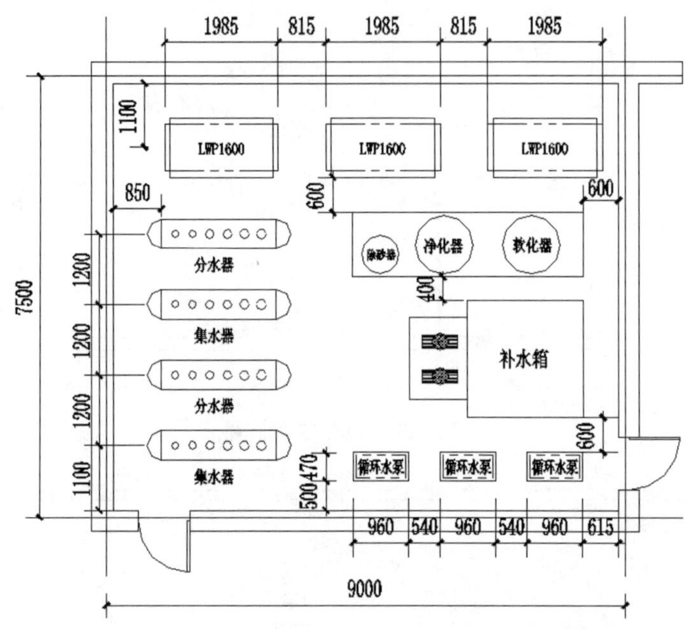

图 13-31　某办公楼冷热源机房设备布置平面图

第 14 章 T20 天正暖通 V7.0 与暖通制图

导言

天正公司推出的天正暖通THvac以AutoCAD 2004 ~ AutoCAD 2021为平台，是天正公司总结多年暖通软件开发的经验，结合当前国内同类软件的特点，搜集大量设计单位对暖通软件的需求，向广大工程设计人员推出的专业高效的软件，也是目前国内很流行的一款专用软件。天正公司从1994年开始就在AutoCAD图形平台上开发了一系列建筑、暖通、电气、给排水等专业软件，这些软件在全国范围内取得了极大的成功。近二十年来，天正电气软件版本不断推陈出新，越来越受到中国电气设计师的喜爱。

14.1 用户界面

由于天正软件是在AutoCAD平台的基础上二次开发的专业制图软件，并没有对AutoCAD软件加以补充或修改，从而保持AutoCAD 软件的“原汁原味”。THvac 2021建立了自己的菜单系统。当安装天正暖通软件后，通过双击桌面上的天正暖通图标，就可启动天正暖通软件，进入如图14-1所示的工作界面。

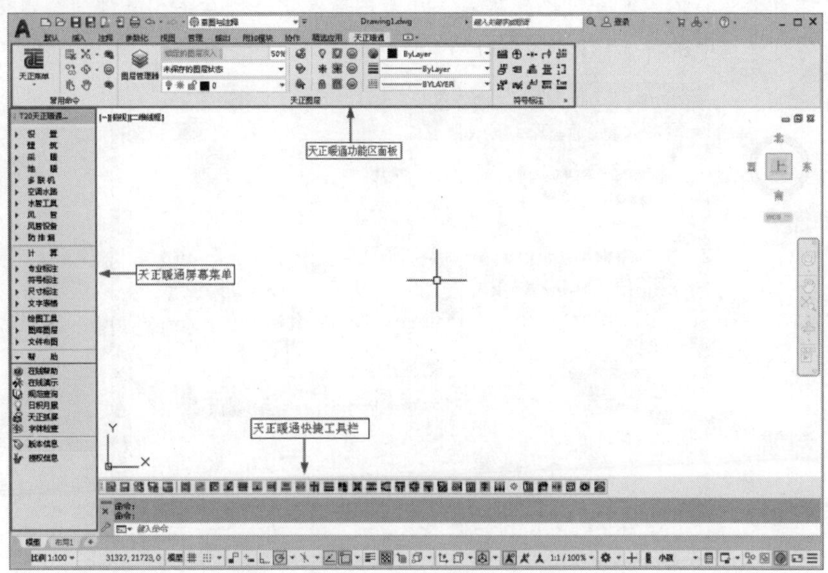

图 14-1　T20 天正暖通 V7.0 工作界面

T20天正暖通V7.0的菜单是一种以树状结构形式进行显示屏幕菜单，如图14-2所示，其快捷工作栏如图14-3所示。

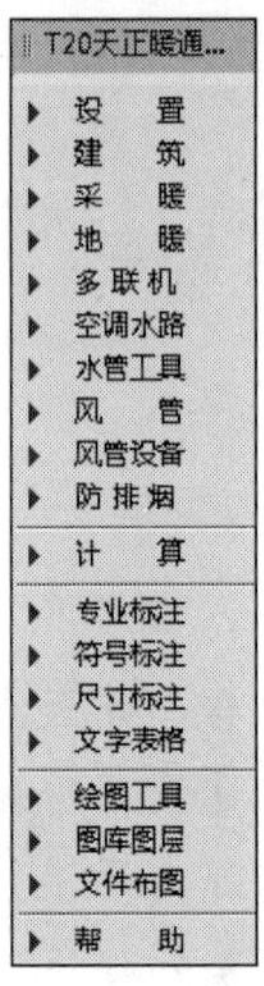

图 14-2 屏幕菜单

图 14-3 快捷工具栏

14.1.1 屏幕菜单

天正暖通的所有功能调用都可以在天正的屏幕菜单中找到，以树状结构调用多级子菜单。菜单分支以▶示意，当前菜单的标题以▼示意。所有的分支子菜单都可以单击进入变为当前菜单，大部分菜单项都有图标，方便用户更快地确定菜单项的位置。

在天正暖通的操作中需要注意以下几点：

- 对于屏幕分辨率小于1024×768的用户，可能存在菜单显示不完全的现象，天正暖通特别设置了可自定义的不同展开风格的菜单，在天正菜单空白处右击，选择“自定义”命令，在弹出的对话框中进行选择即可，如图14-4所示。

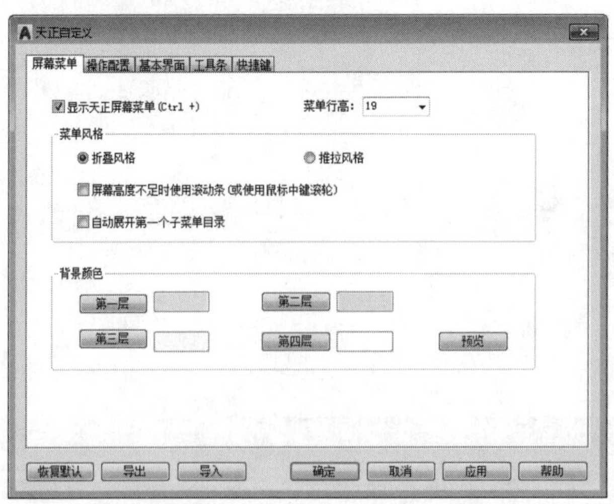

图 14-4 “天正自定义”对话框

- 如果菜单被关闭，按Ctrl + F12组合键或Ctrl + “+”组合键重新打开。
- 右击菜单命令会自动打开该命令的帮助文档。

14.1.2 快捷菜单

快捷菜单又称为右键菜单，在AutoCAD 2021绘图区右击，弹出快捷菜单，可通过以下方式得到：

- 鼠标置于CAD对象或天正实体上使之高亮显示后，右击弹出此对象和实体相关的菜单内容。
- 鼠标单选对象或实体后，右击弹出相关菜单，如图14-5所示。
- 在绘图区域内按住Ctrl键的同时右击（Ctrl+右击），弹出常用命令组成的菜单，如图14-6所示。

图 14-5 右击实体对象后弹出的快捷菜单

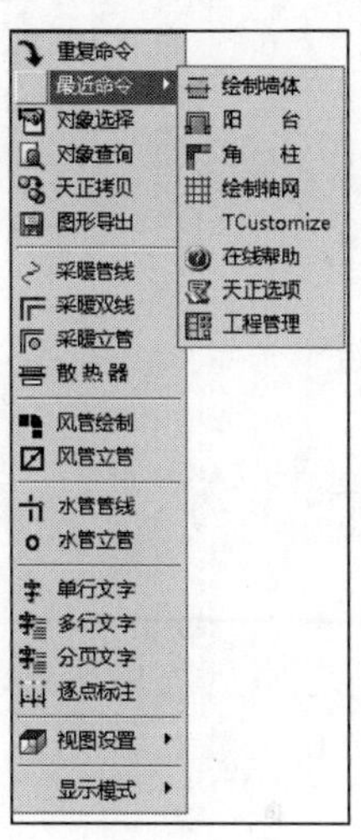

图 14-6 “Ctrl＋右击”快捷菜单

14.1.3 命令行

1. 键盘命令

天正暖通大部分功能是通过键盘在命令行输入命令，它与屏幕菜单、快捷菜单和快捷工具条3种形式调用命令的效果是相同的。命令行命令是以简化命令的方式提供，例如“任意布置”命令对应的键盘简化命令是RYBZ，由汉字拼音的第1个字母组成。少数功能只能在菜单中选择，不能从命令行输入，如状态开关等。

2. 命令交互

天正暖通对命令行提示风格做出了比较一致的规范，以下列命令提示为例：

```
请指定对象的插入点 {放大[E]/缩小[D]/左右翻转[F]/上下翻转[S]/换阀门[C]}<退出>:
```

大括号前为当前的操作提示，大括号后为按Enter键所采用的动作，大括号内为其他可选的动作，输入方括号内的字母即可进入相应的功能，且无须按Enter键。

天正暖通还有另外一种命令行风格，与AutoCAD命令行风格一致，例如：

```
请给出要布置的设备数量 [旋转90度(R)]<1>
```

3. 选择对象

天正暖通在选择对象时，命令行的提示与AutoCAD 2021的命令行风格相似。例如绘制风管时，命令行提示信息如下信息：

```
命令: FGHZ
请输入管线起点[宽(直径)(W)/高(H)/标高(E)/参考点(R)/两线(G)/墙角(C)/弯头曲率(Q)]<退出>:
请输入管线终点[宽(直径)(W)/高(H)/标高(E)/弧管(A)/参考点(R)/两线(G)/墙角(C)/弯头曲率(Q)/插立管(L)/回退(U)]:
请输入管线终点[宽(直径)(W)/高(H)/标高(E)/弧管(A)/参考点(R)/两线(G)/墙角(C)/弯头曲率(Q)/插立管(L)/回退(U)]://依次指定风管的起点和终点
请输入管线终点[宽(直径)(W)/高(H)/标高(E)/弧管(A)/参考点(R)/两线(G)/墙角(C)/弯头曲率(Q)/插立管(L)/回退(U)]:
请输入管线终点[宽(直径)(W)/高(H)/标高(E)/弧管(A)/参考点(R)/两线(G)/墙角(C)/弯头曲率(Q)/插立管(L)/回退(U)]://按Enter键继续
```

14.1.4 热键

T20天正暖通V7.0增加了一些热键（见表14-1），以提升命令操作。

表 14-1 常用热键定义

热 键	功 能
F1	执行命令过程中查看相关的天正帮助
Ctrl+ “–”	文档标签的开关
Ctrl+ “+”	屏幕菜单的开关

14.1.5 快捷工具条

选择“工具”|“工具栏”|“AutoCAD”|“TCH”命令，可以打开或关闭天正快捷工具栏，如图14-3所示。

天正暖通提供的自制工具条菜单可以放置天正暖通的所有命令，也可以定制自己需要的快捷工具条。

单击“工具条”按钮，打开“定制天正工具条”对话框，如图14-7所示。

选择对话框左边的命令选项，单击“加入”按钮，就可以把左边选择的工具加入到右边的天正快捷工具条中。也可以选择右边天正快捷工具条中的选项，单击“删除”按钮，删除选择的选项。

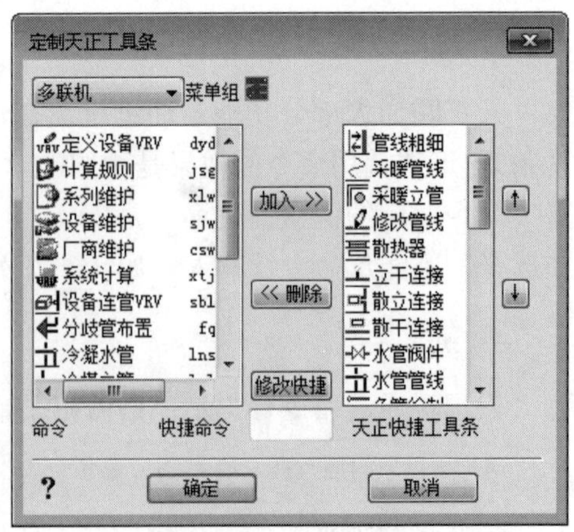

图 14-7 “定制天正工具条”对话框

14.2 工程管理与设置

本小节主要讲述工程的新建、打开以及天正绘图参数的相关设置等内容。

14.2.1 工程管理

选择“设置”|“工程管理”命令，打开“工程管理”对话框。工程管理工具是管理同属于一个工程下的图纸（图形文件）的工具，它将属于同一个工程的图纸集合在一起，给出一个树状的管理目录，便于查找和修改。启动命令后出现一个界面，如图14-8（左）所示。

单击界面上方的下拉按钮，可以打开工程管理菜单，如图14-8（右）所示，菜单中几个主要命令的用法如下：

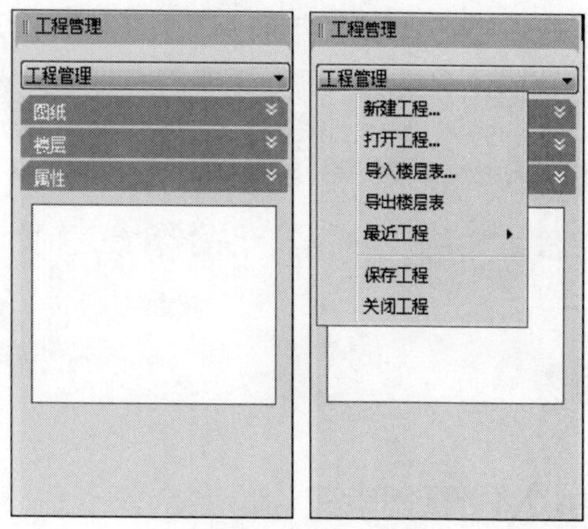

图 14-8 工程管理界面

- “新建工程”命令：为当前图形建立一个新的工程，弹出“另存为”对话框，为工程命名和指定保存位置。
- “打开工程”命令：弹出“打开”对话框，打开已经存在的工程，进行编辑。
- “导入楼层表”命令或“导出楼层表”命令：该功能是取代旧版本沿用多年的楼层表定义功能，在天正电气中，以楼层栏中的图标命令控制属于同一工程中的各个标准层平面图，允许不同的标准层存放于一个图形文件下。
- “最近工程”命令：打开最近使用过的工程。
- “保存工程”命令：保存现有工程。
- “工程设置”命令：对现有工程进行工程设置。
- 图纸栏：图纸栏将各系统图和平面图集合在一起，便于查找和编辑。在工程名称上右击，可为工程添加图纸和子类别。若在“强电系统”等子类别上右击，可以将该子类别下的图纸移除或重命名，也可在这个子类别下添加图纸或再添加下一级子类别。

14.2.2 初始设置

在屏幕菜单中选择“设置”|“天正选项”命令，打开“天正选项”对话框，可以设置天正绘图中图块比例、管线信息、文字字形、字高、宽高比等初始信息，具体内容详见1.7.2节。

14.2.3 当前比例设置

在屏幕菜单中选择“设置”|“当前比例”命令，或者在命令行输入TPS后按Enter键，修改当前比例，命令行提示信息如下：

```
命令: TPScale
当前比例<100>:100//输入比例，如果比例是1:1000，则输入1000
```

安装天正暖通软件后，在绘图界面状态栏左侧会显示当前比例，如图14-9（左）所示。

也可以单击“比例”后面的小三角按钮，在弹出的比例选项列表中选择比例，如图14-9（右）所示。

在设置当前比例后，标注、文字的字高和多段线的宽度等都将按新设置的比例绘制。需要说明的是，“当前比例”值改变后，图形的度量尺寸并没有改变。例如，一张当前比例为1:100的图，将其当前比例改为1:50后，图形的长宽范围都保持不变，再进行尺寸标注时，标注、文字和多段线的字高、符号尺寸与标注线之间的相对间距缩小了一半。

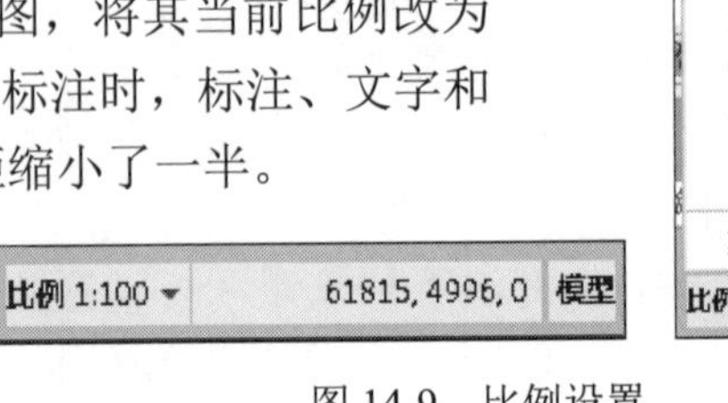

图 14-9　比例设置

14.2.4　图层管理

“图层管理”命令主要用于设定天正图层系统的名称、颜色、线形等。选择“图库图层”|“图层管理”命令，或者在命令行输入TCGL后按Enter键，打开“图层标准管理器”对话框，如图14-10所示。“图层管理”对话框中包括了天正暖通各种管线的图层，用户可以对每个图层的图层名、颜色和备注进行修改。

图层标准管理器

当前标准（THVAC）　置为当前标准　新建标准

图层关键字	图层名	颜色	线型	备注
散热器	TH-散热器	4		
双线管	PIPE-双管	4	CONTINOUS	
中心线	TWT_DOTE		CENTER2	
采暖管沟	PIPE-管沟	4		
水管阀门	VALVE-PIPE			
双线管阀门	VALVE-双管			
散热器文字	TEXT-散热器			
双线管标注	DIM-双线管	3		
采暖构件	EQ-TH			
空调构件	EQ-TA			
采暖分集水器	EQ-采暖分集水器			
空调分集水器	EQ-空调分集水器			
风机盘管	EQ-风机盘管			
空调器	EQ-空调器			
水泵	EQ-水泵			
冷却塔	EQ-冷却塔			
冷水机组	EQ-冷水机组			
空气机组	EQ-空气机组			
热回收机组	EQ-热回收机组			

图层转换　颜色恢复　关闭

图 14-10　“图层标准管理器”对话框

对话框主要选项功能如下：

- 图层标准下拉列表：主要用于选择不同的已定制图层标准。
- “置为当前标准”按钮：用于将选定的图层标准置为当前。
- “新建标准”按钮：用于创建图层标准。
- “图层关键字”：是系统内部默认图层信息，不可修改，用于提示图层所对应的内容。

- “图层名”“颜色”区域：可以按照各设计单位的图层名称、颜色要求进行定制修改。
- “备注”区：用于描述图层内容。
- “图层转换”按钮：用于转换已绘图纸的图层标准。
- “颜色恢复”按钮：用于恢复系统原始设定的图层颜色。

14.2.5 管线设置

“管线设置”命令用于对管线进行增删处理、设置相关图层以及其他绘图前的初始默认值的设定。选择“设置”|“管线”命令，或在命令行输入GXSZ后按Enter键，都可执行“管线设置”命令，打开如图14-11所示的“管线设置”对话框，此对话框中包括“水系统设置”“供暖设置”“标注设置”和“其他设置”四个选项卡。

1. “水系统设置”选项卡

如图14-11所示的“水系统设置”选项卡包含管线系统、图层设置、图层标注的新建、删除、导入以及不同标准下的图层转换等内容。主要选项功能如下：

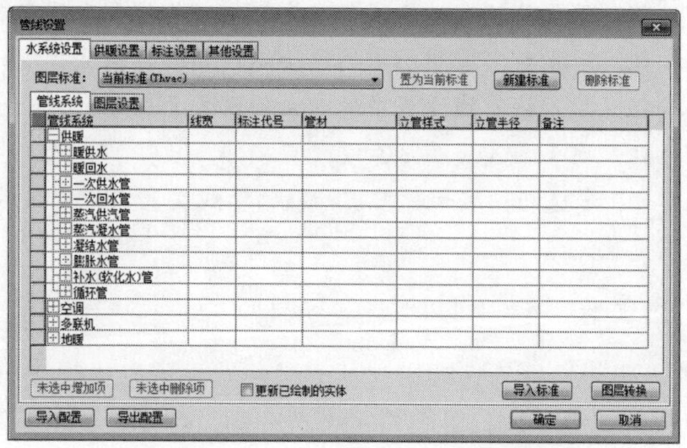

图 14-11 “管线设置”对话框

- “图层标准”下拉列表：主要用于选择不同的已定制图层标准。
- “置为当前标准”按钮：用于将选定的图层标准置为当前，下方的管线设置和图层设置也均为当前标准的设置，不影响其他标准。
- “新建标准”按钮：用于创建图层标准。
- “删除标准”按钮：只能删除未被置为当前的标准。
- “管线系统设置”支持对水系统增加管线系统、对管线系统增加分区。选定水系统（供暖、空调），此时支持增加系统；选定管线系统（暖供水、暖回水等），此时支持增加分区；选定非必要管线系统，支持删除该管线系统；选定管线分区，支持删除该分区。点击管线系统左侧的空白方块，即可实现增加和删除系统及分区。
- “管线系统”右侧列表：用于自行设置线宽、标注代号、管材、立管样式（实心圆、空心圆等）等。其中管线的标注代号还可定义立管的标注代号样式（标注代号上没有加逗号的，标注立管时直接在标注代号后加L；标注代号上加逗号的，标注立管时用L代替逗号作为立管的代号）。

- 如图14-12所示为管线图层设置列表，主要用于对管线系统中的水平管线、立管、阀门、标注、文字等进行颜色、线型、图层名称的设置。多联机在通常基础上增加了配件和设备层；地热盘管只保留水管和文字层。

图 14-12 “水系统设置”选项卡

- “导入标准”按钮：用于将既有的管线标准导入到当前标准管理中继续使用。
- “图层转换”按钮：用于对当前图层中的已绘制内容进行图层标准转换。
- “导出配置”按钮：用于将管线设置中的四大项设置全部导出为一个天正压缩文件。
- “导入配置”按钮：用于导入天正水系统配置文件。
- “更新已绘制实体”复选框：用于对当前标准的管线设置进行修改后，勾选本项并确定后，图面管线随设置变化。

2. “供暖设置”选项卡

如图14-13所示的“供暖设置”选项卡包括“散热器设置”“侧接口设置”“立管设置”“供水下接口设置”和“回水下接口设置”五个选项组，用于供暖的一些基础参数的设定。

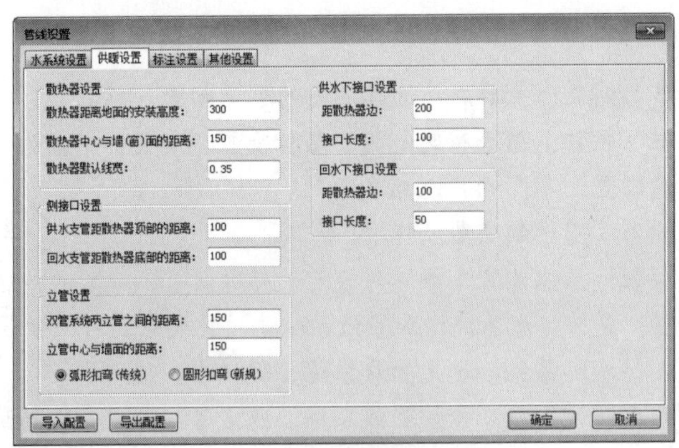

图 14-13 “供暖设置”选项卡

主要选项功能具体如下：

- “散热器设置”选项组：用于设置散热器绘制线宽、散热器中心与墙面的距离以及安装高度等参数。

- “侧接口设置”选项组：用于设置供水管距散热器顶部的距离和回水支管距散热器底部的距离。
- “立管设置”选项组：用于设置双管同时绘制时间距参数的设置、立管中心距离墙面参数的设置以及立管绘制样式的选择等。
- “供水下接口设置”选项组：用于设置距离散热器边的距离和接口长度。
- “回水下接口设置”选项组：用于设置距离散热器边的参数和接口长度。

3. “标注设置”选项卡

如图14-14所示的“标注设置”选项卡包括“标注文字设置”和“立管标注设置”两个选项组，“标注文字设置”主要用于设置暖通常用标注的文字样式、中英文字体、字高、宽度比等参数；“立管标注设置”选项组用于选择立管的标注样式。

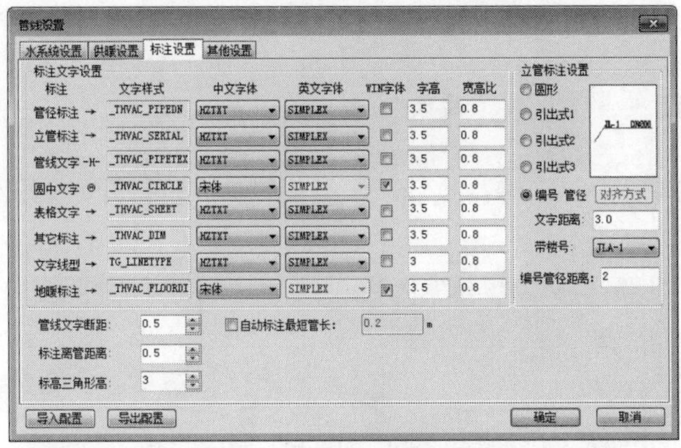

图 14-14 “标注设置”选项卡

4. “其他设置”选项卡

如图14-15所示的“其他设置”选项卡主要是用于暖通的一些基础参数的设置。该选项卡中包括“管线及显示设置”“采暖双线管弯头设置”和“带字线型扩充”三个选项组，其中“管线及显示设置”选项组主要用于管线遮挡设置；“采暖双线管弯头设置”选项组用于双线水管弯头绘制样式选择及曲率的设定；“带字线型扩充”选项组主要用于制作带字线型并入库。

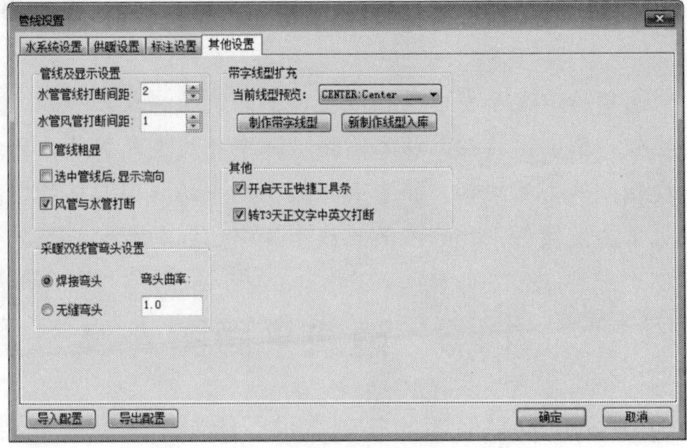

图 14-15 “其他设置”选项卡

14.2.6 设置线型

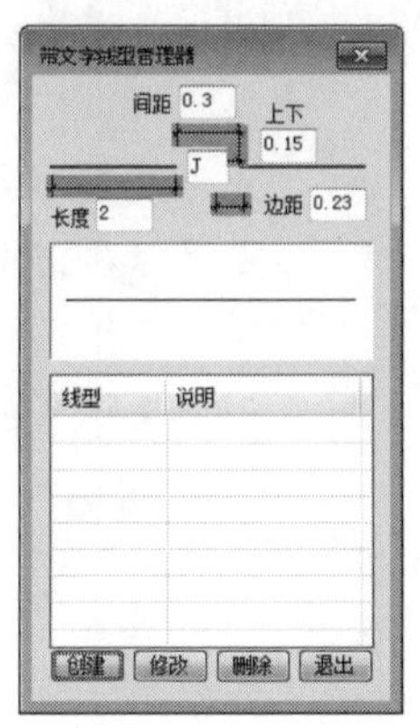

图 14-16 “带文字线型管理器”对话框

在命令行输入XXGL后按Enter键，执行“线型管理”命令，打开“带文字线型管理器”对话框，如图14-16所示。“带文字线型管理器”对话框中主要选项的功能如下：

- “文字线型”选项组：包括文字线型的间距及上下、长度及边距的设置，可以通过“创建”按钮、“修改”按钮和“删除”按钮，来创建、修改及删除所建立的文字线型。
- “创建”按钮：单击该按钮，创建已经设置好的带文字线型。
- “修改”按钮：单击该按钮，修改已有的带文字线型。
- “删除”按钮：单击该按钮，删除已有的带文字线型。

14.2.7 设置线型库

在命令行输入XXK后按Enter键，执行“线型库”命令，打开“天正线型库”对话框，如图14-17所示。

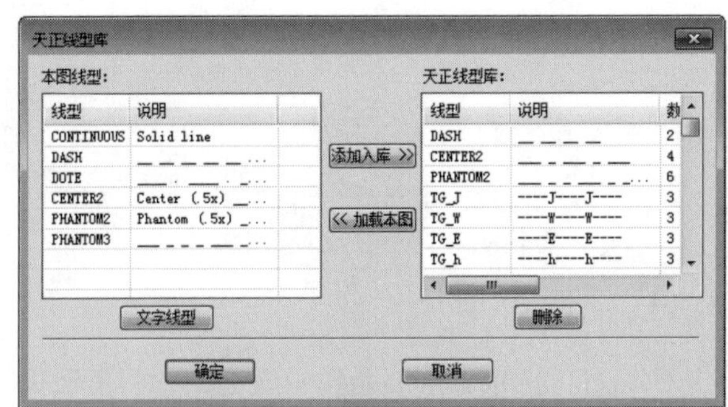

图 14-17 “天正线型库”对话框

“天正线型库”对话框中主要选项的功能如下：

- “本图线型”选项组：显示当前图形的CAD线型，可以通过打开CAD的“线型管理器”加载其他线型。
- “天正线型库”选项组：显示当前天正线型库中的线型样式。
- “添加入库”按钮：单击该按钮，将本图线型库中的线型添加到天正线型库中。
- “加载本图”按钮：单击该按钮，将本天正线型库中的线型添加到图线型库。
- “删除”按钮：单击该按钮，删除在天正线型库中已经加载的线型。

14.3 建筑平面图

有时采暖平面图需要在建筑平面图的基础上进行绘制，因此首先要学会绘制建筑平面图。本节主要介绍绘制建筑平面图的命令，如绘制轴网、绘制墙体、门窗等。

14.3.1 绘制轴网

轴网是由轴线、轴号、尺寸标注组成的平面网格，是建筑物平面布置和墙柱构件定位的依据。选择“建筑”|“绘制轴网”命令，打开“绘制轴网”对话框，如图14-18所示。

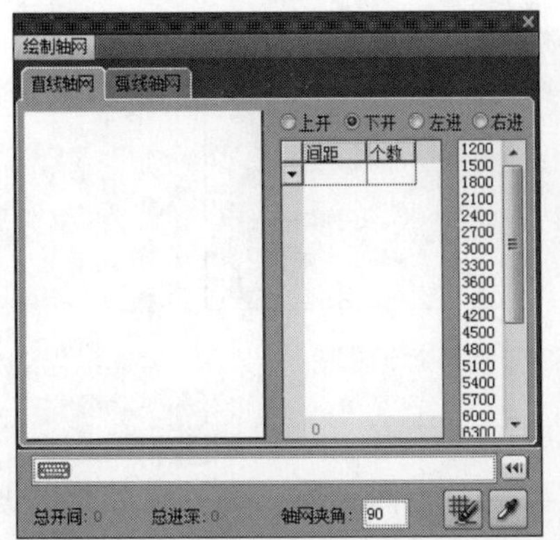

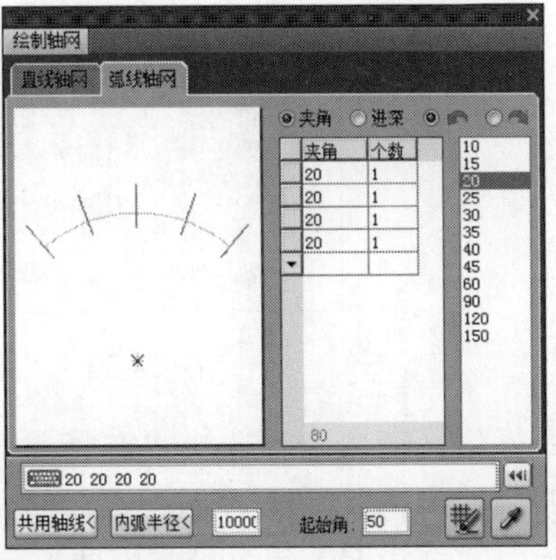

图 14-18 “绘制轴网”对话框

打开“绘制轴网”对话框包括“直线轴网”和“弧线轴网”两个选项卡，其中直线轴网主要用于绘制正交轴网、斜交轴多或单向轴网；弧线轴网则是由一组同心弧线和不过圆心的径向直线组成。

“绘制轴网”对话框中主要选项的功能如下：

- “间距”和“个数”文本框：用户可以在此输入墙体轴线间距和轴线个数。
- “轴网夹角”文本框：选择轴线的夹角，其中90°为竖直轴线，0°为水平轴线。
- “上开”单选项：在绘制轴线时绘制出图形上方的主要轴线。
- “下开”单选项：在绘制轴线时绘制出图形下方的主要轴线。
- “左进”单选项：在绘制轴线时绘制出图形左方的主要轴线。
- “右进”单选项：在绘制轴线时绘制出图形右方的主要轴线。

通常见到的圆弧轴网是纵向轴线以一定的角度弯曲，称为纬线，纬线之间的间距是不变的；而横向轴线与纬线始终是垂直的，它们之间的间距是随着圆心角的不同而变化的。在绘制圆弧轴网时，应该先确定初始角度和内弧半径，其中起始角度是相对0°来说，即水平；内弧半径的大小则是相对圆形来说的。

如图14-19所示，在绘制直线轴网与圆弧轴网组成的轴网时，需要先绘制出直线轴网，然后单击“圆弧轴网”选项卡，在该选项卡中输入弧形轴网的具体尺寸，最后单击“圆弧轴网”选项卡中的“共用轴线”按钮即可。

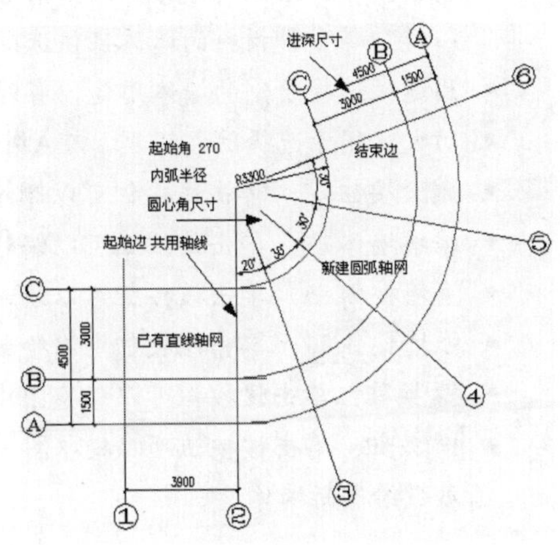

图 14-19 组合圆弧轴网示例

14.3.2 单线变墙

“单线变墙”命令可以将LINE、ARC绘制的单线转为天正墙体对象。选择“建筑”|“单线变墙”命令，或者在命令行输入DSBQ后按Enter键，都可以执行“单线变墙”命令，打开“单线变墙”对话框，如图14-20所示。

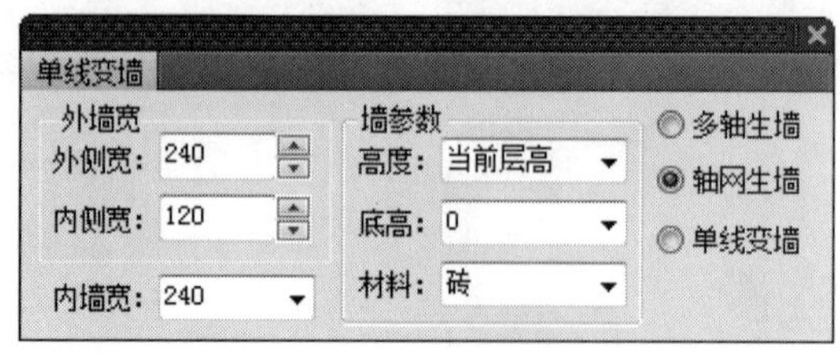

图 14-20 “单线变墙”对话框

执行命令行后，在命令行选择“选择要变成墙体的直线、圆弧或多线段：”提示下，选择直线或圆弧，即可将其按照对话框设置的参数转为墙体对象。另外，如果需要基于轴网创建墙体，需要勾选对话框中的“轴网生墙”单选项。

14.3.3 绘制墙体

“绘制墙体”命令可以连续绘制直墙或弧墙，生成具有一定高度和一定宽度的墙体。选择“建筑”|“绘制墙体”命令，打开“绘制墙体”对话框，如图14-21所示。

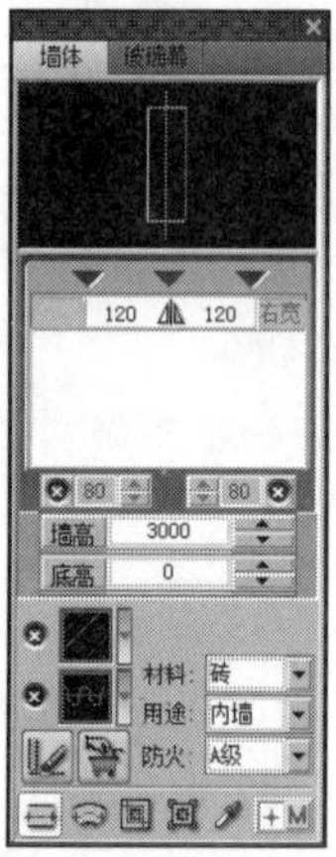

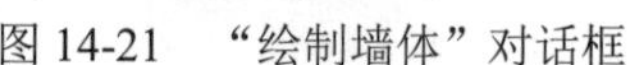

图 14-21 “绘制墙体”对话框

对话框选项的功能如下：

- 左宽和右宽：设置墙线向中心轴线偏移的距离，通过这两个参数的设置可以控制墙体的宽度值，单击“交换”按钮可以交换设置值。
- 高度：可以设置墙体的高度值，通常取默认值3000。
- 材料：选择绘制的墙体材料，有“钢筋砼”“混凝土”“填充墙”“砖墙”“石材”“空心砖”等多种材料的墙体可供选择。
- 用途：选择绘制的墙体用途，有外墙、内墙、分户、虚墙、矮墙和卫生隔断共六种用途。
- 防火：用于选择防火级别，有A级、B1级、B2级、B3级和无共五种。
- 删除按钮：单击该按钮可以删除墙体。
- 编辑墙体：单击该按钮可以编辑墙体。
- 直墙按钮：单击该按钮可以绘制直线墙体。
- 弧墙按钮：单击该按钮可以绘制弧形墙体。
- 按钮：单击该按钮可以替换图中已插入的墙体。
- 按钮：单击该按钮可以提取图上已有天正墙体对象的一系列参数，然后依据这些提取的参数绘制新墙体。

除绘制普通墙体之外，还提供了玻璃幕墙的绘制功能，如图14-22所示的“玻璃幕墙”选项卡中可直接对玻璃幕墙的横梁、立柱参数进行设置，设置完之后可直接绘制出相关参数的幕墙，省去再对幕墙进行参数编辑的操作。

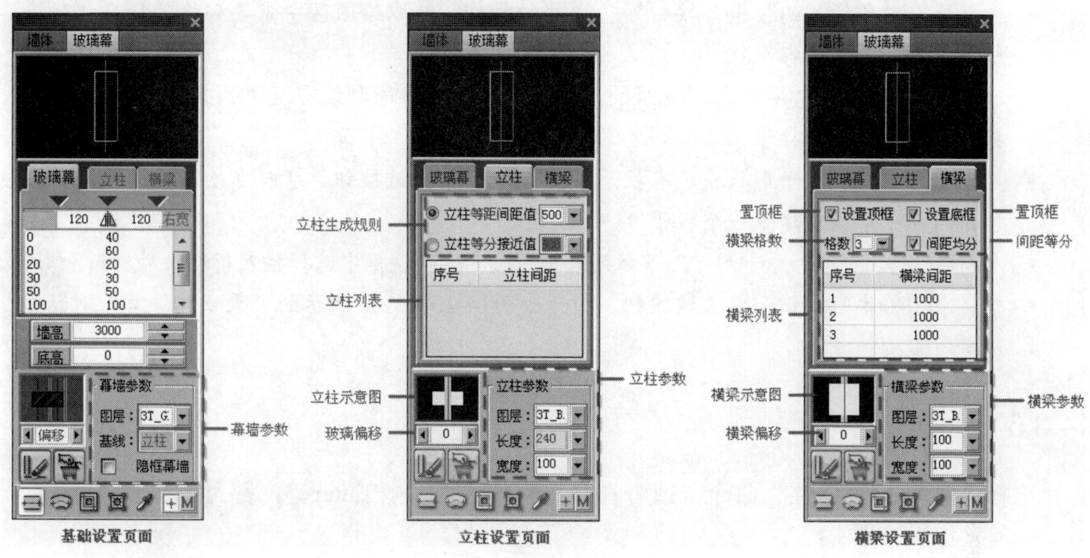

图 14-22　“玻璃幕墙”选项卡

14.3.4　绘制标准柱

“标准柱”命令用于绘制标准柱、圆形柱和多边形柱子构件等。选择“建筑”|“标准柱”命令，打开“标准柱”对话框，如图14-23（左）所示。用户可以在“标准柱”对话框中设置标准柱的类型和相关参数。

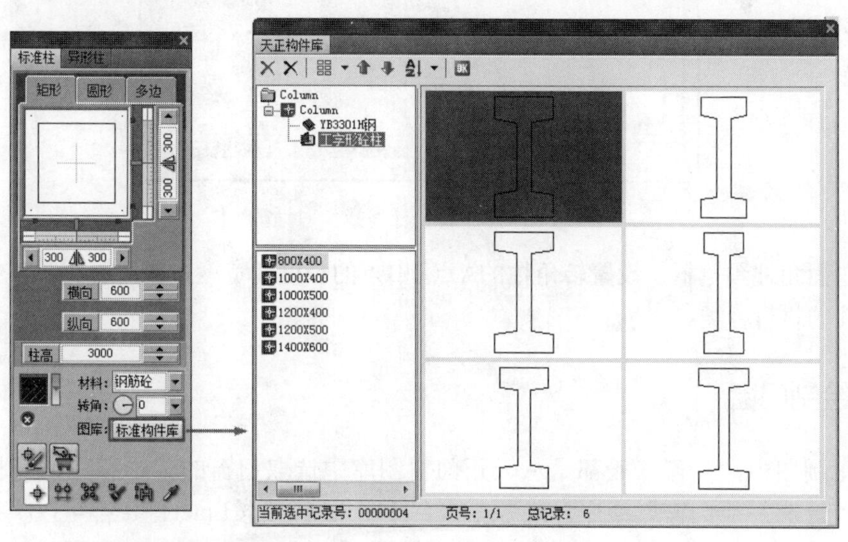

图 14-23　“天正构件库”对话框

- “点选插入柱子”按钮：单击该按钮，在绘图区中选取插入点插入柱子。
- “沿着一根轴线布置柱子”按钮：单击该按钮，在绘图区中选取的轴线上插入标准柱。

- “指定的矩形区域内的轴线交点插入柱子”按钮：单击该按钮，在选定的矩形区域内的轴线交点上插入标准柱。
- “替换图中已插入的柱子”按钮：单击该按钮，选取绘图区中需要替换的标准柱，将其替换为重新定义的标准柱。
- “选择PLine线创建异形柱”按钮：单击该按钮，可以选取绘图区中的某个闭合的多段线，将该多段线创建为柱子。
- “在图形中拾取柱子形状或已有柱子”按钮：单击该按钮，可以在绘图区选择某个已经创建的柱子形状创建下一个柱子。
- “材料”下拉列表框和“形状”下拉列表框：在下拉列表框中选择插入标准柱的材料和形状。
- “标准构件库”按钮：单击该按钮，打开如图14-23（右）所示的“天正构件库”对话框，选择所需构件。

14.3.5 绘制角柱

选择“建筑”|“角柱”命令，或者在命令行输入JZ后按Enter键，都可以执行“角柱”命令，命令行提示如下：

```
命令: TCornColu
请选取墙角或 [参考点(R)]<退出>:
```

墙角的参考点选择后，弹出“转角柱参数”对话框，如图14-24所示。用户可以在“转角柱参数”对话框中设置转角柱的类型和相关参数。

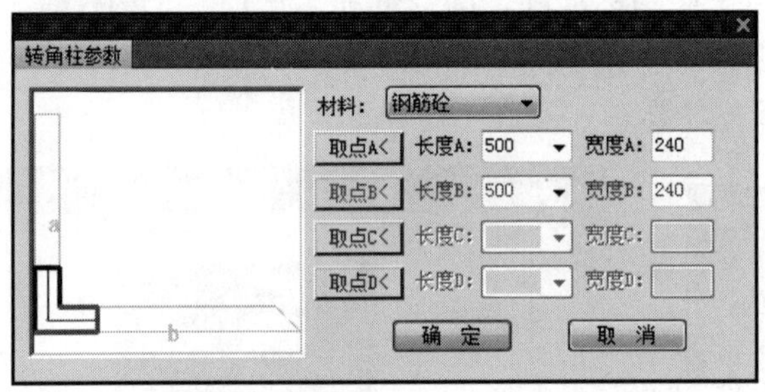

图 14-24 “转角柱参数”对话框

参照左面角柱预览框，设置转角柱的A点和B点的长度和宽度，在“材料”下拉列表框中选择转角柱的材料种类。

14.3.6 绘制门窗

在天正制图中，门窗一般都是从天正门窗图库中选取门窗的二维和三维形状进行插入的，选择“建筑”|“门窗”命令，或者在命令行输入MC后按Enter键，都可以执行“门窗”命令，可打开“门”对话框和“窗”对话框，如图14-25所示。

对话框中主要按钮的功能如下：

- “自由插入，左鼠标点取的墙段位置插入”按钮：单击该按钮，将门窗插入到单击位置。

图 14-25 “门”对话框

- “沿墙顺序插入”按钮：单击该按钮，选择墙体后，系统将沿着选择的直墙顺序插入门窗。
- “依据点取位置两侧的轴线等分插入”按钮：单击该按钮，选择轴线，系统将在轴线的中点插入门窗。
- “在点取的墙段上等分插入”按钮：单击该按钮，可以通过设置门窗的大致位置、开向和数目来等分插入门窗。
- “垛宽定距插入”按钮：单击该按钮，可以通过设置门窗的大致位置和开向来插入门窗。
- “轴线定距插入”按钮：单击该按钮，可以通过设置门窗与轴线的距离来插入门窗。
- “按角度插入弧墙上的门窗”按钮：单击该按钮，可以在弧墙上插入门窗。
- “根据鼠标位置居中或等距插入门窗”按钮：单击该按钮，可以在墙段中按预先定义的规则自动按门窗在墙段中的合理位置插入门窗，可适用于直墙与弧墙。
- “充满整个墙段插入门窗”按钮：单击该按钮，可以插入一个布满整个墙段的门窗。
- “插入上层门窗”按钮：单击该按钮，可以在已经存在的门窗上再加一个宽度相同、高度不等的门窗，比如厂房或者大堂的墙体上经常会出现这样的情况。
- “在已有洞口插入多个门窗”按钮：单击该按钮，可以在同一个墙体已有的门窗洞口内再插入其他样式的门窗，常用在防火门、密闭门、户门和车库门中。
- “替换图中已经插入的门窗”按钮：单击该按钮，可以替换前面插入的门窗。
- “拾取门窗参数”按钮：用于查询图中已有的门窗对象并将其尺寸参数提取到“门”对话框中，方便在原有门窗尺寸基础上加以修改。
- “插门”按钮：单击该按钮，“门窗参数”对话框将呈现门的参数设置界面。
- “插窗”按钮：单击该按钮，“门窗参数”对话框将呈现窗的参数设置界面。
- “插门联窗”按钮：单击该按钮，“门窗参数”对话框将呈现门联窗的参数设置界面。
- “插字母门”按钮：单击该按钮，“门窗参数”对话框将呈现字母门的参数设置界面。
- “插弧窗”按钮：单击该按钮，“门窗参数”对话框将呈现弧窗的参数设置界面。
- “插凸窗”按钮：单击该按钮，“门窗参数”对话框将呈现凸窗的参数设置界面。
- “插矩形洞”按钮：单击该按钮，“门窗参数”对话框将呈现矩形洞的参数设置界面。

14.3.7 绘制双跑楼梯

双跑楼梯是最常见的楼梯形式，由两跑直线梯段、一个休息平台、一个或两个扶手和一

组或两组栏杆构成的自定义对象。选择“建筑”|“双跑楼梯”命令，打开“双跑楼梯”对话框，如图14-26所示。可以在“双跑楼梯”对话框中设置楼梯的类型和相关参数。

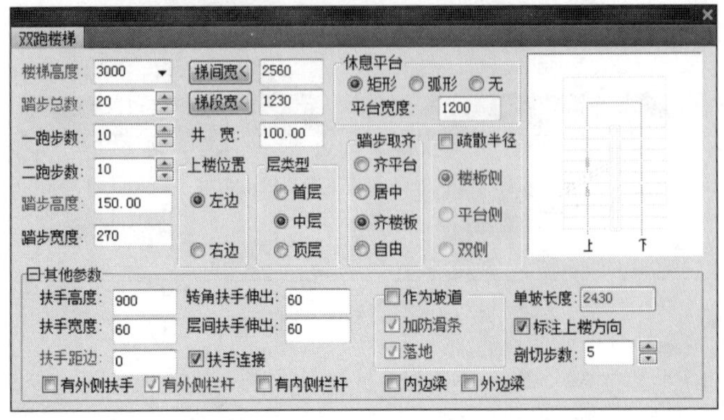

图 14-26 “双跑楼梯”对话框

14.3.8 绘制直线楼梯

“直线楼梯”命令用于创建直线段梯段。选择“建筑”|“直线梯段”命令，打开“直线梯段”对话框，如图14-27所示。

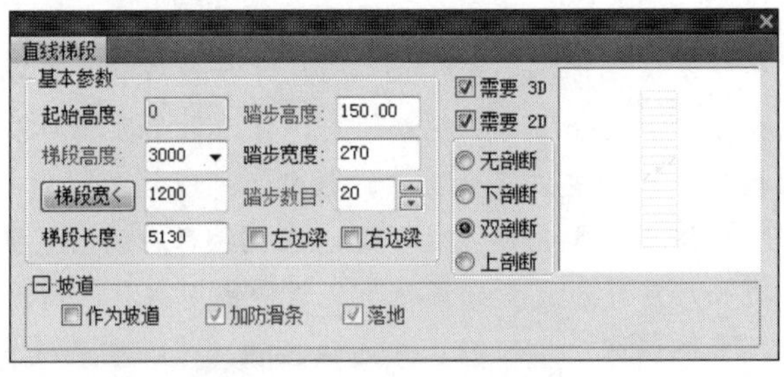

图 14-27 “直线梯段”对话框

该对话框中部分选项的含义及功能如下：

- 起始高度：相当于当前所绘梯段所在楼层地面起算的楼梯起始高度，梯段高以此算起。
- 梯段高度：指当前所绘制直线梯段的总高度。
- 梯段长度：在平面图中，楼梯垂直方向上的长度。
- 踏步高度：输入一个概略的踏步高设计值，由楼梯高度推算出最接近初值的设计值。需要踏步数目是整数，梯段高度是一个给定的整数，因此踏步高度并非总是整数。需要给定一个粗略的目标值后，系统经过计算，才能确定踏步高度的精确值。
- 踏步数目：其中“梯段高度”“踏步高度”和“踏步数目”这三个数值之间存在一定的逻辑关系，即梯段高度=踏步高度×踏步数目。当确定好梯段的高度以后，而在“踏步高度”和“踏步数目”两个选项中只要确定好其中的一个参数即可，另外一个参数由系统自动算出。
- 踏步宽度：在梯段中踏步板的宽度。
- “需要3D”和“需要2D”：主要设置楼梯段在视图中的显示方式。
- 坡道：选择该选项时，则将梯段转为坡道。

利用直线梯段可以绘制如图14-28所示的楼梯。

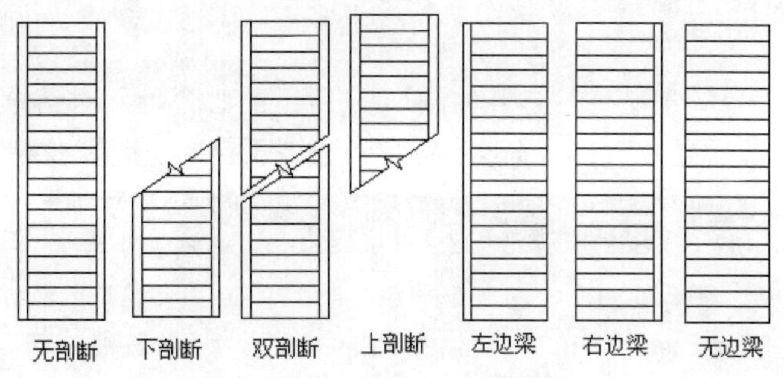

图 14-28　直线梯段楼梯形式

14.3.9　绘制圆弧楼梯

“圆弧梯段”命令用于创建单段弧线型梯段，适合单独的圆弧楼梯，也可与直线梯段组合创建复杂楼梯和坡道，如大堂的螺旋楼梯与入口的坡道。

执行“楼梯其他”|“圆弧梯段”命令，打开如图14-29所示的“圆弧梯段”对话框。“圆弧梯段”对话框中的选项与“直线梯段”类似，可以参照上一节的描述。

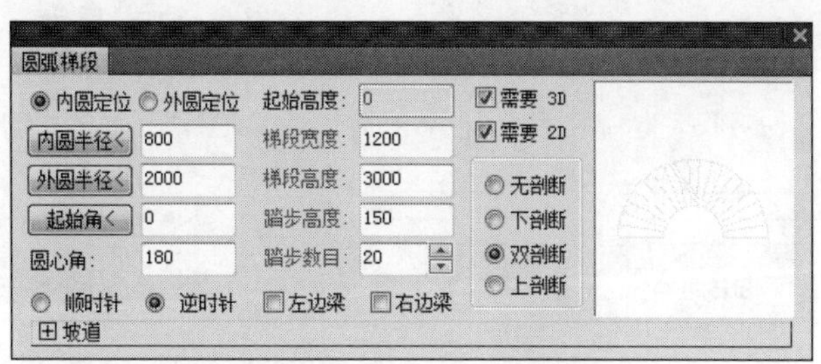

图 14-29　“圆弧梯段”对话框

14.3.10　绘制阳台

选择“建筑”|“阳台”命令，打开如图14-30所示的“绘制阳台”对话框，在此对话框内主要设置阳台的板厚、梁高、地面标高、伸出距离及栏板的宽度和高度等参数。

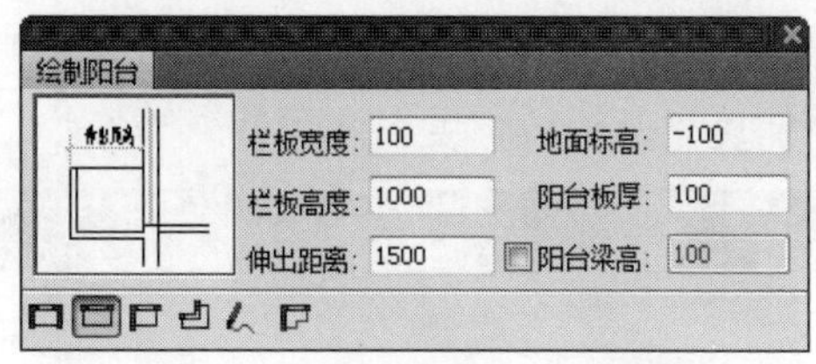

图 14-30　“绘制阳台”对话框

“绘制阳台”对话框下侧的工具栏，从左到右分别为凹阳台、矩形阳台、阴角阳台、偏移生成、任意绘制与选择已有路径绘制共6种阳台绘制方式，勾选“阳台梁高”后，输入阳台梁的高度可创建梁式阳台。

14.3.11 绘制台阶

选择“建筑”|“台阶”命令，打开如图14-31所示的“台阶”对话框，在此对话框内主要设置台阶的总高；设置踏步数目、宽度和高度；设置平台的宽度等参数。

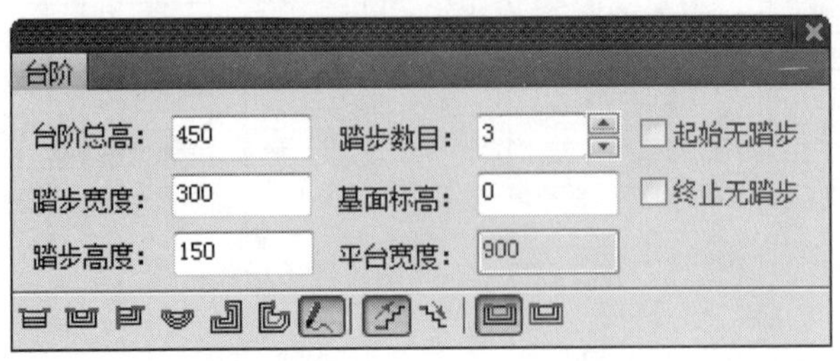

图 14-31 “台阶”对话框

“台阶”对话框下侧的工具栏，从左到右分别为绘制方式、楼梯类型、基面定义三个区域，可组合成满足工程需要的各种台阶类型：

- 绘制方式包括：矩形单面台阶、矩形三面台阶、矩形阴角台阶、弧形台阶、沿墙偏移绘制、选择已有路径绘制和任意绘制共7种绘制方式，台阶示例如图14-32所示。

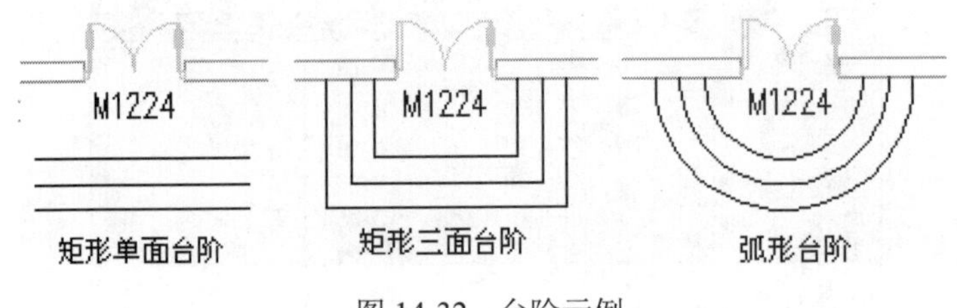

图 14-32 台阶示例

- 楼梯类型分为普通台阶与下沉式台阶两种，前者用于门口高于地坪的情况，后者用于门口低于地坪的情况。
- 基面定义可以是平台面和外轮廓面两种，后者多用于下沉式台阶。

14.3.12 绘制坡道

选择“建筑”|“坡道”命令，打开如图14-33所示的“坡道”对话框，在此对话框内主要设置坡道的长度、高度、宽度以及边坡宽度和坡顶标高等参数。

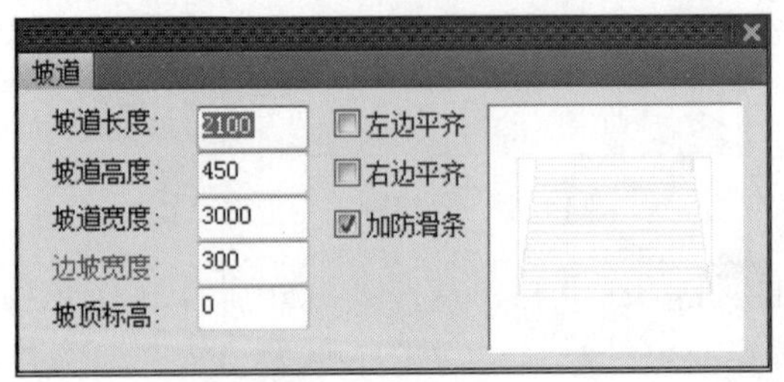

图 14-33 “坡道”对话框

如图14-34所示，坡道有多种变化形式。

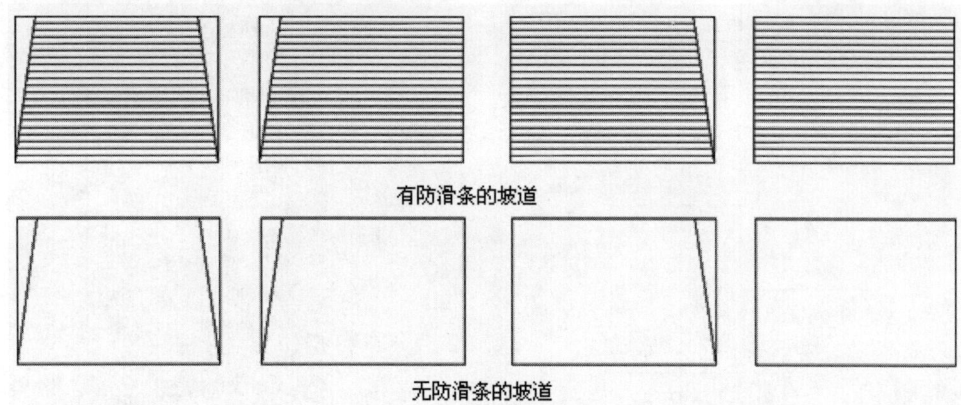

图 14-34　坡道示例

14.4　采暖平面图

在T20天正暖通V7.0中，采暖平面图的设计就像人工绘图一样，不再询问任何多余的数据，也不做超前的假设。这就克服了在其他CAD软件中对于采暖平面图设计苛刻的要求，如用户在平面图设计过程中稍有和该软件中的超前假设或约定不一致时，就会导致以后的设计工作无法进行或产生错误。

在T20天正暖通V7.0中，熟悉AutoCAD的用户可以直接使用AutoCAD命令进行绘制工作。

14.4.1　绘制采暖管线

"采暖管线"命令用于绘制采暖管线。选择"采暖"|"采暖管线"命令，或者在命令行输入CNGX后按Enter键，都可以执行"采暖管线"命令，打开"采暖管线"对话框，如图14-35所示。

图 14-35　"采暖管线"对话框

"采暖管线"对话框中各选项的功能如下：

- "管线设置"按钮：单击该按钮，打开"管线设置"对话框，设置管线参数，如图14-11所示。
- "管线类型"选项组：在该选项组中设置了5种管线类型，常用的类型包括供水干管、回水干管、供水支管和回水支管。可以根据需要选择不同的管线，如图14-36所示。

绘制好之后，如果需要修改，则只需双击所要修改的立管，在弹出的"修改管线"对话框中修改其属性值就可以了，如图14-37所示。

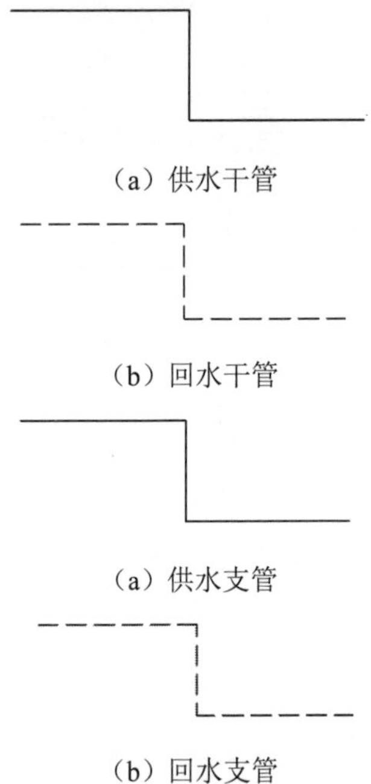
（a）供水干管

（b）回水干管

（a）供水支管

（b）回水支管

图 14-36　供回水干支管

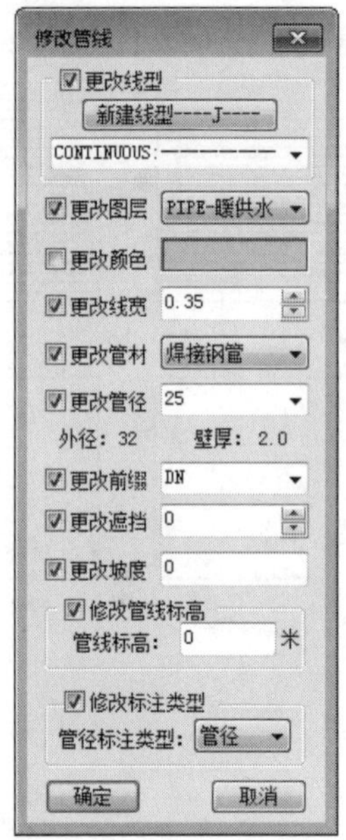

图 14-37　“修改管线”对话框

14.4.2　绘制采暖双线

“采暖双线”命令用于同时绘制采暖供水和回水双管线。选择“采暖”|“采暖双线”命令，或者在命令行输入CNSX后按Enter键，都可以执行“采暖双线”命令，打开“采暖双线”对话框，如图14-38所示。

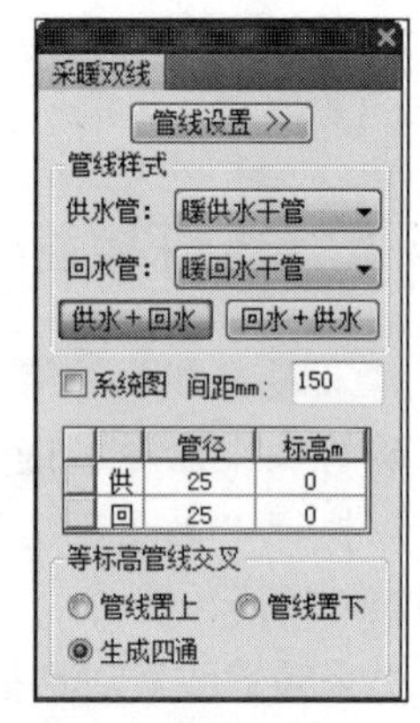

图 14-38　“采暖双线”对话框

“采暖双线”对话框中各选项的功能如下：

- “管线设置”按钮：单击该按钮，打开“管线设置”对话框，设置管线参数。
- “管线样式”选项组：该选项组中有两种管线样式，即“供水+回水”和“回水+供水”。用户可以单击“供水+回水”与“回水+供水”按钮，来绘制“供水+回水”和“回水+供水”管道，如图14-39所示。

（a）供水+回水

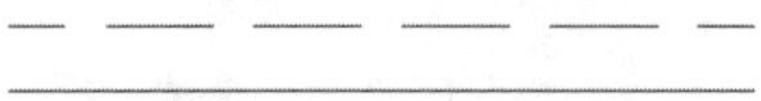

（b）回水+供水

图 14-39　两种管线样式示例

- “系统图”复选框：选中该复选框，可绘制系统图。
- “标高”和“管径”文本框：可以根据制图需要来设置标高和管径。

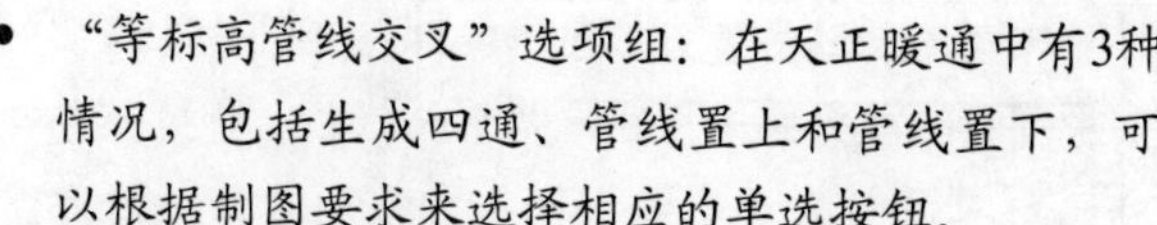

- “等标高管线交叉”选项组：在天正暖通中有3种情况，包括生成四通、管线置上和管线置下，可以根据制图要求来选择相应的单选按钮。

14.4.3 绘制采暖立管

“采暖立管”命令用于布置采暖立管。选择“采暖”|“采暖立管”命令，或者在命令行输入CNLG后按Enter键，都可以执行“采暖立管”命令，打开“采暖立管”对话框，如图14-40所示。

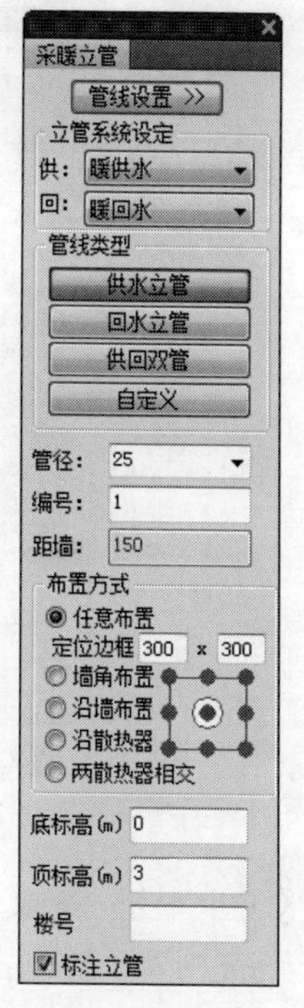

图 14-40 “采暖立管”对话框

“采暖立管”对话框中各选项的功能如下：

- “管线设置”按钮：单击该按钮，打开“管线设置”对话框，在其中设置管线参数。
- “管线类型”选项组：在该选项组中提供了4种管线类型，包括供水立管、回水立管、供回双管和自定义。直接单击相应的管线类型按钮就可以绘制供水立管、回水立管和供回双管，供水立管效果如图14-41所示。
- “编号”“管径”和“距墙”文本框：用户可以根据制图要求来设置管线的编号、管径和距墙的距离。
- “布置方式”选项组：用于选择管道的布置方式。天正暖通提供的采暖立管布置方式共有5种，包括任意布置、墙角布置、沿墙布置、沿散热器和两散热器相交，可以根据需要选择相应的单选按钮。
- “底标高”和“顶标高”文本框：通过输入值来设置底标高和顶标高。

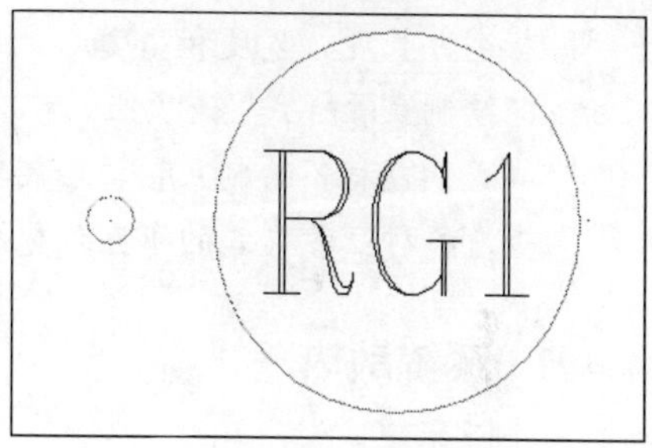

图 14-41 供水立管

14.4.4 布置散热器

“散热器”命令用在平面图中布置散热器。选择“采暖”|“散热器”命令，或者在命令行输入SRQ后按Enter键，都可以执行“散热器”命令，弹出“布置散热器”对话框，如图14-42（左）所示。

“布置散热器”对话框中各选项的功能如下：

- “布置方式”选项组中散热器共有3种布置方式，包括任意布置、沿墙布置和窗中布置，如图14-42（右）所示。
  - 任意布置：散热器可以随意布置在任何位置，下面对应的设置有“角度”“标高 mm”。
  - 沿墙布置：选取要布置散热器的墙线，靠墙布置散热器，下面对应的设置有“距墙 mm”“标高 mm”。

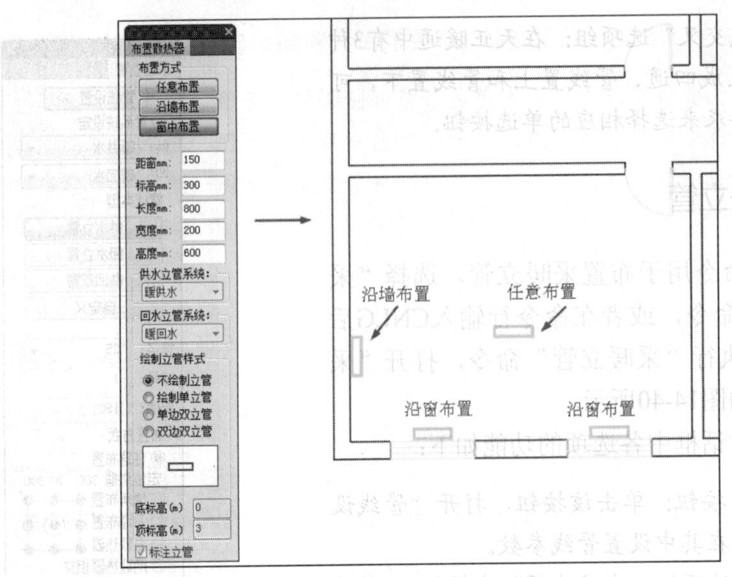

图 14-42 “布置散热器”对话框及布置方式

- 窗中布置：选取要布置散热器的窗户，靠窗中布置散热器，下面对应的设置有“距窗mm”“标高 mm”。

- “角度”“标高”“长度”“宽度”“高度”文本框：可以输入数值来设置散热器的角度、标高、长度、宽度和高度。
- “绘制立管样式”选项组：可以根据需要来选择不同的立管样式，在天正暖通中有4种立管样式，包括不绘制立管、绘制单立管、单边双立管和双边双立管。用户可以通过预览框来查看各种立管样式的布置预览图。

14.4.5 系统散热器

选择“采暖”|“系统散热器”命令，或者在命令行输入XTSRQ后按Enter键，都可以执行“系统散热器”命令，弹出“系统散热器”对话框，如图14-43所示。“系统散热器”对话框中各选项的功能如下。

- “系统类型”选项组的系统类型有4种，包括传统单管、传统双管、分户单管和分户双管。可以在“点击更改接管样式”预览框中查看各种系统样式的预览图。单击预览图可以更改其接管样式，如图14-44所示。

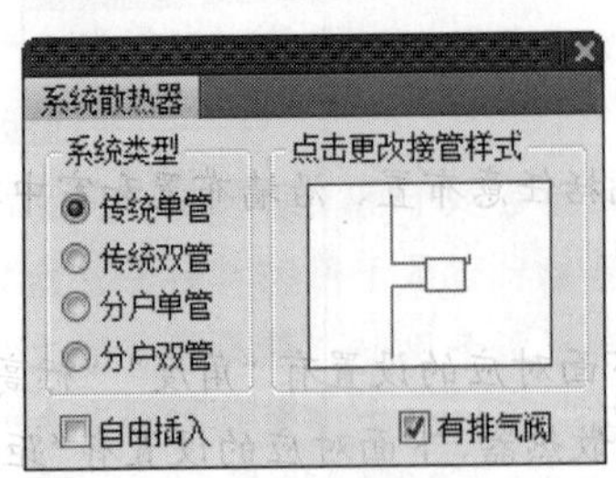

图 14-43 “系统散热器”对话框

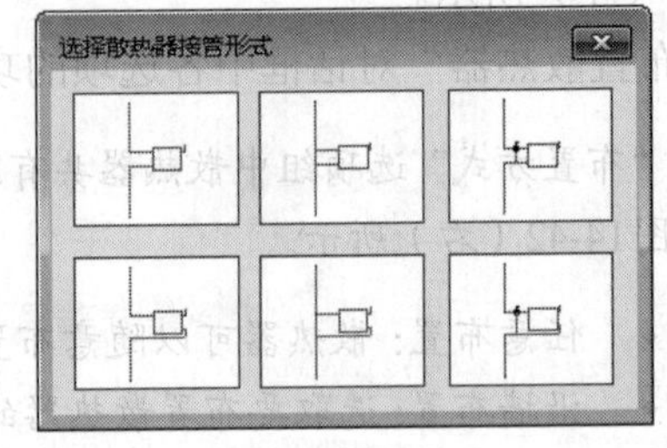

图 14-44 “选择散热器接管样式”对话框

- "自由插入"复选框：选中该复选框，就可以在图中自由地插入散热器接管。
- "有排气阀"复选框：选中该复选框来决定有无排气阀。

最后单击"确定"按钮完成设置。

14.4.6 改散热器

"改散热器"命令用于修改平面图及系统图中布置的散热器参数。选择"采暖"|"改散热器"命令，或者在命令行输入GSRQ后按Enter键，都可以执行"改散热器"命令，命令行提示信息如下：

```
命令: GSRQ
请选择要修改的散热器<退出>找到1个          //选择需要修改的散热器
请选择要修改的散热器<退出>                //选择完成后按Enter键
```

按Enter键后，打开如图14-45所示的"散热器参数修改"对话框，可以修改散热器的片数、长度和宽度等参数。

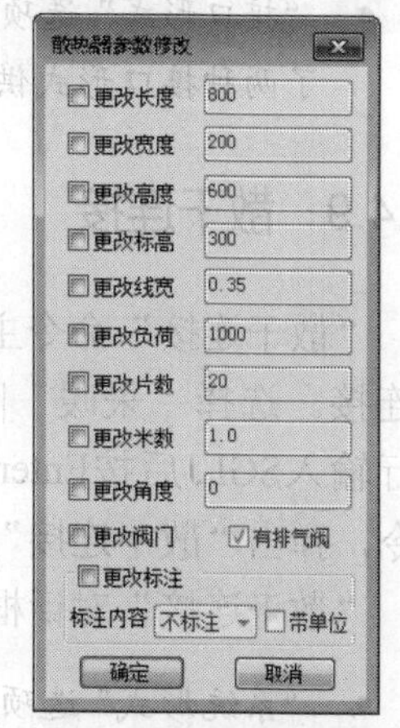

图 14-45 "散热器参数修改"对话框

14.4.7 立干连接

"立干连接"命令用于完成立管与干管之间的连接。选择"采暖"|"立干连接"命令，或者在命令行输入LGLJ后按Enter键，都可以执行"立干连接"命令，命令行提示信息如下：

```
命令: LGLJ
请选择要连接的干管及附近的立管<退出>:找到 8 个，总计 8 个
请选择要连接的干管及附近的立管<退出>:
```

按命令行提示，选择所有需要连接的立管和干管后按Enter键，系统会自动将干管和干管附近的立管连接起来。

14.4.8 散立连接

"散立连接"命令主要用于完成散热器与立管之间的连接。选择"采暖"|"散立连接"命令，或者在命令行输入SLLJ后按Enter键，都可以执行"散立连接"命令，打开"散立连接"对话框，如图14-46所示。

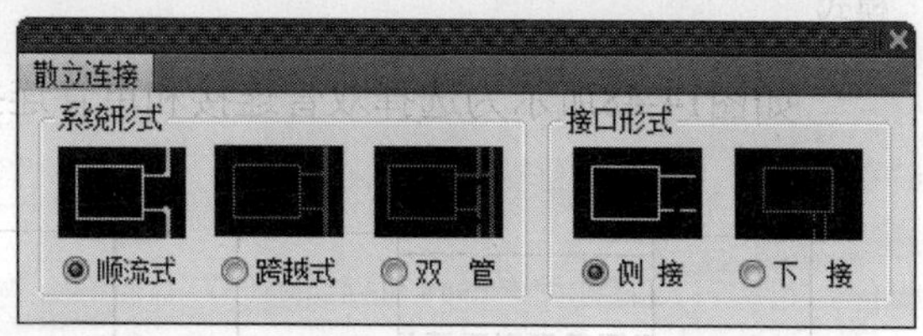

图 14-46 "散立连接"对话框

"散立连接"对话框中各选项的功能如下：

- “系统形式”选项组：选择散热器与干管的连接方式。T20天正暖通V7.0提了3种，包括顺流式、跨越式和双管。通过选中相应的单选按钮，就可以在预览框中看到预览图。
- “接口形式”选项组：选择散热器进出水管与立管接口的连接形式。T20天正暖通V7.0提供了两种接口形式供用户选择，即侧接和下接。

14.4.9 散干连接

“散干连接”命令主要用于完成散热器与干管之间的连接。选择“采暖”|“散干连接”命令，或者在命令行输入SGLJ后按Enter键，都可以执行“散干连接”命令，弹出“散干连接”对话框，如图14-47所示。

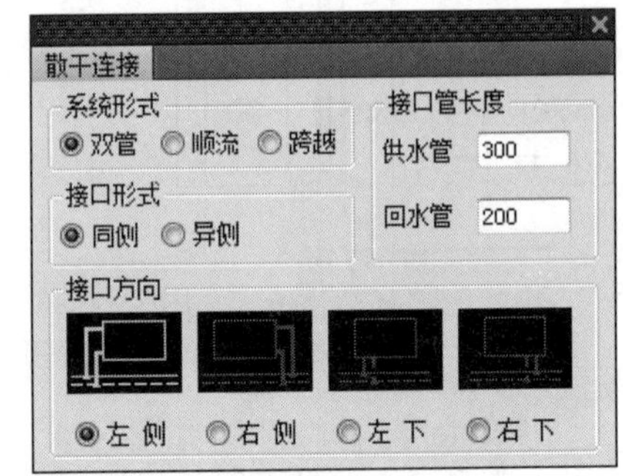

图 14-47 “散干连接”对话框

“散干连接”对话框中各选项的功能如下：

- “系统形式”选项组：设置系统的形式，包括双管、顺流和跨越3种形式。
- “接口形式”选项组：设置连接的接口形式，包括同侧和异侧两种形式。
- “接口方向”选项组：设置散干连接的接口方向，包括左侧、右侧、左下和右下4种接口方向。通过选中相应的单选按钮，可以在上面的预览框中看到预览图。
- “接口管长度”选项组：该选项组用来设置供水管和回水管的长度。

14.4.10 散散连接

“散散连接”命令主要用于完成散热器与干管之间的连接。选择“采暖”|“散散连接”命令，或者在命令行输入SSLJ后按Enter键，都可以执行“散散连接”命令，打开如图14-48（a）所示的“散散连接”对话框。

命令行提示信息如下：

```
命令: SSLJ
请选择平行或者在一条直线上的散热器<退出>:指定对角点: 找到 1 个
请选择平行或者在一条直线上的散热器<退出>: //选择需要连接的位于同一条直线上的散热器
当前模式:[单管连接],按[C]键改为[双管连接]<单管连接>: //选择连接模式
```

如图14-48所示为选择双管连接和单管连接后的连接效果。

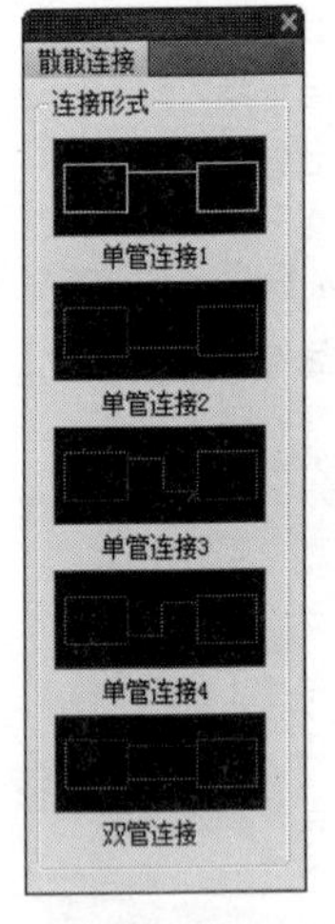

（a）“散散连接”对话框

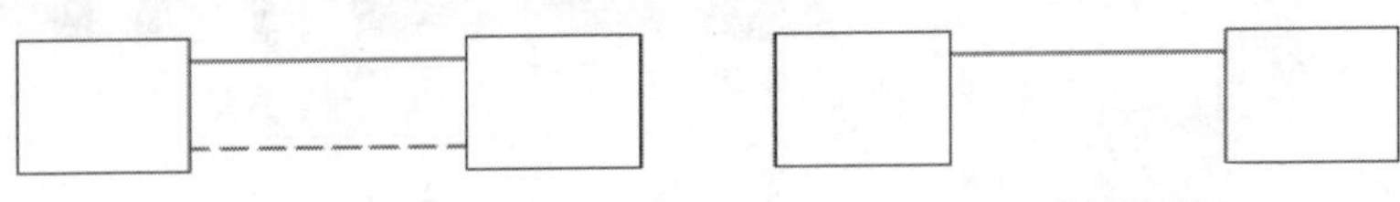

（b）双管连接　　（c）单管连接

图 14-48 “散散连接”对话框及示意图

14.4.11 水管阀件

选择“采暖”|“水管阀件”命令，或者在命令行输入SGFJ后按Enter键，都可以执行“水管阀件”命令，打开“水管阀件”对话框，如图14-49所示。用户可在图块库中选择所需的阀件图块并插入到暖通图中。对于已经插入的水管阀件，用户可以通过双击水管阀件，在打开的“编辑阀件”对话框中对水管阀件进行参数编辑。

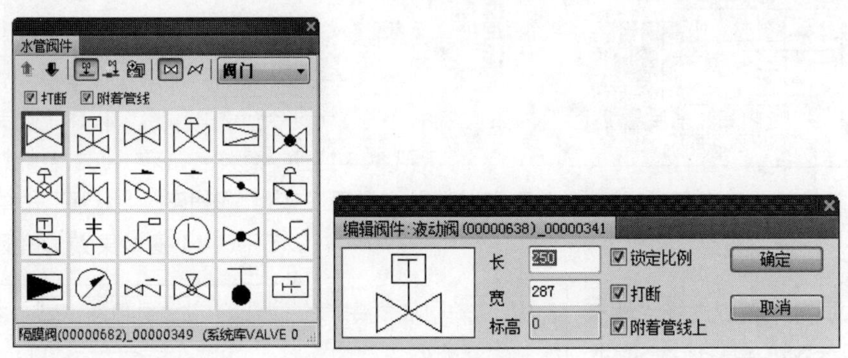

图 14-49 插入水管阀件

“编辑阀件：通用阀门”对话框中包括编辑采暖阀件的长、宽及标高设置，还可以通过右侧的3个复选框来进一步设置插入的采暖阀件是否锁定比例、打断和附着管线上。各选项的含义如下：

- “长”“宽”及“标高”文本框：用于修改阀件的尺寸和标高，当选中“附着管线上”复选框时，标高文本框无效。
- “锁定比例”复选框：当修改“长”或“宽”文本框中的任意一个的尺寸时，另一个会根据比例做出相应的变化。
- “打断”复选框：选中该复选框后，插入的阀门将打断采暖管线。
- “附着管线上”复选框：选中该复选框后，管道将附着在管道上，其标高与管道标高相等。

14.4.12 采暖设备：换热器

1. 采暖设备参数设置

选择“采暖”|“采暖设备”命令，或者在命令行输入CNSB后按Enter键，都可以执行“采暖设备”命令，弹出“布置采暖设备：换热器”对话框，如图14-50（左）所示，单击对话框采暖设备预览图，可调出采暖平面设备的图库，如图14-50（右）所示。

在“布置采暖设备：换热器”对话框中，可以设置换热器的长、宽和高的参数，也可以输入角度值来布置换热器，还可以通过选中“锁定比例”复选框来锁定换热器的比例格式。

2. 采暖平面图操作实例

【例14-1】 使用T20天正暖通V7.0完成【例11-1】某办公楼采暖平面图的绘制。

本例同样从建筑平面图的绘制开始介绍使用天正软件绘制采暖平面的方法。

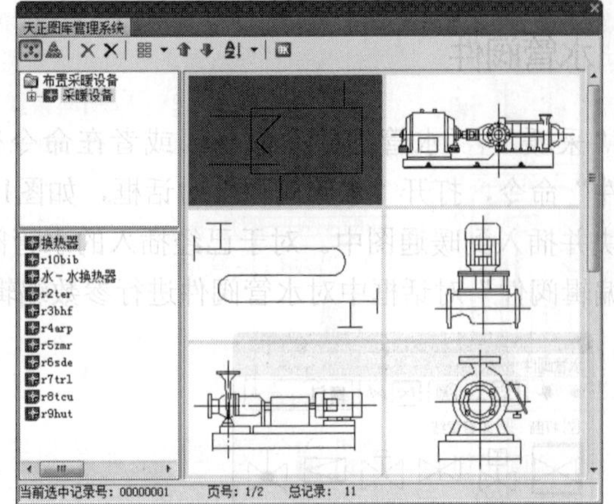

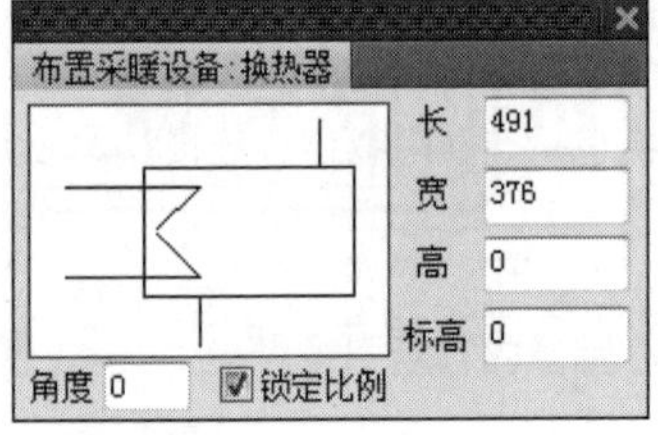

图 14-50 “布置采暖设备：换热器”对话框及图库

（1）绘制平面图

步骤 01 在屏幕菜单中选择“建筑”|“绘制轴网”命令，在打开的“绘制轴网”对话框中设置开间参数，如图 14-51 所示，绘制竖直方向上的轴线。

步骤 02 利用同样的方法，绘制水平方向轴线，进深参数设置如图 14-52 所示，返回绘图区在命令行“请选择插入点[旋转 90 度(A)/切换插入点(T)/左右翻转(S)/上下翻转(D)/改转角(R)]”提示下拾取一点，指定轴网位置，完成后效果如图 14-53 所示。

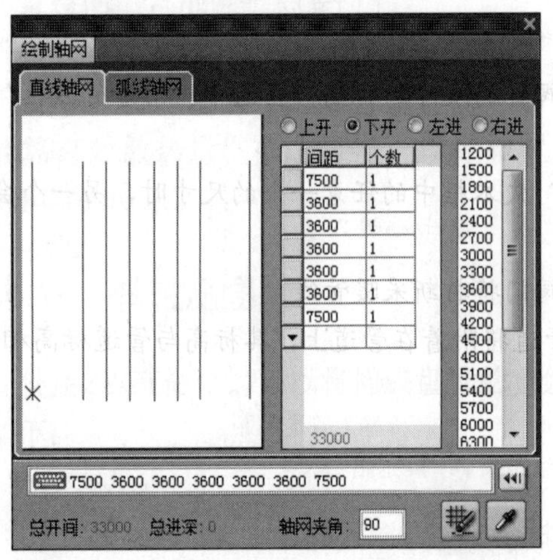

图 14-51 设置开间参数

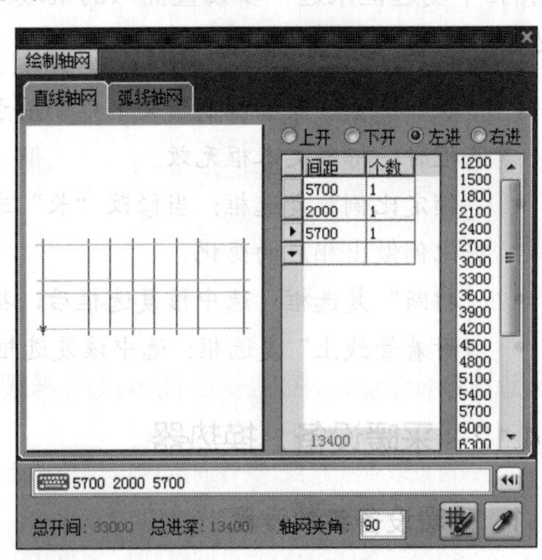

图 14-52 设置进深参数

图 14-53 绘制轴网

步骤 03 单击轴网后右击，选择“轴网标注”命令，在打开的对话框中设置起始轴号为 A，单侧标注，标注左侧的尺寸及轴号，如图 14-54 所示。

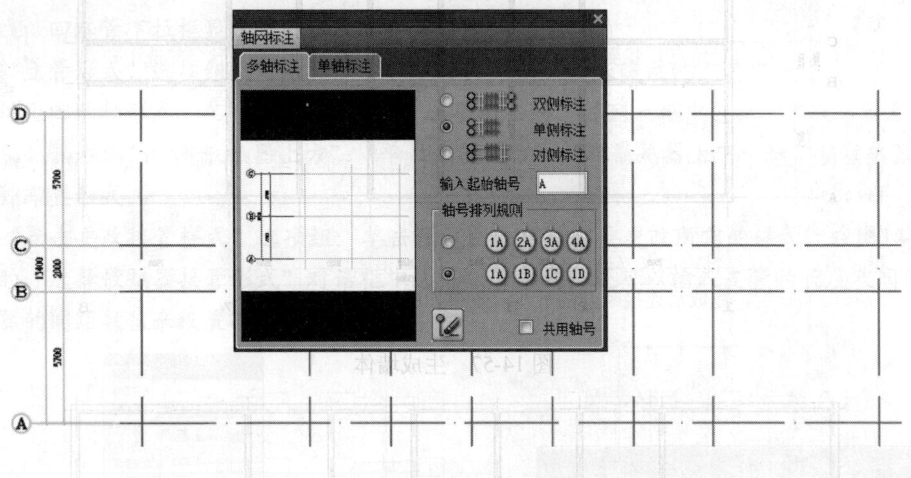

图 14-54　绘制轴网

步骤 04 继续在“轴网标注”对话框中设置起始轴号为 1，勾选“单侧标注”单选项，标注下侧的轴号及尺寸，如图 14-55 所示。

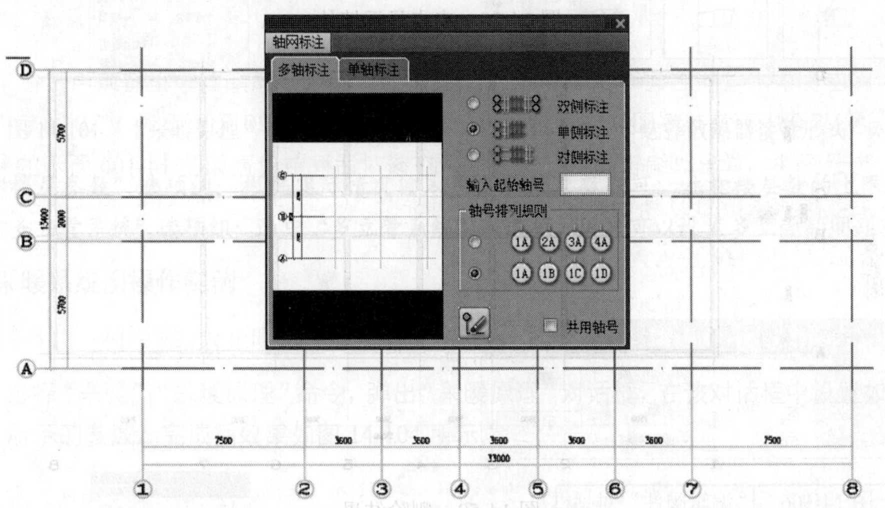

图 14-55　添加轴标

步骤 05 选择“建筑”|“单线变墙”命令，在打开的“单线变墙”对话框中设置参数如图 14-56 所示，选择所有轴线，按 Enter 键得到墙体，效果如图 14-57 所示。

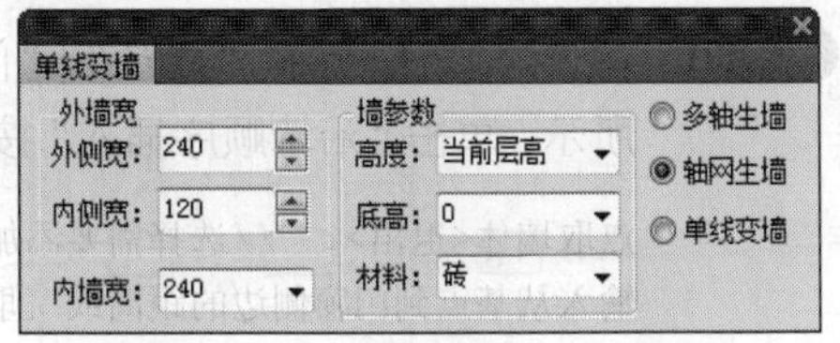

图 14-56　“单线变墙”对话框

步骤 06 夹点显示如图 14-58 所示的内部墙体，单击“默认”选项卡|“修改”面板上的“删除”按钮，删除结果如图 14-59 所示。

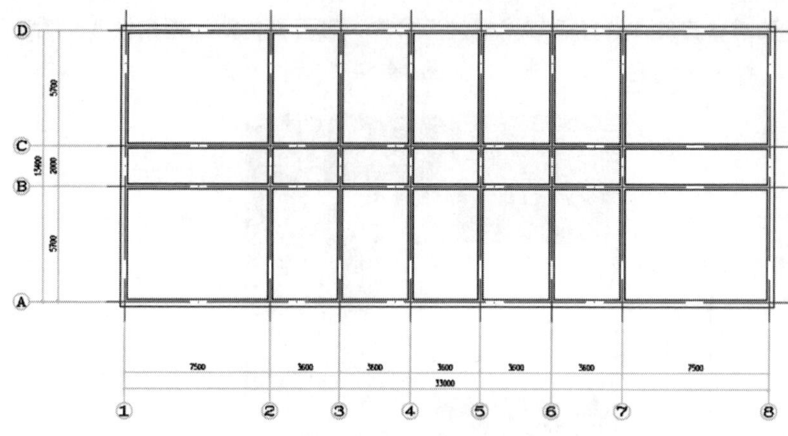

图 14-57　生成墙体

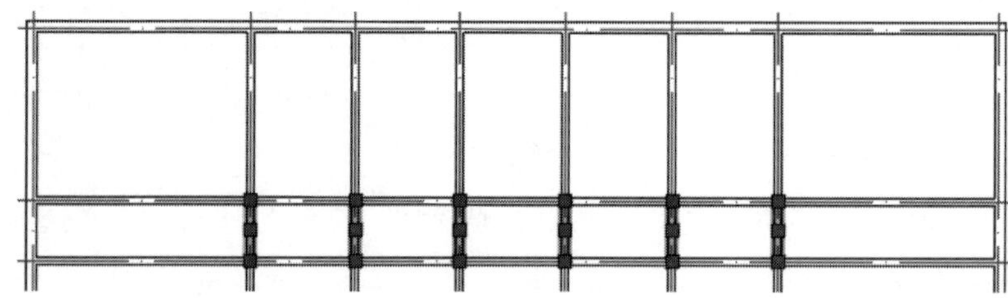

图 14-58　夹点显示墙体

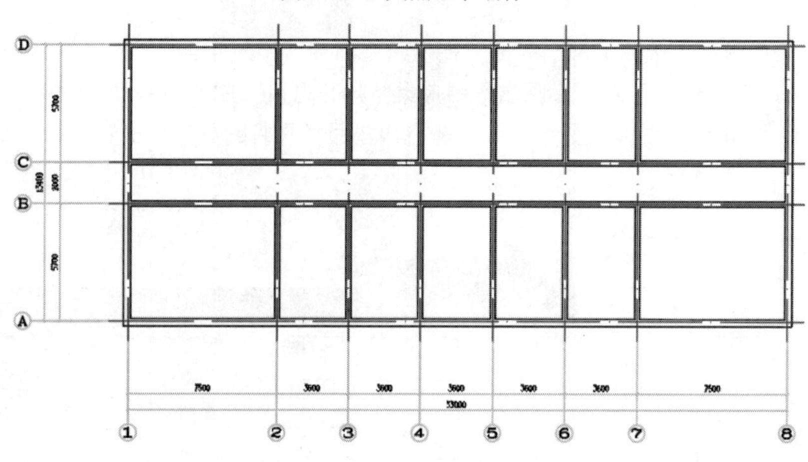

图 14-59　删除结果

（2）添加门窗

步骤 01　首先添加门，选择“建筑”|“门窗”命令，在打开的“门”对话框中设置参数如图 14-60 所示，单击“沿墙顺序插入”按钮，插入效果如图 14-61 所示，命令行提示信息如下：

```
点取墙体<退出>:  //选择需要添加门的墙，选择时应点选门所在一侧的墙体
输入从基点到门窗侧边的距离或 [取间距1200(L)] <退出>:380  //输入门距侧墙的距离
输入从基点到门窗侧边的距离或 [左右翻转(S)/内外翻转(D)/取间距300(L)]<退出>:D
//按Enter键或选择选择另外两个选项调整门的位置
输入从基点到门窗侧边的距离或 [左右翻转(S)/内外翻转(D)/取间距2595(L)]<退出>:
```

图 14-60 设置参数

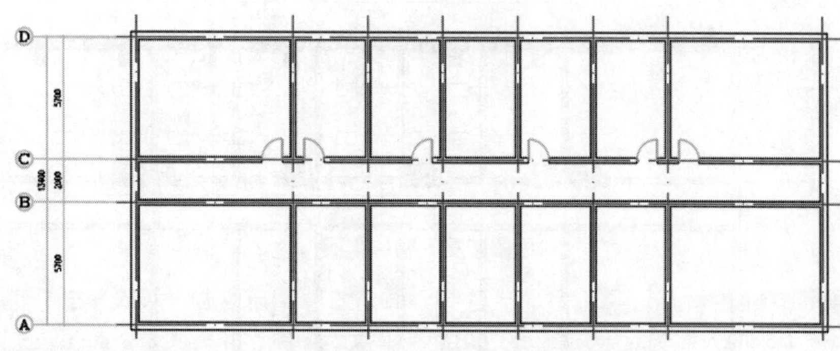

图 14-61 插入门

步骤 02 同理，在“门”对话框中单击“插窗”按钮，设置参数如图 14-62 所示，插入方式通过单击“依据点取位置两侧的轴线等分插入”按钮来选择，即依据点取位置两侧的轴线进行等分插入，插入结果如图 14-63 所示。此时命令行提示信息如下：

```
命令: TOpening
点取墙体<退出>:                                     //选择需要添加窗的墙体
点取门窗大致的位置和开向(Shift－左右开)<退出>:
指定参考轴线[S]/门窗或门窗组个数(1~3)<1>:2          //输入窗的个数
命令: TOpening
点取墙体<退出>:                                     //选择需要添加窗的墙体
点取门窗大致的位置和开向(Shift－左右开)<退出>:
指定参考轴线[S]/门窗或门窗组个数(1~3)<1>:1          //输入窗的个数
```

图 14-62 设置参数

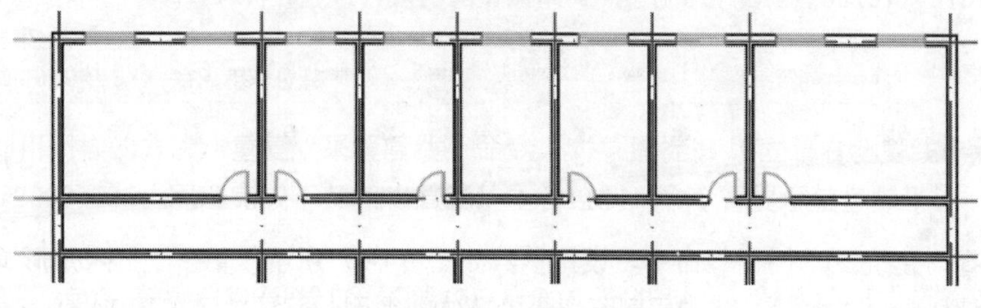

图 14-63 插入窗

步骤 03 分别单击刚插入的门窗，使其夹点显示，如图 14-64 所示，单击“默认”选项卡|“修改”面板上的“镜像”按钮，对门窗镜像复制，命令行提示信息如下：

```
命令：_mirror 找到 14 个
指定镜像线的第一点：                    //捕捉如图14-65所示的中点
指定镜像线的第二点：                    //@1,0 Enter
要删除源对象吗？[是(Y)/否(N)] <否>：     //镜像结果如图14-66所示
```

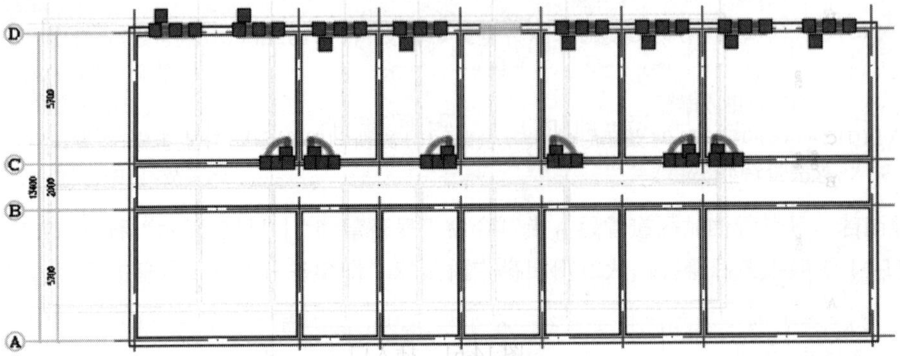

图 14-64 夹点显示

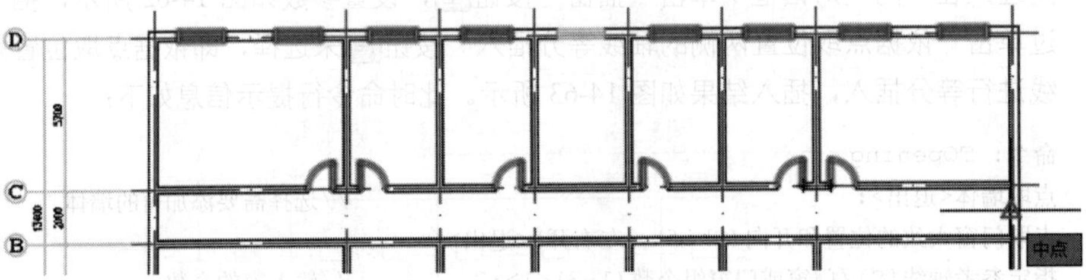

图 14-65 捕捉中点

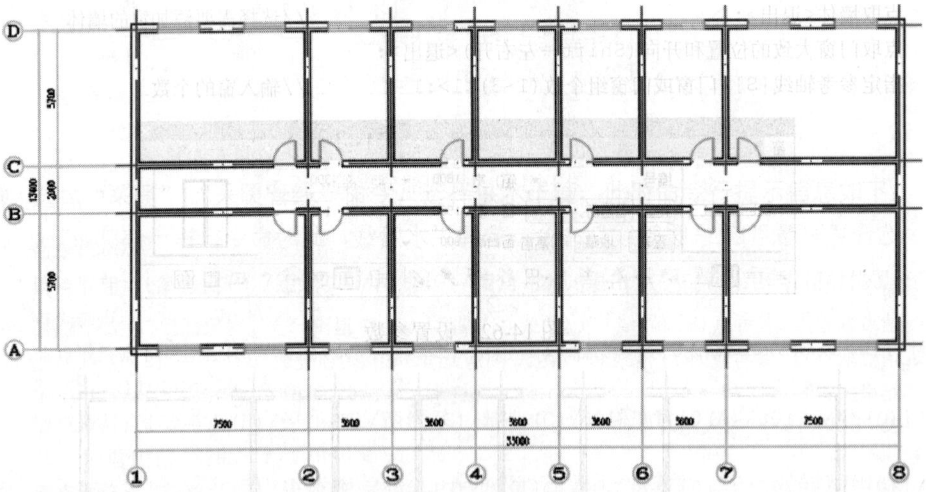

图 14-66 镜像结果

步骤 04 选择“建筑”|“门窗”命令，设置参数如图 14-67 所示，单击“插入矩形洞”按钮，向墙体中插入墙洞，完成后删除多余的墙体，得到的平面效果如图 14-68 所示。

图 14-67 设置参数

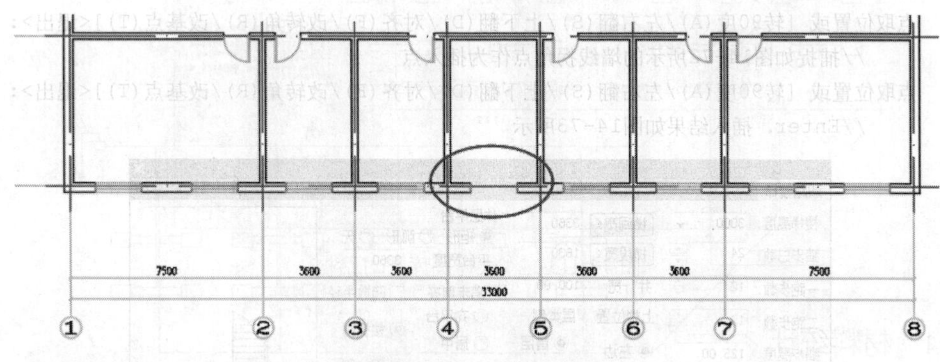

图 14-68 插入墙洞

步骤 05 夹点显示楼梯间位置的墙体，如图 14-69 所示，单击“默认”选项卡|“修改”面板上的“删除”按钮，删除结果如图 14-70 所示。

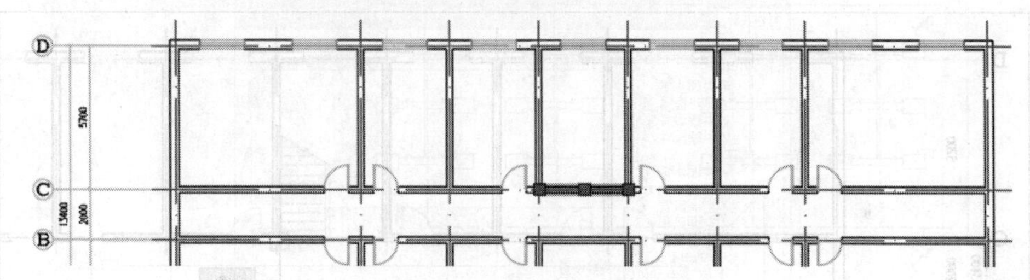

图 14-69 夹点显示墙体

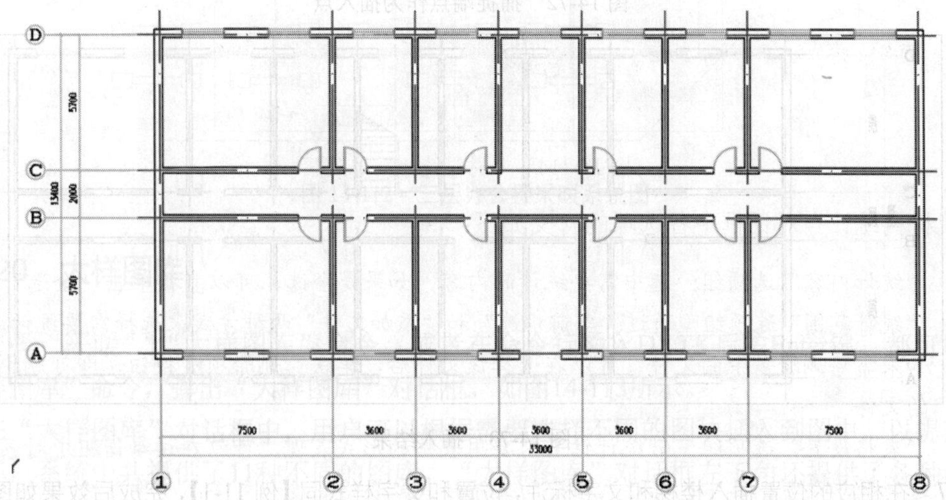

图 14-70 删除结果

步骤06 选择“建筑”|“双跑楼梯”命令，打开“双跑楼梯”对话框，设置楼梯参数如图 14-71 所示，为平面图插入楼梯。命令行提示信息如下：

```
命令：TRStair
点取位置或 [转90度(A)/左右翻(S)/上下翻(D)/对齐(F)/改转角(R)/改基点(T)]<退出>:
    //输入T后按Enter键
输入插入点或 [参考点(R)]<退出>:                    //捕捉楼梯图例右下角端点
点取位置或 [转90度(A)/左右翻(S)/上下翻(D)/对齐(F)/改转角(R)/改基点(T)]<退出>:
    //捕捉如图14-72所示的墙线拐角点作为插入点
点取位置或 [转90度(A)/左右翻(S)/上下翻(D)/对齐(F)/改转角(R)/改基点(T)]<退出>:
    //Enter，插入结果如图14-73所示
```

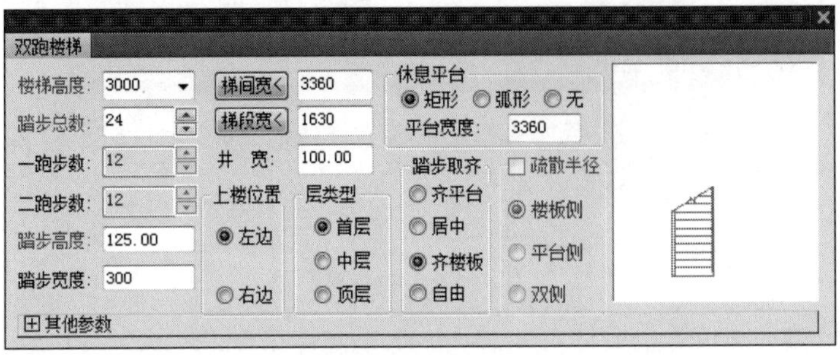

双跑楼梯
楼梯高度：3000　梯间宽< 3360　梯段宽< 1630　井宽：100.00
踏步总数：24　一跑步数：12　二跑步数：12　踏步高度：125.00　踏步宽度：300
休息平台：矩形 弧形 无　平台宽度：3360
上楼位置：左边 右边　层类型：首层 中层 顶层
踏步取齐：齐平台 居中 齐楼板 自由　疏散半径：楼板侧 平台侧 双侧
其他参数

图 14-71　设置参数

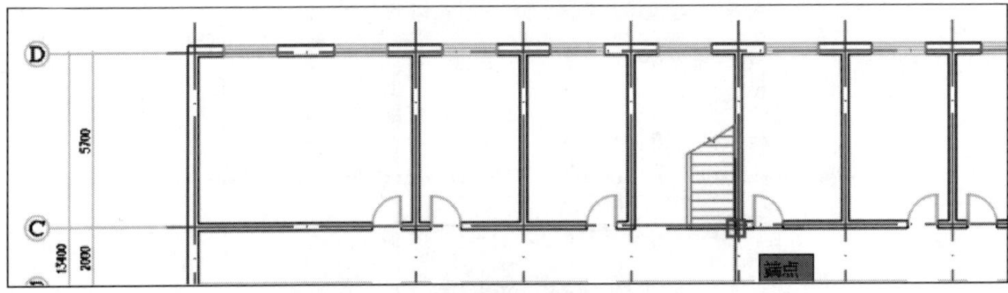

图 14-72　捕捉端点作为插入点

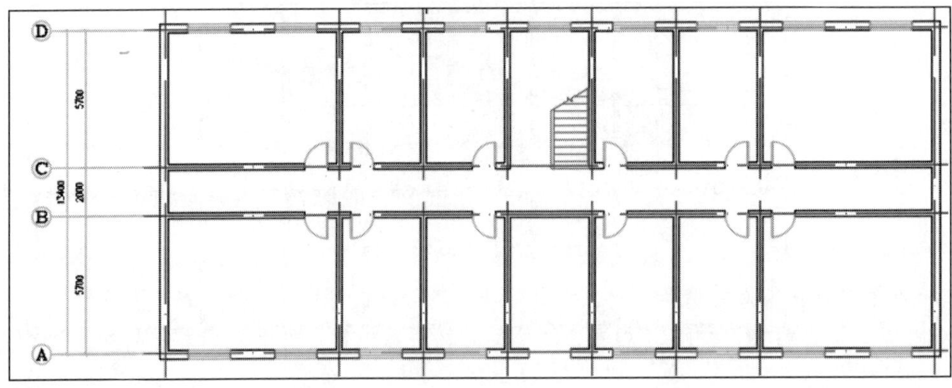

图 14-73　插入结果

步骤07 在相应的位置插入楼梯和文字标注，位置和文字样式同【例 11-1】，完成后效果如图 14-74 所示。

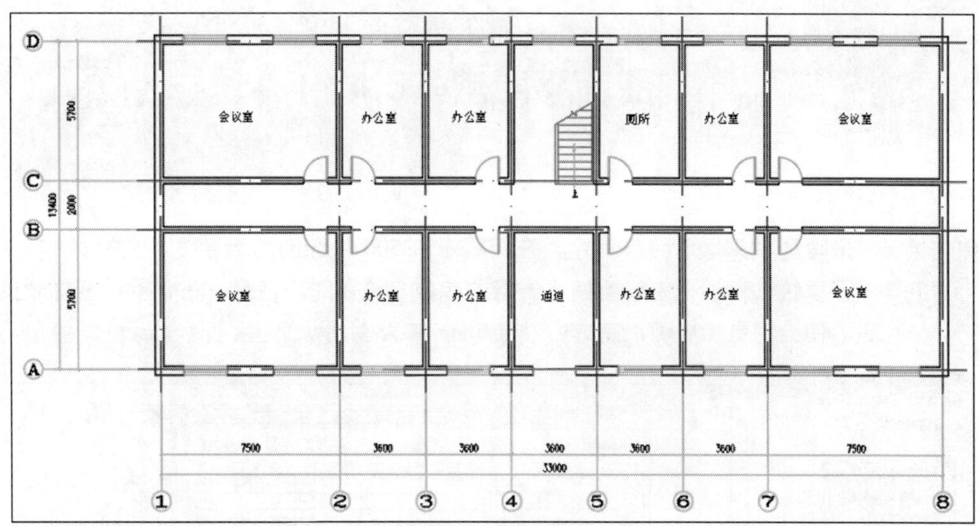

图 14-74　标注后效果

（3）布置并连接散热器

步骤 01 在屏幕菜单中选择“采暖”|“散热器”命令，在打开的“布置散热器”对话框中进行如图 14-75 所示的设置。在命令行的提示下拾取窗和选择散热器与窗的位置。立管设置位置同【例 11-1】，完成后效果如图 14-76 所示。

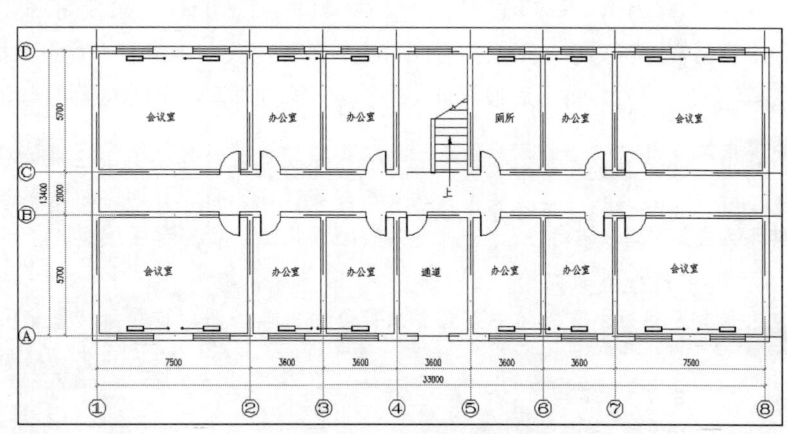

图 14-75　“布置散热器”对话框　　　　图 14-76　布置散热器效果

步骤 02 选择“采暖”|“散散连接”命令，在打开的“散散连接”对话框中选择“双管连接”方式，将相对应的每一对散热器进行连接，此时命令行提示信息如下：

```
命令: SSLJ
请选择平行或者在一条直线上的散热器<退出>:找到 1 个              //选择第一个散热器
```

```
请选择平行或者在一条直线上的散热器<退出>:找到 1 个，总计 2 个    //选择另一散热器
请选择平行或者在一条直线上的散热器<退出>:                         //按Enter键完成对象选择
当前模式:[双管连接],按[C]键改为[单管连接]<双管连接>:              //按Enter键选择双管连接
方式连接
```

（4）绘制该层回水干管

步骤01 选择“采暖”|“采暖管线”命令，在距离墙体 500 处绘制回水管线，在如图 14-77 所示的“采暖管线”对话框中设置回水干管的参数。绘制时应注意，按需要改变管道的管径与标高，使绘制更加准确，完成后效果如图 14-78 所示。

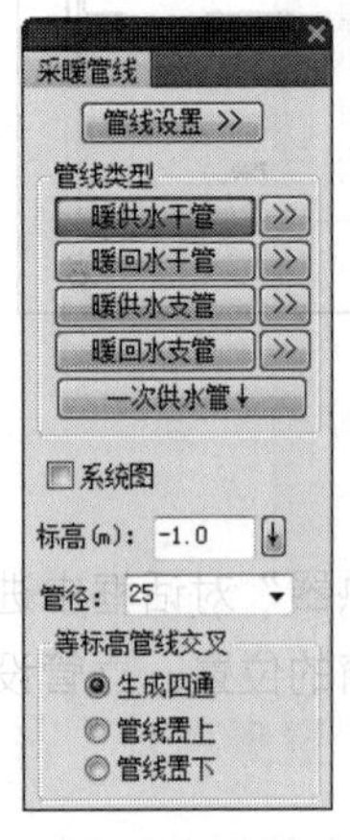

图14-77 “采暖管线”对话框

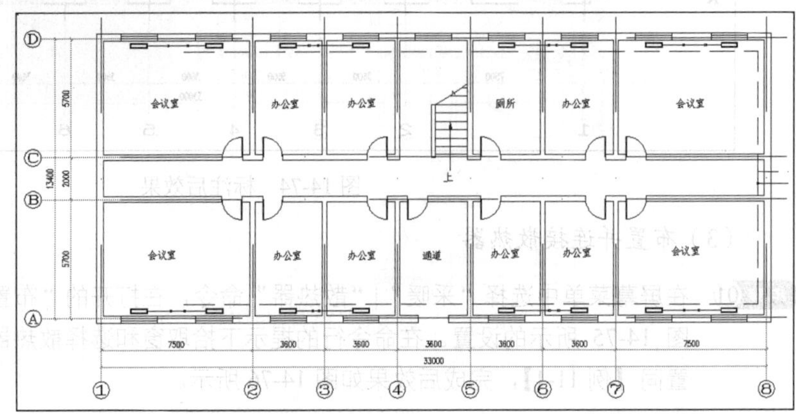

图14-78 绘制回水干管效果

步骤02 连接立管与回水干管。选择“采暖”|“立干连接”命令，此时命令行提示信息如下：

```
命令: LGLJ
请选择要连接的干管及附近的立管<退出>:指定对角点: 找到 30 个     //选择所有需要连接的立管
和干管
```

步骤03 完成对象选择后按 Enter 键连接干管与立管。

注意

当连接的干管和立管不属于同一个系统时，系统将提示“Dangerous PickSet=!”，表示选择错误，不给予连接。

（5）标注散热器

步骤01 标注散热器的片数。选择“专业标注”|“标散热器”命令，此时命令行提示信息如下：

```
命令: BSRQ
请选择要标注的散热器<退出>:找到 1 个
请选择要标注的散热器<退出>:找到 1 个，总计 2 个                  //选择要标注的散热器
请选择要标注的散热器<退出>:                                      //按Enter键完成对象选择
请输入散热器片数[读原片数(R)/换单位(C)/标负荷(H)]<10>:18          //输入片数
请指定布置点<默认>:
```

步骤02 调整标注文字的位置，文字样式为 TH_350，完成后效果如图 14-79 所示。

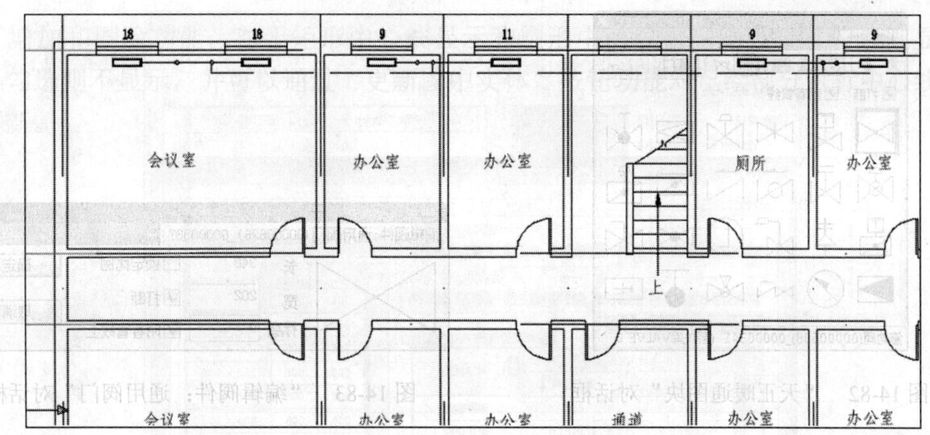

图 14-79　标注散热器后效果

（6）标注管径

步骤 01　选择“专业标注”|“单管管径”命令，对干管进行标注，分别对不同管径的干管进行管径标注，标注文字样式为 TH_200，完成后效果如图 14-80 所示。“单标”对话框中各参数设置如图 14-81 所示。

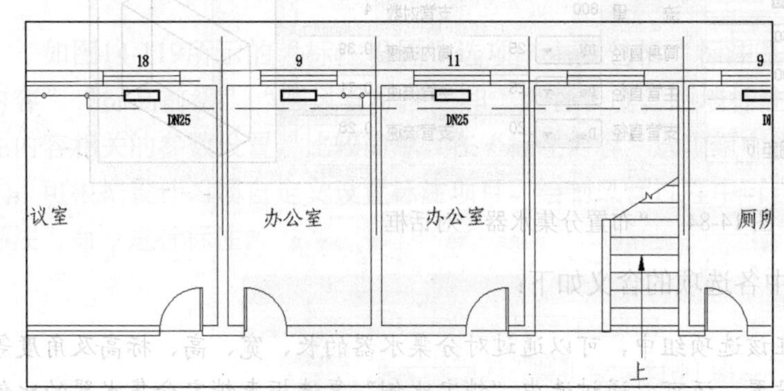

图 14-80　标注完成效果

图 14-81　“单标”对话框

步骤 02　利用同样的方法，完成立管的标注。

（7）插入采暖阀件

步骤 01　选择“采暖”|“水管阀件”命令，在如图 14-82 所示的“水管阀件”对话框中选择水管阀件，此时命令行提示信息如下：

```
命令: SGFJ
请指定对象的插入点 [放大(E)/缩小(D)/左右翻转(F)]<退出>:
请指定对象的插入点 [放大(E)/缩小(D)/左右翻转(F)]<退出>:
//依次在指定管道位置插入阀门，或选择其他选项
```

步骤 02　双击插入的水管阀门，弹出如图 14-83 所示的“编辑阀件：通用阀门”对话框，用户可以在此编辑水管阀门的尺寸参数。

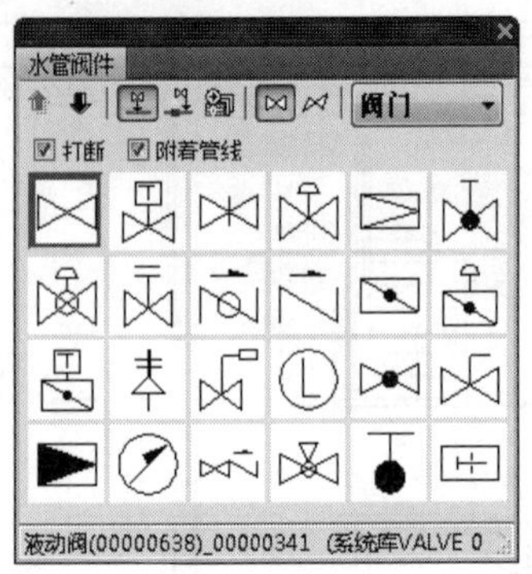

图 14-82 “天正暖通图块”对话框

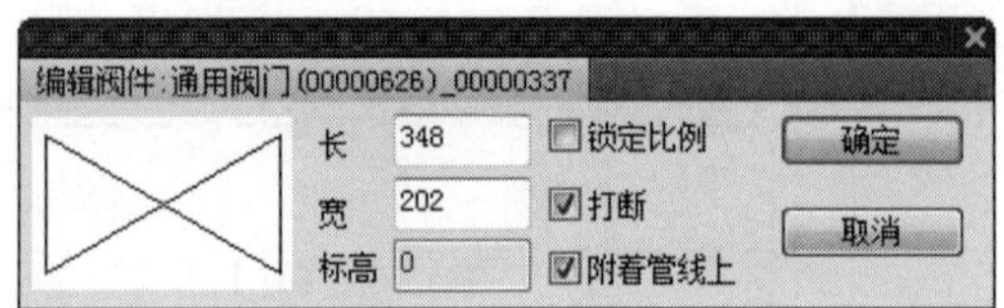

图 14-83 “编辑阀件：通用阀门”对话框

14.4.13 分集水器

“分集水器”命令用于在图上插入分集水器。选择“地暖”|“分集水器”命令，或者在命令行输入HFSQ后按Enter键，都可以执行“分集水器”命令，弹出“布置分集水器”对话框，如图14-84所示。

图 14-84 “布置分集水器”对话框

“布置分集水器”对话框中各选项的含义如下：

- “基本信息”选项组：在该选项组中，可以通过对分集水器的长、宽、高、标高及角度等参数来对分集水器进行设置。还可以通过选中“锁定比例”复选框来锁定分集水器的比例格式。
- “流速演算”选项组：设置分集水器的水流量和各段管道的参数，当修改流量、筒身直径、主管直径、支管直径和支管对数的参数后，系统会自动核算出相应的筒内流速、主管流速和支管流速的参数。
- 左右两侧的预览框：可以随时查看修改后的效果。

14.4.14 地热计算

“地热计算”命令用于进行地板有效散热量及盘管间距的计算。选择“地暖”|“地热计算”命令，或者在命令行输入DRJS后按Enter键，都可以执行“地热计算”命令，弹出“地热盘管计算”对话框，如图14-85所示。

选中“计算有效散热量”单选按钮，各选项含义如下：

- “计算条件”选项组：通过设置选择地面层材料、加热管的类型、热水的平均水温、未供暖前的室内温度、有效散热面积以及管道间距等参数来计算单位面积散热量、传热量、热损失以及地表平均温度。
- “有效散热面积”文本框：输入地板有效的散热面积参数，也可单击[...]按钮，在图中选择要计算的封闭区域，可以得到地板的有效散热面积。
- “计算结果”选项组：单击“计算”按钮，系统会根据计算条件计算出结果，提示用户地板的温度情况。

设置完毕后，单击“退出”按钮退出设置。

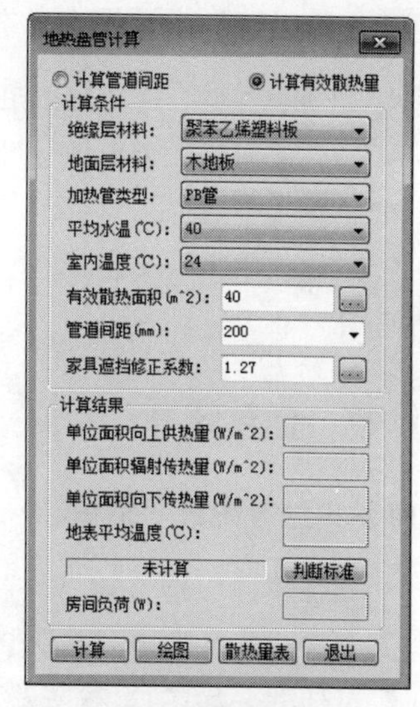

图 14-85 “地热盘管计算”对话框

14.4.15 地热盘管

“地热盘管”命令用于在图上绘制地热盘管。选择“地暖”|“地热盘管”命令，或者在命令行输入DRPG后按Enter键，都可以执行“地热盘管”命令，弹出“地热盘管”对话框，如图14-86所示。

“地热盘管”对话框中各选项的含义如下：

- “样式”下拉列表框：可以选择地热盘管的样式，系统提供了回折型、平行型、双平型和交叉双平型4种样式供用户选择。
- “曲率”文本框：用于设置地热盘管的转角曲率。
- “距墙”文本框：用于设置地热盘管最外侧管与墙的距离。
- “线宽”文本框：用于设置地热盘管线的宽度。
- “统一间距”选项组：系统提供了上间距、下间距、左间距和右间距4个文本框，可以设置各方向的盘管间距，还可以选中“统一间距”复选框来使各个间距统一。
- “当前长度”显示区：实时显示所绘制的地热盘管的长度。

图 14-86 “地热盘管”对话框

14.4.16 手绘盘管

选择“地暖”|“手绘盘管”命令，或者在命令行输入SHPG后按Enter键，都可以执行“手绘盘管”命令，弹出“手绘盘管”对话框，如图14-87所示。用户可以通过单击“单线盘管”或“双线盘管”按钮，来选择是单独绘制回水和供水管线，还是同时绘制回水和供水管线。

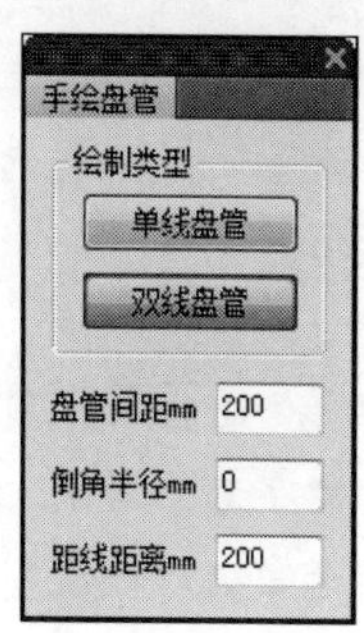

图 14-87 “手绘盘管”对话框

“手绘盘管”对话框中各选项的含义如下：

- “绘制类型”选项组：用于选择绘制的盘管为单线盘管或双线盘管。
- “盘管间距”文本框：用于设置双线盘管的绘制间距，也可在命令行中输入W实时修改。
- “倒角半径”文本框：用于设置盘管的倒角半径，也可在命令行中输入R修改。
- “距线距离”文本框：用于设置盘管的定位管距基准线的距离，也可在命令行中输入T实时修改。

14.4.17 盘管统计

1. “盘管统计”命令

“盘管统计”命令用于统计出盘管的长度、间距和盘管半径等。选择“地暖”|“盘管统计”命令，或者在命令行输入PGTJ后按Enter键，都可以执行“盘管统计”命令，弹出“盘管统计”对话框，如图14-88所示，命令行提示信息如下：

```
命令: PGTJ
请选择盘管<退出>:          //选择盘管
请点取标注点<取消>:            //指定标注点，结果如图14-89所示
```

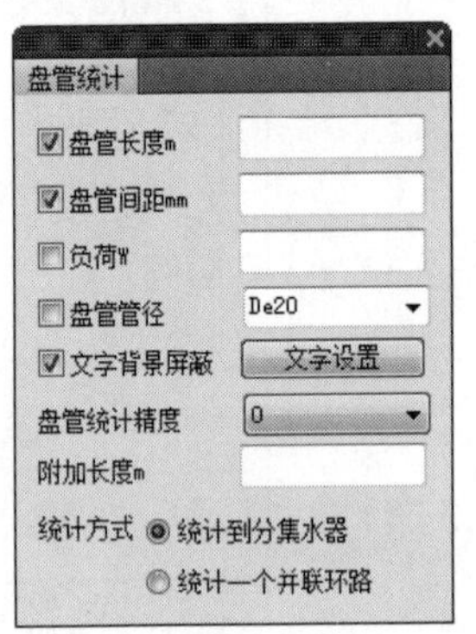

图 14-88 “盘管统计”对话框

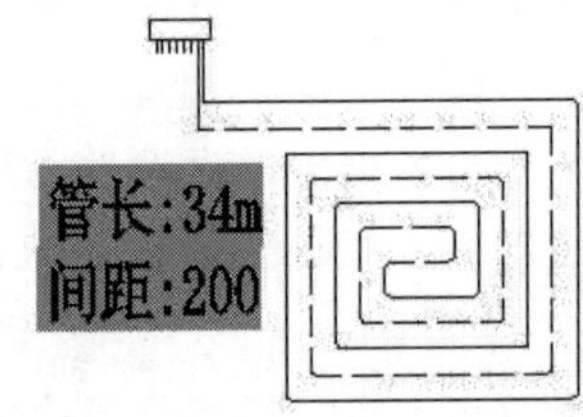

图 14-89 盘管统计示例

选择需要统计的盘管，就可以得到盘管的长度。“盘管统计”对话框可以控制显示结果的内容，并预设部分数据。

“盘管统计”对话框中各选项的含义如下：

- “盘管长度”复选框：用于自动计算目标盘管的长度。
- “盘管间距”复选框：用于自动读取地热盘管的间距，异形盘管、手绘盘管则需手动输入数值。
- “负荷”复选框：用于是否标注盘管对应的房间的负荷值，需手动输入。
- “盘管管径”：用于是否标注盘管管径。
- “文字背景屏蔽”：用于设置标注文字是否需要屏蔽背景。
- “盘管统计精度”下拉列表：用于设置统计精度。
- “附加长度”文本框：用于输入盘管的附加长度。

- “统计方式”：用于选择盘管的统计方式，有“统计到分集水器”和“统计一个并联环路”两种方式。

2．地暖盘管平面图操作实例

【例14-2】 利用T20天正暖通V7.0绘制地暖盘管平面图，地暖盘管平面图效果如图14-90所示。

（1）插入分集水器连接出水管

步骤01 首先绘制一条定位辅助线。单击“默认”选项卡|“绘图”面板|“直线”按钮╱，此时命令行提示信息如下：

```
命令：_LINE 指定第一点：                //对象捕捉如图14-91所示的A点
指定下一点或［放弃(U)］：@50,-1320      //输入相对坐标
指定下一点或［放弃(U)］：               //按Enter键结束，效果如图14-91所示
```

步骤02 选择“地暖”|“分集水器”命令，打开“布置分集水器”对话框，具体参数设置如图 14-92 所示。在绘图区内选择插入点，即辅助线的另一点，插入后删除辅助线，效果如图 14-93 所示。

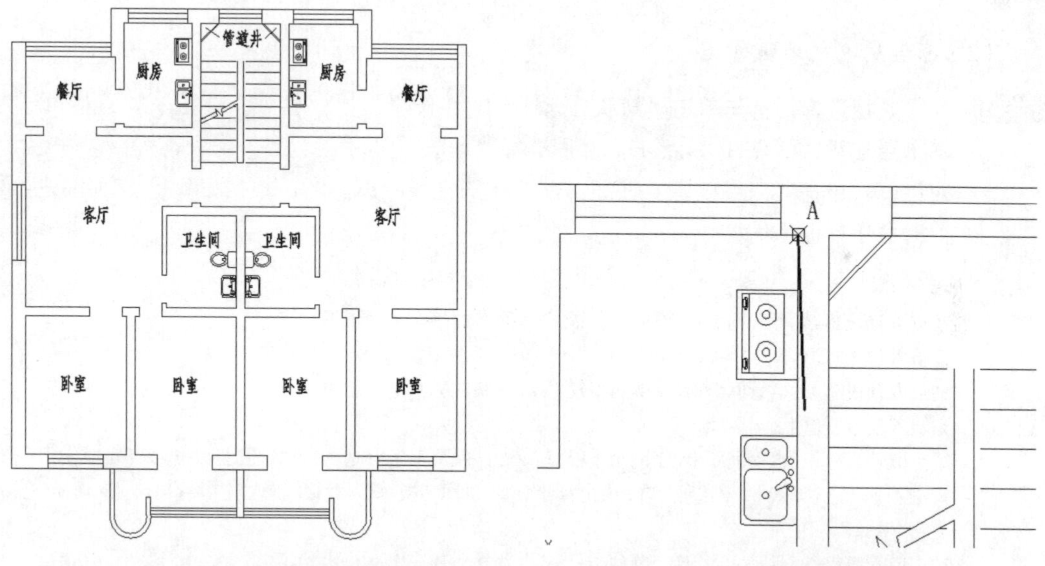

图 14-90 某单元标准层建筑平面图

图 14-91 绘制辅助线

图 14-92 “布置分集水器”对话框

步骤03 为分集水器连接进水出水管，并引入管道井。选择“采暖”|“采暖双线”命令，在如图 14-94 所示的“采暖双线”对话框中进行参数设置。

步骤04 在绘图区内对象捕捉分集水器上边的中点，向上追踪输入 1000，向右追踪输入 300。选择“采暖”|“采暖立管”命令，为管道井内的管道添加立管，完成后效果如图 14-95 所示。

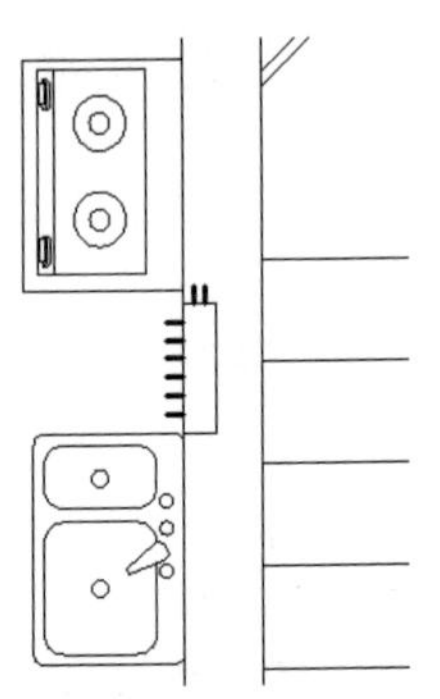

图 14-93 布置分集水器

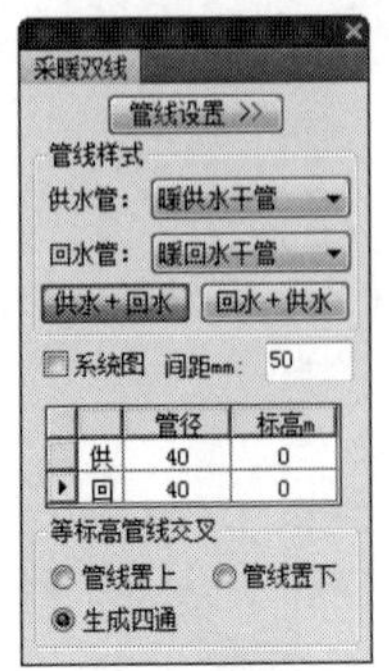

图 14-94 “采暖双线”对话框

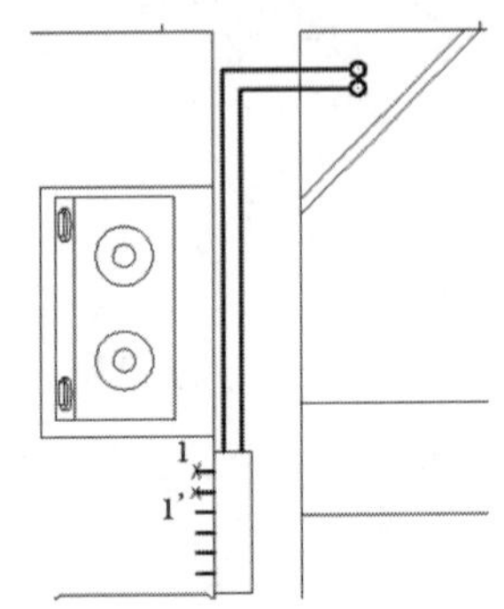

图 14-95 绘制供水与回水管道

当代表立管的圆过大时，会产生两个相近立管的重叠，这时可以单击“管线设置”按钮，在弹出的“管线样式设定”对话框中设置绘制半径。

（2）布置厨房的地暖管道

步骤01 为了方便选择，首先单击“默认”选项卡|“绘图”面板|“直线”按钮╱，连接第一对分集水器支管，即点 1 和点 1’，然后选择“地暖”|“手绘盘管”命令，弹出“手绘盘管”对话框，单击“双线盘管”按钮，从连接的直线中点出发，根据命令行提示绘制盘管。此时命令行提示信息如下：

```
命令:SXPG
请点取管线起点[盘管间距(W)/倒角半径(R)/距线距离(T)]<退出>:W
请输入盘管间距<50>:54
请点取管线起点[盘管间距(W)/倒角半径(R)/距线距离(T)]<退出>:R
请输入盘管倒角半径<0>:200
请点取管线起点[盘管间距(W)/倒角半径(R)/距线距离(T)]<退出>://捕捉点1和点1'连线中点
请输入下一点[弧线(A)/沿线(T)/换定位管(E)/供回切换(G)/盘管间距(W)/连接(L)/回退(U)]<退出>: @-425,0
请点取管线起点[盘管间距(W)/倒角半径(R)/距线距离(T)]<退出>:W
请输入盘管间距<54>:190
请输入变径长度<120>:
请输入下一点[弧线(A)/沿线(T)/换定位管(E)/供回切换(G)/盘管间距(W)/连接(L)/回退(U)]<退出>:@0,965
请输入下一点[弧线(A)/沿线(T)/换定位管(E)/供回切换(G)/盘管间距(W)/连接(L)/回退(U)]<退出>: @1140,0
请输入下一点[弧线(A)/沿线(T)/换定位管(E)/供回切换(G)/盘管间距(W)/连接(L)/回退(U)]<退出>: @0,-2270
请输入下一点[弧线(A)/沿线(T)/换定位管(E)/供回切换(G)/盘管间距(W)/连接(L)/回退(U)]<退出>:@760,0
```

```
请输入下一点[弧线(A)/沿线(T)/换定位管(E)/供回切换(G)/盘管间距(W)/连接(L)/回退(U)]<退出>:
@0,1890
命令:SXPG
请点取管线起点[盘管间距(W)/倒角半径(R)/距线距离(T)]<退出>:R
请输入盘管倒角半径<200>:0
请点取管线起点[盘管间距(W)/倒角半径(R)/距线距离(T)]<退出>:  //捕捉上一命令的终点
请输入下一点[弧线(A)/沿线(T)/换定位管(E)/供回切换(G)/盘管间距(W)/连接(L)/回退(U)]<退出>:@380,0
请输入下一点[弧线(A)/沿线(T)/换定位管(E)/供回切换(G)/盘管间距(W)/连接(L)/回退(U)]<退出>:@0, -1530
```

步骤 02 完成后使用“倒墙角”命令或“圆角”命令为最内侧的盘管倒角，最内侧倒角半径为 75，其他为 200，完成后效果如图 14-96 所示。

步骤 03 单击“默认”选项卡|“修改”面板上的“删除”按钮，删除房间左下角的一段盘管的圆角，效果如图 14-97 所示。

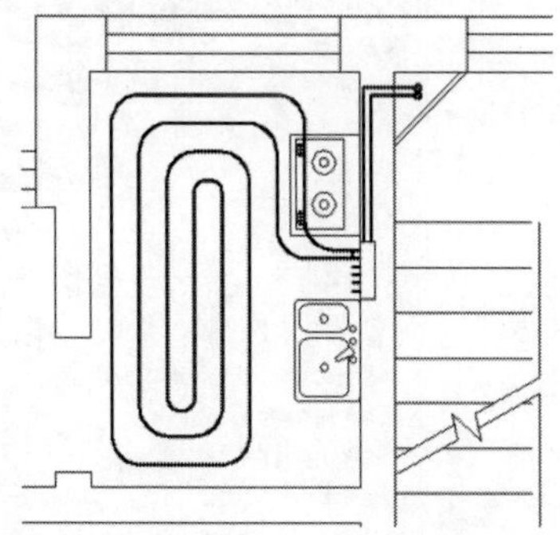

图 14-96　厨房盘管布置

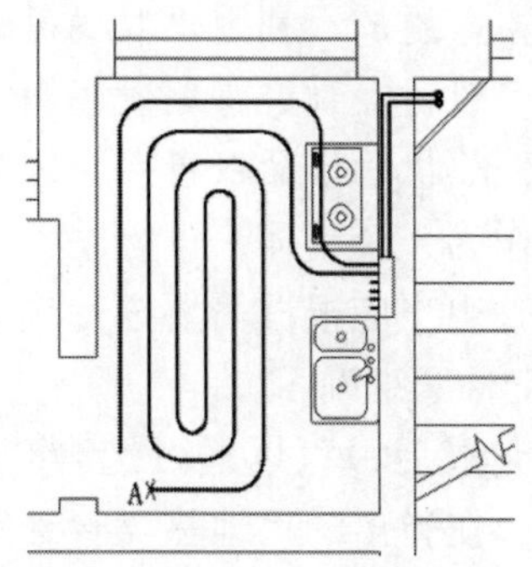

图 14-97　删除一小段盘管

步骤 04 选择“地暖”|“手绘盘管”命令，继续使用“双线盘管”功能，此时命令行提示信息如下：

```
命令:SXPG
请点取管线起点[盘管间距(W)/倒角半径(R)/距线距离(T)]<退出>:W
请输入盘管间距<200>:170                                //输入管道间距
请点取管线起点[盘管间距(W)/倒角半径(R)/距线距离(T)]<退出>:R
请输入盘管倒角半径<0>:200
请点取管线起点[盘管间距(W)/倒角半径(R)/距线距离(T)]<退出>:85
//对象捕捉图14-97中A点，向上出现极轴追踪线，输入85，确定管线起点
请输入下一点[弧线(A)/沿线(T)/换定位管(E)/供回切换(G)/盘管间距(W)/连接(L)/回退(U)]<退出>:2800
//向左出现极轴追踪线输入管道长度2800，继续下一段管道的绘制，效果如图14-98所示
```

步骤 05 单击“默认”选项卡|“修改”面板|“圆角”按钮，对管道圆角。命令行提示信息如下：

```
命令: _FILLET
当前设置: 模式 = 修剪，半径 = 75.0000
选择第一个对象或 [放弃(U)/多段线(P)/半径(R)/修剪(T)/多个(M)]:R
指定圆角半径 <75.0000>: 200                //输入圆角半径
```

```
选择第一个对象或 [放弃(U)/多段线(P)/半径(R)/修剪(T)/多个(M)]:
选择第二个对象，或按住 Shift 键选择对象以应用角点或 [半径(R)]:
//选择需要倒角的两段管道，完成后效果如图14-99所示
```

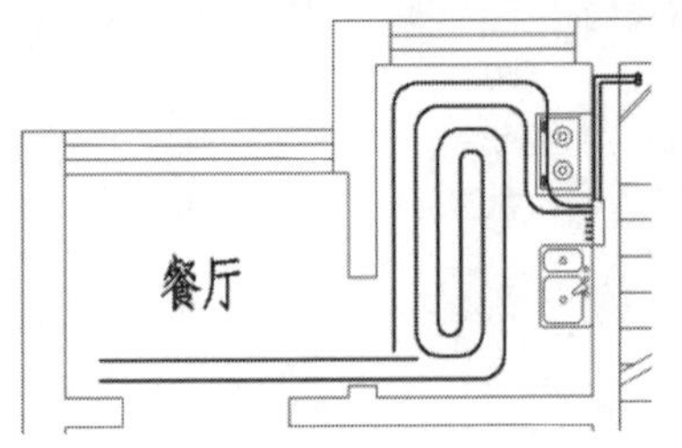

图 14-98　继续餐厅盘管的绘制

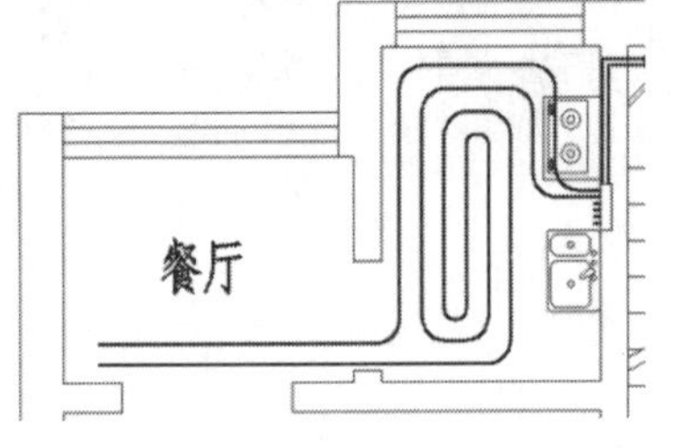

图 14-99　管道倒圆角

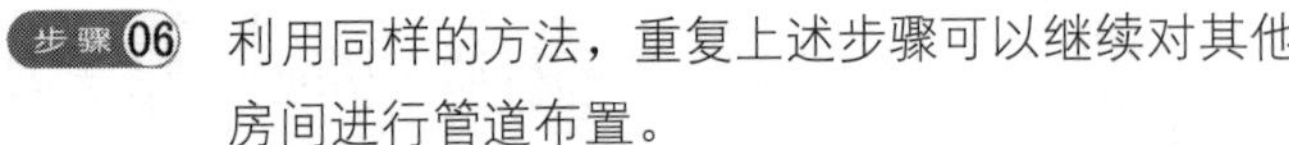

步骤 06 利用同样的方法，重复上述步骤可以继续对其他房间进行管道布置。

需要注意的是，利用“双线盘管”命令布置盘管的好处是可以对盘管进行逐段编辑。当然，用户也可以使用“地热盘管”命令直接生成盘管，但是生成的盘管将被作为一个整体来进行编辑，不是很方便。因此，使用时用户应根据需要进行选择，力求将地热盘管布置得简洁、准确。

布置完成后，可以通过选择“地暖”|“地热计算”命令，在弹出的“地热盘管计算”对话框中选中“计算有效散热量”单选按钮，核算布置是否合理，如图14-100所示。

图 14-100　“地热盘管计算”对话框

14.4.18　转轴测图

使用ZZCT命令，可以将构成盘管的直线和圆弧转换为正面斜等测图，此时命令行提示信息如下：

```
命令:ZZCT
请选择要转为轴侧图的LINE, ARC:<退出>: 找到33个，总计33个选择需要转换
请选择要转为轴侧图的LINE, ARC:<退出>        //按Enter键，结束对象选择
请点取系统图位置<退出>:                     //鼠标点取任意点作为系统图的生成位置
```

14.4.19　采暖系统图

1. 采暖原理参数设置

“采暖原理”命令主要用于绘制采暖原理图。选择“采暖”|“采暖原理”命令，或者在命令行输入CNYL后按Enter键，都可以执行“采暖原理”命令，打开“采暖原理”对话框，如图14-101所示。

“采暖原理”对话框中各选项的含义如下：

- “管线系统”选项组：选择绘制的原理图管线系统，供水管下拉框显示暖供水及其分区管线；回水管下拉框显示暖回水及其分区管线。
- “立管形式”选项组：可选择单管、双管两种形式的采暖系统。其中双管有上供下回和下供上回两种形式。在“单散热器左侧”选项所在的下拉列表框中包括“单散热器左侧”“单散热器右侧”“单散热器上方”“单散热器下方”“双散热器上下”和“双散热器左右”6种布置形式。
- “点击更改接管样式”选项组：单击预览图，根据需要更改所需的样式，在图14-102所示的“选择散热器接管形式”对话框中选择接管形式，还可以输入支管的长度及阀门与散热器的间距数值来设置接管的参数。

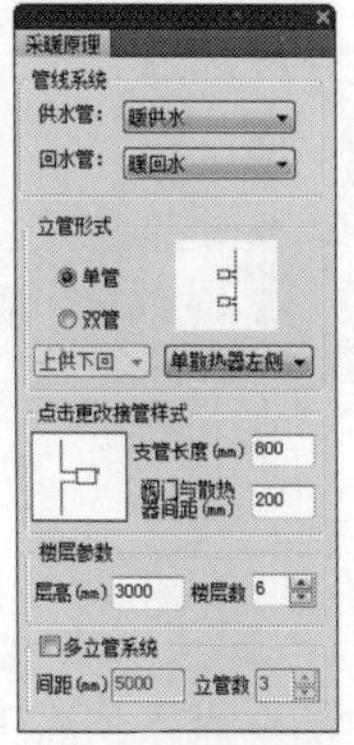

图 14-101 “采暖原理”对话框

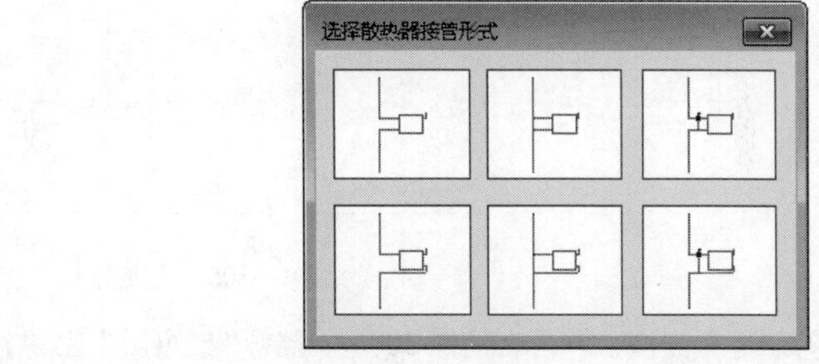

图 14-102 “选择散热器接管形式”对话框

- “楼层参数”选项组：根据实际情况输入层高及楼层数即可。注意楼层数的上限为50。
- “多立管系统”选项组：选中“多立管系统”复选框，用户可以设置多立管的间距及立管数。

2. 采暖系统图操作实例

【例14-3】 利用T20天正暖通V7.0绘制三层办公楼采暖系统图（见图14-112）。

步骤 01 选择“采暖”|“采暖原理”命令，弹出“采暖原理”对话框，在该对话框中设置如图 14-103 所示的参数，完成后效果如图 14-104 所示。

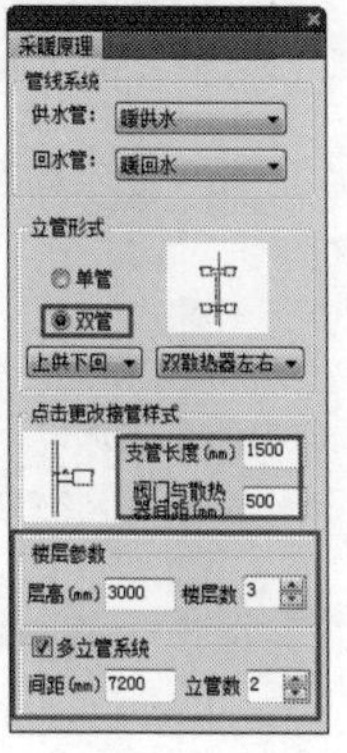

图 14-103 “采暖原理”对话框

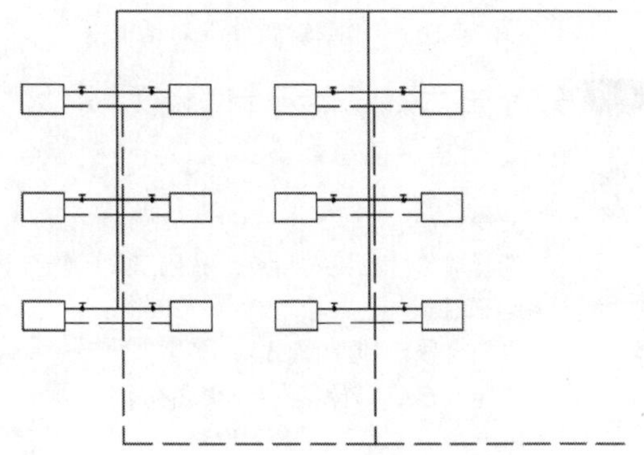

图 14-104 生成的原理图

步骤 02 单击“默认”选项卡|“修改”面板|“复制”按钮，配合坐标输入复制管线。命令行提示信息如下：

```
命令: COPY
选择对象: 指定对角点: 找到 80 个          //将上一步中得到的图形全部选中
选择对象:                                 //按Enter键完成对象选择
当前设置:  复制模式 = 多个
指定基点或 [位移(D)/模式(O)] <位移>:指定第二个点或 [阵列(A)] <使用第一个点作为位移>:18000
//向右输入位移
指定第二个点或 [阵列(A)/退出(E)/放弃(U)] <退出>:
//按Enter键，完成后连接断开的管线，效果如图14-105所示
```

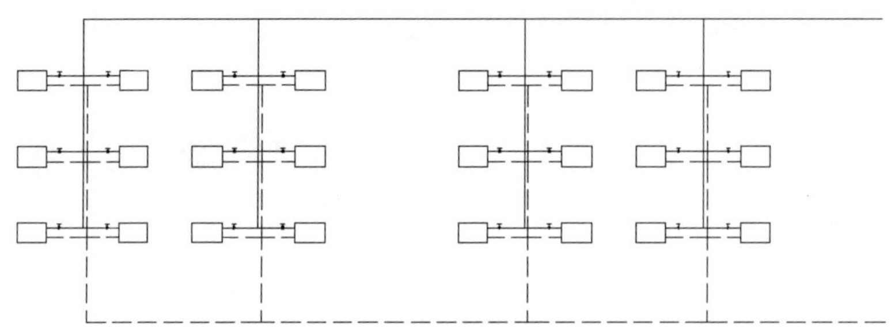

图 14-105　复制管线

步骤 03 将左侧供水管向右延伸 3000，绘制“集热器”图块，添加到天正图库中，在 T20 天正暖通 V7.0 中有集热器图块，用户可以把集热器添加到 T20 天正暖通 V7.0 图库中。双击集热器图块，弹出“编辑阀件”对话框，在该对话框中设置如图 14-106 所示的参数，插入后效果如图 14-107 所示。

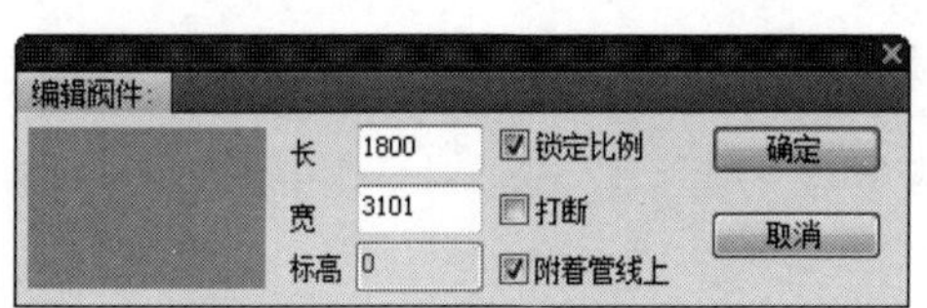

图 14-106　“编辑阀件”对话框

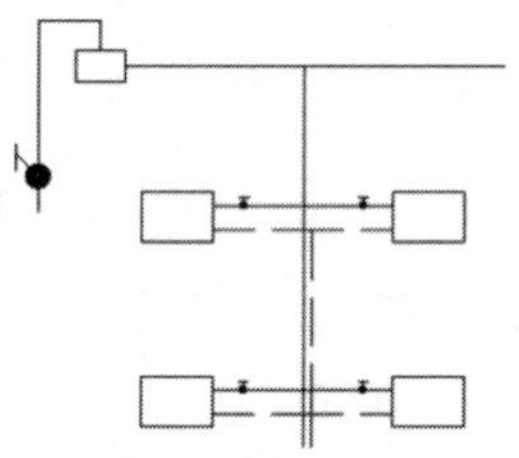

图 14-107　插入阀件

步骤 04 单击“默认”选项卡|“修改”面板|“复制”按钮，配合相对极坐标复制所有图形。命令行提示信息如下：

```
命令: _COPY
选择对象: 指定对角点: 找到 165 个                    //选中所有图形
选择对象:                                            //按Enter键，完成对象选择
当前设置:  复制模式 = 多个
指定基点或 [位移(D)/模式(O)] <位移>:指定第二个点或 [阵列(A)] <使用第一个点作为位移>:
@20000<225  //输入位移
指定第二个点或 [阵列(A)/退出(E)/放弃(U)] <退出>:   //按Enter键，效果如图14-108所示
```

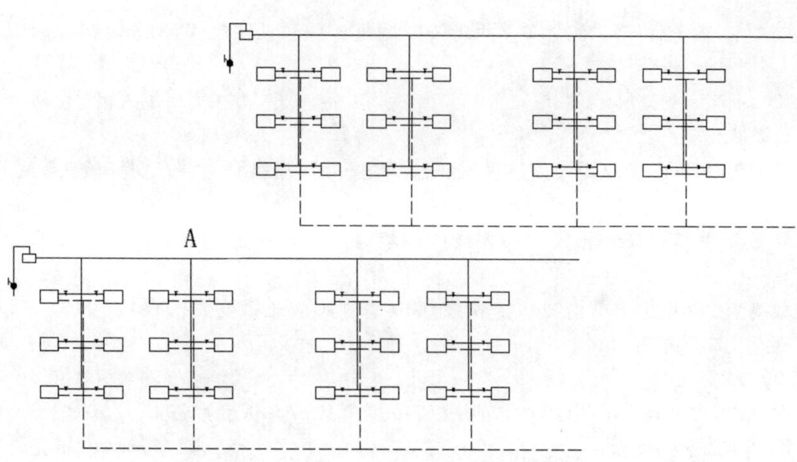

图 14-108　复制图形

步骤 05 重复单击“默认”选项卡|“修改”面板|“复制”按钮，选择图 14-108 中 A 段管道左侧上部的两个散热器和立管，向右平移 7200，并将回水立管连入回水主管中，完成后效果如图 14-109 所示。

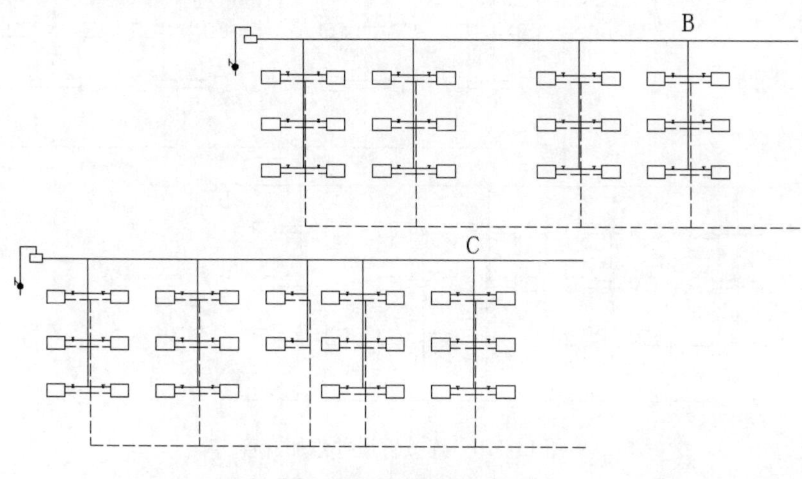

图 14-109　复制部分立管

步骤 06 选择“采暖”|“采暖管线”命令，选择供水管线，此时命令行提示信息如下：

```
命令: CNGX
请点取起点[参考点(R)/距线(T)/两线(G)/墙角(C)]<退出>: //对象捕捉C段立管右侧管线的中点
请点取终点[参考点(R)/沿线(T)/两线(G)/墙角(C)/轴锁度数[0(A)/30(S)/45(D)]/回退(U)]<结束>:
@10000<45// 输入相对位移
```

步骤 07 利用同样的方法，重复“采暖管线”命令，对象捕捉 B 段立管右侧管线中点，终点位移 @2000<225，同理完成下部回水管线的主管绘制。命令行提示信息如下：

```
命令:CNGX
请点取起点[参考点(R)/距线(T)/两线(G)/墙角(C)]<退出>:  .//选择C段立管底部向右4000处为起点
```

```
请点取终点[参考点(R)/沿线(T)/两线(G)/墙角(C)/轴锁度数[0(A)/30(S)/45(D)]/回退(U)]<
结束>:
@10000<45                                             //输入相对位移
命令: CNGX
请点取起点[参考点(R)/距线(T)/两线(G)/墙角(C)]<退出>:   //选择B段立管底部向右4000处为
起点
请点取终点[参考点(R)/沿线(T)/两线(G)/墙角(C)/轴锁度数[0(A)/30(S)/45(D)]/回退(U)]<
结束>:
请点取终点[参考点(R)/沿线(T)/两线(G)/墙角(C)/轴锁度数[0(A)/30(S)/45(D)]/曲率半径
(Q)/回退(U)]<结束>:
@10000<225                                            //输入相对位移
请点取终点[参考点(R)/沿线(T)/两线(G)/墙角(C)/轴锁度数[0(A)/30(S)/45(D)]/曲率半径
(Q)/回退(U)]<结束>:                                   //按Enter键完成
```

步骤08 完成后选择“水管工具”|“断管符号”命令，为 4 段管道添加断管符号，若断管符号偏小，可双击符号，在“设备编辑”对话框中将比例加大，调整后效果如图 14-110 所示。

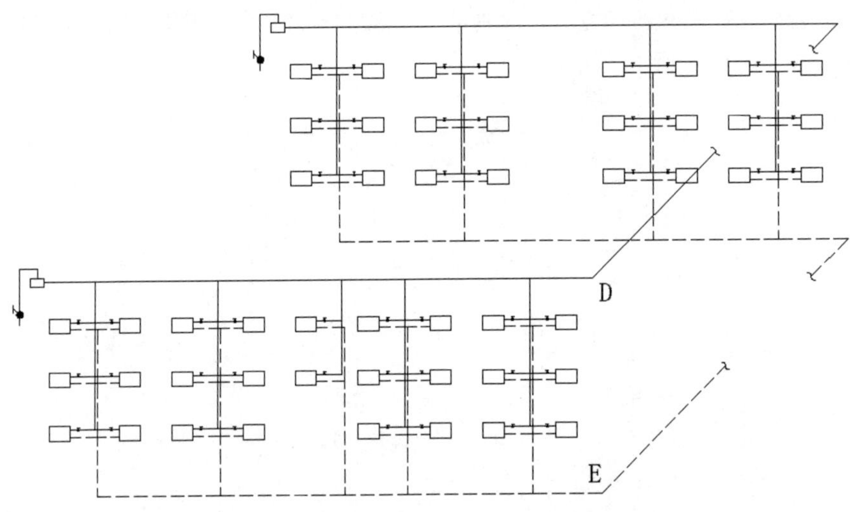

图 14-110　连接管道并添加立管

步骤09 选择“采暖”|“采暖管线”命令，选择供水干管，此时命令行提示信息如下：

```
命令:CNGX
请点取起点[参考点(R)/距线(T)/两线(G)/墙角(C)]<退出>:   //以距D点相对位置@8700<45的
点为起点
请点取终点[参考点(R)/沿线(T)/两线(G)/墙角(C)/轴锁度数[0(A)/30(S)/45(D)]/回退(U)]<
结束>: @11000<270
请点取终点[参考点(R)/沿线(T)/两线(G)/墙角(C)/轴锁度数[0(A)/30(S)/45(D)]/曲率半径
(Q)/回退(U)]<结束>:@7000<0
请点取终点[参考点(R)/沿线(T)/两线(G)/墙角(C)/轴锁度数[0(A)/30(S)/45(D)]/曲率半径
(Q)/回退(U)]<结束>:   //按空格键重复命令
命令:CNGX
请点取起点[参考点(R)/距线(T)/两线(G)/墙角(C)]<退出>:   //以距E点相对位置@8500<45的
点为起点
```

```
请点取终点[参考点(R)/沿线(T)/两线(G)/墙角(C)/轴锁度数[0(A)/30(S)/45(D)]/回退(U)]<
结束>：@5000<0
完成后效果如图14-111所示
```

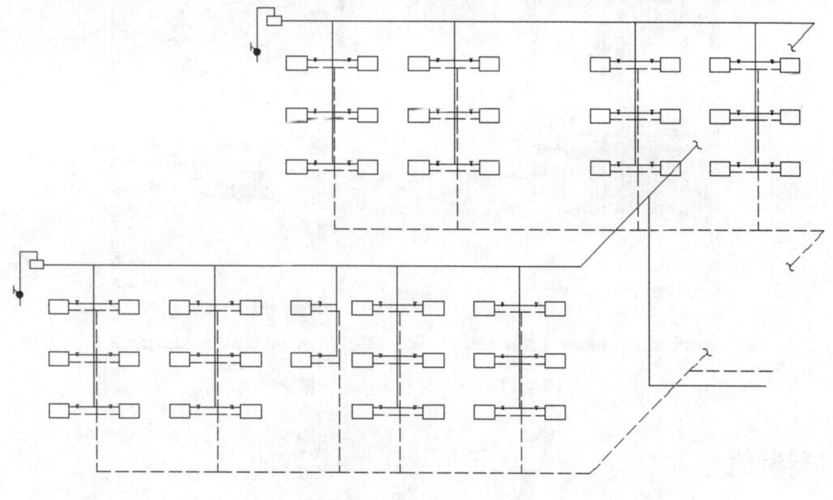

图 14-111　绘制供回水主管

步骤 10　在管道中加入采暖阀件，得到三层办公楼的采暖系统图，完成后效果如图 14-112 所示。

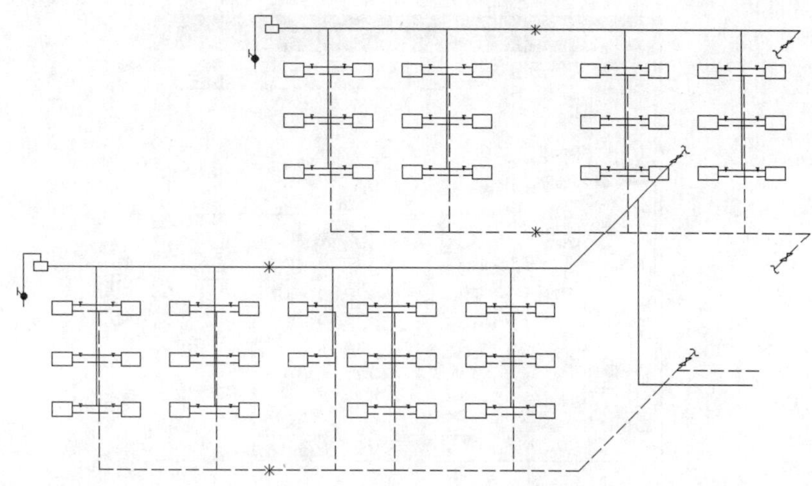

图 14-112　三层办公楼采暖系统图

14.4.20　大样图库

选择“采暖”|“大样图库”命令，或者在命令行输入DYTK后按Enter键，都可以执行“大样图库”命令，弹出“大样图库”对话框，如图14-113所示。

在“大样图库”对话框中，用户可以根据需要选择不同的图块插入到图中，以提高绘图的效率，系统中共提供了11种不同的图库。“大样图库”对话框左下角还提供了各种图块，在右侧的预览框中操作鼠标滚轮可以放大/缩小查看图形。选好适合的大样图后，在绘图区直接单击即可插入。

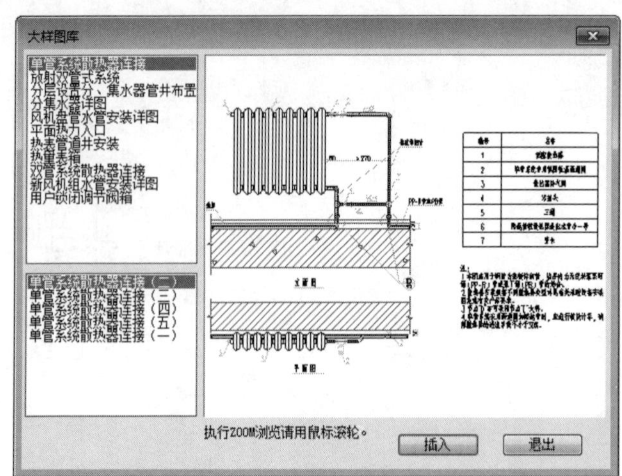

图 14-113　“大样图库”对话框

14.4.21　材料统计

选择“采暖”|“材料统计”命令，或者在命令行输入CLTJ后按Enter键，都可以执行“材料统计”命令，弹出“材料统计”对话框，如图14-114所示。

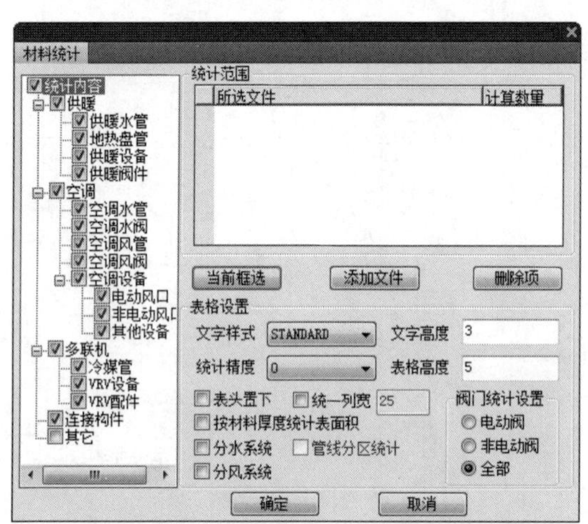

图 14-114　“材料统计”对话框

“材料统计”对话框中各选项的含义如下：

- “统计内容”选项组：选中需要统计的内容，如果是全选，可以直接单击“全选”按钮。
- “统计范围”选项组：通过“当前框选”和“添加文件”两种方式来选择需要统计的范围。如果需要删除多余的文件，可以在选择该文件后，单击“删除项”按钮，即可删除不需要的文件。
- “表格设置”选项组：若统计结果需要用表格的形式表现，可以在该对话框中对表格样式进行简单设置，其中包括对表格中的文字样式、表格高度和文字高度等参数进行设置。

最后，单击“确定”按钮就可以得到材料统计的表格。

14.5 空调平面图

14.5.1 风管设置

选择“风管”|“设置”命令，打开“风管设置”对话框，如图14-115所示。在该对话框中可以对风管进行初始设置，可以设置图层、构建、计算参数、材料规格、标注设置、法兰样式、风管厚度、联动、单双线等诸多属性参数。

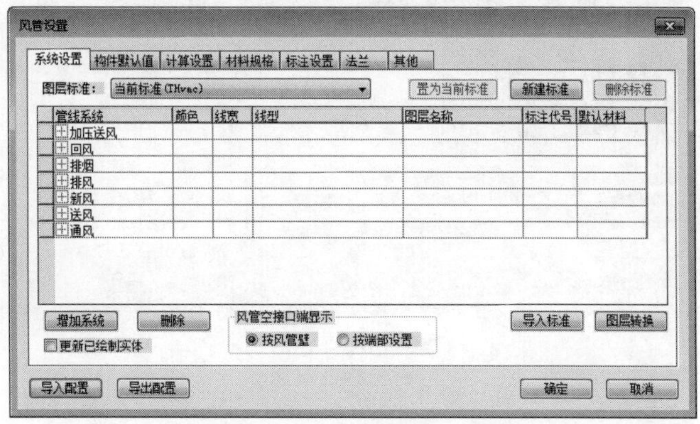

图 14-115 “风管设置”对话框

“风管设置”对话框包括“系统设置”“构件默认值”“计算设置”“材料规格”“标注设置”“法兰”和“其他”7个选项卡，各选卡主要选项功能如下。

1. “系统设置”选项卡

如图14-115所示的“系统设置”选项卡，列出了软件自带的管线系统，不仅可以对已有系统的参数进行修改，还可以通过“增加系统”和“删除”来进行扩充和删减。

- “图层标准”“导入标准”“图层转换”等功能类似“图层管理”命令，可建立不同的风管图层标准，相同的风系统之间可进行图层的转换。
- “风管空接口端显示”选项组主要通过控制风管端部按照风管壁或者端线本身设置，来控制风管端线是否加粗。
- “导入配置”“导出配置”按钮可以通过导出命令将风管设置中的设置生成配置文件，可在重装或换机时直接导入设置。

2. “构件默认值”选项卡

如图14-116所示的“构件默认值”选项卡，列出了常用构件的默认参数设置、绘制过程标高变化以及风口连接形式、立风管样式等。

- “构件默认设置”左侧列表为选择构件类型，中间图片部分为所选构件类型的不同样式，其中红框锁定的样式为连接和布置时默认的样式，构件参数项目处可设置所选构件的默认参数值。

- “风口连接形式”“立风管样式”“变高弯头形式”“变高乙字弯样式”四种样式通过单击预览图即可选择。
- “绘制选项”选项组中，勾选“锁定角度”复选框，则绘制风管的时候会有角度辅助如图14-116所示，并且可以设置角度间隔。
- “绘制过程中标高发生变化”选项组主要是设置自动生成变高弯头或乙字弯。

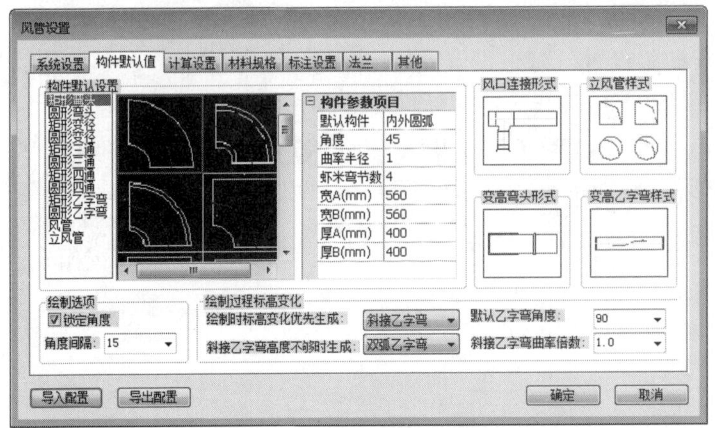

图 14-116　“构件默认值”选项卡

3. “计算设置”选项卡

如图14-117所示的“计算设置”选项卡，包括“流动介质”和“管径颜色标识”两个选项组，前者主要是关于流动介质参数的一些设置。后者是进行风管水力计算之后，可以通过设置流速范围或比摩阻范围为条件进行颜色标识。

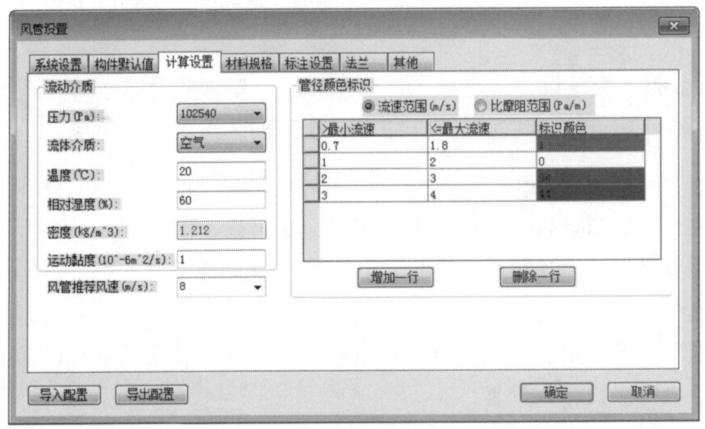

图 14-117　“计算设置”选项卡

“风管推荐风速”下拉文本框用于设置推荐流速，当设置推荐流速后，在风管绘制界面中可按此数值计算推荐的截面尺寸进行绘制。

4. “材料规格”选项卡

如图14-118所示的“材料规格”选项卡主要设置矩形截面和圆形截面风管的规格参数，

提供了增加和删除功能。对于矩形中心线显示和圆形中心线显示的设置，勾选则显示中心线，不勾选则不显示，并可以通过“更新图中实体”按钮功能对已绘部分进行中心线显示与否的更新。

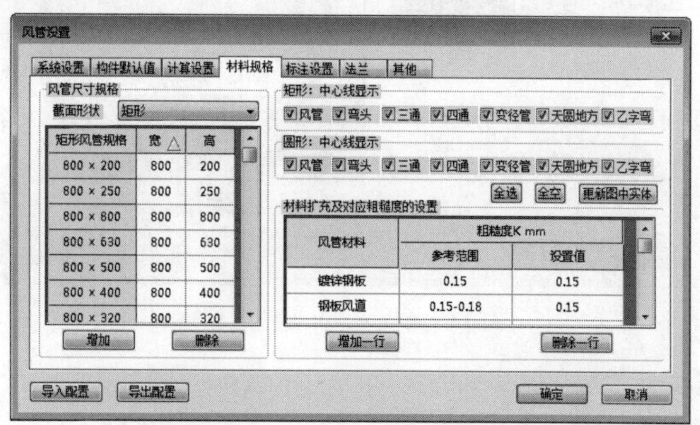

图 14-118 “材料规格”选项卡

在“材料扩充以及对应粗糙度的设置”选项组中可以设置风管材料粗糙度值，可以增加或删除风管材料。

5. “标注设置”选项卡

如图14-119所示的“标注设置”选项卡主要包括“标注基准设置”“标注样式”“标注内容”“标高前缀”“圆风管标注”和“风管长度、距墙标注”等选项组，主要是一些与标注内容相关的参数设置，比较简单。在“标注内容”选项组中提供自动标注和斜线引标两种形式，可根据设计习惯自定义设置标注项目。绘制风管过程中可自动进行标注，也可通过“风管标注”命令进行标注。

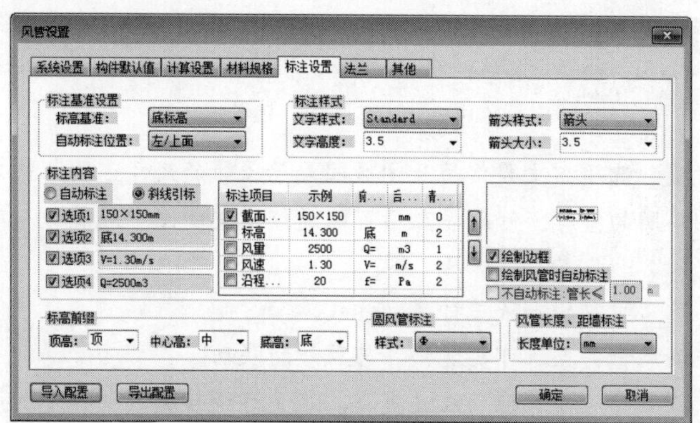

图 14-119 “标注设置”选项卡

6. “法兰”选项卡

如图14-120所示的“法兰”选项卡主要包括“默认法兰样式”和“法兰尺寸设置”两个选项组，默认法兰样式有单线、双线开口、双线封口、三线封口和无法兰五种样式，当更改了默认法兰样式后，可以通过单击“更新图中法兰”按钮，对图上已有法兰进行更新。

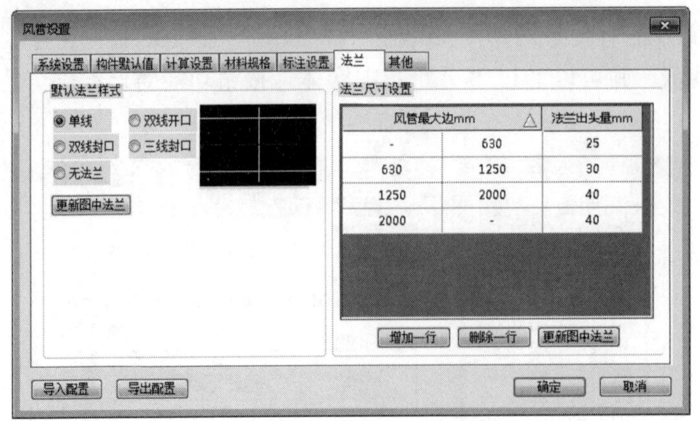

图 14-120　“法兰”选项卡

7. “其他”选项卡

如图14-121所示的“其他”选项卡主要包括“风管厚度设置”“联动设置”“单双线设置”“遮挡设置”4个选项组。

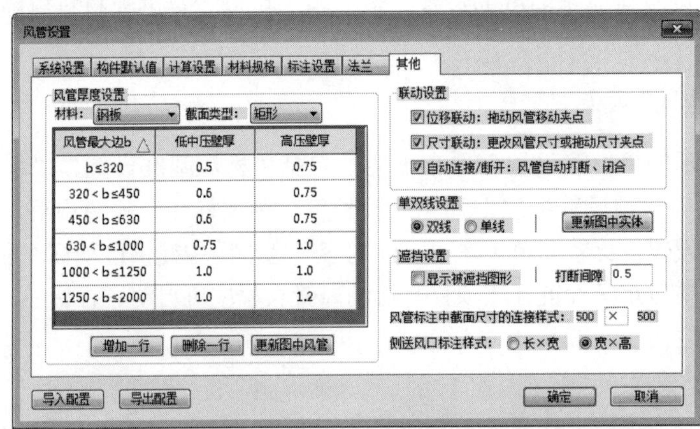

图 14-121　“其他”选项卡

- “风管厚度设置”选项组主要使用开闭区间表示风管的尺寸范围，选定不同的材质、截面类型，可得到不同的壁厚。修改参数后可以通过“更新图中风管”来对已有风管壁厚进行更新。
- “联动设置”选项组中列出了三种联动方式。
- 位移联动：拖动风管夹点，可实现构件与风管的联动。
- 尺寸联动：更改风管尺寸或拖动尺寸夹点，与其有连接关系的构件及风管尺寸会自动随之变化。
- 自动连接/断开：移动、复制阀门到新管，原风管可实现自动闭合、新风管实现自动打断。
- “单双线设置”选项组可以控制风管的单双线形式，并可以通过“更新图中实体”来对图中已绘的风管进行单双线强制转化。
- “遮挡设置”选项组主要用于控制当风管上下遮挡的时候，是否以虚线显示出来。“打断间隙”文本框用于设置当双线风管之间因标高差造成上下遮挡时，被打断的间隙。

14.5.2 风管管线绘制

选择“风管”|“风管绘制”命令，或者在命令行输入FGHZ后按Enter键，都可以执行“风管绘制”命令，弹出“风管布置”对话框，如图14-122所示。

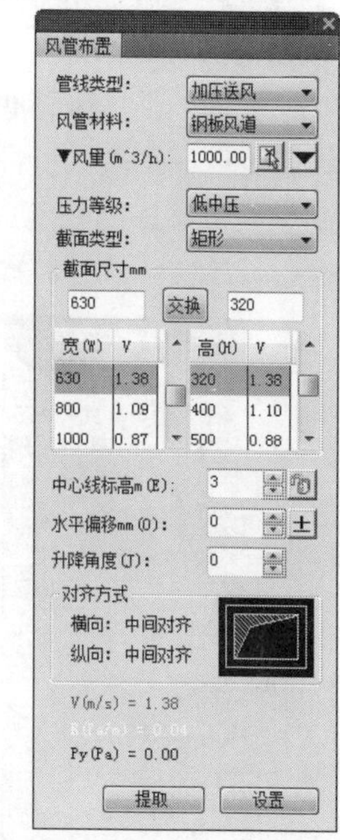

图 14-122 “风管布置”对话框

“风管布置”对话框中各选项的含义如下：

- “管线类型”下拉列表框：在该下拉列表框中选择相应的管线类型，就可以在绘图区绘制相应的管线，天正暖通提供了7种管线类型，并且各种风管有颜色上的区分。如图14-123和图14-124所示为送风管和回风管。
- “风管材料”下拉列表框：用于设置风管所使用的材料。
- “风量”文本框：设置单位时间通过风管的风量。
- “截面类型”下拉列表框：有矩形和圆形两种截面可供选择。
- “截面尺寸”选项组：该选项组用于设置截面尺寸，用户可以通过宽度、高度、中心线标高及圆形的直径来设置截面参数。
- “对齐方式”选项组：管线有“横向：中间对齐”和“纵向：中间对齐”两种对齐方式。

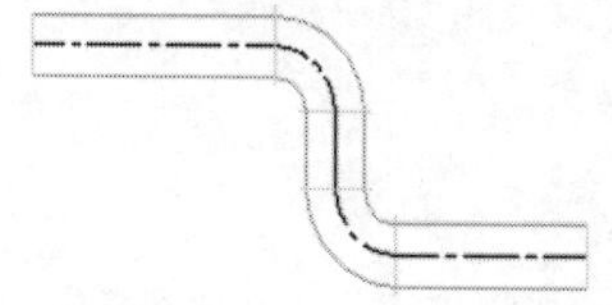

图 14-123 送风管

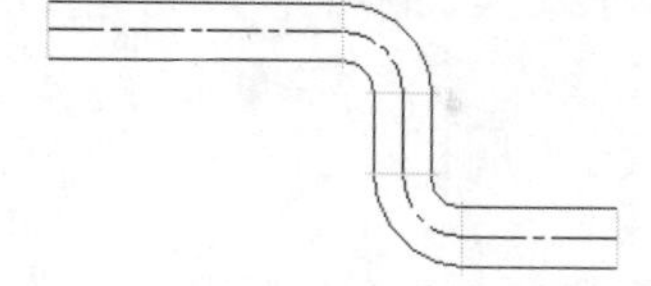

图 14-124 回风管

完成管线绘制后，如果需要修改风管管线，只需双击所要修改的管线，在打开的如图14-125所示的“风管编辑”对话框中修改实体或绘制属性值就可以了。如果需要修改管线的弯头，则可在管线的弯头处单击，打开如图14-126所示的“弯头修改”对话框。

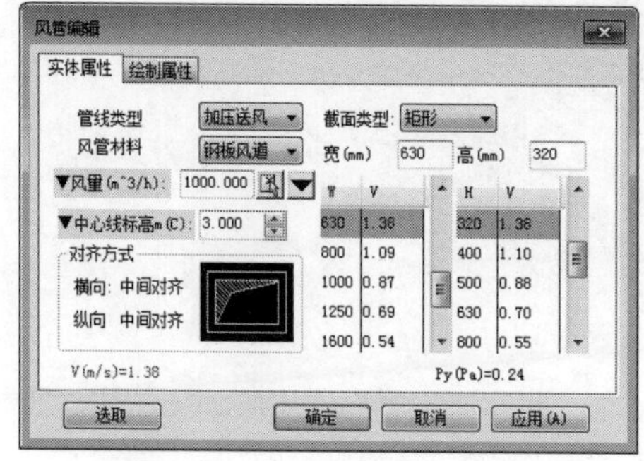

图 14-125 “风管编辑”对话框

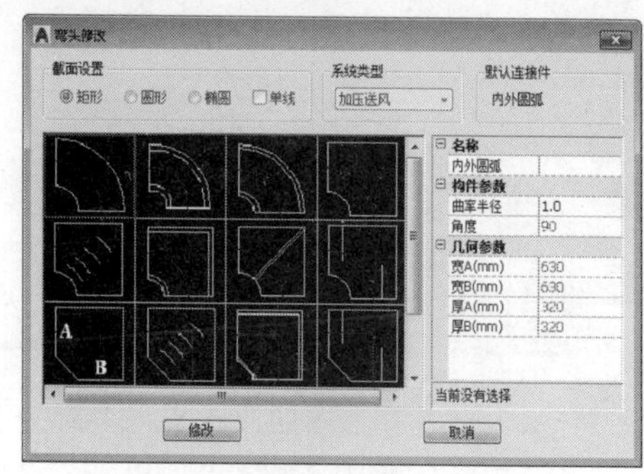

图 14-126 “弯头修改”对话框

14.5.3 风管立管绘制

“立风管”命令用于在图中绘制风管立管。选择“风管”|“立风管”命令，或者在命令行输入LFG后按Enter键，都可以执行“立风管”命令，弹出“立风管布置”对话框，如图14-127所示。“立风管布置”对话框中各选项的含义与风管布置类似，立风管布置时需要同时设置上端和下端的标高，还需要设置布置角度和倾斜角度。

如果要对添加的立管进行修改，则只需双击所要修改的立管，在打开的“立风管编辑”对话框中修改实体和绘制属性值即可，如图14-128所示。

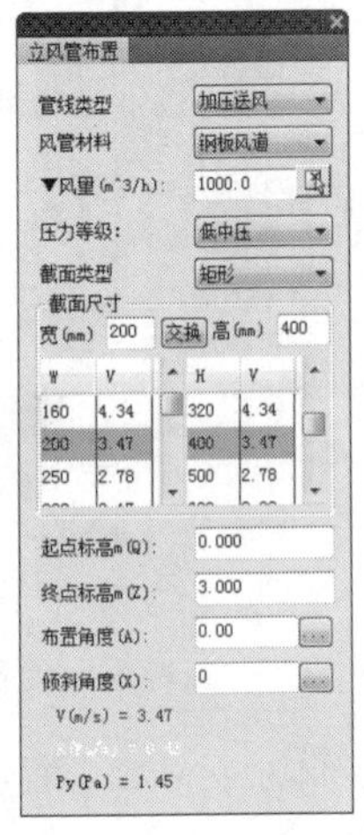

图 14-127 “立风管布置”对话框

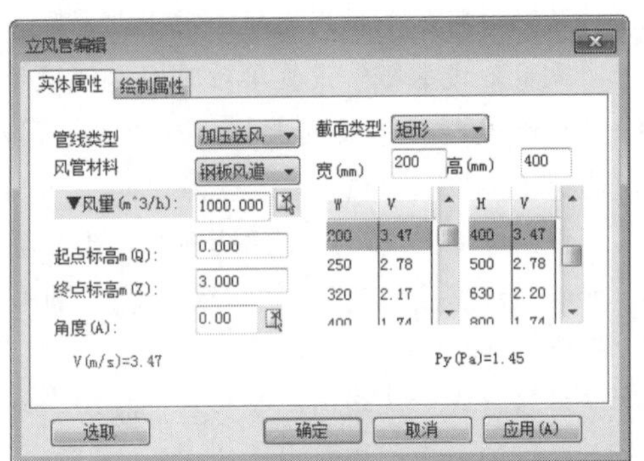

图 14-128 “立风管编辑”对话框

14.5.4 布置风口

“布置风口”命令主要用于在图中进行风口布置。选择“风管设备”|“布置风口”命令，或者在命令行输入BZFK后按Enter键，都可以执行“布置风口”命令，弹出“布置风口”对话框，如图14-129所示。

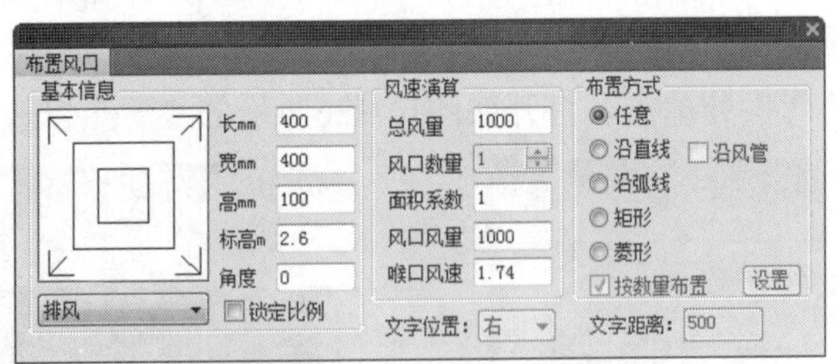

图 14-129 “布置风口”对话框

“布置风口”对话框中各选项的含义如下：

- “基本信息”选项组：设置风口的一些基本信息，如风口的类型、直径、长、宽、高、标高及角度的属性，还可以选中“锁定比例”复选框来锁定风口的比例。风口的效果可以在预览框中看到。

- “风速演算”选项组：在该选项组中，可以通过总风量、风口数量、面积系数和风口风量来演算喉口风速的值。
- “布置方式”选项组：风口的布置方式有任意、沿直线、沿弧线、矩形和菱形布置5种。当选择非“任意”布置方式中的任一选项时，“按数量布置”和“设置”按钮才可用。
- “设置”按钮：单击该按钮，将展开“布置风口”对话框，如图14-130所示，用于设置风口间的距离与布置方式。

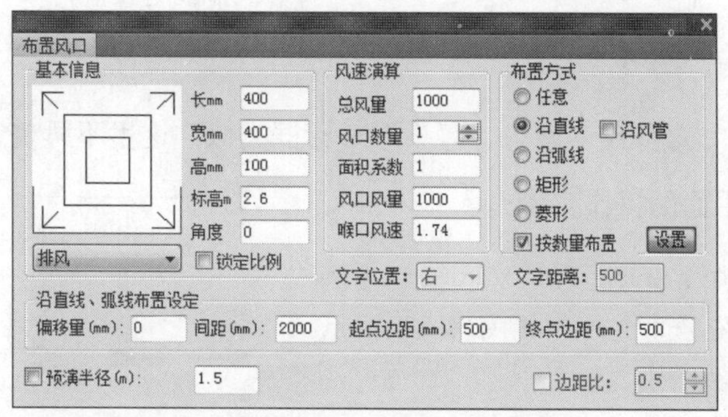

图 14-130　沿直线、弧线布置设置风口

- “沿直线、弧线布置设定”选项组：用于设置风口偏移量、布置间距、起点边距和终点边距等的属性。

14.5.5　风管的连接

1. 风管的连接方式

在T20天正暖通V7.0中，风管的连接有弯头连接、变径连接、三通连接、四通连接、乙字弯连接、天圆地方连接等多种方式，其功能操作与风管管线中管线的修改方法基本相似，选择“风管”及相应的连接命令菜单，再根据命令行的提示信息选择要连接的风管即可将风管按选择的方式连接在一起。

选择“风管”|“弯头”命令，或者在命令行输入WT后按Enter键，都可以执行“弯头”命令，在打开的“弯头”对话框中进行相关参数的设置，如图14-131所示。

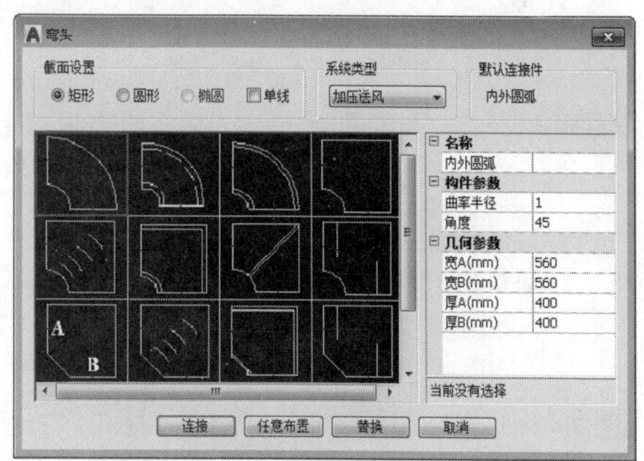

图 14-131　“弯头”对话框

在“弯头”对话框中可以设置弯头连接的类型、截面类型，并可以设置弯头的曲率半径、宽和厚。选择完成后，命令行提示信息如下：

```
命令: WT
请选择要插入弯头的两根风管<退出>:找到 1 个
请选择要插入弯头的两根风管<退出>:找到 1 个，总计 2 个        //选择需要连接的风管
请选择要插入弯头的两根风管<退出>:                            //按Enter键完成弯头的连接
```

如图14-132所示为弯头连接前后的效果。需要注意的是，弯头连接不能连接两条平行的弯管。

“三通”命令用于在图中进行三通连接或任意布置三通。选择“风管”|“三通”命令，或者在命令行输入3T后按Enter键，在打开的“三通”对话框中进行相关参数的设置，如图14-133所示。

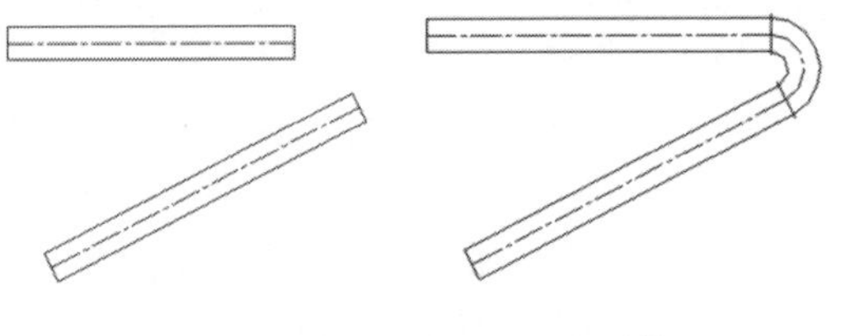

（a）连接前　　（b）连接后

图 14-132　弯头连接效果

“三通”对话框中的参数设置与“弯头”对话框类似，这里不再赘述。

2. 空调风系统平面图操作实例

【例14-4】　利用T20天正暖通V7.0绘制【例12-1】中的空调风系统平面图，在如图14-134所示的平面图中布置风系统管道与风管。

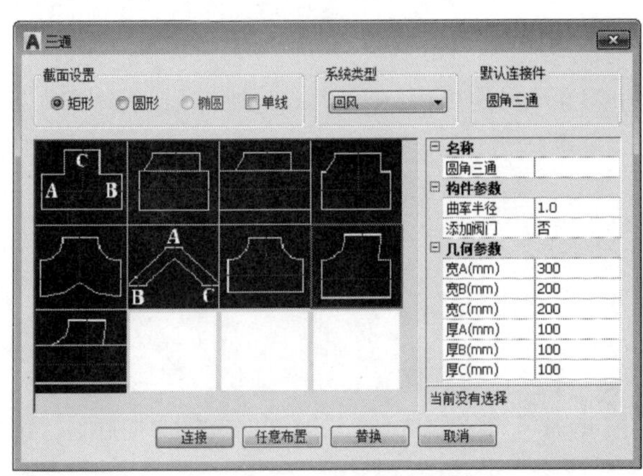

图 14-133　“三通”对话框

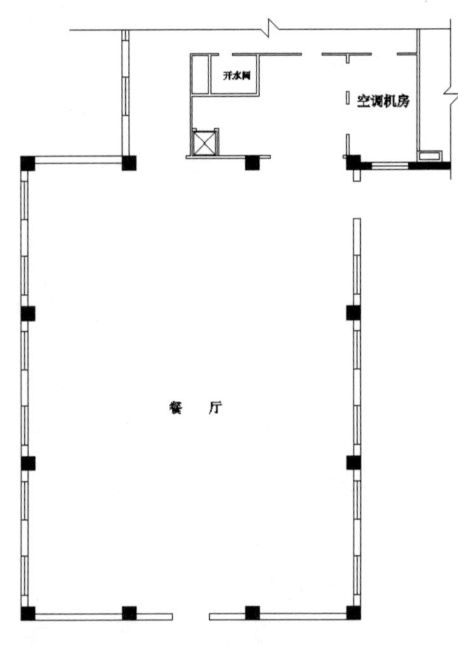

图 14-134　某餐厅平面图

步骤01　单击“默认”选项卡|“绘图”面板|“直线”按钮╱，在空调机房绘制定位线，以便插入空调器，此时命令行提示信息如下：

```
命令：_LINE
指定第一点：                                  //对象捕捉A点
指定下一点或 [放弃(U)]：@-1300,2250           //输入相对坐标，得到B点
指定下一点或 [放弃(U)]：                      //按Enter键结束，效果如图14-135所示
```

步骤02　布置空调器。选择“空调水路”|“布置设备”命令，打开“设备布置”对话框，在该对话框中设置各项参数，如图 14-136 所示。在绘图区捕捉定位线的 B 点并单击，定位好空调器后删除定位线，完成后效果如图 14-137 所示。

步骤03　从空调器出发绘制一段送风立管。选择“风管”|“立风管”命令，打开如图 14-138 所示的“立风管布置”对话框，在该对话框中设置各项参数。将立管位置定位在空调器右侧宽边的中线上，完成后效果如图 14-139 所示。

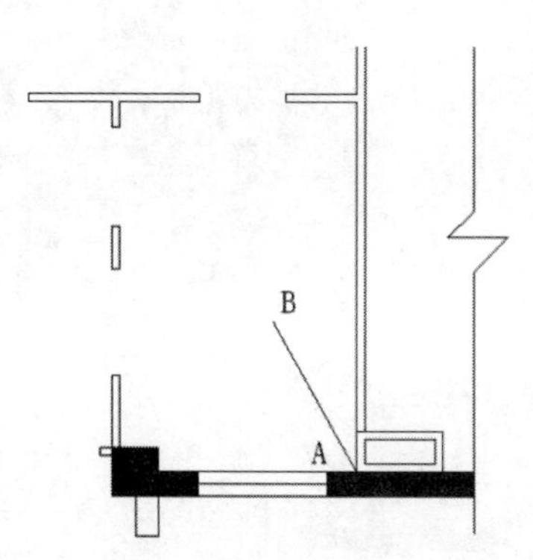

图 14-135　绘制定位线

图 14-136　“设备布置”对话框

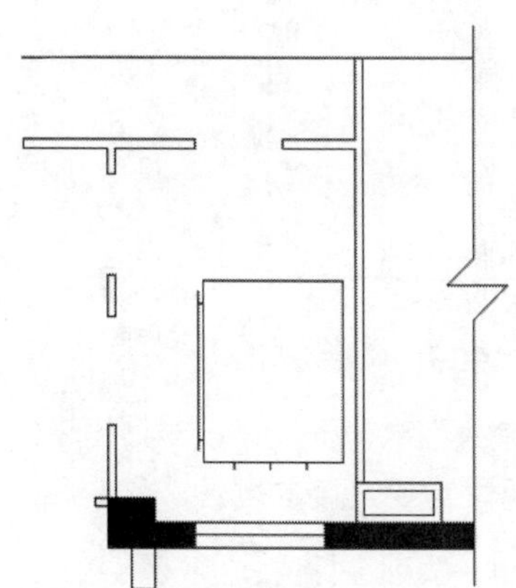

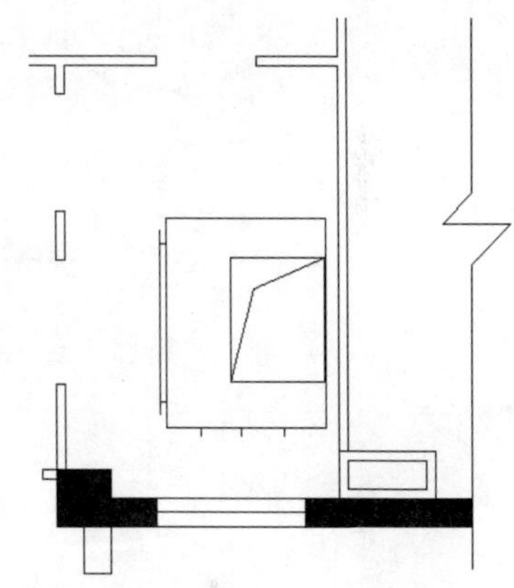

图 14-137　布置空调器

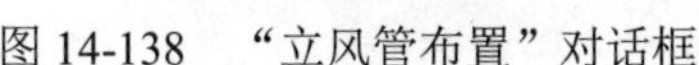
图 14-138　“立风管布置”对话框

图 14-139　布置风管立管

步骤 04　绘制风管管线。选择“风管”|“风管绘制”命令，打开如图 14-140 所示的“风管布置”对话框，在绘图区内捕捉立管右侧边中点后，在该对话框中设置管线类型、截面及尺寸、管底标高和对齐方式等参数。单击“提取”按钮，返回绘图区根据命令行的提示，输入长度值为 4605，向左侧拉伸；再输入长度值为 16000，向下拉伸。完成后得到两段分管，效果如图 14-141 所示。命令行操作过程如下：

```
命令： FGHZ
请输入管线起点[宽(直径)(W)/高(H)/标高(E)/参考点(R)/两线(G)/墙角(C)/弯头曲率(Q)]<退出>:
请选取风管或管件接口位置点<退出>:        //捕捉图14-141所示位置中点A
请输入管线起点[宽(直径)(W)/高(H)/标高(E)/参考点(R)/两线(G)/墙角(C)/弯头曲率(Q)]<退出>:
//继续捕捉中点A
请输入管线终点[宽(直径)(W)/高(H)/标高(E)/弧管(A)/参考点(R)/两线(G)/墙角(C)/弯头曲率(Q)/插立管(L)/回退(U)]:        //向左引出180° 的极轴追踪虚线，输入4605后按Enter键
请输入管线终点[宽(直径)(W)/高(H)/标高(E)/弧管(A)/参考点(R)/两线(G)/墙角(C)/弯头曲率(Q)/插立管(L)/回退(U)]:        //向下引出270° 的极轴追踪虚线，输入4605后按Enter键
```

```
请输入管线终点[宽(直径)(W)/高(H)/标高(E)/弧管(A)/参考点(R)/两线(G)/墙角(C)/弯头曲率(Q)/插立管(L)/回退(U)]:          //按Enter键
请输入管线起点[宽(直径)(W)/高(H)/标高(E)/参考点(R)/两线(G)/墙角(C)/弯头曲率(Q)]<退出>:
//按Enter键结束命令，绘制结果如图11-141所示
```

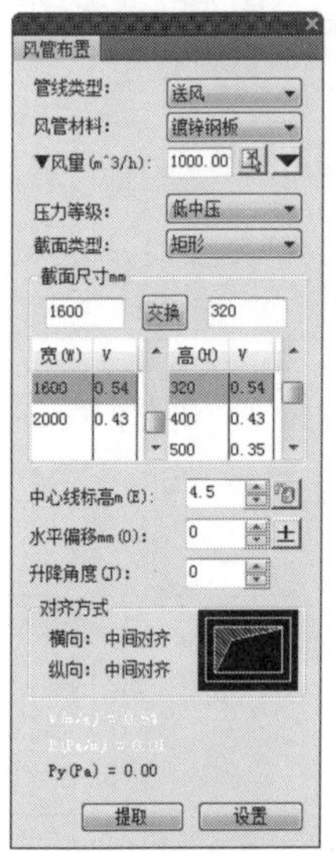

图 14-140 “风管布置”对话框

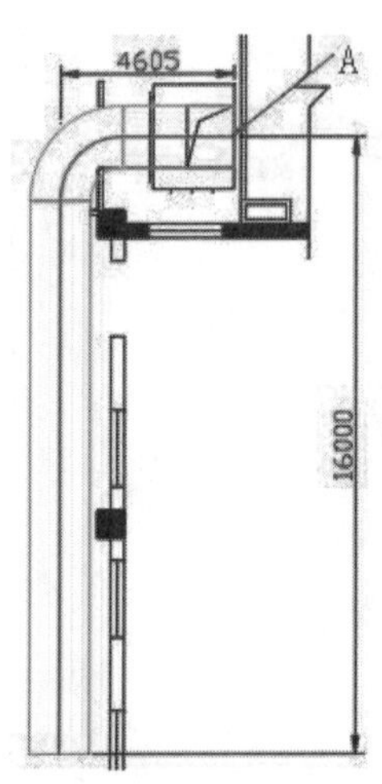

图 14-141 风管绘制

步骤 05 选择“风管”|“弯头”命令，打开如图 14-142 所示的“弯头”对话框，在该对话框中对弯头的类型进行设置。在绘图区按命令行提示依次选择两段需要连接的风管，完成后效果如图 14-143 所示。

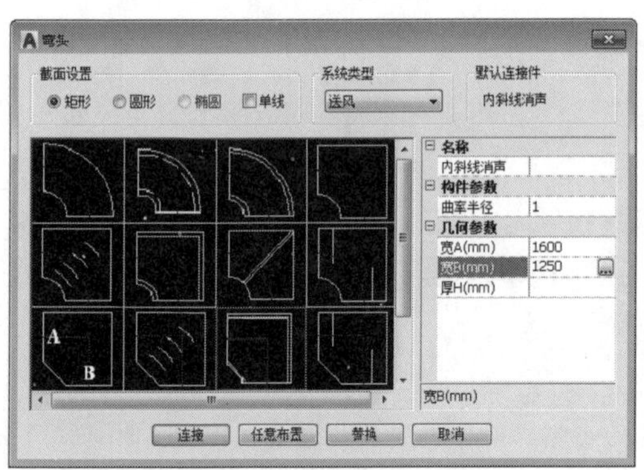

图 14-142 “弯头”对话框

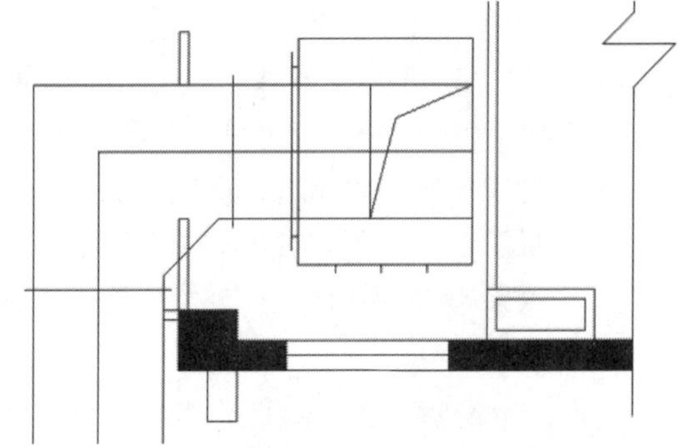

图 14-143 弯管连接

步骤 06 添加好弯管后，可以对弯管进行修改。双击弯管，打开“弯头修改”对话框，在如图 14-144 所示的对话框中对各项参数进行设置，完成后效果如图 14-145 所示。该设置也可以在“风管初始设置”对话框中预先设置好。

步骤 07 利用同样的方法，完成其他管道的绘制，完成后效果如图 14-146 所示。

步骤 08 将管径不同的管道进行变径连接。选择“风管”|“变径”命令，弹出 “变径”对话框，按照如图 14-147 所示的参数进行设置。

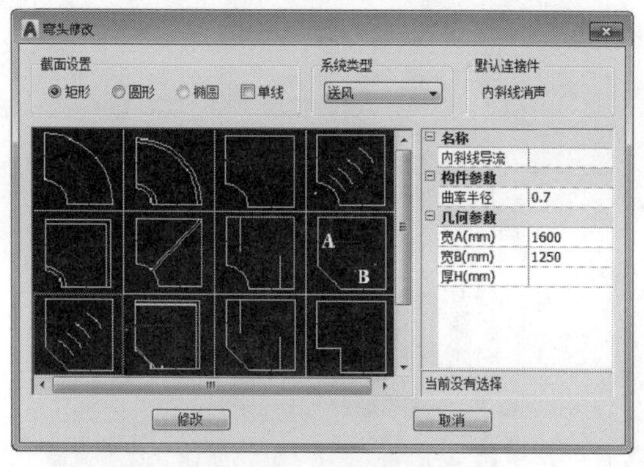

图 14-144 “弯头修改”对话框

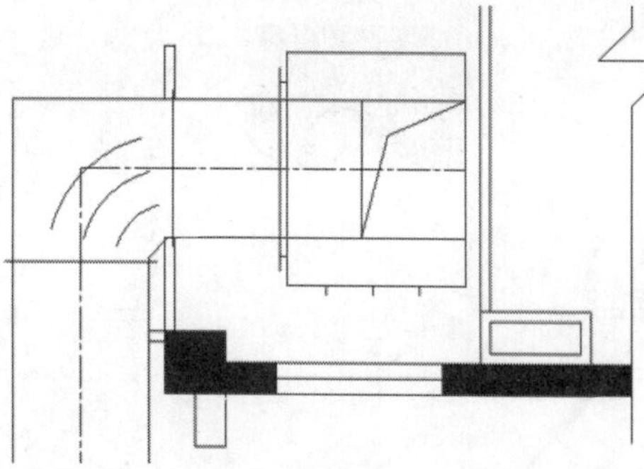

图 14-145 调整风管弯头

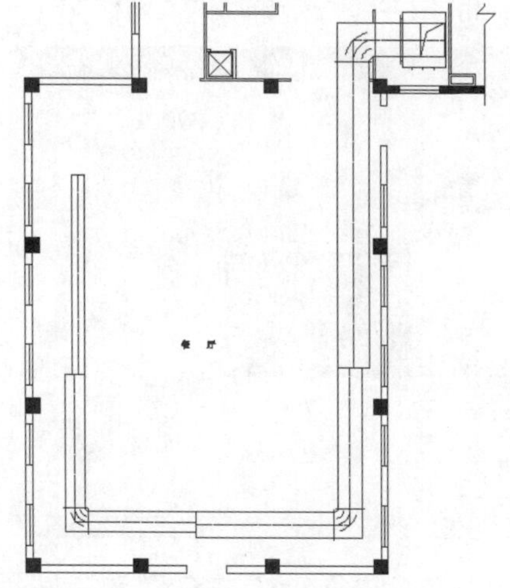

图 14-146 绘制送风管道

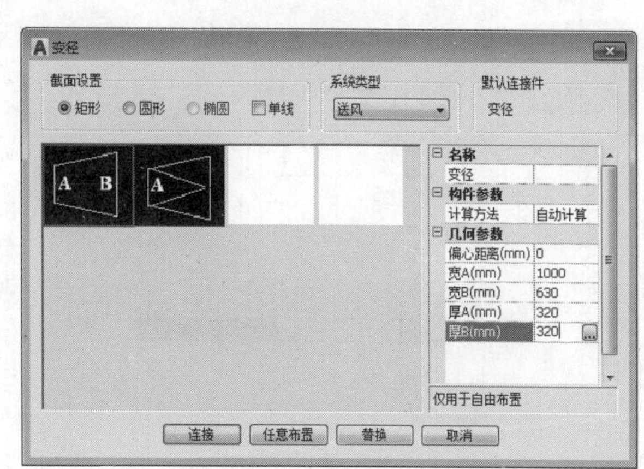

图 14-147 “变径”对话框

步骤 09 单击“连接”按钮，此时命令行提示信息如下：

```
命令: BJ
请框选两个平行的风管或一个风管和一个管件(不包括变径和法兰)<退出>:找到 1 个
请框选两个平行的风管或一个风管和一个管件(不包括变径和法兰)<退出>:找到 1 个，总计 2 个
//依次选择需要连接的两段风管
请框选两个平行的风管或一个风管和一个管件(不包括变径和法兰)<退出>:    //按Enter键完成
```

步骤 10 在风管上添加消声器和防火阀。选择“风管设备”|“布置阀门”命令，弹出“风阀布置”对话框，在图形预览框中单击预览图案，打开如图 14-148 所示的“天正图库管理系统”对话框，选择消声器图块。双击消声器图块，回到“风阀布置”对话框，可按如图 14-149 所示对消声器的长度和宽度进行修改，完成后效果如图 14-150 所示。

步骤 11 在“风阀布置”对话框中单击消声器预览框，可以在打开的“天正图库管理系统”对话框中选择其他阀件，如图 14-151 所示。

步骤 12 如果在图 14-151 的左侧树形图中选择风管阀门阀件，在右侧即可选择防火阀，双击防火阀图标，回到“风阀布置”对话框，将防火阀插入，如图 14-152 所示。也可以通过双击阀件来编辑修改，插入点在该段风管最左侧向右 2100 处，完成后效果如图 14-153 所示。

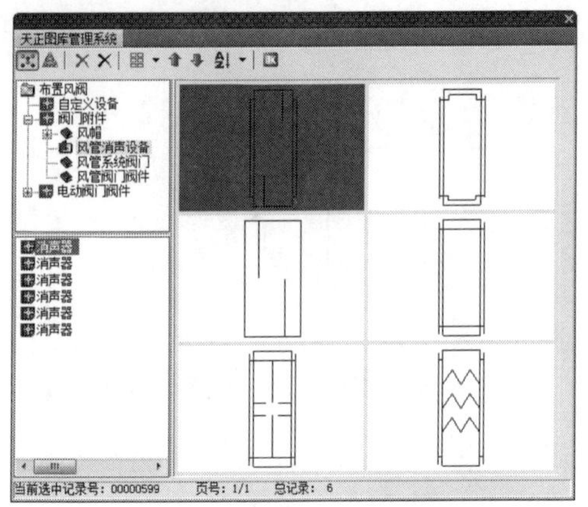

图 14-148 “天正图库管理系统”对话框

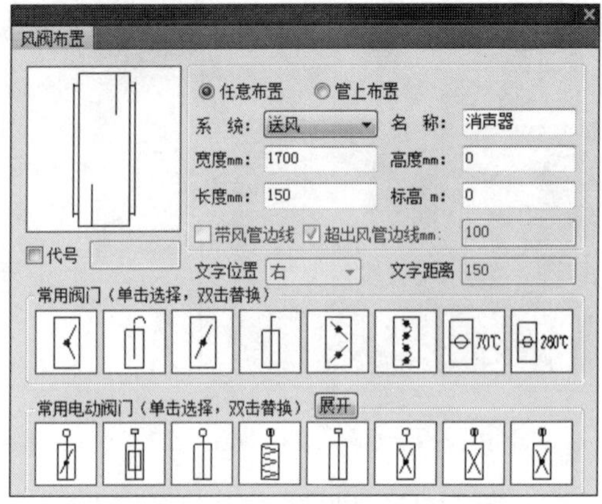

图 14-149 “风阀布置”对话框

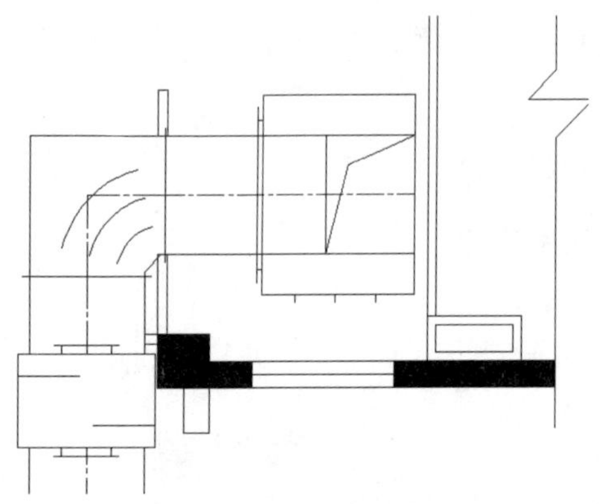

图 14-150 插入消声器

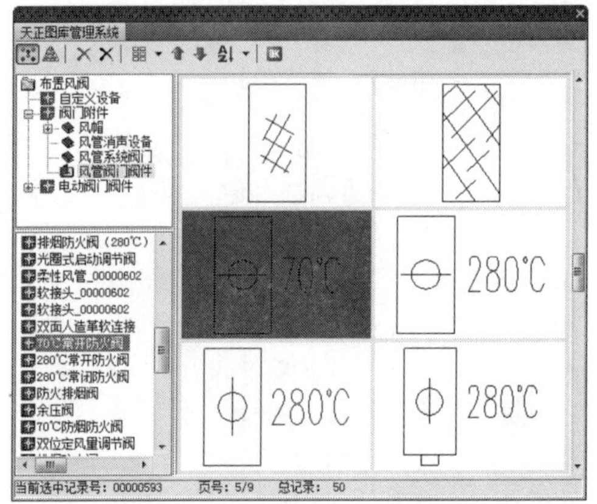

图 14-151 “天正图库管理系统”对话框

步骤 13 布置送风口。选择“风管设备”|“布置风口”命令，弹出如图 14-154 所示的“布置风口”对话框，在该对话框中单击风口预览框，在打开的“天正图库管理系统”对话框中选择“侧送风口”图示，如图 14-155 所示，然后双击回到“布置风口”对话框，设置好参数后，在风管右侧插入。

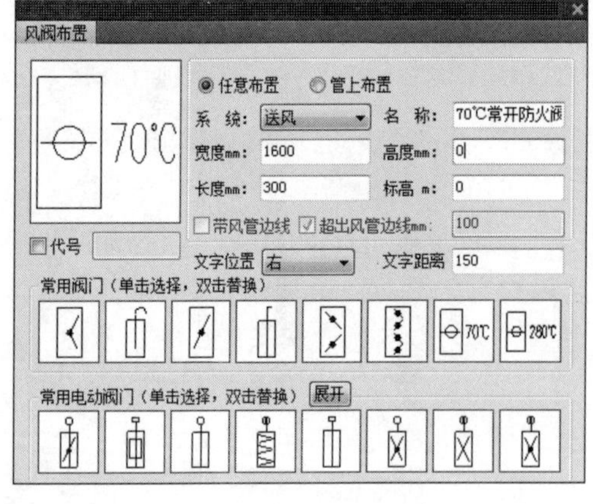

图 14-152 编辑阀件

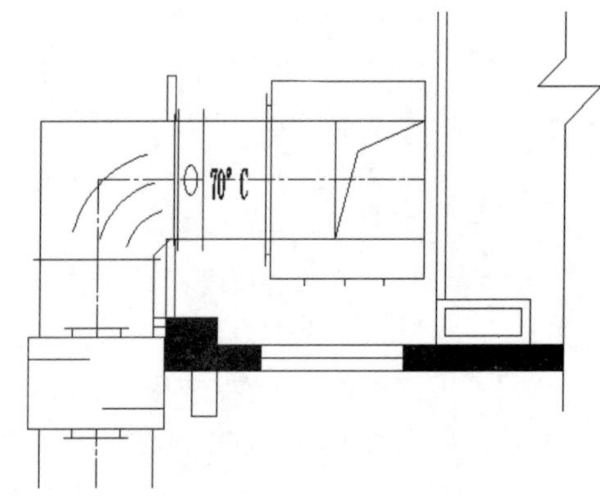

图 14-153 插入防火阀

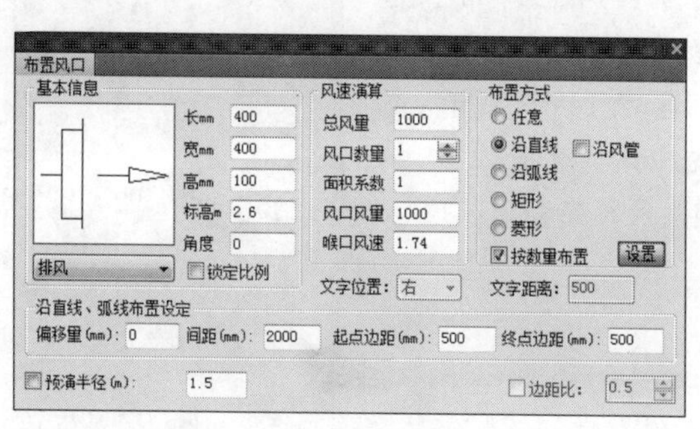

图 14-154　“布置风口”对话框

图 14-155　选择“侧送风口”

步骤 14 使用“复制”和“镜像”命令，得到所有风管，完成后效果如图 14-156 所示。至此，送风系统绘制完毕。

步骤 15 利用同样的方法，绘制回风系统，并插入到回风口，完成后得到如图 12-6 所示的最终效果图。

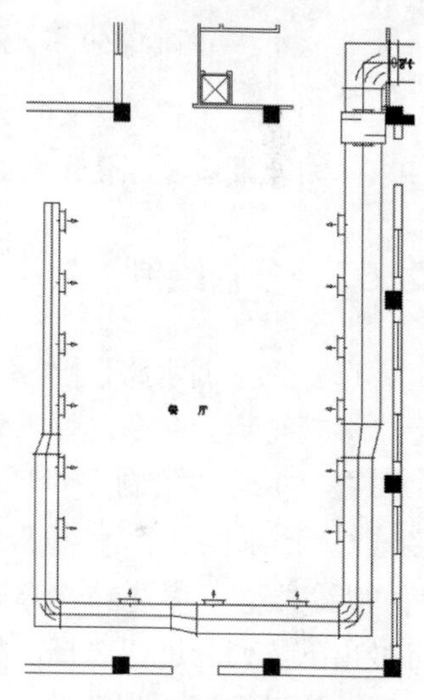

图 14-156　布置风管

14.5.6　空水管线绘制

选择“空调水路”|“水管管线”命令，或者在命令行输入SGGX后按Enter键，都可以执行“水管管线”命令，弹出“空水管线”对话框，如图14-157所示。

“空水管线”对话框中各选项的含义如下：

- “管线设置”按钮：单击该按钮，打开“管线设置”对话框，在该对话框中可以设置各种管线的线型、颜色、线宽、标注、立管及管材等参数，如图14-158所示。

图 14-157　“空水管线”对话框

图 14-158　“管线设置”对话框

- “管线类型”选项组：在该选项组中单击相应的按钮，选择需要的管线类型，就可以直接在绘图区绘制相应的管线，根据命令行的提示依次选择管线起点和终点即可，如图14-159所示。如果绘制完成的管线需要修改，双击所要修改的管线，在打开的“修改管线”对话框中修改其属性值即可，如图14-160所示。
- “系统图”复选框：在绘制系统图时可以选中该复选框。
- “标高”与“管径”文本框：可以通过直接输入标高和管径值来设置这两个选项的属性。

图 14-159　冷水供水、冷水回水管线

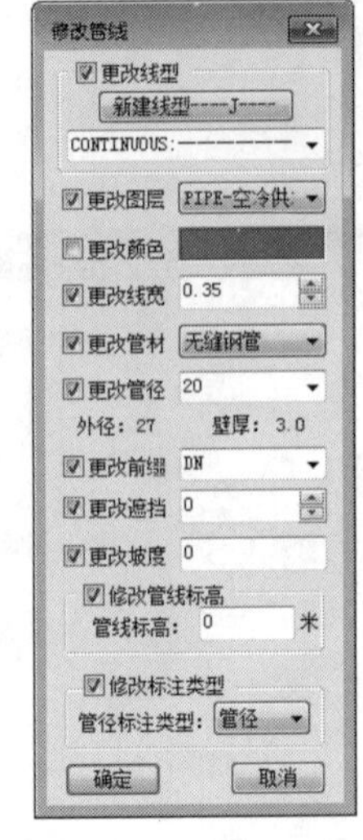

图 14-160　“修改管线”对话框

- “等标高管线交叉”选项组：在该选项组中，可以根据需要选择等标高管线的交叉形式，有生成四通、管线置上和管线置下3种形式。

14.5.7　多管绘制

选择“空调水路”|“多管绘制”命令，或者在命令行输入DGHZ后按Enter键，都可以执行“多管绘制”命令，弹出“多管线绘制”对话框，如图14-161（左）所示。

在“多管线绘制”对话框中，可以实现多管线的绘制，在“管线”列表框中预设了9种管线类型可供选择，单击相应的管线即可弹出下拉列表进行选择，如图14-161（右）所示。通过列表框选项或输入数值来改变管线的管径、管线间距和标高等参数。单击“增加”按钮，可以在“管线”列表框中增加管线类型，单击“删除”按钮，可以删除不需要的管线。

如需要将管道从管线中引出，单击“从管线引出”按钮，在绘图区选择需要引出的管道，按Enter键后，将从指定的点继续管线的绘制，效果如图14-162所示。

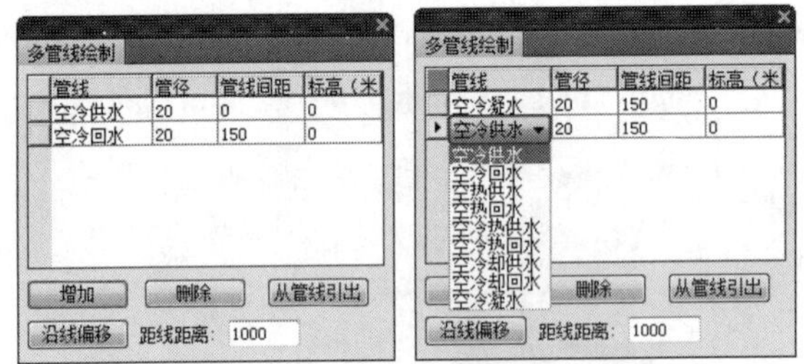

图 14-161　“多管线绘制”对话框

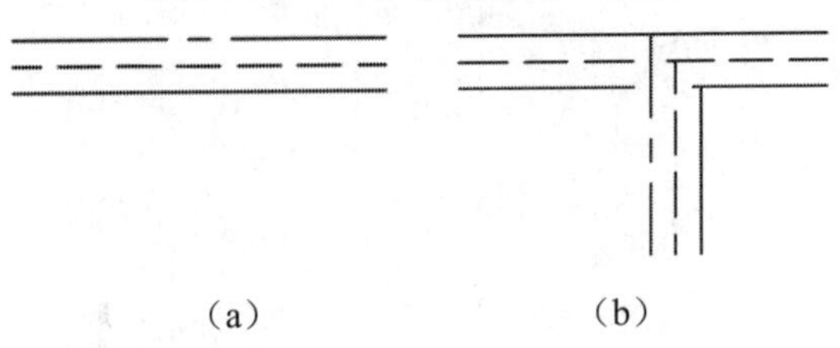

图 14-162　从管线引出管道的效果

14.5.8　水管立管绘制

选择“空调水路”|“水管立管”命令，或者在命令行输入SGLG后按Enter键，都可以执行“水管立管”命令，弹出“空水立管”对话框，如图14-163所示。

“空水立管”对话框中各选项的含义如下：

- “管线设置”按钮：单击此按钮，打开“管线设置”对话框，在该对话框中可以设置各种管线的线型、颜色、线宽、标注、立管及管材等参数，如图14-158所示。
- “管线类型”选项组：在该选项组中单击需要的管线类型，即可直接绘制相应的立管管线。T20天正暖通V7.0提供的管线包括空冷供水、空冷回水、空热供水、空热回水、空冷热供水、空冷热回水、空冷却供水、空冷却回水、空冷凝水和自定义管线10种类型，只需根据命令行的提示依次指定管线的起点和端点即可。
- “管径”“编号”和“距墙”文本框：在此文本框中设置立管的管径、编号和距墙距离的值。
- “布置方式”选项组：选择管道的布置方式，提供了任意布置、墙角布置和沿墙布置3种立管布置方式，如图14-164所示。
- “底标高”与“顶标高”文本框：在此文本框内可以设置立管的底标高和顶标高的数值。

图 14-163 “空水立管”对话框

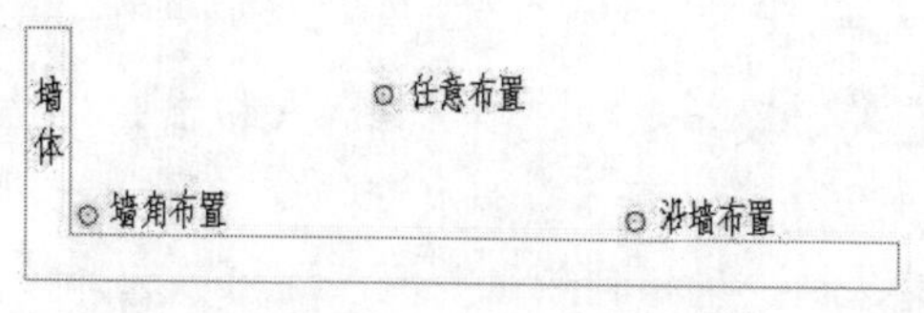

图 14-164 三种布置方式

14.5.9 插入水管阀件

选择“空调水路”|“水管阀件”命令，或者在命令行输入SGFJ后按Enter键，都可以执行“水管阀件”命令，弹出“水管阀件”对话框，如图14-165所示。

在对话框中选择合适的水管阀件插入到图中，用户可以双击水管阀件，在弹出的对话框中对空调水管阀件(截止阀)的长、宽和标高值，以及其他属性进行相关的设置，如图14-166所示。

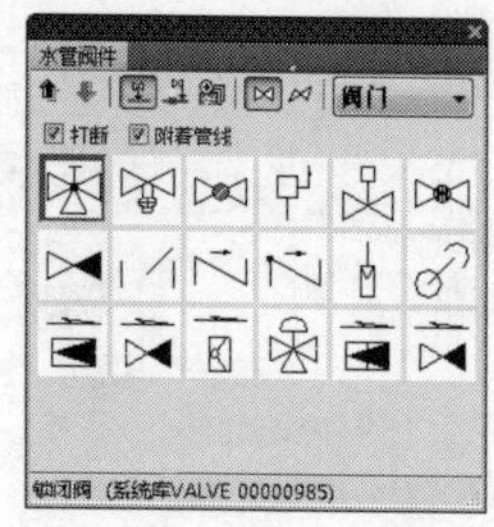

图 14-165 “水管阀件”对话框

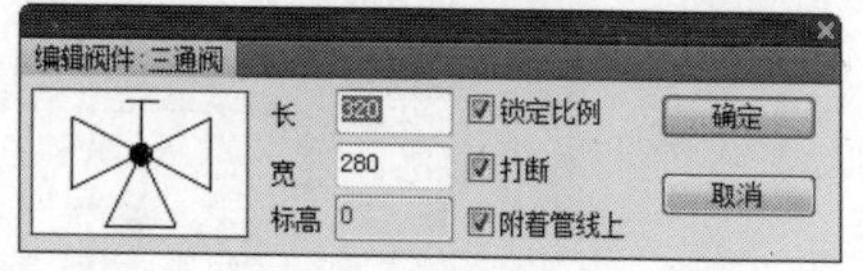

图 14-166 “编辑阀件”对话框

14.5.10 插入风机盘管

“布置设备”命令用于布置风机盘管、风机、冷却塔等设备。选择“风管设备”|“布置

设备”命令，或者在命令行输入BZSB后按Enter键，都可以执行“布置设备”命令，弹出“设备布置”对话框，如图14-167所示。

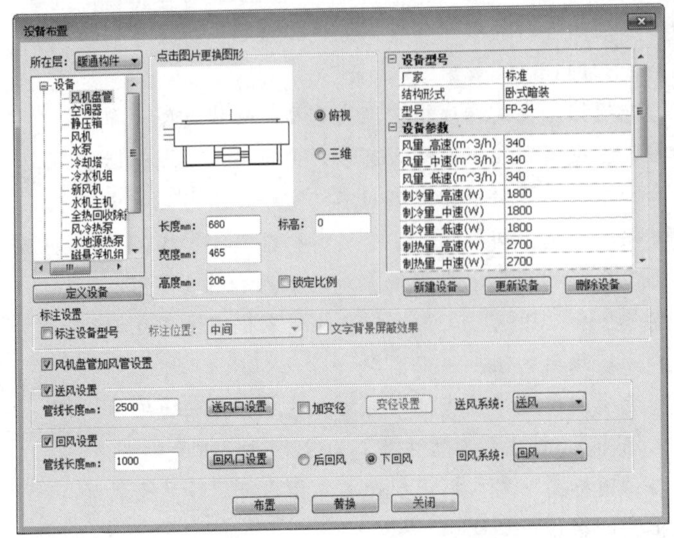

图 14-167 “设备布置”对话框

在“设备布置”对话框的“设备”列表中选择“风机盘管”选项，对话框显示风机盘管的各种参数设置，用户可以设置需要插入空调水管阀件的长、宽、高、标高和设备编号，也可以设置风机的风量、水量、制冷量和制热量的值，还可以选择锁定比例。

14.5.11 布置空调器

选择“风管设备”|“布置设备”命令，或者在命令行输入BZSB后按Enter键，都可以执行“布置设备”命令，弹出“设备布置”对话框。

在“设备布置”对话框的“设备”列表中选择“空调器”选项，对话框显示空调器的各种参数设置，如图14-168所示，用户可以设置空调器的长、宽、高、标高和设备编号，也可以设置空调的风量、水量、制冷量和制热量的值，还可以选择锁定比例。

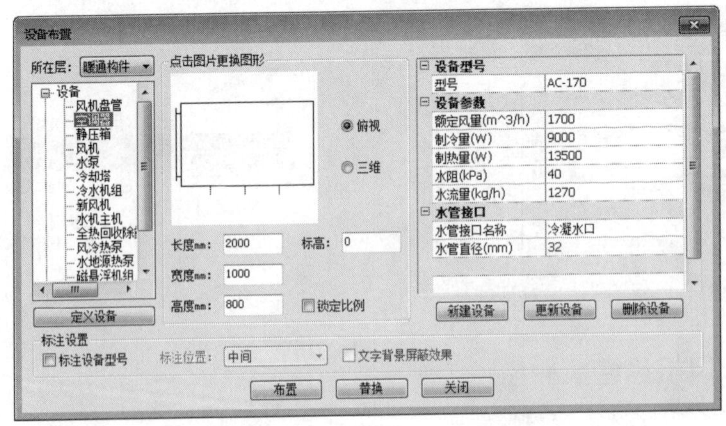

图 14-168 “设备布置”对话框

14.5.12 布置风机

选择“风管”|“布置设备”命令，或者在命令行输入BZSB后按Enter键，弹出“设备布置”对话框。在“设备布置”对话框的“设备”列表中选择“风机”选项，对话框显示风机的各种参数设置，如图14-169所示，用户可以设置风机的长、宽、高、标高和设备编号，设置后，相应的风机接风口长、接风口宽、风量和风压的值也会随之改变。选中“锁定比例”复选框后，设置长度或宽度时，其他数值将按一定比例随之变化。

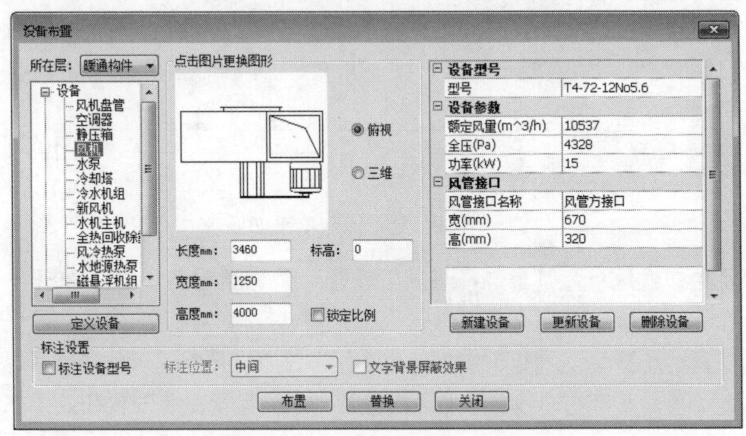

图 14-169 “设备布置”对话框

14.5.13 布置分集水器

1. 分集水器参数设置

选择“空调水路”|“分集水器”命令，或者在命令行输入AFSQ后按Enter键，都可以执行“分集水器”命令，弹出“布置分集水器”对话框，如图14-170所示。

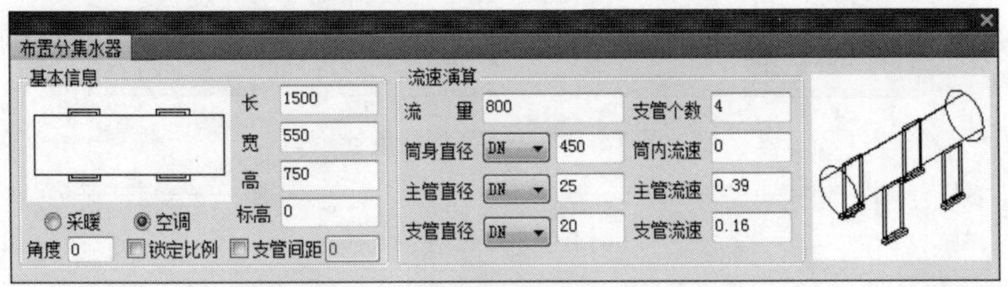

图 14-170 “布置分集水器”对话框

“布置分集水器”对话框中各选项的含义如下：

- “基本信息”选项组：在该选项组中，可以设置集水器的一些基本信息，如集水器的长、宽、高、标高及角度的值，同样可以选中“锁定比例”复选框来锁定集水器的比例。集水器的效果可以在左侧的预览框中看到。
- “流速演算”选项组：在该选项组中，可以通过流量、筒身直径、主管直径、支管直径和支管个数等参数值的改变来演算筒内流速、主管流速和支管流速的值。

2．绘制空调水系统平面图操作实例

【例14-5】 使用天正软件绘制某车间底层空调水系统平面图。该车间建筑平面图如图14-171所示。

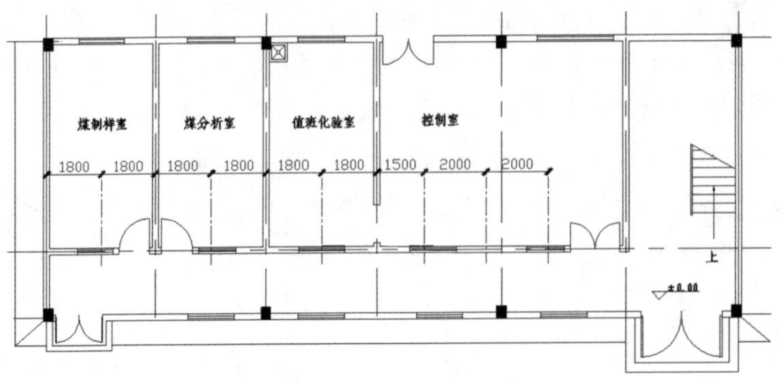

图 14-171　某车间底层平面图

步骤 01 在平面图中布置风机盘管。选择“风管设备”|“布置设备”命令，打开“设备布置”对话框，在该对话框中选择“风机盘管”，单击预览框，可打开“天正图库管理系统”对话框来选择风机盘管型号，按照如图 14-172 所示设置好风机盘管的参数后，在绘图区的相应轴线位置单击，即可在轴线上添加风机盘管。风机盘管安装位置和效果如图 14-173 所示。

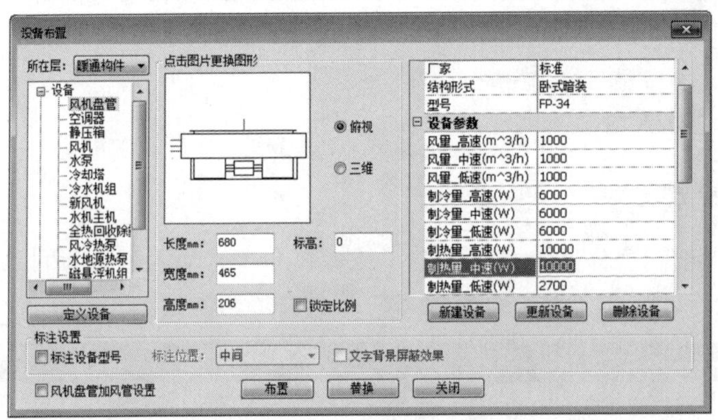

图 14-172　设置风机盘管

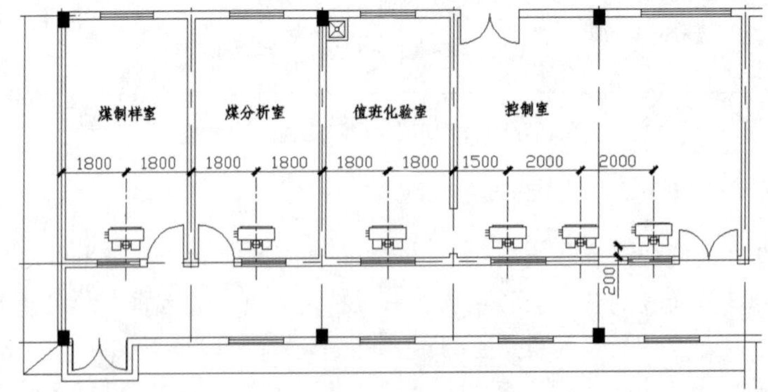

图 14-173　布置风机盘管

步骤 02 布置各水管干管。选择“空调水路”|“多管绘制”命令，打开“多管线绘制”对话框，在该对话框中单击“增加”按钮，可添加管线，在“管线”列表框中选择管线的类型，按图 14-174 所示的参数进行设置。此时命令行提示信息如下：

```
命令: DGHZ
请点取管线的起始点[参考点(R)/距线(T)/两线(G)/墙角(C)/管线引出(F)]<退出>
//以图中所示位置为起点
请输入终点[生成四通(S)/管线置上(D)/管线置下(F)/回退(U)/换定位管(E)]:(当前状态:置上)
<退出> @16000,0    //输入相对坐标确定另一点，管道效果如图14-175所示
```

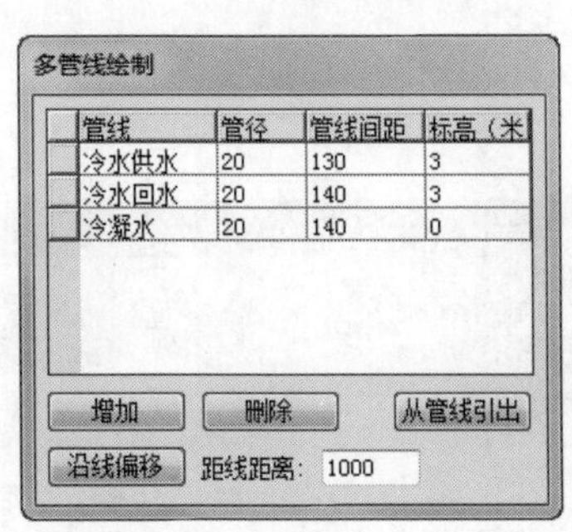

图 14-174 “多管线绘制”对话框

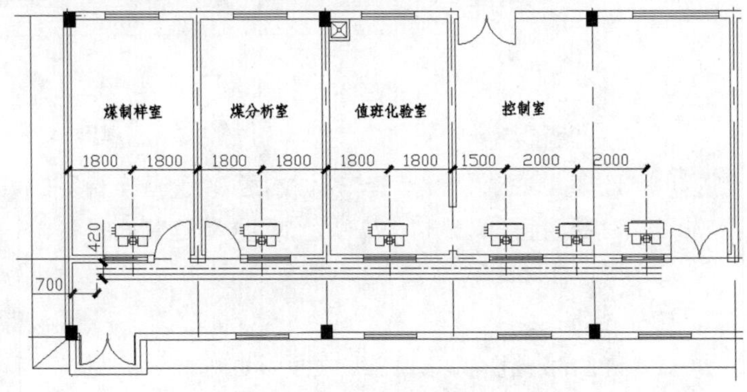

图 14-175 绘制管道

步骤 03 选择“空调水路”|“水管管线”命令，在打开如图 14-176 所示的“空水管线”对话框中选择相应的管线，将每段管道引入立管或排水口。在管道口可以添加断管符号，右击管线并在弹出的快捷菜单中选择“断管符号”命令，再按命令行提示选择管道，按 Enter 键即可添加断管符号。另外，也可以在该快捷菜单中选择“管线编辑”|“线型比例”命令来修改管道线型，如图 14-177 所示，使回水管或冷凝管的虚线或点划线变得可见。完成后的效果如图 14-178 所示。

图 14-176 “空水管线”对话框

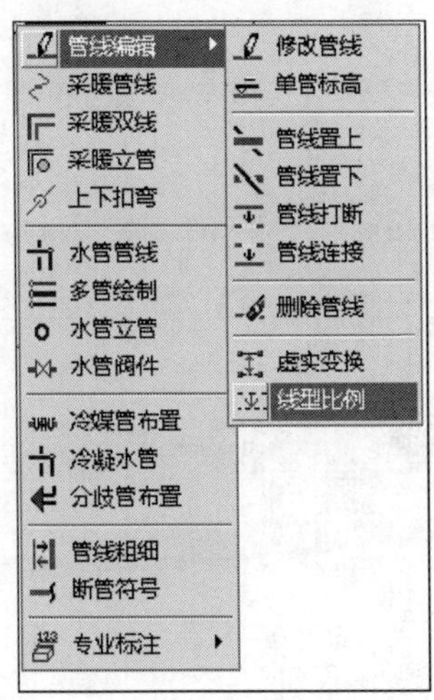

图 14-177 “管线编辑”快捷菜单

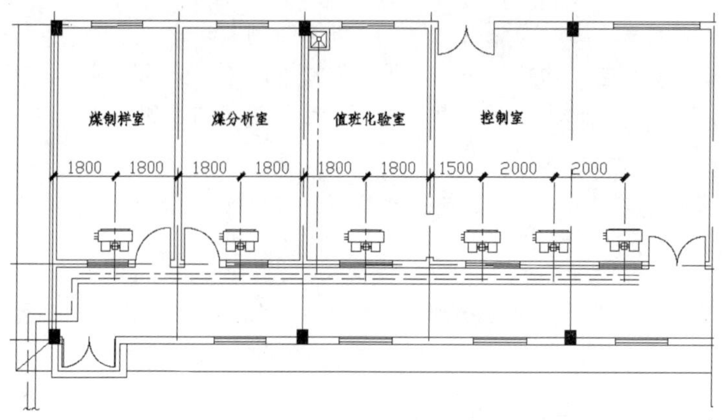

图 14-178　管道绘制

步骤 04 连接盘管与干管。选择“空调水路”|“设备连管”命令，打开如图 14-179 所示的“设备连管设置”对话框。此时命令行提示信息如下：

```
命令：SBLG
请选择要连接的设备及管线<退出>:找到 9个  //选择所有需要连接的设备与管线
请选择要连接的设备及管线<退出>:指定对角点：//按Enter键得到连接
```

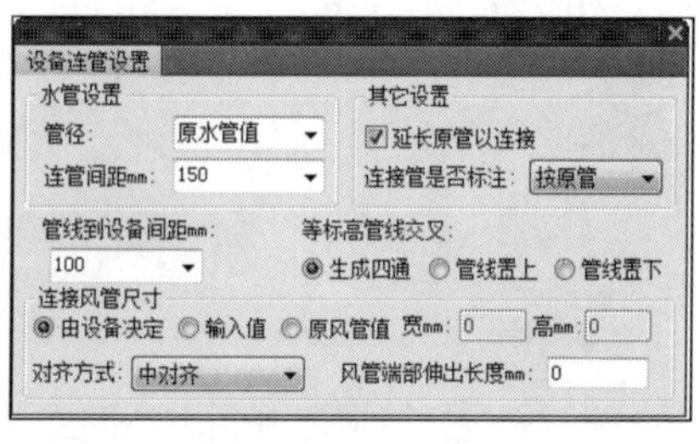

图 14-179　“设备连管设置”对话框

连接得到的效果如图 14-180 所示，此时连接管段相对于直线连接来说，会生成一个立管，这个立管的形成是由于风机盘管自身的高度存在而导致标高不同，为了绘图正确，可以保留生成的立管。当然，为了表明该设备与支管处于同一标高，也可以手动将立管删除。

步骤 05 标注管径。绘制时可能会忽略管径的修改，在标注过程中就会非常不方便，因此，建议用户在标注管径时，应先调整好管道的管径。具体的调整方法是：双击需要修改的管线，打开如图 14-181 所示的“修改管线”对话框，在该对话框中可以将管径修改为需要的大小。

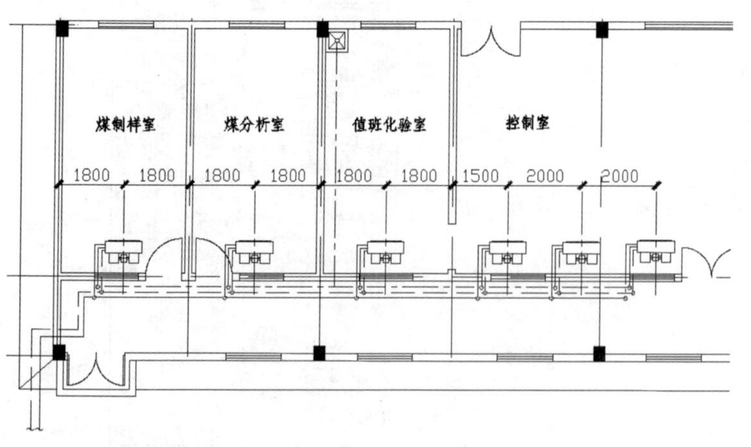

图 14-180　设备与支管连接效果

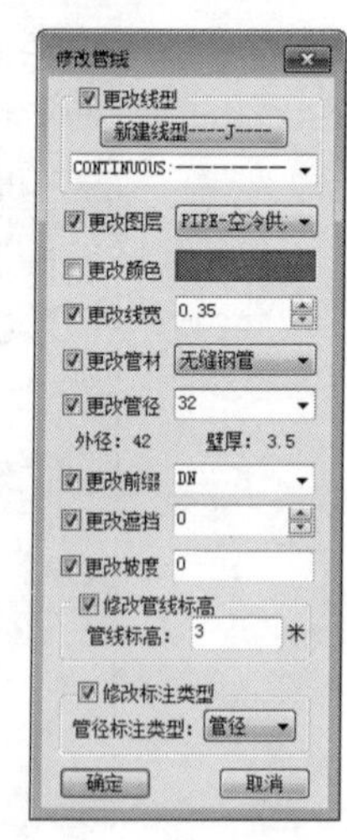

图 14-181　“修改管线”对话框

步骤06 修改完成后，选择“专业标注”|“多管标注”命令，对管径进行标注。此时命令行提示信息如下：

```
命令: DGBZ
请选择多管标注起点<退出>:                    //选择标注线起点
请选择多管标注终点<退出>:                    //选择标注线终点
请给出标注点[左右翻转(F)]<退出>:             //单击定位标注点
请选择多管标注起点<退出>:                    //按Enter键
```

注 意

当确定一条线作为标注的起点和终点时，选择的起点应穿过所要标注的全部管线，避开虚线或点划线的断开部分。

步骤07 按照同样的方法标注好全部管道的管径，完成后效果如图 14-182 所示。

步骤08 当需要修改管径标注的数字或标注文字的样式时，双击管径标注，打开如图 14-183 所示的“多管标注”对话框，在该对话框中可以对相应的参数进行修改。

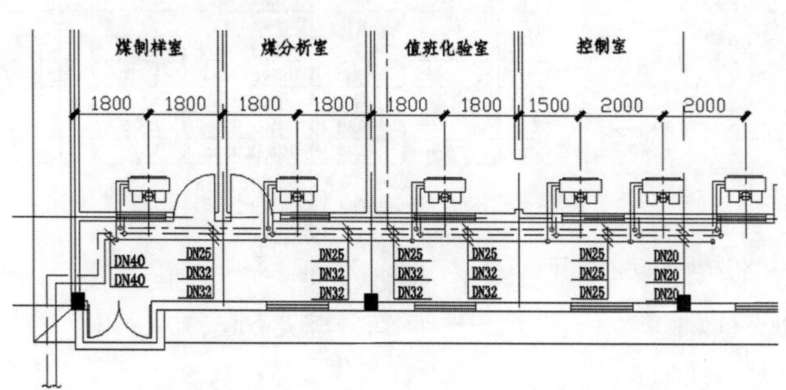

图 14-182 标注管径

图 14-183 “多管标注”对话框

14.5.14 设备连管

选择“空调水路”|“设备连管”命令，或者在命令行输入SBLG后按Enter键，都可以执行“设备连管”命令，弹出“设备连管设置”对话框，如图14-184所示。

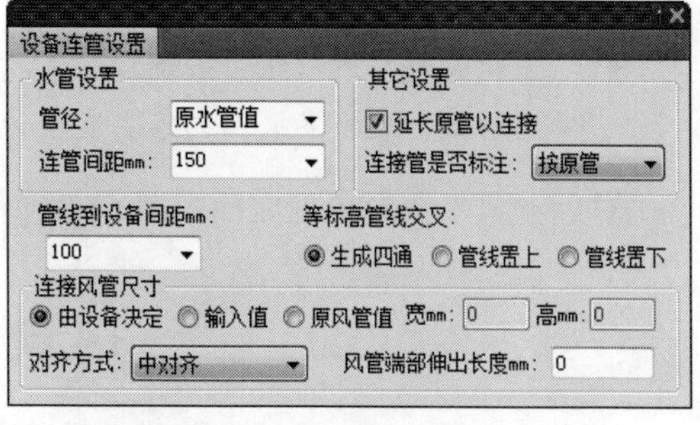

图 14-184 “设备连管设置”对话框

“设备连管设置”对话框中各选项的含义如下：

- “水管设置”选项组：通过下拉列表框选择连接水管的管径大小和连管间距。
- “连接风管尺寸”选项组：修改连接风管的类型、尺寸和对齐方式，可以选择“由设备决定”“输入值”和“原风管值”3种连接方式。选中“输入值”单选按钮后，可在“宽”和“高”文本框中输入连接风管宽高的值。

- “等标高管线交叉”选项组：设置等标高管线交叉时采用的放置方式。
- “其他设置”选项组：设置“延长原管以连接”和“连接管是否标注”。

14.5.15 材料统计

选择“空调水路”|“材料统计”命令，或者在命令行输入CLTJ后按Enter键，都可以执行“材料统计”命令，弹出“材料统计”对话框，如图14-185所示，材料统计示例如图14-186所示。

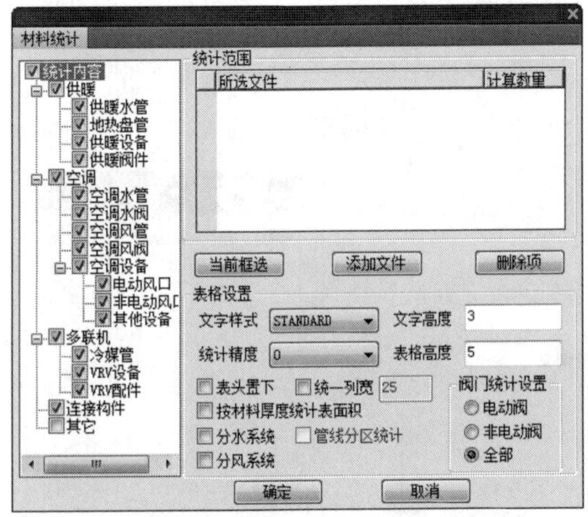

图 14-185 “材料统计”对话框

材料表

序号	图例	名称	规格	单位	数量	备注
1		柔性风管	900 × 120	个	2	
2		圆形散流器	400 X 400	台	1	
3		方形散流器	200 X 200	台	2	
4		风机盘管	FP-85	台	1	
5		法兰	钢板风道 900×120	对	4	
6		闸阀	采暖水阀 DN25	个	1	
7		阀件	采暖水阀 DN25	个	3	
8		一次供水管	焊接钢管 DN25	米	4	
9		暖供水	焊接钢管 DN25	米	4	
10		暖供水低区	焊接钢管 DN25	米	5	
11		回风风管	钢板风道 900×120	米	1	
12		送风风管	钢板风道 900×120	米	2	

图 14-186 材料统计示例

“材料统计”对话框中各选项的功能如下：

- “统计内容”选项组：根据要求选中所需要统计的内容，如果是全选，可以直接单击“全选”按钮。
- “统计范围”列表框：所有被统计的文件将被列于该列表框中，可以通过“当前框选”和“添加文件”两种方式来选择需要统计的文件。如果需要删除多余的文件，选择该文件后，单击“删除项”按钮即可将其删除。
- “表格设置”选项组：若统计结果要求用表格的形式表现，在该对话框中可以对表格中的文字样式、表格高度和文字高度进行设置。

对以上各参数设置完成后，单击“确定”按钮就可以得到材料统计的表格。

14.6 习　　题

（1）利用T20天正暖通V7.0的相关功能绘制如图14-187所示的空调风系统平面图。

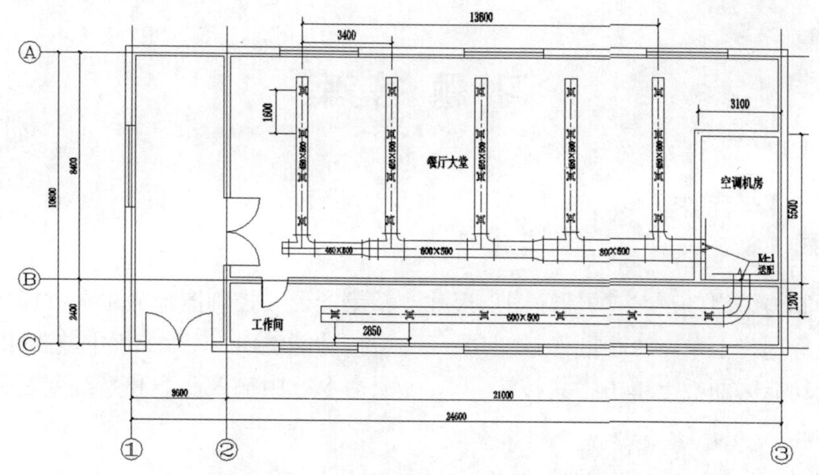

图 14-187　某餐厅大堂空调风系统平面图

（2）利用天正暖通在平面图中绘制如图14-188所示的办公楼采暖平面图。

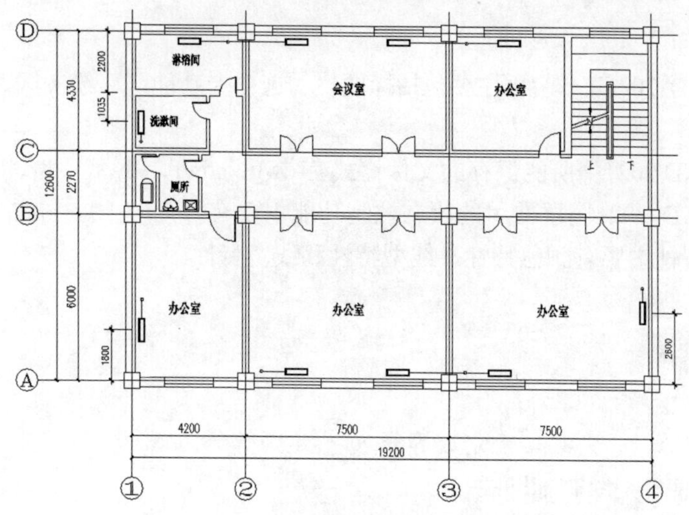

图 14-188　某办公楼采暖系统平面图

（3）利用天正暖通绘制如图14-189所示的上供下回式双管采暖系统图。

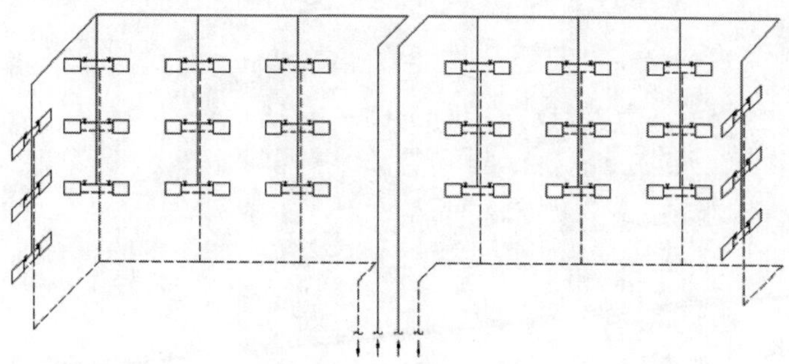

图 14-189　采暖系统图

习 题 答 案

第 1 章

1. 填空题

（1）绘制与编辑图形　　标注图形尺寸　渲染图形　控制图形显示　打印图形

（2）在标题栏上单击“帮助”按钮⑦　　按功能键F1　命令行中输入HELP

（3）在功能区面板上单击工具按钮　　命令行中输入命令和系统变量

（4）Esc

2. 选择题

（1）A　（2）ABC　（3）B　（4）BD　（5）C

3. 问答题

（1）AutoCAD 2021工作界面主要包括标题栏、选项卡功能区、绘图区、命令行、状态栏等元素。

（2）AutoCAD 2021中所能保存的文件格式有.dwg、.dwf、.dws、.dwt和.dxf。

（3）AutoCAD 2021图层常用的状态控制功能主要有打开/关闭、冻结/解冻、打印/不打印；常用的图层特性主要有颜色特性、线型特性和线宽特性。

第 2 章

1. 填空题

（1）单点　多点　定数等分　定距等分

（2）无限延伸　绘制辅助线

（3）平行线　间距　数目

（4）拟合曲线　非均匀关系基本样条曲线　不规则变化

（5）整个多线　最外层元素　成对元素　中心线

2. 选择题

（1）A　（2）A　（3）D　（4）C　（5）A

3. 上机题

答案略。

4. 问答题

（1）多线编辑工具包括十字闭合、十字打开、十字合并、T形闭合、T形打开、T形合并、角点结合等共12个编辑工具，具体如下：

- 十字闭合 ：表示相交两多线的十字封闭状态，AB分别代表选择多线的次序，水平多线为A，垂直多线为B。
- 十字打开 ：表示相交两多线的十字开放状态，将两线的相交部分全部断开，第一条多线的轴线在相交部分也要断开。
- 十字合并 ：表示相交两多线的十字合并状态，将两线的相交部分全部断开，但两条多线的轴线在相交部分相交。
- T形闭合 ：表示相交两多线的T形封闭状态，将选择的第一条多线与第二条多线相交部分的修剪去掉，而第二条多线保持原样连通。
- T形打开 ：表示相交两多线的T形开放状态，将两线的相交部分全部断开，但第一条多线的轴线在相交部分也断开。
- T形合并 ：表示相交两多线的T形合并状态，将两线的相交部分全部断开，但第一条与第二条多线的轴线在相交部分相交。
- 角点结合 ：表示修剪或延长两条多线直到它们接触形成一相交角，将第一条和第二条多线的拾取部分保留，并将其相交部分全部断开剪去。
- 添加顶点 ：表示在多线上产生一个顶点并显示出来，相当于打开显示连接开关，显示交点一样。
- 删除顶点 ：表示删除多线转折处的交点，使其变为直线形多线。删除某顶点后，系统会将该顶点两边的另外两顶点连接成一条多线线段。
- 单个剪切 ：表示在多线中的某条线上拾取两个点从而断开此线。
- 全部剪切 ：表示在多线上拾取两个点从而将此多线全部切断一截。
- 全部接合 ：表示连接多线中的所有可见间断，但不能用来连接两条单独的多线。

（2）绘制样条曲线时选择“样条曲线”命令，通过在绘图区拾取点来进行绘制；编辑时单击“默认”选项卡|“修改”面板上的“编辑样条曲线”按钮 ，可对样条曲线进行拟合数据、移动顶点、精度上限和反转等方面的修改。

（3）可以通过在命令行输入REVCLOUD和WIPEOUT来执行|“修订云线”命令和“区域覆盖”命令，也可以在“绘图”面板上单击相应命令的工具按钮来绘制修订云线和覆盖区域，并根据命令行提示覆盖和遮挡需要被覆盖的部分。

（4）利用“直线”命令绘制时的矩形是由四条独立的线段首尾相连而成，它不是一个对象，它是四个对象；利用PLINE命令绘制的矩形跟RECTANG命令绘制的矩形相同，虽说都是由四条线段构成，但是这四条线段围成的矩形被看作一个对象。

第3章

1. 填空题

（1）世界坐标系（WCS）　用户坐标系（UCS）　（2）自动捕捉

（3）自动捕捉　临时捕捉　（4）极轴追踪　对象捕捉

2. 选择题

（1）B　（2）A　（3）A

3. 上机题

答案略。

第4章

1. 填空题

（1）拉伸　移动　旋转　缩放　（2）矩形阵列　环形阵列　路径阵列
（3）MIRRTEXT　（4）Shift　延伸
（5）打断于点

2. 选择题

（1）B　（2）A　（3）D　（4）B

3. 上机题

答案略。

第5章

1. 填空题

（1）用命令FILL或系统变量FILLMODE来实现　用图层来实现
（2）“匿名”块　分解（EXPLODE）
（3）面域（REGEN）　边界（BOUNDARY）
（4）实体　共面的面域　并集　差集　交集
（5）对齐　UCS

2. 选择题

（1）D　（2）A　（3）B　（4）C　（5）A

3. 问答题

（1）自定义填充图案是用户自己定义存储在相关目录下的填充图案，在使用时直接选择即可；而用户定义填充图案是用户在填充过程中定义的平行线或方格类型的填充图案。

（2）在各个设计领域需要表现效果时，都会用到渐变填充。因为渐变填充能够很好地模拟三维的光影效果，所以使用非常广泛。

（3）“填充图案”是使用各种图线进行不同的排列组合而构成的一种图形元素，此类图形元素作为一个独立的整体，被填充到各种封闭的图形区域或面域内，以表达各自的图形形信息；而“面域”则是使用闭合的对象转化而成的没有厚度的二维实心区域，它不但含有边的信息，还有边界内的信息，可以利用这些信息计算工程属性，如面积、重心和惯性矩等。

（4）因为面域具有物理特性（如形心或质量中心），所以能够将现有面域组合成单个、复杂的面域来计算面积。可以使用布尔运算的“并集”“差集”“交集”等方便地创建出复杂的面域，这些是普通图形难以做到的。可以直接在封闭区域中进行填充。

4. 上机题

答案略。

第6章

1. 填空题

（1）标注文字　尺寸线　尺寸界线　尺寸线的端点符号　起点
（2）符号和箭头　文字　主单位　换算单位
（3）引线格式　引线结构　内容

2. 选择题

（1）D　（2）B　（3）D　（4）C

3. 问答题

(1)单击“默认”选项卡|“注释”面板上的“标注样式”按钮，打开“标注样式管理器”对话框，在该对话框中单击“新建”按钮，打开“创建新标注样式”对话框并创建新标注样式。单击该对话框中的“继续”按钮，将打开“新建标注样式”对话框，在该对话框中完成各项参数的设置，完成后保存设置好的标注样式。

（2）先在“标注样式管理器”对话框选中需要更改的标注样式，单击“修改”按钮后，在弹出的对话框中修改各参数。

（3）区别：基线标注可以创建一系列由相同的标注原点测量出来的标注；连续标注可以创建一系列端对端放置的标注，每个连续标注都从前一个标注的第二个尺寸界线处开始;快速标注则是对两端点之间的所有线条都进行线性标注。

联系：都是以一定的标注原则进行简单、快捷地标注，减少重复选择对象的工作。

4. 上机题

答案略。

第7章

1. 填空题

（1）文字样式　（2）Standard　.SHX文件　（3）不　正值
（4）新建表格样式　（5）夹点

2. 选择题

（1）D　（2）A　（3）B　（4）D　（5）B

3. 问答题

(1)在AutoCAD中使用STYLE命令创建文字样式。在创建文字样式时，首先执行命令打开“文字样式”对话框，然后在此对话框中单击“新建”按钮，为新样式命令，接着返回

“文字样式”对话框，根据工作需要设置新样式的字体、大小、以及效果，最后单击“应用”按钮并结束命令。

（2）使用Average变量进行计算。

（3）首先选择需要下标的文字对象，然后在“文字格式”编辑器中单击“格式”面板中的“下标”按钮 X_2，即可得到下标文字，其他常规输入即可。

4. 上机题

答案略。

第8章

1. 填空题

（1）对象　　（2）比例　旋转角度
（3）属性标记名　属性值　　（4）ATTEXT
（5）显示警告对话框　重新定义块名称

2. 选择题

（1）B　（2）B　（3）C　（4）D　（5）B

3. 上机题

答案略。

第9章

1. 填空题

（1）视图　（2）缩放　（3）命名视图　（4）平铺视口

2. 选择题

（1）D　（2）B　（3）D　（4）B　（5）A

第10章

1. 填空题

（1）3.5　7　14　$\sqrt{2}$
（2）线宽组　图例　符号
（3）图纸目录　设计施工说明　工艺图　系统图　剖面图　详图
（4）轴测投影　正等轴测　正面斜二轴测
（5）尺寸线条　尺寸标记　尺寸连接

2. 选择题

（1）B　（2）D　（3）A　（4）C　（5）A